新一代信息技术（人工智能）系列丛书

人工智能与区块链

闫海荣 ◎ 主编

杨　旸　郑相涵　侯诚彬 ◎ 编著

清华大学出版社

北京

内 容 简 介

本书是"十四五"国家级规划教材之一，旨在系统探索人工智能与区块链两项前沿技术的基础理论、技术融合与实际应用。本书以严谨的理论分析为基础，结合大量实际案例，全面展示了人工智能在区块链赋能下的创新潜力，涵盖数据隐私保护、分布式模型训练、智能合约优化等关键技术。同时，书中深入探讨了两者在医疗健康、金融科技、物联网和数据交易平台等领域的实践应用，并展望了量子计算、大模型、去中心化自治等未来技术方向。第 1 章介绍背景和概况；第 2 章与第 3 章系统介绍人工智能和区块链技术的基础知识，包括知识表示、机器学习、深度学习等技术，以及区块链的共识机制、智能合约、加密货币等概念；第 4 章至第 6 章重点探讨人工智能与区块链的结合方式和具体应用，包括智能合约优化、数据隐私保护和去中心化自治组织等，特别是这些技术如何相互增强并共同促进跨行业应用；第 7 章至第 11 章介绍人工智能和区块链技术在反欺诈、Web 3.0、医疗健康、物联网、数据交易等领域的实际应用场景，并分析其带来的挑战和机遇；第 12 章聚焦大模型技术与区块链的深度融合，讨论如何在复杂的应用场景下发挥这两项技术的最大潜力，并展望未来技术的发展方向；第 13 章和第 14 章总结本书内容，讨论当前的开放研究课题和未来发展趋势。

本书内容层次清晰、图表精美，兼具理论深度与实践指导性，作为人工智能与区块链技术的进阶学习资料，适用于高年级本科生或研究生计算机、人工智能相关专业使用，也是相关领域学术研究者和工程技术人员不可或缺的学习资料。

图书在版编目 (CIP) 数据

人工智能与区块链 / 闫海荣主编；杨旸，郑相涵，侯诚彬编著 . -- 北京：清华大学出版社，2025. 7. --（新一代信息技术（人工智能）系列丛书）. -- ISBN 978-7-302-69685-8

Ⅰ. TP18；F713.361.3

中国国家版本馆 CIP 数据核字第 2025TT7674 号

责任编辑：赵　凯
封面设计：杨玉兰
责任校对：徐俊伟
责任印制：刘海龙

出版发行：清华大学出版社
网　　　址：https://www.tup.com.cn，https://www.wqxuetang.com
地　　　址：北京清华大学学研大厦 A 座　　　　　　　　邮　　编：100084
社 总 机：010-83470000　　　　　　　　　　　　　　邮　　购：010-62786544
投稿与读者服务：010-62776969，c-service@tup.tsinghua.edu.cn
质 量 反 馈：010-62772015，zhiliang@tup.tsinghua.edu.cn
课 件 下 载：https://www.tup.com.cn，010-83470236
印 装 者：三河市铭诚印务有限公司
经　　销：全国新华书店
开　　本：210mm×260mm　　　　印　　张：22.5　　　　字　　数：636 千字
版　　次：2025 年 8 月第 1 版　　　印　　次：2025 年 8 月第 1 次印刷
印　　数：1 ～ 1500
定　　价：79.00 元

产品编号：108582-01

人工智能与区块链

阎海荣　主　编

杨旸　郑相涵　侯诚彬　编　著

为了助力教学，本书精心制作了立体化的一系列配套资源，旨在为教师和学生提供更加便捷、高效的教学与学习体验。通过这些资源的结合运用，能够更好地帮助学生理解课程内容，提升学习效果，同时也为教师的教学工作提供有力的支持和辅助。

本书提供的配套资源有教学课件、知识图谱、随堂视频、实验实践等。

配套资源使用指南

- 请扫描本书封底的文泉云盘专属防盗码进行验证；
- 验证通过后，再扫描书中对应的二维码，即可获得相应的配套资源。

知识图谱　　　　教学课件

随堂视频

随堂视频 1　　随堂视频 2　　随堂视频 3　　随堂视频 4　　随堂视频 5

实验实践

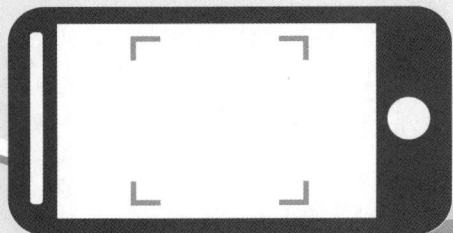

沈 抖　清华大学

孙致钊　北京三快在线科技有限公司

唐彦嵩　清华大学深圳国际研究生院

陶建华　清华大学

汪小我　清华大学

王 扬　清华大学

王 颖　厦门大学

王志春　北京师范大学

魏 磊　清华大学

魏少军　清华大学

吴辉航　清华大学

谢 震　清华大学

杨庆凯　北京理工大学

杨 旸　新加坡管理大学

易江燕　清华大学

尹首一　清华大学

于 恒　北京师范大学

曾宪琳　北京理工大学

张 利　清华大学

张 鹏　清华大学

张晓燕　清华大学

张 昕　清华大学

张欣然　中央财经大学

张旭东　清华大学

张学工　清华大学

张长水　清华大学

张 佐　清华大学

赵明国　清华大学

郑相涵　福州大学

朱 丹　清华大学

朱 岩　清华大学

序言

FOREWORD

习近平总书记指出："人工智能是引领这一轮科技革命和产业变革的战略性技术，具有溢出带动性很强的'头雁'效应。"人工智能的发展掀开了智能时代的帷幕，并通过赋能技术革命性突破、带动生产要素创新性配置、促进产业深度转型升级，催生新质生产力，是我国实现高水平科技自立自强、推动经济高质量发展、增强国家竞争力的重要战略抓手。

当今世界的竞争说到底是人才竞争，人工智能未来竞争的关键是人才的培养。与传统学科不同，人工智能具有很强的交叉属性，其诞生之初就是神经科学、计算机科学、数学等领域的交叉，当前日新月异的深度学习、大模型等技术也与各行各业紧密交织，这为人工智能人才的培养提出了更高的要求，迫切需要理学思维与工科实践的深度融合，加快推动交叉领域中创新人才的全面培养。我国人工智能领域的人才培养仍处在发展阶段，人才缺口客观存在。因此，一套理论体系健全、前沿知识集聚、实践案例丰富、发展方向明确的教材，将为我国人工智能教育教学工作开展和人才培养打下基础，也将为更高水平、更可持续的新质生产力发展埋下种子。

在教育部"十四五"高等教育教材体系建设工作部署下，新一代信息技术（人工智能）教材体系的建设工作正全面展开。作为最早开展人工智能教学及科研工作的单位之一，清华大学自动化系在该领域的课程建设和人才培养方面积累了深厚的经验、取得了显著的成果。作为领域的排头兵，清华大学自动化系以牵引人工智能核心课程建设、提升领域人才自主培养质量为己任，发掘校内相关院系和国内其他高校的优秀科研、师资力量，联合组建了编写团队，以清晰的理论框架为依据，以前沿的科研知识为核心，以先进的实践案例为示范，以国家的发展政策为导向，编写了本套人工智能教材。

本套教材在编写过程中，以培养有交叉、懂理论、会实践、负责任的人工智能人才为目标，注重基础与前沿相结合、理论与实践相结合、技术与社会相结合。首先，本套教材涵盖了人工智能的经典基础理论、算法和模型，同时也并入和吸纳了大量国内外最新研究成果；其次，本套教材在理论知识学习的同时，也设计了与课程配套的实验和项目，提升解决实际问题的综合能力，并围绕产品设计、数字经济、生命健康、金融系统等多个领域，对人工智能的应用实践进行多维阐述和分析。最后，本套教材不仅关注了人工智能的技术发展，也兼顾了人工智能的安全与伦理问题，对于人工智能的内生风险、数据安全、人机关系、权责归属等方面进行了探讨。

我相信，这套人工智能系列教材的出版，将为广大读者特别是高校学生打开人工智能的大门，带领大家在人工智能的无限可能中尽情探索。我也期待广大读者能够充分利用这套教材，不断提升自己的专业素养和创新能力，成为具备"独辟蹊径"能力的创新拔尖人才、具备"领军开拓"能力的战略领军人才、具备"攻坚克难"能力的大国工匠人才，为我国人工智能事业的繁荣发展贡献智慧和力量。

　　最后，我要感谢所有参与教材编写和审稿工作的专家学者，感谢他们的辛勤付出和无私奉献，为保证本套教材的科学性、严谨性、前瞻性做出了重要贡献。同时，我也要感谢广大读者的信任和支持，希望这套教材能够成为您学习人工智能技术的良师益友，共同推动人工智能事业的发展。

中国人工智能学会理事长

中国工程院院士

2024 年 10 月

在全球数字化转型的浪潮中，人工智能（Artificial Intelligence，AI）与区块链（Block Chain，BC）作为两项颠覆性技术，正在各自领域中展现强大的创新能力。人工智能通过数据驱动的学习算法，推动了决策自动化与智慧化的跨越；区块链以其去中心化、透明性与不可篡改的特性，为数据可信共享和分布式系统设计开辟了新路径。当这两项技术交汇融合，就会产生新的应用场景与技术模式，发挥出无与伦比的协同效应。

本书编写的初衷，源于对人工智能与区块链结合带来的技术突破及社会价值的深刻认识。我们不仅希望揭示这两项技术的基础原理与融合方法，更期望通过详尽的应用案例和实践指导，为读者提供从理论到实践的全面视角，助力跨学科技术创新与行业应用。

全书分为基础理论、技术融合、应用实践与未来展望四大部分。在基础理论部分，我们深入探讨了人工智能与区块链的核心技术，为理解二者的结合奠定坚实基础；在技术融合部分，解析了区块链赋能人工智能的关键技术点，如隐私保护、分布式模型训练与智能合约优化；在应用实践部分，精选了医疗、金融、物联网、数据交易平台等多个领域的典型案例，提供了理论联系实际的操作指导；在未来展望部分，我们探讨了大模型、量子计算与去中心化自治组织（DAO）等前沿技术的发展方向，旨在启发读者对未来科技趋势的思考。

本书是团队合作的结晶。其中，闫海荣负责全书的内容统筹，以及第1章、第2章、第11章、第12章和第14章的编写，并对全书内容进行了整体修改；杨旸负责本书第3章、第4章、第5章和第13章的编写；郑相涵负责本书第6章、第7章、第8章和第10章的编写；侯诚彬负责本书第1章、第11章和第14章的编写，以及全书内容整合工作。本书在编写过程中还得到了作者团队其余成员的大量帮助，其中，宋嘉瑞在第2章探讨了人工智能的伦理和安全问题，在第9章详细介绍了人工智能与区块链技术在医疗健康领域中的协同应用，并负责全文整合工作；袁颂洋在第2章介绍了人工智能技术的基础理论及相关应用，并在第12章讨论了大模型与区块链之间相互融合、相互赋能的案例；薛文溢、林郅润为第3章整理了关于区块链基础知识及历史发展的研究资料，进行了系统化归纳，并设计了一个涵盖智能合约安装、编写、部署和调用过程的代码学习案例；江正龙为第4章的撰写整理了人工智能与区块链在不同应用场景中的实际运用情况，并调研了多个人工智能与区块链结合的实际案例，展示了这一融合的可能性与前景；管章双在第5章中以多个前沿领域为切入点，分析了区块链在增强人工智能数据安全性、促进分布式协作，以及提升训练与推理透明性等方面的独特优势；史瑞为第13章所涉及的前沿开放研究领域进行了深入的资料收集与系统整理，构建了清晰的知识框架，并以此分析了区块链与人工智能在这些领域中的协同作用；方成辰、徐源和余寅胜在第6章讨论了人工智能如何驱动区块链技术，从多领域角度分析了人工智能如何促进区块链系统智能化；李海楠、方浩宇和黄杜恩在第7章分析了区块链中的欺诈行为，并阐述利用人工智能技术进行欺诈识别、建模和检测的应用方法；李郓梁在第 8 章介绍了 Web 3.0 的概念以及 Web 3.0 与区块链、人工智能的融合应用，强调去中心化、数据确权、用户主权的新时代互联网特性；王欢、谢智斌在第 10 章讨论了人工智能与区块链在物联网中的协同应用，涵盖智能物流、医疗、家居等领域。

在编写过程中，我们始终力求内容严谨、结构清晰，并辅以规范化的图表和术语解释，使读者能够轻松掌握复杂的技术细节。同时，每章均设置小结，引导读者从基础理论延伸到实际应用，再到未来创新，逐步建立系统化的知识体系。

作为"十四五"规划教材之一，本书既面向高等院校人工智能与区块链相关专业的师生，也为科研工作者与行业实践者提供重要的参考。本书的出版离不开编者团队的辛勤付出和各领域专家的指导，我们希望通过这本教材，推动人工智能与区块链技术的深入融合，为智慧社会与数字经济的发展贡献一份力量。

希望本书能为您的学习与研究带来启发，也期待收到您的宝贵意见。

编者
2025 年 4 月
清华大学

目录
CONTENTS

第 1 章
绪　　论

1.1　背景与动机

近年来，人工智能（Artificial Intelligence，AI）和区块链技术作为推动第四次工业革命的两大核心力量，逐渐在各行业中崭露头角。AI 通过其强大的数据处理能力、机器学习算法和自动化决策，已经在医疗、金融、零售、交通、制造等多个领域取得了长足发展。与此同时，区块链技术凭借其去中心化、不可篡改、分布式存储等特性，正在重塑金融系统、供应链管理、数字身份认证等众多领域的基础架构。

人工智能的发展历程可以追溯至 20 世纪中期，当时科学家们开始研究如何让计算机像人类一样"思考"和"学习"。最初的 AI 系统主要依赖基于规则的专家系统，通过预定义的逻辑推理来解决问题。然而，随着数据量的爆炸式增长和计算能力的飞跃，以及机器学习（尤其是深度学习）的兴起，人工智能技术进入了全新阶段。如今，人工智能能够通过处理大规模数据，自动从中学习复杂的模式并做出准确的预测。

区块链技术诞生于 2008 年，中本聪发布的比特币白皮书《比特币：一种点对点的电子现金系统》为其奠定了基础。区块链本质上是一个去中心化的分布式账本，通过共识机制确保多个节点在没有可信第三方的情况下达成一致意见。其不可篡改性和透明性使其特别适用于那些需要高度信任的环境，如金融交易和供应链管理。

尽管人工智能和区块链在各自领域都有独立的发展和应用，但近年来，越来越多的研究表明，这两者之间的结合能够显著提升它们的潜在价值。这种结合既有助于提高数据的安全性，也可以促进去中心化治理和智能合约自动化。人工智能的数据处理和分析能力，结合区块链的安全和透明特性，能够为众多行业带来新的技术突破和商业模式。

1.1.1　人工智能与区块链的结合潜力

人工智能与区块链技术并非孤立发展的。相反，它们在多方面可以相互补充、共同发展，尤其是在需要安全、透明、自动化和高效的数据处理与决策领域中。

在数据安全与隐私保护方面，区块链为人工智能提供安全、可信的数据来源，确保用户数据的安全共享，而人工智能则通过差分隐私和加密学习技术进一步增强区块链的隐私保护能力。具体来说，数据是人工智能模型的生命线。然而，在人工智能模型的训练过程中，往往需要处理大量的个人隐私数据，尤其在医疗健康、金融等敏感行业，数据泄露的风险极高。区块链的去中心化架构和加密机制可以为人工智能提供安全、可信的数据来源，确保用户数据在不被篡改的情况下得以安全共享。例如，区块链可以通过智能合约自动执行数据交易和验证，从而在保护隐私的同时确保数据的完整性和真实性。人工智能还可以进一步增强区块链系统的隐私保护能力。例如，人工智能可以通过差分隐私技术在数据处理过程中添加噪声，以确保单个用户的数据不会被泄露。此外，人工智能还可以在区块链的去中心化存储系统中使用加密学习技术，从而在不解密数据的情况下实现模型训练。

在智能合约优化与自动化执行方面，人工智能技术使智能合约具备自我学习和优化的能力，提高执行效率和安全性。具体来说，区块链中的智能合约是一种自动执行的代码，当满足预定条件时便会触发相应的操作。尽管智能合约提供了去中心化的自动执行机制，但其设计和执行过程往往相对简单，缺乏灵活性和智能性。人工智能技术可以通过机器学习和自然语言处理技术，使智能合约具备自我学习和优化的能力，从而在执行复杂任务时更加灵活。例如，通过人工智能算法分析以往智能合约的执行数据，可以预测和优化未来的合约执行路径，减少计算资源的浪费并提高效率；同时，人工智能还可以应用于智能合约的漏洞检测和修复，帮助识别潜在的安全风险，防止恶意攻击和系统崩溃。

在去中心化自治组织与智能治理方面，人工智能帮助中心化自治组织实现自动化决策和资源分配，优化治理结构和合约执行方式。随着区块链技术的发展，去中心化自治组织（Decentralized Autonomous Organization，DAO）成为一种新型的组织管理模式。DAO 依赖智能合约来执行组织决策，无须传统的中心化管理结构。人工智能技术的加入可以进一步提升 DAO 的智能化水平，帮助其在无人工干预的情况下自动做出复杂决策。人工智能在 DAO 中的应用可以体现在以下方面：首先，人工智能可以通过分析市场和组织内的数据，帮助 DAO 实现自动化决策和资源分配；其次，人工智能可以基于预测模型，优化 DAO 内部的治理结构和合约执行方式。通过这种结合，DAO 不仅能提高运行效率，还能增强其应对不确定性和复杂局面的能力。

在去中心化的 AI 模型训练与数据共享方面，区块链技术提供了一种新的数据共享和计算范式，通过分布式模型训练提高数据安全性。传统的 AI 模型训练通常依赖于大型数据集和中心化的计算资源。然而，区块链技术提供了一种新的去中心化数据共享和计算范式，通过去中心化网络中的各个节点协同工作，进行分布式模型训练。这种结合不仅能够缓解中心化系统的计算压力，还可以保障数据的安全性。例如，联邦学习是一种分布式机器学习方法，它允许多个节点在不共享原始数据的前提下，协同训练 AI 模型。区块链可以为联邦学习提供一个安全可信的环境，通过智能合约协调各个节点之间的数据交互，确保数据隐私和模型的公正性。

在跨行业应用的潜力方面，人工智能与区块链的结合在医疗健康、供应链管理、金融与保险等多个行业展现出显著优势，提高透明度、效率和安全性。人工智能与区块链的结合已经在多个行业展现出显著的潜力，以下是几个典型的应用场景：

1）医疗健康，通过人工智能与区块链的结合，能够实现更安全的电子病历管理、跨机构的数据共享和疾病预测。例如，人工智能可以帮助分析医疗数据以发现新的治疗方法，而区块链确保这些数据在多个医疗机构间安全共享，防止数据被篡改。

2）供应链管理，人工智能与区块链可以帮助提高供应链的透明度和效率。人工智能通过分析供应链中的数据来预测需求、优化库存，而区块链则确保每一步的操作都可以被追溯，防止欺诈和不当行为。

3）金融与保险，人工智能可以帮助优化金融风险模型、提升信用评估精度，而区块链可以提供透明和安全的交易环境，特别是在智能合约的自动执行和加密货币交易中，两者的结合将带来革命性的变化。

1.1.2　当前的挑战与机遇

尽管人工智能与区块链的结合展现了极大的潜力，但其发展和应用依然面临一些重大挑战，以下是几个主要挑战以及应对这些挑战的潜在机遇。

首先，计算资源与能效问题是关键，人工智能与区块链都需大量计算资源，采用更高效的共识机制，如权益证明（Proof of Stake，PoS）和优化人工智能算法以预测网络负载并动态调整资源分配，是减少能耗的有效策略。人工智能模型的训练，尤其是深度学习模型，往往需要大量的计算资源和能源消耗。区块链，尤其是使用工作量证明（Proof of Work，PoW）的共识机制，也以高计算需求著称。如何在人工智能与区块链结合的情况下有效利用计算资源并降低能耗，是一个亟待解决的问题。可能的解决方案之一是采用更加高效的共识机制，如 PoS，从而减少对计算能力的消耗；同时，人工智能也可以用于优化区块链网络的计算效率，如通过机器学习算法预测网络负载并动态调整资源分配。

其次，标准化与互操作性问题阻碍了大规模集成，需要产业界和学术界共同推动相关技术标准的制定，以实现人工智能与区块链的无缝和高效结合。目前，人工智能与区块链在各自的发展轨道上进展迅速，但两者之间的结合缺乏统一的标准和技术框架；这导致了技术和应用之间的互操作性问题，阻碍了大规模集成和应用。为了解决这一问题，产业界和学术界需要共同推动相关技术标准的制定，特别是在数据共享、智能合约执行、隐私保护等方面。随着标准化工作的推进，人工智能与区块链的结合将变得更加无缝和高效。

再者，安全与隐私挑战依旧存在，尤其是在处理敏感数据时，尽管已有隐私增强技术如同态加密、零知识证明被引入，但与人工智能模型的无缝集成仍需进一步研究。虽然区块链提供了天然的隐私保护机制，但在人工智能模型的训练和使用过程中，仍然存在潜在的数据泄露风险。特别是在处理医疗、金融等敏感数据时，如何确保数据的完全匿名性和隐私保护是一个重要的挑战。目前，同态加密、零知识证明等隐私增强技术已经被引入到区块链系统中，以确保数据在不被泄露的情况下进行计算。然而，如何将这些技术与人工智能模型无缝集成，仍然需要进一步研究。

最后，法律与监管障碍也不容忽视，特别是在跨国交易、数据隐私和智能合约执行等方面，业界需与政策制定者紧密合作，确保技术创新符合法律法规。人工智能与区块链的应用，尤其是在跨国交易、数据隐私和智能合约执行等方面，往往面临复杂的法律和监管问题。例如，智能合约的自动执行可能违背某些国家的合同法，而区块链上存储的敏感数据也可能面临合规性风险。各国政府和监管机构正在逐步探索应对这些问题的法律框架。为了顺利推进人工智能与区块链的结合，业界需要与政策制定者保持紧密合作，确保技术创新的同时遵守法律法规。

1.2　本书结构与主要内容

本书旨在为读者提供人工智能与区块链技术结合的全面理解与实践指导。全书结构如图 1-1 所示。

第 2 章与第 3 章：系统介绍人工智能与区块链技术的基础知识，包括人工智能的知识表示、机器学习、深度学习等技术，以及区块链的共识机制、智能合约、加密货币等概念。通过这两章，读者可以掌握两项技术的基本原理和当前发展。

第 4 章至第 6 章：重点探讨人工智能与区块链的结合方式和具体应用，包括智能合约优化、数据隐私保护和去中心化自治组织等。特别是这些技术如何相互增强并共同促进跨行业应用。

第 7 章至第 11 章：介绍人工智能与区块链技术在反欺诈、Web 3.0、医疗健康、物联网、数据交易等领域的实际应用场景，并分析其带来的挑战和机会。

第 12 章：聚焦大模型技术与区块链的深度融合，讨论如何在复杂的应用场景下发挥这两项技术的最大潜力，并展望未来技术的发展方向。

第 13 章和第 14 章：总结本书内容，讨论当前的开放研究课题和未来发展趋势。

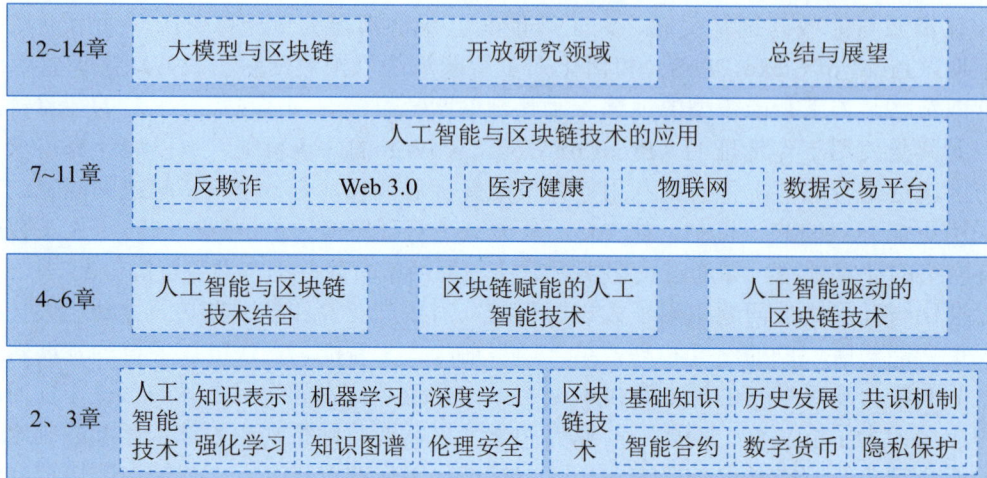

12~14章	大模型与区块链	开放研究领域	总结与展望
7~11章	人工智能与区块链技术的应用		
	反欺诈　Web 3.0　医疗健康　物联网　数据交易平台		
4~6章	人工智能与区块链技术结合	区块链赋能的人工智能技术	人工智能驱动的区块链技术
2、3章	人工智能技术：知识表示　机器学习　深度学习　强化学习　知识图谱　伦理安全		区块链技术：基础知识　历史发展　共识机制　智能合约　数字货币　隐私保护

图 1-1　本书结构和主要内容

人工智能与区块链的结合不仅是两项先进技术的汇聚，更是推动未来智能经济的核心力量。尽管其结合仍面临诸多技术和非技术挑战，但随着研究的深入和应用的拓展，我们有理由相信人工智能与区块链的协同作用将为社会带来全新的机遇与创新。通过本书，我们希望为读者提供深入的技术理解和应用指导，帮助他们在这个快速发展的领域中抓住机遇，开创未来。

第 2 章
人工智能技术

随着近些年来技术的发展，区块链与人工智能产生许多相互结合的空间，从而使得两种技术在一定程度上得到赋能和驱动。本书将从技术到应用，深入探讨区块链与人工智能的结合。

区块链具有中心化、安全可信的特性，能够赋能 AI 产生更多的应用价值。具体而言，这种赋能主要体现在以下几个方面：首先，区块链为深度学习和强化学习提供了理想的环境。区块链的去中心化可以让人工智能更加安全，同时也更加透明。此外，区块链的隐私保护技术也为 AI 应用提供了更强的数据隐私保障，从而保护用户的个人信息。当数据以及算法结果的来源和过程都有迹可循时，将会提高 AI 的可靠性和可接受度。

同时，AI 也在推动区块链技术的发展。首先，AI 模式识别技术可以用于对区块链异常的检测，从而使得整个区块链网络更加高效和稳定。其次，AI 自动化生成的智能合约技术能够提高智能合约制作的效率；除此之外，通过优化智能合约的设计和执行过程，可以提高其灵活性和适应性，从而更好地满足各种复杂场景的需求。通过 AI 决策模型，可以构建 AI 驱动的去中心化自治组织（AI Decentralized Autonomous Organization，AIDAO）系统。这一系统可以实现区块链的治理和自动化决策，并且驱动智能合约交互，以及自适应 AI 链接的 DAO 共享智能。此外，AI 数据挖掘技术也能够应用在区块链数据挖掘和智能合约数据挖掘的场景中。通过利用 AI 的数据分析和模式识别能力，可以从海量的区块链数据中挖掘出有价值的信息和知识。区块链与人工智能相互赋能的模式如图 2-1 所示。

在具体应用领域方面，人工智能与区块链的协同作用表现得尤为突出。以下是一些典型的例子。

（1）人工智能在区块链反欺诈中的应用：通过结合人工智能的大数据分析和模式识别能力，可以有效识别和预防区块链网络中的欺诈行为，从而提高整个系统的安全性和稳定性。例如，利用机器学习算法分析交易数据和行为模式，可以检测出异常交易和可疑行为，从而及时采取措施进行防范和打击。

（2）Web 3.0 中的人工智能与区块链应用：在 Web 3.0 时代，人工智能与区块链共同构建去中心化、智能化的互联网应用生态。例如，去中心化身份验证系统可以利用区块链技术保护用户的身份信息和隐私数据，同时结合 AI 算法进行智能验证和授权管理；去中心化金融应用可以利用智能合约自动化执行并管理金融交易和合约执行等过程；去中心化社交网络可以利用区块链技术保护用户的社交数据和隐私信息，同时结合 AI 算法进行智能推荐和内容过滤等。

（3）人工智能与区块链在医疗健康中的协同应用：通过结合医疗数据和区块链技术，可以构建一个安全可信的医疗数据共享平台，从而实现跨机构、跨地区的医疗数据共享和协作。同时，利用 AI 技术对医疗数据进行深度分析和挖掘，可以帮助医生更准确地诊断疾病、制定治疗方案和预防策略。例如，基于医疗数据的机器学习模型可以帮助医生预测疾病的发展趋势和治疗效果；基于区块链的电子病历系统可以确保病历数据的真实性和不可篡改性；基于智能合约的药物供应链管理系统可以自动化跟踪和管理药物的来源、流向和使用情况等。

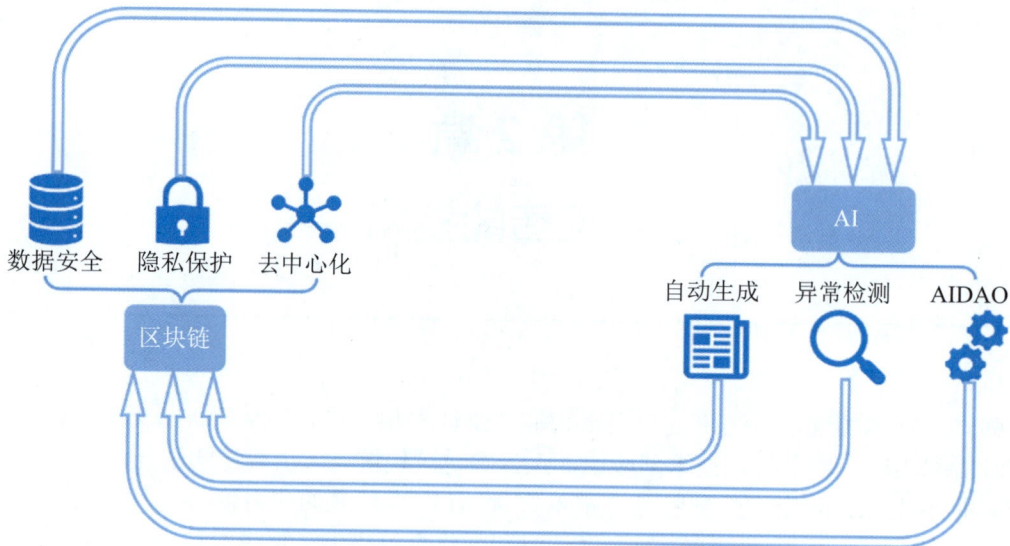

图 2-1 区块链与人工智能相互赋能的模式

（4）物联网中的人工智能与区块链应用：物联网设备的安全和管理是一个重要的问题。通过结合人工智能和区块链技术，可以实现物联网设备的安全互联和智能协同。例如，利用人工智能算法对物联网设备进行异常检测和攻击预警可以提高整个系统的安全性；利用区块链技术对物联网设备上的数据进行身份验证和数据加密，从而保护用户的隐私信息；利用智能合约对物联网设备进行自动化管理和控制可以提高整个系统的效率和可靠性。

（5）数据交易平台中的人工智能与区块链应用：数据交易平台是一个重要的应用场景。一方面，通过结合人工智能与区块链技术可以构建一个安全可信的数据交易平台，促进数据的使用。例如使用人工智能算法，如生成式大模型或是实体关系抽取，对数据进行清洗和整合，可以提高数据的质量和可用性。另一方面，区块链技术能够对数据进行加密和验证，从而确保数据的真实性，同时，其覆写机制也保证了数据只可覆写不可篡改；利用智能合约对数据进行自动化交易和管理可以提高整个平台的效率和安全性。

除了这些经典的具体领域的应用以外，人工智能与区块链的结合还在许多开放性领域中产生了一定的应用价值。例如，基于区块链的联邦学习，基于区块链的群体智能，抗恶意机器学习的区块链技术，基于人工智能的区块链信息化、模型化、自动化，基于人工智能与区块链的智能管理等领域。

在介绍这些具体的结合场景以及相应价值之前，首先系统地介绍人工智能相关的基础理论，从而更好地介绍其与区块链相结合的具体方式。

2.1 知识表示

知识表示是人工智能领域中的一个重要的板块，其目的在于将人类能够理解的文本知识转化为计算机能够理解和操作的形式，以便为各种智能应用提供支持。知识表示的研究涉及如何对现实世界中的知识进行抽象、表示和处理。因此，知识表示的研究对于人工智能的发展至关重要。

基于人工智能和机器学习，可以从基于头尾实体和关系三元组所构成的知识图谱中自动学习知识表示，其中涉及的知识图谱相关研究体系如图 2-2 所示。这种技术利用神经网络等模型对知识进行学习和优化，从而得到更加准确和高效的知识表示，已经得到了广泛的关注和应用，如自然语言处理、图像识别、推荐系统等领域。关于知识表示学习的具体技术体系将会在后面的小节中介绍。

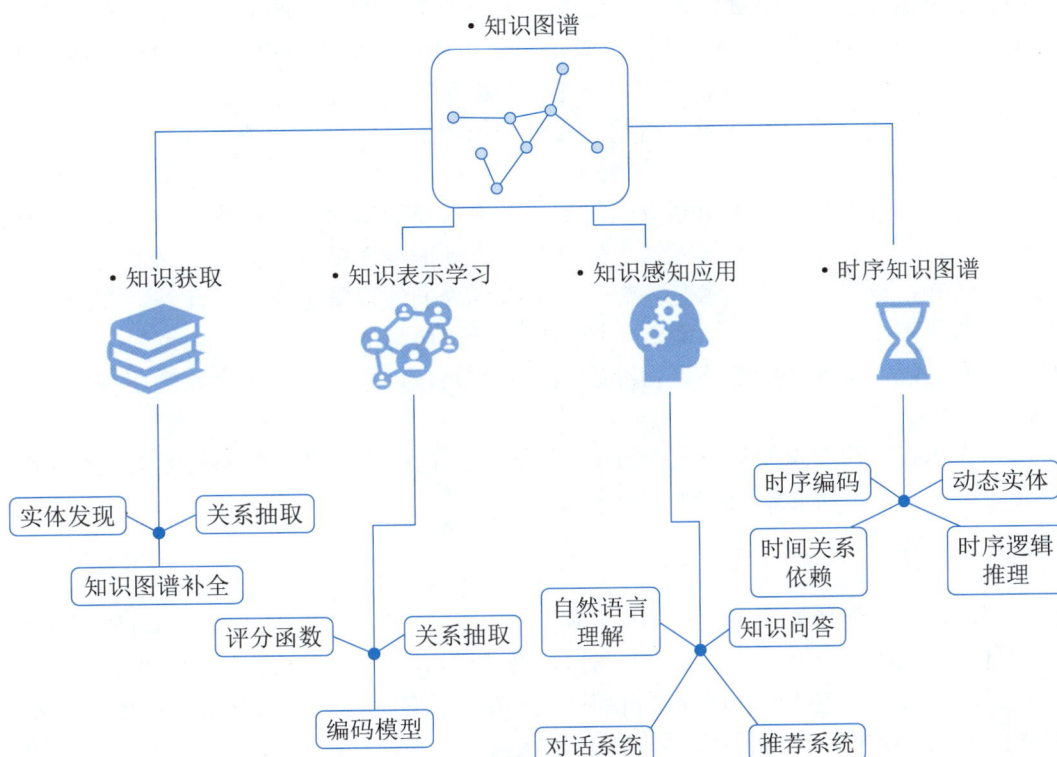

图 2-2　知识图谱相关研究体系

知识表示的应用非常广泛。智能问答、语义搜索、智能推荐、自然语言处理、智能决策等领域都需要利用知识表示技术来实现对相关信息的理解和处理。随着技术的不断发展，知识表示将会在更多领域得到应用和发展。

接下来，本章将从知识表示与人工智能、知识表示方法、知识表示学习、知识表示相关应用这四方面，展开具体的介绍。

2.1.1　知识表示与人工智能

知识表示在人工智能技术体系中有着广泛的应用，借助精确而高效的知识表示，智能系统可以更加准确地模拟人类的思维过程，从而提高问题解决的效率和精度。

知识表示也为知识的积累、传承和共享提供了平台。在现实生活中，许多知识和经验是重复或相似的，这一现象在以文本为载体的非结构化知识中较为常见。通过结构化的知识表示，这些经验得以系统化、规范化，避免了冗余和浪费。结构化知识主要的表示方式便是基于三元组的知识图谱。

知识图谱是一种大型图结构数据，以实体、属性和关系为基础，对现实世界中的知识进行建模和表示。通过将知识抽象为计算机能够理解和处理的形式，知识图谱为各种智能应用提供了丰富的数据基础和支持。在构建知识图谱的过程中，知识表示技术起着至关重要的作用。如同上文提到的，通过对实体、属性和关系进行建模和表示，知识图谱能够将现实世界中的知识转化为计算机能够理解和处理的形式；在这种构建的基础上，还可以进一步地对知识图谱进行完善和补全，例如通过已有的知识链接去预测当前暂时未知的节点。这种结构化的知识表示方式显著提高了智能系统的性能，使其能够更加准确地模拟人类的思维过程，从而提高问题解决的效率和精度。

作为一种高质量的知识表示方式，知识图谱在人工智能中具有广泛的应用价值。它可以提高智能搜索的效率和准确性，通过对海量的信息进行结构化表示和处理，帮助用户快速、准确地获取所需信息。知识图谱也可以实现智能问答和自然语言理解，通过匹配和推理自然语言问题与知识图谱中的实体、属性和关系，实现更加智能化的交互体验。由此，通过知识图谱这一具体的技术载体，知识表示显示出重要的技术价值。

长远来说，知识表示在促进人机交互方面起到了至关重要的作用。通过将人类的语言、行为和意图转化为机器可以理解的形式，智能系统能够更为自然、直观地与人类进行交互。这不仅增强了人类对智能系统的信任和依赖，也使得智能技术更为深入地融入到人们的日常生活中。此外，高级决策和推理能力是现代智能系统不可或缺的一部分，而这一切都离不开高质量的知识表示。通过对复杂、多变的信息进行结构化表示和处理，智能系统能够更为准确地进行预测、规划和决策，为人类在各个领域提供有力的支持。

最后，知识表示在推动知识创新和发现方面也有着巨大的潜力。通过对海量数据进行深度挖掘和整合，智能系统有可能揭示出新的知识、规律和模式。

2.1.2 知识表示方法

知识表示方法是人工智能领域中的一个重要研究方向，旨在将人类知识转化为机器可读的形式，从而实现知识的自动化处理和应用。在人工智能与区块链的结合中，知识表示方法也扮演着重要的角色。

传统知识表示方法主要包括一阶谓词逻辑和语义网络。这些方法以形式化语言或图结构来表示知识，从而实现知识的推理和应用。一阶谓词逻辑基于逻辑演算，将知识表达为命题和谓词，并运用推理规则进行推理；而语义网络则是以图结构为基础，通过节点和边的关系来展示概念、实体及其之间的联系。

在知识表示领域，基于神经网络的知识表示学习方法逐渐成为研究热点。这些方法通过学习知识的嵌入表示实现对知识的更高效、更灵活的处理和应用。其中，词嵌入和图嵌入是两种常用的基于神经网络的知识表示学习方法。词嵌入是一种将词语表示为向量的方法，通过训练语言模型来学习词语的向量表示；这种向量表示可以捕捉词语之间的语义关系，从而实现词语的语义计算和相似度计算。图嵌入则是一种将图结构表示为向量的方法，通过学习图结构的嵌入表示来捕捉节点之间的关系和结构信息；这种嵌入表示可以用于图结构的分类、聚类和推荐等任务中。

如上文所提到的，知识图谱是一种重要的知识表示形式，以图结构的形式来表示实体、属性和它们之间的关系。在知识图谱中，节点表示实体或概念，边表示实体或概念之间的关系。通过将知识表示为图谱的形式，可以方便地进行知识的查询、推理和应用。同时，知识图谱也可以作为知识表示学习的重要数据来源，通过从图谱中学习实体和关系的嵌入表示来实现对知识的更高效处理和应用。

2.1.3 知识表示学习

知识表示学习旨在将人类知识转化为机器可读的形式，从而实现知识的自动化处理和应用。近年来，随着人工智能与区块链技术的不断发展，知识表示学习在人工智能与区块链领域中的应用越来越广泛。

知识表示学习能够将人类知识转化为机器可读形式，其基本思想是将知识表示为高维特征向量，从而使得计算机能够对其进行处理和应用。在人工智能领域，知识表示学习被广泛应用于自然语言处理、图像识别、智能推荐等方面;同时,在区块链领域,知识表示学习也被应用于智能合约、去中心化身份验证等方面。

在实际应用中,知识表示学习已经被广泛应用于各个领域。例如,在自然语言处理领域中,知识表示学习被用于词义消歧、命名实体识别、关系抽取等任务;在推荐系统中,知识表示学习被用于用户画像建模、物品向量表示等任务;在智能问答系统中,知识表示学习被用于问题理解、答案生成等任务;除此之外,在金融、医疗、法律等领域中,知识表示学习也有着广泛的应用前景。目前,已经有许多开源的知识表示学习模型可供使用,例如 TransE、TransR 以及 TransG 等。这些可以方便地进行一对一、一对多、多对多以及多重关系模式的实体关系的知识表示学习和应用。同时,这些工具和平台也在不断地更新和优化,以适应不断变化的应用需求和技术发展。

尽管知识表示学习与区块链在技术原理和应用场景上有所不同,但它们之间也存在一定的联系和互补性。近年来,已经有一些研究开始探索将知识表示学习方法应用于区块链技术中以提高系统效率和安全性。例如,基于知识表示学习的智能合约自动化生成、审核和执行是一种重要的应用场景,具体细节在后文将会详细介绍。

2.1.4　知识表示相关应用

随着人工智能技术的快速发展,知识表示方法作为其中的重要组成部分,在众多领域展现出了广泛的应用价值。本小节将详细介绍知识表示方法在几个典型领域中的应用,包括自然语言处理、智能问答系统、推荐系统等。

在自然语言处理领域,知识表示方法发挥着重要作用。通过将词语、句子和文档表示为向量或图结构,可以方便地进行语义计算、信息抽取和文本分类等任务。例如,在词义消歧方面,利用词嵌入方法可以准确判断多义词在不同上下文中的具体含义。同时,在命名实体识别任务中,结合知识图谱和深度学习技术可以有效识别出文本中的人名、地名等实体信息。

智能问答系统是一种能够自动回答用户问题的系统。其核心任务是从大量文本数据中抽取信息,理解用户的问题,并生成简洁明了的答案。在这个过程中,知识表示方法发挥着关键作用。通过利用知识图谱和语义网络等表示方法,可以有效地组织和管理大量的文本数据,提高系统的查询效率和准确性。例如,在实际应用中,智能问答系统可以利用领域内构建的专业知识库,匹配到图谱中有效的实体和关系信息来回答用户专业知识方面的问题。

在推荐系统中,知识表示方法也扮演着重要角色。通过将用户和物品表示为向量或图结构,可以方便地进行相似度计算和分类,从而提高推荐的准确性和多样性。具体来说,在电商推荐系统中,可以利用用户的购买历史和浏览记录来生成用户的向量表示,然后计算与物品的相似度来推荐相关商品。同时,结合深度学习技术和知识图谱可以提高推荐的个性化程度与用户满意度。又例如,结合图卷积神经网络,对知识图谱中的用户特征和项目进行深度特征编码,以此构建推荐系统,能够更加准确且深度地对用户进行项目推荐。

2.2　机器学习

2.2.1　机器学习发展历程

机器学习的历史可以追溯到 20 世纪中叶,经历了数十年的发展,逐渐成为人工智能领域中最受关注的分支之一。在这个过程中,机器学习经历了多次重要的里程碑和发展阶段,每个阶段都有其特定的算法、技术和需应对的挑战。

早期，机器学习主要关注的是基于规则学习以及统计学的算法。例如，符号学习作为最早的机器学习方法之一，试图通过学习符号规则来解决问题；然而，这种方法在处理复杂数据时遇到了困难。随后，基于统计学的机器学习算法开始兴起，如决策树和朴素贝叶斯分类器；这些算法利用概率和统计理论对数据进行建模和分类，取得了一定的成功。但是，它们对于大规模、高维度的数据集的处理能力有限。

进入 21 世纪，随着计算机硬件性能的提升和数据规模的爆炸式增长，机器学习迎来了飞速发展的阶段。此时，支持向量机作为一种新的机器学习技术引起了广泛关注。通过将数据映射到高维空间并进行分类，它在图像分类、生物信息学等领域取得了突破性的成果；然而，该方法在处理大规模数据集时面临着计算复杂度和模型选择等挑战。

与此同时，集成学习方法的兴起为机器学习带来了新的突破。通过将多个基本学习器进行组合和集成，集成学习方法如随机森林和梯度提升决策树在分类、回归和特征选择等任务上取得了显著进展。它们通过减少过拟合和提高泛化能力，有效地解决了单一学习器性能不足的问题。

而硬件以及算法的进步带来的深度学习的广泛应用，加强了机器学习在更复杂任务上的可用性。深度学习利用深度神经网络对数据进行自动特征提取和表示学习，从而能够处理更加复杂和抽象的任务。卷积神经网络在计算机视觉相关任务上展现出了强大的能力，而循环神经网络则在自然语言处理领域展现出了强大的能力。此外，生成对抗网络和强化学习等新技术也为机器学习带来了更多的可能性及挑战。

综上所述，机器学习的发展历程经历了从基于统计学和模式识别的算法到现代深度学习和强化学习的不断演变及创新。每个阶段都有其特定的里程碑和技术突破，为机器学习在各个领域的应用奠定了基础。随着技术的不断进步和应用场景的不断扩展，机器学习将继续发展并带来更多的成果。

2.2.2　监督式机器学习

监督式机器学习，是机器学习领域中的一种重要方法，其核心思想在于利用带有标签的数据进行训练，使模型能够学习从输入到输出的映射关系，进而对未知数据进行预测。

监督式学习往往需要训练集、验证集和测试集。各个数据集在训练时的格式由一系列的输入和输出对组成，其中输入可以是图像、文本、声音等多种形式，而输出则通常是与之对应的标签，这些标签可以是离散的分类标签，也可以是连续向量。算法的目标在于，通过不断的学习和调整，找到输入与输出之间最为贴切的映射关系。

为了实现这一目标，监督式机器学习涵盖了许多经典的算法，如线性回归、逻辑回归、支持向量机和决策树等。这些算法各有特点，适用于不同类型的问题。例如，线性回归简单而直观，适用于连续值的预测；逻辑回归则可以将线性回归的输出转换为概率值，适用于二分类问题；支持向量机通过在高维空间中寻找最大间隔超平面来进行分类或回归；决策树则利用树形结构对数据进行一系列的决策，实现分类或回归的目的。

在实际应用中，监督式机器学习被广泛用于图像分类、情感分析、推荐系统和欺诈检测等多个领域。在图像分类中，它可以帮助人们识别出图像中的对象或场景；在情感分析中，它可以分析文本数据的情感倾向，如正面、负面或中性；在推荐系统中，它可以根据用户的历史行为和其他信息，预测用户可能感兴趣的内容或产品；在金融领域的欺诈检测中，它可以通过分析交易数据来预测和识别潜在的欺诈行为。

监督式机器学习的应用也面临着一些挑战和注意事项。例如，过拟合和欠拟合是常见的问题，其中过拟合指的是模型在训练数据上表现很好但在测试数据上表现不佳，而欠拟合则是模型在两者上都表现不佳。此外，数据不平衡也是一个重要的问题，某些类别的样本数量可能远远超过其他类别，导致模型对这些类别有偏见。特征选择也是一个需要仔细考虑的问题，因为不相关的或冗余的特征可能会降低模型的性能。

总结来说，监督式机器学习是一种利用带有标签的数据进行学习的方法。它涵盖了一系列的算法和技术，并在许多实际应用中取得了显著的成功。然而，为了获得最佳的性能，需要仔细选择算法、调整参数并处理各种挑战和问题。

2.2.3　无监督式机器学习

无监督式机器学习是机器学习领域中的另一种重要方法，与监督式学习不同，无监督学习的数据不需要带有标签，而是通过分析数据的内在结构和规律来发现其中的模式和异常。

在无监督学习中，算法试图学习数据的内在结构，通过发现数据中的相似性和关联性来揭示隐藏的模式和规律。由于没有标签作为指导，无监督学习更加关注数据的全局特征和分布，而不是特定的预测任务。

其中，聚类分析是无监督学习的典型应用之一。它旨在将数据划分为不同的群组或聚类，其中每个聚类内部的数据点在某种度量下彼此相似，而不同聚类之间的数据点则具有差异性。通过聚类分析，可以发现数据中的不同模式和类别，有助于揭示数据的内在结构。

除了聚类分析，降维也是无监督学习的一个重要任务。在高维数据中，数据往往呈现出复杂性和冗余性，难以直观理解和处理。降维技术旨在将高维数据转换为低维表示，同时保留数据中的主要信息。通过降维，可以更好地可视化数据、发现数据中的模式和异常，并降低计算的复杂度。

此外，无监督学习也常用于异常检测。通过分析数据的分布和模式，算法可以学习到正常数据的特征，从而识别出与正常模式偏离的异常数据点。异常检测在许多应用中都具有重要意义，如网络安全维护、欺诈检测和设备故障预测等。

尽管无监督学习在揭示数据内在结构和发现模式方面具有重要意义，但它也面临着一系列的问题和挑战。例如，聚类分析中需要选择合适的相似度度量和聚类算法，降维过程中需要确定合适的低维空间维度和降维方法，异常检测中需要定义合适的异常度量阈值等。

总的来说，无监督式机器学习是一种对不需要带有标签的数据进行训练的方法，通过分析数据的内在结构和规律来发现其中的模式与异常。它在聚类分析、降维和异常检测等任务中发挥着重要作用，有助于揭示数据的全局特征和分布。通过不断地研究和探索新的算法与技术，可以进一步提高无监督式机器学习的性能和应用范围。

2.2.4　机器学习相关应用

随着科技的飞速发展，机器学习已深入渗透人们生活的各个方面，其广泛的应用和深远的影响体现在分类、回归、聚类、异常检测、推荐系统等诸多领域。尤其是当机器学习与区块链技术相结合后，展现出了更多的可能性和发展潜力。

首先，在各种分类问题上，机器学习算法如支持向量机、神经网络等广泛应用于图像识别、语音识别等领域。其次，各种预测问题，例如股票市场预测、天气预报、生成式预训练模型等，都基于机器学习的模型和方法。再次，聚类分析有助于更好地理解数据的分布和结构，在客户细分、基因研究等领域提供了强有力的工具。异常检测在信用卡欺诈、网络入侵等安全问题上提供了重要保障。最后，推荐系统作为数字化时代的重要组成部分，从电商平台的商品推荐到音乐、短视频平台的个性化推送，都离不开机器学习技术的支持。

当机器学习与区块链技术相结合时，产生了丰富的应用价值。区块链为机器学习提供了数据的安全性和完整性保障，使得医疗记录、金融数据等敏感信息能够在加密状态下进行模型训练和分析。同时，区块链的透明性和可审计性为机器学习模型的训练与预测过程提供了可信的追踪及审计路径，进一步增强了其应用的可靠性和公信力。此外，结合区块链技术，还可以构建去中心化的身份验证系统，确保用户数据的安全性和隐私性。在加密货币和预测市场方面，机器学习算法可以帮助人们预测未来的价格走势，而区块链技术则提供了一个去中心化的交易平台，保证了交易的公平性和安全性。机器学习在区块链上的应用案例如图 2-3 所示。具体的应用场景以及相关分析如下。

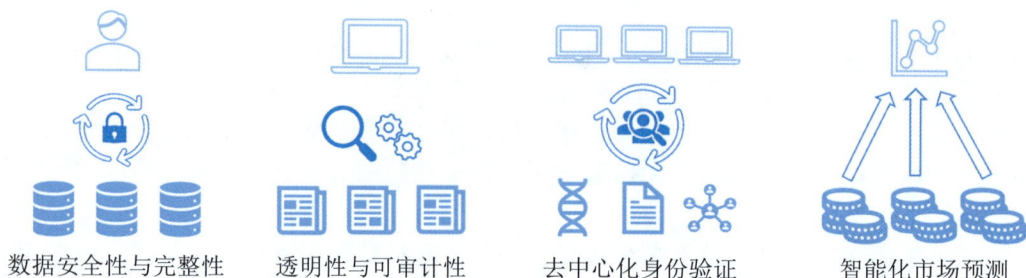

数据安全性与完整性　　透明性与可审计性　　去中心化身份验证　　智能化市场预测

图 2-3　机器学习在区块链上的应用案例

（1）数据安全性与完整性：区块链为机器学习提供了安全、不可篡改的数据存储方式。例如，在医疗健康领域，患者的医疗记录可以被加密并存储在区块链上，只有经过授权的医疗机构或研究人员才能访问和使用这些数据进行机器学习模型的训练。

（2）透明性与可审计性：区块链的透明性特点使得机器学习模型的训练和预测过程可以被追踪及审计。这对于金融、法律等需要合规性检查的领域非常有用。例如，基于区块链的智能合约审计系统可以利用机器学习算法自动检测智能合约中的安全漏洞和错误，提高系统的安全性和可靠性。

（3）去中心化身份验证：通过结合区块链和机器学习技术，可以构建一个去中心化的身份验证系统。在区块链的加密机制和智能合约保障数据安全性与可信度的基础上，结合用户的生物特征、行为模式等信息，可以进一步增强身份验证的准确性，并通过去中心化的数据平台，确保用户数据的真实性和隐私性。

（4）智能化市场预测：通过结合区块链和机器学习技术，可以提升供应链的透明性和效率。例如，基于区块链的供应链管理系统可以利用机器学习算法分析交易数据、物流信息、库存状况等特征，从而提出改进建议。同时，区块链的数据不可篡改和可溯源特性，能够提高供应链管理的可信度，防止假冒伪劣产品进入市场。

2.3　深度学习

2.3.1　深度学习发展历程

深度学习是人工智能领域中的关键技术，虽然被广泛应用的时间并不太久，但其理论发展有着悠久的历史，其发展时间线如图 2-4 所示。可以追溯到早期的神经网络和感知机，当时人们提出这些模型，试图模拟人脑神经元的工作方式；然而，受到算力影响，早期的神经网络模型在处理复杂任务时存在较大程度的局限性。

直到 20 世纪 80 年代，Hinton 等提出的基于一般 Delta 法则的反向传播（Back Propagation，BP）算法成为深度学习的一个重要里程碑。反向传播算法基于链式求导法则，通过计算损失函数对模型参数的梯度进行更新，从而优化模型的损失函数，使得神经网络能够更好地学习从输入到输出的映射。这项技术的引入为神经网络的训练提供了一种有效的方法，从而推动了神经网络技术的兴起。

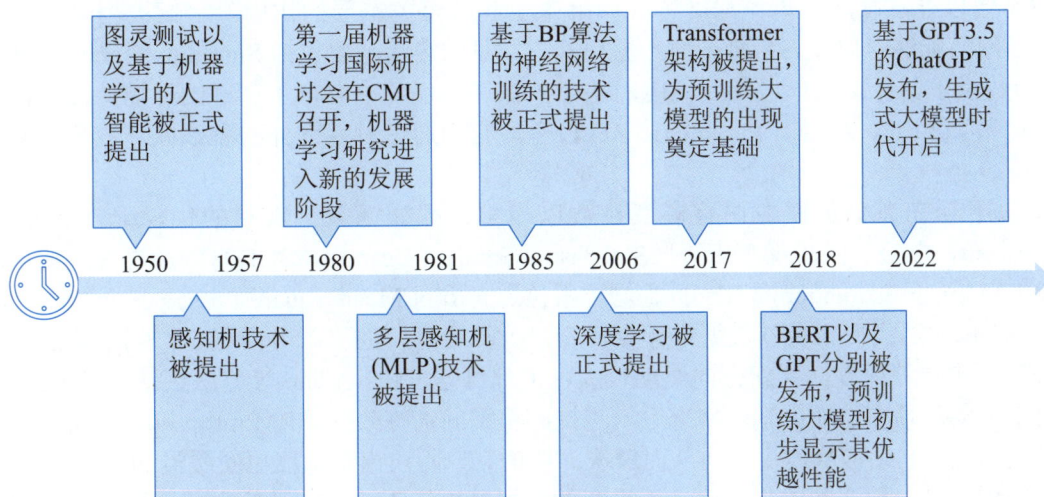

图 2-4　深度学习的发展时间线

进入 21 世纪，深度学习迎来了突破性的进展。这得益于互联网带来的数据量的飞速增长、计算设备能力的提升以及更好的训练技术。随着互联网的普及和数字化进程的加速，大量的数据变得可用，为深度学习提供了丰富的训练资源。同时，图形处理器（GPU）等硬件设备的进步使得大规模并行计算的速率大大提升，加速了神经网络的训练速度。

在这一时期，深度学习领域出现了一些关键的人物和事件。其中，Hinton 等作出了杰出的贡献，在 2006 年，Hinton 及其课题组正式提出了深度学习的概念，这标志着深度神经网络纪元的到来。之后，大量的研究者通过深入研究和改进神经网络模型，推动了深度学习的快速发展。这些模型和技术在各种应用场景中发挥了重要的作用，通过高准确度的自动化识别、分析以及决策，给人们的生产生活带来了便利。

2.3.2　深度神经网络

深度神经网络（Deep Neural Networks，DNN）是深度学习领域中的核心组件，以其强大的表示学习能力为各种复杂任务提供了解决方案。

深度神经网络的基本结构可以分为三个部分：输入层、隐藏层和输出层。输入层负责接收外部输入的数据，每个输入节点对应一个特征维度；隐藏层通过一系列复杂的计算将输入转化为有意义的特征表示，隐藏层的数量可以根据任务的复杂度进行调整；输出层将隐藏层的结果转化为具体的输出，输出节点的数量与任务的类别数相关。

在深度神经网络中，前向传播是指数据从输入层开始，经过隐藏层的一系列计算，最终得到输出的过程。这个过程可以看作对输入数据进行逐层抽象和转化的过程。反向传播算法则是根据输出层的误差，通过计算损失函数对模型参数的梯度来更新网络权重的过程。这个过程可以看作是对模型参数进行调整以最小化预测误差的过程。

基于这样的基本结构，深度网络需要进行超参数的设置。超参数是指在模型训练过程中需要预先设定的参数，如学习率、批量大小、迭代次数等。这些超参数的设置对模型的性能有着至关重要的影响。为了找到最佳的超参数组合，可以使用网格搜索、随机搜索或贝叶斯优化等方法进行调整和优化。同时，早停法也是一种有效的超参数调整策略，它通过在验证集上监控模型性能来提前停止训练，防止过拟合现象的发生。

除了超参数以外，激活函数在深度神经网络中也起着至关重要的作用，它们被用来引入非线性特性，使得神经网络能够学习和表示复杂的数据模式。常见的激活函数包括 Sigmoid、Tanh、ReLU 等。其中，ReLU 函数由于其计算简单、梯度稳定的特点，在许多任务中取得了良好的性能。此外，还有一些新型的激活函数如 Leaky ReLU、Parametric ReLU 等，它们通过引入额外的参数或分段机制来进一步优化模型的性能。

优化算法用于在训练过程中调整模型参数以最小化损失函数。常见的优化算法包括梯度下降（Gradient Descent，GD）、随机梯度下降（Stochastic Gradient Descent，SGD）以及更先进的自适应矩估计（Adaptive Moment Estimation，Adam）、均方根传递（Root Mean Square Propagation，RMSprop）等。其中，GD 算法每次迭代使用全部数据来计算梯度，计算量大，但更新方向稳定；SGD 算法每次迭代只使用一部分数据来计算梯度，更新方向波动较大，但训练速度快；Adam 等算法则结合了 GD 和 SGD 的优点，通过引入动量项和自适应学习率来进一步提高模型的训练效率。RMSprop 则通过引入计算各个参数的累计梯度来进行自适应梯度更新，从而解决训练的某一阶段出现梯度更新缓慢的问题。

深度网络由于其参数空间的复杂度，不平衡的数据集以及不恰当的训练方式，可能引起网络的过拟合。为了防止过拟合现象，深度神经网络常采用一些正则化技术来增强模型的泛化能力。其中，L1 和 L2 正则化是通过在损失函数中添加权重参数的范数项来约束模型复杂度的方法。Dropout 是一种在训练过程中随机丢弃一部分神经元的技术，它可以降低模型对训练数据的依赖，提高模型的泛化能力。批量归一化则是一种将数据分布归一化的技术，它可以减少模型训练过程中的梯度消失和梯度爆炸问题，加速模型的收敛速度。

深度神经网络在不同的应用场景中发展出许多变体，以适应不同类型的数据和任务。这些变体在各自的应用领域取得了显著的成功，并为深度学习的发展作出了重要贡献。下面将详细介绍几种重要的深度神经网络变体及其应用领域。

卷积神经网络（Convolutional Neural Network，CNN）是专门用于处理图像数据的深度神经网络。它通过卷积操作和池化操作捕捉图像的局部特征，并在不同层级上学习图像的空间结构信息。卷积神经网络由卷积层、池化层和全连接层构成。其中，卷积层通过一系列可学习的卷积核来提取图像的局部特征，池化层则通过下采样操作来降低特征维度并增强特征的平移不变性。卷积神经网络在各种类型的计算机视觉任务上具有优势，如图像分类、图像分割、目标检测等。通过在大规模图像数据集上进行训练，CNN 可以学习到丰富的图像特征表示，并在各种任务上取得出色的性能。

循环神经网络（Recurrent Neural Network，RNN）是适用于处理序列化数据的深度神经网络。它通过捕捉序列中的时间依赖关系来学习数据的动态特征。RNN 的基本结构包括输入层、隐藏层和输出层，其中隐藏层的状态会在时间步之间传递和更新。RNN 可以用于处理各种类型的序列数据，如文本、语音、时间序列等。RNN 在自然语言处理领域取得了广泛的应用，如机器翻译、文本生成、情感分析等。通过在大规模文本数据集上进行训练，RNN 可以学习到语言的语法和语义结构，并生成高质量的文本内容。此外，RNN 还可以与其他技术相结合，如注意力机制和记忆网络等，用于处理更复杂的自然语言任务。

长短期记忆网络（Long Short-Term Memory，LSTM）是一种改进的 RNN，在 RNN 循环单元的基础上，引入了记忆单元来缓解 RNN 在处理长序列时的上文信息遗忘或梯度消失。LSTM 的记忆单元由输入门、遗忘门和输出门组成，可以有效地捕捉序列中的长期依赖关系。在 LSTM 的基础上，还改进出了 GRU 神经网络，相比 LSTM，GRU 只有两个记忆门控单元：更新门和重置门，其参数量一般来说也更少，能够在一定程度上节省空间、缓解过拟合现象。LSTM 和 GRU 在自然语言处理和语音识别等领域均取得了一定的成效。

生成对抗网络（Generative Aduersarlal Networks，GAN）是一种由生成器和判别器组成的深度神经网络模型。生成器负责生成数据样本，判别器则负责判断生成的样本是否真实。通过训练过程中生成器和判别器的对抗学习，GAN 网络可以学习到数据在不同风格之间迁移的内在一致性，从而生成具有高度真实感的样本。GAN 网络在计算机视觉和自然语言处理等领域取得了广泛的应用，如图像生成、视频合成和文本生成等。

注意力模型是一种模拟人类注意力机制的深度神经网络模型。它通过计算输入序列中每个位置的注意力权重来捕捉重要的信息，并在处理过程中动态地调整注意力的焦点。例如，较为出名的预训练生成式 Transformer（Generative Pre-Trained Transformer，GPT）与基于 Transformer 的双向编码表示器（Bidirectional Encoder Representations from Transformers，BERT）这两种模型就是基于 Transformer 架构，而该架构是一种基于多头自注意力机制的深度神经网络，其高度适用于处理自然语言处理任务，如机器翻译、文本分类等，有着不俗的表现。注意力模型也可以与 CNN 和 RNN 等网络结构进行一定的结合（如 BERT+LSTM），用于处理图像和文本等复杂数据。在自然语言处理领域，注意力模型被广泛应用于机器翻译、阅读理解和信息抽取等任务中，并取得了显著的效果提升。同时，视觉领域也提出了视觉 Transformer，将注意力机制应用到图像识别、分割等任务中，取得较好的表现。

2.3.3 深度学习相关应用

深度学习的应用领域广泛且影响深远。接下来，将分别介绍深度学习在智能医疗、智能驾驶、游戏、区块链、智能制造和金融领域中的应用。

在智能医疗领域，深度学习具有重要的价值。例如，在医学影像分析任务中，CNN 特别适用于处理图像数据。在 CT、MRI 或 X 光影像中，微小的肿瘤或异常结构难以被肉眼察觉，但经过训练的 CNN 可以快速而准确地识别这些异常，辅助医生进行诊断。同时，深度学习也应用于基因组学和药物研究，如基因序列分析和蛋白质结构预测与生成。RNN 能够分析较长的序列数据，如 DNA 或RNA 序列，以预测其功能和与其他基因的关系。深度学习技术还被应用于电子病历分析，通过自然语言处理技术，可以分析结构化和非结构化的医疗文本数据，如病历、病理报告和出院小结，提取关键信息，用于疾病检测、治疗建议或临床决策支持；此外，生成模型被用于生成新的分子结构，有潜力加速药物的发现过程。深度神经网络也被应用于疾病风险预测，为患者提供个性化的医疗咨询等服务。

在智能驾驶领域，深度学习也有广泛而深远的应用。自动驾驶车辆配备了多种传感器，如雷达、激光雷达和摄像头。深度学习技术可以融合这些不同来源的数据，以获得对环境的全面和深入理解。例如，模型可以结合图像和距离数据，更准确地检测和定位障碍物。同时，深度学习还可以用于路径规划和决策，给定当前的环境信息和驾驶目标，深度学习算法能够生成一条安全、高效的行驶路径。强化学习技术在这方面尤为有效，可以通过与环境的交互来学习最佳策略。此外，深度学习还应用于车辆的智能控制。为了实现平稳、安全的驾驶，车辆需要精确控制其转向、加速和制动系统。深度学习模型可以根据规划的路径和当前车辆状态计算这些控制输入。

在游戏领域，深度学习的应用也越来越广泛。通过深度强化学习，游戏中的非玩家角色（Non-Player Characters，NPC）可以学习如何在各种情境中做出最佳决策，制定对抗性策略，提供更具挑战性的游戏体验。同时，深度学习被应用于游戏内容的生成，如场景、角色和道具，提升了游戏开发的效率，也为游戏设计者提供了更多的创新空间。此外，深度学习还可以应用于玩家行为建模，通过分析玩家的游戏记录、社交互动和其他行为数据，理解玩家的行为和喜好，从而提供个性化的游戏体验和推荐，更好地吸引和留住玩家。

智能制造也是深度学习发挥价值的重要领域之一。在生产线上，深度学习模型可以通过分析产品的图像或传感器数据进行实时的质量检测，确保产品符合标准。通过对设备运行数据的深度学习分析，可以预测何时可能发生故障，提前采取维护措施，有效避免生产中断。同时，深度学习可以帮助企业更好地预测、管理和优化物流，提高运营效率和客户满意度。

在金融领域，深度学习也发挥着重要作用。通过分析大量的股票数据和相关信息，深度学习模型可以预测股票的价格走势和波动情况，为投资者提供决策支持。深度学习模型还可以预测未来的交易量，帮助投资者判断市场的活跃度和流动性，这对于制定交易策略和选择合适的交易对象具有重要意义。基于深度学习的交易代理程序可以根据市场情况自动调整交易策略或提供参考方案，提高交易收益。对于需要快速准确处理大量金融数据的高频交易场景，深度学习可以提高操作效率。同时，深度学习还可用于识别和量化各种金融风险，如市场风险、信用风险和流动性风险等。通过对历史数据的训练，深度学习模型可以预测未来的风险情况，帮助金融机构制定相应的风险管理策略。在借贷场景中，可以根据借款人的相关历史数据训练模型，对借款人的信用风险、企业的违约风险等进行评估。通过对历史贷款数据、企业经营数据等的分析，深度学习算法可以学习识别风险的模式，预测未来的风险情况。深度学习还可以帮助金融机构快速准确地检测异常交易和可疑行为。通过分析大量的交易数据和用户行为数据，深度学习模型可以学习正常交易的模式，识别与正常模式不符的异常交易。此外，深度学习可以根据投资者的风险偏好、投资目标和市场情况，为投资者提供个性化的投资建议和组合管理。通过对金融数据和投资组合的历史表现进行量化分析，深度学习算法可以学习最优的投资策略，为投资者提供定制化的投资方案。

在区块链领域，深度学习也具有重要的应用价值。智能合约是区块链技术的核心组件之一，其安全性至关重要。深度学习可以帮助检测智能合约中的漏洞和错误，确保其按预期执行。通过运行智能合约并观察其行为，深度学习模型可以检测其中的逻辑错误和安全漏洞。例如，可以模拟合约的执行过程，检测是否存在异常行为或未处理的异常情况。深度学习模型还可以对智能合约的代码进行实时分析，通过检查代码的结构和语法，发现潜在的安全问题。一个实际的应用例子是 Wang 等的研究，他们利用智能合约中的多种特征进行融合，通过 BERT 和 CNN 等深度网络对合约代码进行编码，然后利用 Node2Vec 算法对智能合约中的节点关系进行进一步的提取和编码，最后将上述步骤得到的融合特征输入异常判别器进行判别，从而检测智能合约中的缺陷，其具体流程如图 2-5 所示。

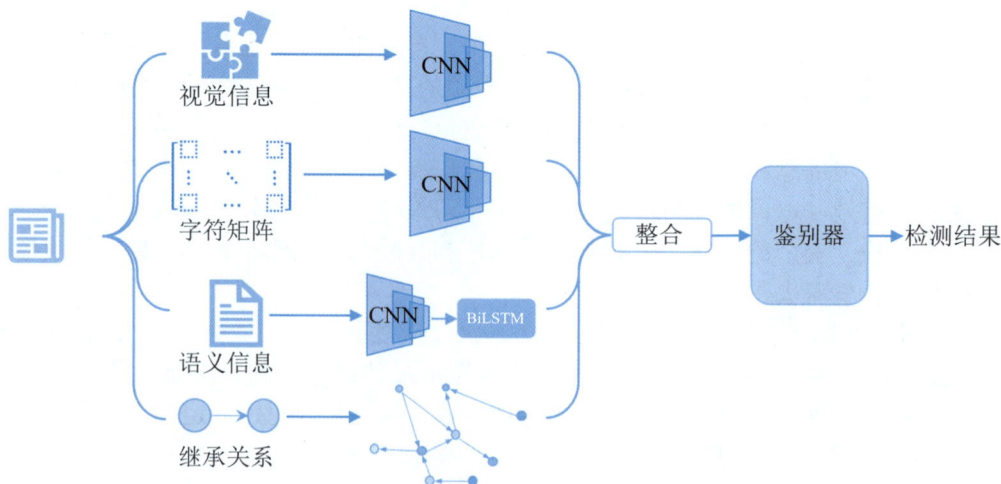

图 2-5　Wang 等基于特征融合的区块链智能合约缺陷检测技术框架

除了上述例子以外，深度学习还可以应用于区块链网络安全性检测、去中心化身份验证、数据交易平台管理等场景。在后面的章节中将会做更加详细的介绍。

2.3.4 深度学习未来发展前景

深度学习的未来发展前景究竟如何，其上限究竟能达到什么样的水平，是一个值得讨论的问题。

首先，从技术发展的角度来看，深度学习仍然存在着巨大的潜力。尽管大模型的出现已经展现了深度学习的强大能力，但这只是冰山一角。随着算力的不断提升和数据的不断增长，未来可能会有更大、更复杂的深度学习模型出现。这些模型将会具备更强的表示学习能力，能够在更广泛的领域和任务中发挥出色的性能。

其次，与其他技术的结合也将为深度学习的未来发展带来巨大的机遇。例如，与强化学习的结合可以使深度学习模型具备更好的决策能力，从而在游戏、机器人控制等领域取得突破。随着大模型的出现，深度学习框架涌现出了更加复杂的智能，这使得深度学习在更加多元化的任务场景中展现着愈加非凡的能力。

最后，深度学习的未来发展也面临着一些问题和挑战。首先，如何设计和优化更大规模的深度学习模型是一个重要的研究方向。随着模型规模的增加，训练时间和计算资源的消耗也会迅速增长，因此需要探索更有效的模型设计和优化方法。其次，也需要关注深度学习的可解释性和伦理问题。尽管深度学习在某些任务上取得了超越人类的性能，但其决策过程往往是一个"黑盒"，缺乏可解释性。这可能会引发一些伦理和安全方面的隐患，需要在研究和应用中加以重视。

为了克服这些挑战和问题，未来的深度学习研究需要更加注重跨学科的合作和交流。计算机科学家需要与各领域专家等其他领域的专家紧密合作，共同探索深度学习的理论基础和应用前景。此外，政府、企业和学术界也需要加强合作，共同推动深度学习技术的发展和应用。

2.4 强化学习

强化学习是一种通过与环境交互来学习决策的人工智能技术。其目的是让智能体对策略进行学习，其优化目标是使得奖励函数最大化。

在强化学习中，智能体（Agent）是学习的主体，具有感知、决策和执行的能力。环境（Environment）是智能体所处的环境以及交互的对象，可以是真实的物理世界，也可以是虚拟的仿真环境。智能体通过感知环境的状态来选择执行的动作，而环境则会根据智能体执行的动作来更新状态，并给予智能体一定的奖励。这个过程可以看作一个循环，智能体不断地执行动作、更新状态、获得奖励，从而学习到如何做出更好的决策。

2.4.1 强化学习基础知识

在强化学习中，状态是对环境的描述，可以是离散的或连续的。例如，在一个迷宫问题中，状态可以是迷宫中的格子；而在一个倒立摆问题中，状态可以是摆的角度和速度。动作的表示方式也应该根据具体问题来选择，以便于智能体学习和决策。在离散动作空间中，每个动作都对应一个具体的行为；而在连续动作空间中，动作可以是一个向量或一个函数。需要注意的是，状态和动作的维度和表示方式对于智能体的学习和决策效率有着重要的影响。因此，在选择状态和动作的表示方式时需要根据具体问题进行权衡和考虑。

奖励是环境给予智能体的反馈，用于衡量智能体执行的动作的好坏。奖励可以是正数、负数或零，分别表示好的、坏的和中性的结果。通常假设智能体的目标是最大化累积奖励。策略是智能体根据当前状态选择动作的方法。策略可以是确定的或随机的。在实际应用中，通常使用随机策略来引入一定的探索性以避免陷入局部最优解。

价值函数是衡量智能体在给定状态下能够获得的未来奖励的期望值的函数。价值函数可以分为状态价值函数和动作价值函数两种。状态价值函数衡量的是在给定状态下智能体能够获得的未来奖励的期望值；而动作价值函数衡量的是在给定状态下执行某个动作后能够获得的未来奖励的期望值。

贝尔曼方程是强化学习中一个重要的方程，用于计算价值函数。贝尔曼方程的基本思想是：一个状态的价值可以由该状态的奖励以及后续状态的价值来计算。通过迭代计算贝尔曼方程，可以得到每个状态的价值函数的值，从而学习到如何做出更好的决策。

2.4.2　深度强化学习

深度强化学习是强化学习与深度学习相结合的技术，能够解决传统强化学习方法在处理高维、复杂环境时的局限性。由于深度强化学习将深度学习的感知能力和强化学习的决策能力相结合，其相对于单独的二者可以在更加复杂的环境中学习到有效的策略。

具体来说，深度强化学习可以分为感知、决策和执行三个阶段。在感知阶段，智能体通过深度学习模型提取环境状态的特征表示；在决策阶段，智能体根据特征表示和奖励函数学习到最优策略；在执行阶段，智能体根据策略选择动作并执行，然后接收环境的反馈并更新策略。通过不断地与环境交互，智能体可以逐渐学习到更加有效的策略，实现最大化累积奖励的目标。

目前使用较多的深度强化学习算法包括深度 Q 网络（Deep Q-Network，DQN）、Actor-Critic（AC）以及近端策略优化（Proximal Policy Optimization，PPO）等。其中，DQN 算法是一种基于值函数的深度强化学习方法，其引入深度神经网络作为 Q 函数，同时，使用经验回放和固定 Q 值等方法来稳定学习过程；AC 算法是一种基于策略的深度强化学习方法，其中，Actor 用于学习策略 Q 值，Critic 则评估策略的好坏，并根据梯度进行策略的更新；PPO 算法则是一种基于策略梯度的深度强化学习方法，通过引入近端策略优化技术来稳定学习过程并提高样本效率。

深度强化学习已经被广泛应用于游戏、自动驾驶、机器人控制等领域。在游戏领域，深度强化学习能够让智能体与玩家进行对抗或者互动，增强游戏的趣味性。在自动驾驶领域，深度强化学习可以用于学习自动驾驶策略，并在模拟器中进行测试和优化。例如，通过训练智能体在不同路况和交通状况下的驾驶行为，可以实现自动驾驶汽车的安全性和舒适性。在机器人控制领域，深度强化学习可以用于学习机器人的运动控制策略，并完成各种任务。例如，通过训练机器人在复杂环境中执行路径规划、抓取物体等任务，可以实现机器人的智能化和自主化。

2.4.3　人类反馈强化学习

人类反馈强化学习（Reinforcement Learning from Human Feedback，HFRL）是一种基于强化学习的人工智能技术，将人类的反馈信息与传统的强化学习算法相结合，为智能体提供了一种全新的学习和优化行为策略的方法。HFRL 的引入不仅可以显著提升智能体的交互效果和用户体验，还可以推动人工智能领域向更加智能、人性化的方向发展。

HFRL 的基本原理是将人类提供的反馈信息作为奖励信号，通过强化学习算法训练智能体的行为策略。HFRL 通过与人类的交互，接收和利用人类提供的反馈信息，从而不断地调整和优化智能体的行为策略。在这个过程中，强化学习算法起到了关键作用，它可以根据智能体的行为结果和人类反馈，自动调整智能体的行为策略，使得智能体能够在未来的交互中做出更加符合人类期望的行为。

HFRL 的实施过程可以分为两个主要阶段：人类反馈阶段和强化学习阶段。这两个阶段相互衔接，共同构成了 HFRL 的完整实施过程。

在人类反馈阶段，人类观察者根据智能体的实际行为表现给予相应的反馈。这些反馈信息可以包括正向的奖励和负向的惩罚，以及对智能体行为的评价和建议。为了确保反馈信息的准确性和一致性，可以考虑使用多个观察者提供的反馈进行平均或加权平均，以减少单一观察者可能存在的偏见和误差。同时，为了便于智能体进行学习和利用，可以使用自然语言处理和情感分析等技术对人类提供的文本或语音反馈进行自动分析和处理，提取其中的关键信息。

在强化学习阶段，智能体根据接收到的反馈信息以及环境的反馈，通过试错和调整策略来学习如何优化自身的行为。具体而言，强化学习算法可以根据人类提供的奖励和惩罚信息，以及智能体在环境中的实际表现，计算出每个可能行为的预期奖励，并选择具有最高预期奖励的行为作为下一步的行动方案。通过这种方式智能体可以逐渐学习到更加符合人类需求和期望的行为策略。

HFRL 已经被广泛应用于多个领域如人机交互、智能推荐、教育等。尤其是在最近出现的大模型技术中，HFRL 有着重要的作用。在人机交互领域 HFRL 通过引入人类的反馈信息提高了智能体的交互效果和用户体验。例如，在家居环境中用户可以通过提供反馈，来指导智能体学习如何更好地控制家电设备，从而提高整个家居环境的智能化水平。在智能推荐领域 HFRL 能够根据用户的反馈信息，动态地调整推荐策略，使得推荐结果更加准确、符合用户的喜好和需求。

在实际应用中，HFRL 也面临着一些问题和挑战，如人类反馈的准确性和一致性、强化学习的样本效率以及人机交互的友好性等。为了解决这些问题，可以考虑使用多个观察者的反馈来提高反馈的准确性和一致性，使用迁移学习和元学习等技术来提高样本的利用效率，并设计更加友好、高效的人机交互界面来提高和满足用户的参与度和体验。

2.4.4　强化学习相关应用

强化学习在众多领域中有着广泛的应用，包括上文提到的游戏、自动驾驶，以及金融和医疗等领域。

在游戏领域，强化学习被广泛应用于策略制定、角色行为决策、任务规划以及适应性难度调整等方面。例如，在围棋领域，AlphaGo 等基于深度强化学习和蒙特卡洛树搜索（Monte Carlo Tree Search，MCTS）的算法，通过大量自我对弈和专业棋手对局数据的训练，学习如何制定最优的下棋策略；这种算法不仅能够与人类顶尖选手相媲美，甚至取得了更优异的成绩，还发现了一些新颖、富有创意的棋局走法，推动了围棋的发展和创新。同时，强化学习也被广泛用于角色行为决策和任务规划。智能体通过与环境的交互，学习如何在不同的游戏场景中做出最优决策，从而取得更好的游戏表现。例如，在动作冒险游戏中，智能体需要学会如何探索地图、解谜、战斗等，以完成游戏任务。通过强化学习算法的训练，智能体可以在不同情境下采取最佳行动策略，提高游戏的通关效率和用户体验。

在自动驾驶领域，强化学习用于优化自动驾驶系统的决策过程，提高驾驶的安全性和舒适性。自动驾驶系统需要通过感知、决策和执行等步骤来实现车辆的自主驾驶。其中，决策是核心部分，需要根据车辆状态、道路环境、交通信号等因素来制定最优的驾驶策略。强化学习算法可以基于车辆与环境的交互数据，学习如何制定最优的驾驶策略，如车道保持、换道、超车等行为。通过这种方式，智能体能够逐渐学习到更加符合人类需求和期望的驾驶行为，提高自动驾驶的安全性和效率。

在金融领域，强化学习被应用于制定投资策略、信用评分以及欺诈检测等方面。智能体可以通过与市场的交互，学习如何制定最优的投资策略，从而获取更高的收益。例如，利用强化学习算法来学习股票交易、外汇交易等金融市场的投资策略，可以提高交易的收益和风险控制能力。此外，强化学习还可应用于信用评分模型的开发和优化，智能体可以从历史数据中学习预测借款人的违约风险，并据此调整贷款条件和利率。通过这种方法，金融机构能够更准确地评估借款人的信用状况，降低坏账率和风险成本。

在医疗领域，强化学习的应用主要集中在个性化治疗方案的制定、疾病预测以及药物研发等方面。智能体可以根据患者的病史、病情和个体差异，学习如何制定最有效的治疗方案。由于强化学习通常还用于机械控制，这一技术可以用于构建医疗场景下能够对环境进行行动学习的机器人。例如，手术机器人通过强化学习，学习如何在手术过程中进行精细操作。此外，智能体还可以从大量医疗数据中学习预测疾病的发展趋势和患者的预后情况，从而提前采取干预措施，以改善患者的生活质量。

在区块链领域，强化学习也展现出一定的应用价值。例如，可以利用深度强化学习来优化区块链的共识协议设计和节点选择，从而增强共识算法的效率与安全性。通过强化学习，智能体可学习如何在分布式网络中选择最优的节点进行共识，提高交易验证的速度和可靠性。同时，强化学习还可用于区块链中分层共识机制的安全优化，提升系统的抗攻击能力。此外，在数据分布式存储方面，利用深度强化学习可以优化数据的存储策略，实现区块链在物联网高变动、高复杂性场景中的应用。随着技术的不断进步和研究的深入，强化学习将在区块链领域发挥越来越重要的作用。通过强化学习的决策能力，可以设计出更加高效、安全和智能的区块链系统，为各种应用提供更加可靠的支持。

2.5　知识图谱

知识图谱（Knowledge Graph，KG）是一种用于表示实体及其关系的结构化语义知识库，它通过节点和边来描述现实世界中的事物及其相互关联，旨在实现知识的高效存储、组织和应用。随着大数据和人工智能技术的发展，知识图谱在信息检索、智能问答、推荐系统等领域发挥着重要作用。

2.5.1　知识图谱基础知识

知识图谱的核心是以图的形式表示知识，其中节点代表实体（如人物、地点、事件等），边代表实体之间的关系（如"朋友""位于""参与"等）。这种表示方式可以直观地展示复杂的知识结构，方便机器进行理解和推理。

知识图谱的基本组成包括实体（Entity）、关系（Relation）和属性（Attribute）。实体是知识图谱中的基本单位，表示现实世界中的客观事物；关系用于连接两个实体，表示实体之间的关联；属性描述实体的特征和性质。例如，在一个包含电影领域的知识图谱中，实体可以是"导演""演员""电影"等，关系可以是"执导""主演"等，属性可以是"出生日期""电影类型"等。

构建知识图谱的一个关键挑战是知识表示和存储的方式。目前，常用的知识表示方法包括资源描述框架（Resource Description Framework，RDF）和 Web 本体语言（Web Ontology Language，OWL）。RDF 使用三元组（Subject-Predicate-Object）来表示知识，方便机器进行解析和处理。OWL 在 RDF 的基础上增加了对本体（Ontology）的支持，能够描述更加复杂的语义和逻辑关系。

此外，知识图谱还涉及本体构建、语义查询、知识融合等关键技术。本体是对某一特定领域知识的概念化表示，定义了该领域的概念、属性和关系，有助于实现知识的标准化和统一化；语义查询允许用户使用自然语言或结构化查询语句在知识图谱中检索信息，提高了信息检索的准确性和效率；知识融合是指将多个异构的知识源进行整合，消除冗余和冲突，形成统一的知识图谱。

2.5.2　知识图谱的构建方法

构建高质量的知识图谱需要综合运用多种技术和方法，包括知识抽取、实体对齐、关系抽取和知识融合等。

知识抽取是从非结构化或半结构化的数据源（如文本、表格、网页等）中提取实体、关系和属性的过程。常用的知识抽取技术包括自然语言处理、信息抽取和机器学习等。具体方法有命名实体识别（Named Entity Recognition，NER）、关系抽取、属性抽取等。例如，从一句话中识别出人物名称、地点名称，并确定其关系。

实体对齐是将不同数据源中表示相同实体的节点进行匹配和合并的过程。这一过程需要解决同名异物和异名同物的问题。常用的方法包括基于字符串相似度、上下文语义相似度以及利用机器学习模型进行匹配。

关系抽取是识别实体之间的关联，并将其表示为知识图谱中的边。关系抽取的方法可以分为有监督、半监督和无监督等类型。有监督的方法需要标注数据，模型通过学习这些数据来识别关系；半监督和无监督的方法则利用少量标注数据或依靠统计和规则来发现关系。

知识融合是将从不同来源和不同方法获取的知识进行整合，消除重复和冲突，形成一致性的知识图谱。这一步需要考虑数据的质量、可信度，以及如何处理冲突的信息。常用的技术包括基于规则的方法、概率图模型以及深度学习模型等。

2.5.3　知识图谱相关应用

知识图谱在众多领域中得到了广泛的应用，包括搜索引擎、智能问答、推荐系统和智慧医疗等。

在搜索引擎领域，知识图谱提升了搜索结果的准确性和智能化水平。例如，谷歌的知识图谱能够在用户搜索某个实体时，直接展示该实体的属性和相关信息，提供更丰富的搜索结果。这种直观的信息展示方式提高了用户的搜索体验，帮助用户更快捷地获取所需信息。

在智能问答领域，知识图谱为机器提供了丰富的背景知识，支持对自然语言问题的理解和回答。通过将用户的问题映射到知识图谱中的实体和关系，智能问答系统可以准确地提取答案。例如，当用户询问"爱因斯坦的导师是谁？"时，系统可以在知识图谱中查找与"爱因斯坦"相关的"导师"关系，提供正确的答案。

在推荐系统中，知识图谱帮助模型深入理解用户的兴趣偏好和项目的特征，从而提供个性化的推荐。例如，在电影推荐中，知识图谱将电影的导演、演员、类型等信息关联起来，帮助推荐系统根据用户喜欢的演员或类型，推荐相关的电影。知识图谱的推荐提高了推荐的准确性和多样性。将知识图谱和大语言模型结合，还能够构建更加丰富和结构化的学习资源关系网络，提升推荐系统的语义理解能力。

在智慧医疗领域，知识图谱应用于疾病诊断、药物推荐和医学知识管理等方面。通过构建包含疾病、症状、药物、基因等实体的医疗知识图谱，医疗系统可以辅助医生进行诊断和制定治疗方案。此外，知识图谱还用于医学文献的组织和检索，促进医学知识的传播和共享。

随着区块链技术的发展，知识图谱在数据安全和隐私保护方面的应用也得到了增强。区块链与知识图谱的结合可以显著提升数据的透明性和可靠性，区块链的不可篡改性和分布式账本特性能够为知识图谱中的数据提供坚实的安全保障，确保信息来源的真实性和数据的一致性。这种高透明度的特性不仅增强了用户对数据的信任度，还促进了跨组织、跨领域的数据共享和协作。

2.5.4　知识图谱与人工智能的融合

知识图谱与人工智能的融合为智能系统的发展带来了新的机遇。知识图谱为人工智能提供了丰富的背景知识和语义信息，支持更高级的推理和决策能力。

在自然语言处理领域，知识图谱可以辅助模型理解文本的语义。例如，在机器翻译中，知识图谱可以提供多义词的上下文信息，帮助模型选择正确的翻译结果。在情感分析中，知识图谱可以捕捉文本中隐含的情感倾向，提高分析的准确性。

在深度学习模型的训练中，知识图谱可以作为先验知识，指导模型的学习过程。通过将知识图谱中的关系融入神经网络中，模型可以更好地理解数据的结构，提高学习效率和模型的泛化能力。

此外，知识图谱还可以支持人工智能系统的可解释性。由于知识图谱以直观的图形结构表示知识，系统的决策过程可以通过知识图谱进行解释，增加系统的透明度和信任度。

2.5.5　知识图谱的未来发展

尽管知识图谱在各个领域展现出了巨大的潜力，但其构建和应用仍面临着一些挑战。

首先，知识获取和更新困难。构建高质量的知识图谱需要大量的数据和精确的知识抽取技术。然而，现实世界中的数据往往是非结构化的，存在噪声和不完整性，增加了知识获取的难度。此外，随着世界的不断变化，知识图谱需要及时更新，以保持信息的准确性和时效性。

其次，知识图谱的标准化和共享性不足。不同的机构和组织可能使用不同的本体和数据格式，导致知识图谱之间难以互通和融合，这限制了知识图谱的发展规模和应用范围。

再次，存在隐私和安全问题。知识图谱可能包含敏感的信息，如个人隐私和商业机密。在知识图谱的构建和共享过程中，需要确保数据的安全性和隐私保护，防止信息泄露和滥用。

最后，知识图谱的推理和查询效率需要提升。随着知识图谱规模的扩大，如何高效地进行知识推理和查询成为了一个重要的问题。需要发展更高效的算法和技术，支持大规模知识图谱的应用。

综上所述，知识图谱作为一种重要的知识表示和组织方式，为人工智能的发展提供了强大的支持。通过深入研究知识图谱的构建方法和场景应用，解决当前面临的问题，知识图谱将在更多领域发挥关键作用，推动智能系统的进步。

2.6　人工智能伦理和安全

2.6.1　人工智能中的伦理风险

随着人工智能技术的快速发展，其伦理道德问题被广泛讨论，也引起了各国政府部门的重视。人工智能伦理可以从多个方面考量：人工智能道德问题、人工智能技术伦理问题、人工智能社会伦理问题。

人工智能道德问题讨论人工智能在道德层面的责任和义务，人工智能是否可以作为道德层面的责任主体，如何研究合乎伦理道德的人工智能算法，应如何确保人工智能系统的决策有着安全可靠的要素，同时避免歧视偏见等现象的发生。这一部分要确保人工智能的行为或决策是符合人类价值观和主流道德标准的，需要综合考虑算法的公平、隐私保护、道德准则等方面，避免算法产生错误行为造成巨大损失和恶劣影响。对于这方面的理论讨论还在持续进行之中，目前还没有达成共识。

人工智能技术伦理问题要求算法设计者在涉及人工智能系统之前就要考虑可能造成的道德伦理问题，并在研究过程中及时评估人工智能系统可能引发的道德问题、隐私侵犯、偏见与歧视等问题，在设计过程中采取措施降低这些事情发生的风险。与此同时还需要确保人工智能系统内部有能够自行纠错的机制，对危险行为和价值偏差进行及时的识别、反馈与消除。

人工智能社会伦理问题考虑的是人工智能系统在社会中应用的具体伦理问题，关键在于如何坚持人工智能向善、防止利用人工智能进行恶意攻击等不当行为。比如大街小巷的摄像头用于监控社会安全问题，识别人脸帮助快速捉拿犯罪嫌疑人等，符合人工智能向善的主题，而一些小区门禁强行要求录入人脸信息进行人脸识别，就有刻意收集用户生物特征信息的风险，因此也需要出台一系列的规范严格要求人工智能技术在社会中的使用。另外也有一些开放性问题存在，比如当人工智能发展到一定程度开始取代人们的就业岗位，又会带来一系列连锁反应的问题，因此人工智能技术很容易引发社会问题，要预先考虑到可能造成的问题并制订相应计划。

上述分析了人工智能的伦理问题，那么一个符合要求的人工智能算法应该是什么样子的？坚持科技向善的人工智能算法应该公平、透明、可靠、可追责。《互联网信息服务算法推荐管理规定》中提到算法服务的提供者应坚持主流价值导向、促进人工智能算法积极向善，提供的人工智能算法应该遵守法律法规、职业道德和社会公德等。

然而现在的人工智能算法还是面临非常多方面的伦理问题，比如深度学习的训练数据通常标签分布不一致，很容易导致偏见问题，少数标签被忽视的情况很常见，一旦应用在社会中，可能造成更大的问题，比如少数群体的权益被忽视，这不符合社会的道德标准和价值观。此外，深度学习算法的可解释性也一直被人诟病，绝大部分研究致力于研究算法与应用而忽视了可解释性方面的工作。对于算法透明性来说，尽管代码开源已经在人工智能领域推广开来，一些机构可能出于商业目的并没有开放算法源码，虽然算法的透明性被很多组织重视，但是没有实际的规定和标准产生。

一旦出现人工智能伦理问题，人工智能算法和算法设计者应该承担怎样的责任？他们分别有什么样的责任分配和道德权利？虽然责任分配机制尚不明确，但算法设计者需要在设计过程中始终坚守职业道德，这要求人工智能算法设计者要具有足够的伦理意识，能够及时识别伦理问题，坚守伦理原则、职业规范、社会公德等，同时要有底线意识，时刻考虑上述伦理要求并不断改进算法。

2.6.2　数据安全与数据隐私

一些研究表明人工智能模型可能被攻击者采用某种方式推断出训练数据的某些特征，比如人工智能模型应该满足差分隐私的要求，避免被攻击者定位到某些敏感信息所在的数据集。人工智能中的生成模型可能被用户利用精心设计的提示词泄露数据来源，这说明数据隐私保护在大模型中的使用还不够充分，其训练数据来源没有进行充分的脱敏信息处理。

与此同时，现有的预训练大语言模型训练数据大多来源于网上资料，可能被一些恶意发布的虚假信息污染，因此需要建立信息过滤筛选机制，识别恶意信息与虚假信息。目前大语言模型生成的内容也不一定是真实可信的，容易产生一本正经地胡说八道的问题，急需增强生成内容的准确性和真实性。

2.6.3　人工智能带来的知识产权问题

基于人工智能技术可以实现语音风格迁移、"人工智能换脸"等音视频改变，深度伪造技术的快速破圈使得互联网上"人工智能换脸"的内容层出不穷。一些视频平台的创作者对影视作品进行二创，然而这些二创者未经他人允许使用他人人脸信息，侵犯了个人的肖像权、名誉权，对影视作品进行二次创作也侵犯了原作品的知识产权，涉及典型的侵权问题。

人工智能明星直播带货、人工智能孙燕姿唱歌火爆全网等现象的发生，离不开视频平台中的推荐算法对侵权内容的扩散，一些视频平台为了热度与流量，对侵权内容睁一只眼闭一只眼，视频平台的推荐算法设计对侵权内容的识别与监管不到位，成为隐形的"助推之手"。

视频平台在使用高效推荐算法的同时，存在着提高侵权作品传播效率、扩大传播范围、加重侵权后果等风险。允许哪些内容被推荐、如何设计算法的具体应用方式需要视频平台重点考虑，其对侵权内容负有很高的关注义务。一旦涉及视频的知识产权问题，推荐算法平台同样需要承担相应责任。

随着预训练大语言模型的推广，越来越多的人使用大模型生成的内容，大模型可以根据提示词生成各种充满想象力的图像，也可以生成对一些领域知识的详细介绍。然而人工智能中的生成式模型产生的生成式内容的知识产权界限非常模糊，目前没有一个明确的规范说明其知识产权究竟是模型本身、训练数据、提问者还是创建模型的算法工程师。

2.6.4 人工智能伦理问题相关法律法规

相应的法律法规正处于不断完善与发展的状态，也在从不同方面保护人的基本权益免受人工智能伦理问题的侵害。

在个人隐私保护方面，《中华人民共和国民法典》保护了自然人的肖像权、姓名权、名誉权及一般人格权；《中华人民共和国侵权责任法》根据侵权程度等事实依据进行责任划定；《个人信息保护法》保护自然人的人脸特征等生物特征不被滥用。

在人工智能伦理问题方面逐步也有专门的法律条例进行规范：《网络音视频信息服务管理规定》规定了人工智能换脸技术的使用规范，细化了网络音视频信息服务提供者的平台责任，指出基于深度学习等技术的新应用，制作、发布传播非真实音视频信息，应当以显著方式予以标识；《网络信息内容生态治理规定》《互联网信息服务算法推荐管理规定》也对生成内容提出了不同程度的监管要求；《生成式人工智能服务管理办法（征求意见稿）》是国家首次针对生成式人工智能产业发布的规范性政策，要求应当尊重他人合法利益。

与此同时，一些行业领头羊也积极制定行业规范，比如《抖音关于人工智能生成内容的平台规范暨行业倡议》要求创作者、商家、主播等平台参与者，在应用生成式技术时遵循相关规范，发布者应对生成内容进行显著标识，帮助其他用户区分生成的虚拟内容与真实内容。

由于法律规范缺乏前瞻性，因此需要更加强调伦理意识，需要相关从业者形成一定的共识，提高从业者的伦理意识，比如让算法设计者在设计算法的时候就考虑到一些伦理问题，并进行针对性设计，同时建立相应的伦理评估、预警和管理机制。

2.7 本章小结

本章深入探讨了人工智能技术的核心概念及其与区块链技术之间的关系，为理解两者的交叉应用奠定了坚实的理论基础。

首先，本章概述了区块链与人工智能的关联性，指出区块链为人工智能提供了安全、可信的数据存储与共享环境，而人工智能则有助于提高区块链的效率和智能化水平。这种相互促进的关系为技术融合提供了广阔的前景。

接下来，本章讨论了知识表示这一人工智能的基础。知识表示决定了机器如何理解和处理信息，是实现智能行为的关键。通过分析各种知识表示方法，如逻辑表示、语义网络和框架结构，展示了不同方法在表达知识方面的优势。知识表示学习的出现，使得机器能够从大量数据中自动构建知识体系，推动了人工智能的发展。知识表示在自然语言处理、专家系统等领域的应用，体现了一定重要性。

在机器学习部分，回顾了其从统计学习到大数据时代的演进。机器学习通过经验数据改进性能，包括监督式学习和无监督式学习两大范畴。监督式学习利用标注数据进行训练，广泛应用于分类和回归任务；无监督式学习则在未标注数据中发现潜在结构，常用于聚类和降维。机器学习在图像识别、语音识别等领域的成功应用，证明了其强大的问题解决能力。

深度学习作为机器学习的深化，利用深度神经网络处理复杂的非线性问题。其发展历程展示了从浅层网络到深层网络的转变，解决了传统机器学习在特征提取方面的局限。深度学习在计算机视觉、自然语言处理等领域取得了突破性进展，如人脸识别、自动翻译等方面的应用。展望未来，深度学习有望与其他技术融合，进一步提升智能系统的认知能力。

强化学习部分介绍了智能体通过与环境交互学习策略的过程。深度强化学习结合了深度学习和强化学习的优势，能够在高维状态空间中决策。人类反馈强化学习引入了人类的指导，加速了学习过程。强化学习在游戏 AI、机器人控制等领域的应用，展示了其在动态决策和控制任务中的潜力。

在知识图谱的探讨中，介绍了其在表示复杂关系和结构化知识方面的独特优势。构建知识图谱的方法包括知识抽取、融合和表示，为人工智能提供了丰富的背景知识。知识图谱在搜索引擎、推荐系统等实际应用中发挥了重要作用，提升了信息检索的准确性。知识图谱与人工智能的融合，促进了知识驱动的智能系统的发展。

最后，本章还关注了人工智能的伦理和安全问题。人工智能的发展带来了算法偏见、决策透明性等伦理风险，可能导致不公平或不可解释的决策结果。数据安全与隐私保护成为焦点，保护个人信息免受滥用是亟待解决的问题。人工智能引发的知识产权挑战，如生成内容的版权归属，也需要法律的规范和界定。现有的法律法规开始关注这些问题，但仍需进一步完善。

尽管人工智能技术取得了显著进步，仍存在一些尚未解决的挑战。例如，深度学习模型的黑箱性质导致决策过程难以解释；强化学习在现实环境中的应用，受限于高昂的学习成本和潜在的安全性；数据隐私和伦理问题需要社会各界共同关注和解决。这些限制也显示出技术发展必须与伦理思考和法律规范相协调。

展望未来，人工智能与区块链的深度融合将开启新的研究和应用方向。利用区块链的分布式和不可篡改性，可以为人工智能提供更安全的数据共享环境；而人工智能则可以优化区块链的共识机制和智能合约执行效率。读者可以进一步思考如何将两者的优势结合，探索在医疗、金融、物联网等领域的创新应用。

2.8　拓展阅读

人工智能与区块链作为两项划时代的技术，正在深刻地影响着各行各业的发展。人工智能旨在模拟和扩展人类的智能能力，而区块链则提供了一种安全、透明的分布式账本体系。当这两项技术相结合时，能够克服各自的局限性，产生强大的协同效应，推动创新与进步。

随着人工智能技术的广泛应用，其伦理和安全问题日益凸显。人工智能决策过程的黑箱性、数据滥用和算法偏见等问题引起了社会的关注。区块链的透明性和可追溯性可以为人工智能系统提供解决方案。通过在区块链上记录人工智能模型的决策过程和数据使用情况，相关方可以对人工智能行为进行审计和监管，保障人工智能系统的公平性和可靠性。同时，智能合约可以确保人工智能系统遵守预设的伦理规范，防止不当行为的发生。

人工智能与区块链的融合在多个领域展现出了广阔的应用前景。在医疗健康领域，患者的隐私至关重要，通过区块链，患者可以控制自己的医疗数据，并在需要时授权给人工智能系统进行疾病预测和诊断；这样既保护了隐私，又提升了医疗服务的智能化水平。在金融服务领域，人工智能用于风险评估、投资决策等金融服务，要求数据的高度安全和决策的可信度；区块链可以确保交易数据的安全性，人工智能则提供智能分析，二者结合可以提升金融服务的质量和安全性。

在供应链管理中，区块链可以记录产品从生产到销售的全过程，确保数据的透明和可追溯。人工智能可以对这些数据进行分析，优化供应链流程，提高效率。例如，利用人工智能预测市场需求，结合区块链实现精准的库存管理。在智慧城市建设中，大量的传感器收集数据用于城市管理。区块链可以保障数据的安全和共享，人工智能则对数据进行分析，提供智能交通、能源管理等解决方案，提升城市的运行效率和居民的生活质量。

尽管人工智能与区块链的结合具有巨大潜力，但也面临着技术和监管层面的挑战。区块链的性能瓶颈、智能合约的安全漏洞、人工智能模型的复杂性等问题需要进一步研究和解决。同时，行业需要制定统一的标准和规范，确保技术应用的合规性和可靠性。未来，也需要科研机构、企业和政府的共同努力，推动两项技术的深度融合，释放其最大价值。

2.9　本章习题

（1）请简述区块链与人工智能之间的关系，并分析它们融合的潜在优势。

（2）什么是知识表示？知识表示在人工智能领域中起到什么作用？

（3）请列举并比较几种常见的知识表示方法，分析它们的优缺点。

（4）如何通过知识表示学习改进人工智能系统的性能？请举例说明。

（5）请分析机器学习的发展历程，并讨论关键的技术突破对行业的影响。

（6）请解释监督式机器学习和无监督式机器学习的区别，并分别举例说明其应用场景。

（7）如何解决机器学习模型在处理高维数据时遇到的过拟合问题？

（8）深度学习如何在复杂模式识别任务中取得成功？请解释其背后的原理。

（9）请比较传统神经网络与深度神经网络的结构和性能差异。

（10）深度学习在未来的发展前景如何？当前面临哪些主要挑战？

（11）什么是强化学习？它与监督学习有何本质区别？

（12）请解释深度强化学习的概念，并举例说明其应用。

（13）什么是人类反馈强化学习？它如何改善机器学习模型的性能？

（14）知识图谱的构建方法有哪些？请详细说明其中一种方法的流程。

（15）请举例说明知识图谱的实际应用场景及其作用，并分析其与人工智能融合的意义。

（16）如何定义人工智能伦理风险？当前有哪些主要的伦理风险需要关注？

（17）在人工智能领域，数据安全与数据隐私为何重要？企业应如何保护用户数据？

（18）人工智能的发展对现有的知识产权保护体系带来了哪些挑战？

（19）请列举并解释针对人工智能伦理问题的相关法律法规或标准。

（20）如何利用区块链技术来解决人工智能领域的数据安全和隐私问题？

第 3 章
区块链技术

作为数字时代最引人瞩目的创新之一，区块链技术在金融、物流、医疗保健等领域展现出巨大的优势与潜力，其影响深刻地改变了我们对数字化交易和数据安全的认知。学习区块链技术有助于帮助我们更加深入地了解未来数字经济的基础架构，理解去中心化的数据管理和交易，赶上数字化转型的时代浪潮。本章将以一种深入浅出的方式引领读者探索区块链技术的方方面面，从基础知识到历史发展，再到共识机制、智能合约和加密货币，最后到区块链中的隐私保护和匿名性。本章学习将使读者对区块链的基础理论和应用有初步了解，为后续章节的学习打下良好的基础。

3.1 区块链基础知识

3.1.1 区块链的概念

区块链是在计算机网络节点之间共享的分布式账本数据库，是一种允许互不信任的实体间透明共享信息的高级数据库机制。区块链以其去中心化、安全、透明和不可篡改的特性而闻名。

从宏观上来讲，区块链网络的本质是一个由多个节点，包括全节点（Full Nodes）和轻节点（Light Nodes）组成的点对点网络，如图 3-1 所示；数据在区块链中以交易的形式存在，所有的交易记录以分布式的方式存储在区块链网络的各个节点中，每个节点都有权对交易进行验证和记录。从微观上来讲，区块链中的每个块都包含前一个块的加密哈希、时间戳和交易数据。由于每个区块都包含前一个区块的信息，不同区块可以形成一个前后衔接的数据链条，将交易数据安全有效地记录到区块链中。容易看出，区块链网络中没有单一的中央管理机构，数据的存储和管理是由整个网络共同维护的。这种分散式的结构设计确保了数据的不变性，因为一旦数据写入区块链，就不能更改或删除。此外，区块链提供了透明度和可追溯性，允许任何人查看和验证交易记录，增强了数据的可信度。

3.1.2 区块链的组成要素

区块链是一系列区块的集合体与链接体，区块是区块链的基本单位。如图 3-2 所示，一个区块包括区块头（Block Header）和交易列表（Transaction List）两大部分，而区块头又包括区块版本（Block Version）、父区块哈希（Parent Block Hash）、Merkle 根（Merkle Tree Root Hash）、时间戳（Timestamp）、目标哈希版本（nBits）和难度值（Nonce）等组件。这些组件共同确保存储在区块链中的数据的安全性、透明度和不变性。这些组件对于保持区块链的完整性和实现技术的去中心化和分布式至关重要。

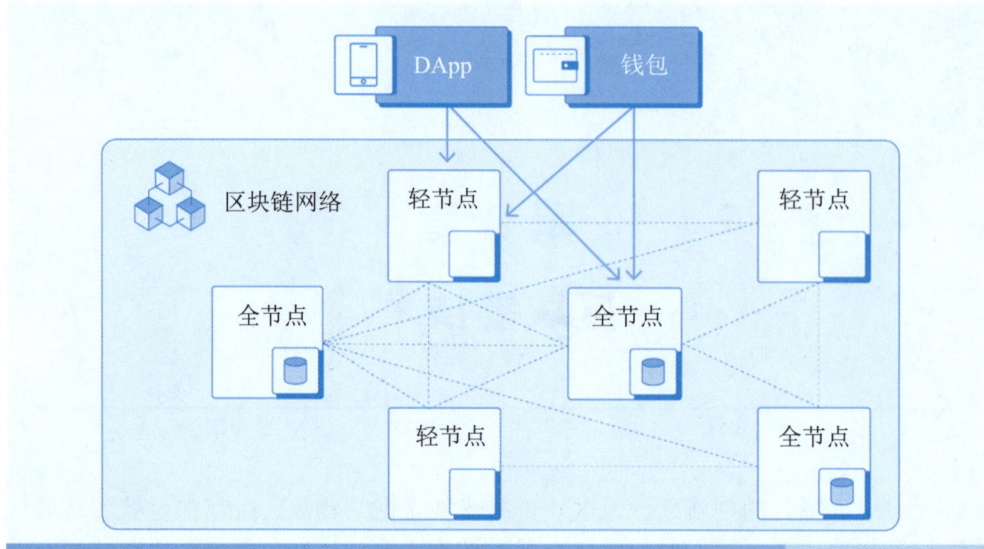

图 3-1　区块网络简图

图 3-2　区块组成要素

1. 区块头

区块头中包含所有关于该区块的元数据，包括父区块哈希、Merkle 根哈希、时间戳、随机数和其他信息。区块头用于唯一识别区块链中的特定区块，并被反复散列以创建用于挖矿奖励的工作量证明。

2. 父区块哈希

父区块哈希是区块头的重要组成部分。它是区块链中上一个区块的数据哈希。父区块哈希用于确保区块链的完整性和不变性。具体来说，区块链中任何块的任何更改都会直接导致父块哈希的更改，从而破坏整条链的验证。如果攻击者想要修改某个区块的任意内容，其必须修改下一个区块的父区块哈希，并重新计算该区块哈希并填入后续区块中。

3. Merkle 根

Merkle 树是一种树状数据结构，它将一组数据（如交易）组织成树状哈希层次（如图 3-3 所示）。这个过程包括对数据进行配对，对配对进行哈希，然后重复这个过程，直到获得一 Merkle 树的根哈希。

Merkle 根哈希记录了该区块中的所有交易，确保了区块内的交易与区块整体间的安全、完整链接，为区块链提供了安全、不变的可靠的交易记录。

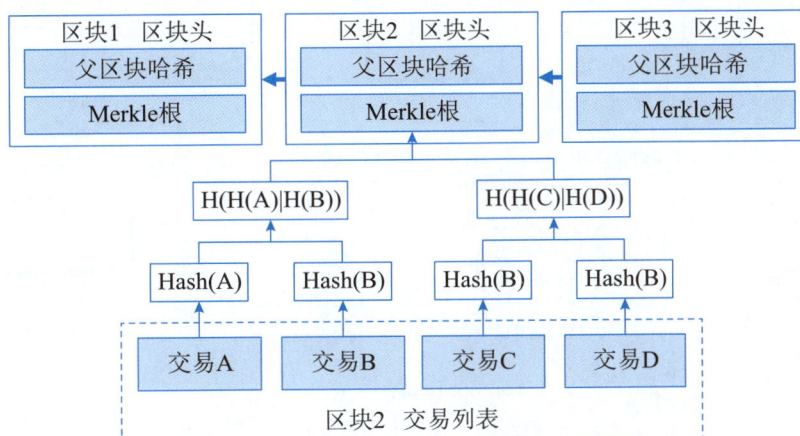

图 3-3　区块中的 Merkle 根生成过程

4. 时间戳

时间戳是存储在区块中的一小段数据记录，该数据记录了区块的创建时间，有助于矿工对区块进行排序，并提供了一种按时间跟踪交易的方法。

5. 难度值

难度值（也称难度挑战）是区块链的另一个重要组成部分。难度值是一个随机数，它被添加到区块头中用以更改块的哈希。以工作量证明为例，区块链网络中的矿工在构建新区块时，会竞相寻找一个随机数，使得当该随机数添加到块头时，会产生符合某些标准的哈希（如具有一定数量的前导零）。区块链的难度要求由图 3-3 中所示，高难度的区块生成会直接影响区块链的吞吐量。难度值对于决定区块链记账权，阻止双花攻击至关重要。

6. 交易列表

每个区块都包含一个交易列表，这一列表是由矿工对区块链交易验证、汇聚而成的。交易是区块链中的基本数据记录单元，通常为双方或多方之间的合同、协议、转让或资产交换。每个矿工都需要时刻监听区块链上广播的新交易、验证交易签名与合法性，将交易添加到交易池中。一旦交易池中拥有足够数量的交易，矿工便能开始寻找对应这些交易的难度值，构建新的区块，争取新区块的记账权。

3.1.3　区块链的工作原理

如图 3-4 所示，区块链的工作过程包括交易生成、区块生成、矿工挖矿、区块验证和区块链更新等多个关键步骤。以下是对区块链工作过程的详细描述。

1. 交易生成

区块链中的交易（如转账、合约执行等）可以由任一区块链用户发起，用户使用与其区块链地址对应的私钥对交易内容进行签名，并广播到网络中的各个节点上。

2. 区块生成

矿工是区块链网络中的计算机节点，矿工将一段时间内监听到的所有交易打包成一个交易列表，并基于该列表构建一个全新区块。如 3.1.2 小节所述，新的区块中包含父区块哈希值、时间戳、交易的 Merkle 根等字段。

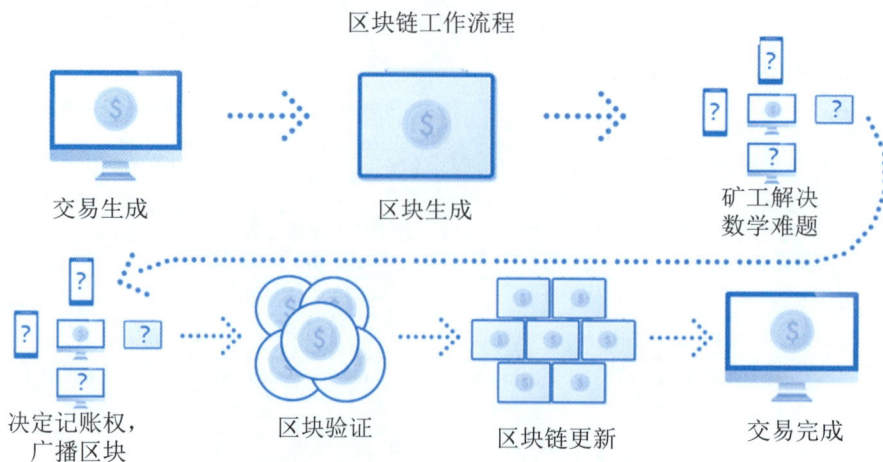

图 3-4 区块链的工作过程

3. 矿工挖矿

矿工通过竞争着解决数学难题来获得新区块的记账权,这一过程被称为挖矿。在工作量证明(Proof of Work,PoW)共识机制中,这个数学难题(例如,寻找一个随机数,使得整个区块的哈希值中前导零的个数大于 X)是通过不断尝试不同的随机数值来求解的。矿工通过不断尝试不同的随机数值,直到找到一个符合难题要求的数值。最先找到解的矿工广播其答案,生成新的区块。

4. 区块验证

一旦矿工找到了符合要求的随机数值,他们将把这个区块广播到整个网络。其他节点收到该区块后,会验证其中包含的交易是否有效,以及矿工是否确实完成了工作量证明。如果验证通过,该区块将被接受并添加到区块链中。

5. 区块链更新

一旦新区块被添加到区块链中,它就会成为网络中的最新区块,包含了最新的交易数据。区块链的更新是通过共识实现的,如果两个合法区块被同时广播到区块链网络,一段时间后拥有更多后续区块的区块将被公认,而另一个区块则遭到废弃。区块链的更新机制保证了所有节点都同意新区块的加入。当新区块被添加后,每个节点上的区块链副本都将得到更新。

3.1.4 公有链与私有链

根据参与者的权限和控制级别,区块链可以分为公有链、私有链和联盟链几大类。以下是对区块链不同类型的详细描述。

1. 公有链

公有链又称为无许可区块链(Permissionless Blockchain),这是一种开放的、完全去中心化的区块链网络。在公有链的区块链网络中,网络对公众开放,任何人都可以作为节点参与,并查看其完整的交易记录和执行智能合约。公共区块链的例子包括比特币(Bitcoin)和以太坊(Ethernet)。公有链的特点是去中心化、透明和无须许可,任何人都可以在不需要任何批准的情况下加入并发起交易,但也因此存在着一定的安全和隐私风险。

2. 私有链

私有链是由授权用户或组织私下管理和控制的区块链网络,只有特定的实体被允许参与其中,并在封闭的生态系统中运行。在私有链中,访问和参与仅限于特定实体或个人(即,只有授权用户可以访问和执行交易），因此与公有链相比，私有链的数据和交易往往能得到更加严格的访问控制和加密保护。私有区块链通常用于组织或联盟内部，以维护用于内部目的的共享账本，如供应链跟踪或记录保存，其特点是可控制性强、安全性高和可扩展性好，但也缺乏去中心化和公开透明的特点。

3. 联盟链

联盟链是介于公有链和私有链之间的一种混合区块链网络，它由多个组织或实体共同管理和控制，结合了公共和私人区块链的元素。在联盟区块链中，一群预先选定的参与者共同运营网络并维护共享账本。参与联盟链的节点通常是经过授权的，网络规则和共识机制由参与组织共同决定。联盟链模型通常用于特定行业的跨组织的合作中，例如贸易融资、跨国企业间的供应链管理与医疗保健联盟间的数据管理，一个主要的例子是区块链项目 Hyperledger Fabric。联盟链在一定程度上兼具公有链和私有链的特点，既具有一定程度的去中心化和共识，又能保护参与者的商业机密和隐私。

3.2 区块链的历史和发展

3.2.1 区块链的起源

区块链技术的起源可以追溯到比特币的创建以及中本聪（Satoshi Nakamoto）等发布的比特币白皮书。2008 年，一个化名为"中本聪"的个人或团体发表了一篇题为《比特币：一个点对点电子现金系统》的白皮书，该白皮书概述了去中心化数字货币的概念和区块链的底层技术，并描述了一种新的数字现金方法，该方法不需要可信的第三方（如金融机构）解决了点对点金融交易中的双重支出问题。区块链的去中心化分布式账本是白皮书中引入的另一项关键创新概念，该账本由区块链节点网络通过一种称为工作量证明的共识机制进行维护，网络参与者（矿工）通过竞争解决计算难题获得账本的新区块记账权，以换取新创建的比特币作为奖励。

3.2.2 区块链的演进与区块链 2.0

自区块链白皮书的提出、区块链网络启动和比特币交易的实现以来，区块链技术随着时间推移经历了诸多重大发展。除了最初的数字货币，区块链用例逐渐涵盖到应用程序等具有更多应用可能的用例中，并衍生出智能合约、去中心化应用（Decentralized Application，DApp）和区块链 2.0 等全新技术与概念。

准确来说，早在区块链技术诞生之前，智能合约的概念就已存在。20 世纪 90 年代，计算机科学家尼克·萨博（Nick Szabo）在他的论文中描述了智能合约的概念，他将智能合约定义为"计算机协议，可以以数字化的形式执行、验证或强制执行合同中的条款"。他设想了一种能够自动执行合同条款的协议，无须第三方干预，从而减少了合同履行的不确定性和成本。然而，智能合约的构想直到区块链技术的出现才得以实现。区块链的去中心化、不可篡改和安全的特性为智能合约的实现提供了理想的基础。因此，在 2008 年中本聪发布比特币白皮书之后，智能合约开始引起人们的广泛关注。

以太坊（Ethereum ETH）是第一个在区块链上实现智能合约的平台，它的出现使智能合约得以广泛应用。以太坊中的智能合约是作为一种使用区块链技术自动化执行合同条款的方式引入的。以太坊的创始人之一 Vitalik Buterin 在 2013 年发布了以太坊的白皮书，提出了一种基于区块链的通用编程平台，使得智能合约可以在其上运行。以太坊的智能合约允许开发者编写可以自动执行的代码，构建可以在满足条件后自动执行的合约，从而将协议条款直接写入代码。当满足某些条件时，这些合同可以自动执行，无须中介机构或第三方。这一概念为金融、房地产、供应链管理等众多行业开辟了新的可能性。

DApp 是区块链技术发展的另一个重要发展。DApp 是在去中心化的计算机网络上运行的应用程序，而不是在单个集中式服务器上运行。传统的应用程序通常是在中心化的服务器上运行，由单一实体控制和管理。然而，以太坊的出现改变了这一现状。以太坊提供了一个去中心化的平台，应用程序可以在整个网络上运行，而不是依赖于单一的中心化服务器。这种去中心化的架构使得应用程序更加透明、安全和不可篡改，这可以提高透明度、安全性和不变性，并降低审查或停机的风险。DApp 的出现为开发者提供了一个全新的应用开发范式，为用户提供了更多的控制权，减少了对中心化实体的依赖，这使得应用程序可以更加安全、透明与去中心化。DApp 的开发是通过智能合约实现的，DApp 的开发者可以利用智能合约编写特定的代码逻辑，从而实现各种功能，如数字资产交易、投票、预测市场和开发游戏等。

随着智能合约、DApp 等概念的诞生与广泛落地，区块链 2.0 的概念也应运而生。区块链 2.0 的本质是可编程金融，除了智能合约与 DApp，它还涉及了包括提高可扩展性、隐私性、安全性和互操作性等方面在内的诸多创新。通过提供更强大的智能合约功能和更多功能丰富的 DApp，区块链 2.0 使得区块链技术能够更好地满足股票、债券、期货、贷款等金融行业的不同需求，提供更多的解决方案，并推动了区块链技术的广泛应用。区块链 2.0 的发展是为了使区块链技术更加适用于各种不同的应用场景，并提供更多的功能和灵活性。

3.2.3　区块链的革新与区块链 3.0

在经历了十数年的发展后，区块链的应用不再局限于金融领域，还包括身份认证、公证、仲裁、审计、域名、物流、医疗、邮件、签证、投票等领域，应用范围扩大到了整个社会，逐渐衍生出区块链 3.0 的概念。在区块链 3.0 中，区块链将主要应用于社会治理领域，成为"万物互联"的一种底层协议。以下从物联网、智慧城市、医疗卫生、公共教育几方面介绍区块链 3.0 的革新。

1. 区块链与物联网

凭借主体对等、公开透明、安全通信、难以篡改和多方共识等特性，区块链对物联网产生了重要的影响。首先，区块链无须中心服务器，避免了昂贵的管理开支。同时，区块链对数据进行加密处理和存证，其验证和共识机制有助于避免非法或恶意节点接入物联网；当涉及异构物联网之间的通信与协作时，区块链的分布式对等结构和公开透明的算法，能够以低成本建立互信，打破信息壁垒，增进多方合作。终端设备或嵌入式设备所收集的数据只要写入区块链，就难以篡改，还能依托链式结构追本溯源。以车联网为例，通过将 RFID 标签存储在区块链中，用户可以随时跟踪车辆的位置，这可以应用在快递、外卖等包裹递送行业中；另外，当汽车质量出现问题，制造商可以通过区块链定位需要召回的车辆，以避免造成严重的生命和经济损失。

2. 区块链与智慧城市

现代智慧城市已经构成了庞大的互连技术网络，并且该网络将在很长一段时间内持续快速增长。伴随着智慧城市的推进，还有空前的数据收集和设备的爆炸式增长。如何协调处理不同来源的信息、管理和协调设备的运作，一直是一个热门的问题。区块链在智慧城市中的通用身份管理，土地、财产和住房管理，提高智能设备的互操作性等方面都有着良好的表现。首先，通过使用区块链，城市中只需使用一种统一的身份验证方式，市民可以通过区块链网络证明自己的身份，区块链的安全性保证了身份无法被黑客侵入数据库伪造、篡改身份。其次，智慧城市的高度本地化性质意味着混合使用的社区和建筑物将成为常态，利用区块链，市民可以轻松获取土地和财产的所有权和使用记录。这种基于区块链的互操作的系统还可以加快许可证的发放过程，同时也可以用作授予或拒绝权限时要参考。最后，区块链可以提高智能设备的互操作性，使计算机系统、网络、操作系统和应用程序都不相同的设备可以一起工作并共享信息。

3. 区块链与医疗卫生

区块链是一项已经在医疗保健领域引起广泛关注的技术。目前，医疗巨头飞利浦医疗、Gem 公司，科技巨头谷歌、IBM 公司等产业龙头企业都在积极探索区块链技术的医疗应用。据 Healthcare Weekly 调查，40% 的卫生行政人员将区块链视为排名前五的优先技术。Humana 公司总裁兼首席执行官 Bruce Broussard 认为，区块链将成为在医疗技术领域的下一个重大创新。当应用于医疗卫生领域时，区块链可以帮助该产业降低医疗数据收集和人工操作的成本，改善数据的管理流程，方便不同部门间的数据整合，同时方便掌握资产流向、避免腐败，为司法取证提供可靠的证据，可以提高透明度，增强公信力。电子健康记录（EHR）的安全与隐私保护是区块链在医疗领域的主要应用，EHR 包含了所有与个人健康相关的信息，如个人医疗记录、医疗图像、家族病史、心电图等重要信息，可以帮助医生高效准确地诊断患者疾病并做出正确决策；通过结合区块链技术，各大医疗机构可以及时共享患者的 EHR 信息。同时，区块链的不可篡改性也保证了医生可以了解到完整、准确的患者病情。另外，各组织、机构、企业也能加入该系统，利用医疗数据开展合作，开发新的医疗应用或实施更完善的健康管理，由此构成更大的区块链生态，形成良性循环。

4. 区块链与公共教育

公共教育承担着与医疗卫生同等重要的社会职能，该领域中存在着许多可以使用区块链技术加以改进的方面。从文凭追溯方面，可以将颁发给学生的文凭和证书存储在区块链上。无须要求颁发文凭的机构证明纸质副本，只需向雇主提供指向数字文凭的链接。区块链可以提供可靠的终身证书验证服务，可验证的终身成绩单将减少简历欺诈，简化大学之间的学生转学或办理手续时证书验证有关的开销。当进行课程设置时，利用区块链的智能合约技术，可以将课程和相关任务编程到区块链中，并在满足某些条件时自动执行。例如，老师可以为学生设置任务。每个任务的完成可以通过区块链的智能合约自动验证。最后，区块链还能用于奖学金的授予，区块链的加密货币可以用作学生奖学金的一种支付方法。奖学金可以根据成绩自动支付，更加公平高效。纽约国王学院、索尼国际教育等多家知名全球教育机构已经将区块链应用于教育中，使用区块链技术帮助改善各个层次的学生的学习成果。

3.3 区块链的共识机制

3.3.1 共识的概念

共识机制是指在一个分布式系统中，不同节点之间如何达成一致的规则或方法。这一概念最早出现于计算机科学领域。在区块链技术出现之前，共识机制主要应用于分布式系统和数据库中，以确保各个节点之间能够达成一致的状态。它是确保系统的稳定性和一致性的重要机制，使得各个节点能够就系统状态、交易记录等达成共同的认可和一致的决策。举例来说，假设有一个分布式存储系统，其中多个节点存储着相同的数据，当一个节点想要更新数据时，它需要与其他节点达成一致，以确保更新的数据能够被所有节点接受并记录下来。在这种情况下，共识机制可以是通过多数同意的方式，即当多数节点都认可更新后的数据时，更新才能被确认。这种共识机制可以确保系统中的所有节点都存储相同的数据，从而保证系统的一致性。另一个例子是在一个分布式计算系统中，多个节点需要合作完成一个复杂的任务，共识机制可以是通过投票的方式，当大多数节点都同意某个节点提供的计算结果时，系统就能够达成共识并采用这个计算结果。这种共识机制可以确保系统能够有效地完成任务，并且避免因节点之间的不一致导致的错误。

早期的共识机制包括拜占庭将军问题（Byzantine Generals Problem）和拜占庭容错（Byzantine Fault

Tolerance）等概念。这些概念主要是为了解决在分布式系统中，由于网络延迟、节点故障等原因导致的节点之间无法达成一致的问题。拜占庭将军问题指的是在一个分布式系统中，如果有部分节点出现了故障或者恶意操作，如何确保系统的正常运行和一致性；拜占庭容错则是指如何设计算法和协议，使得系统能够在出现故障或者攻击的情况下依然能够保持一致性。

拜占庭将军问题如图 3-5 所示，是考虑一群将军联合攻击一座堡垒。将军们必须决定是集体进攻还是集体撤退；有些人可能赞成进攻，而另一些人则赞成撤退。最关键的是，所有将军在战略上达成一致，少数将军胡乱进攻，会导致溃败，比协同进攻、协同撤退都糟糕。由于奸诈将军的存在，这个问题变得更加困难，他们不仅可能投票支持糟糕的战略，而且还会有选择性地投票。例如，第九将军可以向其余将军发出进攻票，向支持进攻的四名将军发出撤退票，而其余四名将军则支持撤退。虽然其余的人会攻击（这对攻击者来说可能不太好），但那些获得投票从第九将军撤退的人将会撤退。将军们彼此之间物理隔离，需要通过信使传达选票，而信使可能不会传递选票或可能伪造选票，这增加了情况的难度。

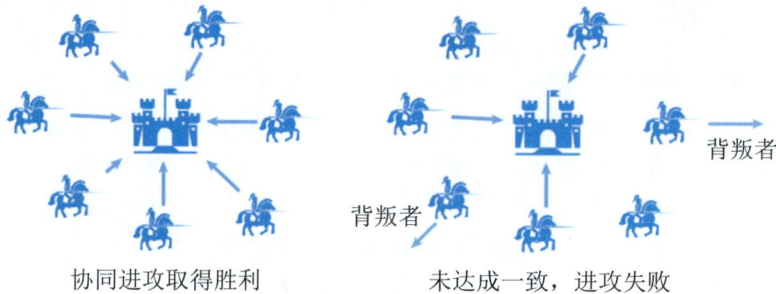

图 3-5　拜占庭将军问题

随着分布式系统的发展，共识机制也得到了进一步的研究和发展。例如，Paxos 算法和 Raft 算法等都是为了解决分布式系统中节点之间达成一致的问题而提出的共识算法，它们被广泛应用于分布式数据库、分布式存储系统等领域。区块链技术的兴起为共识机制的研究掀起了新的热潮。在区块链中，共识机制被用来确保各个节点对交易记录的一致性和可靠性，例如工作量证明（PoW）、权益证明（PoS）等共识机制被应用于不同的区块链系统中。

3.3.2　工作量证明

1. PoW 简介

PoW 是中本聪在比特币白皮书中提出的一种共识机制，该机制通过完成计算任务来证明对网络的贡献。PoW 是一种针对公有链设计的共识机制，用在比特币等加密货币的区块链网络中。

PoW 的基本原理是，节点需要完成一定的工作（通常是通过计算复杂的数学难题）来证明其对网络的贡献，从而获得权利和奖励。在区块链中，这个工作通常被称为挖矿（Mining）。挖矿节点通过不断尝试计算区块头的哈希值，直到找到符合一定条件的特定哈希值（即满足难题）为止。这个过程需要大量的计算能力和电力资源。一旦一个节点找到了正确的哈希值，它就会将这个区块广播给整个网络，其他节点可以验证这个哈希值是否满足难题的条件。如果验证通过，这个节点就有权将该区块添加到区块链上，并且获得相应的奖励。

PoW 的主要优点是它能够有效防止网络攻击，因为攻击者需要控制大量的计算能力才能修改区块链上的数据，这是非常昂贵和困难的；同时，它也确保了区块链网络的安全性和稳定性。然而，基于解决困难问题取得共识的思路也导致 PoW 需要大量的能源消耗，因为，挖矿过程需要大量的计算能力，这在一定程度上影响了环境。因此，一些新的共识机制，如 PoS 等，正在被提出来作为 PoW 的替代方案。

2. 比特币区块链上的 PoW 执行过程

我们以一个简化的区块头信息（表 3-1 所示）为例介绍矿工如何在 PoW 机制中挖矿，在该例子中，上一个已记录进区块链的父区块哈希为 0000000000000000000b4d0a09b9a1921ef5de9e6e207b83f008a94f7c63e3e1，某个矿工通过对交易池中的交易计算 Merkle 根得到一串新哈希值 4e8b8654a72f3e3c90218b1b155a48d9d3c01d3b6c8b95b5af557b81d08050d7，并记录了时间戳 1624987856。假如此时区块链要求难度 0x1b0404cb（即要求哈希以至少 18 个零开头），那么矿工为了争取 PoW 的记账权，需要进行以下操作。

表 3-1 简化的区块头信息示例

区块	父区块哈希	Merkle 根	时 间 戳	目 标 难 度	Nonce
i	0000000000000000000b4d0a09b9a19 21ef5de9e6e207b83f008a94f7c63e3e1	4e8b8654a72f3e3c90218b1b155a48d9d 3c01d3b6c8b95b5af557b81d08050d7	1624987856	0x1b0404cb	?

（1）根据公式"区块头 = 版本 + 父区块哈希 + Merkle 根 + 时间戳 + 目标难度 + Nonce"，矿工需要在表格中 Nonce 的位置填入不同的值，使得目标区块头的哈希值以至少 18 个零开头。

（2）当矿工尝试到 42 时，他得到了一个哈希值为"0000000000000000000a1b2c3d4e5f6g7h8i9j0k1l2m3n4o5p6q7r8s9t0u1v"的区块头，该区块头满足以 18 个零开头的要求，为一个合格的区块。

（3）矿工将该区块签名打包，发送至区块链网络中，如果此时区块链上最新的区块仍为第 i-1 个区块（即父区块哈希没有改变），那么该区块被添加到区块链的最末端，矿工得到记账权与相应奖励。

3.3.3 权益证明

1. PoS 简介

2011 年，Sunny King 在区块链论坛发表了一篇名为"PPCoin: Peer-to-Peer Crypto-Currency with Proof-of-Stake"的文章，详细介绍了权益证明机制的工作原理和优势。在这篇文章中，Sunny King 指出，工作量证明虽然能够确保网络的安全性，但也存在着能源消耗大、中心化挖矿池等问题。因此，他提出了一种基于加密货币持有量的共识机制，并将其命名为权益证明（Proof of Stake，PoS）。

与工作量证明同，PoS 不依赖节点完成计算任务，而是根据节点持有的加密货币数量来确定其在网络中的权益和影响力。在 PoS 机制中，节点需要锁定一定数量的加密货币作为抵押品，这称为"抵押"（Staking）。节点的抵押量越大，就越有可能被选中来创建新的区块，以及获得相应的奖励。因此，PoS 机制鼓励节点保持诚实，因为如果节点进行不端行为，其抵押品可能会被处罚或者削减。

PoS 机制的优点之一是它消耗的能源要远远少于 PoW，因为它不需要进行大量的计算任务。这降低了网络的能源消耗，同时减少了对计算能力和硬件设备的需求。此外，PoS 也有助于提高网络的整体效率和扩展性。然而，PoS 也存在一些挑战和争议，如富者愈富的问题（the Rich Get Richer），即持有更多加密货币的节点更有可能获得奖励，这可能导致一些中心化的趋势。另外，PoS 机制也需要解决一些技术上的问题，如如何确保节点真实性、如何处理共识中的分叉等。

2. 以太坊区块链上的 PoS 执行过程

PoS 最早在以太坊区块链中被正式使用。为了解决 PoW 存在的能源消耗巨大、扩展性差等问题，以太坊开发者社区决定通过一系列升级，将共识机制从 PoW 转换为 PoS。这一系列升级被称为以太坊 2.0（Ethereum 2.0）。在以太坊 2.0 中，传统的矿工被验证者（Validator）取代。验证者的角色是负责验证新区块的有效性，而不是像 PoW 那样通过计算大量哈希值来找到合法区块。PoS 的执行流程包括验证者选取、提议者选取、提议与验证、投票与奖惩五个步骤。

（1）验证者选取：在以太坊网络中，验证者必须质押至少 32 ETH 才有资格参与区块提议和验证。抵押的 ETH 被锁定在智能合约中，作为验证者的担保。如果验证者不诚实或不履行职责，他们可能会失去一部分或全部质押的资金。

（2）提议者选取：区块提议者是通过一个随机算法从验证者池中选出的。权益加权随机性和 RANDAO（随机数生成）机制，以确保提议者的选择是公平且不可预测的。具有更多质押 ETH 的验证者被选中为区块提议者的概率更高，但不是绝对的。这意味着质押 64 ETH 的验证者被选中的概率是质押 32 ETH 的两倍，但每个质押者都有机会。

（3）提议与验证：当一个验证者被选为区块提议者时，他们将提议一个新区块并将其广播到网络。该区块包含交易数据、前一个区块的哈希值、时间戳、验证签名等。其他验证者将对提议的区块进行验证，检查其中的交易是否有效、区块结构是否符合规则，并确保提议者没有恶意行为。

（4）投票：验证者通过投票（Attesting）来对区块进行验证，每个验证者可以投票支持某个提议的区块是否应该被加到区块链中。验证者投票时还包括参考检查点（Checkpoint），这是一个阶段性的固定点，帮助达成最终结果。在每个周期（Epoch）结束时，如果足够多的验证者对某个区块链状态投票，该区块及其之前的区块会被标记为"最终结果"，即无法被篡改或回滚。

（5）奖惩：PoS 系统中为了激励诚实行为和防止恶意行为，设计了明确的奖励和惩罚机制。验证者成功提议一个新区块或成功验证其他验证者提议的区块时，将会获得 ETH 奖励。奖励的金额取决于提议和验证的质量、网络状态和其他验证者的配合情况。每个成功的提议和验证者的投票都会带来一小部分奖励。如果验证者试图提交不正确或恶意的区块，或者试图双重签署（Double-signing），他们的质押资金将被削减，称为 Slashing；如果验证者长时间离线或不履行职责，他们也可能受到削减部分奖励（Inactivity Penalties）的惩罚。对于持续不参与验证的验证者，系统会通过"逐步削减"质押资金并最终将其踢出验证者池。

3.3.4 新兴的共识机制

1. 委托权益证明

委托权益证明（Delegated Proof of Stake，DPoS）最初由 BitShares 公司创始人 Dan Larimer 提出，后又在流行的区块链平台 Steem 和 EOS 中实现。在 DPoS 系统中，网络中的代币持有者有机会投票给负责验证交易和创建新区块的选定代表组。这些代表，通常被称为"见证人"或"区块生产者"，是根据他们从代币持有者那里获得的票数选出的。代表支持其候选资格的代币越多，他们被选中创建新区块的可能性就越大。DPoS 旨在为 PoW 和 PoS 机制提供一种更高效、更可扩展的替代方案。通过选择有限数量的委托来执行共识过程，DPoS 可以实现更快的块确认时间和更高的事务吞吐量。DPoS 的一个关键特征是它能够减少与传统 PoW 系统相关的计算和能源成本，因为区块生产被委托给一组较小的节点，而不是向所有矿工开放。此外，DPoS 旨在通过允许代币持有者投票给他们认为最符合网络利益的代表来增强网络安全性和去中心化。虽然 DPoS 在效率和可扩展性方面有其优势，但它也引入了某些权衡，例如围绕有限数量的代表进行潜在的集中化，以及需要积极的选民参与以确保网络完整性。

2. 基于委员会的权益证明（提名权益证明）

基于委员会的权益证明（Committee-based PoS/Nominated PoS，NPoS）是 PoS 共识的另一个变种。在 NPoS 系统中，区块验证和创建过程由一组选定的节点执行，通常被称为"委员会"。该委员会负责确认交易、创建新区块并维护区块链的完整性。委员会成员的选择可以基于各种因素，如参与者下注的代币数量、他们在网络中的声誉，或两者的组合。委员会成员通常是通过去中心化投票程序选举或选出的，代币持有者有机会投票给他们认为最符合网络利益的个人或实体。NPoS 旨在解决与传统工作证明系统相关的一些可扩展性和能效挑战，同时与其他一些 PoS 变体相比，还提供了一种更分散的方法。通过限制共识过程中涉及的节点数量，基于委员会的 PoS 可以实现更快的块确认时间、更高的事务吞吐量和更低的能耗。

3. 流动权益证明

流动权益证明（Liquid Proof of of Stake，LPoS）旨在解决与传统 PoS 系统相关的一些限制和低效问题，同时还提供增强的安全性和灵活性。在 LPoS 系统中，代币持有者有能力"下注"他们的代币，以参与区块验证过程并获得奖励。然而，LPoS 引入了"流动"代币的概念，这意味着赌注代币在特定时期内不会被锁定或冻结。这允许代币持有者在参与共识过程的同时，自由转让或交易他们的赌注代币。LPoS 的一个关键特征是灵活性，因为它允许代币持有人积极参与共识过程，同时保持将其代币用于其他目的的能力，如交易或提供流动性。这种灵活性可以增强代币的整体流动性，并有助于建立一个更加动态和活跃的生态系统。

3.4 区块链的智能合约

3.4.1 智能合约的概念

20 世纪 90 年代中期，Nick Szabo 提出，将商业合同条款翻译成代码，嵌入软件或硬件中使其自动执行，以尽量减少交易各方之间的合同成本，并避免合同履行过程中的意外例外或恶意行为，这一代指商业或法律合同自动执行的技术被称为智能合约。另一个被广泛认可的智能合约定义由 Clack 等提出，后者将智能合约定义为"可自动化且可执行的协议"。尽管某些部分可能需要人工输入和控制，但是从宏观层面，智能可由计算机自动化，并通过计算机代码的强制执行来防止篡改。举例来说，一个智能合约可以被设计为在特定的日期自动向员工发放工资，或者根据特定的条件自动执行投资交易。另一个例子是，智能合约可以被用来创建一个去中心化的投票系统，在这个系统中，选民可以直接投票，而无须信任任何中间人。这些智能合约可以在没有第三方干预的情况下自动执行，并且可以确保交易的安全和透明。

区块链技术的出现引起了人们对智能合约的极大兴趣。时至今日，该术语普遍用于指代在分布式账本（如区块链）的多个节点上同步运行的代码脚本。这些代码脚本使用高级语言编写，可以在区块链上自动运行，一旦部署在区块链上，就无法被随意篡改或删除。当满足特定条件时，智能合约会自动执行预先设定的操作。智能合约的执行结果会被永久记录在区块链上，不可篡改。智能合约可以支持多种复杂的交易和业务逻辑，如数字资产交易、供应链管理、投票和身份验证等，通过智能合约，可以实现去中心化、安全、透明和高效的交易与业务逻辑执行。智能合约的自动执行特性为金融、游戏、公证等许多依赖数据驱动交易的领域提供了巨大的机会。世界最大的自由职业者网站 Guru 在 2018 年发布的招聘广告中，超过 10% 与智能合约和区块链相关，而同年部署于以太坊上的智能合约数量也激增至 200 多万个。

3.4.2 智能合约的原理和特点

1. 智能合约的执行原理

智能合约的部署与执行可以分为制定协议、设置条件、编写代码逻辑、签名与区块链验证、监听与执行、网络更新等步骤。

1）制定协议

参与合约制定的多个实体间确定合作机会和期望的结果，协议可以包括业务流程、资产交换等。

2）设置条件

智能合约可以由各个实体自行启动，也可以在满足某些条件（如金融市场指数、GPS 位置数字满足某个要求）时启动。

3）编写代码逻辑

根据上述确定的逻辑，采用 If-then 范式编写计算机程序，当参数满足条件时将自动执行不同代码。

4）签名与区块链验证

参与协议的各方对智能合约编码进行签名，代表对合同的同意。签名所使用的私钥必须与参与者的区块链地址相关联。其中一个参与者将带有签名的智能合约广播至区块链网络，如果所有签名验证通过，则该合约将作为交易被区块链收入，正式部署至区块链。

5）监听与执行

在区块链迭代中，网络节点监听智能合约的触发条件是否满足，一旦某个各方达成共识约束满足触发条件，节点执行后续代码并记录结果以供合规性验证。

6）网络更新

智能合约执行后，网络上的所有节点都会更新其分类账以反映新状态。结合共识协议，在大多数节点上得到相同运行结果的程序输出将被记录到区块链上，强制执行合约的内容。一旦程序执行结果在区块链网络上发布并验证，就无法修改。

2. 智能合约的特点

智能合约具有自动化执行、去中心化、不可篡改、多功能性、高效执行、无须信任、无须备份、节约成本等特点。

1）自动化执行

智能合约能够自动执行合约条款，无须第三方介入，从而减少了人为错误和欺诈的可能性。

2）去中心化

智能合约在区块链上运行，没有中心化的管理机构，所有的交易和执行都是公开透明的。

3）不可篡改

一旦部署在区块链上，智能合约的代码和执行结果都会被永久记录，不可篡改。

4）多功能性

智能合约可以支持多种复杂的交易和业务逻辑，如数字资产交易、供应链管理、投票和身份验证等。

5）高效执行

智能合约使用软件代码来自动执行任务，从而减少了完成所有与人类交互相关的流程所需的时间，完成所有工作所需的时间就是执行智能合约中的代码所需的时间。

6）无须信任

智能合约可以帮助互不信任的机构或个人达成共识，即便是中立的第三方也可以相信智能合约的执行结果。

7）无须备份

区块链中的每个节点都共享并维护账本，无须任何成本即可获得最佳数据备份设施。

8）节约成本

因为智能合约消除了流程中介机构的存在，因而可以节省大量中间开销。此外，智能合约也无须文书工作上的花费。

3.4.3　智能合约编程

智能合约编程是指使用特定的编程语言来编写智能合约的过程。目前最流行的智能合约平台是以太坊，其智能合约编程语言是 Solidity。除此之外，Vyper、Yul 等智能合约语言也被广泛使用。本小节介绍几种常见的智能合约编程语言，以及如何选择智能合约编程语言与部署平台。

1. Solidity 语言

Solidity 是最流行的智能合约编程语言。它由以太坊创始人加文·伍德于 2014 年提出，运行在包括 Avalanche、Binance、Counterparty、Ethereum、Tron 和 Polygon 在内的区块链平台上。Solidity 的语法基于 JavaScript 设计，这有助于降低语言编程与分析的复杂性。Solidity 的另一个关键优势是其具有庞大的智能合约开发社区，可以为初学者提供大量入门资料与编程案例，帮助使用者快速掌握编写 DApp 的基本方法。

2. Vyper 语言

Vyper 是一种基于 Python 理念设计的编程语言，其部署平台以以太坊虚拟机（EVM）为主。与 Solidity 相比，Vyper 更注重编程的安全性与简洁性。Vyper 采用更严格的语法和规则以减少合约中可能存在的安全漏洞，同时也限制了一些可能引发安全隐患的特性，如强制函数调用的返回值检查等。在简洁性方面，它剔除了 Solidity 中的一些复杂特性和语法，以便让智能合约更易于编写，语法更接近自然语言，更容易理解和阅读。

3. Yul 和 Yul+ 语言

Yul 是一种低级的中间代码语言。相比 Solidity，Yul 更接近 EVM 的底层结构，允许开发者更加精细地控制智能合约的行为和执行。这一特性对于提高区块链性能并降低交易成本有重要意义。Yul+ 是 Yul 的一个变体，它引入了新的算子来更有效地描述复杂的智能合约，进行更高粒度的操作。此外，Yul 和 Yul+ 还可以用于补充 Solidity，以提高 DApp 的开发速度和灵活性。

4. Cairo 语言

Cairo 是一种图灵完全（Turing-complete）的智能合约编程语言，用于创建针对通用计算的 STARK 可证明范式。Cairo 的主要应用场景是 StarkNet 区块链，这是一个建立在以太坊之上的第二层区块链，其核心功能是将程序逻辑转换为 STARK 证明，提供基于以太坊区块链的可验证计算。虽然 Cairo 是构建快速可扩展智能合约的强大语言，但在 StarkNet/StarkEx 生态系统之外，其应用并没有得到太多支持。

5. Rust 语言

Rust 是由 Mozilla 主导开发的通用、编译型编程语言，设计准则为"安全、并发、实用"，支持函数式、并发式、过程式以及面向对象的编程风格。Rust 编程语言本身高效、安全，并减少了不必要的膨胀，这导致 Rust 语言的数据结构非常紧凑，非常适合区块链空间限制。

6. Move 语言

Move 是一种基于 Rust 的智能合约编程语言，最初为 Diem 区块链的开发所设计。Move 引入了一个基于三个核心的新颖系统，力求为区块链提供一流的资源、更高的安全性与全面升级的可验证性。最值得注意的是，Move 语言在数据类型级别集成资源，而非针对特定类型的加密货币。

不同的区块链支持不同的语言，这意味着智能合约开发人员没有一种适合所有语言的解决方案。上述编程语言支持的区块链平台与语法相近的语言如图 3-6 所示，初学者在进行区块链编程时，可以挑选更加熟悉的语言或更合适的区块链。

语言	兼容的区块链	相似的编程语言
Solidity	Arbitrum, Avalanche C-Chain, BNB Chain, Ethereum, Harmony, Hedera Hashgraph, Klaytn, Metis, Moonbeam, Moonriver, Optimism, Polygon, Tron	JavaScript
Vyper	与 Solidity 相同	Python
Yul	与 Solidity 相同	Solidity
Cairo	StarkNet/StarkEx	Python
Rust	Solana, Polkadot, Cosmos	C, C++
Move	Aptos, Sui	Rust

图 3-6　智能合约编程语言与平台对照表

3.4.4　智能合约的部署、调用实例

开发 Solidity 智能合约和部署 DApps 所需的技术栈如图 3-7 所示。其中，一个 DApp 的开发分为前端和后端两部分，后端通常由智能合约和服务器代码组成，前端运行在用户端，通常也以网页浏览器形式存在，允许用户与智能合约交互。

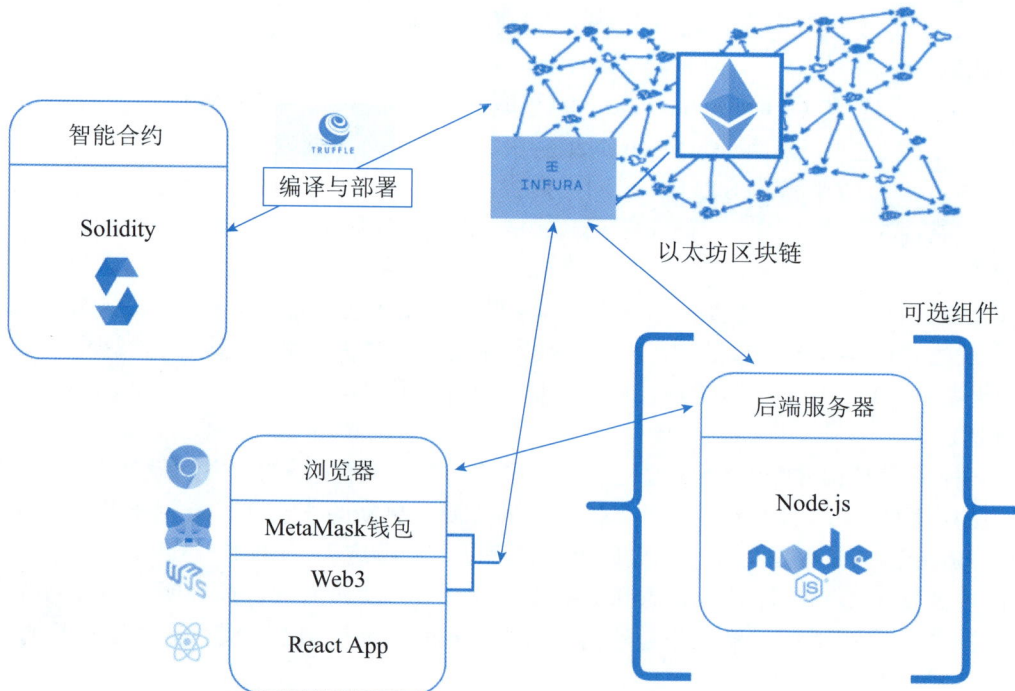

图 3-7　开发 Solidity 智能合约和部署 DApps 所需的技术栈

后端使用 Solidity 编写智能合约。在此基础上，DApp 也需要运行一个额外的传统服务器（通常采用 Node.js 编写），以执行智能合约调用与一些无须通过区块链执行的操作。在前端，用户可以使用 MetaMask 插件管理密钥与钱包，完成一些需要花费以太币才能执行的操作。React 是在以太坊领域使用最广泛的，用于构建用户界面的 JavaScript 库。React 的优点是创建交互式 UI 非常容易，开发者可以为应用程序的每个状态设计简单的视图，并在数据变化时快速更新。 Web 库编写的 JavaScript 代码可与已部署智能合约通信，在前后端都被大量使用。

一个完整的 DApp 开发包括以下流程。

1. 后端开发流程

（1）使用 Solidity 编写智能合约并在以太坊区块链上部署；

（2）使用 Node.js 创建后端服务器，用于处理与智能合约的交互和业务逻辑处理；

（3）使用 Web3.js 作为以太坊 JavaScript 库，连接后端服务器与以太坊区块链，实现与智能合约的通信和交互。

2. 前端开发流程

（1）创建基于 React 的前端应用，用于与用户交互并展示数据；

（2）集成 MetaMask 钱包插件，允许用户通过网页与以太坊区块链进行交互，进行支付、签署交易等操作；

（3）使用 Web3.js 连接前端应用与智能合约，实现数据的读取、写入和交易的执行等功能。

整个开发流程中，Solidity 负责编写智能合约的业务逻辑，Node.js 搭建后端服务器处理数据交互，MetaMask 提供用户与区块链的交互界面，Web3.js 作为连接前后端与智能合约的桥梁，而 React 则构建前端用户界面，与用户进行交互。通过这种前后端开发流程，可以实现一个完整的基于区块链技术的应用程序。以下给出一个可供实践的智能合约后端开发流程，流程包括智能合约的编写、编译、区块链部署与基于 Node.js 的智能合约调用四个方面。

1. 编写智能合约（Solidity）

前往 Solidity 官网 https：//soliditylang.org/ 下载、安装 Solidity 编译器。成功安装后，使用 Solidity 编写智能合约，定义合约的状态变量、函数和事件。如图 3-8 所示，代码（MyContract.sol）创建了一个简单的智能合约，该合约能够存储一个公开值 value，并实现了一个修改 value 的接口 setValue 与一个事件 ValueChanged。

```
1  pragma solidity ^0.8.0;
2
3  //MyContract.sol
4
5  contract MyContract {
6      uint public value;
7
8      event ValueChanged(uint newValue);
9
10     function setValue(uint newValue) public {
11         value = newValue;
12         emit ValueChanged(newValue);
13     }
14 }
```

图 3-8　一个简单的智能合约实例

2. 编译智能合约

智能合约的部署通常使用 Truffle 或 Hardhat 等工具。在完成智能合约编写后，使用 Remix IDE 或

Truffle 等工具编译 MyContract.sol 文件，生成 ABI 和字节码，并将其迁移到区块链测试链上。

首先，前往 Node.js 官网 https：//nodejs.org/zh-cn 下载安装 Node.js，成功安装后执行命令 npm install -g truffle 安装 Truffle，然后执行如图 3-9 所示脚本初始化 truffle 文件夹。

```
1  #truffle_init.bat
2  |
3  mkdir myDApp
4  cd myDApp
5  truffle init
```

图 3-9　新建 Truffle 项目

上述脚本会创建一个新的 Truffle 项目，包含一些基础目录和文件。将前面编写的 MyContract.sol 放入 contracts 文件夹。然后进入 migrations 文件夹，创建 2_deploy_my_contract.js 文件（代码如图 3-10 所示），用于部署智能合约。

```
1  // migrations/2_deploy_my_contract.js
2
3  const MyContract = artifacts.require("MyContract");
4
5  module.exports = function (deployer) {
6     deployer.deploy(MyContract);
7  };
```

图 3-10　Truffle 的智能合约部署脚本

在命令行执行 truffle compile，会生成智能合约 MyContract 对应字节码和 ABI，并将它们存储在 build/contracts 文件夹中。

3. 将智能合约部署至以太坊测试链

在本次实践中，我们采用以太坊测试工具 Ganache 作为以太坊测试链。前往 Ganache 官网下载安装软件，打开后单击 quickstart，生成一个开放了端口 HTTP：//127.0.0.1：7545 的简易以太坊测试网络，如图 3-11 所示。

图 3-11　Ganache quickstart 界面

修改 Truffle 配置文件 truffle-config.js，填入 IP 地址"127.0.0.1"，端口"7545"，网络 ID "5777"。在命令行执行 truffle migrate，将编译完成的 MyContract 迁移到 Ganache 的区块链网络上。

4. 后端调用智能合约（Node.js）

后端服务器提供了另一种访问区块链和智能合约的方法。通过修改后端代码，我们可以更灵活地调用智能合约，并实现各种扩展功能。如图 3-12 所示，脚本创建一个基于 Express 的简易 Node.js 服务器。

```
1  #backend_init.bat
2
3  mkdir myDAppBackend
4  cd myDAppBackend
5  npm init -y
6  npm install express web3 dotenv
```

图 3-12 创建 Express 服务器

成功创建项目 **myDAppBackend** 后，我们同样得到了一个包含一些目录和配置文件的文件夹。接着，需要编写服务器代码 /backend/server.js。如图 3-13 所示，代码启动了一个在 3000 端口的后端服务器。该服务器能连通以太坊测试网络。当前端以 Get 方式访问"locolhost：3000/value"时，服务器查询智能合约 MyContract 中存储的 value 值，将其以 JSON 格式返回给前端浏览器。在 myDAppBackend 项目的根目录，执行命令 node backend/server.js 启动服务器。然后，通过浏览器访问"locolhost：3000/value"。如果成功，浏览器将返回 value 的值。

```
1  // backend/server.js
2  const express = require('express');
3  const Web3 = require('web3');
4  require('dotenv').config(); // 用于读取环境变量
5
6  const app = express();
7  const port = 3000;
8
9  // 设置 Web3 连接到以太坊网络（使用 Infura 或本地节点）
10 const web3 = new Web3(new Web3.providers.HttpProvider("HTTP://127.0.0.1:7545"));
11
12 // 导入合约的 ABI 和地址（ABI 和地址需要在编译合约后手动添加）
13 const contractABI = require('./build/contracts/MyContract.json').abi;
14 const contractAddress = '你的合约地址'; // 部署后的合约地址
15 const contract = new web3.eth.Contract(contractABI, contractAddress);
16
17 // 示例路由：获取合约中的值
18 app.get('/value', async (req, res) => {
19     try {
20         const value = await contract.methods.value().call();
21         res.json({ value });
22     } catch (error) {
23         res.status(500).json({ error: 'Error fetching value' });
24     }
25 });
26
27 // 启动服务器
28 app.listen(port, () => {
29     console.log(`Server is running on http://localhost:${port}`);
30 });
```

图 3-13 通过 Node.js 和 Web3 访问智能合约 MyContract

3.5 区块链的数字货币和加密货币

3.5.1 数字货币和加密货币的概念

数字货币（Digital Currency）是一种以数字形式存在的货币，它不是以纸币或硬币的形式存在，而是以电子数据的形式存储在电子设备中。数字货币的概念最早出现于 20 世纪 80 年代和 90 年代，随着互联网的发展和电子支付系统的兴起，人们开始探讨如何利用数字技术和加密技术来创建一种新型的货币形式，以实现更便捷、快速和安全的交易方式。1983 年，美国密码学家 David Chaum 首次引入了电子现金（E-Cash）的概念，概述了一种创建数字现金的系统，该系统可以通过计算机网络安全匿名地转移。这项早期工作为随后几年各种数字货币和电子现金系统的开发奠定了基础。

加密货币（Cryptocurrency）是一种使用密码技术保护和验证交易，并控制新货币的发行的数字货币。由于区块链的透明和安全性，许多著名加密货币（如比特币、以太币、莱特币、泰达币、门罗币等）基于区块链发行与流通。以比特币为例，比特币的交易记录被存储在区块链的分布式节点中，并通过密码技术进行控制。比特币的交易是通过非对称密码技术来实现的，每个比特币用户都有一个公钥和一个私钥，公钥用于接收比特币，私钥则用于签署交易，这些交易记录被打包成一个区块，然后通过密码学的哈希函数链接到之前的区块上，形成一个不可篡改的链条。在区块链的帮助下，比特币的验证和记账系统不依赖某个特定的中央机构，而是通过网络中的多个节点来验证和记录交易。通过使用加密技术和区块链技术来保护和管理交易，加密货币可以有效实现安全、透明、去中心化和不可篡改的电子交易。

3.5.2 主流加密货币

1. 比特币

比特币（Bitcoin，BTC）是最早的区块链加密货币。2009年1月，随着第一个区块（也被称为"创世区块（Genesis Block）"或"区块0"），比特币网络正式启动。这标志着比特币区块链的开始，也是去中心化、点对点数字货币的首次实现。在比特币诞生早期，这一全新的数字货币并未引起人们的足够重视，其最初价格仅为1比特币≈0.00076美元，相当于7元人民币可以兑换1300个比特币。这一价格在后续时间内陆续上涨，2010年底，比特币价格已经接近1美元，2013年底首次突破1000美元，截至2025年1月，1比特币价格已经突破了100000美元。虽然比特币的价格波动很大，但数字货币价格的主要趋势仍在逐步提高；同时，越来越多的人开始认可比特币，将其作为一种可接受的价值存储方式。

尽管市值在不断上涨，比特币网络并不是一帆风顺的。比特币经历了几次重大的分叉事件，这些事件最终产生了比特币现金（Bitcoin Cash，BCH）、比特币黄金（Bitcoin Gold，BTG）和比特币钻石（Bitcoin Diamond，BCD）等全新加密货币。2017年8月1日，比特币区块链发生了第一次硬分叉，导致了比特币现金的诞生；这个硬分叉是由于比特币社区内部对原始比特币区块链的可扩展性和块大小存在分歧而发起的。一方面，比特币现金的支持者试图增加区块大小，以容纳更多交易，并提高网络的可扩展性；而另一方则支持继续使用比特币原有的协议。这次分叉导致了两个独立的区块链，一个是最初比特币，另一个是扩容后的比特币现金。2017年10月24日，比特币区块链再一次发生了硬分叉，导致了比特币黄金的诞生。比特币黄金的分叉是为了解决比特币采矿中心化的问题，这个硬分叉旨在通过修改挖掘算法，使得使用消费级硬件而不是专门的采矿设备的矿工更容易获得记账权，从而解决比特币挖矿的集中化问题。比特币黄金的推出旨在使采矿过程民主化，并使其更加分散。在2017年11月24日，比特币网络又经历了一次硬分叉，比特币钻石应运而生。这个分叉旨在解决比特币的可扩展性问题并提高交易速度。比特币钻石对区块链进行了更改，包括增加区块大小和实施增强的隐私功能。

在导致剧烈的市场波动与新加密货币诞生的同时，这几次重大分叉也引发了比特币社区关于治理、共识机制和区块链技术未来发展的讨论。显然，仅靠最初的比特币构想，区块链在吞吐量、去中心化、隐私性乃至可用性、便利性等方面都存在诸多问题，设计全新的区块链网络与具备更高安全性加密货币的需求迫在眉睫。

2. 以太币

以太币（Ether）是以太坊（Ethereum，ETH）区块链平台的加密货币。以太坊是由 Vitalik Buterin 在2013年提出的概念，并于2015年正式上线。以太币的出现是为了解决比特币在智能合约和去中心化应用方面的所面临的局限性。Buterin 认为，构建比特币的区块链技术可以被用于构建更多类型的应用，而不仅仅是数字货币交易。因此，他在以太坊的设计中引入了"智能合约"这一概念，它允许用户在区块链上编写和部署自动执行的合约，将其用于实现各种类型的应用，如去中心化金融服务、数字资产交易、游戏等。

以太坊的加密货币以太币是为了支持以太坊平台上的交易和智能合约而创建的，它在以太坊生态系统中发挥着重要的作用。与比特币相同，以太币的发行是通过挖矿获得的，但是以太币的挖矿采用更加节能高效的 PoS 共识机制，有效减少了区块链对计算能力和硬件设备的需求，提高了网络的整体效率和扩展性。

然而，以太坊的安全性高度依赖于以太坊虚拟机（EVM）与智能合约的安全，这意味着以太坊不仅拥有比特币的安全缺陷，还存在着额外的、未知的安全隐患。在 2016 年，以太坊遭遇了一次重大的事件，即"去中心化自治组织"（DAO）攻击，这对以太坊和以太币的发展产生了深远的影响。DAO 是一个基于以太坊区块链的智能合约组织，旨在通过智能合约进行资金募集和投资。在 DAO 攻击中，DAO 智能合约的代码漏洞被攻击者利用，导致了资金被盗。攻击者利用了 DAO 合约的漏洞，将大量以太币（约合 5000 万美元）转移到另一个地址，引起了社区的恐慌和混乱。

在遭受严重损失后，以太坊社区陷入了严重的混乱，对智能合约安全性的担忧严重打击了以太币的市场信心。同时，一部分社区成员主张回滚区块链，以恢复被盗的资金，这引发了道德和技术上的争议；另一部分社区成员则认为应该保持区块链的不可逆性，以避免破坏区块链的信任和完整性。在这场争议中，以太坊社区最终决定进行硬分叉，以修复 DAO 攻击事件的损失。这导致了以太坊区块链的分裂，形成了两个不同的区块链：以太坊（Ethereum，ETH）和以太坊经典（Ethereum Classic）。这次事件对以太坊的发展产生了深远的影响，引发了社区内部的分歧和不安，同时也对以太坊和以太币的价值造成了影响。此后，以太坊社区在随后的发展中不断改进和完善技术，以提高网络的安全性和稳定性。至今，以太坊已经成为了区块链行业中最重要的平台之一，以太币也是市值最高的加密货币之一。

3. 莱特币

莱特币（Litecoin）是由 Charlie Lee 于 2011 年 10 月发布的加密货币。回到 2011 年，随着比特币的挖矿难度和交易确认时间逐渐增加，比特币的交易费用也在不断上涨，这使得比特币在日常交易和支付领域的应用受到了一些限制。针对这一问题，前谷歌公司工程师 Charlie Lee 决定创建一种类似于比特币的加密货币，但具有更快的交易确认时间和更低的交易成本。与以太币那样从区块链底层进行大刀阔斧的改革不同，莱特币的构思与最初的比特币更为接近，其创立目的旨在提供一种更快速、更便宜、更适合日常交易的加密货币。为了实现这一目标，Charlie Lee 对比特币的代码进行了修改，并在 2011 年发布了莱特币的第一个版本。莱特币的发布很快受到了加密货币社区的欢迎，并随之成为了比特币之外的另一个备受关注的加密货币。莱特币的诞生为加密货币领域的创新和发展注入了新的活力，同时也为加密货币的广泛应用提供了更多的选择。至今，莱特币仍然是加密货币市场中备受关注的数字资产之一。

与比特币相比，莱特币主要在挖矿算法、交易确认时间、发现总量等方面进行了优化与改进。在挖矿算法方面，莱特币采用了 Charlie Lee 设计的 Scrypt 算法。相比比特币的 SHA-256 算法，Scrypt 算法使得莱特币的挖矿难度相对较低，这意味着更多的人可以参与挖矿，从而使得莱特币的分布更加分散。在交易确认时间方面，莱特币的交易确认时间要比比特币快得多。在莱特币网络上，一个区块的确认时间大约为 2.5 分钟，而比特币的确认时间约为 10 分钟，这意味着莱特币的交易速度更快，更适合日常交易和支付。在发行总量方面，莱特币的总发行量是比特币的 4 倍，即 8400 万个，而比特币的发行总量仅为 2100 万个。

总而言之，莱特币相比比特币而言具有更快的交易确认时间、更多的发行总量以及更高效的挖矿算法。这些特点使得莱特币更适合作为一种快速、低成本的支付工具，更适合于构建轻量级的区块链平台。

4. 泰达币

泰达币（Tether）是加密货币市场中使用最广泛的稳定币之一，其价值与美元、欧元等真实世界的资产储备挂钩，因此市值常年保持稳定。泰达币由名为 Tether Limited 的区块链公司于 2014 年在比特币区块链上发行，后续也扩展到以太坊、Tron（TRX）、EOSIO（EOS）等区块链平台上。泰达币的发行旨在为区块链平台提供一种稳定的数字资产，使其价值与传统货币（如美元）挂钩，以便在加密货币市场中提供更稳定的交易和资产储存选项。由于其稳定价值，泰达币可以用来避免加密货币市场的波动性，使持有者能够在市场波动时保持相对稳定的资产价值。泰达币的发行还受到监管部门的严格监管，并对其资金储备进行定期审计，以确保其与实际资产储备挂钩。泰达币的另一个特点是其优秀的流动性，泰达币可以在不同的加密货币交易所之间快速转移，方便交易者和投资者进行资金操作，同时也可以作为一种避险资产。

5. 门罗币

门罗币（Monero）是一种基于隐私和匿名性的加密货币，旨在提供用户匿名性和交易隐私。门罗币使用了环签名、隐形地址、机密交易等密码技术，其目的是确保交易的发送者、接收者和交易金额都保持匿名，从而增强了用户的隐私和安全性。门罗币的起源可以追溯到 2012 年 *CryptoNote* 白皮书的发布，这篇加密货币论文由神秘的开发者 Nicolas van Saberhagen 撰写，与大多数传统加密货币不同，门罗币没有单一的创始人或首席执行官，负责开发的核心开发团队也大多保持匿名。

由于其专注于隐私和匿名性，门罗币在加密货币社区中备受关注，并被视为保护用户隐私的重要工具。与比特币等其他加密货币不同，门罗币的交易记录不会公开显示发送者、接收者或交易金额，这使得门罗币在保护用户隐私方面表现出色。门罗币也被认为是一种分散的、无监管的加密货币，其交易不受政府或金融机构的监管。然而，由于其匿名性，门罗币也常被一些监管机构和政府部门视为具有潜在的风险，因为这种高度匿名的加密货币可以为洗钱、销账等非法活动提供很好的便利。

3.5.3　区块链在金融货币领域的应用

全球金融系统平均每天交易数万亿美元，为数十亿人提供服务。但这个系统存在着不少问题：收费繁杂，效率低下，文书工作繁重，业务摩擦频繁，欺诈和犯罪频发。据哈佛商业评论报道，每年约有 45% 的金融中介机构，如支付网络、股票交易所和转账服务机构等，遭受着经济犯罪之苦。

基于区块链的分布式账本具有不可篡改、可追溯等特点，适合用于信息共享、透明、业务流程的优化、资金的高效清算、建立可信环境等场景中。鉴于这种颠覆性技术的前景，从银行、保险公司到审计和专业服务公司，金融行业的许多公司都在投资区块链解决方案。据 IBM 的调查，全球 15% 的银行、14% 的金融市场机构，计划全面实施基于区块链的商业服务。接下来，本小节将从跨境支付、资产管理、融资贷款、债券发行等方面介绍区块链的应用。

1. 跨境支付

如今，外汇已成为流入发展中国家的最大资金。根据世界银行集团 2018 年的数据，外汇行业在过去几年中经历显著增长，2017 年增长了 8.8%，2018 年增长了 9.6%。传统跨境支付系统通常会在到达付款最终目的地的途中经过多家银行，跨资金转移既缓慢又昂贵。根据世界银行统计，在不同国家及地区之间传送 200 美元所需的时间一般为 2 至 7 天，全球平均费用为 6.94%，用户和银行每年会额外负担约 480 亿美元的运营成本。当用于跨境交易时，区块链可以简化付款和汇款流程，减少了外汇兑换处理和交易费用，使该流程更迅速、准确且成本更低。根据 Jupiter Research 的报告，预计到 2030 年底，区块链部署将使银行在跨境结算交易中节省高达 270 亿美元。

2016 年，澳大利亚最大的银行之一西太平洋银行（Westpac）与企业级区块链全球支付解决方案 Ripple 合作，实施了基于区块链技术的低成本跨境支付系统。2017 年底，澳大利亚和新西兰的银行集团摩根大通和加拿大皇家银行启动了基于区块链的跨行支付服务银行间信息网络（IIN）。摩根大通在一份声明中说："通过利用区块链技术，IIN 需要作出响应的订单数量将显著减少。"总部位于西班牙的西班牙桑坦德银行（Santander，SAN）正在内部开发基于区块链的解决方案，该解决方案在未来十年内将每年减少 200 亿美元的成本。桑坦德银行的首席财务官何塞·加西亚·坎特拉表示："我们希望利用任何可加速金融部门数字化转型过程的技术，以使我们的客户更快捷、更高效，而区块链正是其中一种技术。"桑坦德银行提供的最流行的服务之一是 OnePay FX，该平台可用于使用移动应用程序访问。通过此应用程序，客户可以在通过网络发送资金之前了解到跨境交易的净成本。此外，一旦交易完成，OnePay 还将生成一张不可篡改的收据。另一个使用区块链进行跨境支付的案例是菲律宾中央银行，该银行迄今已批准了 16 家加密货币交换服务提供商。菲律宾联合银行也已建立起基于以太坊的支付平台，用于将农村银行纳入国内金融系统，从而为当地公民提供更便捷、有效的国内交易。

2. 资产管理

当今的风险投资公司、私募股权公司、房地产基金正面临着改善责任风险管理的要求，以适应更具活力的决策结构和日益复杂化的法律法规。区块链可以有效地简化资产和利益相关者的管理。它允许改善投资者和利益相关者的治理与透明度、建立自动化资金管理机制、将投票权与其他股东权利和义务编程为数字资产以获得无缝的用户体验并降低人为错误的风险、资产管理中的自动转账代理、可自定义的内置隐私设置、可确保交易的机密性、高效的积分管理与建立和执行激励机制，以促进参与和惩治邪恶活动。

区块链资产管理的一个典型案例是 Codefi，这是知名区块链公司 ConsenSys 推出的一个功能强大且易于使用的区块链平台，可简化整个资产发行和生命周期管理流程。2014 年以来，ConsenSys 公司已对数十亿美元的数字资产进行了代币化，包括各种消费产品、稳定币，房地产和金融工具；且 ConsenSys 公司的软件和基础设施已为基于区块链的交易提供了数百亿美元的资金。

3. 融资贷款

传统的贷款、融资等业务都依赖于人工处理。相关文件的核对、数据在不同部门之间传递等流程都会浪费大量时间。以银行贷款为例，一个完整的贷款流程需要经过信息验证、信用评分、贷款处理和资金分配等环节，从申请到拨款往往需要数十天到几个月不等。这就导致了传统的金融业流动性不足，难以适应市场变化，容易受到环境冲击。区块链可以显著提高银行或其他金融机构的办事效率。在一个基于区块链的借贷系统中，智能合约能对贷款的申请进行实时监听，利用公钥密码验证申请者的身份，并自动检查申请者的信用记录，计算信誉评分。这极大地提高了审核效率，减少了人工成本，简化了办理流程。法国咨询公司凯捷（Capgemini）估计，通过区块链应用，消费者每年可节省 160 亿美元的银行和保险费用。

瑞士 Komgo 是全球首个基于区块链的商业融资平台，其股东涵盖荷兰银行（ABN-AMRO）、法国巴黎银行（BNP Paribas）、荷兰国际银行（ING）等知名银行。公开发行仅一年后，Komgo 平台就通过网络获得了近 10 亿美元的融资，同时得到了全球 15 家最大的银行，贸易公司和石油巨头的支持，其加盟成员现仍在迅速增加。Komgo 平台构造了一个安全的区块链网络，从而将复杂的工作流和交易数字化，通过结构化的身份管理和验证，极大简化了融资流程，同时对数据和交易实行统一管理，优化其流动性并实时监控风险。

位于美国科罗拉多州的 Salt Lending（SALT）是另一个基于区块链的贷款平台。SALT 平台允许用户利用其加密货币进行现金贷款。通过利用比特币、以太坊等常用的加密货币，借款人可以快速获得 1～36 个月的现金贷款。该公司的平台现已经可在美国大部分州和多个国家使用。与 SALT 类似，区块链平台 Celsius Network 也允许用户利用其加密货币进行现金贷款。该公司并非依靠传统的信用评分来确定利率，而是通过审查客户可以提供多少抵押品来确定利率。自 2018 年 6 月以来，Celsius Network 已经完成了超过 6 亿美元的贷款，并成交了单笔最大 500 万美元的贷款。

4. 债券发行

使用区块链技术，可以即时发行和交易数字证券，也可以简化审批程序，降低发行成本，使得发行价格更便宜；同时，区块链技术还可实现更多个性化的数字证券定制。目前世界众多知名银行已开始发行基于区块链的债券。世界银行与加拿大皇家银行资本市场、道明证券和澳大利亚联邦银行这三个大型金融机构合作，于 2018 年发售了世界上第一个区块链债券项目 Bondi。该区块链平台的架构、安全性和可扩展性是由微软公司进行实施和维护的。该项目每年发行 500 亿至 600 亿美元的债券，以支持发展中国家的经济发展。

中国人民银行也于 2019 年推出了一套区块链债券发行系统，发行了加密货币（Central Bank Digital Currency，CBDC），这是中国自主开发的区块链债券发行系统的首次亮相。为了资助小型和微型企业，该系统发行了 200 亿元人民币（合 28 亿美元）的特殊债券。人民银行可以通过该区块链账本跟踪债券，并通过人民币直接支付利息。如图 3-14 所示，CBDC 包含两个数据库：数字货币发行库和数字货币商业银行库。前者是人民银行在 CBDC 私有云上存放 CBDC 发行基金的数据库，按照人民银行的现金运营管理体系进行管理；后者是商业银行存放 CBDC 的数据库，可以放在商业银行的数据中心，也可以在 CBDC 私有云上，遵循商业银行现金运营管理规范。数字货币由人民银行发行给商业银行，个人或企业可根据需要从商业银行存取数字货币，而人民银行通过向商业银行回笼资金实现宏观货币调控。

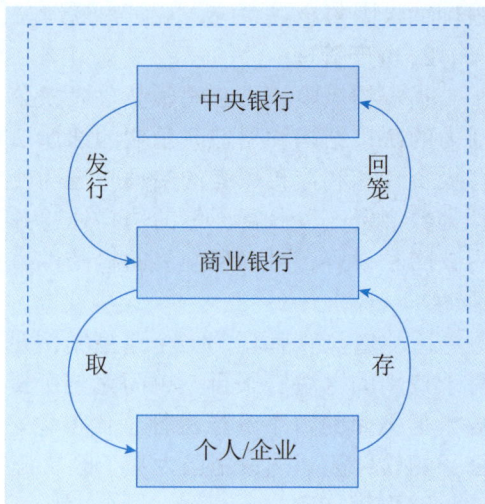

图 3-14　CBDC 债券发行示意图

3.5.4　加密货币的监管与风险

监管对于确保加密货币市场的合规性、稳定性和安全性至关重要。如果缺乏对加密货币交易行为的监管，在恶意攻击者的操控下，可能会导致加密货币市场的波动性增加，从而影响整体金融市场的稳定。同时，加密货币的匿名性使得非法资金流动更加隐蔽，无监管的市场容易被用于洗钱、恐怖融资和其他非法活动。然而，由于区块链的隐私和匿名性、法律法规不完善、投资者信息不透明等问题，对加密货币的监管面临着巨大挑战。

1. 隐私和匿名性挑战

在区块链中，加密货币交易的匿名性和隐私性使得监管机构难以追踪资金的流动，难以确定交易的实际发起者和接收者，导致了洗钱、非法交易和其他犯罪活动的风险增加。即便确定某笔交易涉及违法行为，监管机构也难以确定交易的实际主体，难以对非法活动进行大规模打击。

2. 法律法规不完善

由于区块链是一种新兴数字技术，许多国家和地区对于区块链的立法还处在相当不完善的阶段。不同国家和地区对于加密货币的法律法规标准存在差异，缺乏统一的全球性标准，这增加了跨境交易和合规监管的难度；而与之相对，加密货币的去中心化特性使得其跨国界交易方便，容易导致了法律辖区问题，监管机构难以确定如何对跨境交易进行监管和合规，缺乏有效的监管工具和手段。

3. 投资者信息不透明

在区块链加密货币交易中，投资者在加密货币市场中同样面临信息透明度不足、风险披露不足等问题，缺乏有效的投资保护。首先，加密货币市场的信息披露不够充分，投资者难以获取市场交易数据、项目信息和风险披露等关键信息，这增加了投资者的投资风险；其次，由于加密货币交易的匿名性，投资者同样难以确定交易对方的真实身份以及项目背景、团队成员、技术方案等关键信息，这使得投资者难以对项目进行充分的尽职调查和风险评估，增加了市场交易的不确定性和风险。

3.6 区块链的隐私保护和匿名性

3.6.1 区块链常见攻击与安全威胁

作为一种建立在安全性基础上的去中心化技术，区块链的安全保护至关重要。如果区块链受到攻击，区块链网络中的资产可能会被盗取或篡改，导致用户和机构的财产受损。更进一步，频繁的区块链网络攻击可能会破坏用户对区块链技术的信任，影响其在商业和金融领域的应用。因此，抵御区块链攻击对于保护用户资产、维护网络稳定性、确保数据完整性和建立信任是至关重要的。本小节介绍区块链上的主要攻击手段，其中一部分攻击针对的是区块链自身固有缺陷，另一部分攻击则针对区块链设计上的不足。对于上述攻击，本小节同样会介绍相应的改进措施或抵御办法，以帮助读者更好地理解区块链的攻击与安全防护。

1. 51% 攻击

51% 攻击是指一个恶意用户或团体掌控了区块链网络中超过 51% 的算力，从而能够控制网络上的大部分交易和区块的验证过程。这种攻击可以让攻击者实施双重支付、阻止交易确认或者修改交易记录等恶意行为。由于掌控了绝大部分算力，攻击者可以对网络产生不良影响和严重破坏，对区块链网络的安全性和去中心化特性造成严重威胁。51% 攻击是 PoW 共识协议的固有缺陷，在不更改共识机制的前提下，开发者更多需要从增加算力分布性入手，通过吸引更多的矿工和节点参与网络，增加网络算力的分布性，减少一名攻击者掌控大部分算力的可能性。

开源区块链平台 Verge 与其部署的加密货币 XVG 于 2018 年到 2023 年间先后遭受了 3 次 51% 攻击。在最严重的一次攻击中，攻击者成功对超过 56 万个区块进行大规模重组，并使用空区块替换了将近 200 天的交易。尽管 Verge 开发团队随后采取了包括网络升级和改进共识机制等一些措施来解决这一问题，但这次攻击仍对 Verge 的声誉和用户信任造成了不可逆转的影响，使得 Verge 平台的安全性和稳定性在区块链社区中受到严重质疑。

2. 智能合约漏洞

智能合约漏洞攻击是指攻击者利用智能合约中的漏洞来实施恶意行为的过程。智能合约是由程序设计语言编写而成，一旦部署在区块链上就会自动执行、无法更改。由于智能合约是开放式的，不成熟 DApp 开发者所编写的智能合约可能存在各式各样的潜在漏洞，这些漏洞可能导致合约的异常执行、资金损失以及网络不稳定等问题，被用来实施资金窃取、恶意代码注入、拒绝服务攻击等恶意行为。

一个著名的智能合约漏洞攻击案例是 2016 年的 DAO 攻击事件。DAO 是一个基于以太坊区块链的智能合约，旨在创建一个去中心化的风险投资基金。然而，由于智能合约本身存在漏洞，攻击者成功地利用了这些漏洞来实施恶意代码注入。利用这一漏洞，攻击者盗取了大量以太币，使得价值高达 6000 万美元的以太币被耗尽，并最终导致了以太坊社区的硬分叉，造成严重的币值波动。由此可见，重视智能合约的审计和安全性对于保障区块链项目与用户的利益至关重要。通过对智能合约进行严格的审计和测试，可以最大程度地降低漏洞的风险，提高合约的安全性和稳定性。

3. 分布式拒绝服务攻击

分布式拒绝服务（Distributed Denial of Service，DDoS）攻击是一种常见的网络攻击方式。这种攻击旨在通过向目标网络发送大量的无效请求，使网络资源耗尽，导致网络变得不稳定或完全无法使用。在区块链上，DDoS 攻击可能导致区块链网络中断、交易延迟、节点失去连接等问题。对于公共区块链网络或者依赖于共识机制的私有区块链网络，攻击者可能会利用 DDoS 攻击来干扰网络的正常运行，破坏交易的处理和确认，或者使得网络变得不稳定，从而影响用户的交易和服务。为了应对区块链上的 DDoS 攻击，区块链网络通常可以采取包括增加网络带宽、实施防火墙和入侵检测系统、利用分布式节点来分担网络负载在内的一系列防御措施。此外，区块链项目通常也会建立应对 DDoS 攻击的响应计划，以及实施监控和报警系统来及时发现和应对潜在的攻击。

4. Sybil 攻击

Sybil 攻击（女巫攻击）是一种攻击者通过控制多个虚假身份或节点来欺骗网络，从而获得对网络的控制权或者影响网络运行的网络攻击。这种攻击方式得名于 Flora Rheta Schreiber 于 1973 年出版的非虚构图书 *Sybil*，这本书记载了精神分析学家彼得·J. 斯韦尔斯对化名西比尔（Sybil）的患者进行精神治疗的过程。尽管最初的目的是治疗西比尔的社交焦虑和记忆丧失，但在经过涉及异戊巴比妥和催眠访谈的长期治疗后，治疗师发现，西比尔显现出多达 16 种人格，这些人格的自我随着时间逐渐发展出独立意识，能够沟通和分担责任，并以不同的名字出版音乐作品和艺术作品。

在区块链上，Sybil 攻击通常指的是攻击者通过创建大量虚假的节点或者身份来影响区块链网络共识机制的行为。通过控制大量的虚假节点，攻击者可以试图操纵网络的共识过程，影响交易确认和网络的稳定性。Sybil 攻击也可能用于欺骗网络以获取更多的投票权或者影响网络的决策过程。为了应对 Sybil 攻击，区块链网络通常会采取一些防御措施，包括节点身份验证、声誉系统、投票权证明等。此外，一些区块链项目还会采取一些技术手段来限制来自同一实体的多个节点的影响力，从而降低 Sybil 攻击的风险。解决 Sybil 攻击是区块链网络中的一个重要安全挑战，对于确保网络的安全性和稳定性至关重要。

5. 跨链攻击

跨链攻击是指攻击者利用不同区块链之间的互操作性或连接性来实施攻击。这种攻击可能针对多个区块链网络之间的连接点，旨在干扰或破坏这些连接点的正常运行，或者利用这些连接点来对区块链网络造成负面影响。跨链攻击可能采取包括双花攻击、跨链合约攻击、跨链网络中断在内的多种形式。其中，双花攻击是指攻击者在一个区块链网络上进行交易后，迅速将相同的资产转移到另一个区块链网络，从而欺骗网络，实现资产的双重使用，跨链合约攻击涉及攻击者利用区块链之间的智能合约或跨链交易协议的漏洞，来实施恶意攻击的行为，如盗取资产或破坏合约的正常执行，在跨链网络中断中，攻击者可能试图通过攻击多个区块链之间的连接点来导致跨链网络中断，从而影响不同区块链网络的正常运行。防范跨链攻击的关键在于确保不同区块链之间的连接点和跨链交易的安全性。区块链项目和跨链协议通常会采取一些防御措施，如加密算法、多重签名机制、智能合约审计等，以确保跨链交易的安全和可靠性；同时，加强对跨链网络的监控和安全审计也是预防跨链攻击的重要手段。

6. 针对区块链交易所的攻击

区块链交易所（Blockchain Exchange）又被称为数字货币交易所或加密货币交易所，这是一种允许用户交易加密货币和数字资产的在线平台。区块链交易所为用户提供了一个数字化市场，使得用户可以买入、卖出和交换比特币、以太坊、莱特币等加密货币，并且提供了交易图表、市场深度、限价单、市价单等功能，以便用户进行交易操作。区块链交易所可以分为中心化交易所和去中心化交易所两种类型。中心化交易所是由中心化实体运营和管理，用户需要注册账户并将资金存入交易所的账户中进行交易；而去中心化交易所则是基于区块链技术构建的交易平台，用户可以直接通过智能合约进行交易，无须将资金存入交易所的账户。

一方面，区块链交易所通常负责处理大量的加密货币和资金，自身容易成为黑客眼中的高价值攻击目标；另一方面，相比于开源区块链平台或客户端，区块链交易所使用的软件和技术系统更容易存在 API 漏洞、智能合约漏洞等，同时管理人员也面临着内部腐败、不当管理、安全意识不足、易受社会工程学攻击等问题，使得对交易所的攻击更加任意成功。2014 年，黑客对位于东京的 Mt. Gox 交易所发动攻击，通过大量伪造比特币涌入交易所的方式，抽走了近 85 万比特币（约 6.15 亿美元）。2019 年，韩国的区块链交易所 Upbit 在攻击中损失了超过 4500 万美元；2020 年，位于新加坡的加密货币交易所 KuCoin 成为了攻击的目标，其结果是价值 2.81 亿美元的加密货币或代币损失。为了保护交易所和用户资金的安全，交易所通常会采取多种安全措施，包括多重签名、冷钱包存储、安全审计、实时监控等。此外，监管合规也是确保交易所安全的重要因素。加强对安全漏洞的监控和修复，以及加强对交易所员工的安全培训也是确保交易所安全的重要措施。

3.6.2 身份认证与访问控制

1. 区块链与身份认证

作为信息安全的核心技术之一，身份认证是一项在计算机及网络环境中对用户真实身份进行鉴别的技术。当前主流的认证方法是基于可信的第三方认证服务器对用户身份进行管理，通过用户所知（如用户的口令）、所有（如数字证书、身份令牌）和生物特征（如指纹和虹膜）来确认用户身份。传统身份认证的通常流程如图 3-15 所示。在该流程中，用户首先应在系统中注册自己的用户名和登录口令，系统将用户名和口令存储在内部数据库中；用户登录时，用系统产生一个时间戳，将时间戳使用口令和固定的密码算法进行加密，连同用户名一同发送给业务平台；业务平台根据用户名查找用户口令进行解密，并将其结果和数据库进行比对，从而判断认证是否通过。

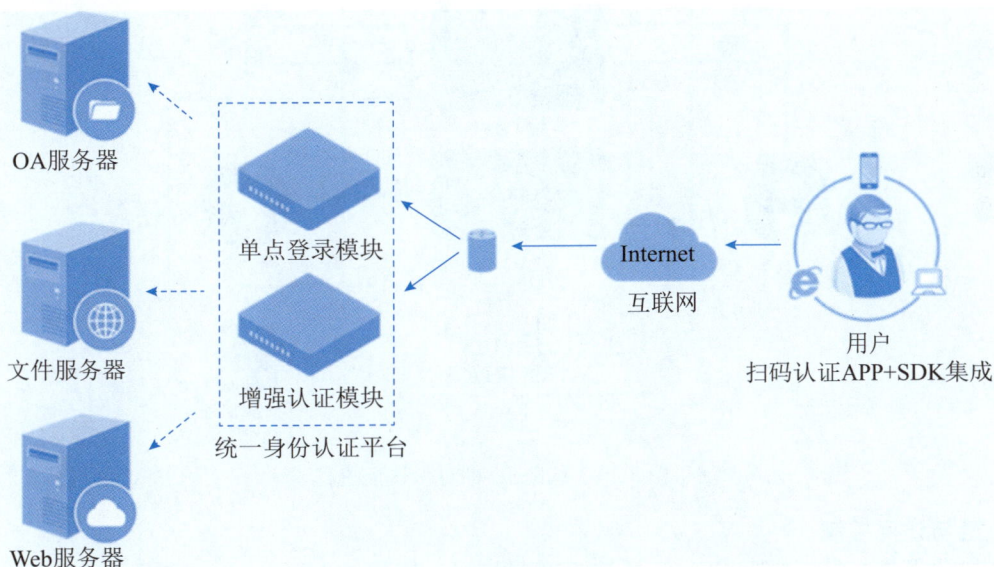

图 3-15　传统身份认证流程

传统身份认证方式面临的第一个问题是用户数据与隐私的泄露。在身份认证的过程中，互联网服务提供者需要不同程度地收集用户数据，一方面，这其中一部分服务商或出于主观恶意或受自身能力限制，造成了用户数据与用户隐私的泄露；另一方面，传统身份认证效率低下，维度单一。各个服务提供商或认证机构间互为数据孤岛，难以打通。这导致了同一个信息用户需要反复在不同的地方重复认证，用户很难重用已有的认证信息。同时，用户的认证信息都是零散碎片化的，无法完整地反映用户的身份特质。信息的碎片化也导致了个人无法有效地管理自己的身份信息。

区块链使用密钥为用户注册其身份。个人信息以哈希形式存储，可以用于多个身份相关属性，如姓名、唯一身份号码或社会安全号码，指纹或其他生物信息。通过使用区块链，可以建立起一套分布式信息证明体系。在该体系中，用户真实的身份信息被保存在区块链中，可以更好地实现身份信息的管理。当我们需要使用这些身份信息的时候，只需要输入对应的提取编码，就可以提取它们，然后通过证明这些信息的真实有效，就可以确定身份。一个标准的区块链数字身份通常包括以下四部分内容：

（1）基于区块链的数字身份的生命周期。

（2）涉及的各个概念的具体定义，包括参与的角色、身份特质、身份合约等。

（3）对这些概念进行认证的方法，包括对机构的认证、对用户的认证、私钥丢失等情况的处理。

（4）与认证机构对接的接口与方法。

Velix.ID 是一个专注于区块链身份验证和管理的平台，该平台旨在解决与传统身份验证方法相关的问题，为身份验证提供一个安全、分散和高效的解决方案，从而允许个人和组织以可信和透明的方式验证和管理其身份，并根据需要与第三方共享，同时保持对个人数据的控制，这在金融、医疗保健、教育等行业至关重要。Velix.ID 的身份认证流程如图 3-16 所示。首先，身份验证的需求方（比如酒店、考试中心等），通过 API 网关向 Velix 提出身份验证的需求；其次，Velix 把请求推给身份持有人；身份持有人收到 Velix 的提醒后，确认请求并推送信息负载到 Velix；最后，Velix 通过区块链确认信息后，再把信息负载推送给身份验证的需求方。这种身份管理认证机制利用区块链技术，提供了更安全的身份验证和管理方式。个人身份信息得到加密和存储在去中心化的区块链网络上，减少了数据泄露和身份盗用的风险。

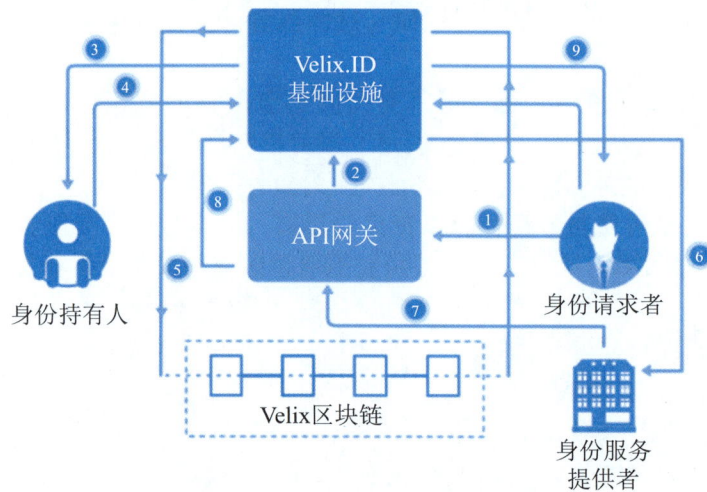

图 3-16　Velix.ID 的身份认证流程

2. 区块链与访问控制

访问控制技术是一种根据用户身份及其所享有权限对用户访问行为进行管理的技术。主要用于对用户权限进行管理，允许合法用户依照其所拥有的权限访问系统内相应的资源，禁止非法用户对系统的访问，从而保证信息的安全和业务的正常运转。从宏观角度来看，访问控制就是选择出一系列数据访问规则。访问控制的主要组成部分有两个：身份验证与授权。身份验证就是用于验证给定用户是否是其所声称的身份的一种技术；然而，身份验证本身并不足以保护数据，还需要授权技术来确定用户是否可以访问数据或执行其所尝试的操作。

传统的访问控制框架包括主体、客体、请求和访问控制策略这四部分。主体是请求的发起者。主体可以是用户，也可以是进程、应用、设备等任何发起访问请求的来源。客体是请求的接收方，一般是某种资源。比如某个文件、数据库，也可以是进程、设备等接收指令的实体。请求是主体对客体进行的操作，一般指读、写操作，也可以进一步细分为删除、追加等粒度更细的操作。访问控制策略的作用就是判断是否对请求进行授权，决定着这个操作能否顺利执行下去。

在传统的访问控制框架中，由于缺乏第三方可信的角色而导致了一系列的安全问题。常规访问控制技术的前提是所有信息都集中存储在处理数据的服务器上。这意味着提供商可能会未经授权访问数据并控制客户设备。随着网络接入设备的增多，比如 PC、笔记本电脑、智能手机等，创建统一的访问策略且持续维护就更难了，风险也随之增大。在过去访问控制策略通常是静态的，而如今访问控制策略必须是动态的，企业也要在现有网络和安全配置的基础上用 AI 和机器学习技术来部署安全分析层，实时识别威胁并自动化访问控制规则。

使用区块链进行访问控制可以提供更安全、透明、可靠和高效的访问管理方式，特别适用于需要高度保护和可追溯的数据访问场景。具体来说，当访问控制策略发布在区块链上时，所有的主体都可以看见，不存在第三方的越权行为。访问权限最初由资源拥有者通过交易对其进行定义，整个权限的交易过程在区块链上公开，便于审计。通过区块链与权限拥有者进行交易，可以实现访问资源权限的转移，其中资源拥有者无须介入用户之间，使得权限管理更加灵活。

基于区块链的一般访问控制流程如图 3-17 所示。资源拥有者先将资源的访问控制策略发布在区块链中，然后，当资源请求者想要访问该资源时，直接向区块链中的访问控制策略请求权限，由区块链中运行的访问控制策略决定是否授予访问权限。具体执行步骤如下：

（1）资源拥有者为资源生成访问控制策略，并将其发布在区块链中；

（2）区块链收到访问控制策略后进行验证，验证通过后将其存储在区块链中；

（3）资源请求者想要访问资源，然后向区块链发送请求访问交易；

（4）区块链收到请求访问交易后，根据访问控制策略决定是否授予资源请求者访问权限；

（5）若区块链中的访问控制策略同意授予资源请求者访问权限，则返回访问权限。

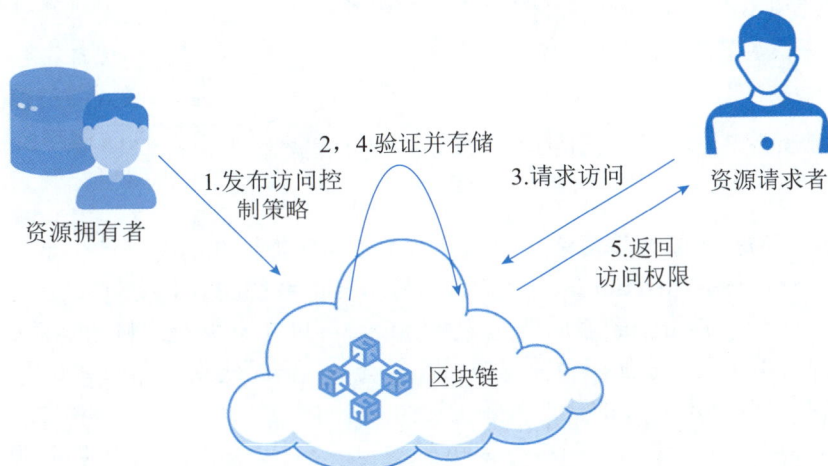

图 3-17　基于区块链的访问控制流程

3.6.3　匿名性与隐私保护

基于区块链框架的加密货币交易大多部署于公有区块链，所有用户都可以公开访问。基于这一前提，确保区块链用户的匿名性，保护区块链成员身份和交易的隐私是十分必要的。区块链匿名性是指在区块链中，用户的身份和用户之间的交易保持匿名，不会与其真实身份相关联；同时，这一匿名不能破坏交易验证的有效性。

为了破解用户的匿名性，追踪区块链用户的真实身份，许多涉及对区块链数据库的分析的攻击被提出。一个直接的方法是，利用链接交易的内容（即链接同一用户的两笔区块链交易）来推测其现实世界的身份。从用户的交易信息可以解读其许多属性：（1）转账金额，可以揭示用户的财务状况。（2）交易的持续时间，可用于猜测用户何时、如何使用互联网。（3）收件人地址，可用于识别用户的社会关系网。因此，有必要在区块链上定义一个强大的匿名概念，实现身份隐私和交易隐私，同时在保持匿名性的同时为矿工提供区块链更新所需的所有验证材料。接下来，本小节将介绍一些实现区块链匿名与隐私保护的相关研究。

1. CoinJoin

CoinJoin 是一种允许比特币交易的多个参与者将他们的交易合并到一个单一的交易中，从而增加了交易的隐私性的隐私保护技术。CoinJoin 的工作流程如图 3-18 所示。在使用 CoinJoin 时，每个参与者将他们的交易信息发送到一个共享的池子中，然后这些交易被合并成一个大的交易，包含了多个输入和输出，从而使外部观察者很难确定哪个输入与哪个输出相对应。基于这种方法，即使有人试图追踪其中的资金流动，也很难确定每个输出对应的输入是哪个，这种技术使得交易的发送者和接收者之间的联系变得更加模糊，从而提高了比特币交易的隐私性。CoinJoin 技术可以通过多种方式实现，包括使用特定的CoinJoin 软件，或者通过一些匿名交易平台。它被广泛应用于提高比特币交易的隐私性，使得交易更加难以追踪和分析。

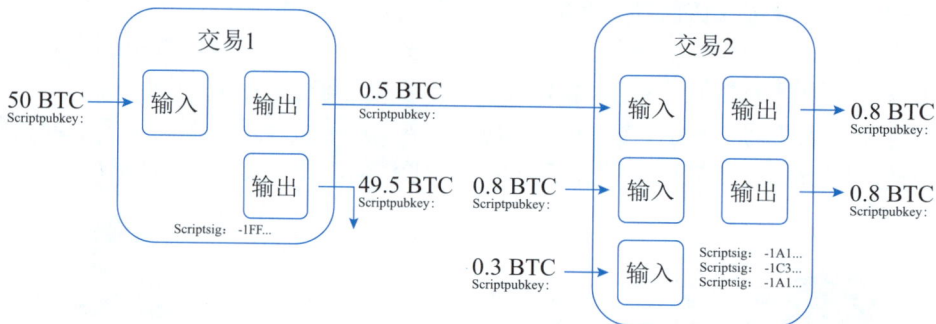

图 3-18　CoinJoin 的工作流程

2. Mixcoin

尽管 CoinJoin 对交易提供了初步混淆，但在参与者之间保护彼此的匿名性仍是一个困难挑战，因此该协议容易被恶意实体破坏。Mixcoin 是一个基于比特币货币系统的匿名支付协议，由 Bonneau 于 2014 年提出。该协议设计了一个具有强匿名属性的健壮协议，可以在不更改比特币的同时直接部署；并且，这一协议在现有的混币操作之上添加一个独立的加密问责层，同时实现了加密与问责。

与 CoinJoin 协议相比，Mixcoin 的特点主要包括：

（1）可问责性。Mixcoin 要求用户在进行混币前签署保证书，要求其做出如下声明："如果 Alice 在 $t1$ 时间从地址 a 发送 x 个硬币给我，我将在 $t2$ 时间将 y 个硬币发送到地址 b。"通过将该保证书与数字签名技术结合，用户可以放心地将资金发送给混币者而不用担心遭到欺骗。

（2）随机混合费。Mixcoin 中设计了与挖矿类似的激励机制，以奖励诚实的混合者并吸引更多潜在的参与者。然而，收取固定的费用会破坏已建立的匿名网络，因此 Mixcoin 采用随机混合费，混合者有权保留一小部分交易金额收为己用。随机数的选取利用了比特币区块链本身的不可预测性，以公平和可问责的方式生成。

3. 门罗币的匿名机制

门罗币结合了环签名（Ring Signature）、机密交易（Confidential Transactions）和隐身地址（Stealth Addresses）技术来保护用户的匿名与隐私。环签名是一种带有匿名性质的数字签名，该技术允许交易的发起者使用其他人的公钥创建一个签名，这样就不会暴露实际的发送者。这个过程可以让外部观察者难以确定交易的实际发起者是谁。在环签名中，交易的发送者选择一组其他用户的公钥，然后使用这些公钥创建一个签名，证明交易的合法性，而不需要暴露自己的身份。这样一来，即使有人试图追踪交易，也很难确定实际的发送者是谁。机密交易是为了保证交易数额的隐私而引入的，它采用同态加密和范围证明技术，将账户余额和交易数额使用同态加密算法进行加密，同时使用零知识范围证明防止超额消费。隐身地址则保证了接收者的匿名性，它将接收者的公钥和随机数相结合，从而模糊了接收者的地址。只有真正的接收者可以扫描区块链信息进而确认转账的结果。

3.7   本章小结

本章着重为读者介绍区块链技术的核心概念、关键特性，并简单讨论其在多个领域的应用潜力。在基础知识部分，介绍了区块链的定义、组成要素、工作原理以及发展历程，揭示了这一技术如何通过去中心化、透明和不可篡改的特性，为数字交易和数据管理带来革命性的变化。进一步地，讨论了区块链的共识机制，包括 PoW 和 PoS 等，这些机制是确保区块链网络一致性和安全性的关键。智能合约在多个层面上扩展和增强了区块链的功能和应用潜力。为了帮助读者了解智能合约，我们介绍了智能合约的概念、原理和特点，并通过一个简单的例子来讲述通过编程逻辑来支持复杂的交易和业务逻辑。此外，本章还涉及了区块链在金融货币领域的应用，包括跨境支付、资产管理、融资贷款和债券发行等方面，展示了区块链技术如何提高效率、降低成本，并为金融行业带来创新。隐私保护和匿名性也是本章讨论的重点，我们分析了区块链在保护用户隐私和交易匿名性方面的挑战和解决方案，通过介绍CoinJoin、Mixcoin 以及门罗币等技术，探讨了如何在保护用户隐私的同时，确保交易的有效性和安全性。综合来看，本章为初次接触区块链的读者提供了一个涵盖了技术和应用层面讨论的全面视角。通过本章的学习，希望读者们能对区块链技术有一个初步但全面的了解，为进一步学习后续章节打下坚实的基础。

3.8   拓展阅读

本章涵盖了区块链的基础知识、历史发展、共识机制、智能合约、加密货币以及隐私保护与匿名性等多个重要方面，为读者初步了解区块链技术提供了全面但浅尝辄止的参考。在完成本章内容的学习后，我们也在此处提供一些重要的参考资料、学习书籍与在线课程，以便有兴趣的读者更深入地理解区块链技术的原理与应用。首先，Daniel Drescher 所撰写的《区块链基础知识 25 讲》是一本适合初学者的入门图书，即便没有计算机科学、数学和密码学方面的知识，也可以轻松读懂全书。其次，Coursera 平台上配套的"Blockchain Basics"课程可以为想要快速入门的读者提供生动有趣的学习体验。再次，《区块链：从数字货币到信用社会》一书从历史与背景、发展现状等方面论述了区块链的发展历程，可以帮助读者更好地理解区块链的演变。对于想要深入学习区块链编程、智能合约编程的读者，我们推荐 Andreas M. Antonopoulos 和 Gavin Wood 所撰写的《精通以太坊：开发智能合约和去中心化应用》，本书既能帮助读者快速了解上手以太坊，也能作为一本专业的技术参考手册，同时涉及众多技术主题并提供了大量的编程示例。最后，我们推荐"数字经济之父"Don Tapscott 和 Alex Tapscott 所撰写的《区块链革命：比特币底层技术如何改变货币、商业和世界》，该书全景式地描绘了区块链这一前沿技术如何对全球的经济、金融体系、社会治理等多个领域产生深远的变革；作为继互联网之后的又一次技术革命，区块链不仅是加密货币的底层技术，更是能够重塑商业模式和社会结构的基础设施，本书以翔实的数据、深入的分析和清晰的逻辑，描绘了对未来经济和社会的愿景，提供了区块链对未来世界的潜在影响的全面视角。

3.9　本章习题

（1）请解释区块链的去中心化特征，并说明其优势和挑战。

（2）请描述区块链中的记账过程，并说明该过程存在怎样的优缺点。

（3）请分析公有链和私有链的区别，并讨论它们在不同场景下的适用性。

（4）比特币的发展过程出现过哪些挑战？你认为这是比特币的哪些特性导致的？

（5）你认为区块链技术的发展面临哪些挑战？请从技术、法律和隐私等方面进行分析。

（6）你认为区块链技术的未来发展方向是什么？请自由发挥并提供你的预测和推测。

（7）什么是区块链的共识机制？为什么区块链需要共识机制？

（8）试比较工作量证明和权益证明的优缺点。

（9）共识机制对区块链的安全性与灵活性有什么影响？

（10）智能合约如何在区块链上执行？

（11）举例说明智能合约在实际生活中的应用。

（12）在未来，智能合约可能会如何影响我们的日常生活？请尝试构想一些可能的场景并进行讨论。

（13）比较比特币和以太坊这两种主要的加密货币。分析它们的特点、应用领域和技术架构的异同点。

（14）探讨区块链技术对金融行业的影响。你认为区块链技术如何改变了金融行业的运作方式和未来发展？

（15）区块链加密货币的监管存在哪些风险和隐患？

（16）请列举并解释至少三种常见的区块链隐私保护技术。

（17）分析在匿名性的区块链上进行交易可能导致的潜在风险，并提出相应的解决方案。

第 4 章
人工智能与区块链技术的结合

在前一章中，我们详细探讨了区块链技术的核心概念、工作原理以及在不同领域中的应用。这为我们理解区块链的技术架构及在现代数字经济中的角色奠定了基础。然而，随着技术的发展，单一的区块链技术已无法应对日益复杂的现实问题，因此，技术的进一步融合成为必然趋势。本章将探讨区块链与人工智能技术的结合，通过分析两者的互补性，揭示它们在提升数据安全、优化智能合约、加强分布式计算等方面的协同效应。这样，我们不仅可以延续对区块链技术的理解，还能在新兴技术融合的背景下，探索其更广泛的应用前景。

人工智能与区块链技术的结合正逐渐成为数字时代推动技术革新的重要力量。人工智能的算法、计算能力与区块链的安全性、透明性相结合，为社会的繁荣和发展带来了全新的机遇与挑战。本章主要内容分为三大部分。第一部分从区块链与智能合约固有的局限性出发，介绍人工智能与区块链技术融合的必要性以及所带来的机遇，探讨人工智能与区块链技术相结合在不同领域的实际应用情况以及现实案例。第二部分以区块链在分布式机器学习中的使用与安全隐私保护为基点，为读者介绍区块链在人工智能领域的应用场景、方法与优势。第三部分将人工智能引入区块链，介绍如何利用人工智能实现区块链的数据智能分析、安全性分析与智能合约优化。

4.1 人工智能与区块链融合的重要性

4.1.1 区块链和智能合约的局限性

尽管区块链和智能合约技术在许多方面都表现出了巨大的潜力，但我们也必须认识到，该技术在可扩展性、能源消耗、安全性、编程漏洞、恶意行为检测、法律约束等方面存在着一系列局限性。本小节对现有区块链与智能合约所存在的主要局限性进行了讨论，以帮助读者在正式学习后续章节前，更好地理解将区块链与人工智能融合的必要性。

1. 可扩展性

可扩展性是大多数区块链平台面临的主要局限。在区块链中，随着交易数量增加，区块链网络的性能往往会快速下降。在比特币网络中，区块链每秒仅能处理数个交易；以太坊的吞吐量相对有所提高，但也受到了交易量、交易大小等诸多因素的限制。交易量的限制导致了在高负载情况下，区块链的交易确认时间过长，交易费用显著增加，甚至可能导致网络拥堵。一个现实例子是以太坊网加密猫游戏的网络拥堵，2017 年底，以太坊网络加密猫（CryptoKitties）游戏爆发了前所未有的热潮，其交易量激增导致了以太坊网络的拥堵，使得其他交易被延迟确认，交易费用飙升。

2. 能源消耗

比特币的 PoW 共识需要矿工进行复杂的计算来验证交易并添加到区块链上。这些计算需要大量的计算能力和电力，因此导致了巨大的能源消耗。据剑桥大学的比特币研究显示，比特币网络每年的能源消耗量相当于一些国家的总能源消耗量，如阿根廷和挪威。另外，比特币每笔交易的能源消耗相当于美国家庭 24 天的用电量。尽管以太坊等区块链分支通过修改共识算法以改善区块链的能源消耗，但仍未能从根本消除通过计算争取记账权的症结。

3. 安全性

区块链存在 51% 攻击、DDoS、Sybil 攻击、跨链攻击、针对区块链交易所的攻击等诸多攻击。以 51% 攻击为例，当某个节点或组织掌控了区块链网络超过 51% 的计算能力时，他们就能够控制整个网络，从而篡改交易记录或进行双重支付。许多攻击从根本上源于区块链的特点与架构，难以从根本上根除。

4. 编程漏洞

由于编程者的不成熟与编程语言设计上的缺陷，现有的智能合约往往存在可重入漏洞、无用代码额外过度收费漏洞、随机性控制漏洞等常见漏洞。这些可能导致严重的安全风险和经济损失，对区块链系统的信任和可靠性造成严重威胁。此外，智能合约的正确性也至关重要，一旦将智能合约部署在区块链上，几乎不可能再对其进行任何修改。如果智能合约中包含可能导致系统崩溃的编程错误，轻则影响交易的发起和接收者，重则影响整个区块链网络。然而，由于智能合约的复杂性，检测和识别这些编程漏洞具有一定的难度。

5. 恶意行为检测

除了合法的业务之外，区块链还可能被用于恶意活动。黑客和犯罪分子可能利用加密货币和匿名交易来洗钱，掩盖其非法资金的来源。走私犯可以利用区块链提供的匿名性和难以追踪的特性进行非法商品（如毒品、武器）的交易和走私活动。然而由于区块链的匿名性，这些恶意活动往往难以发现和追踪，并且经过加密后的区块链数据也难以通过简单的数据分析来检测和识别恶意行为。此外，海量的区块链数据存在异构性以及用户行为存在多样性，使得传统的基于分类的方法不能直接应用于恶意行为检测当中，变相增加了恶意行为检查的难度。

6. 法律约束

区块链平台上的加密货币交易跟踪对于监管机构实施金融犯罪调查、追回非法资金等行为具有重要意义。区块链分析公司 Chainalysis 曾通过交易跟踪帮助美国联邦调查局（FBI）确定了涉嫌通过加密货币进行洗钱的非法犯罪分子。然而，关于区块链的立法与执行，大多数国家仍处在起步阶段，难以指定有效、可执行的区块链法律约束机制。司法管辖和法律适用也是阻碍区块链法律约束的重要原因之一。由于区块链是跨境、去中心化的网络技术，当涉及利用区块链跨境作案时，法律管辖和适用的问题的问题难以解决。

4.1.2 智能区块链所带来的机遇

智能的区块链是指将人工智能技术与区块链技术相结合，以实现更智能化、更安全、更高效的区块链系统。在智能区块链中，人工智能可以用于监测和预防区块链网络中的恶意行为，识别网络攻击、防范欺诈和监控异常行为，从而增强区块链的安全性。从区块链用户与加密货币交易者的角度，人工智能可以通过分析大规模的区块链数据，提供更精准的市场预测和交易决策，提高投资者的效率和收益；同时，人工智能可以用于创建更加智能化的智能合约，实现更复杂的条件和自动化执行，从而提高智能合约的应用范围和功能。本小节从智能区块链赋能智慧医疗、供应链、智能电网等场景，浅谈智能区块链为区块链技术带来的全新机遇。

1. 智能区块链赋能智慧医疗

如图 4-1 所示是基于区块链与人工智能结合的一个医疗健康数据的场景，医疗机构和保险公司需要共享病人的医疗数据以进行理赔和风险评估。在这种情况下，区块链可以提供一个去中心化的数据存储平台，医疗数据被存储在不同的区块链节点上，确保数据的安全和不可篡改性。智能合约可以被用来限制只有授权的实体可以访问和使用这些数据，保护病人的隐私。同时，人工智能可以应用于隐私保护技术的研究和开发，例如，使用深度学习技术对医疗数据进行脱敏处理，去除敏感信息，确保用户的隐私不会被泄露。此外，人工智能还可以应用于数据分析，帮助保险公司进行风险评估和理赔处理，提高数据的利用价值。通过区块链和人工智能的结合，可以实现医疗数据的安全共享和隐私保护，为医疗健康领域提供更安全、可信任的数据应用环境。

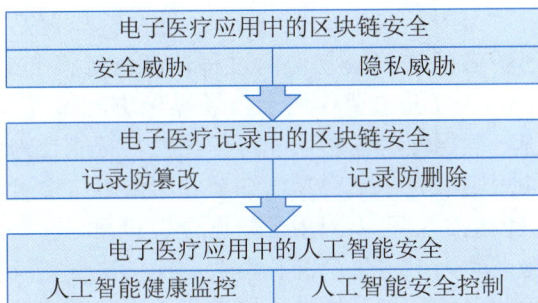

电子医疗应用中的区块链安全	
安全威胁	隐私威胁

电子医疗记录中的区块链安全	
记录防篡改	记录防删除

电子医疗应用中的人工智能安全	
人工智能健康监控	人工智能安全控制

图 4-1 基于区块链与人工智能结合的医疗健康数据的场景图

2. 智能区块链赋能供应链

图 4-2 所展示的是以一个基于区块链与人工智能结合的供应链管理的场景，不同供应商、制造商和零售商需要共享供应链数据以优化供应链流程。在这种情况下，区块链可以提供一个可信任的数据共享平台，记录供应链中的各个环节和交易细节，确保数据的安全共享和可追溯性。智能合约在这一架构中扮演着尤为突出的作用，因为其可被用来规定数据共享的条件和权限，如只有特定角色的用户可以访问和使用特定类型的数据；同时，智能合约还可以规定数据的质量标准和要求，确保数据的一致性和准确性。

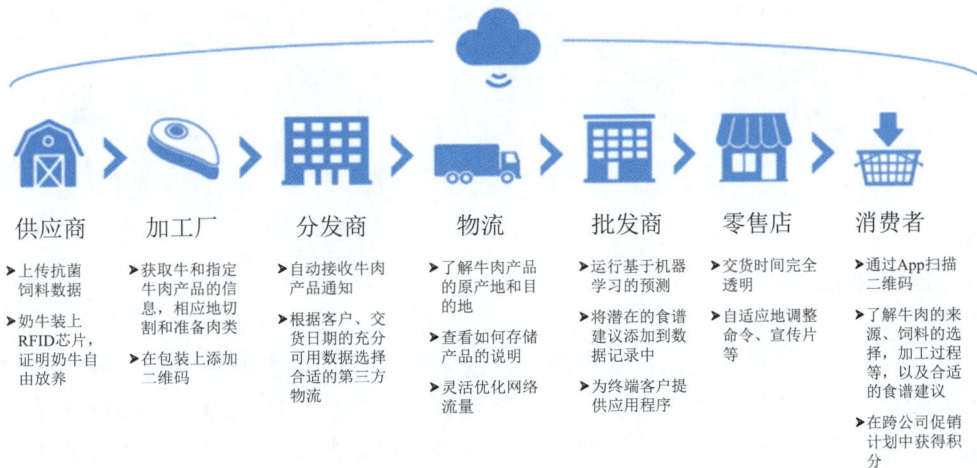

供应商	加工厂	分发商	物流	批发商	零售店	消费者
▶上传抗菌饲料数据	▶获取牛和指定牛肉产品的信息，相应地切割和准备肉类	▶自动接收牛肉产品通知	▶了解牛肉产品的原产地和目的地	▶运行基于机器学习的预测	▶交货时间完全透明	▶通过App扫描二维码
▶奶牛装上RFID芯片，证明奶牛自由放养	▶根据客户、交货日期的充分可用数据选择合适的第三方物流	▶查看如何存储产品的说明	▶将潜在的食谱建议添加到数据记录中	▶自适应地调整命令、宣传片等	▶了解牛肉的来源、饲料的选择，加工过程等，以及合适的食谱建议	
	▶在包装上添加二维码	▶灵活优化网络流量	▶为终端客户提供应用程序		▶在跨公司促销计划中获得积分	

图 4-2 基于区块链与人工智能结合的供应链管理的场景图

在这一过程中，人工智能起到的主要作用是数据分析和挖掘，从供应链数据中发现有价值的信息和模式，帮助供应商和制造商优化供应链流程。例如，人工智能可以通过分析历史数据和外部因素，预测产品的需求量，帮助企业更准确地进行生产计划和库存管理，减少库存积压和缺货风险。当落实到物流运输上时，人工智能可以应用于优化物流和运输路线，通过分析交通、天气等数据，提供最佳的运输方案和路线规划，降低运输成本和提高效率。此外，人工智能可以应用于智能仓储管理，通过自动化技术和智能机器人，提高仓库的管理效率和准确性，实现智能化的货物存储和分拣，通过数据分析和预测模型提前发现潜在的风险因素，减少供应链中的不确定性。

3. 智能区块链赋能智能电网

如图 4-3 所示是一个基于区块链与人工智能的去中心化智能电网，在该场景中，基于电力生产商和消费者间进行交易协商过程，可以将整个交易流程划分为物理层、通信层、协调层和市场操作层。其中，区块链主要作用于市场操作层，它可以提供一个去中心化的交易平台，记录电力交易的细节和规则，确保交易的透明和可信任性。智能合约可以被用来规定电力交易的条件和价格机制，自动执行交易的规则，并记录交易的细节和结果。这样可以提高电力市场的运行效率和透明度。人工智能主要作用于协调层，它可以应用于数据分析和预测模型，通过分析市场需求、天气等因素，预测未来电力需求的趋势，并为电力生产商和消费者提供决策支持。通过人工智能的分析，可以帮助企业更明智地制定电力产量和采购计划。通过区块链和人工智能的结合，可以实现电力市场的智能治理和决策支持，为电力市场的参与者提供更安全、可信任的交易环境。

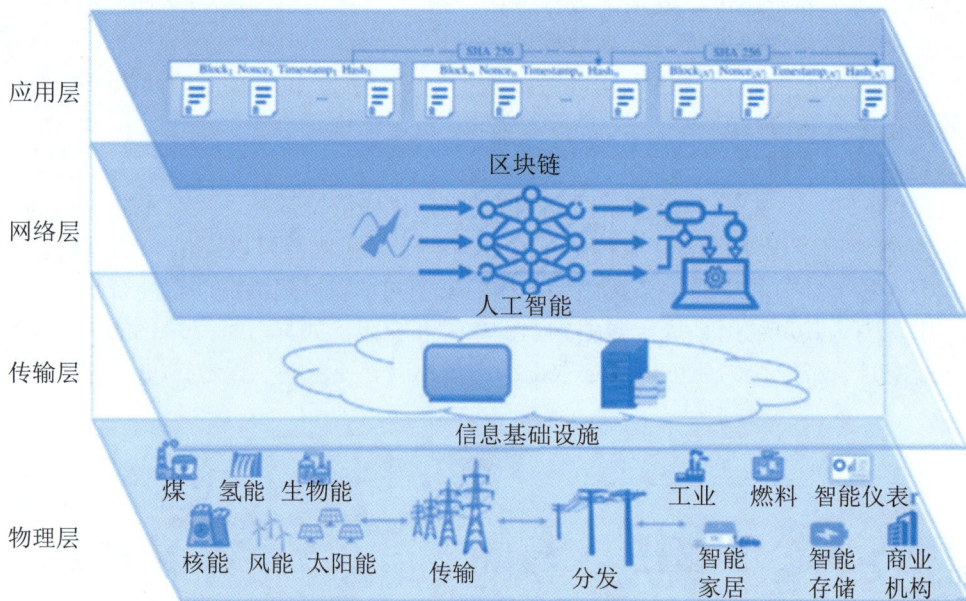

图 4-3　基于区块链与人工智能的去中心化智能电网

4. 智能区块链赋能工业物联网

工业物联网是智能区块链赋能的另一个热门领域。图 4-4 是一个结合了传感器、通信网络、IoT 平台、应用平台在内的智能区块链系统。在该系统中，区块链技术可以实现去中心化的数据存储和交易验证，保障数据的安全性和可靠性。区块链的去中心化和安全性特点可以保障工业物联网设备之间的数据传输和交互的安全性，防止数据被篡改或窃取；而区块链的可追溯性特点则可以帮助工业物联网实现对生产和运输过程的全程追踪，提高生产过程的透明度和可控性。

在区块链的基础上，人工智能技术的引入带来了工业物联网智能化决策和生产效率的提升。人工智能的优势是，可以通过学习用户的行为和数据来不断优化算法和提高智能化程度，并通过对大量数据的分析和预测来提供决策支持和优化方案。当引入工业物联网后，人工智能可以通过学习和优化来提高工业物联网设备的智能化程度，使其能够更好地适应生产环境的变化和需求。通过数据分析和预测，人工智能可以帮助工业物联网设备优化生产流程、预测设备故障并及时进行维护，提高整体的生产效率。

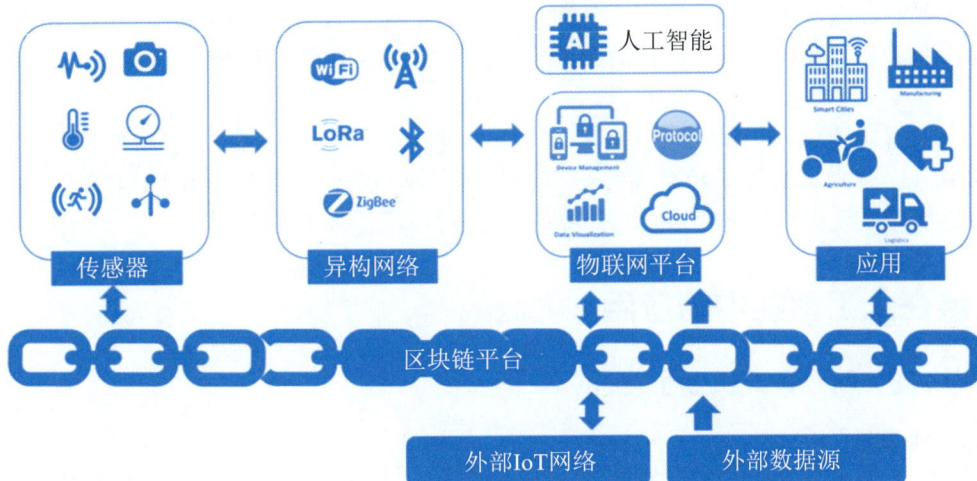

图 4-4　基于智能区块链的工业物联网架构图

4.1.3　区块链技术与人工智能结合的必要性

在为区块链带来全新机遇的同时，人工智能技术在数据共享、模型验证、去中心化等方面也同样得到了区块链的反哺。人工智能的核心是数据，其主要安全痛点为数据共享与隐私保护。无独有偶，区块链技术恰恰强调去中心化和数据共享。将区块链与人工智能相结合，可以实现数据共享的安全、可靠和透明。区块链的分布式账本保证了数据的可追溯性和不可篡改性，同时通过加密算法保护了数据的隐私。这种结合可以加强数据的合规性和安全性，提高人工智能算法的可信度。本小节从数据安全和隐私保护、组织互信和质量保证、智能治理和决策支持三方面，介绍区块链和人工智能在结合的过程中，如何相互交融贯通，为场景提供更安全、可信任、智能化的数据共享和应用环境，为各行业带来更多技术创新和发展机遇。

1. 数据安全和隐私保护

在数据安全与隐私保护领域，区块链的去中心化和不可篡改的特性可以提供更安全的数据存储和传输方式。通过提供去中心化的身份验证和加密机制、去中心化的数据存储、匿名交易和隐私保护的机制，区块链可以确保数据的安全性、阻止数据不被篡改和破坏、保护用户的隐私信息不被泄露。

从人工智能的角度，人工智能技术可以应用于数据存储的智能管理，通过智能合约实现对数据的访问控制和权限管理，加强对数据的保护，提高加密算法的安全性和效率。同时，人工智能可以应用于隐私保护技术的研究和开发，例如，使用深度学习技术对隐私数据进行脱敏处理，保护用户的隐私信息。

2. 组织互信和质量保证

在组织互信和质量保证领域，区块链可以建立可信任的数据共享平台，为用户提供去中心化的数据存储和可信任的交易记录，确保数据的安全共享。智能合约可以通过编程规定数据共享的条件和权限，确保数据只被授权实体访问和使用。区块链可以记录数据的变更历史和交易细节，确保数据的完整性和可追溯性。智能合约可以被用来规定数据的标准和质量要求，确保数据质量的一致性和准确性。

人工智能可以应用于数据分析和挖掘，从海量数据中发现有价值的信息、模式和趋势。通过机器学习和数据挖掘算法，可以帮助发现数据中的隐藏信息，提高数据的利用价值。此外，在质量保证方面，人工智能可以通过数据质量评估、清洗和修复等技术手段，提高数据的准确性、完整性和一致性。

3. 智能治理和决策支持

在智能治理和决策支持领域，区块链的智能合约可以用于规定治理规则和决策条件，确保治理的透明和可信任性。智能合约可以自动执行规定的规则，提高治理的效率和准确性。

区块链的不可篡改性和可追溯性可以提供可信的数据来源和治理记录，确保决策的可信度和可追溯性。

通过使用人工智能计算，决策者可以构建高效的决策支持系统，通过数据挖掘和机器学习算法，自动执行决策规则，提高决策的效率和准确性。当存在潜在风险时，人工智能可以帮助识别和管理潜在的风险因素，通过预警系统提前发现问题，并提供决策支持，减少风险的影响。

4.2　区块链在人工智能中的应用

4.2.1　利用区块链实现分布式机器学习

1. 分布式机器学习

随着大数据技术的出现和可用数据量的爆发式增长，如今已经可以利用 TB 级数据来训练数百万甚至数十亿个参数的高度复杂的机器学习和深度学习模型。然而，由于超出了大部分计算机内存的容量，这样大规模的训练模型需要更强大的计算能力来进行训练，无法在单个模型中实现。因此，我们需要其他方法来支持这种内存密集型任务，分布式机器学习就是解决这个问题的方法之一。

分布式机器学习是机器学习的一个分支，它利用大量计算资源（通常是计算机或服务器）来执行复杂的机器学习任务。通过将计算工作负载分配给多个处理器，分布式机器学习可以实现更快、更有效的处理，从而使得处理和分析大量数据成为可能。具体来说，分布式机器学习的主要思路是将数据分成较小的组进行同时分析，然后将结果整合以提供最终输出。这种并行的机器学习方式可以大幅减少数据处理和分析所需的时间和费用，同时增强和提升机器学习算法的可扩展性、速度和效率。

机器学习的并行化方式主要概念包括分布式计算、分布式模型训练、数据并行、模型并行等。

1）分布式计算

分布式计算是指在多台计算机或服务器上同时执行计算任务，通过将计算任务分配给多个处理器或计算节点来完成任务。分布式计算的特点是，每个处理器或计算节点可以独立地执行计算任务，并将结果进行整合以完成整体的计算任务。一种常见的利用分布式计算实现分布式机器学习的方式是，将机器学习任务分解成小的子任务，然后分配给多台计算机或服务器进行并行计算，从而加速了整个机器学习过程（如 TensorFlow 框架）。分布式计算在分布式机器学习中扮演着加速和优化机器学习任务的重要角色，通过分布式计算，可以实现更快速、更高效的数据处理和分析，同时提高机器学习算法的可扩展性和效率。

2）分布式模型训练

分布式模型训练是指在多台计算机或服务器上同时进行机器学习模型的训练，通过将模型的训练任务分配给多个处理器或计算节点来加速模型的训练过程。每个处理器或计算节点可以独立地进行模型参数的更新和计算，然后将结果进行整合以完成整体的模型训练。与分布式计算的不同之处在于，分布式模型训练是一种特定于机器学习任务的分布式计算。在分布式计算中，任务可以是任何类型的计算任务，而在分布式模型训练中，任务是特定于机器学习模型的训练任务。分布式模型训练侧重于将机器学习模型的训练任务分解成小的子任务，并将这些子任务分配给多个计算节点进行并行计算，以加速整个模型的训练过程。分布式模型训练又分为数据并行与模型并行两部分。

3）数据并行

数据并行是指在分布式环境中将数据分成多个部分，然后将这些数据分别分配给不同的计算节点，每个节点使用相同的模型参数进行训练。一旦训练完成，各个节点的模型参数将被汇总以更新全局模型参数。数据并行适用于大规模数据集，每个计算节点都可以处理不同的数据样本，因此适用于处理大规模数据的情况。举例来说，假设有一个大型图像数据集需要用于训练深度学习模型。在数据并行的分布式模型训练中，数据集将被分成多个部分，每个部分分配给不同的计算节点。每个节点将使用相同的模型结构和参数来训练自己分配的数据子集，然后将训练得到的模型参数进行汇总以更新全局模型。

4）模型并行

模型并行是指在分布式环境中，将模型的不同部分分别分配给不同的计算节点来训练。每个节点负责更新模型的特定部分，然后将更新后的模型参数进行整合以得到最终的全局模型参数。模型并行适用于大规模的模型，例如，深度神经网络中的大型模型，可以将模型的不同层或模块分配给不同的计算节点来并行训练。举例来说，假设有一个非常深层的神经网络模型，模型并行的分布式模型训练可以将不同层的参数分配给不同的计算节点，每个节点负责更新自己分配的模型部分，然后将更新后的参数整合以得到全局模型的更新。

2. 基于区块链的分布式机器学习案例：RoboChain

尽管分布式机器学习中有效提高了训练效率，降低了机器学习对单一机器的性能需求，但与其他分布式系统一样，分布式机器学习仍然存在数据隐私和安全、去中心化信任、数据溯源和可追溯性问题。这些问题可以通过引入区块链技术来得以有效改善。

在分布式机器学习中，数据需要在不同的节点间共享和传输。区块链可以提供去中心化的加密数据存储和传输，确保数据的隐私和安全性，同时建立起基于智能合约的安全数据交换机制，鼓励数据的共享和交换。针对数据共享和模型训练过程中去中心化信任问题，可以引入区块链的共识机制，建立去中心化的信任机制，确保参与者之间的信任和协作。此外，区块链为模型训练者提供了数据的可追溯性，记录数据的使用历史和模型的训练过程，并提供基于智能合约和加密货币的激励机制，鼓励更多的参与者加入分布式机器学习中。

RoboChain（如图 4-5 所示）是一个利用区块链辅助进行机器人交互训练的分布式机器学习框架，主要应用于临床干预场景中部署用以访问目标患者的安全生物数据的机器人以进行适应性治疗。

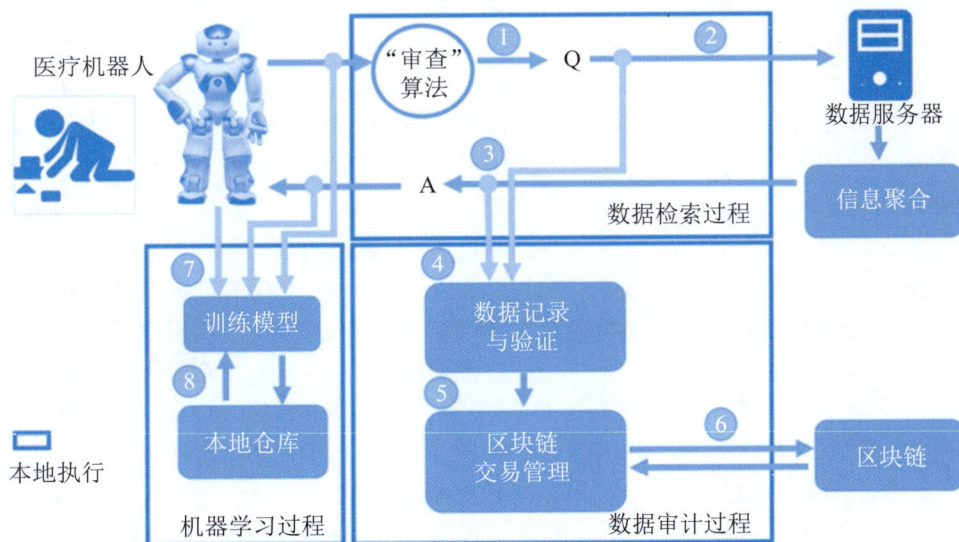

图 4-5　区块链辅助机器人交互训练的分布式机器学习框架图

RoboChain 的具体流程如下。

①在开始正式训练前，需要在医疗机器人上配备一系列安全的"审查"算法，确保机器人所收集使

用的数据没有种类偏差（如，文化、性别歧视等其他不符合道德规范的类型）或意外的副作用（如，暴露患者的行为、状况与病情的严重程度等）。"审查"算法事先由领域专家验证。

②③经过"审查"算法后的合法数据被发送到数据服务器。这些数据基于护理人员或治疗师的要求获取，主要包含治疗期间获得的信息。例如，在自闭症治疗中，治疗师可以决定患者需要练习眼神交流；然后，部署于患者身旁的机器人将尝试检索相关信息、收集患者反馈，这些信息可以帮助医师更好地确定下一步治疗方案。

④⑤⑥在将数据记录在数据服务器的同时，机器人交互数据经过验证后，同样会以交易的形式记录于区块链中，用于后续模型训练与数据审计。当数据正式记录于区块链后，任何参与审核临床干预的实体都可以检查患者治疗期间使用的交互问答（即 Question-answer 对）。这一举措增强了人权机构的问责制和透明度，提高了其在有关各方中的可信度。

⑦⑧在进行临床干预时，RoboChain 采用监督学习的方法进行分布式机器学习：将交互数据与背景数据作为深度学习模型的输入，而患者的治疗反馈作为目标输出。然后，使用标准反向传播技术并通过选择优化器来更新参数。有了这些新参数，机器人可以提高其对目标患者的干预能力和适应性。

4.2.2 区块链分布式学习的数据安全和隐私保护

1. 区块链与模型更新验证

回顾 4.2.1 节的介绍，分布式机器学习的基本思想是将模型训练任务分配到许多本地设备上，通过中央聚合器对本地模型进行集成。因此，模型更新是分布式机器学习过程的关键组成部分。为了训练一个性能良好的全局模型，分布式机器学习系统需要确保所有参与模型训练过程的设备都诚实地工作并提供可靠的数据。在模型更新过程中，区块链可以用于验证模型更新的正确性。具体来说，区块链可以记录每个参与者的模型更新，并在每个参与者的模型更新后生成一个区块。这些区块将包含有关模型更新的信息，如模型参数的变化、更新的时间戳等。由于区块链的不可篡改性和去中心化的特性，可以确保模型更新的正确和完整。参与者可以通过区块链来验证模型更新是否被篡改，确保每个参与者的模型更新都得到正确记录，增强分布式机器学习系统的安全性和可信度。

基于区块链的模型更新验证，将区块链嵌入分布式节点与中央聚合器之间的每一轮交互中。在一轮交互中，本地设备需要将训练好的本地模型更新发送给区块链矿工，以进行进一步验证。这一架构最大的挑战是，如何设计合适的模型更新验证机制来验证数据的有效性，减少所消耗的时间和资源。

验证证明（Proof of Verifying，PoV）共识机制是一个集模型更新验证与区块链共识在内的全新共识算法，其目的是利用矿工确保设备上传区块链的局部模型更新在全局模型聚合之前是有效的。PoV 共识机制的主要实现前提是在验证前提前准备测试数据集，并为其设置准确度阈值。根据 PoV 共识机制，系统在区块链上准备由任务发布者提供的可靠的测试数据集，然后矿工利用该数据集验证上传的更新。根据给定的准确度阈值选择合格的更新，并将其作为事务放入块中；阈值可以根据经验确定。PoV 共识机制的主要实现难点是测试数据集的选择，因为一旦处于新的学习环境中，便很难更新预测模型。

使用智能合约来验证、存储本地模型更新的事务是另一个有效选择。Cui 等提出通过随机选择的联盟成员投票来决定模型更新是否可靠，并根据收到的投票数量做出决定。这种方式的优点是使模型更新的验证更加高效。然而其缺点也显而易见，虽然要求随机选择的成员参与投票，但很难证明这避免了主观性的影响，在实践应用中，这种主观性更强的方法需要更多的证据支撑与参与者支持。

2. 区块链与全局模型聚合

全局模型聚合是分布式机器学习的另一个重要步骤。在该步骤中，系统需要将各个参与者训练的模型参数进行聚合，以形成一个全局的模型。区块链可以用于验证全局模型聚合的安全性。与模型更新类似，区块链可以记录每个参与者的模型参数，模拟并验证模型聚合的过程。每次模型聚合前后的结果都会被记录在区块链上，确保所有的操作都是可追溯的。更进一步地，通过利用智能合约技术，区块链可以消除对中心聚合者的需要，实现完全去中心化的模型聚合。区块链的智能合约功能可以用于编写和执行验证模型聚合的规则和条件，确保模型聚合的过程符合预先设定的规则，防止恶意参与者篡改模型参数或者干扰模型聚合的过程。

DeepChain 是一个安全、公平的分布式深度学习框架，可以在中心聚合者缺省的情况下完成分布式模型训练与安全的全局聚合，其架构如图 4-6 所示。DeepChain 首先提出了一个具有激励机制的协同训练框架，鼓励各方共同参与深度学习模型训练并共享获得的局部梯度。在保留局部梯度隐私性的同时，该框架实现了训练过程的可审计性，并通过激励机制和交易机制，促使参与者诚实行事。

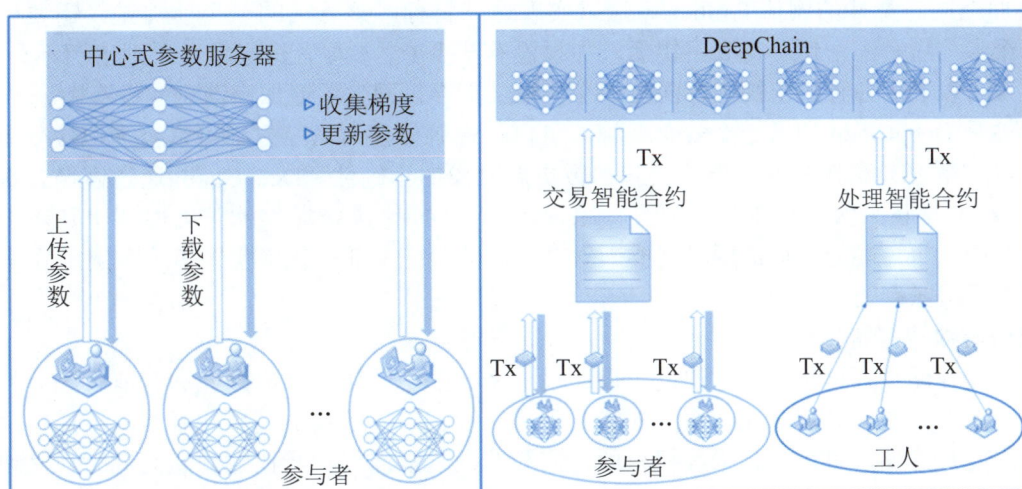

图 4-6　DeepChain 分布式深度学习框架

DeepChain 的主要组件如下：

（1）参与者（Party）：在 DeepChain 中，参与者是与传统分布式深度学习模型中定义的相同的实体，具有相似的需求，但由于计算能力不足或数据有限等资源限制，无法单独完成整个训练任务。

（2）交易（Trading）：当一个参与者获得他的本地梯度时，可以通过向 DeepChain 的交易智能合约发起交易来发送梯度，这个过程叫做交易。这些合约可以下载到工人（Worker）的设备上进行处理。

（3）合作组（Cooperative Group）：合作组是一组拥有相同深度学习模型的参与者。

（4）本地模型训练（Local Model Training）：每一方都独立地训练自己的局部模型，在局部迭代结束时，该方通过将自己的局部梯度附加到合约上来生成交易。

（5）协同模型训练（Collaborative Model Training）：合作组的各方协同训练深度学习模型。具体而言，在确定相同的深度学习模型和参数初始化后，以迭代的方式训练模型。在每次迭代中，所有各方交换他们的梯度，工作人员下载并处理梯度。处理后的梯度由工人发送到称为"处理合约"（Processing Contract）的智能合约中。由工人选出的领导者使用这些正确处理的梯度来更新协作模型的参数。各方下载更新后的协作模型参数，并相应地更新各自的本地模型。在那之后，各方开始下一个迭代的模型训练。

（6）工人（Worker）：与比特币的矿工类似，工人们被鼓励处理包含协作模型更新训练权重的交易。工人们竞争在一个街区工作，第一个完成工作的人是领导者。领导者将获得区块奖励，这些奖励可以在未来消费，如可以使用奖励来支付 DeepChain 训练模型的使用费。

（7）迭代（Iteration）：深度学习模型训练由多个称为迭代的步骤组成，在每个迭代结束时，模型中所有神经元的权重都会更新一次。

（8）轮（Round）：在 DeepChain 中，一轮是指创建一个新区块的过程。

（9）DeepCoin：DeepCoin 是 DeepChain 中的一种资产。对于每个新生成的区块，DeepChain 将产生一定数量的 DeepCoin 作为奖励。DeepChain 的用户由各参与者和工人组成，前者为本地模型培训作出贡献，获得 DeepCoin 奖励，后者帮助各方更新培训模型，获得 DeepCoin 奖励。同时，对于那些没有能力自己训练模型并想要使用模型的人来说，一个训练完备的模型将花费一定数量的 DeepCoin。从本质上来讲，DeepCoin 是区块链一轮的时间间隔，其具体值由共识机制定义。

DeepChain 的全局模型聚合实现了机密性与可审计性。机密性保证模型梯度不会被暴露，DeepChain 采用了提供加性同态特性的阈值 Paillier 算法以实现这一目标。该算法的一个前提是，需要一个可信的设置者为每个参与者分配密钥。得到密钥后，如果没有至少 t 个参与者进行串通，则密钥不会发生泄露。参与者和矿工可以利用各种的密钥进行同态加密与密文聚合，同时保证加密消息的机密性。

可审计性是 DeepChain 的另一个安全目标。可审计性确保任何第三方都可以公平地接受审计，从而确保加密梯度和解密共享在梯度收集阶段和参数更新阶段的正确性。DeepChain 通过遵循普遍可验证的 CDN（UVCDN）协议来实现可审计性。具体来说，UVCDN 协议中提供的正确性证明是基于零知识证明协议的，其中一个可能的恶意证明者需要向一个诚实的验证者证明他确实知道一个满足陈述 Statement 的见证 w，而不泄露有关 w 的具体知识。

3. 区块链与数据存储共享

在数据安全存储与共享领域，区块链可以通过加密、去中心化、可追溯性和智能合约等特性，帮助确保人工智能的安全数据共享，保护数据的隐私和完整性，防止数据被滥用或者篡改。通过区块链的加密技术和去中心化存储，可以防止未经授权的访问和篡改，从而保护数据的隐私。同时，区块链可以记录数据的交易和共享过程，确保数据的来源和流向可追溯。这有助于确保数据共享的透明性和可信度。

如图 4-7 所示是一个基于区块链的隐私保护分布式机器学习框架，主要应用于工业物联网领域。该方案利用联邦学习来构建数据模型并共享数据模型，从而将分布式机器学习的数据共享问题转化为分布式模型更新问题。这种架构使数据所有者可以控制对共享数据的访问，通过区块链授权的协作架构进一步降低数据泄露的风险。

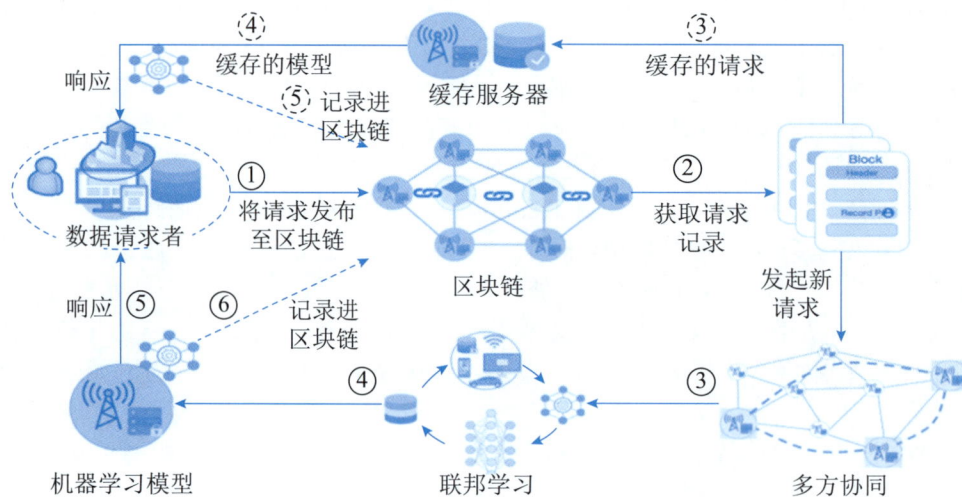

图 4-7 基于区块链的隐私保护分布式机器学习框架

方案所考虑的分布式机器学习场景如下：在工业物联网中，每个参与者都拥有自己的数据，并愿意分享这些数据。贡献者可以通过将数据组合在一起来实现协作任务，从而更有效地实现数据利用。例如，通过利用来自多个传感器的数据，可以更好地实现对交通趋势的预测，帮助交通部分规划车流量引导。

为了实现分布式机器学习的安全模型更新，方案将系统构建在许可区块链之上。许可区块链模块通过其加密记录在所有终端物联网设备之间建立安全连接，这些记录由配备计算和存储资源的实体（通常为区块链中的全节点）维护，其实例包括基站（Base Station，BS）和路边单元（Road Side Unit，RSU）。出于隐私考虑和存储限制，许可区块链中仅支持两种类型的交易：检索交易和数据共享交易，同时方案只使用许可区块链来检索相关数据和管理数据的可访问性，不使用区块链记录原始数据。此外，被许可的区块链记录了数据的所有共享事件，可以跟踪数据的使用情况，以便进一步审计。

4.3 人工智能在区块链中的应用

4.3.1 利用人工智能实现区块链数据智能分析

1. 人工智能数据智能分析应用

区块链数据智能分析是指对区块链上的数据进行收集、整理、分析和解释的过程。作为一个分布式数据库，区块链包含了大量的交易信息和数据，这些数据可以被用于市场趋势分析、交易模式分析、用户行为分析等数据分析场合，进而应用于金融、供应链管理、数字资产交易等多个领域，帮助人们更好地了解区块链系统的运行情况，发现其中的商机和风险，从而提高决策的准确性和效率，为区块链数据交易者提供更多的价值。在人工智能的帮助下，人们可以对区块链实现更加准确、高效的市场趋势分析、交易模式识别、用户行为分析、风险识别预测和数据风险分析。

（1）市场趋势分析：通过对区块链数据的分析，可以发现数字资产市场的趋势，包括价格波动、成交量、交易模式等，帮助投资者做出更准确的决策。

（2）交易模式识别：人工智能可以帮助识别区块链上的交易模式，包括异常交易行为、洗钱交易、市场操纵等，有助于监测和预防非法活动。

（3）用户行为分析：通过对区块链数据的分析，可以了解用户的行为模式，包括交易频率、交易偏好、资产流动等，有助于针对用户进行个性化推荐和精准营销。

（4）风险识别和预测：人工智能可以帮助识别区块链系统中的风险和潜在问题，包括技术风险、市场风险、安全风险等，启动 / 发起预警和提前应对。

（5）数据风险分析：通过对区块链数据的分析，可以发现潜在的数据隐私问题，帮助加强数据隐私保护和合规性管理。

2. 人工智能数据智能分析框架

如图 4-8 所示是一个基于 Hyperledger Fabric 的智能区块链数据分析框架，其中区块链的数据分析包括区块链端、数据分析端与数据可视化端三大块，其整体流程与传统智能数据分析过程类似，涵盖了数据收集与整理、数据挖掘与分析、可视化与报告等一系列数据处理、分析过程。首先，智能区块链的区块链端利用爬虫等技术，从区块链网络中收集交易数据、区块信息等，并进行整理和清洗，以便进行后续分析。其次，通过引入人工智能技术（尤其是数据挖掘和智能分析技术），数据分析端对区块链数据进行深入挖掘，发现用户、交易、资金流动、吞吐量等数据的模式、趋势和关联。最后，这些分析结果通过图表、报告等可视化的方式呈现为用户区块链的市场趋势、交易模式、用户行为、潜在风险、安全隐患等有价值的数据。

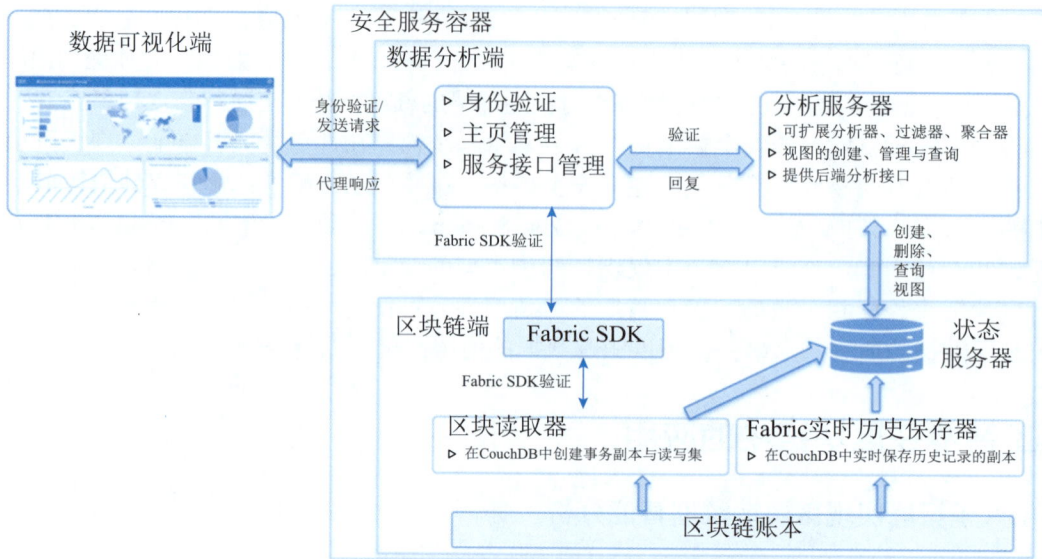

图 4-8　基于 Hyperledger Fabric 的智能区块链数据分析框架图

在如图 4-8 所示的系统中，分析子系统包括三个主要组件：身份验证和主页管理服务器（Authentication and Dashboard Management Server）、分析服务器（Analytics Server）和分类账阅读器或解析器（Ledger Blocks Reader/Parser）。该系统通过可配置的主页 Web 客户端外部用户提供访问，允许用户可视化地访问区块链数据，并创建和管理动态、描述性分析任务，如时间序列聚合、时空分析和Top-N 分析等。

当用户进行访问时，Web 客户端首先连接到认证和主页管理服务器，该组件先使用 Hyperledger Fabric SDK Api 注册和验证用户的区块链网络凭据（私钥、证书、连接配置文件、区块链组织和通道详细信息等）；在成功进行身份验证后，该组件提供主页管理功能，以支持基于表单的查询规范接口。

实际的分析请求被传递到分析服务器，该组件负责处理对区块链数据的查询，并执行所有分析操作，如聚合数据或执行过滤操作。此外，该组件还提供了内省和推断区块链数据资产数据模式的功能。这使得分析服务器可以独立于区块链平台运作，因为其与具体区块链模式无关。

分析服务需要能够有效地查询状态数据库和完整的分类账历史数据。然而，单个分析服务器组件不支持复杂和高效的查询。分类账块阅读器或解析器组件通过在状态数据库所在的同一个 CouchDB 物理数据库中维护历史分类账数据的副本来解决此问题。利用 CouchDB 的查询功能，系统可以提供比当前的分类账查询功能更强大功能，如创建索引和视图。框架提供了该组件的两种实现：一种是基于 Scheduled Blocks Reader 的实现，这是一种以"脱机方式"运行的计划作业，使用 Fabric SDK 定期查询分类账，读取已添加到分类账的任何新事务，解码事务的读 / 写集，使用获得的数据的键值对创建新的对应 JSON 文档，并将这些文档存储在 CouchDB 数据库中。另一种是基于 Fabric Runtime History Replicator 的实现，这是 Hyperledger Fabric 系统链码的直接扩展。每次将经过验证的事务提交到分类账时，都会激活此代码，并且与脱机版本类似，将事务的读 / 写集添加到相应的新 JSON 文档中，该文档存储到 CouchDB 数据库中。

3. 区块链数据分析现实案例

1）Chainalysis 公司

Chainalysis 公司是一家成立于 2014 年、总部位于美国纽约的区块链分析公司。该公司的使命是通过提供区块链数据分析和监测解决方案来帮助政府机构、金融机构和企业掌握加密货币交易的情况，以应对洗钱、欺诈和其他非法活动。Chainalysis 公司的产品主要包括 Chainalysis Reactor 和 Chainalysis KYT。Chainalysis Reactor 是一款用于对区块链数据进行调查和分析的软件工具，可以帮助执法机构追踪和识别涉及加密货币的犯罪行为，如洗钱、走私和勒索软件等。而 Chainalysis KYT 是一款用于监测加密货币交易的合规性软件，可以帮助金融机构和交易平台识别高风险交易和进行合规性监测。

2）Elliptic 公司

Elliptic 公司是一家区块链分析与加密合格解决方案提供商，成立于 2013 年，其总部位于英国伦敦；同时，Elliptic 公司也提供全球最大的区块链身份数据集，与 Blockchain.com、BitGo 等组织达成了深度合作。Elliptic 公司最大的特点是其区块链分析与可视化技术，通过跟踪整个加密生态系统中的每笔交易，为用户提供真正全面的区块链交易风险视图。Elliptic 公司以编程方式同时跟踪整个加密资产生态系统的交易，减少筛选单个资产所花费的时间。所生成的视图考虑了参与者的全面风险概况，包括受支持区块链上的所有资产和交易，与区块链资产的实时变化。

4.3.2 利用人工智能实现区块链安全性分析

1. 人工智能安全分析在区块链上的应用

传统的区块链系统虽然具有分布式、去中心化等特点，但仍然面临着诸如 51% 攻击、双花攻击、智能合约漏洞等安全威胁。智能区块链利用人工智能技术来增强和加固区块链系统的安全性，其主要手段是利用机器学习、数据分析和智能算法等技术来监测、改善、应对这传统区块链平台的安全威胁，提高系统的安全性和防御能力。

智能区块链的安全防范手段包括强化安全监控、行为分析与异常监测、自动化安全响应、安全漏洞预测等手段。具体来说。

（1）强化安全监控：通过对区块链网络中的数据流进行实时监控和分析，识别出非正常的交易频率、异常的数据量、大规模的交易堵塞、大量的未确认交易等异常数据流量进行监控，以便发现潜在的网络攻击或异常行为。

（2）行为分析与异常检测：利用机器学习算法对区块链网络中的交易行为进行学习，分析不同用户区块链网络中的行为模式。在完成模型学习后，对区块链中异常的交易模式、频率等行为进行识别，帮助网络管理者发现潜在的人为攻击或欺诈行为。

（3）自动化安全响应：人工智能技术可以实现自动化的安全响应。一旦发现异常交易，机器学习算法可以自动化地进行安全决策。例如，如果检测到潜在的恶意交易，算法可以立即将受影响的账户或交易隔离。如果监测到智能合约漏洞，算法可以自动下线不合格的合约，同时禁止用户向该合约发起交易，以阻止潜在的攻击。

（4）安全漏洞预测：通过数据分析和机器学习技术，预测可能存在的安全漏洞，并提前进行修复和预防措施。从区块链角度，利用人工智能可以通过对区块链网络中的历史数据进行学习，进而对实时数据进行分析，识别出潜在的安全漏洞和漏洞利用模式。从智能合约角度，利用人工智能进行安全漏洞预测可以通过对智能合约代码进行分析，发现其中可能存在的漏洞和不安全的模式，并利用机器学习算法自动化审计智能合约代码，预测可能存在的漏洞并提供修复建议。

2. 人工智能安全分析案例介绍

Monamo 等提出了一种利用修剪 K 均值（K-means）算法和 KD 树（KD-tree）算法从全局和局部角度检测比特币欺诈的方法。本小节以 Monamo 等的研究为基础，简要介绍基于人工智能的区块链安全分析过程，其步骤包括特征提取、数据预处理、算法设计、全局异常值标记、局部异常值标记以及上下文二分类。

1）特征提取

研究使用的数据集来自伊利诺伊大学计算生物学实验室的比特币数据集，其包含从创世区块到区块230686的所有37 450 461条交易数据，以及6 336 769名比特币用户。基于比特币网络提供的测量变量，首先需要尝试构建更有意义的特征，以帮助学习算法实现预期目标。该研究从比特币网络的交易数据中共得出以下14个特征。

（1）货币特征：包括发送总金额、接收总金额、发送平均金额、接收平均金额、接收标准差、发送标准差；

（2）网络或图特征：包括入度、出度、聚类系数、三角形数；

（3）参考每个查询节点的平均邻域（源—目标）：源是传入事务的原点，目标是目的地。确定了四个特征：in-in、in-out、out-out、out-in。这里的源—目标表示节点的度和出度，由in和out反映。

2）数据预处理

鉴于数据集列出了研究期间发生的所有交易，一些节点只参与发送或接收比特币。这导致最终数据集中存在缺失值，因此在需要这方面进行了插补。基于等同于发送或接收0 BTC的前提，所有缺失值都用零估算。为了在多元环境中的实例之间有适当的度量，方案选择了通过以平均零和单位方差为中心来转换数据。

3）算法设计

由于比特币网络数据集所包含的对象是未标记的，因此算法需要将从无监督学习技术开始，根据前景（Outlierness）将实例分组到集合中。异常值大致分为全局和局部异常值这两个主要领域。全局异常值是指在欧氏距离方面距离质心更远的情况，该距离将通过使用修剪K均值技术来获得。与全局视图相反，当使用KD树根据递增距离对所有实例进行排序时，局部异常值被定义为与最近的预定数量的邻居相距较大的前1%实例。

4）全局异常值标记

采用聚类算法，根据到附近中心的欧氏距离，参考质心来评估节点的正态性。此外，在离质心最远的前1%的实例中，有一部分被认为是欺诈，并被标记为欺诈。在这方面，精简的K均值提供了一种方法，可以将实例空间划分为正常或异常的两组。这种二元空间可分为全局异常子空间和全局正态子空间。

5）局部异常值标记

局部异常值标记主要采用KD树算法，该技术是一种用于关联搜索的数据结构类型，它构成了更广泛的二进制空间分区方案的一部分。一般来说，方法将整个数据空间作为根节点，按照预定义规则递归划分成更小的超空间。

6）上下文二分类

基于KD树和修剪K均值聚类的两大类，方案设计了三种二值分类算法来进一步解释检测到的异常值。算法包括基于最大似然的逻辑回归、增强逻辑回归和随机森林算法。研究使用这些模型进一步加深对欺诈（利益结果）和预测因素之间关系的理解，并在假设数据未标记的情况下，确定欺诈活动是否可以通过网络图和交易固有的提取特征来解释。

4.3.3 利用人工智能实现智能合约优化

由于智能合约通常涉及多方参与、牵涉复杂的条款和条件、需要考虑各种可能的情况和变数，导致大部分合约都具有较高的复杂性，难以高效、安全地管理维护。引入人工智能技术对于改善智能合约的固有局限，优化合约的执行效率与安全性有着重要意义。从效率的角度来说，人工智能可以通过分析大量的数据和模式来自动化合约的优化过程，帮助企业进行更加合理的决策合约编写，优化合约的执行和管理过程，从而实现时间和成本的节约，提高办事效率。从安全与隐私保护的角度来说，人工智能可以通过机器学习和数据分析来识别合约中的潜在问题和风险，识别合约中的安全隐患和隐私保护分析风险，并提供预测性分析和建议，从而降低合约执行过程中的风险。

1. 人工智能优化智能合约开销

人工智能在智能合约的自动编写与性能优化方面发挥着重要作用。在进行自动化合约的编写过程，人工智能可以通过分析合约需求和条件，生成智能合约的代码；并再分析智能合约的执行情况和数据流，找到优化的空间，提高智能合约的性能和效率。

ExpenGas（如图 4-9 所示）是一种基于进化计算的机器学习思想，通过预先训练的技术和多关键数据流图来检测以太坊智能合约昂贵操作的系统。该系统的工作分为两个阶段：（1）图生成阶段，其重点是将智能合约的源代码转换为抽象语法树（Abstract Syntax Trees，AST），并从树中提取数据流图和多关键数据流图；（2）昂贵的操作模式检测阶段，其重点是使用预先训练的模型执行昂贵的操作类型检测。

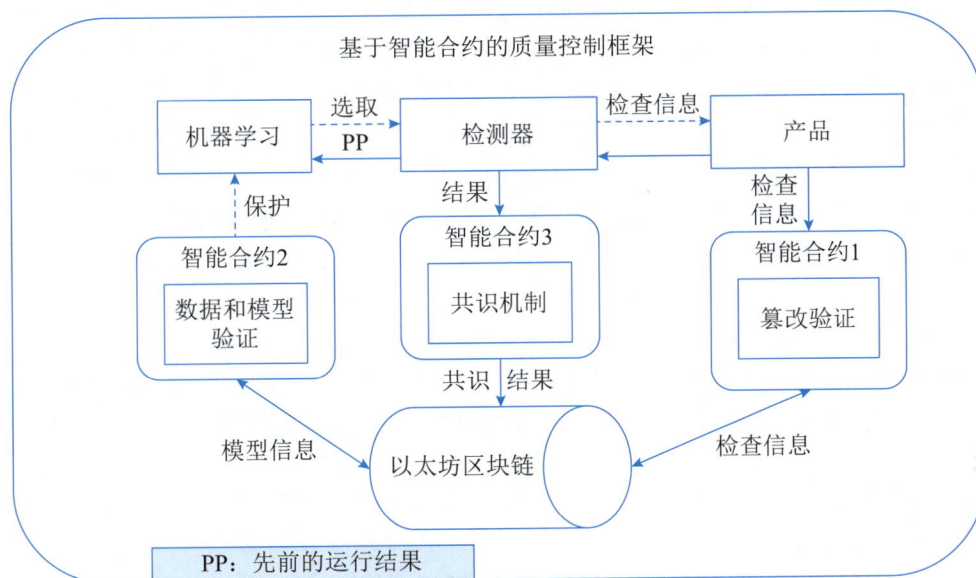

图 4-9　ExpenGas 的智能合约开销优化工作流图

1）图生成阶段

图可以用于表示代码的语法和语义结构，维护变量之间的语义关系，并使用基于图的深度学习方法学习推理程序结构。ExpenGas 根据程序令牌在函数中的重要性，将智能合约转换为具有三类节点的智能合约数据流图（Data Flow Graph，DFG），以图形方式描述系统中的数据流和处理流程。DFG 中的关键信息更有助于模型准确地关注问题。因为重入漏洞主要发生在关键字"call.value( )"出现时，研究工作使用基于给定源代码提取关键数据流图的方法来简化图信息。ExpenGas 需要在可能包含".length"和".balance"的源代码中检测昂贵的操作模式。为了简化图信息，方案使用多关键数据流（Multi-Crucial Data Flow Graph，MDFG）方法来尽可能地简化信息结构。图生成阶段包括 AST 树解析、生成 DFG 与 MDFG 转换三部分。

（1）解析为抽象语法树：首先，方案使用标准编译器工具 ANTRL 将 C 语言源代码解析为 AST。由于 ANTRL 不正式支持 Solidity 语言，该语言目前通常用于编写智能合约，因此我们遵循 GaSaver 语法以获得稳定性并促进数据流图的生成。AST 包含代码的语法信息，将终端的叶节点表示为 $V=\{v_1,$

v_2, …, v_m}，这些节点用于表示变量的序列。

（2）生成数据流图：有向边 $\varepsilon=\langle v_i, v_j \rangle$ 表示变量 v_i 和 v_j 之间的依赖关系，其中从 v_i 指向 v_j 的边表示第 j 个变量的值由第 i 个变量计算或派生而来。例如，表达式 $x=m+n$ 会将变量 m 和 n 到变量 x 的所有边添加到数据流图（DFG）中，并标注这些边以指明值的来源。有向边的集合用 $E=\{\varepsilon_1, \varepsilon_2, …, \varepsilon_k\}$ 表示，而数据流图 $G(C)=(V, E)$ 则表示源代码 C 中变量集合 V 之间的依赖关系的数据流。

（3）转换为多关键数据流图：为了帮助模型更好地理解昂贵操作模式的一般特征，ExpenGas 提出了多关键数据流图（MDFG）的概念，即由 MDFG 组成 DFG 的多个子图。MDFG 包含关于可能存在昂贵操作模式的关键信息。关键信息与兴趣陈述的存在和识别相关联。例如，".length" 和 ".balance" 是用于检测昂贵操作模式存在的关键信息。此外，方案定义了关键节点在同一边缘上的关键信息具有直接数据流关系的变量。MDFG 上的节点由关键节点组成，边缘由它们之间的数据流关系组成，并通过将 DFG 转换为 MDFG 进而保留关键信息和相关的数据流。

2）昂贵的操作模式检测阶段

昂贵的操作模式检测包括三个子任务：屏蔽语言建模、数据流边缘预测及跨源代码和数据流的变量对齐。

（1）屏蔽语言建模：屏蔽语言建模的目的是从源代码中学习表征，并应用屏蔽语言建模（Mask Language Modeling，MLM）对任务进行预训练。方案随机抽取 15% 的词法源代码符号并将其成对替换为（MASK），抽取 80% 的时间符号并将其替换为随机词法记号，抽取 10% 的符号使其保持恒定。屏蔽语言建模的目标是为这些采样的词汇符号预测原始词汇符号。特别是，假设源代码上下文不足以推断掩盖代码的词法令牌。在这种情况下，可以使用注释上下文修改模型，使模型能够统一 NL 和 PL 的表示。

（2）数据流边缘预测：数据流边缘预测用于从数据流中学习表示，并可以鼓励模型学习对值的来源关系进行编码的结构件表示，以更好地理解代码。方案从数据流中随机抽取 20% 的节点 V_s，并将无限负值添加到它们的连接边以屏蔽这些边，然后对屏蔽边 Emask 进行预测。

（3）跨源代码和数据流的变量对齐：变量对齐任务旨在让模型学习数据流图和源代码之间的对应关系。与边缘预测不同，其中边缘预测任务学习变量 V 序列中两个节点之间的连接，变量对齐任务学习源代码序列 C 和变量序列 V 之间的连接（即，节点 v_i 和标记 c_j 之间的对应）。

通过重复上述三个步骤，机器学习模型可以实现对智能合约代码与数据流图表示的学习。此外，可以通过微调模型来优化对昂贵的操作模式的识别。在训练过程中，将智能合约的许多源代码、相应的 MDFG 和真值标签馈送到网络中，使训练好的模型吸收与源代码和 MDFG 的配对，得到更加准确的检测标签。

3）AI 检测智能合约漏洞

在安全优化领域，人工智能技术能够用于自动化检测合约中的安全漏洞，通过深度学习和模式识别技术，在短时间内分析大量的智能合约，准确地识别合约中的潜在安全问题，降低了合约被攻击的风险。Liu 等提出了一种利用图神经网络和专家知识进行智能合约漏洞检测的方法。具体来说，方案将源代码丰富的控制流和数据流语义转换为契约图，并进一步设计了节点消除阶段来规范化图，突出图中的关键节点。此外，方案也提出了一种新的时间消息传播网络，从归一化图中提取图特征，并将图特征与设计的专家模式相结合，从而得到最终的检测系统。

Liu 等所提出的方案架构如图 4-10 所示，其主要流程包括三个阶段：（1）专家模式提取阶段；（2）合约图构建和规范化阶段；（3）漏洞检测阶段。

（1）专家模式提取阶段。

专家模式提取包括从源代码中获取针对漏洞的专家模式，包括针对可重入性漏洞、时间戳依赖漏洞、无限循环漏洞等方面。

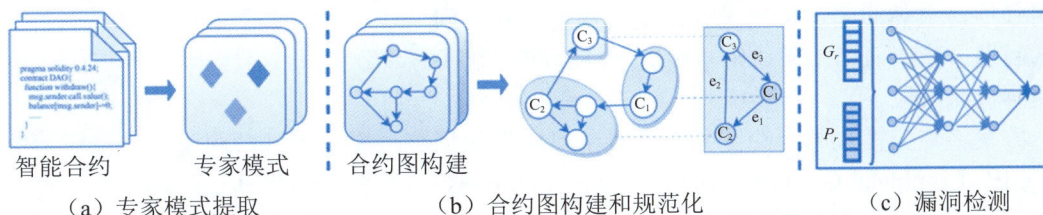

（a）专家模式提取　　　　（b）合约图构建和规范化　　　　（c）漏洞检测

图 4-10　利用图神经网络和专家知识进行智能合约漏洞检测的方案架构图

可重入性漏洞：可重入性漏洞通常被视为对调用的递归调用，即可以通过调用链调用回自身的值，从而成功地重新输入值以执行重复汇款的意外操作。方案针对这一漏洞设计了三个子模式。第一个子模式为 callValueInvocation，其主要检查是否存在要调用的调用。第二个子模式为 BalanceDepression，负责检查使用调用转账后是否扣除了用户余额。它考虑了这样一个事实，即如果每次转账前都扣除用户余额，就可以避免可重入性导致的资金被盗。第三个子模式为 EnoughBalance，关注在转移到用户之前是否检查用户余额的充分性。

时间戳依赖：通常当智能合约将块时间戳作为执行关键操作的条件的一部分时，就会存在时间戳依赖漏洞。方案同样设计了与时间戳依赖性密切相关的三个子模式。第一个子模式 TimestampInvocation 对是否存在对 block.timestamp 的调用进行建模；第二个子模式 TimestampAssign 检查 block.timestamp 的值是否被分配给其他变量或作为参数传递给函数；最后，第三个子模式 TimestampContamination 包含检查 block.timestamp 是否被包含在任何块块。时间戳可能会污染关键操作的触发条件，这可以通过污染分析来实现。

无限循环：无限循环通常被认为是一个循环错误，它永远执行迭代操作，无法跳出循环并返回预期结果。方案同样为无限循环定义了三种专家模式。第一个子模式 loopStatement 检查函数是否拥有循环语句，如 for 和 while；第二个子模式 loopCondition 对是否可以达到退出条件进行建模，例如，对于 while 循环，如果 i 从未在循环中更新，则可能无法达到其退出条件 $i<10$；第三个子模式 SelfInvocation 对函数是否调用自身以及调用是否不在 if 语句中进行建模。这涉及这样一个事实，即如果自调用语句不在 if 语句中，则自调用循环将永远不会终止。

（2）合约图构建和规范化阶段。

程序在转换为符号图表示后，仍能保持程序元素之间的语义关系（如数据依赖和控制依赖）；方案将智能合约功能制定为合约图，并为不同的程序元素（即节点）分配不同的角色。将程序语言转换为符号图的步骤主要包括节点构造与边构造。

节点构造：方案提出，函数中的不同程序元素在检测漏洞方面的重要性并不相同。因此，方案提取了三种类型的节点，即核心节点、正常节点和回退节点。核心节点象征着对检测特定漏洞至关重要的密钥调用和变量，特别是对于可重入性漏洞等关键调用；与核心节点不同，普通节点用于对调用和变量建模，这些调用和变量在检测漏洞时起辅助作用。具体来说，未提取为核心节点的调用和变量被建模为正常的调用和变量，例如，对于时间戳依赖漏洞，不调用 block.timestamp 的调用被建模为普通节点。进一步地，方案构造了一个回退节点来刺激虚拟攻击契约的回退函数，该回退函数可以与被测函数交互。

边构造：节点以时间的方式彼此密切相关，而不是孤立的。为了捕获节点之间丰富的语义依赖关系，构建了三类边，即控制流、数据流和回退边，每条边描述了被测函数可能穿过的路径，边的时间数表征了它在函数中的顺序。控制流边缘捕获代码的控制语义。具体来说，控制流边缘是为条件语句或安全句柄语句（如 if、for、assert 和 require 语句）构建的。边缘从前面遇到的节点（表示当前语句之前的关键函数调用或变量）指向表示当前语句中的函数调用或变量的节点。数据流边跟踪变量的使用情况，涉及对变量的访问或修改。例如，访问和分配语句 Balance[msg.sender] -=amount 可以被特征化为两个数据流边。为了明确地对具体的回退机制进行建模，构造了两个回退边。第一个回退边从第一个调用连接，通过值调用到回退节点，而第二条边则从回退节点指向被测试的函数。

（3）漏洞检测阶段。

最后，方案将专家模式与合约图并入机器学习模型的训练，提出了一种利用图进行漏洞检测的漏洞检测网络 CGE（Combined Graph Feature and Expert Patterns）。首先，方案通过将提取的子模式传递到前馈神经网络（Feed-forward Neural Network，FNN）中获得专家模式特征 Pr；然后，通过由消息传播阶段和读出阶段组成的时间消息传播网络，从规范化的契约图中提取图特征 Gr；在得到安全模式特征 Pr 和契约图特征 Gr 后，可以将二者结合计算出最终标签 $y \in (0,1)$，表示待测函数是否存在特定的漏洞；具体来说，方案首先使用卷积层和最大池化层过滤 Pr 和 Gr，然后将过滤的特征连接起来，并将它们传递给由三个完全连接层和一个 Sigmoid 层组成的网络。卷积层学习为语义向量的不同元素分配不同的权重，而最大池化层突出重要元素并避免过拟合。全连通层和非线性的 Sigmoid 层产生最终的估计标签 y，标识该智能合约是否存在漏洞。

4.4　本章小结

本章通过深入探讨人工智能与区块链技术的结合，分析了两者在解决现代数字技术发展中存在的关键问题上的协同效应。本章首先指出区块链技术在可扩展性、能源消耗、安全性、编程漏洞、恶意行为检测及法律约束方面的局限性，并阐述了人工智能在弥补这些不足上的潜力，如通过优化智能合约、提升数据安全性以及支持分布式计算等。

接着，结合智慧医疗、供应链管理、智能电网及工业物联网等应用场景，具体说明了人工智能与区块链结合后的创新机遇。例如，人工智能可以通过智能合约增强区块链的自动化和功能性，同时区块链通过其透明性和去中心化特性为人工智能提供了更安全的数据共享与隐私保护环境。

在分布式机器学习领域，本章详细探讨了区块链在保障数据隐私、模型验证以及全局模型聚合中的作用，并列举了 RoboChain 和 DeepChain 等实践案例，展示了智能合约与共识机制在分布式学习中的应用。

此外，本章还阐述了人工智能在区块链数据智能分析、安全性分析及智能合约优化中的应用。例如，通过人工智能实现对区块链数据的智能分析，不仅能提高市场趋势预测的精准度，还能增强对异常行为的监控。人工智能在智能合约优化中的贡献则体现在通过模式识别和机器学习技术提高合约的执行效率并降低安全漏洞的风险。

综上所述，本章对人工智能与区块链技术的结合进行了全景式的梳理与分析，为理解两者在技术融合背景下的协同发展提供了理论支持与应用示例，也为后续探索新技术创新模式奠定了基础。

4.5　拓展阅读

4.5.1　区块链与人工智能结合的未来发展方向

随着科技的发展，人工智能与区块链技术在更多领域的结合将成为趋势。以下几个方向展示了未来可能的发展潜力。

（1）边缘计算中的区块链和人工智能结合：边缘计算可以通过将计算资源更接近数据生成点来减少延迟，提升实时数据处理的效率。结合区块链技术，可以建立更高效的数据交易和信任机制，人工智能则可以进一步优化边缘节点的数据处理流程，提高网络的适应性和稳定性。例如，在智能城市中，边缘设备可以利用区块链确保数据的安全性，而人工智能模型可实现实时的数据分析以优化交通、能源分配等。

（2）去中心化自治组织（DAO）与智能合约优化：在 DAO 中，智能合约可以通过人工智能来增强决策能力和自我优化。人工智能可以分析参与者的行为数据，以提升组织的运营效率和安全性。例如，通过机器学习模型，可以优化智能合约的条件判断，提高治理规则的合理性和公平性。

（3）隐私保护与联邦学习中的区块链支持：随着数据隐私的需求增加，区块链在支持分布式联邦学习的隐私保护中有巨大的潜力。通过区块链的加密和不可篡改特性，可以确保模型训练过程中数据的安全性，而人工智能技术则可以进一步优化模型的训练效果，提高模型在保护隐私的前提下的泛化能力。

（4）区块链与人工智能在金融科技中的应用：金融科技领域可以充分利用人工智能的预测和数据分析能力，以及区块链的安全性和透明性。比如，在金融欺诈检测中，人工智能算法可以分析交易数据中的异常模式，而区块链确保了这些数据的可追溯性和不可篡改性，从而增强了金融体系的安全性和可信度。

（5）智能物流与供应链管理：区块链与人工智能结合可以推动供应链领域的智能化和透明化。人工智能可以通过对历史数据的分析来优化供应链的各个环节，例如，库存管理、物流路线规划等，区块链则确保供应链数据的可靠性和可追溯性，为供应链各方提供可信的数据支撑，减少供应链中出现不确定性因素。

4.5.2 跨学科结合的新兴技术挑战

（1）数据处理效率与存储需求：由于区块链的去中心化特性，数据处理的效率往往受到限制，这可能影响人工智能模型的实时性；此外，数据在区块链上的存储成本较高，需要寻找有效的数据压缩和分布式存储方案以支持大型人工智能应用。

（2）隐私保护和数据合规性：在涉及个人数据的应用场景中，数据的隐私保护和合规性是关键问题。尽管区块链具有透明性和可追溯性，但如何在保持数据隐私的前提下共享数据，仍然需要进一步研究。

（3）智能合约的安全性和可信性：尽管智能合约为区块链带来了自动化能力，但其本身的安全问题仍然是一个难题；通过人工智能算法自动检测合约漏洞，并实时更新和修复，可以有效提升合约的安全性。然而，由于人工智能模型本身的复杂性，需要保证其输出的准确性和可解释性，以便构建可信的智能合约系统。

（4）能源消耗与环境可持续性：区块链的共识机制，尤其是工作量证明（PoW），带来了巨大的能源消耗问题。随着人工智能的加入，这一问题可能变得更加严重。因此，探索低能耗的共识机制和轻量级人工智能模型，将有助于推动区块链与人工智能在实际应用中的可持续发展。

（5）标准化和互操作性：当前，区块链与人工智能技术尚缺乏统一的标准和规范，不同平台间的互操作性较差，导致系统集成复杂且成本高昂。制定跨平台的技术标准，将有助于促进两者在不同领域的广泛应用。

4.6 本章习题

（1）什么是区块链的可扩展性问题？它如何影响区块链的应用和发展？

（2）为什么智能合约可能存在安全漏洞？你能举例说明一种智能合约的安全漏洞吗？

（3）什么是智能区块链？它与传统区块链有何不同？

（4）举例说明智能区块链在金融、供应链或其他行业中的应用机会。

（5）简要说明区块链技术与人工智能各自的特点。

（6）举例说明区块链技术与人工智能结合在实际应用中的必要性。

（7）什么是分布式机器学习？简要说明分布式机器学习的概念以及其在大数据环境下的优势。

（8）请简要说明如何利用区块链技术实现分布式机器学习。列举几个区块链在分布式机器学习中的应用场景，并说明其优势。

（9）请简要说明区块链是如何保障数据安全性的，以及它如何应用于分布式学习中。

（10）为什么区块链在分布式学习中被认为具有较高的隐私保护能力？

（11）列举几种常见的人工智能技术在区块链数据分析中的应用。

（12）试解释为什么利用人工智能技术对区块链数据进行智能分析可以带来优势和价值，举例说明一种实际应用场景。

（13）请列举几种常见的人工智能技术在区块链安全性分析中的应用。

（14）请简要说明如何利用人工智能来优化智能合约。

第 5 章
区块链赋能的人工智能技术

随着科技的飞速发展，人工智能与区块链已经成为当今世界最具潜力的创新领域之一。两者的结合，无疑将为各行各业带来革命性的变革。区块链赋能的人工智能技术，旨在通过区块链去中心化、安全透明的特点，为人工智能的技术发展提供更加可靠的基础设施，有望解决当前人工智能面临的包括数据安全、隐私保护、算法偏见等在内的诸多挑战，从而推动人工智能技术的广泛应用和持续发展。本章将分别探讨区块链赋能深度学习、强化学习、去中心化人工智能、隐私保护人工智能，以及基于智能合约的人工智能，从而使读者对"Blockchain for Artificial Intelligence"有初步了解。

5.1　基于区块链的深度学习和强化学习

深度学习和强化学习是人工智能领域的两个重要分支，随着区块链和人工智能技术的迅猛发展，基于区块链的深度学习和强化学习成为了当前研究的热点领域。区块链技术提供了去中心化、不可篡改和可验证的特性，而深度学习和强化学习则具备强大的模式识别和决策能力，通过结合这两种前沿技术，可以在保护数据隐私的同时实现分布式的智能计算和公平决策。

传统的深度学习和强化学习依赖于集中式数据集和算法模型，存在数据隐私泄露和单点故障的风险。而基于区块链的方法通过将数据存储和计算分布到多个节点，实现了数据的去中心化和加密保护，从而提高了数据安全性和隐私性；同时，区块链的智能合约功能可以用于建立智能化的数据共享和交互规则，促进多个参与方之间的合作和信任。

在基于区块链的深度学习和强化学习领域，研究人员正在探索如何有效地利用区块链技术来提高模型的训练效率、保护数据隐私和提供公平性；同时，还在探索如何利用智能合约实现模型的共享和交易，推动人工智能的商业化应用。这些努力将为包括医疗保健、金融、物联网和智能城市等在内的各个领域带来巨大的应用潜力。

尽管基于区块链的深度学习和强化学习面临着技术挑战和实施难题，但随着研究和实践的不断推进，我们有理由相信这一领域将取得更多突破和创新，为构建安全、可信和智能的数据共享与协作环境做出重要贡献。具体地，本节将从区块链增强深度学习、区块链赋能强化学习和基于区块链的深度强化学习展开介绍。

5.1.1　区块链增强深度学习

深度学习是人工智能领域中的一个分支，其核心理念是通过模拟人脑神经网络的工作方式来实现机器学习和智能决策，这种方法使用由多个处理层组成的深层神经网络结构来学习数据的抽象特征和模式，从而实现对复杂任务的高效处理和解决。它在计算机视觉、自然语言处理、语音识别、推荐系统等领域取得了显著的成果。例如，在图像识别方面，深度学习已经能够实现高精度的物体检测和图像分类；在自然语言处理方面，深度学习被应用于机器翻译、情感分析等任务，取得了突破性的进展。总的来说，深度学习以其强大的学习能力和广泛的应用前景成为了人工智能领域的重要支柱，不断推动着技术的进步和应用的创新。然而，现有深度学习方法多依赖集中式数据存储和算法模型，存在数据泄露和单点故障的风险，同时也限制了数据的共享和协作。区块链技术提供了去中心化、不可篡改和可验证的特性，可以有效处理数据完整性、安全性和机密性，能有效解决传统深度学习方法中心化带来的一些问题。

深度学习模型的可重用性和可信共享是区块链技术可以满足的基本要求。同样，可审计性、数据验证、结果证明、版权、所有权可追溯性、使用和公平性保证是区块链和深度学习集成的主要动机。深度学习模型输入了大量不同示例的数据，模型使用这些数据来学习特征并生成带有适当概率向量的输出。尽管深度学习模型在原始数据上表现得非常好，但数据的质量对于许多现实场景的预测仍然很重要。区块链是全球性的，所有网络节点都可以以分散且可验证的方式保存和交换数据的数据库。

表 5-1 总结了区块链和深度学习的功能，并展示了二者的协作如何有助于改进基于深度学习的应用。从设计角度来看，区块链是一种容错技术，旨在保护数据安全，而深度学习则侧重于利用这些数据训练模型并进行精准预测。区块链的数据不可篡改性和完整性可以有效防止深度学习模型或数据遭受各种攻击或受到数据噪声的影响；区块链的去中心化可以防止单点故障，从而提升抗攻击能力。因此，基于区块链的模型的预测更加可信且准确。区块链和深度学习的结合为需要严密数据处理和高度安全性的多项任务的自动化开辟了新路径。区块链为深度学习驱动的应用程序提供了稳定、永久和去中心化的数据基础设施。以下是区块链技术与深度学习算法集成的主要优势。

（1）数据安全：区块链作为一种去中心化技术，存储在区块链上的信息高度安全。通过部署私有区块链平台，可以有效存储和处理敏感或机密信息。区块链节点私钥的保密至关重要，因为它们可能是访问区块链数据的唯一方式。借助区块链提供的稳定数据，深度学习算法能够做出更可信、准确的决策。

（2）自动决策：区块链因其在点对点网络中处理交易的能力而闻名。通过区块链的可追溯性功能，可以轻松验证深度学习模型所做出的决策，确保文件在人工辅助审计阶段未被篡改。

（3）累积判断：在许多情况下，自主数字代理根据收集到的与特定场景相关的数据做出决策。深度强化学习和群体机器人是此类基于代理的决策系统的典型实例，通过基于区块链的投票机制，机器人能够根据群体收集的数据做出决策。

（4）稳健性增强：在某些情况下，深度学习模型的决策的准确性超过了人类。高度准确的深度学习模型增强了利益相关方对决策的信任；此外，借助去中心化技术，基于深度学习的系统的稳健性得以增强。深度学习与区块链的集成在商业应用中非常有价值，各方可以在不信任和自动化的环境中工作。

表 5-1　深度学习和区块链功能总结概览

区　块　链	深　度　学　习	整　　合
去中心化	中心化	增强数据安全性
确定性	变化性	增强机器决策可信度
不可篡改性	概率性	集体决策
数据完整性	易变性	去中心化智能
抗攻击能力	以数据、知识和决策为核心	高效能

5.1.2　区块链赋能强化学习

强化学习是一种机器学习的分支，旨在让智能体通过与环境的交互来学习如何做出最优的行为决策。与传统的监督学习和无监督学习不同，强化学习的智能体并不依赖于预先标记的数据，而是通过试错和奖励信号来学习。在强化学习中，智能体通过观察当前的状态，选择一个行动来与环境进行交互。环境对智能体的行动作出反馈，给予奖励或惩罚，以指导智能体做出更好的决策。智能体的目标是通过与环境的交互，最大化累积奖励的总和。这种基于奖励的学习方式使得智能体能够通过试错来探索不同的行动策略，并通过反馈信号来调整和改进自己的决策。它的核心是价值函数和策略：价值函数用于评估在给定状态下采取某个行动的长期回报价值，从而指导智能体进行决策；策略则是智能体根据当前状态选择行动的规则或策略。它的目标是通过优化价值函数和策略，使得智能体能够在与环境的交互中获得最大的累积奖励。强化学习在许多领域都有广泛的应用，如机器人控制、自动驾驶、资源管理、游戏策略等；它能够处理复杂的、动态的环境，并且具备适应性和自主性的特点。通过与环境的交互学习，强化学习使得智能体能够在未知环境中进行自主决策和行动，从而实现自主学习和智能决策的能力。

然而，在传统强化学习中，智能体通常需要集中存储和共享数据进行学习，这可能带来敏感信息泄露的风险，尤其是在涉及个人隐私或商业机密的场景中。此外，数据的所有权和控制权问题也较为突出。参与方需要共享数据以促进学习，但同时希望保持对自身数据的控制权，这给数据的安全性和隐私保护带来了挑战。在多智能体的强化学习场景中，合作与协作至关重要。然而，参与方之间的信任和协作并不总是容易建立。在传统的强化学习框架中，缺乏足够的可验证性和可信度机制，难以确保所有参与方遵循既定的规则和奖励机制；在这种情况下，容易出现不合作行为、欺骗行为或不公平的结果，从而影响整体系统的性能与可靠性。因此，如何在强化学习中确保数据的安全性与隐私性，同时建立可信的合作机制，是当前面临的关键挑战。

区块链技术为强化学习中的数据隐私和合作信任问题提供了一个潜在的解决方案。通过将数据隐私和合作规则嵌入区块链网络，可以实现一个更加安全、可信、合作的强化学习环境。LearnChain 是一种基于区块链的强化学习系统，它将所有的学习数据存储在区块链上，确保了数据的不可篡改性与安全性，并通过强化学习算法进行模型训练。在 LearnChain 中，通过智能合约机制，不同参与者之间能够进行协作，并共享学习经验。智能合约规定了合作规则，并通过奖励机制激励参与者积极参与学习和数据共享。由于所有学习过程都记录在区块链上，这一系统具备高度透明性，任何参与者都可以验证整个学习过程和结果，进一步提升了参与方之间的信任。此外，合作机制的引入使得不同的参与者能够共享其学习成果和经验，从而有效提高系统的整体学习效率。

Davarakis 等提出了一种将机器学习尤其是强化学习和模仿学习与区块链技术相结合的方法，以提升软件代理模型的性能。该方法利用强化学习来训练模型，对模型行为进行奖励或惩罚来调整其决策策略，使得模型能够根据环境反馈逐步优化其行为策略。为了进一步增强模型的学习能力，作者引入了行为克隆和模仿学习，将人类或其他高性能模型的示范作为参考，让模型通过观察和模仿提升其决策能力。区块链技术在此方法中起到了关键作用。作者利用区块链智能合约存储示范文件，区块链的不可篡改性和透明性确保了示范文件的质量和可信度，避免数据被恶意修改或伪造。通过将训练数据和模型参数存储在区块链上，能够有效保证数据的安全性和隐私性，特别是在多个参与方共享数据的情况下，区块链可提供去中心化的信任保障。由于区块链的去中心化特性，该系统还能够实现分布式训练。参与方可以在不同节点上共同训练模型，无须依赖中心化服务器，提升了训练的效率和可靠性。

衷璐洁等探讨了如何将区块链与强化学习相结合，以解决计算资源调度问题。作者们设计了一个协同调度平台，专门用于算力网络资源的调度管理。该平台通过强化学习算法实现了对大规模、跨区域、多层次计算资源的弹性调度，使得计算资源能够根据需求动态分配，提升了资源利用率和调度效率。区块链的不可篡改性和透明性为计算节点间的调度过程提供了信任保障，确保了调度过程中数据的完整性和可靠性。除此之外，还设计了一个基于区块链的激励机制，通过智能合约自动分发奖励，以激励参与的计算节点提高其性能和贡献度。这种激励机制不仅提升了节点的参与积极性，还增强了系统的整体计算能力和效率。通过区块链与强化学习的有机结合，解决了大规模计算资源调度中的许多关键问题，为未来进一步优化计算资源调度研究提供了新的思路和方法，同时展示了区块链技术在强化学习和资源管理中的巨大潜力。

袁媛等还提出了一种结合 Q 强化学习和区块链技术的区块链支持联邦学习认知模型。该模型通过将传统的中心化参数服务器替换为去中心化的参数聚合器，构建了一个由区块链支持的联邦学习数据驱动认知计算框架。在此框架中，共识算法用于构建激励机制和交叉验证机制，以生成区块链支持的联邦学习认知，从而维护物联网中的数据认知性能。为了增强模型的抗攻击能力，论文引入了 Q 强化学习方法，支持联邦学习中的认知计算。Q 强化学习通过不断调整和优化模型的决策过程，能够有效提升模型的学习效果。此外，区块链用于存储和验证联邦学习的参数，这不仅保证了参数的安全性，还提高了整个系统的可靠性。通过这种创新性的结合，论文展示了强化学习与区块链技术在联邦学习中的应用，尤其是在物联网环境中。两者的结合相互增强，不仅提高了模型的性能，还显著提升了系统的安全性和抗攻击能力。

区块链为强化学习带来了许多新的机遇和解决方案，促进了合作、透明性和数据隐私保护的发展。但区块链技术在强化学习中的应用仍处于初级阶段，面临着诸如可扩展性、效率和能源消耗等方面的挑战，进一步的研究和探索是必要的，以充分发挥区块链在强化学习中的潜力。未来，我们可以期待区块链与强化学习的融合将进一步推动人工智能领域的进步和创新。

5.1.3　基于区块链的深度强化学习

深度强化学习是将深度学习与强化学习相结合的方法，旨在解决传统强化学习中的一些问题和挑战。它利用深度神经网络作为函数逼近器，能够处理高维、连续状态空间和动作空间的问题，并能够从原始的感知输入中直接学习表示和策略。它的核心思想是使用深度神经网络来近似价值函数或策略函数。深度神经网络可以通过多层神经元的组合来学习复杂的非线性映射关系，从而对输入状态进行表示学习和决策预测。通过深度神经网络的端到端学习，深度强化学习能够从原始感知数据中直接学习到状态的表示和对应的行动策略。

深度强化学习的一个重要算法是深度 Q 网络（Deep Q-Network，DQN）。DQN 使用深度神经网络来近似值函数，通过离线经验回放和目标网络的使用，解决了传统 Q-Learning 中的不稳定性问题。DQN 在许多具有高维感知输入的游戏任务中取得了令人瞩目的结果，如在 Atari 游戏中超越人类水平。除了 DQN，深度强化学习还有其他一些重要的算法，如深度确定性策略梯度（Deep Deterministic Policy Gradient，DDPG）、双重深度 Q 网络（Double DQN）、优势演员评论家（Advantage Actor-Critic，A2C）算法等。这些算法通过结合深度学习和强化学习的技术，提高了强化学习在复杂任务中的性能和泛化能力。

深度强化学习在许多领域都有广泛的应用，如机器人控制、自动驾驶、游戏智能、自然语言处理等。它能够处理高维、连续状态和动作空间的问题，并且能够从原始数据中进行端到端学习，减少了对人工特征工程的需求。然而，深度强化学习也面临一些挑战，如训练的不稳定性、样本效率和计算复杂性等，这仍然是当前研究热点和挑战之一。

区块链作为一种分布式账本技术，提供了去中心化、不可篡改的数据存储和交易验证。提供了一种新的分布式协作模式，可以在不信任的环境下实现安全可靠的数据交换和价值传递，为建立信任、提高数据安全性和促进分布式协作提供了新的解决方案。随着深度强化学习和区块链技术的迅猛发展，基于区块链的深度强化学习将区块链技术与深度强化学习相结合，旨在为深度强化学习提供更强的数据安全性、隐私保护和可扩展性。5.1 节分别介绍了基于区块链的深度学习以及强化学习，下面主要介绍"区块链 + 深度强化学习"的相关工作。

Hou 等提出了一个名为 SquirRL 的框架，该框架利用深度强化学习技术，专门分析针对区块链激励机制的潜在攻击。SquirRL 的主要目标是解决当前区块链激励机制中那些尚未被充分理解或未经过测试的安全问题。通过深度强化学习，SquirRL 能够自动识别和分析针对这些机制的复杂攻击策略；该框架不仅能够识别传统攻击手法，还能够发现和分析理论上难以预见、实验上难以捕捉的攻击模式，从而为区块链激励机制的安全性提供了更加全面的保护。

温建伟等将分片技术应用到区块链系统中，通过让区块链并行处理交易来提高区块链的吞吐量。其中，他们提出将区块链分片选择问题建立为马尔可夫决策过程，设计基于深度强化学习的区块链分片最优选择策略，该策略克服了传统深度强化学习算法行为空间维数高、神经网络训练速度慢的缺点，有效减少了分片选择过程中行为空间的维度，从而提升了模型的效率。仿真结果表明，该方法显著提高了区块链处理交易的吞吐量和系统的可扩展性，展示了其在大规模区块链系统中的应用潜力。

Alam 等探讨了在区块链支持的通信系统中，如何利用深度强化学习进行计算卸载的方法。他们提出了一种新型的在线计算卸载模型，该模型适用于区块链支持的移动边缘计算，同时考虑了挖矿任务和数据处理任务；此外，他们还设计了一个基于区块链的新框架，以确保移动边缘计算服务中的安全交易，并开发了一种新颖的基于信用的工作量证明算法，以取代传统的工作量证明算法。通过丰富研究实验，他们验证了这种新提出的基于深度强化学习的计算卸载方法的有效性和优越性。

同时，"区块链 + 深度强化学习"在数据存储、模型训练、模型评估与验证以及激励机制等方面展现出显著优势。此外，这种技术具有广泛的应用前景，以下是一些典型的应用场景。

（1）游戏 AI：通过将游戏 AI 的训练数据存储在区块链上，可以确保数据的所有权和安全性，同时利用激励机制鼓励玩家参与游戏 AI 的训练。

（2）无人驾驶：将无人驾驶汽车的行驶数据存储在区块链上，可以提高数据的安全性和可信度，同时利用区块链技术实现车辆之间的通信与车路协作。

（3）金融风控：基于区块链的深度强化学习对金融风险进行预测与控制，能够提高金融系统的稳定性和安全性。

（4）医疗健康：将患者的医疗数据存储在区块链上，能够实现数据的隐私保护与共享，同时通过深度强化学习进行疾病预测与诊断。

"区块链 + 深度强化学习"是一个充满潜力与挑战的新兴领域。将区块链技术与深度强化学习相结合，可以实现更加安全、透明和高效的智能系统。这种结合不仅提升了数据的安全性和隐私保护，还为强化学习算法提供了更加稳定和可靠的训练环境。然而，需要说明的是，这一领域仍面临许多问题和挑战。例如，如何设计高效的区块链结构以支持大规模的深度强化学习任务，如何应对区块链中的延迟和吞吐量问题，以及如何确保智能合约的安全性和可靠性等，都是亟待解决的关键问题。

5.2 基于区块链的去中心化人工智能技术

人工智能作为一项前沿技术，正深刻改变着社会生活的方方面面。然而，传统的人工智能系统通常依赖中心化架构，由少数机构或个人掌控数据和决策权。这种架构存在数据隐私、安全性和信任问题，削弱了其在敏感领域的应用潜力。为了应对这些挑战，去中心化人工智能逐渐成为研究的热点，旨在探索更加可靠、透明和民主的人工智能模型。

5.2.1　去中心化人工智能概述

作为区块链与人工智能相结合的创新领域，去中心化人工智能通过分布式架构和去中心化的决策机制，构建了一个透明、公平、可信和安全的人工智能生态系统。与传统的中心化人工智能系统不同，去中心化人工智能赋予了参与者更多的控制权，有效降低了单点故障风险。以下从三个关键方面详细探讨去中心化人工智能。

（1）分布式数据和计算：传统人工智能系统依赖于集中式的数据存储和计算，这容易导致隐私泄露和安全风险。去中心化人工智能通过分布式存储和计算，将数据分散在多个节点上，减少了数据滥用和泄露的可能性。参与者能够在不暴露敏感数据的前提下，通过加密和隐私保护机制共享数据。联邦学习（Federated Learning）是其中一种常用技术，允许各设备在本地进行模型训练，仅共享加密后的模型更新，确保数据隐私不受侵犯。

（2）去中心化的决策机制：传统人工智能系统中的决策通常由中心化的模型或算法获得，缺乏透明性和可追溯性。去中心化人工智能引入区块链等技术，提供了去中心化的决策机制，使决策过程公开、可验证且不可篡改。参与者能够监督和验证人工智能算法的运行过程，确保决策的公平性和可信度，从而提升系统的透明度。智能合约是一项关键技术，能够在去中心化网络中安全、透明、可编程地执行合约规则，保障参与方的利益得到平等、公正的处理。

（3）合作与共享：去中心化人工智能倡导合作与共享，促进参与者之间的协同效应。通过共享模型、数据和经验，去中心化的架构加速了模型的训练过程。智能合约的使用确保了参与者的贡献获得公平回报，激励更多人加入人工智能的共同建设。此外，开放的应用程序接口和数据共享协议也促进了不同参与者之间的数据交换和合作，推动了更智能、更高效的系统发展。

去中心化人工智能通过整合多项关键技术，提供了一种可靠、透明且民主的人工智能模型。这一创新方向克服了传统中心化人工智能系统所面临的一些问题，具有巨大潜力。以下是其核心组成技术及其贡献。

（1）区块链技术：区块链作为去中心化账本技术，提供了数据存储和交互的基础，确保数据的不可篡改和安全共享。通过共识算法，区块链保护了系统中的数据安全性和一致性，使得所有参与者都能信任数据的完整性。它为去中心化人工智能的应用提供了信任基础。

（2）智能合约：智能合约是存储在区块链上的自动化执行程序，用于定义参与者之间的合作规则和协议。在去中心化人工智能中，智能合约用于定义管理数据的共享、交换与奖励机制，确保每个参与方的权益得到公正对待。它保证了参与者间合作的透明和公平。

（3）数据隐私与共享：去中心化人工智能强调数据隐私保护。通过加密技术和去中心化的数据管理，用户可以控制自己的数据，并选择在安全的情况下与其他方共享特定数据。隐私保护和数据共享机制的结合，为模型的改进和智能推理提供了支持，同时也避免了数据泄露风险。

（4）去中心化的训练与推理：传统的人工智能训练和推理过程通常集中在少数数据中心，可能存在单点故障风险和隐私泄露问题。去中心化人工智能通过将训练和推理分布到多个节点上进行，参与者可以共享数据和模型，利用智能合约进行联合训练和推理，从而提高模型的广泛适用性和性能；同时，区块链的点对点网络天然支持去中心化训练和推理场景。

（5）奖励机制与经济激励：去中心化人工智能中引入了经济激励机制，以鼓励数据和模型共享。通过智能合约，参与者可以获得奖励，激发数据提供者和开发者的积极性。无论是数据贡献、模型训练，还是验证结果，参与者均可得到相应的经济回报，这为生态系统的可持续发展提供了动力。

（6）去中心化治理：治理是去中心化人工智能的关键组成部分，确保系统在没有单一控制方的情况下能有效运作。通过智能合约和区块链的共识机制，去中心化的决策过程得以实现，确保了参与者在人工智能治理中的平等性和自治性。

去中心化人工智能通过整合上述多种技术提供了一个去中心化、透明和公平的人工智能生态系统。尽管其优势显而易见，实现这一愿景仍需克服诸多挑战。以下是对这些挑战的探讨和总结。

（1）技术挑战：在分布式环境中实现高效的计算和通信是去中心化人工智能面临的主要技术难题。确保数据的一致性、安全性和隐私性，以及在分布式网络中进行模型训练和同步更新，都需要解决复杂的技术问题。同时，去中心化的人工智能系统还需要兼备可扩展性、性能优化和能源效率等特性，以满足大规模的数据和计算需求。

（2）标准化和监管：去中心化人工智能领域尚缺乏一致的标准和监管框架。制定适用于去中心化系统的标准和规范，以确保系统的安全性、可靠性和互操作性，是构建可信任的去中心人工智能的重要环节。此外，还需制定合适的监管政策来管理数据隐私、知识产权和合规性等问题。

（3）社会接受度和法律法规：去中心化人工智能可能改变传统的权力结构和商业模式，使参与者更加平等和自主。这要求克服人们对新模式的不信任和对权力重新分配的担忧，以提高社会对去中心化人工智能的接受度和支持程度。随着公众对数据隐私和安全的关注日益增加，相关法律法规也在不断完善；确保去中心化人工智能系统符合相关法律法规，并获得广泛的社会认可，是其可持续发展的重要前提。

Harris 等利用区块链技术提出了一个模块化框架，旨在分享和改进机器学习模型，以便参与者能够协作构建数据集并使用智能合约托管持续更新的模型；同时，他们还探讨了多种激励机制，包括无经济激励的自愿合作模式和基于货币奖励的系统，旨在鼓励参与者提供高质量的数据，同时防止数据操纵。在这个框架中，任何人都可以自由访问模型的预测结果，或提供数据来帮助改进模型。强调了使用区块链技术的优势，如透明性和去中心化，最终目标是创建有价值的共享资源，推动协作和创新。

Adel 等设计了一种新颖的可定制分布式人工智能系统，该系统利用区块链作为面向计算的技术，被开发为推理引擎，具备多项有趣的功能。首先，系统能够验证和审核决策过程，同时以可信的方式同步共享和记录输入数据及计算结果；其次，该系统允许形成分布式人工智能存储库，能够吸收和管理并发用例，同时涵盖不同领域的人工智能应用；再次，它为人工智能应用的分布问题提供了可行的解决方案，促进了人工智能应用的广泛落地；最后，该系统保证了人工智能应用程序在性能或新获取的数据的基础上，随着时间的推移进行可持续的版本控制和演进。

总之，去中心化人工智能代表了人们对更加开放、透明和公正的人工智能模型的追求。通过分布式数据与计算、去中心化的决策机制以及合作与共享，去中心化人工智能有望为我们带来更可靠、透明和民主的人工智能系统。尽管面临技术、标准化和社会接受度等挑战，随着技术的不断进步和社会的共同努力，去中心化人工智能仍有望成为该领域的重要发展方向，为我们创造一个更美好的智能时代。

5.2.2　去中心化智能决策

去中心化智能决策是区块链技术与人工智能结合的产物，代表了一种新的决策模式和社会关系形态。在传统的中心化决策模式中，决策通常由少数人或中央机构集中控制和执行。然而，这种模式面临信息不对称、信任问题和权力滥用等挑战，容易导致不公平和不透明的决策结果。随着互联网的发展，"去中心化"这一概念应运而生，其核心在于将权力和运营从中心节点转移到网络的所有参与者手中。同时，区块链技术的快速发展催生了去中心化自治组织（DAO），这种组织形式通过将管理和运营规则以智能合约的形式编码在区块链上，从而在没有集中控制或第三方干预的情况下自主运行，成为应对不确定性、多样性和复杂环境的一种新型有效组织。

因此，去中心化智能决策作为一种基于区块链和智能合约等技术的决策方式应运而生。它通过将权力和控制权下放给参与者，实现了去除中心化权威机构的决策过程。支撑去中心化智能决策的关键技术主要包括区块链、智能合约和共识算法。这些技术在决策过程中各自扮演重要角色，为去中心化智能决策提供了技术基础。

（1）区块链：区块链是一种去中心化的分布式账本技术，记录了所有参与者之间的交易和操作，形成一个不可篡改的数据链。在去中心化智能决策中，区块链技术用于存储和共享决策相关的信息，确保决策的透明性和可信度。所有决策相关的交易和操作都被记录在区块链上，任何人都可以查看和验证决策的过程和结果，从而消除了信息不对称和权力滥用的问题。

（2）智能合约：智能合约是一种以代码形式编写的自动执行合约，定义了决策的规则和条件，参与者可以根据这些规则进行决策，而无须依赖中心化的机构或权威。在去中心化智能决策中，智能合约用于编写和执行决策逻辑，确保决策的执行是自动化和无须信任的，减少了人为干预和潜在的错误。

（3）共识算法：共识算法是区块链网络中用于达成一致和验证交易的算法。在去中心化智能决策中，共识算法解决参与者之间的信任问题，确保所有参与者对决策结果达成一致。通过参与者之间的协作和验证，共识算法保证了决策的公正性和合规性。

这些关键技术在去中心化智能决策中发挥了重要作用，并带来了以下优势。

（1）透明性和可验证性：通过区块链技术，所有决策相关的信息都被记录在不可篡改的区块链上，任何人都可以查看和验证决策的过程和结果。这种透明性和可验证性增强了决策的可信度，消除了信息不对称和权力滥用的问题。

（2）去中心化和自治性：去中心化智能决策将权力下放给参与者，减少了对中心化机构的依赖。参与者可以通过智能合约自主参与和影响决策结果，实现决策的去中心化和自治性。

（3）安全性和可信度：区块链技术的应用确保了决策信息的安全性和可信度。所有决策相关的交易和操作都经过加密和验证，防止数据篡改和欺诈行为，增强了决策的安全性。

（4）公平性和合规性：去中心化智能决策通过共识算法解决了参与者之间的信任问题，确保决策的公平性和合规性。参与者在决策过程中平等参与，共同达成一致的决策结果。

总的来说，区块链、智能合约和共识算法等关键技术为去中心化智能决策提供了技术基础和优势。它们保证了决策的透明性、可验证性、去中心化性、自治性、安全性和可信度，推动了公平、透明和民主的决策过程。这些技术的应用为各个领域的决策提供了新的可能性，有助于解决传统中心化决策模式中的一些挑战。

去中心化智能决策的具体过程涉及多个环节，包括参与者的角色和权力、决策规则的制定与执行，以及决策结果的确定。具体包括以下几方面。

1）参与者的角色和权力

（1）可以是个人、组织或机构，他们在决策过程中拥有平等的参与权力。

（2）可以提出决策议题、投票决策，以及提出和执行提案等，其权力和责任在智能合约中明确定义。

2）决策规则的制定

（1）决策规则是决策过程的基础，由参与者共同制定并编码到智能合约中。

（2）决策规则包括投票机制、决策阈值和权重分配等，确保决策的公正性和合规性。

（3）参与者可以通过提案和讨论的方式对决策规则进行提议和调整。

3）决策规则的执行

（1）参与者根据智能合约中定义的决策规则进行决策。

（2）参与者可以根据决策议题进行投票，也可以提出和执行提案。

（3）智能合约会根据决策规则自动执行投票和提案，并将相关信息记录到区块链上。

4）决策结果的确定

（1）决策结果根据决策规则和参与者投票或提案而确定。

（2）决策结果可以是具体的行动、政策、资源分配等，具体情况因决策议题而异。

（3）当达到规定的决策阈值或通过提案时，决策结果将被确定并记录到区块链上。

透明性、可验证性和公正性是去中心化智能决策的重要特点，确保决策过程的公开、真实和公正。这种决策方式的引入有助于消除信息不对称和权力滥用，推动公民参与和民主决策。

5）去中心化智能决策的重要特点

（1）透明性：整个决策过程的信息都被记录在区块链上，任何人都可以查看和验证决策的过程和结果，确保决策的透明性，消除隐藏信息或不公开操作的可能性。

（2）可验证性：区块链技术确保了决策信息的不可篡改性，决策过程和结果均可被验证。任何人都可以通过查看区块链上的交易和操作记录，验证决策的合规性和真实性。

（3）公正性：去中心化智能决策通过共识算法解决了参与者之间的信任问题，确保决策的公平性。参与者在决策过程中平等参与，共同达成一致的决策结果。决策规则的制定和执行基于智能合约，无须依赖中心化机构或权威。

去中心化智能决策在实际应用中具有广泛的潜力和优势，尤其在金融、供应链管理和治理机构等领域。在金融领域，去中心化智能决策可以去除传统金融机构的中介角色，实现更高效、透明和低成本的金融交易与服务。借助区块链和智能合约，金融交易可以实现自动结算、合规性验证和资金跟踪，从而提高交易的安全性和可信度。去中心化智能决策可以自动执行贷款、保险及其他金融服务的合约。例如，去中心化金融（Decentralized Finance，DeFi）是一个典型的应用领域，通过智能合约和区块链技术，实现了无须中介的借贷、交易和资产管理等金融服务。

在供应链管理中，去中心化智能决策能够改善透明度、可追溯性和合作效率。利用区块链技术，可以实时跟踪和验证供应链中物流、商品流和信息流等各个环节，从而减少信息不对称和欺诈行为。国际贸易中的区块链应用，如 IBM 推出的 Food Trust 平台，通过区块链技术实现了食品供应链的可追溯性，提升了食品安全和消费者信任度。在治理机构中，去中心化智能决策可以促进透明度、参与性和民主性。通过智能合约和区块链技术，可以实现公民参与的投票、决策和资源分配，减少中心化机构的权力集中问题。这种新型治理模式为公民提供了更直接的参与渠道，增强了社会的整体信任度和参与感。

除了上述领域，去中心化智能决策还可以在医疗保健、能源交易和公共政策制定等多个领域发挥作用。这些应用可以改善数据隐私和安全性、提高效率、减少中介成本，从而推动社会的创新和发展。例如，Sodhro 等面向工业物联网提出了一种基于层次分析法（Analytic Hierarchy Process，AHP）的智能决策方法，用于构建安全、并发、可互操作、可持续和可靠的区块链驱动的工业物联网系统；基于 AHP的解决方案帮助行业专家选择更相关和关键的参数，如与丢包率相关的可靠性、与延迟映射相关的收敛性，以及与吞吐量相关的互操作性，从而提高产量行业中的产品质量。Khan 等提出了一个基于区块链的去中心化机器学习框架，旨在提升无人机的性能；该框架显著增强了数据完整性和存储的潜力，使多个无人机能够进行智能决策；作者采用区块链实现去中心化预测分析，并设计和成功应用了一个共享机器学习模型的框架；以协作入侵检测为案例，作者评估研究了系统，突显了在无人机及类似应用中采用基于区块链的去中心化机器学习方法的可行性和有效性。

当前，去中心化智能决策在规模性能、隐私保护和共识算法的选择等方面仍面临着一些挑战。如规模性能方面，随着参与决策的节点数量的增加和决策议题的复杂性，系统需要处理更多的交易和计算，可能导致系统处理能力和响应速度下降；隐私保护方面，在去中心化智能决策中，所有参与者的行为和决策过程都是公开的，其信息和数据可能涉及个人隐私和商业机密等敏感信息，这会影响参与者的隐私安全；在共识算法的选择方面，共识算法是确保参与者之间达成一致和可信决策结果的关键技术，然而，不同的共识算法具有各自的优缺点，如安全性、效率和公平性等。未来，去中心化智能决策可以在优化性能、保护隐私和选择合适的共识算法等方面进一步推动研究和应用，并引入更高级的智能合约和多链互操作性。这些创新有助于推动去中心化智能决策的发展，在各个领域提高效率、透明度和可信度，充分发挥其优势和潜力，实现更开放、参与和创新的决策过程。

5.2.3　去中心化联邦学习

在传统集中式机器学习中，数据的所有权和控制权通常由中心化的实体持有，其他参与者无法有效参与模型训练过程。参与者需要将原始数据集中发送到中心服务器或云端进行训练，这不仅导致通信开销剧增，还存在单点故障的风险。此外，传输和存储敏感数据可能引发隐私泄露和安全风险。为了克服传统集中式机器学习的这些限制和挑战，人们开始探索新的学习范式，因此去中心化联邦学习应运而生。它通过将模型训练过程转移到参与者本地，保留数据的隐私和安全性，实现分布式的协作模型训练。其核心思想是将模型训练分散到多个设备上进行，每个设备只需处理自己的本地数据，然后共享模型的更新或梯度信息，而无须共享原始数据。这种分散的学习方式有助于解决集中式机器学习中的隐私、安全和数据控制等问题。

如图 5-1 所示，去中心化联邦学习（Decentralized Federated Learning，DFL）依赖多项关键技术来支持和实现，具体包括。

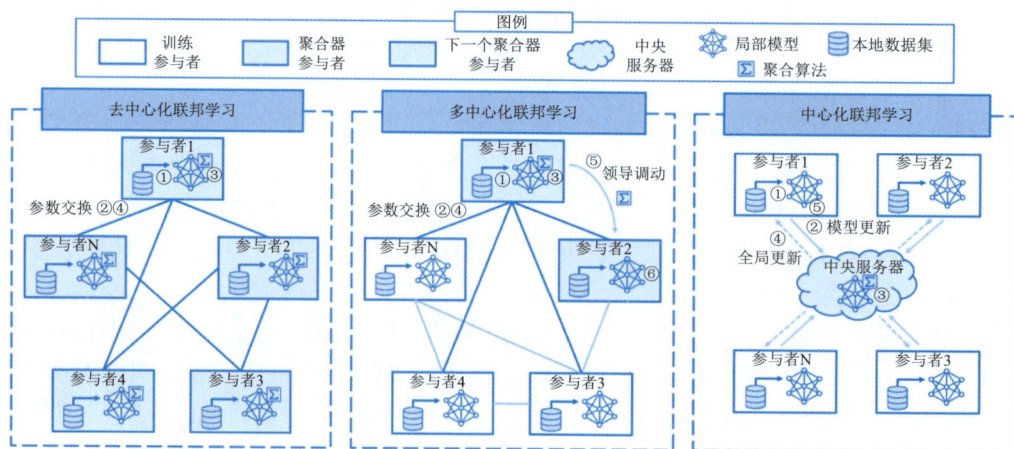

图 5-1　基于 DFL 架构去中心化的常用方法

1）分布式数据存储和处理

去中心化联邦学习利用分布式数据存储和处理技术，使参与者能够在本地存储和处理其数据，而无须将数据集中到一个中心服务器。这种分布式方式减少了数据传输和集中式计算的需求，降低了通信和计算开销。

2）加密和安全计算

为了保护数据隐私，去中心化联邦学习使用加密技术来对数据进行保护。参与者可以在本地对数据进行加密处理，仅共享加密后的模型更新或梯度信息，从而保证数据的安全性。安全计算技术也可用于在加密数据上进行计算，以实现隐私保护的模型训练。

3）模型聚合和更新

去中心化联邦学习采用模型聚合来整合参与者的模型更新或梯度信息。聚合算法可以是简单的加权平均，也可以是更复杂的优化算法。通过聚合参与者的贡献，可以在不共享原始数据的情况下生成全局模型，从而实现协作的模型训练。

4）隐私保护和差分隐私

隐私保护是去中心化联邦学习的核心考虑因素之一。差分隐私技术可用于在模型训练过程中添加噪声，使参与者的个体数据无法被还原或泄露。这种技术提供了强大的隐私保护机制，确保数据隐私在联邦学习中得到有效保护。

5）模型优化和迭代

去中心化联邦学习还依赖于模型优化和迭代的技术。由于参与者的数据分布和特征可能不同，模型优化需要考虑这些差异。迭代算法和自适应学习方法可以帮助调整模型参数，以适应不同参与者的数据特点，提高模型的性能和适应性。

这些关键技术在数据隐私保护、通信和计算开销降低、模型泛化能力提升，以及参与者自治和控制权增强等方面具有重要意义。在隐私保护方面，DFL 通过数据本地存储并结合加密与隐私保护技术，有效避免了敏感信息泄露风险，保障了参与者的数据隐私；在分布式计算和通信效率上，DFL 减少了对数据传输和集中计算的依赖，通过本地计算和模型聚合降低了通信和计算负担，显著提升了计算效率；在数据多样性和代表性方面，参与者在本地进行模型训练，使得数据的多样性得以保留，更好地反映了不同的分布和特征，进而增强了模型的泛化能力；在自治与控制权方面，DFL 赋予了参与者更多的决策权，允许他们选择是否共享模型更新或梯度信息，保留对自身数据的控制，实现了更平等的协作模式。

DFL 在多个领域展现了广泛的应用潜力与优势。在医疗保健领域，各医疗机构可以通过 DFL 共同训练模型，用于疾病诊断、患者风险预测和个性化治疗等。例如，谷歌的一项研究利用联邦学习改进了乳腺癌筛查的准确性，在保障患者隐私的同时提升了模型性能。在金融领域，金融机构可借助 DFL 共同训练反欺诈和信用评分模型，提升金融风险管理能力。例如，联邦学习应用于支付宝的芝麻信用评分系统，通过联合多方数据为用户提供更精准的信用评估。在物联网领域，设备可以通过 DFL 共同学习和优化模型，以实现智能感知、预测和决策。例如，智能家居中的多种设备通过联邦学习，提供个性化服务如语音助手和智能家电控制。在自动驾驶领域，每辆车都会产生大量的传感器数据，如图像、雷达和 GPS 数据，通过去中心化联邦学习，所有的车辆都可以在不共享原始数据的情况下，共同训练一个更准确的道路条件预测或交通流量预测模型。例如，Uber 就使用联邦学习来提升其自动驾驶汽车的安全性和效率。

除了上述领域，DFL 还可以在供应链管理、能源行业、社交媒体等多个领域发挥作用。结合数据隐私和跨组织协作等技术，DFL 可以改善模型的性能，并在实际应用中取得成功。随着技术的发展和实践的积累，预计将出现更多领域的成功案例和应用。DFL 作为一种新兴的机器学习方法，它允许多个参与者在保持数据私密的情况下共同训练一个全局模型。这种方法具有巨大的潜力和优势，但同时也面临着一些挑战。

1）数据安全和隐私

联邦学习要防止数据在传输和训练过程中被泄露或遭受恶意攻击，必须设计安全的通信和加密机制。如何在保持模型性能的同时防范数据泄露，仍然是亟待解决的问题。

2）不平衡和非独立分布

联邦学习中的数据常存在不平衡和非独立分布，这意味着某些参与方可能仅能提供少量数据，或者不同参与方的数据特征存在显著差异。这种情况会影响全局模型的训练效果和泛化能力，亟需设计鲁棒的模型训练方法应对数据分布的多样性。

3）跨设备和异构环境

联邦学习需要在不同设备、操作系统和网络条件下高效运行。如何在异构环境中确保模型训练的稳定性和通信效率，是一大技术难题。

4）模型聚合和更新

联邦学习的核心在于将各参与方的局部模型有效地聚合和更新以生成全局模型。然而，如何在聚合过程中保持模型的精确性和稳定性，防止模型融合时的冲突与偏差，仍然是一个待解决的关键问题。

尽管去中心化联邦学习面临上述的这些挑战，但其在数据隐私保护、跨领域合作和模型优化等方面具有巨大的潜力，主要包括以下几方面。

1）提高数据隐私和安全性

未来的研究将重点开发更强大的数据隐私保护技术，如差分隐私和加密计算，以确保数据在联邦学习过程中保持高安全性。改进的隐私机制将使数据在跨组织或跨设备环境中更安全地协作，而不暴露敏感信息。

2）跨域和跨模态联邦学习

联邦学习的应用可扩展到跨领域和跨模态的场景，如跨医疗领域的数据共享或跨语言的自然语言处理。未来研究将专注于设计适应不同领域和模态数据特性的联邦学习方法，以有效处理和融合来自多领域的数据资源。

3）增强模型聚合和更新算法

通过改进模型聚合和更新的算法来提高联邦学习的效率和性能，这包括优化模型聚合策略、解决数据不平衡和非独立分布的问题，以及处理异构环境和设备的挑战。

4）联邦学习标准和框架

未来的发展将推动联邦学习标准和框架的建立，以促进不同参与方之间的互操作性和合作，推动联邦学习的广泛应用。

随着技术的进步，未来将会有更多创新解决方案应对上述挑战。同时，更多研究将聚焦于优化联邦学习的模型更新策略，以提升模型的准确性和稳定性。这些努力将进一步推动去中心化联邦学习的应用与创新，使其更好地满足各领域的多样化需求。

5.3　基于区块链的隐私保护人工智能技术

现阶段的数据信任体系面临诸多短板，而通过区块链技术构建一个安全可靠的数据存储与共享系统，可以显著增强数据的安全性和隐私保护。区块链的去中心化和不可篡改性为基于区块链的隐私保护人工智能技术提供了坚实的基础，在人工智能模型的训练与推理过程中引入了高度可信的安全机制。具体地，区块链被用于存储模型参数、训练数据和推理结果，确保了这些数据和训练过程的透明记录以及可追溯性，从而实现了对整个人工智能流程的审计和责任追溯。

此外，基于区块链的隐私保护人工智能技术在外包计算场景中具有显著优势。该技术为模型所有者提供了一种安全的计算外包方式，确保在外包的计算过程中不会泄露任何敏感信息；与此同时，通过智能合约等区块链机制，可以保障计算承包者的诚实性和计算结果的正确性。这种机制确保双方的权益都能够得到保障，从而促进安全可靠的计算外包合作。

5.3.1 隐私保护人工智能概述

隐私保护人工智能是当前人工智能领域备受关注的前沿技术，核心目标是有效应对数据处理和模型训练过程中面临的隐私挑战。数据和模型是人工智能的核心要素，因此，在训练和推理过程中，确保数据与模型的安全与隐私保护至关重要。如果人工智能训练数据泄露，可能导致用户的个人身份信息或敏感隐私信息被盗取，进而危害用户的隐私安全。同样，人工智能模型的泄露，包括训练算法、模型架构、权重参数、激活函数和超参数等信息，可能使攻击者通过逆向分析获取模型的训练数据，从而威胁到数据的隐私性。

隐私保护人工智能的研究主要通过密码学等手段，解决训练和推理过程中的隐私问题，即在保证数据和模型隐私的前提下，完成模型训练或在现有模型上进行预测。虽然这些技术可以显著提升隐私保护能力，但不可避免地增加了计算开销；针对设备资源有限但有隐私需求的模型所有者，外包计算为他们提供了一种解决方案。然而，在外包计算的环境中，人工智能面临的安全和信任问题更加复杂。模型所有者必须确保在外包过程中，任何与模型和数据相关的隐私信息都不会泄露，同时需要保证计算承包方能够诚实且正确地完成计算。区块链技术由于其去中心化、不可篡改的特性，成为解决人工智能安全性和可信性问题的可行途径。通过区块链，数据和模型的存储与共享过程可以被加密保护，并通过共识机制确保计算和数据的可信性；借助区块链，人工智能中的隐私保护和外包计算问题有了更安全、更可靠的解决方案。

在融合人工智能与区块链技术时，包括以下关键特性。

1）模型审计与透明性

利用区块链存储模型参数、训练数据以及输入输出，确保模型审计和责任追究的透明性。此举增强了系统的透明度，并为模型开发者和用户提供了可追溯的信息，确保模型安全性和合规性。

2）去中心化部署

将人工智能模型部署到区块链上，利用其去中心化特点，实现模型服务和协作的去中心化。这提升了系统的稳定性、可扩展性，降低了单点故障风险，增强了系统的鲁棒性。

3）可信数据获取

通过区块链的去中心化系统，安全访问外部人工智能模型和数据，借助激励机制和代币设计确保外部资源的可信访问，提升系统安全性和数据可信度。

4）激励与信任机制

基于区块链的不可篡改性和透明性，建立开发者与使用者之间的激励机制，促进模型开发者积极参与，并增强用户对模型的信任，构建公正、可信的人工智能生态系统。

这一领域的研究涵盖了多种技术手段来保护敏感数据的隐私安全。包括采用密码学方法对数据进行加密，建立匿名化和去标识化技术，设计访问控制机制，以及引入联邦学习和安全多方计算等前沿技术；此外，隐私保护人工智能还致力于提高算法和模型的隐私意识，通过模型修饰和差分隐私等方法，降低模型对个体数据的依赖性，从而保障用户隐私。实现人工智能的隐私保护所涉及的关键技术包括但不限于以下。

（1）管控技术：权限管理、分类分级保护。

（2）数据加密技术：差分隐私、同态计算、多方安全计算。

（3）攻击防御技术：鲁棒性机器学习、数据清洗、模型水印。

（4）新兴技术：联邦学习、区块链、可信执行环境。

这些技术通过加密、扰动、去标识化等手段，确保数据在传输、存储和使用过程中不会被泄露或滥用。

总体而言，隐私保护人工智能不仅是对用户个人隐私的积极响应，更是构建可信、安全、可持续发展的人工智能系统的关键步骤。在不断演进的科技环境中，这一领域的不断创新将为人工智能的健康发展奠定坚实的基础。

5.3.2 基于区块链的隐私保护机器学习

基于区块链的隐私保护机器学习是一项创新技术，结合了区块链和机器学习的优势，旨在应对机器学习领域中日益严峻的隐私泄露挑战。区块链的不可篡改性和去中心化特性为该技术提供了高度安全、透明且可追溯的框架，用于存储和管理模型参数、训练数据及输出结果。在这一框架中，区块链不仅充当安全存储的工具，还记录了模型训练的关键步骤，实现了对整个训练过程的透明审计。这种机制不仅帮助追溯模型性能变化，还能有效防止模型参数和训练数据的泄露风险。尤其是在面对模型逆向攻击时，区块链的不可篡改性使攻击者难以通过模型推导出其训练数据。此外，该技术在外包计算场景中同样表现出色，为那些设备资源有限但对隐私有较高要求的模型所有者，提供了安全可靠的外包计算方案。通过这种创新的融合，基于区块链的隐私保护机器学习为构建更加安全、隐私友好的机器学习生态系统提供了可行的解决方案。

DeepChain 采用区块链技术来解决深度学习中的安全和隐私问题。该框架通过区块链实现价值驱动的激励机制，强制参与者在训练过程中表现正确，确保数据隐私并提供训练过程的可审计性。DeepChain 利用智能合约和加密技术，解决了分布式深度学习中常见的安全问题，如参与者在梯度收集和参数更新中的不当行为，以及服务器可能存在的恶意行为。通过这种方式，DeepChain 为深度学习提供了一个安全、隐私和公平的解决方案，确保整个过程透明且受信任。

SPDL 是一个基于区块链的安全和隐私保护的分布式学习系统，旨在解决分布式学习中协调安全性与数据隐私的挑战。该系统通过区块链、拜占庭容错共识、梯度聚合规则以及差分隐私技术的无缝整合，确保了机器学习的高效性，同时维护数据隐私、拜占庭容错、透明度和可追溯性。具体来说，SPDL 利用区块链的不可篡改性、BFT 共识算法和梯度聚合规则来保障模型训练的透明性与容错性，并通过差分隐私技术保护数据隐私，从而为分布式学习提供了一个安全且高效的框架。

FPPDL 是一种分布式公平和隐私保护深度学习框架，旨在解决现有深度学习框架中的公平性和隐私保护问题。具体而言，该框架解决了两个关键问题。

1）公平性

传统的联邦学习框架通常忽视参与方的贡献程度差异，导致所有参与者获得相同的模型性能；FPPDL 确保参与方根据其贡献获得相应的模型性能，从而提升公平性。

2）隐私保护

FPPDL 框架引入了三层洋葱式加密方案，既保障了模型更新的隐私性和准确性，同时避免牺牲实用性。

通过这两大改进，FPPDL 在公平性和隐私保护方面提供了创新性的解决方案。

联邦学习作为一种分布式机器学习框架，在确保数据不离开本地的前提下，通过共享模型参数来实现协作训练的目标。这一方法在一定程度上解决了隐私保护的问题；然而，它也面临一些挑战，例如，中心参数服务器无法应对单点故障、可能遭受潜在恶意客户端的梯度攻击，以及客户端数据偏态分布可能导致训练性能下降等问题。在将去中心化的区块链技术与联邦学习相融合方面，李尤慧子等提出了基于超级账本的集群联邦优化模型。在该模型中，超级账本充当了分布式训练的架构基础，客户端在初始化后进行本地训练，并将模型参数及分布信息传输至超级账本。通过聚类优化、联邦学习模型在客户端数据呈现非独立同分布的情况下得以提升训练效果。在这个框架下，随机选举出来的客户端作为领导者承担中央服务器的功能；领导者利用分布相似度和余弦相似度进行聚类，并下载模型参数进行聚合。客户端获取了聚合模型，继续进行迭代训练，如图 5-2 所示。这种方法不仅提升了模型性能，还增强了系统的安全性和稳健性。

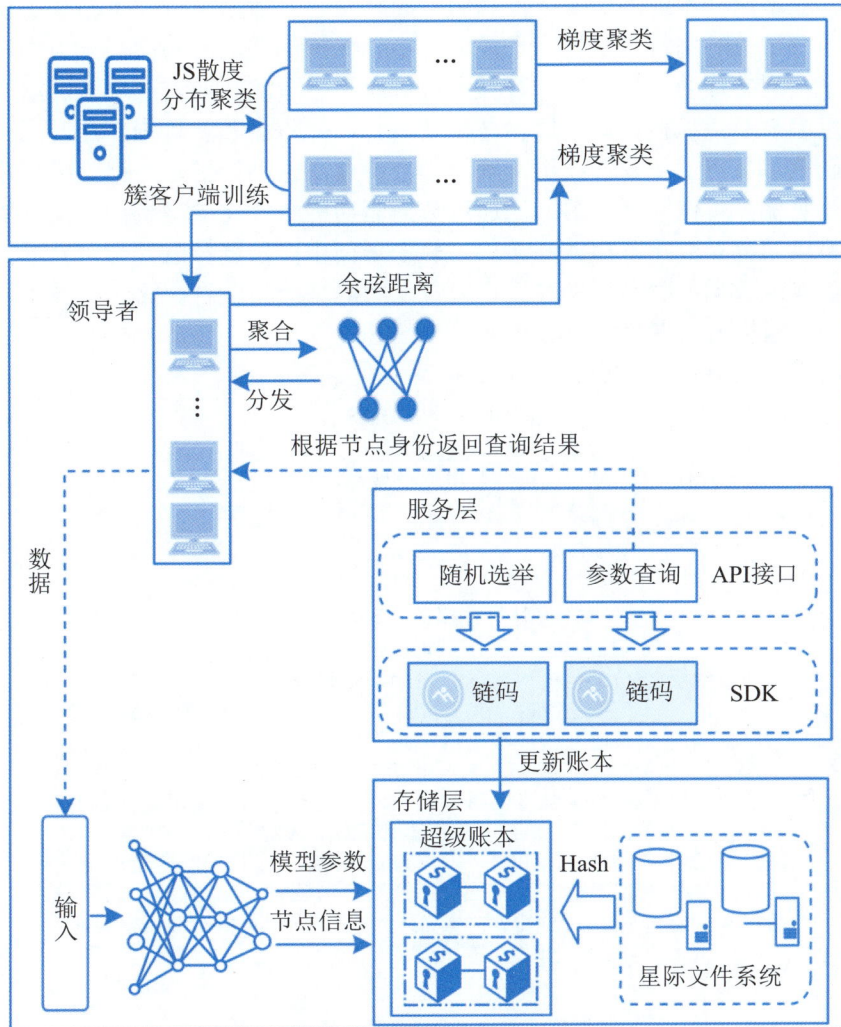

图 5-2　基于超级账本的集群联邦优化模型

星际文件系统（InterPlanetary File System，IPFS）存储模型参数，超级账本仅记录存储在 IPFS 中文件对应的哈希值（Hash）；根据客户端分布信息，以 JS 散度为度量进行预处理聚类；客户端上传参数至 IPFS 后返回该文件的存储哈希地址，其他客户端可通过哈希地址下载 IPFS 中的参数。

朱建明等提出的去中心化参数聚合链，通过将联邦学习的中心化参数服务器替换为区块链技术，实现了模型训练过程的透明化和可追溯性。首先，该方法利用区块链记录模型训练中的中间参数，确保这些参数可追溯，增强了整个系统的透明度；其次，作者引入了激励机制，鼓励协作节点积极参与模型参数的验证，并对上传虚假或低质量模型的参与者进行惩罚，以防止节点的自利行为；最后，该框架基于模型质量动态调整中间参数的隐私噪声，并自适应地进行模型聚合，从而实现隐私保护与模型性能的平衡。通过这一创新性的设计，该方法有效提高了模型训练过程中的可信度和透明度，减少了个人隐私泄露的风险，并为联邦学习中的数据安全提供了切实可行的解决方案。

如图 5-3 所示，一方面，隐私保护的数据价值融合在联邦学习层中实现，具体指通过分布式本地模型训练、自适应模型聚合以及隐私需求感知等技术，确保了数据隐私的保护。在这一层，联邦学习的分布式特点保证了数据在不离开本地的情况下被利用，同时通过自适应聚合技术增强了模型训练的准确性和效率，而隐私需求感知机制则进一步提升了模型对隐私保护的响应能力；另一方面，区块链服务层通过其链式结构实现了模型参数的共享，确保数据不可篡改和可追溯。通过区块链的激励机制和智能合约设计，系统能够激励参与节点积极、诚实地参与模型聚合，并防止恶意行为，提升了整个系统的公平性和可信度。这不仅防范了节点上传虚假或不准确的模型参数，也确保了在数据交易和模型调用中的公正性。基于区块链的隐私保护可信联邦学习，还通过数据驱动的个性化模型调用与交易服务，满足用户个性化的需求。用户可以通过参数配置和 API 接口，轻松访问由区块链和联邦学习共同提供的安全可信的数据模型服务，从而实现数据的隐私保护与模型服务之间的平衡与融合。这一设计不仅确保了隐私保护和安全性，还促进了数据价值的高效利用与共享。

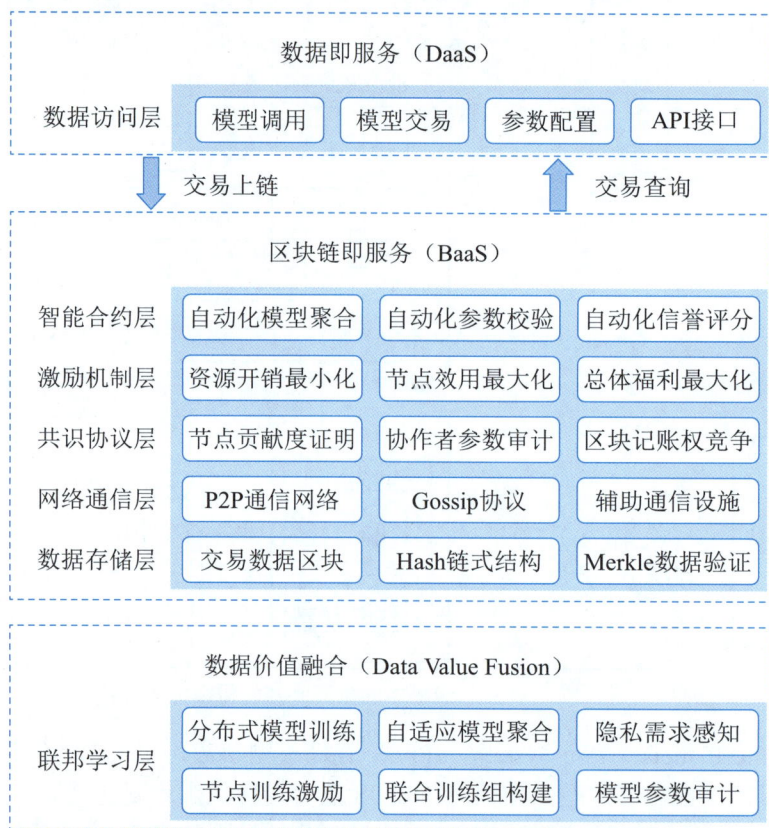

图 5-3 基于区块链的隐私保护可信联邦学习模型研究架构

5.3.3 基于区块链的隐私保护智能合约

由于区块链的公开透明特性，使得运行在区块链上的智能合约部分敏感信息也是公开透明的，这阻碍了智能合约更广泛的应用。智能合约隐私保护技术在应对区块链上敏感信息的公开透明性问题方面发挥了至关重要的作用。以下是一些常见的智能合约隐私保护技术。

1）零知识证明（Zero-Knowledge Proofs，ZKP）

允许在不泄露原始数据的情况下证明某一陈述的正确性。在智能合约中，ZKP 可以被用于证明某些复杂计算的正确结果，而无须揭露参与这些计算的数据。例如，用户可以证明自己符合某些条件（如年满 18 岁）而不必透露自己的具体年龄。ZKP 在隐私保护和链上验证之间取得了很好的平衡，是当前研究和应用中的热点技术之一。

2）同态加密（Homomorphic Encryption，HE）

允许对加密数据进行直接计算，计算结果在解密后与对明文进行计算的结果相同。在智能合约的场景中，同态加密技术允许合约在不解密数据的情况下执行运算，保护了数据的机密性。这使得数据在全生命周期内都保持加密状态，有效防止敏感信息的泄露。

3）环签名（Ring Signatures）

提供了一种匿名性和不可追踪性，允许签名者从一个用户组中生成签名，而不会暴露真实的签名者身份。这可以应用于智能合约中，使得某个特定用户的交易或决策被验证为有效，但其身份仍然保密。环签名通常被应用在需要匿名化的场景中，如隐私币交易等。

4）安全多方计算（Secure Multi-Party Computation，SMPC）

允许多个参与者在不泄露自身私有数据的情况下协作计算某个函数的结果。在智能合约中，SMPC 可以被用来处理对多个参与方敏感数据的联合计算，如合约中的共同决策或投票机制。各方的数据都得到了严格保护，计算结果对各方来说是可信的，但没有任何一方能够访问其他方的私密数据。

5）混淆器（Mixers）

将多笔交易混合在一起，使得很难追踪每笔交易的发送方和接收方。这种技术常用于保护智能合约中的交易隐私，如防止对某一交易路径的追踪，确保交易的隐私性和匿名性。混淆器是隐私保护区块链应用中的常见工具，尤其是在匿名币等场景中广泛应用，通过将交易混淆使得难以追踪特定的交易路径，从而增强智能合约中涉及的交易的隐私性。

6）可信执行环境（Trusted Execution Environment，TEE）

一种硬件技术，允许在一个隔离的安全环境中执行代码。智能合约的数据可以加密存储在区块链上，并在执行时由 TEE 进行解密和处理，从而保证了数据的安全性和隐私性。这种方法可以确保智能合约的执行是安全的，且敏感数据仅在可信的硬件环境中暴露。

在这些框架下，区块链充当了安全存储和可验证性的角色，确保合约的执行结果和相关信息能够被永久性地记录和追溯。通过结合加密技术、去中心化的验证机制以及硬件支持，且基于区块链的隐私保护智能合约，能够有效保障用户的身份信息和交易数据不被泄露，同时确保合约的公正性和可信性。这些创新的隐私保护技术为智能合约的更广泛应用铺平了道路，尤其是在涉及敏感数据的金融、医疗、物联网等领域。

Hawk 致力于构建一个注重隐私保护的智能合约系统，旨在为非密码学专家编程者提供友好的编程体验。该系统通过一个编译器的实现，使得用户在编写具有隐私保护特性的智能合约时无须关心密码学细节。用户只需将任务交给 Hawk 的编译器，它将自动处理参与者、执行者和区块链三方之间的密码学协议。Hawk 的安全性主要围绕两个方面展开：链上隐私和合约隐私。链上隐私规定不向未参与合约的第三方披露交易细节，除非合约双方（即参与者和执行者）自愿共享信息；虽然交易量和金额等数据在区块链上进行交换以确保公平性和防止用户中止，但 Hawk 通过零知识证明等手段将这些信息加密隐藏，仅在必要时才对外公开。合约隐私则保护合约参与者之间的合约共识，包括输入独立隐私（每位拍卖参与者的报价独立于他人，即使与拍卖执行者合谋也无法在委托自己的报价前得知他人的报价）、事后隐私（只要执行者不披露信息，即便是拍卖后，参与者的报价信息仍然保密）、经济公平（提前中止拍卖的一方会受到经济惩罚，同时其余各方会获得补偿）以及惩罚不诚实执行者（中止拍卖、影响拍卖和分配结果、与某些参与者合谋的行为将受到惩罚）。

SmartFHE 是一个创新框架，使用 FHE 支持私有智能合约，解决了在区块链环境中隐私保护和计算负载的问题；它是首个在区块链模型中集成 FHE 技术的系统，并且第一个在以太坊开创的按需计算模型下支持轻量级用户隐私保护应用的框架。一方面，用户只需使用高效的 ZKP 系统来证明其私人输入数据的格式有效，而不需要参与加密数据的计算过程。这样，计算的主要负担被转移给了矿工，用户体验得以优化；另一方面，矿工可以在不解密数据的情况下，对加密的用户数据和账户余额进行计算。这意味着矿工能够执行所有必要的计算，而无须了解用户的具体输入，确保了用户数据的隐私性。SmartFHE 引入了隐私保护智能合约（Privacy-preserving Smart Contracts，PPSC）的概念，确保用户的隐私在智能合约执行的各个阶段都能得到保护。PPSC 允许在不泄露用户私密信息的前提下执行复杂的计算任务，并且支持基于 FHE 的合约执行。通过 FHE 和 ZKP 的结合，实现了区块链上无泄露的私有数据处理，为去中心化应用提供了更高水平的隐私保护，也为未来隐私智能合约的设计和开发提供了新的思路。

Solomon 等基于 SMPC 构建了一个高效、通用、可组合、并保护隐私的去中心化交易所，其中一组服务器以外包方式运行私有跨链交易订单匹配，同时由于经济激励机制，服务器有动力诚实执行协议。如果服务器作恶，如故意篡改或拒绝匹配订单，恶意行为会被检测，触发自动退款机制。因此，主动腐败的大多数服务器只能发动拒绝服务攻击，导致交易所功能失败，在这种情况下，服务器会被公开识别并受到惩罚，而诚实的客户则不会损失资金。针对 SMPC 构建块的实验结果表明该方法在实践中是高效且可行的。这意味着这种基于 SMPC 的去中心化交易所不仅在理论上能够实现隐私保护和去中心化交易，还在实际应用中展现了良好的性能，适合实际交易场景的需求。

Ekiden 是一个结合区块链和可信执行环境 TEE 的新颖架构，解决了隐私保护和可扩展性的问题。通过将共识与执行过程分离，Ekiden 确保了隐私保护智能合约的高效运行，区块链用于处理交易和维护分布式账本，而 TEE 用于执行智能合约。由于 TEE 能够在硬件级别保护数据的隐私，敏感数据的处理全部在 TEE 中完成，因此即便是在不可信的节点上执行智能合约，数据和执行结果也不会泄露。Ekiden 使用 Tendermint 作为共识层的系统原型实现了比以太坊主网高 600 倍的吞吐量和低 400 倍延迟的示例性能，而成本却是以太坊主网的千分之一。Ekiden 通过结合区块链和 TEE，不仅解决了隐私保护和性能瓶颈问题，还为智能合约的高效执行和可扩展性提供了创新解决方案，从而为隐私保护的区块链应用提供了更为广泛的可能性。

5.4　基于智能合约的人工智能技术

基于智能合约的人工智能技术代表了人工智能与区块链领域的深度融合，为构建更加安全、透明和高效的人工智能系统提供了全新的范式。在这一技术中，智能合约作为自动执行的可编程协议，被用于规范和自动化人工智能任务的执行。

智能合约的引入使得人工智能任务的执行过程更为透明可追溯。通过区块链的不可篡改性，智能合约记录了任务的执行历史、模型参数的变更以及相关数据的使用情况，实现了对整个人工智能流程的可信审计。这种去中心化的执行方式有效地降低了单点故障的风险，并提升了系统的安全性。

此外，基于智能合约的人工智能技术在隐私保护方面也表现出色。通过加密技术、零知识证明等手段，智能合约可以对涉及用户隐私的任务和数据进行安全处理，确保用户敏感信息不被滥用或泄露。这一技术的创新性为用户提供了更加可信赖和隐私友好的人工智能服务，同时推动了智能合约在人工智能领域的广泛应用。

5.4.1 基于智能合约的模型训练

基于智能合约的人工智能技术为训练任务的自动化执行带来了重大的变革。智能合约作为可编程的自动执行协议，通过区块链的去中心化特性，实现了训练任务的高度自动化与可信任执行。在这一框架下，智能合约规范了训练任务的流程，包括数据的获取、模型的训练、参数的更新等关键步骤。

由于智能合约的不可篡改性，训练任务的执行历史和结果被透明地记录在区块链上，提供了全面的审计和追溯能力。这不仅增强了训练任务的可信度，也有效地降低了潜在的数据篡改或训练结果伪造的风险。智能合约的引入还使得训练任务的执行更为高效，减少了中介环节和人工干预，实现了训练任务的自动执行，从而加速了人工智能模型的开发和部署过程。

Davarakis 等采用智能合约和区块链技术解决了机器学习训练中的若干关键问题。具体而言，作者通过智能合约和区块链技术针对以下问题提出了解决方案。

1）数据存储成本高

采用了去中心化存储技术（如 IPFS）来存储大量数据，从而降低了在以太坊区块链上存储大量数据所需的成本和资源消耗。

2）交易安全和可信

通过智能合约实现训练过程中的支付和奖励机制，确保了交易的安全性和可信度。

3）训练过程透明、可追溯

区块链技术为训练过程提供了透明记录和可追溯性，使得训练过程更加可信和可验证。

4）交易效率

借助智能合约和区块链技术，简化了支付过程，提高了交易效率。

总的来说，作者通过结合智能合约和区块链技术，有效解决了机器学习训练中涉及的数据存储成本、交易安全、透明性和效率等方面的问题。

Ratadiya 等提出了一种基于智能合约的分布式聚合机制，旨在解决构建深度学习模型时的数据隐私和共享问题。该机制允许在分布式数据环境中训练模型，而无须共享和合并实际的数据值。作者利用区块链技术存储、检索和交换中间特征向量及测试数据，从而确保信息的安全性。通过在多个节点上分别训练本地模型，并在区块链上聚合中间结果，系统实现了更高的准确性。该方法在处理数据隐私问题方面表现出色，并在公开可用的数据集上取得了最佳结果。此外，作者还强调了该方法的应用潜力，并探讨了其在其他架构和任务中的适用性。

由于机器学习模型的训练需要大量高质量的数据，因此必须消除对数据隐私的担忧并确保数据质量。为了解决这一问题，Ding 等把目光投向了协作机器学习（Collaborative Machine Learning，CML）与智能合约的融合。基于区块链，智能合约能够自动执行数据存储和验证，以及确保 CML 模型训练的连续性。在模拟实验中，作者定义了智能合约的激励机制，并研究了特征数量、训练数据规模、数据持有者提交数据的成本等重要因素，分析这些因素对模型性能指标的影响，包括训练准确性、模拟前后模型准确性的差距，以及恶意代理方余额耗尽的时间。实验结果显示，特征数量的增加能够提高模型精度，并更快消除恶意代理的负面影响。统计分析表明，在智能合约的支持下，有效消除了无效数据的影响，从而保持了模型的稳健性。

由于中心化存储，机器学习模型的训练和调用过程中普遍存在中心化问题，这使得训练数据和训练后的模型易受篡改和窃取。Lin 等提出了一种名为 ISC-MTI 的安全框架，该框架结合了 IPFS 和智能合约，以解决这一问题。具体而言，IPFS 作为存储解决方案，EOS 区块链作为智能合约平台，而 RSA 和 AES 密码算法则用于实现加密通信。框架设计了负责调用智能合约中训练数据和模型的行为（Action），以及模型的训练、上传和调用方法。实验结果显示，ISC-MTI 在保持少量效率损失的情况下，提高了模型训练和调用的安全性；同时，该框架还为整个流程提供了防盗模型、可追溯性、防篡改性、可靠性和隐私保护等功能。这一解决方案在增强机器学习模型安全性方面表现出色。

5.4.2　基于智能合约的机器学习模型共享与交易

基于智能合约的机器学习模型共享与交易为机器学习领域带来了前所未有的灵活性和透明度。参与者可以无缝地共享和交易机器学习模型，通过智能合约的自动化执行确保交易的透明性和可信性，从而实现安全且去中心化的模型共享与交易，降低了参与者之间的信任障碍，有望推动模型开发者、数据提供者与模型使用者之间的紧密合作。

在这一框架下，智能合约的安全机制清晰地定义和强化了模型的所有权、使用权及交易细节，有效解决了传统模型交易中存在的不透明性和信任问题。智能合约规范了机器学习模型的共享与交易流程，包括模型参数的安全传输、许可的透明控制以及交易过程的可追溯性。机器学习模型的共享变得更加高效，各个交易环节都能被准确记录，从而确保交易的透明度与可信度。通过智能合约，模型所有者可以安全地提供模型，数据提供者能够明确授权数据的使用，而模型使用者则能够清晰追溯模型的来源和性能。

Ouyang 等设计了基于区块链和智能合约的学习市场（Learning Market，LM）框架，旨在解决集中式人工智能架构中存在的数据孤岛和计算资源限制等技术障碍。在该框架中，区块链提供了一个用于协作和交易的去信任环境，而智能合约则充当软件定义的代理，封装和处理可扩展的协作关系与市场机制。LM 框架构建了一个无信任环境下的分布式人工智能协作平台，使参与者能够进行合作与交易，并支持参与者的动态进出以及量化奖励的获取。通过 LM 框架，可以建立一个天然具备可审计性和可追溯性的人工智能市场，从而促进数据、模型和资源的分布式协作。模型或模型权重可以有选择地保存为多种格式的文件，然后在 IPFS 上存储或共享，结果表明其在协作公平性、透明性、安全性、去中心化和通用性方面具有显著优势。基于该协作框架，分布式人工智能贡献者有望合作完成那些以前因缺乏完整的数据、足够的计算资源和最先进的模型而无法完成的学习任务。

去中心化联邦学习是一种以去中心化和隐私保护的方式创建共享模型的机器学习分支；然而，现有基于区块链的方法常受到定制模型的限制。Drungilas 等通过引入预言机（Oracle）服务来扩展所支持的模型集，并探索基于区块链架构的可用性，他们提出的架构将 Oracle 服务与 Hyperledger Fabric 链码相结合，旨在通过引入 Oracle 服务来扩展区块链在联邦学习中的模型支持范围，解决联邦学习中的模型推理问题；基于智能合约，他们进一步提出了一种去中心化的方法，能够在保护隐私的同时进行模型推理。区块链技术的应用不仅增加了透明度和信任度，还记录了所有模型的演变历史，从而提高了机器学习过程和模型结果的可追溯性。

Ajgaonkar 等提出了一种部署智能合约系统的方案，旨在促进合作协议的创建与履行。智能合约通过按到达顺序评估提交的机器学习解决方案，并判断其是否满足指定的质量要求，从而实现自动验证。该方案的最大优势在于，能够对潜在合作者的任务进行公正、客观地评估，并确保他们的努力得到公平的补偿，避免支付受到主观或可操纵因素的影响。此外，智能合约还激励数据贡献者持续改进解决方案。基于该方案可以构建一个去中心化协作的平台，旨在改进基于区块链的人工智能。该平台创建了一个免费、包容且无障碍的市场，以促进全球范围内有才华的人之间的大规模合作，从而推动更优秀的机器学习模型、更出色的代码模块以及更完善的软件项目的诞生。

5.4.3　智能合约与人工智能决策的安全性与可信性

智能合约与人工智能决策的融合，通过区块链技术赋予决策过程更高的安全性和可信度。这不仅提升了决策过程的透明度，还有效应对了人工智能决策中的一系列安全隐患。在这一框架下，智能合约规范了人工智能决策的执行步骤，利用区块链的去中心化和不可篡改特性，确保决策历史被永久记录。这种机制有助于审计决策过程，使得决策的制定与执行更具可追溯性，从而提升了系统的整体可信度。智能合约的引入为决策参与者提供了一种可编程协议，确保决策的公正性和合规性通过透明的规则得以实现。

此外，智能合约与人工智能决策的结合高度重视隐私保护。通过加密和隐私保护机制，保障了决策过程中涉及的敏感信息，减轻了用户对隐私泄露的担忧，从而鼓励更多人安心参与人工智能决策的过程。总体而言，智能合约与人工智能决策的融合为构建更加安全、可信赖的决策系统提供了一种全新的范式。这一创新性的结合有望推动数字化社会中智能决策的发展，并为各行业提供更为可靠的决策解决方案。

随着区块链与人工智能的深度融合，越来越多基于区块链的 AI 任务通过智能合约（Smart Contracts，SC）来完成，从而创造出双赢的解决方案。具体来说，区块链为 AI 提供了可信的去中心化数据基础设施，而 AI 则助力区块链执行复杂智能任务。由于这些智能合约是专为基于区块链的 AI 任务设计的，与广泛研究的业务逻辑智能合约 SC 有着不同的特征，Ouyang 等将其命名为智能化合约（Intelligent Contracts，IC），并对其进行了深入研究，他们系统分析了智能化合约 IC，并提出了一个用于构建和应用 IC 的建设性框架。首先，形式化了当前 IC 的两种主要构建模式：编码 AI 模型以及安排 AI 协作；随后，对这两种模式的特征进行了比较，为未来的模式选择提供指导；最后，给出了一条技术路径，帮助区块链自主响应 AI 任务。通过在以太坊上实现并评估这两种智能合约模式，作者展示了它们在不同配置下的最佳表现以及自动响应过程。实验结果验证了所提框架在实际应用中的有效性和可行性，为基于区块链的 AI 任务的智能化执行提供了参考。

区块链技术虽然为去中心化的商业交易开发了静态智能合约，但其缺乏动态决策能力，难以满足现代商业应用日益增长的需求；另一方面，人工智能作为一种计算预测平台，虽然能够提供智能预测、行动和识别能力，但在保持预测结果完整性方面存在不足，通常需要依赖外部权威机构来确保系统的安全性。将区块链技术与人工智能相结合，可以弥补双方的技术缺陷，形成互补，从而开发出一种去中心化的机器学习架构。这种架构有望为应用程序带来更高的安全性、更强的自动化以及更多的活力。Badruddoja 等提出了一种基于朴素贝叶斯预测算法的解决方案，利用区块链中的内部智能合约进行预测；这一创新不仅展示了区块链与人工智能相结合的潜力，还为去中心化人工智能应用领域的未来发展开辟了新的机遇。通过此类算法的实施，区块链和人工智能可以共同推动更加安全、可信的去中心化预测系统。

随着计算能力不断提升和大数据的普及，人工智能在众多领域中正逐步实现大规模应用；然而，当今人工智能算法做出的决策缺乏可解释性，这是许多关键决策系统中的主要缺陷。例如，深度学习无法提供对其内部过程或输出的控制与推理。此外，当前的黑箱人工智能实现也易受到偏见和对抗性攻击的影响，可能会对学习或推理过程造成损害。可解释的人工智能（Explainable AI，XAI）作为一种新兴趋势，旨在使人工智能算法能够解释其决策过程。Nassar 等提出了一个框架，通过结合区块链、智能合约、可信预言机和去中心化存储的优势，来实现更值得信赖的 XAI；该框架为复杂的人工智能系统提供了解决方案，其中决策结果是基于多个人工智能和 XAI 预测器之间的去中心化共识而达成的；作者进一步讨论了如何在关键应用领域以及实际用例中应用这一框架，从而使得人工智能决策更加透明、可信，该框架不仅提升了人工智能系统的安全性和鲁棒性，也推动了 XAI 在未来关键领域的广泛应用。

5.5　本章小结

　　本章从深度学习、强化学习、去中心化人工智能及其隐私保护等多个前沿领域为切入点，深入探讨了区块链赋能人工智能技术的多维度潜力。区块链技术作为一种去中心化、不可篡改的分布式账本系统，不仅为人工智能数据的安全性提供了坚实保障，还促进了多方分布式协作模式的形成，进一步拓宽了人工智能技术的应用边界。

　　区块链通过其去中心化存储与共识机制，显著降低了单点失效和数据泄露的风险。通过区块链记录和追踪模型训练与推理过程，确保了算法行为的可解释性和结果的可审计性，从而助力打造更加可信赖的人工智能应用。同时，结合隐私保护技术可实现模型训练和推理过程中数据的隐私保护和安全可信。此外，智能合约作为区块链生态的重要组成部分，能够以高效、自动化的方式实现多方参与者间的信任协作，特别是在数据交换、激励机制设计，以及复杂任务的分布式执行等场景中展现了独特优势。

　　综合来看，区块链技术的引入为人工智能的未来发展开辟了新的方向，不仅解决了传统集中化模式下的若干关键瓶颈问题，也为构建更为安全、公平和开放的智能化社会奠定了技术基础。

5.6　拓展阅读

　　区块链和人工智能的融合带来了新的机遇和挑战；然而，在实际应用中，如何在复杂场景中克服这些技术融合仍是一个亟待解决的问题。为深入理解区块链与人工智能在实际应用中的潜在挑战，读者可以进一步思考以下研究方向。

　　1）数据隐私与所有权

　　尽管区块链提供了去中心化的数据存储与管理方式，但在多方协作的人工智能项目中，如何确保数据隐私和用户数据的所有权仍需进一步研究。此外，在区块链网络中，如何在传输和处理人工智能数据时确保隐私性，同时保证数据的真实性和完整性？

　　2）平衡计算与能效

　　在处理海量数据时，如何平衡区块链的交易速度与人工智能模型训练的计算需求，以实现高效应用？此外，人工智能模型训练和区块链网络运行需要大量计算资源，带来了能耗和环境压力。如何优化这些技术以减少能耗的同时保持高性能，是一个值得深入探讨的问题。

　　3）智能合约安全性

　　在人工智能驱动的应用中，智能合约的漏洞可能会导致严重的后果，如何设计更安全、更稳定的智能合约来支持人工智能系统？

　　4）跨链互操作性

　　当区块链网络与人工智能系统在多个区块链上运行时，如何实现数据和模型的跨链协作与互操作性，仍是实践中一大挑战。

5.7　本章习题

　　（1）请简述区块链如何增强深度学习，以及区块链技术与深度学习结合的优势？

　　（2）请简述区块链如何赋能强化学习，以及区块链技术与强化学习结合的优势？

　　（3）请简述基于区块链的深度强化学习如何实现，以及区块链技术和深度强化学习结合的优势？

　　（4）什么是去中心化人工智能？

（5）去中心化人工智能的关键技术有哪些？

（6）区块链为中心化智能决策提供了哪些基础？

（7）去中心化联邦学习的关键技术有哪些？

（8）请简述人工智能面临的隐私威胁。

（9）请简述基于区块链如何保护机器学习的隐私。

（10）基于区块链的隐私保护智能合约包含哪些关键技术？

（11）基于智能合约的人工智能技术具备哪些特性？

（12）请简述如何实现模型共享和模型交易？

第 6 章
人工智能驱动的区块链技术

区块链技术的蓬勃发展一直在引领着数字时代的演进，而与此同时，人工智能的迅猛发展也为区块链领域带来了全新的可能性。第 6 章将深入研究"人工智能驱动的区块链技术"，探讨如何借助人工智能的力量，使区块链系统更为智能、高效、安全，并拓展其应用领域。

本章首先探讨了人工智能驱动的区块链技术的最新发展，首先介绍分布式账本数据挖掘。分析实时动态分析、账本舆情感知、审计溯源、代币化和数字资产管理，以及网络可扩展性与性能等方面，揭示人工智能在分布式账本挖掘技术中的关键作用。

然后，将详细介绍人工智能驱动的去中心化自治组织（AI DAO）。从边缘人工智能的 DAO 治理和自动化决策、中心化人工智能驱动的智能合约交互，到自适应人工智能链接的 DAO 共享智能，深入剖析人工智能如何推动去中心化自治组织的发展。

接着，从链数据类型的角度出发，将探讨由人工智能驱动的区块链数据挖掘。分析链上数据挖掘、链上链下融合数据分析以及跨链融合数据分析，揭示人工智能如何提升区块链数据挖掘的效能和深度。

最后，本章从智能合约的全生命周期的角度出发，分析人工智能技术对智能合约的驱动方法。从自然语言处理的合约生成、智能合约漏洞检测修复，到自学习方法优化智能合约和人工智能预言机驱动的智能合约，深入研究人工智能如何全方位地影响智能合约技术。

总而言之，本章以人工智能驱动区块链技术为主线，从分布式账本、去中心化组织、数据挖掘到智能合约各个区块链研究领域，分析人工智能如何影响和优化这些领域，探讨它在区块链应用中的前景与趋势。这些方面将为读者呈现一个深度而全面的视角，揭示人工智能在推动区块链技术不断创新的过程中的关键作用。

6.1　人工智能驱动的分布式账本挖掘技术

分布式账本挖掘技术是在分布式账本（如区块链）中进行数据分析和挖掘的技术方法和工具。借助人工智能技术对分布式账本中的数据进行分析和挖掘，从账本中提取有用的信息，促进分布式账本的应用发展和应用场景拓展。

本节将介绍人工智能驱动的分布式账本挖掘技术运用的主要领域，分别是实时动态分析、账本舆情感知、审计溯源、代币化和数字资产管理和网络可扩展性与性能。

6.1.1 实时动态分析

1. 实时动态分析的概念与重要性

实时动态分析（Real-time Dynamic Analysis）是指对区块链分布式账本系统中持续不断发生的事件和变化进行深入研究监测的过程。与广为人知的区块链分析定义相匹配，它重点关注对账本数据进行检查、识别、分类与可视化表征。

然而，实时动态分析强调的不仅是对静态数据的分析，更重要的是对系统运行时动态变化因素（如新块生成、交易执行等）进行敏感反应性研判；这与传统关注交易次数和金额的定量分析方法有明显差异。尽管区块链和数据分析都以数据为核心，它们能够显著增强彼此，但并非所有的数据都适合进行动态分析。

通过实时动态分析，可以迅速识别并定位账本中的异常行为，包括潜在的攻击、欺诈行为或网络拥堵等。这有助于及时采取应对措施，保障系统的正常运行。区块链系统经常在处理大量交易时面临市场波动，实时动态分析能够帮助我们更快地理解市场变化，调整系统策略，确保系统具有足够的弹性以适应不断变化的环境。通过实时监测，可以更好地了解系统中的瓶颈和效率低下的部分。结合人工智能技术，我们能够优化系统的性能，提高交易处理的效率；在实现实时动态分析时，人工智能技术发挥了关键作用。

2. 如何运用人工智能对区块链进行实时动态分析

1）监督式和无监督式机器学习

在加密货币领域，由于其高度波动性，准确的价格预测对于制定明智的投资决策至关重要。机器学习成为预测比特币价格的一种可行策略，通过选择适当的算法，可以更好地应对高频和复杂的市场数据，避免过拟合的问题。监督式学习和无监督式学习是实现实时动态分析的重要工具，以下是用这两种方法进行实时动态分析的步骤。

（1）数据收集：收集包含加密货币价格和相关特征的历史数据集。

（2）数据预处理：同样需要对数据进行清洗、去除异常值、处理缺失值等预处理步骤。

（3）特征工程：提取与区块链行为相关的特征，根据监测目标选择适当的特征，可能包括交易频率、地址聚类、交易规模等。

（4）数据划分或数据标准化：监督式学习需要对数据集进行划分，将数据集划分为训练集和测试集，采用时间序列划分方法，以模拟未来实时数据的情况。无监督式学习对数据进行标准化处理，确保不同特征具有相同的尺度。

（5）模型训练：使用训练集对模型进行训练，监督学习模型可以用于预测已知的标签，可选择的监督式学习算法有线性回归、决策树、支持向量机等，并使用训练集对模型进行训练。而无监督学习算法可以发现数据中的潜在模式。选择适合加密货币价格预测的无监督学习算法，如聚类算法（如 K 均值聚类、层次聚类）、关联规则挖掘等，并使用训练集对模型进行训练。

（6）模型评估或结果分析：在监督式学习中使用测试集评估模型的性能，常用的评估指标包括均方误差（Mean Square Error，MSE）、均方根误差（Root Mean Square Error，RMSE）、平均绝对误差（Mean Absolute Error，MAE）等。无监督学习则对聚类结果或关联规则进行分析和解释，探索加密货币价格的潜在模式和规律。

（7）实时预测：利用整合后的模型对实时产生的区块链数据进行预测，及时识别潜在的异常行为、风险或趋势。

在机器学习模型的应用方面，随机森林、XGBoost、二次判别分析、支持向量机、贝叶斯回归以及

LSTM 等方法已经被广泛用于比特币价格的预测。这些模型相较于传统的统计方法表现更为高效，其准确率达到了 67.2%。此外，还有一些其他模型，如块—交易地址模型（BT-A）和块—交易实体—地址模型（BT-EA），也在自动化比特币交易方面取得了显著的成果。

2）强化学习

机器学习算法在现代股票市场中的传统交易机器人中得到了广泛应用，而这种经验也被成功地引入了分布式自治组织。强化学习在 DAO 机器人进行实时动态分析预测中的应用可以分为以下几个步骤。

（1）问题定义：明确强化学习要解决的问题。在 DAO 机器人的场景中，这可能涉及预测市场趋势、管理资产分配或者优化投票策略等。

（2）环境建模：强化学习依赖于与之交互的环境。在这个步骤中，需要构建一个模型来模拟 DAO 机器人操作的环境。这个环境可能包含市场数据、投票记录、社区互动等因素。

（3）奖励函数定义：奖励函数是强化学习的核心，它定义了机器人在环境中采取特定行动后所获得的奖励。在 DAO 应用中，这可以是资产增值、决策效果提升等。

（4）算法选择：需要选择适合问题和环境的强化学习算法。这可能包括 Q 学习、策略梯度方法、深度 Q 网络（DQN）等。

（5）训练和测试：通过与环境交互，训练强化学习模型。在这个过程中，模型将学习如何根据环境反馈调整其行动策略。测试阶段则是验证模型效果的重要环节。

（6）部署和迭代优化：将训练好的模型部署到实际的 DAO 机器人中，并进行持续的监控和调整，以确保模型能够在不断变化的环境中保持良好的性能。随着环境变化和新数据的出现，需要定期对模型进行迭代和优化，以保证长期的有效性和适应性。

6.1.2 账本舆情感知（情感分析）

舆情感知是指对文本进行情感分类的过程，用于确定文本的情感倾向，可以是积极的、消极的或中性的。区块链中的舆情感知，是指将舆情感知技术应用于区块链领域。舆情感知在区块链中的应用可以帮助监测和分析区块链网络中的社会情感，如对加密货币项目的看法和评价。通过舆情感知，区块链参与者可以了解社区的情感倾向，从而更好地理解市场趋势和用户需求，以便做出更明智的决策。相比传统舆情监测手段，舆情感知利用人工智能可以实现自动学习和数据深度分析，实现了在数据处理、情感分析和舆情监测方面的自动学习与深度分析。这种智能化的方法明显减小了传统手段中人工干预可能引发的误差，为更精准、高效的舆情感知提供了可行途径，如图 6-1 所示为人工智能用于舆情分析的参考体系结构。

人工智能在舆情感知中的驱动作用主要体现在数据收集和处理阶段。通过智能算法，系统能够自动收集和整理来自区块链网络的大量文本数据，包括社交媒体评论、新闻报道、论坛讨论等多样化的信息来源。人工智能技术能够快速而准确地识别与区块链相关的文本，实现高效的数据预处理。对于来自社交媒体的链下数据通常需要对社媒数据进行清洗和预处理，如去除无关的推文、处理特殊字符和表情符号等，可以采用 NLTK（Natural Language Toolkit）库清理文本中的噪声并将文本内容转化成令牌。

舆情感知的核心在于情感分析，这正是人工智能技术发挥作用的关键步骤。通过深度学习和自然语言处理算法，系统能够理解文本中的情感色彩，准确判断是积极的支持态度、消极的批评态度，还是中性的中立观点。智能算法通过对大量文本的学习，逐渐提高情感分析的准确性和适应性，使其更好地适应区块链社区特有的表达方式和用语。情感分析研究中通常采用 LSTM 作为情感分类器，LSTM 可以根据处理好的数据进行分数评估，这些分数可以考虑多个参数如社交趋势、加密货币价格的涨跌、标准差、峰值和低点；然后，将这些分数输入 LSTM 模型中，生成基于情感分数的推荐结果。除此之外，针对自然语言的歧义性、动态性和非标准性给情感分析带来的挑战，可以通过嵌入外部记忆组件（如包含习语的文本数据）改进 LSTM 模型；也有研究将区块链层与 LSTM 层融合。在数据更加复杂的情况下，未来可以通过增加与区块链结构相关的情绪智能合约的数量来保持和提高分类准确性。

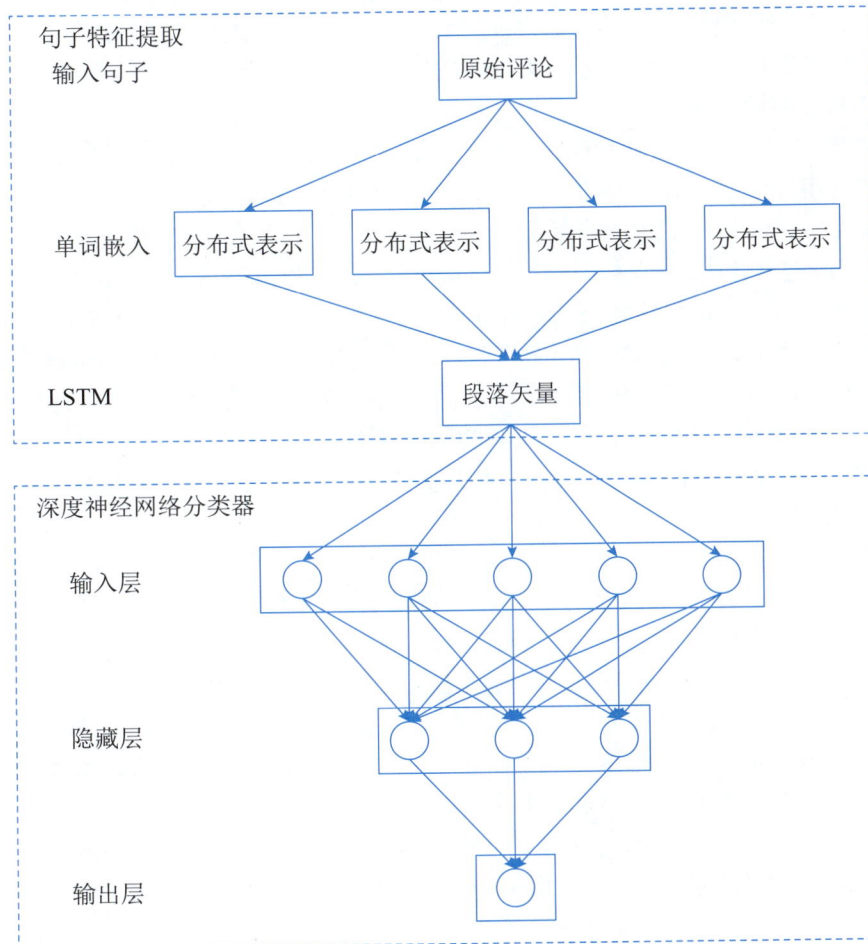

图 6-1　舆情分析的参考体系结构

人工智能在舆情感知中的驱动还表现在舆情预警监测阶段。通过建立智能模型，系统能够实时监测区块链网络中不同实体或项目的社会情感波动。根据情感分析的结果，其中负面评论的比例可以为监管提供依据和策略。通过分析和预测货币市场中消费者对产品的情感倾向，监管机构可以制定合理的监管策略；还可以使用深度学习技术来训练分类器，以识别欺诈性方案。

人工智能在舆情感知中的应用为区块链社区带来了深刻的变革。通过智能算法的驱动，舆情感知实现了从数据收集和处理、情感分析到舆情预警监测的全自动学习和深度分析，为实现更精准、高效的舆情感知提供了可行途径。未来舆情感知的发展前景舆情感知领域的未来将可能聚焦于算法和工具的改进，特别是在自然语言处理和机器学习方法上，以更准确地捕获和分析公众意见。此外，舆情感知的实时监控能力将更加重要，能够提供及时的数据反馈，以便快速响应公众的担忧和期待。随着区块链技术的不断成熟和扩散，对舆情感知的依赖也将增加，而这将需要更强大和高效的技术。

6.1.3 审计溯源

区块链以时间序列方式记录各项数据和交易信息，利用加密算法将各个数据块进行链接和确认，从而确保整条信息链的完整性。区块链审计的核心就是基于区块链技术特性，使数据的真实性和完整性得到保障，能在海量的数据中发现风险和价值。区块链增强了审计数据采集、传输和储存的可信度。数据采集主要在规范设计、分析模型和信息验证方面得到加强。根据数据集成和转换等预处理方法以及数据特征，构建区块链数据采集模式，构建区块头和区块体，满足审计要求。

1. 人工智能在审计溯源中的角色

AI 驱动的区块链审计是基于先进的审计方法和理论，结合人工智能技术和区块链技术，通过智能化系统的数字科技实现审计的智能化。该审计方式借助机器自动审计，处理审计关系，为审计决策提供前瞻性依据，实现智能型管理和自主运行的审计方式。

在 AI 驱动的区块链审计中，机器和程序自动执行主要的审计任务，而审计人员主要负责处理例外事项和异常事项审计。相较于传统审计方式，AI 驱动的区块链审计在共享平台体系下，审计流程经由系统实时自动完成，从而使审计人员能够腾出更多时间用于预算、内部控制和风险管理等高级任务。

这种审计模式将智能技术与区块链审计有机结合，借助人工智能的算法和区块链的去中心化、不可篡改等特性，提高审计的效率和准确性。AI 驱动的区块链审计系统能够降低审计成本和风险，同时提高审计的效率，是一种以数字科技为基础，旨在实现审计领域升级的智能化审计模式。

2. 账本智能审计方法

1）人工智能

"区块链 + 人工智能"构建了智能审计的核心系统，将安全系统和智能系统相结合，成为智能审计的基础。通过神经网络技术和语言处理技术实现自动提取审计数据，构建高准确率的审计预测模型。从而构建包括感知层应用、机器学习层的应用和自然语言处理的应用，用于获取、解读和处理审计数据的人工智能审计平台。

审计人员可以利用人工智能技术审查总账、税务合规性、审计工作底稿、数据分析、欺诈检测和决策。区块链通过丰富对其数据、模型和分析的信任，为基于人工智能的流程提供信任和信心，并为实现更敏捷、更精确的审计模式自动提供保证。由于区块链数据具有可追溯性和可审计性，使得人工智能技术能够很好地驱动区块链账本审计溯源。根据归纳总结，人工智能驱动的区块链账本审计优势如下。

（1）优化审计流程：实现核算智能化、数据共享、智能分析和审计场景化，以及风险管控。

（2）审计目标智能化：设定智能化的审计目标。

（3）发展审计理论：提高审计技能，推动审计理论的发展。

2）深度学习

深度学习作为一种多层神经网络结构的学习框架，在区块链审计中发挥着关键作用。深度学习采用多层神经网络结构，通过组合底层特征构建高层抽象的类别属性，模仿人脑解释数据。这种结构使得深度学习在处理区块链账本复杂数据时具有更强大的表达能力。

（1）任务分解和分布式学习：在区块链审计中，深度学习任务可以被分解为独立的子任务，代替传统的哈希算法。各节点利用计算力进行分布式学习和训练，有贡献的节点可以获得数字货币奖励，从而激励更多计算机资源参与深度学习任务。

（2）复杂模型和神经网络应用：深度学习的模型比传统机器学习更加复杂，以神经网络或其他模型为基础。这使得深度学习可以更好地适应不同的审计任务，并在区块链审计中应用于学习网络参数和设计模型结果。

（3）改进区块链审计：深度学习以其强大的计算能力使得区块链审计更加智慧。它有效地解决了一些任务，包括学习经验教训、预测异常情况和欺诈行为等。通过与预测性、图形和描述性以及规范性分析等方法结合，深度学习提升了区块链审计数据的价值。

深度学习在区块链审计中被广泛应用的背景下，Jiaxing Li 等提出了一项创新性的研究，旨在进一步提升基于区块链的公共审计解决方案的效率。他们的方法采用了深度强化学习作为学习框架，并专注于改善交易吞吐量和网络延迟等关键性能指标。通过引入基于区块链的安全协议，确保了外包数据在采用动态审计策略的情况下的验证和完整性。随后，通过深度强化学习的应用，研究者对系统的关键参数进行了重新审计，以提高其长期性能和安全性。这一创新方法通过重新审计关键参数，不仅使得公共审计方案更加高效，同时在保障数据完整性的前提下提高了系统的性能和安全性。这种深度学习和深度强化学习在区块链审计中的应用不仅突显了技术的前沿性，也为区块链技术在云存储领域的发展提供了新的思路和解决方案

6.1.4 代币化和数字资产管理

在金融背景下，资产的代币化指的是在区块链上发行数字代币的过程。这个代币是一个数字化的资产（有形或无形）的表示，其价值基于它所代表的资产的价值，类似于传统证券化的过程，但具有数字化的特点。目前在 Hyperledger Fabric 和 Ethereum 公司这样的区块链平台上，通过将各种各种资产的所有权，包括房地产和知识产权，转化为数字代币，简化区块链上的交易流程，通过代币化重新定义资产管理。

1. 人工智能在驱动代币化过程中的角色

人工智能在代币化领域是一场变革性的改变，提供了超越传统金融实践的转变性解决方案。其算法在分析市场数据和趋势方面至关重要，以优化资产估值；分析历史市场数据，进行风险评估，并对投资组合进行动态调整，确保它们与投资者的目标保持一致。这是成功代币化策略的关键组成部分。人工智能处理大量数据的速度和准确性为资产管理中明智决策提供了宝贵的见解。

人工智能在代币化中最显著的贡献之一，是增强安全措施。尽管区块链交易因其加密性质而安全，但并不免于欺诈活动。人工智能通过采用先进的检测技术来识别和防止欺诈交易来解决这一挑战。基于历史交易数据训练的机器学习模型善于识别欺诈迹象，从而保持区块链交易的完整性并增强投资者信心。

此外，人工智能在监管合规方面发挥了关键作用。随着代币化在全球范围内变得更加普遍，遵守各种国际法规变得日益复杂。人工智能系统能够处理和分析监管要求，对确保代币化实践符合法律标准（包括 AML 合规性、投资者适格性和《国际贸易法》等）起到了至关重要的作用。

2. 深度学习与预测分析

深度学习在金融代币化中的整合正在彻底改变资产的估值和管理方式。深度学习是机器学习的一个分支，涉及复杂的神经网络，特别擅长处理金融市场的复杂性。这些受人脑启发的神经网络在识别市场数据中的复杂模式方面表现出色，超越了传统统计模型的能力。

SSRN（2023）发表的研究，探讨了代币化在各种背景下的作用，包括其在深度学习方法中的应用。这项研究强调了代币化在提高深度学习算法在金融应用中的准确性和效率方面的重要性。另一篇在 *Springer* 上发表的论文中，介绍了如何使用深度学习分析优化金融工程中的财务决策，包括 LSTM、遗传算法和深度神经网络等。如表 6-1 所示介绍了文章中应用到的深度学习方法及其应用效果。

表 6-1　深度学习方法及其应用效果

深度学习方法	应　　用	效　　果
长短期记忆网络（LSTM）和 $\pi\text{-}\sigma$ 人工神经网络（PSGM）	股票交易数据集的预测	优于传统方法
分类模型	评级预测系统	更高的准确性
遗传算法优化的反向传播神经网络（GA-BPNN）模型	商业银行业务风险预测	提高预测准确性
群体智能算法和模糊理论	金融模糊时间序列模型	提高预测性能
深度神经网络和长短期记忆（LSTM）模型	VaR 值	用于汇率预测和金融风险预测
模糊 C 均值、自回归移动平均模型（ARMA）和灰狼优化器（GWO）的整合	时间序列预测	展示预测能力

3. RLHF 代币模型

在连接 AI 和激励的背景下，RLHF 代币模型提供了一种激发用户参与和贡献的创新方法，这种理念可以在数字资产管理中得到借鉴和应用，从而构建更加活跃和有益的数字生态系统。

在 RLHF 代币模型中，计算标记级别的奖励采用了一种独特的方法。它利用分配给整个输出序列的奖励，并将此奖励分配给序列中的每个单独标记。然而，为了防止模型在生成过程中仅仅为了提高奖励而产生胡言乱语或不一致的输出，给每个标记引入了一个 KL（Kullback-Leibler）惩罚。惩罚的作用是计算当前模型策略与参考模型策略之间的差异，参考模型是在训练过程中使用的语言模型的冻结副本。

传统上，训练人工智能模型通常需要聘请人类训练师来标记数据或微调算法，这一过程可能非常耗费资源。然而，RLHF 代币模型引入了一种更具创新性的方法。它们鼓励用户积极参与人工智能系统，并通过对他们的贡献进行代币奖励来获取反馈。

举个例子，亚马逊（Amazon）公司的 Mechanical Turk（MTurk）是一个著名的众包平台，人们在这里分别完成一个个小任务换取报酬。在 RLHF 代币模型中，用户基本上扮演了"人工智能训练师"的角色，提供类似于 MTurk 任务完成者为获取报酬执行任务的反馈。关键区别在于，在 RLHF 代币模型中，用户获得代币作为奖励，而不是传统货币。这些代币在生态中具有内在价值，为它们的效用开辟了道路，如购买 AI 生成内容或访问高级 AI 服务。这种基于代币的激励制度不仅简化了人工智能训练的财务流程，而且还培育了一个动态的生态，在这个生态内，用户积极合作，以增强人工智能系统。

RLHF 代币模型的有着独特的激励机制、内在价值、用户参与和贡献、简化财务流程以及动态生态系统建设。数字资产管理的代币化可以借鉴这些理念，构建更加活跃、高效和有益的数字资产生态系统。

激励机制：RLHF 代币模型强调通过代币奖励激励用户为人工智能系统提供有价值的反馈和训练。数字资产管理中的代币化也可以采用激励机制，奖励用户参与管理数字资产、提供信息，或者支持生态系统等其他活动。

简化财务流程：RLHF 代币模型通过使用代币作为奖励，简化了人工智能训练的财务流程。在数字资产管理中，代币化可以通过简化数字资产的交易流程、减少金融中介的参与，进而简化整个数字资产管理的财务流程。

动态生态系统建设：RLHF 代币模型培育了一个动态的生态系统，用户在其中积极合作，以增强人工智能系统。类似地，数字资产管理中的代币化可以激发用户积极参与、建设数字资产生态系统，推动整个系统的发展和优化。

6.1.5　网络可扩展性与性能

在人工智能驱动的分布式账本挖掘技术中，网络扩展性与性能是关键决定因素，直接影响其可用性、吞吐量和响应能力。在设计和构建这样的系统时，必须妥善处理这些重要因素。首先，网络扩展性指系统在用户和交易规模急剧增长的情况下，能保持稳定高效的操作表现；随着 AI 在分布式账本挖矿中的广泛运用，系统需要处理的数据量和交易量很可能会呈指数级增长。目前通过 AI 来实现分布式账本挖掘技术的网络扩展性和性能优化通常基于共识机制、私自挖矿两个领域。

1. 基于人工智能的共识算法

选择合适的共识机制对区块链网络的扩展性和性能改善至关重要。例如，工作量证明等传统机制依赖大量计算，能耗高，极易限制网络可扩展性。在 AI 驱动的分布式账本系统设计中，介绍两种基于人工智能的共识算法。

1）深度学习

学者 Chenli C. 在一篇论文中提出了"深度学习证明"的概念设计。该设计通过利用区块链的计算能量，并将其重新投入到深度学习模型的执行中，实现了深度学习与区块链之间的耦合。此设计的主要思路是：只有在产生了深度学习模型后，新的区块才能获得有效证明；但是可能存在一定安全隐患，因为恶意请求者和矿工可能会泄露产生的模型信息；此外，"深度学习证明"目前还处于理论阶段，需要基于更真实的块提交模式和更多深度学习数据集进行实证研究，才能完全验证其可行性。

2）强化学习

学者 Lundbæk L. N. 研究了"内核工作量证明（PoKW）"共识算法。该算法仅有限节点参与工作量计算，降低了攻击面。文章通过案例说明如何利用 AI 技术使共识算法自适应不同系统，利用强化学习和 PoKW 改进保时捷混合动力汽车的区块链功能；该方法提升了车机网络之间通信的效率和安全性，并大幅降低了能耗，使低功耗移动设备，如引擎控制单元得以参与网络。PoKW 算法通过机智地缩小攻击面，实现更高效安全的共识达成；而 AI 在其中的应用给予算法自适应性，助推促进区块链在交通等领域的实际应用。这为推进 AI 助推区块链技术在复杂系统中的发展提供了借鉴性例证。

2. 基于人工智能的私自挖矿防御

私自挖矿是指在未经授权或未获得许可的情况下进行加密货币挖矿的行为。私自挖矿会增加网络中的挖矿参与者数量，导致资源竞争加剧；并且私自挖矿会导致算力分散，即挖矿算力被分散到未经授权的矿工中。私自挖矿导致的资源竞争加剧和算力分数的问题将影响区块链网络的扩展性和性能。可以采用机器学习和深度学习模型对数据集进行实时数据分析，预测区块挖矿奖励，从而来抵御私自挖矿。

强化学习技术在减轻未经授权的加密货币挖矿的危害方面也得到了应用，强化学习是一种通过试错过程中奖励智能代理做出正确决策的方法。与其他方法相比，强化学习框架的一个优势是不需要理解底层网络模型的复杂性，仍然可以得到高效的策略。尽管长期以来诚实挖矿被认为是最佳策略，但强化学习方法已经证明可能存在更高收益的改进方式。研究人员将挖矿问题建模为马尔可夫决策过程（Markov Decision Process，MDP），并通过确定最优策略来解决问题。这种方法的优势在于它能够根据当前的状态选择最佳的行动，并通过与环境的交互不断优化策略。

通过应用强化学习，智能挖矿机器人可以逐渐学习和适应随时间变化的条件，从而提高挖矿效率和利润。这是一种数据驱动的方法，软件可以自主地改进自己的行为，而无须进行显式编程。这种自我监督的方法有潜力最大程度地减少由于计算资源的意外使用而产生的有害行为。研究人员的努力不仅体现在对挖矿问题建模的创新上，还包括对强化学习框架的灵活应用。尽管长期以来诚实挖矿一直被认为是最佳策略，但强化学习方法的引入为我们提供了探索更高收益改进方式的可能性。Wang T 提出利用强化学习推导出一种最优挖矿策略。但 MDP 难获取实际网络各参数值，且随时间变化，限制了应用；研究采用动态学习挖矿策略，性能接近最优。设计多维强化算法解决挖矿 MDP 非线性目标问题。Zur R B 等也通过 MDP 来为不同规模的矿工确定最佳策略，即求解 MDP。上述研究内容使用了强化学习等方法来分析区块链的激励机制，除此之外，还有一些研究关注离线的强化学习方法，其中包括基于模型和无模型的环境。这些方法旨在通过历史数据学习最优策略，而无须实时探索环境。通过动态学习挖矿策略，性能接近最优的算法逐渐得以发展，使得挖矿机器在不断变化的环境中保持高效性。

基于人工智能的私自挖矿防御是一项关键而复杂的任务，涉及对未经授权的加密货币挖矿行为进行实时监测和有效防范。通过引入机器学习和深度学习模型，我们能够对挖矿数据进行实时分析，预测挖矿奖励，从而应对私自挖矿的威胁；同时，强化学习技术为减轻未经授权挖矿带来的问题提供了一种创新的方法。通过试错过程中奖励智能代理做出正确决策，强化学习使得挖矿机器能够逐渐学习和适应环境的变化，提高挖矿效率和利润。这种数据驱动的方法不仅能够自主改进行为，还有望最大程度地减少由于计算资源的意外使用而导致的有害行为。

6.2　人工智能驱动的去中心化自治组织（AI DAO）

去中心化自治组织（Decentralized Autonomous Organization，DAO）是一种以开源程序码来体现的组织，其受控于股东，并不受中央政府影响。一个分散式自治组织的金融交易记录和程式规则是储存在区块链中的。DAO 通过体现去中心化、促进更广泛的参与、确保透明度和让全球社区参与来彻底改变决策，从而在不依赖单一权威或少数人的情况下赋予集体决策权力。但是这也导致 DAO 治理依赖于 DAO 代币持有者持有的投票权，这可能导致投票权集中在少数投资者手中，从而可能影响组织决策质量和决策效率。人工智能驱动 DAO 做出更好的治理决策和提高效率，并促进 DAO 之间的整合，接下来我们将从三个维度来介绍 AI 如何应用在 DAO 治理和决策自动化。

6.2.1　边缘 AI 的 DAO 治理和自动化决策

传统 DAO 模式下，边缘决策实体主要包括纯人类智能体和基于人类组织模式的实体；与此同时，基于算法模型的人工智能体亦可扮演类似角色，采取非人为决策。当前分布式自治组织治理模式存在一定瓶颈，其中包括其治理流程往往烦琐复杂，这对于快速迭代型项目来说势必产生一定阻碍。有研究提出，运用人工智能代理技术可能缓解此痛点；具体来说，持币人可以委托智能代理代表其进行治理性投票，这一方式相较人工操作易于完成。

实现这一思路的最简单方法是直接在 DAO 结构中运用类似人工智能的智能合约进行辅助决策。具体来说，作为代币持有人，可以考虑授予智能合约有限的决策权限，如代表其处理不同提案的表决环节。这类智能合约起初可以采用非常基础的模式作出决定，如对所有问题给出标准答案；随后可以逐步优化其决策水平。一种方式是引入随机因素，如依赖上一块链哈希产生随机数进行表决；另一种方式可以采用线性分类模型，基于一定权重条件给出定式回答；与此同时，也可以探讨在智能合约中运用更高级的机器学习方法，如递归神经网络来实现更复杂的知觉学习和决策反馈机制。通过迭代改进，可以期待智能合约水平不断提高，为 DAO 更好地提供决策支持。

目前 Fetch AI 通过融合人工智能与区块链技术为 AI DAO 提供助力，其核心创新点在于引入自治代理技术，这是一种拥有智能学习和决策能力的代理程序。如图 6-2 所示，在 Fetch AI 中边缘 AI 关注在以往的错误中学习，提供更高效的解决方案，并通过人工智能提高系统的整体性能，智能合约作为不可篡改自动执行的合约，负责决策的执行，从而实现 DAO 的治理和自动化决策。

人工智能代理根据不同规则进行投票，如仅对满足特定条件（如 7 日有效期等）的提案表示支持；甚至可以根据个性化策略进行投票，如总对增加 Token 发行量的提案表示反对以维护权益。Trent McConaghy 在其文章中指出，人工智能代理能确保每轮投票参与人数满足法定标准，有利于实现治理需求；他认为，忙碌的持币人可以选择可信任的智能代理进行决策控制赋能。此外，如果所有持币人委托智能代理进行治理，将形成规模达亿美金的完全自动化组织。每个代理可能还将搭建内聚式决策子系统进行优化，这将使得组织治理模式比想象中更为复杂与智能化。

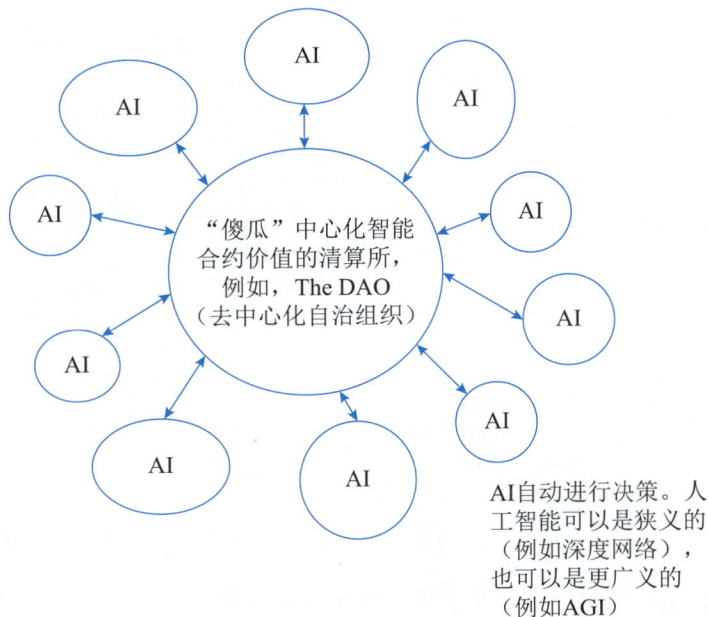

图 6-2　边缘 AI 的 DAO 治理

需要补充指出，人工智能应在不违背其他参与方利益前提下进行治理辅助，而非全面代替人工决策。此外，如何将人工智能与人工区分仍需深入研究解决。

6.2.2　中心化 AI 驱动的智能合约交互

现代通用人工智能（Artificial General Intelligence，AGI）系统以及 DeepMind 的 AlphaGo 的设计方式通常采用反馈控制系统，其反馈循环自行继续，接受输入、更新状态并执行输出，同时拥有持续执行这些操作所需的资源。而在实现这一框架时，可以采用多种构建模块，如深度神经网络、循环深度神经网络、遗传编程，或其他人工智能方法。如图 6-3 所示，中心化 AI 驱动的智能合约交互同样采用该设计模式，将人工智能置于 DAO 的中心，并直接与运行 DAO 本身的智能合约进行交互。

人工智能有能力置身于去 DAO 的核心，并直接与运行 DAO 本身的智能合约进行交互。该人工智能可以自动执行与 DAO 金库相关的操作，如赚取收益和制定金库资产管理策略。这种自动执行在众多财富管理平台中得到应用，因此可以专门针对 DAO 进行定制应用。例如，在 DAO 内部，可以设置插件，允许人工智能利用金库中的加密货币进行交易，前提是这些交易的价值低于特定的美元数值；一旦人工智能尝试进行超出该美元价值的交易，将自动触发投票程序。

此外，人工智能还可以通过审查潜在恶意提案来提升 DAO 的安全性。如果在自动执行中发送资金的地址与论坛提案中指定的地址不符，则会被标记为恶意。其他参数也可用来阻止恶意提案，比如寻求提高法定人数和通过率的提案，以至于 DAO 将被"冻结"而无法通过任何投票。

6.2.3　自适应 AI 链接的 DAO 共享智能

人工智能代理可以充当 DAO 之间的联系或联络人，形成一种代理或 DAO 的"群体智能"，无须人类协助即可协同工作。群体智能的概念是受到鸟类和蜜蜂的启发，从对自然界的学习中可以发现，社会动物以一个统一的动态系统集体工作时，解决问题和做决策上的表现会超越大多数单独成员。在生物学上，这一过程被称为"群集智能"。这也证明了一句古话：人多力量大。

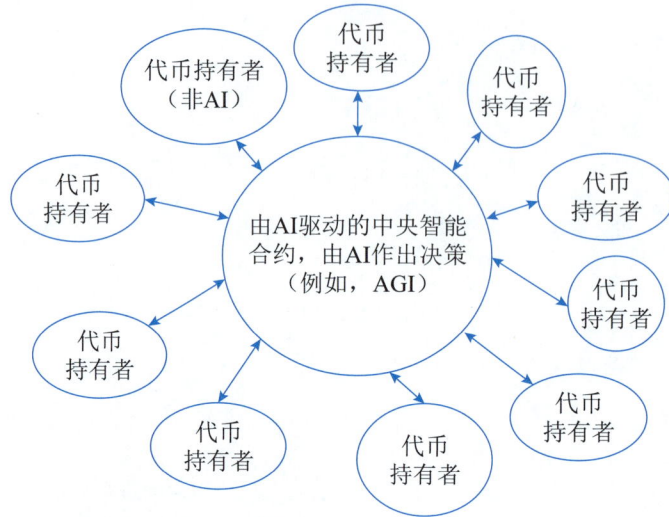

图 6-3 中心化 AI 驱动的智能合约交互

在 AI DAO 中也可以应用这种思想，如图 6-4 所示。举个例子，单独的一个能够检查即时加密货币价格的人工智能并不很有用。但如果它与其他人工智能结合，例如一个可以执行兑换的人工智能、一个可以为 DAO 拟定提案的人工智能与一个可以搜索最佳流动性收益的机会的人工智能相结合，那么就可以建立一个完全由人工智能运行的服务 DAO，为其他 DAO 提供资产管理服务。如果所有的人工智能都继续学习并不断提升自己的工作能力，那么它们很快就可能超越全球最优秀的资产管理团队。

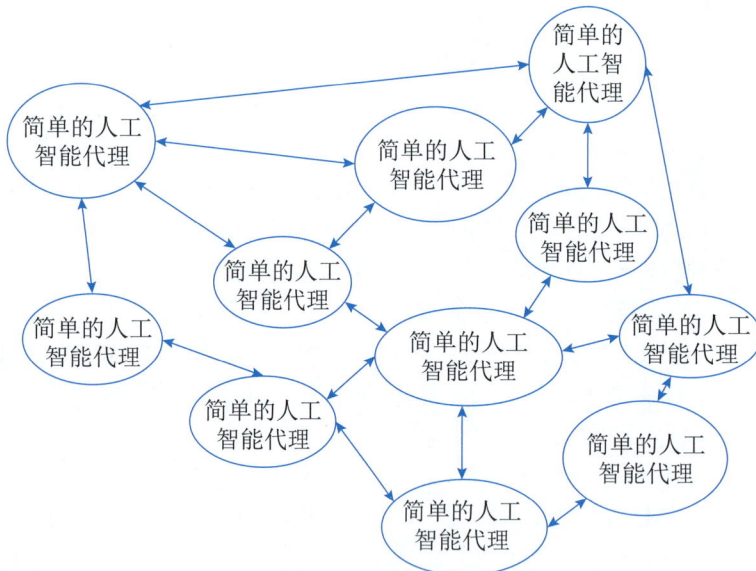

图 6-4 自适应 AI 链接的 DAO

DAO 决策过程中应用集体智能（Swarm Intelligence，SI）原理，可使 DAO 学习自然集群的集体决策方式实现更高效更好的共识。SI 方式使各成员意见能进行互动竞争，形成更为健壮且通常优于个体决策的最终结果。以下具体来说。

（1）共识决策：类似蜂群选举新巢，DAO 成员可基于 SI 规则进行投票，实现关键性决策的动态收敛。

（2）资源配置：SI 可优化 DAO 资源配置，如蚂蚁利用费洛蒙指引寻食路线，DAO 可类比有效调配资源至效益项目。

（3）异常监测：采用 SI DAO 能识别和标记可疑行为，类似免疫系统排异应对方式。

集群智能不仅可以应用于 DAO 内部，也可以用于不同 DAO 之间。我们可以想象一个代管网络，但更高效，如果一个 DAO 的任务是减缓亚马逊雨林的砍伐速度，另一个 DAO 的目标是整体减缓全球变暖，每当后者提出与亚马逊雨林有关的提案时，一个人工智能代理就可以在论坛中评论并代表前者投票，这可以极大简化不同 DAO 之间的代管网络运行。

我们将介绍一个更详细的例子来描述。设想一个建立在区块链技术上的去中心化供应链管理平台，旨在优化全球供应链的效率和透明度。平台内的智能合约与各种数据源交互，包括来自外部的实时航运数据、库存水平以及需求预测等。嵌入在智能合约中的是一个经过训练的人工智能模型，用于分析传入的数据。该人工智能模型能够预测供应链中潜在的干扰，如运输延误、需求波动或影响物流的地缘政治事件，与传统的静态供应链合同不同，此系统中的智能合约是动态的。人工智能持续评估风险因素，并实时调整合同条款，例如，如果人工智能预测到由于天气原因导致运输延误，智能合约可能会自动延长交货时间。人工智能模型的决策不仅仅局限于智能合约，它透明地与供应链网络相关的 DAO 共享。DAO 成员可以了解和参与决策过程，确保集体治理。当人工智能模型识别到高风险情景时，比如潜在的供应链干扰，智能合约可以自动触发风险缓解措施，这可能包括重新路由货物、调整库存水平或激活应急计划，所有这些都在无须人工干预的情况下执行。这个基于人工智能驱动的去中心化供应链管理系统通过自动化决策过程提高了整体效率，与 DAO 的整合培养了一种去中心化治理的感觉，其中利益相关者对由人工智能模型制定的操作决策有透明度和影响力。

自适应 AI 与 DAO 的联结构建了一个高度智能和灵活的系统。AI 模型通过分析外部数据（实时航运数据、库存水平以及需求预测等），实现了对智能合约条件的动态调整，使其能够适应变化的环境。这种连接的价值在于，智能合约不再是静态的，而是能够根据实时数据和 AI 模型的分析实现实时动态合同调整，从而更有效地满足各种复杂情况。

真正的集群体人工智能，能够创建 DAO 内部或者外部的智能连接，从而使得 DAO 能够自主运行，而不是徒有其表。

6.3 人工智能驱动的区块链数据挖掘

6.3.1 链上数据挖掘

链上数据是指区块链网络上发生的所有交易信息，或者换句话说，所有写入区块链的信息。在公共区块链中，这些信息对所有人都是可见的。数据大致可分为三个不同的类别：交易数据、区块数据、智能合约代码。区块链上分析是一个新兴领域，旨在提取和审查有关公共区块链交易的大量可用数据，以促进更好的决策。它的工具和技术通常用于交易和投资目的。人工智能驱动的链上数据挖掘是指利用人工智能技术在区块链上进行数据挖掘和分析的过程，通过人工智能技术则可以帮助我们从海量的链上数据中发现有价值的信息和模式。

通过对区块链上的数据进行挖掘和分析，利用人工智能技术来揭示其中隐藏的模式、趋势和关联性。可以利用论文中提到的方法，如基于图嵌入的方法、基于深度学习的方法等，对以太坊交易图和链上行为进行挖掘和分析，从中发现区块链网络中的异常行为、欺诈行为等。

在人工智能驱动区块链上数据挖掘的过程中，可以采用以下步骤。

1）数据获取

通过区块链浏览器或 API 接口获取链上数据；也可以搭建区块链全节点来获取和解析链上数据。

2）数据清洗和预处理

对获取的数据进行清洗和预处理，包括去除噪声、处理缺失值和异常值等，以交易数据为例，我们需要对地址打标签，挖掘地址之间的关联。给地址打标签一般有两种方法，公开的数据源获取、通过购买的方式来获取地址标签。

3）特征工程

根据具体的挖掘任务，对数据进行特征提取和转换，以便于后续的分析和建模。

4）数据分析和建模

利用机器学习和数据挖掘算法对数据进行分析和建模，例如聚类、分类、回归、关联规则挖掘等。

5）关联关系挖掘

在区块链上，地址之间的关联关系是一个重要的研究方向。通过网络分析和机器学习等方法，可以挖掘出地址之间的关联关系，从而揭示出更多的信息和模式。

6）预测和预警

利用挖掘出的模式和关联关系，可以进行数据预测和异常检测，帮助用户做出决策和预警。在这一步中可以运用之前获取的地址标签预测未知的地址标签。

7）可视化和报告

将挖掘结果以可视化的方式展示，帮助用户更好地理解和利用数据。

通过链上数据挖掘，人工智能可以帮助发现隐藏在区块链数据中的有价值信息，并为决策者提供更全面、准确的数据支持。然而，需要注意的是，链上数据挖掘也面临着数据隐私和安全性的挑战，需要采取相应的隐私保护和数据安全措施。链上数据挖掘可以与联邦学习结合使用。联邦学习是一种分布式机器学习方法，旨在保护数据隐私的同时，利用分布在不同设备或数据中心的数据进行模型训练。将联邦学习应用于区块链数据挖掘可以实现在保护数据隐私的同时进行模型训练和数据共享的目标。这种结合可以为数据挖掘提供更安全、可信的环境，并促进数据的共享和合作。

6.3.2　链上链下融合数据分析

链下数据，也被称为现实世界数据，指的是存在于区块链之外的各类数据，包括业务数据、文件存储等。考虑到区块链的相对孤立性，将其连接到链下数据就像将计算机连接到互联网一样，使得区块链系统能够与现实世界进行深度互动。链下数据提供了与区块链上数据不同的信息来源，包括但不限于交易记录、智能合约执行结果等，从而扩展了数据来源的多样性，为数据分析提供更全面的数据源。

链上链下融合数据分析是一项关键的战略，利用人工智能技术将区块链上的数据与传统数据库和外部数据源整合分析。整合不同数据源的过程包括数据收集、数据整合、数据分析和结果展示。这种方法通过提高数据的一致性和可比性，进一步提升了数据分析的准确性和可信度。

链上链下融合数据分析的优势在于能够将区块链上的不可篡改性和透明性与传统数据库和外部数据源的丰富性结合起来。通过整合不同数据源的数据，可以获得更全面的数据视角，从而提高数据分析的准确性和可信度。此外，链上链下融合数据分析还可以帮助发现潜在的关联和模式，为决策制定和业务优化提供更多的参考依据。然而，在进行链上链下融合数据分析时，也需要考虑数据隐私和安全性的问题。合适的数据保护和隐私保护措施应该得到充分的重视，以确保数据的安全和合规性。

以太坊创始人 Vitalik Buterin 提出区块链不可能三角模型，如图 6-5 所示，该模型是指在区块链系统中的三个核心属性之间的制衡关系。这三个属性是去中心化、安全性和可扩展性。由于引入了链下数据，使得区块链数据分析获得了更高的扩展性，但是由于不可能三角的限制，安全性又成为了需要解决的问题。如何整合链上链下数据，需要通过引入预言机解决该问题。

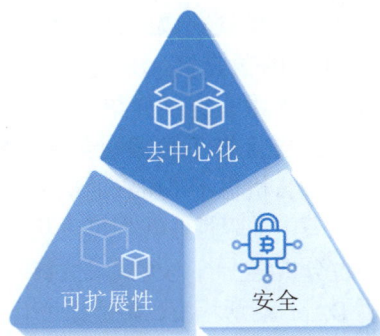

图 6-5 不可能三角

1. 链上和链下的中间件——预言机

预言机（Oracle）是一种将现实世界的数据引入区块链的机制或服务。在区块链上，智能合约通常运行在一个封闭的环境中，无法直接获取链外（Off-chain）的信息，通过使用预言机，可以将链下数据与链上数据进行整合和分析。链上链下的数据融合有着广泛的应用场景，因此根据不同的分类方式，预言机有着如下几个分类角度。

1）数据流的方向

预言机可分为入站预言机和出站预言机。入站预言机将外部数据传输到区块链中，而出站预言机则将区块链数据传输到外部系统中，出入站预言机实现了信息的双向流动。目前广泛应用的预言机项目大部分是入站预言机，出站预言机的典型应用是区块链智能锁。

2）数据流的引发者

预言机分为推送式和拉取式两种类型。推送式预言机主动将数据推送到区块链，而拉取式预言机则在需要时从外部获取数据，满足了不同场景下的数据获取需求。

3）数据验证方式

预言机分为中心化预言机和去中心化预言机。中心化预言机依赖于中心化的实体提供数据验证，而去中心化预言机通过多个节点的共识来验证数据的准确性，提高了系统的安全性和可信度。

链上链下融合数据分析利用人工智能技术，将区块链上的数据与传统数据库和外部数据源相结合，可以提供更全面、准确和可信的数据分析结果，帮助用户做出更明智的决策和优化业务流程。同时，数据隐私和安全性也需要得到妥善处理。可以通过引入零知识证明与同态加密技术确保链上链下数据融合过程中有效应对数据泄露问题。

预言机工作角色主要由三部分组成：链上用户智能合约即区块链智能合约、链上预言机智能合约及链下的外部数据源，可信数据上链工作流程包括以下三步，如图 6-6 所示。

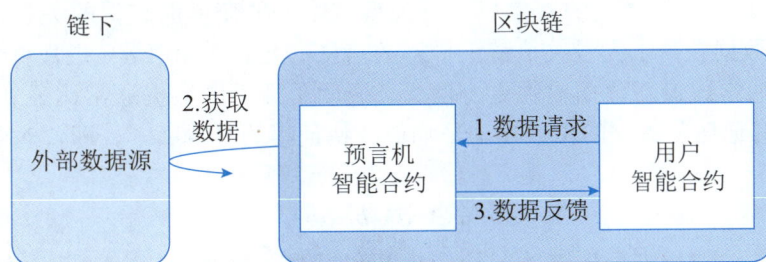

图 6-6 可信数据上链工作流程

用户智能合约向预言机智能合约发起数据请求。

外部数据源将数据发送给预言机智能合约；预言机智能合约将数据反馈给用户智能合约。

预言机只是一种中间件调用外部数据，然后把数据返回到区块链中，但也带来如下问题。

如何保证获取的外部数据源真实可信，和如何保证数据在传输和处理过程中的安全。因此需要引入AI 嵌入的预言机，来提高链下多数据源融合分析，并且提升数据安全性。在 6.4.4 节 AI 预言机驱动的智能合约中有详细介绍 AI 预言机。

2. 链上链下数据融合具体方法分析

预言机也不是唯一的链上链下数据融合的唯一方法，传统的价格预言机依赖于链下市场数据，但这可能存在一定局限性。我们可以从理论和实证两个层面，研究链上 DApp 活动与链下价格之间的内在关系，探索通过分析链上行为模式来估算链下市场走势的新方法。具体来说，我们将利用链上不可篡改的交易记录，分析 DApp 活跃程度、流通量变化等指标，这些数据在原则上是公开可验证的。通过建立可靠模型，希望能从链上信息中准确提取出链下价格波动的影响因素，进而还原价格走势，以此代替传统预言机工具。

1）数据类型

为了分析链上数据与链下加密货币市场定价和流动性之间的关系。可以从链上提取三种数据：基本网络特征、Uniswap 特征和经济特征。

（1）基本网络特征：这些特征可以直接从以太坊的区块和交易数据中得出，涵盖了与以太坊网络效用、以太供应、交易成本以及网络的计算消耗（即 Gas 市场）相关的信息。

（2）Uniswap 特征：这些特征涉及参与涉及以太坊和稳定币（如 DAI、USDC、USDT）的去中心化交易所（DEX）池的活动。主要关注的是流动性在 DEX 池中的变化，而不是 DEX 的价格。

（3）经济特征：这些特征是根据去中心化网络的基本经济模型从链上数据中推导出来的，包括 PoW 挖矿、PoS 验证、区块空间市场、网络去中心化成本、使用和货币流通速度，以及链上流动性池的活动。

2）研究方法

为了深入探究了链上数据中是否蕴含着链下定价信息，包括以太坊与比特币的价格（ETH/USD 和 CELO/USD），以及这些区块链网络中的挖矿或验证激励机制、区块空间市场、网络去中心化程度等技术指标变量之间的关系，收集来自 Google 云、Graph 数据库与 Coinbase 等平台的原始链上链下数据，包括比特币、以太坊和 Celo 网络上的区块产生数据、交易详情、DeFi 流动性池使用情况等技术活动指标，以及美元成交价格走势数据，融合通过采用图形模型、互信息以及集成机器学习模型等方法，对于上述研究内容进行分析。

图形模型：稀疏逆协方差建模和图拉索正则化方法生成马尔可夫随机场的概率模型，被使用以分析特征集之间的部分相关性。一致结构被描述在图形模型中，以及在许多 K-fold 子集上平滑后时间一致结构，观察 ETH/USD 价格最直接相关的特征包括活跃地址数量、区块难度和每个区块的交易数量，这些变量可能包含与价格相关的信息，但这是间接关系。

ETH/USD 价格和其他特征之间的互信息通过观察每个单独变量而获得的关于价格的信息量。在前 10 个特征中，从链上数据获得了大量关于链下价格的信息；此外，随着 α（指数移动平均内存因子）的增加，平滑后的数据通常比最新数据提供更少信息，表明平滑后的数据通常比最新数据提供更少信息。在此分析中，基于具有记忆参数 α 的指数移动平均值的特征集的平滑版本，即，对于时间 t 的特征值 b_t，平滑度量为

$$\widetilde{b_t} = (1-\alpha)\, b_t + \alpha \widetilde{b}_{t-1}$$

不同监督学习方法被选择来分析链外定价信息并利用链上数据，其中包括基本回归、单一决策树、随机森林和梯度提升。决策树方法根据特征变量将回归问题分解为子案例。树集成方法通过构建多个树模型，并取平均来提升泛化能力。鉴于数据集属性和其他市场案例的成功，重点采用随机森林方法。采用滚动训练测试数据拆分策略来持续运行和评估模型，基于历史信息从链上数据预测未来一段时间的 ETH/USD 价格，并通过外部测试集评估各模型性能以确定预测能力。整体评估链上数据利用监督学习

在代理链下价格信息方面的能力。

通过使用图模型、互信和人工智能息分析方法，能够深入研究链上和链下市场数据之间的关系，以及链上数据对链下价格信息的恢复程度。这种融合分析有助于开发基于链上数据的代理链下市场数据的方法，并提供了替代区块链价格预言机的可能性。

6.3.3 跨链融合数据分析

跨链数据分析随着区块链技术的发展和应用日益重要。传统上，各个区块链网络独立运作，可能采用不同的共识协议、数据结构和智能合约标准，将数据和资产隔离在各个链内。这导致数据孤岛的形成，阻碍了在不同平台之间共享信息或进行价值转移的能力。与孤立和分散的数据集不同，跨链分析有助于访问汇集信息，呈现对整体分布式环境的更完整图景。通过解决区块链之间的互操作性问题，它为决策者提供了更丰富的输入，以评估涉及多个分布式平台的复杂场景。

1. 区块链的异构性挑战

跨链融合数据分析的难点在于不同平台的区块链数据之间存在异构性问题。不同区块链系统使用不同的协议和规则，使它们之间的数据交互和通信存在障碍，导致协议差异性问题；并且不同的数据格式和编码方式，使得数据在不同系统之间的传输和解析变得困难导致数据格式异构性问题；由于不同区块链系统对安全性和隐私性的要求可能不同，导致数据在不同系统之间的共享和融合存在难题。为了克服这些异构性挑战，一种有效的方法是采用联邦学习作为跨链数据融合的方法。

2. 人工智能的跨领域数据融合方法

在人工智能的研究中，由于数据来源和领域的多样性，如何有效融合来自不同领域的多个数据集成为一个备受关注的问题。传统的数据挖掘通常处理单一领域的数据，但数据研究中的数据集却具有多样性，包括不同表示方式、分布、规模和密度的多个模态。如何有机地融合这些不同数据集中的知识，成为数据分析研究中的重要问题。

人工智能中的数据融合方法可以分为三类：基于阶段的融合方法、基于特征级别的融合方法和基于语义含义的融合方法。

基于阶段的融合方法指的是在数据挖掘任务的不同阶段使用不同的数据集进行融合。每个阶段，不同的数据集或数据源可能经历数据清洗、特征提取、特征选择等处理步骤，然后将处理后的数据进行融合，生成新的数据表示或特征向量以便用于后续的模型训练。

基于特征级别的融合方法是一种将来自不同数据源的特征进行融合的方法，生成一个新的特征向量，然后使用这个新的特征向量进行数据挖掘任务。该方法可以提高数据挖掘任务的准确性和鲁棒性。

基于语义含义的融合方法是指将来自不同数据源的数据进行融合，同时考虑数据的语义含义和关系。这种方法通常涉及多视图学习、相似性学习、概率依赖学习和迁移学习。基于多视角学习的方法：这种方法将不同数据源或不同特征视为对同一对象的不同视角，从而提高数据挖掘任务的准确性和鲁棒性。基于相似性的方法利用不同数据源之间的相似性或相关性进行数据融合。基于概率依赖的方法利用不同数据源之间的概率依赖关系进行数据融合。基于迁移学习的方法将从一个数据源学到的知识迁移到另一个数据源上，从而提高数据挖掘任务的效果和性能。

这些方法都为人工智能驱动的跨链融合分析提供了研究的方法和思路。目前跨链数据融合分析采用的主要方法是基于联邦学习的方法。联邦学习是一种分布式机器学习方法，允许多个参与者共同训练一个模型，而无须直接共享数据；在跨链数据融合中，联邦学习能够保护各参与链的数据隐私，同时让合作方能集成和利用所有链上的信息进行模型训练；每个参与方只需计算本地数据的更新，并将模型更新发送给中央服务器进行汇总和融合，之后再将更新后的模型共享给所有参与者。这种方式既能提高数据利用率，又能保证隐私安全。

6.4　人工智能驱动的智能合约技术

本节将研究 AI 与区块链的结合，重点介绍，AI 推动智能合约自动生成，通过自然语言处理（Natural Language Processing，NLP）技术等提高开发便利性。机器学习识别合约漏洞，修复自动化程序增强安全性；自学习优化执行能力，通过历史积累改进决策满足业务；AI 预言机驱动数据驱动决策；通过外部数据支持明智决定；AI 赋能区块链提升了合约生成、执行、安全性和决策水平；AI 预言机架构充分利用外部信息，为合约提供更强支撑。本节将介绍这些技术细节与应用前景。

6.4.1　自然语言处理的合约生成

1. 传统智能合约生成方法

智能合约被广泛认为是区块链技术的关键组成部分，可以自动执行协议。由于每个智能合约都是一个在区块链平台上自主运行的计算机程序，因此与更常见的程序的开发相比，智能合约的开发需要更谨慎。

传统的智能合约生成方法主要包括形式化生成方法和模板生成方法，这些方法旨在简化智能合约的编写过程，提高合约的可靠性和可重用性。

一种是形式化生成方法。这种方法使用形式化语言和逻辑工具对合约进行定义和验证。它可以消除人为错误，保证合约的正确性和安全性。但是，这种方法依赖复杂的数学知识，运用难度较大，对于非专业开发者来说难度较高。

另一种是模板生成方法。它事先定义好一些通用的合约模板，包含常见合约功能。开发者只需基于模板进行个性化定制就可以快速生成合约。这种方法操作简单，适用于不同背景的用户。但是，模板本身的通用性也决定了它在一定程度上缺乏灵活性，可能难以满足特定应用的细粒度需求。

2. NLP 驱动的智能合约生成方法

人工智能驱动的智能合约技术中，自然语言处理在智能合约生成中扮演着桥梁的角色，将人类可读的自然语言转化为计算机可执行的智能合约代码，这意味着 AI 可以使用自然语言处理技术创建智能合约模板。自然语言处理允许开发人员使用简单的英语或其他自然语言创建智能合约模板，然后可以自动将其转换为智能合约代码。这使得智能合约开发更易于访问和用户友好，允许非技术用户在没有大量编码知识的情况下创建智能合约。

这里我们总结了一般过程来利用自然语言实现智能合约的生成。

1）自然语言处理预处理

对原始的合约文本进行前期处理，主要包括词汇识别、词性标注等操作，以将自然语言文本转化为方便计算机识别和处理的形式。

2）知识抽取

采用知识提取技术从中识别出关键信息，譬如参与方实体、合作关系甚至可能涉及的事件细节，为下一步提供线索。

3）智能合约模板构建

基于提取的信息，可以构建一个包含状态与条件的智能合约模板。在定义状态转换规则的同时，也需留意合约文本中可能提及的各类限制条件。

4）合约内容填充

运用统一建模语言将模板还原成状态迁移图。图式表达能高效展示执行路径及各类可能触发点。

5）智能合约代码生成

基于状态图和模板，将状态图转化为形式化的智能合约代码。可以使用智能合约编程语言（如Solidity）来实现代码的生成。

6）智能合约部署和执行

完成部署并在系统中实施。运行后的合约将按照预设逻辑自动完成状态转换，实现目标动作。

通过此类流程，我们期望能够以一种较为自然的方式，将日常用语转化为系统可识别的合约形式；同时保留原文中的语义特征及表达细节。需要注意的是，自然语言处理的合约生成仍然处于研究和发展阶段，并存在一些挑战，例如，理解复杂的自然语言文本、处理模糊性和歧义性、保证生成代码的正确性和安全性等。因此，在实际应用中，仍需要人工的参与和审查，以确保生成的合约代码的质量和可靠性。

6.4.2 智能合约漏洞检测修复

1. 智能合约漏洞类别

带有缺陷或漏洞的智能合约可能会危及链上用户的安全，导致潜在的更改或破坏。例如，具有限制访问权限的智能合约可以修改患者的电子健康记录，或者通过使用重新进入安全操作从合法用户的账户中访问资金。智能合约程序员需要识别智能合约中可能被外部攻击利用的弱点。但是目前现有的方法不足以解决所有类型的智能合约缺陷。智能合约需要在部署前使用各种测试用例和多种测试工具对漏洞进行彻底测试。常见的智能合约漏洞有重入（Reentrancy），整数溢出或下溢（Integer Overflow/Underflow），拒绝服务（Denial of Service）和前置交易（Front-Running）等。

1）重入

允许智能合约在未完成前多次调用同一个外部合约，导致不当的资金流动。

2）整数溢出或下溢

由于整数溢出或下溢而导致计算错误或异常情况。

3）拒绝服务

攻击者通过消耗过多的计算资源或阻塞合约执行来拒绝其他用户的服务。

4）前置交易

攻击者通过在合约执行前先执行相同或相关的交易来获取不当利益。

2. 智能合约漏洞检测的方法

人工智能凭借其学习、适应和改进的能力，将智能合约安全的复杂性提升到了一个新的高度。它能快速筛选大量数据，高效处理智能合约；能够准确捕捉漏洞并且从过去的数据中学习，预见潜在的智能合约漏洞。人工智能可以从自动审核、模式识别、数据分析和自适应学习的角度检测智能合约中的异常。不同的人工智能技术可以用于不同类型的智能合约安全检测。

1）机器学习

该技术使用统计方法使机器能够随着经验而改进。在智能合约安全检测领域，机器学习可与静态分析、动态分析以及模糊测试方法相结合。与静态分析相结合时，可以从智能合约源代码或字节码中提取特性如代码模式和函数调用信息，并将其用于训练机器学习模型来识别潜在漏洞；与动态分析相结合时，可以在合约执行期间收集运行时数据如状态变化和交易流程，并将其与机器学习模型相结合，检测异常行为及潜在漏洞；与模糊测试方法相结合时，可以生成随机或半随机输入数据，观察合约执行结果。然后，运用机器学习分析执行过程和结果，自动发现新的漏洞或异常行为。

2）自然语言处理

这种人工智能技术可以帮助计算机理解人类语言并与之交互。当与智能合约一起使用时，NLP 可以分析合约语言并识别可能被利用的潜在歧义或漏洞。

3）深度学习

深度学习使用人工神经网络来模仿人脑的工作方式。在智能合约安全方面，深度学习可用于分析合约代码，并在潜在漏洞被利用之前对其进行检测。深度学习方法的核心思想是通过提取各种智能合约的漏洞特征来训练深度学习模型，从而达到检测智能合约漏洞的目的。

通过结合机器学习、自然语言处理和深度学习等人工智能技术，可以提高智能合约的安全性。这些技术能够自动化地发现潜在的漏洞，并提供修复建议。机器学习可以通过训练模型来识别合约中的常见漏洞模式，自然语言处理可以帮助分析合约语言中的歧义和漏洞，而深度学习则可以通过提取合约的漏洞特征来检测潜在的漏洞。这些人工智能技术的应用可以帮助开发者和审计机构提高对智能合约安全性的评估和保证，从而减少潜在的风险和损失。

6.4.3　自学习方法优化智能合约

人工智能与智能合约相结合可以实现智能合约的自学习；通过从过往的经验中学习，并根据积累的知识和数据改进执行和决策过程，智能合约可以逐步提高性能和适应性，更好地满足业务需求。这种自学习的能力使得智能合约能够不断优化自身，并根据环境和需求的变化做出更智能的决策。通过与人工智能的集成，智能合约可以更好地应对复杂的业务场景，并提供更高效、更灵活的解决方案。

一种方法是利用机器学习算法来动态调整智能合约，使其能够根据实时市场状况或资产表现更新合同条款。通过分析和学习大量数据集，人工智能可以识别趋势、模式和潜在风险，为智能合约的谈判和起草提供有价值的见解。这种数据驱动的方法可以减少风险并提高决策的准确性。

另一种方法是利用人工智能来简化智能合约中的争议解决流程。人工智能可以评估和解释智能合约条款，并在合同执行之前独立评估和解决问题。通过分析合同中的数据和情境信息，人工智能可以帮助各方更好地理解和解决争议，减少误解和分歧。

自学习方法也可以用于增强智能合约的决策能力。通过预测分析和数据驱动的方法，人工智能可以审查大量数据集，识别可能影响合同结果的趋势、模式和潜在风险。这些分析结果可以为智能合约的决策过程提供有价值的信息，并根据各方的具体需求和目标进行定制。通过最大限度地降低风险和不确定性，智能合约可以做出更明智的决策。

综上所述，通过引入自学习方法，人工智能可以提升智能合约的执行能力。它可以使智能合约更加流畅、响应灵敏，并简化争议解决流程；此外，人工智能还可以通过预测分析增强智能合约的决策能力，提供有价值的见解和信息。这些优化方法可以使智能合约更加智能化、灵活和适应性强，从而提高其在各种场景下的应用效果。

6.4.4　AI 预言机驱动的智能合约

智能合约是区块链上运行的自动执行协议，可以自动执行预定的条款和条件。然而，这些合约通常仅限于区块链内部的数据，这在做出明智决策时可能不足够。这时候，AI 预言机就发挥作用了。

随着 AI 和 ML 算法的集成，这些预言机现在可以分析来自多个来源的数据、进行预测并生成见解，从而将其能力提升到一个全新的水平。AI 预言机结合了人工智能和机器学习技术，可以访问和分析来自外部源头的大量数据，如天气数据、市场数据、社交媒体信息等。这些数据可以用于生成洞察和预测，赋予智能合约实时进行数据驱动决策的能力。

1. AI 预言机的架构

AI 预言机的架构旨在为智能合约提供无缝高效的数据流和分析，如图 6-7 所示。它包括以下关键组件。

1）数据集成层

该层负责从各种外部源头收集数据并将其集成到系统中。它包括连接器、API 和数据摄取机制，使得 AI 预言机能够从各种源头（如天气 API、市场数据源、历史数据库、物联网设备等）实时收集数据。这些数据被安全地存储在分布式数据库或区块链中，以确保不可篡改性和完整性。

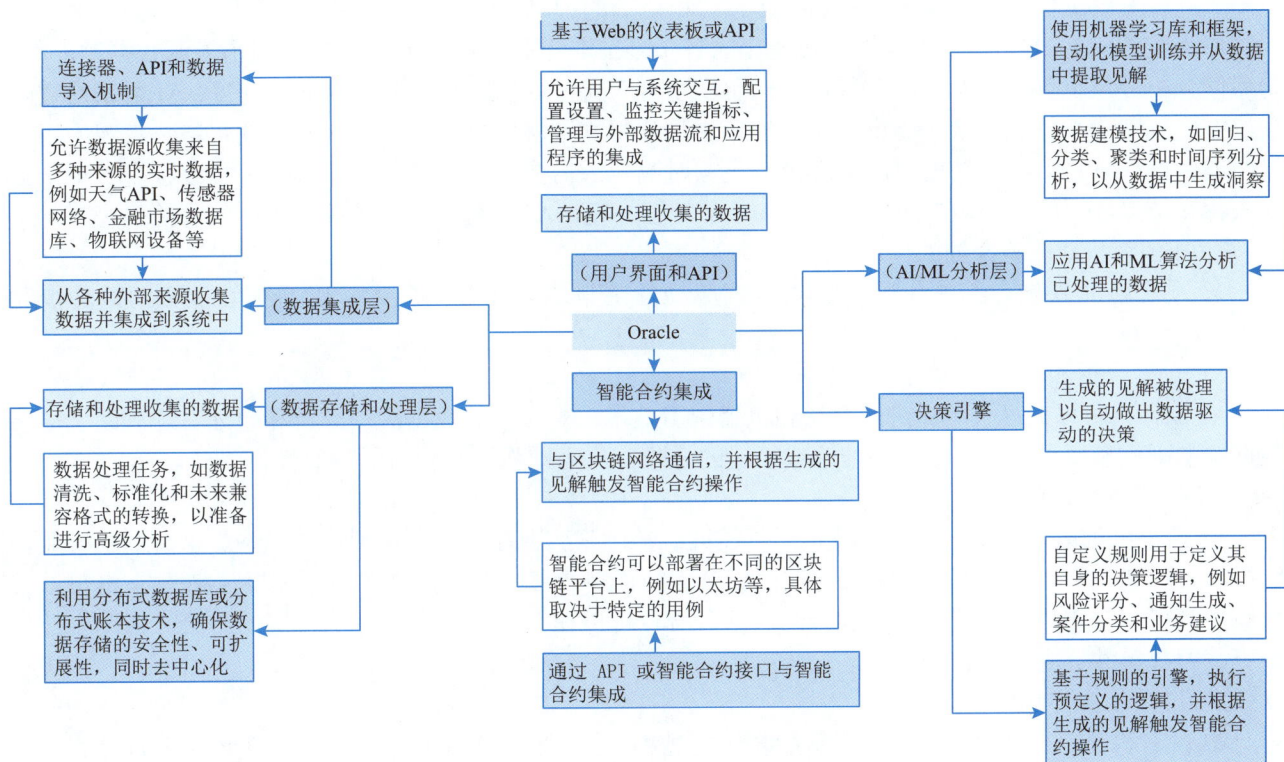

图 6-7　AI 预言机的架构

2）数据存储和处理层

该层负责存储和处理收集到的数据。AI 预言机利用分布式数据库或基于区块链的存储解决方案来确保数据的透明性、安全性和去中心化。对收集到的数据进行数据清洗、标准化和特征工程等数据处理任务，以便为高级分析做好准备。

3）AI/ML 分析层

该层是 AI 预言机的核心，应用先进的人工智能和机器学习算法对处理后的数据进行分析。它包括机器学习库和框架，用于识别数据中的模式、趋势、相关性和异常情况；该层还包括数据建模技术，如回归分析、分类、聚类和时间序列分析，以从数据中生成有价值的洞察。

4）决策引擎

决策引擎是 AI 预言机的核心组件，用于处理生成的洞察，自主地做出数据驱动决策。它包括基于规则的引擎，根据生成的洞察执行预定义的逻辑并触发智能合约的操作。决策引擎可以根据用户需求定制，定义自己的决策规则和逻辑，因此非常适应不同的用例和业务需求。

5）智能合约集成

AI 预言机通过 API 或智能合约接口与智能合约进行集成，使其能够与区块链网络通信，并根据生成的洞察触发智能合约的操作。智能合约可以部署在各种区块链平台上，如以太坊、Hyperledger 或其他区块链网络，具体取决于特定的用例和需求。

6）用户界面和 API

AI 预言机提供用户友好的界面，如基于 Web 的仪表板或 API，允许用户与系统进行交互、配置设置、监视分析结果并访问生成的洞察；API 还支持与外部应用程序的无缝集成，使得 AI 预言机可以轻松地集成到现有的工作流程和系统中章节：AI 预言机驱动的智能合约。

作为整体解决方案，AI 预言机将智能化的各个环节兼而有之：数据集成层实现了多源数据的汇集，为后续分析提供可靠的原始资料。数据存储层利用分布式技术保障数据安全性与透明度；AI 引擎通过数据挖掘找到隐含规律，为决策提供依据；决策引擎根据规则触发合约，融合人与机的优势；直观的用户界面方便操作管理；与合约的深度耦合也满足实时响应的需要。该架构很好地解决了传统预言机单一数据来源和结果应用绝对依赖的问题。通过各环节相互补充，AI 预言机实现了高效智能的目的。

2. AI 预言机对智能合约的作用

AI 预言机对智能合约的作用是提供数据驱动的决策能力和预测能力，以增强智能合约的功能和效能。

1）数据分析和验证

AI 预言机可以通过采用先进的算法和机器学习技术，对传入的数据进行分析和验证。这有助于提高数据的准确性和质量，减少数据不准确或篡改的风险，从而增强智能合约的可靠性。

2）预测市场走势

AI 预言机可以利用历史数据和模式，通过机器学习算法进行预测和预测市场走势。这有助于智能合约根据市场变化做出更明智的决策，并提供更精确的预测结果。得益于这些预测结果，AI 预言机可以带来新的商机。基于人工智能的预测性合约，这些合约可以在合同执行之前预测合同的结果，帮助企业作出更好的决策并提高绩效。

3）自动化执行和优化

AI 预言机可以自动化创建和执行智能合约的过程，提高执行效率和成本效益；可以帮助过滤和验证提供给智能合约的数据，确保只有在满足条件时才执行合约，从而减少了人工干预的需要。

4）安全性增强

AI 预言机可以通过检测和防止欺诈、黑客攻击和其他恶意活动，提高智能合约的安全性；可以使用人工智能技术来检测数据中的异常模式，确保提供给智能合约的信息的完整性和安全性；除此之外，通过利用 AI，预言机可以获得验证和交叉引用多个数据源的能力。这种多源交叉引用降低了数据不准确的风险从而创建了一个更值得信赖的生态系统。

综上所述，AI 预言机在智能合约中的作用是多方面的，包括数据分析和验证、预测市场走势、自动化执行和优化，以及增强安全性等。这些功能使智能合约更加可靠、高效，并为区块链行业带来了新的商机。

6.5 本章小结

本章首先介绍了医疗健康数据管理的发展过程，引出了使用人工智能与区块链技术进行医疗健康大数据管理与分析的重要性。在后续小节中详细介绍了人工智能与区块链技术在医疗健康领域中的协同应用：以心血管医学数据为例，介绍了人工智能与区块链技术的引入在确保数据质量、一致性和隐私安全，以及对医疗健康大数据中的信息流动和数据分析的促进作用，进而提出智能医疗健康数据共享平台的设计思路，包括架构设计、业务模式分析、智能化设计、隐私安全计算、激励机制等；分别以慢性病管理、疾病的自我检测为例，介绍了人工智能与区块链技术融合协作以推进个性化医疗发展的思路，进而提出基于联邦学习与区块链技术的多中心医疗科研平台的设计思路。

6.6　拓展阅读

本章详细探讨了人工智能在区块链技术中的多层次应用，尤其是在提升区块链的智能性、高效性和安全性方面的作用。为进一步理解相关技术及其发展，这里推荐一些高质量的参考文献和资源。J.Chen 在"Journal of Risk and Financial Management"中探讨了机器学习在比特币价格预测中的应用，提供了区块链与人工智能结合的实用案例。此外，Kniazieva Yuliia 在"Blockchain and AI: The Best of Both Worlds"一文中详细讨论了人工智能与区块链技术的协同作用，为初学者提供了清晰的学习路径。Sureshbhai 等提出了基于区块链的情感分析框架 KaRuNa，为打击加密货币欺诈提供了理论支持；而 Zhao 等进一步利用区块链和 LSTM 模型进行情感分析，为可持续市场的监管提供数据支撑。

在智能合约和区块链审计领域，刘光强对基于区块链的智能审计技术进行了深入研究，强调了人工智能在数据采集和风险评估中的重要作用。Dai 和 Vasarhelyi 则从会计与审计的角度提出了基于区块链的可信保障方法；Li 等结合深度强化学习优化了基于区块链的云存储审计技术。

针对跨链数据分析和预言机的研究，Ezzat 等在"Blockchain Oracles: State-of-the-Art and Research Directions"中系统梳理了预言机技术的研究现状及未来方向；而 Yang 等则进一步探讨了链上数据和链下市场数据之间的内在关系，提出了新的数据融合方法。在智能合约安全性方面，Jiang 等综述了机器学习增强智能合约安全性的各种方法和技术，并探讨了自学习智能合约的实现路径。

通过这些参考文献，读者可以深入了解人工智能与区块链技术结合的关键领域，如情感分析、智能合约优化、跨链数据融合等，为后续研究与实践提供丰富的理论与技术支持。

6.7　本章习题

（1）简述人工智能在区块链技术中的关键应用领域，并列举至少三个具体应用场景。

（2）解释实时动态分析的概念，并分析它在区块链系统中的重要性。

（3）描述监督式和无监督式机器学习在区块链实时动态分析中的应用步骤。

（4）列出 AI 在区块链审计中的作用，并分析其在审计溯源中的应用。

（5）如何通过深度学习优化区块链网络的可扩展性和性能？请举例说明。

（6）解释代币化和数字资产管理的过程，并分析人工智能在其中的支持作用。

第 7 章
人工智能在区块链反欺诈中的应用

本章系统分析了智能合约诈骗、钓鱼诈骗、蜜罐骗局、ICO 诈骗这四类区块链环境中的典型诈骗形式，并结合深度学习和机器学习技术，提出了检测和识别模型，同时展望了反欺诈技术的优化方向与实践策略。

7.1　区块链中的"庞氏骗局"分析

"庞氏骗局"是一种金融诈骗，通过用新投资者的资金支付早期投资者回报来维持运作，最终因资金链断裂而崩溃，导致大量投资者损失惨重。最早由查尔斯·庞兹发起，这种骗局如今借助区块链技术变得更加隐蔽，尤其是利用智能合约的不可修改性和自动执行特性，使得诈骗者可以匿名操作，难以被终止。通过虚假投资和高额回报的承诺，这些骗局利用数字货币的炒作吸引投资者，构建金字塔结构，用新资金支付旧回报，直至资金链断裂崩溃。尽管许多投资者明知其中风险，庞氏骗局仍因其隐蔽性和表面可信性持续吸引大量资金，严重损害广大小额投资者的利益。

7.1.1　问题概述：庞氏骗局

如图 7-1 所示通过一个例子来说明合约，该合约实现了与所有者关联的个人钱包。我们使用 Solidity，一种类似于 JavaScript 的编程语言，将其编译成以太坊虚拟机（Ethereum Virtual Machine，EVM）字节码，而不是直接将其编程为 EVM 字节码。该合约可以从其他用户接收以太币，其所有者可以通过 Pay 函数将部分以太币发送给其他用户。散列表 Outflow 记录了它发送资金的所有地址，并为每个地址关联了总转账金额，散列表 Inflow 记录了它从中收到资金的所有地址，所有接收到的以太币都由合约持有，其金额会自动记录在 Balance 变量中。

庞氏骗局相关的合约通常满足四个条件。

合约需要根据某种逻辑将资金分配给投资者，即那些通过向合约发送一些资金来加入合约的用户。这一条件排除了那些为用户提供某种资产但不实施分发逻辑的合约，这些资产通常通过外部市场交换，如加密货币交易所。这就是大多数以太坊征求意见 20（Ethereum Request for Comments，ERC-20）代币实现的情况。由于并未对用于分发资金的逻辑施加任何限制，因此单独的条件一不足以将合约分类为庞氏骗局，赌博游戏、彩票、保险和债券都满足该条件。

合约只从投资者那里接收资金。这将排除那些分发给投资者的资金来自外部来源的情况，例如，支付"智能债券"利息的银行，或使用自有资金支付赌注的博彩公司。

```
1   contract AWallet{
2       address owner;
3       mapping (address => uint) public outflow;
4       mapping (address => uint) public inflow;
5
6       function AWallet(){ owner = msg.sender; }
7
8       function pay(uint amount, address recipient) returns (bool){
9           if (msg.sender != owner ||  msg.value != 0) throw;
10          if (amount > this.balance) return false;
11          outflow[recipient] += amount;
12          if (!recipient.send(amount)) throw;
13          return true;
14      }
15
16      function(){ inflow[msg.sender] += msg.value; }
17  }
```

图 7-1　一个简单的合约

　　只有在之后有足够多的投资者投入足够的资金到合同中时，每个投资者才能获利。该条件要求每个投资者在新投资者继续向合约发送资金的情况下都能获利。赌博游戏、投注、彩票违反了该条件，在这些情况下，即使有持续不断的投资流入，不幸的用户也不能保证获利（如他总是有可能在彩票中输掉）。而因为前两个条件的限制，用户只能通过其他用户的投资来盈利。

　　投资者加入合同的时间越晚，失去投资的风险就越大。这也是现实世界中庞氏骗局的一个标志性特征。在某一时刻后很难找到新的投资者，因此没有人再盈利，该骗局也就崩溃了。该条件排除了一些有时被指责为庞氏骗局的合约，即使庞氏机制并没有硬编码在合约中用于分发投资。例如，实现加密收藏品市场的合约，其中最显著的例子是 CryptoKitties，这是一款使用 ERC-721 代币的玩家可以繁殖和交易虚拟猫的游戏。由于一个幸运用户无论何时加入合约，都有可能繁殖出一只稀有的猫并通过出售赚取利润。因此该合约并不是庞氏骗局。

　　Bartoletti M 等根据用于重新分配资金的模式将它们分为四类。

　　树形方案使用树形数据结构来诱导用户之间的排序。每当用户加入该方案时，他必须指定另一个用户作为邀请者，邀请者成为他的父节点；如果没有指定邀请者，则父节点将是根节点，即方案的所有者。在大多数方案中，投资的金额由用户选择，并且该金额有一个下限。新用户的资金在他的祖先之间分配，逻辑为距离越近的祖先的份额就越大。由于节点的子节点数量没有限制，因此节点的子节点（和后代）越多，赚的钱就越多。

　　图 7-2 中展示了这种类型的原型方案。要加入该方案，用户必须发送一些钱，并且必须指定将成为其父节点的邀请者。如果金额太低、用户已经存在，或者邀请者不存在，则该用户被拒绝；否则，他将被插入树中。一旦用户加入，他的投资将在他的祖先之间共享，每个级别的金额减半。在这个方案中，用户无法预见他将获得多少收益。收益取决于他能够邀请多少新用户，以及邀请的用户将投资多少。唯

```
1   contract TreePonzi {                    16  function enter(address inviter) public {
2                                           17      if ((msg.value < 1 ether) ||
3   struct User {                           18          (tree[msg.sender].inviter != 0x0) ||
4       address inviter;                    19          (tree[inviter].inviter == 0x0)) throw;
5       address itself;                     20
6   }                                       21      tree[msg.sender] = User({itself: msg.sender,
7   mapping (address=>User) tree;           22                                inviter: inviter});
8   address top;                            23      address current = inviter;
9                                           24      uint amount = msg.value;
10  function TreePonzi() {                   25      while (next != top) {
11      tree[msg.sender] =                   26          amount = amount/2;
12      User({itself: msg.sender,            27          current.send(amount);
13          inviter:msg.sender});            28          current = tree[current].inviter;
14      top = msg.sender;                    29      }
15  }                                        30      current.send(amount);
                                            31  }}
```

图 7-2　树形方案

一保证获得利润的是所有者，即树的根节点。

链形方案是树形方案的一种特殊情况，其中树的每个节点只有一个子节点（因此，用户之间的排序是线性的）。此类方案通常将投资乘以预定义的常数因子，这对所有用户都是平等的。该方案开始按到达顺序一次全额偿还用户：收集所有新投资，直到获得到期金额。此时，合约发送付款一次返回，然后转移到链中的下一个用户。投资金额可以是固定的，也可以是免费的，也可以有下限。通常，合约所有者会从每笔投资中保留一定的费用。

图 7-3 中展示了一个典型的链形方案，该方案使每个用户的投资加倍。要加入该方案，用户将 msg.amountETH 发送到合约，从而触发后备功能。合约需要最低 1 以太坊（Ethereum，ETH）的费用，如果低于此最小值，则用户被拒绝；否则，他的地址将被添加到数组中，并且数组长度增加。合约所有者保留 10% 的投资，合约尝试用剩余资金偿还之前的用户，如果余额足以支付用户的指数支付费用，合约将向用户支付两倍的投资；之后，合约尝试支付下一个用户，以此类推，直到余额不足。在该方案中，只要该方案继续运行，用户就可以准确地预见自己将获得多少收益，金额与投资的金额成正比。

```
1   contract ChainPonzi {
2
3     struct User {
4       address addr;
5       uint amount;
6     }
7     User[] public users;
8     uint public paying = 0;
9     address public owner;
10    uint public totalUsers=0;
11
12    function ChainPonzi() {
13      owner = msg.sender;
14    }

15
16    function() {
17      if (msg.value < 1 ether) throw;
18
19      users[users.length] = User({addr: msg.sender,
                                   amount: msg.value});
20
21      totalUsers += 1;
22      owner.send(msg.value/10);
23
24      while (this.balance > users[paying].amount * 2) {
25        users[paying].addr.send(users[paying].amount * 2);
26        paying += 1;
27      }
28  }}
```

图 7-3　链形方案

瀑布方案在用户下单方面与链式方案类似，但在资金分配逻辑上有所不同。每笔新的投资都会沿着投资者的链条注入，这样每个人都可以分享。因为逻辑是先到先得并且分配总是从链的开头开始，链中较晚的用户可能永远不会得到任何钱。

图 7-4 中展示了这种类型的原型方案，其中入场费为 1ETH，所有者费用为 10%，每次支付用户投资的 6%；支付逻辑从第 27 行开始。如果合约余额足以支付数组中的第一个用户，则合约将向该用户发送其原始投资的 6%。之后，合约尝试向数组中的下一个用户付款，以此类推，直到余额耗尽。在后续投资中，数组将再次迭代，仍然从第一个用户开始。为了确保所有用户都能收到支付，新用户的投资必须与用户数量成比例增长。

```
1   contract WaterfallPonzi {
2
3     struct User {
4       address addr;
5       uint amount;
6     }
7
8     User[] public users;
9
10    uint pos = 0;
11    uint public totalUsers=0;
12    address public owner;
13    uint public fees = 0;
14
15    function WaterfallPonzi() {
16      owner = msg.sender;
17    }

18    function() {
19      if (msg.value < 1 ether) throw;
20
21      users[totalUsers] = User({addr: msg.sender,
                                  amount:msg.value});
22
23      totalUsers += 1;
24      fees = mgs.value / 10;
25      owner.send(fees);
26
27      pos=0;
28      while (this.balance >= users[pos].amount
             *6/100 && pos<totalUsers){
29        users[pos].etherAddress.send
           (users[pos].amount * 6/100);
30        pos += 1;
31      }
32  }}}
```

图 7-4　瀑布方案

交接方案是链状方案的一种实例，其中入场费由合约确定，并且每当新投资者加入方案时，入场费都会增加。新投资者的入场费全部支付给前一位投资者；由于入场费在增加，前一位投资者会立即获利。在每个时刻，只有一个投资者正在接收资金，一旦他得到支付，就将这一特权转交给下一个用户。

图 7-5 显示了一个典型示例。要加入该方案，用户必须向合约发送约定的 ETH 价格。合约将这笔金额转发给前用户，减去保留的费用在合约内；然后，记录新用户的地址，价格加倍。交接方案中，在投资时用户确切地知道他们将获得多少收益。然而，由于随着方案的进行，通行费会增加，后来的用户更有可能损失他们的钱。

```
1  contract HandoverPonzi {          11  function() {
2    address owner;                   12    if (msg.value < price) throw;
3    address public user;             13    user.send(msg.value * 9 / 10);
4    uint public                      14    user = msg.address;
5      price = 100 finney;            15    price = price * 2;
6                                     16  }
7    function HandoverPonzi() {       17
8      owner = msg.sender;            18  function sweepCommission(uint amount) {
9      user = msg.sender;             19    if (msg.sender == owner) owner.send(amount);
10   }                               20  }}
```

图 7-5　交接方案

7.1.2　人工智能建模

张艳梅等通过对比观察庞氏骗局合约与正常智能合约的源代码，发现两种合约的逻辑专辑有所不同，如庞氏骗局合约有着不断向合约创建者的账户进行转动、设置有一个递减的变量、维护一个账户地地址列表以进行收益的发放等诸多种性质。而根据以太坊上庞氏骗局合约的特征可知，庞氏骗局合约与正常合约在账户的特征上也必然存在着差异，如，为了从庞氏骗局中获利，庞氏骗局合约向庞氏骗局运营者付款账户支付的金额会大于正常投资者账户支付的其他金额，这会导致庞氏骗局合约向参与者付款的次数少于其收到投资的笔数。而且，为了使投资者相信自己能够从该合约中获利，当庞氏骗局合约的账户余额满足支付条件时，合约会立即进行回报的发放，这导致庞氏骗局合约的合约账户余额远低于正常合约的合约账户余额。因此，可以将合约账户的余额、智能合约向所有参与者支付金额中的最大值、合约的支付率（智能合约向参与者付款的次数或参与者对智能合约投资的笔数）这三类账户特征作为识别庞氏骗局合约的特征。

我们可以使用利用深度神经网络的方法对庞氏骗局一致性识别进行建模。从本质上说，庞氏骗局一致性识别是一个二分类问题。参考经验知识及已有数据集选择最优方案：选择线性整流函数（Rectified Linear Unit，ReLU）函数作为中间层的激活函数，选择 Sigmoid 函数作为最后一层的激活输出函数，选择二元交叉熵作损失函数，选择 Rmsprop 优化器作为模型的优化器。本次实测的数据集共含有 3774 条数据，对于深度学习来说，数据集并不算大。随着训练的层数和轮数的增加，很有可能出现过拟合。因此在各隐藏层之间设置随机失活比率（Dropout），以提高模型的泛化能力。所构建的模型如图 7-6 所示。

图 7-6 详细阐释了模型的原理：在筛选出与庞氏骗局合约相关的特征后，模型将智能合约操作特征和账户特征的具体特征值标准化，将其作为隐藏输入。模型共 n 层，输入在隐藏层进行变换后，由激活函数 ReLU 进行非线性变化，并按照事先指定的 Dropout 对数据根据特征进行舍弃，降低了模型的结构风险。将所得结果作为下一个隐藏层的输入，在每一层隐藏层中进行相同的操作。循环环 $n-1$ 次后，进入隐藏层 n，通过激活函数 Sigmoid 得到预测值，即合约是否为庞氏骗局合约的判断。将输出与该智能合约的标签（标 0 为正常智能合约，标 1 为庞氏骗局合约）进行比较，将损失值反馈给 rmsprop 优化器，优化器对每一隐藏层中的权重进行优化器更新，以进行新一轮的训练。如此循环往复，使得模型对训练集有较精准的分类。最后，在测试集上对智能合约进行检测，得出模型对庞氏骗局合约的检测精度。

张艳梅等采用经典的机器学习分类算法，如决策树（Decision Tree，DT）、支持向量机（Support Vector Machines，SVM）、极端梯度增强（eXtreme Gradient Boosting，XGBoost）、一类支持向量机

（One-Class SVM，OCSVM）、隔离林（Isolation Forest，IF）和随机森林（Random forest，RF），以比较衡量所采用的深度神经网络方法对庞氏骗局合约检测的适用性。使用精确率、召回率和 F-score 对上述方法识别庞氏骗局合约的精度进行度量，结果如表 7-1 所列。

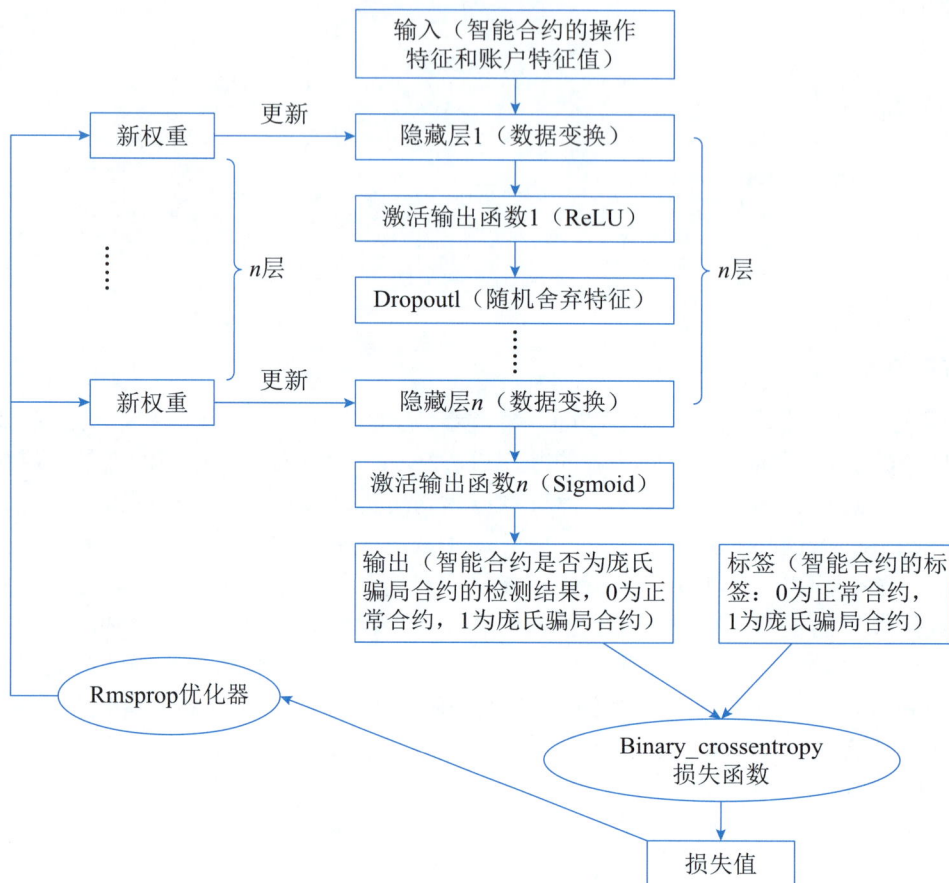

图 7-6　深度神经网络模型

表 7-1　不同分类方法的表现比较

算　　法	精　确　性	召　回　率	F　分　数
DT	0.31	0.24	0.27
SVM	0.91	0.16	0.27
XGBoost	0.90	0.67	0.76
OCSVM	0.05	1.00	0.10
IF	0.02	0.05	0.04
RF	0.95	0.69	0.79
DNN	0.996	0.963	0.980

7.1.3　案例分析

加密行业蕴含着丰富的投资机会，其创新性质主要体现在加密货币和区块链技术领域。这种独特性使得投资者有望获得可观的回报。然而，这一广泛认可的观点也助长了各种规模的加密货币诈骗的发生。由于数字资产价格的著名波动性和底层技术的固有复杂性，一些人可能会向投资者推销模糊且不切实际的加密货币投资方案。因此，在制定欺骗投资者的策略时，许多加密诈骗项目都利用了加密资产日益增长的吸引力，利用投资者试图发现"下一个比特币"的可能性，以及公众普遍缺乏有关加密技术基础知识的情况。

我们将介绍该行业历史上五个臭名昭著的加密货币庞氏骗局，并着重探讨了这些骗局背后的参与者是如何利用加密货币的波动性、复杂性和新颖吸引力的。

Onecoin 可能是加密货币领域有史以来运行时间最长的庞氏骗局之一。该骗局由保加利亚欺诈者 Ruja Ignatova（又名 Cryptoqueen）创立，在 2014 年至 2019 年间成功地吸引了大量投资者。在此期间，欺诈者通过将 Onecoin 标榜为"比特币杀手"，成功诈骗了投资者 58 亿美元。这个"商业冒险"的背后是一个多层次的营销计划，每次现有会员引入新投资者时，都会向会员提供现金和 Onecoin 补偿。问题不在于营销策略本身，而在于 Onecoin 实际上并没有自己的区块链。因此，每当投资者收到或购买 Onecoin 时，他们实际上持有的是一种毫无价值、没有公认数字资产技术支持的代币。

在多年警告投资者不要投资 Onecoin 无效之后，美国政府最终对该公司的运营进行了严厉打击，并对其领导人提出了指控。然而，此时 Ignatova 本人已经消失得无影无踪。

另一宗重要的加密货币庞氏骗局是 2016 年推出的 Bitconnect，其自称为比特币借贷解决方案，宣称每月回报率高达 40%。然而这些运营商皆为不知名的开发者，其领导者自称为中本佐雄（Satao Nakamoto），显然是一个化名。投资者需要购买 BCC 代币，并将其锁定在平台上，然后等待交易机器人利用锁定的资金进行交易。

以太坊联合创始人 Vitalik Buterin、Mike Novogratz 和 Charlie Lee 是最早对 Bitconnect 所承诺不可持续投资回报提出批评的知名人士中的一部分。不久之后，该计划引起了英国政府的关注。最终，美国当局宣布 Bitconnect 为庞氏骗局，并要求其在 2018 年停止运营。随后，BCC 价格暴跌 90%，导致投资者集体损失超过 35 亿美元。

PlusToken 是加密领域有史以来规模最大、最新的庞氏骗局之一。该骗局的主要营销活动主要通过微信进行，以每月提供 10 ～ 30% 的投资回报率来吸引投资者。PlusToken 成功地吸引了超过 300 万投资者，其中大多数来自中国、韩国和日本。该项目的商业模式以加密知识和钱包服务为核心，最终诈骗者通过说服投资者购买该项目的代币 PlusToken 来增加他们的收益。

在一年的资金敲诈后，PlusToken 团队于 2019 年关闭了该计划，并带着价值超过 30 亿美元的加密货币离开。执法部门成功逮捕了该骗局的一些主要参与者，没收了与该骗局有关的部分加密货币。

2016 年，GainBitcoin 以印度的云挖矿解决方案的名义出现，承诺在 18 个月内每月产生 10% 的回报。尽管这一承诺听起来十分荒谬，但该项目吸引了来自印度的投资者不少于 3 亿美元的投资。然而，在 2017 年，人们发现这个精心策划的计划既没有实体采矿设备，也没有进行任何实际的采矿活动。

该计划的主谋 Amit Bhardwaj 于 2018 年被捕，并被指控欺诈超过 8000 名投资者。然而，从各种迹象来看，这个案件似乎已经告吹，投资者挽回损失的可能性微乎其微。

与 GainBitcoin 相似，Mining Max 也以表面上的云挖矿企业为掩饰，以掩盖其非法运营的真实本质。该平台向投资者提供了参与广泛的加密货币炒作的途径，通过提出参与多加密货币挖矿生态系统的理念，暗示可能获得高回报。然而，就像所有其他加密货币庞氏骗局一样，其大部分商业模式依赖于旨在吸引新投资者的大量营销活动。

Mining Max 共吸引了来自 54 个国家的 18 000 多名投资者。在筹集的 2.5 亿美元中，只有 7000 万美元被用于购买挖矿硬件，而剩余的资金则用于资助 Mining Max 的营销活动以及其团队成员的奢侈生活方式。尽管与该骗局有关的几名嫌疑人已被逮捕并受到指控，但该公司的董事长、副董事长和其他同谋仍然逍遥法外。

7.1.4　发展趋势

在未来，区块链中的庞氏骗局可能呈现多样化的攻击方式，但其根本目标仍然是通过欺骗受害者，让他们相信可以获取额外的资金或回报，最终导致受害者的资金陷入合约中。为了防范未来可能的发展，可以考虑以下方面。

1）智能合约审计和安全性强化和提升

对区块链中的智能合约进行深入审计，寻找可能的漏洞和风险；提高智能合约的安全性，防范庞氏骗局的攻击。

2）监管和法规强化

加强对数字资产领域的监管，制定更严格的法规，以减少庞氏骗局的滋生空间；监管机构与区块链社区合作，建立有效的制度来保护投资者。

3）智能合约模式识别

利用机器学习和数据分析技术，开发智能合约模式识别工具，能够检测和识别庞氏骗局的典型特征，以及它们与正常合约的差异。

4）社区教育意识的加强和提高

加强对投资者和开发者的教育，提高他们对庞氏骗局的认知和风险意识。建立社区合作机制，共同努力识别和揭示潜在的欺诈行为。

5）智能合约标准和最佳实践

制定智能合约的标准和最佳实践，以确保其安全性和透明度。推动开发者采用安全编码实践，减少庞氏骗局的漏洞。

虽然庞氏骗局可能不断演变，但通过合作、监管和技术创新，社区可以更好地准备和应对这些威胁。

7.2　区块链中的"钓鱼诈骗"分析

区块链是一种开放的分布式账本，可以高效、可验证、永久地记录双方之间的交易。近年来，区块链成为备受关注的话题，普遍化的区块链技术有望在金融、科技、文化、政治等领域带来深刻变革。区块链在经济学中最重要和最著名的应用之一是数字资产（或加密货币）。比特币是第一个成功的大规模项目，也是区块链的应用和加密货币的首次实际实现。

以太坊是目前最大的支持智能合约的区块链平台，相应的加密货币以太坊是第二大加密货币。然而，随着以太坊高速发展，它也成为了各种网络犯罪的温床。首次代币发行（Initial Coin Offering，ICO）是区块链行业的一种融资方式，指的是通过发行代币进行融资。然而，到目前为止，据报道，在以太坊上发布的 ICO 中，有超过 10% 的 ICO 遭受了各种骗局，包括网络钓鱼、庞氏骗局等。根据虚拟货币调查和风险管理软件提供商 Chainalysis 的报告，2017 年上半年有 30 287 名受害者损失 2.25 亿美元，这表明金融安全已成为区块链生态系统中的关键问题。

在区块链数字加密货币的各种安全问题中，自 2017 年以来，网络钓鱼诈骗的数量占以太坊所有网络犯罪的 50% 以上，这类诈骗已成为以太坊交易安全的主要威胁。

7.2.1　问题概述：钓鱼诈骗

通常，所有的网络钓鱼攻击可以分为两种类型：社会工程方案和技术方案。社会工程方案基于欺骗和受害者随后的独立错误行为，而技术方案利用了软件和基础设施的漏洞和不完善。

1. 社会工程方案

这类方案的特点是网络用户直接参与其中。这次袭击是通过在用户执行某些操作（打开信件、移动链接或下载恶意附件）后被激活。4% 的用户点击了网络钓鱼链接；为了让攻击者进入系统，一次这样的点击就足够了。

克隆钓鱼，攻击者通过创建网站的副本、名称相似的网站或在官方网站上创建虚假页面，并将包含虚假资源链接的链接从可信组织的地址发送给潜在受害者。钓鱼者总是利用人为因素，而这些人为因素通常会忽略关键的警告信息。通常，为了创建虚假页面和网站，骗子会使用 Punycode 编码，这种编码允许用外来字符注册域。它的工作原理是仅使用美国信息交换标准码（American Standard Code for Information Interchange，ASCII）字符将单个域标签转换为另一种格式。

在网站名称的拼写中，骗子通常使用西里尔字母。ASCII 中 "a"（U + 0061）和 "a"（U + 0430）是完全不同的字符，但它们的显示方式完全相同。这意味着人眼无法分辨出两者的区别。因此，如果不彻底检查网站的统一资源定位器（Uniform Resource Locator，URL），就不可能将网站识别为欺诈性网站，这被称为同形图攻击。

为了达到最大程度的相似和安抚受害者的警惕，假冒网站和页面使用 Let's Encrypt 和 Comodo 认证中心的免费 90 天证书配备安全套接字层（Secure Socket Layer，SSL）证书，在拥有必要证书的被攻击网站上使用虚假页面，使用带有 SSLcertificate 的虚拟主机，以及伪造证书。

（1）社交网络钓鱼：针对社交网络的网络钓鱼攻击已经变得非常普遍。黑客侵入知名人士的账户，并以他们的名义发布包含钓鱼链接的帖子，创建克隆知名人士、社区等页面的案件越来越频繁。骗子利用 Facebook 允许用户创建任何名称的页面这一事实，从与真实社区页面名称非常相似的虚假克隆页面进行活动。

（2）网络钓鱼：网络钓鱼的目标是大型投资者、钱包所有者、公司的第一人、加密货币所有者；攻击者清楚地说明了他们想要攻击的具体内容、数量、对象和方式。该网站受到了一种新的黑客攻击；攻击者计算受害者在其他活动领域的活动，并模仿对这些领域的兴趣窃取必要的数据，与受害者接触。

（3）膨胀：骗子人为地提高易管理的低流动性和小市值加密货币的价格。前所未有的价格上涨通过众多媒体渠道（YouTube、Twitter、Telegram 等）被广泛报道、大量宣传，承诺给外部投资者带来高回报。在用户进行大量投资后，骗子停止支持加密货币的进程，其价格恢复到原来的位置。

（4）庞氏骗局：由于没有任何区块基础设施和与交易所的沟通，这些项目承诺对加密货币和区块链项目的投资具有高盈利能力，以及新吸引用户的投资比例。骗子在收取了必要的金额后，意外地为所有人关闭了项目。大多数情况下，这些方案用于组织假想的云挖掘和虚假的加密交换。

（5）伪造 ICO：ICO 是任何黑客的梦想。对加密货币服务和区块链初创企业的快速、通常相当简单的攻击为犯罪分子带来了数百万美元的利润，风险极小。早期的 ICO 投资者极容易受到网络罪犯的攻击。2017 年，ICO 投资 16 亿美元，其中 1.5 亿美元落入骗子手中。

2. 技术方案

这种类型的攻击劳动强度更大，但不太明显，因此目标实现的百分比比社会工程方案高得多。

（1）基于域名系统（Domain Name System，DNS）的钓鱼，在这种攻击中，攻击者首先创建一个非法接入点，引诱客户端连接到他运行虚假 DNS 服务器的接入点。该服务器将特定站点重定向到攻击者的网络钓鱼服务器。

（2）会话劫持（Cookie 劫持）：这种攻击基于使用有效的计算机会话（有时也称为会话密钥）来获得对计算机系统上的信息或服务的未经授权的访问。特别是，它用于表示用于远程服务器上验证用户身份的 Cookie 被盗。一种流行的方法是使用源路由的 IP 数据包。这允许网络上 B 点的攻击者通过鼓励 IP 数据包通过 B 的机器来参与 A 和 C 之间的对话。攻击者可以使用禁用原始路由的"盲"捕获，发送命令但看不到响应来设置允许从网络上其他地方访问的密码。攻击者还可以使用嗅探程序在 A 和 C 之间"内联"监视对话。这就是所谓的"中间人攻击"。

（3）恶意软件：当使用基于恶意软件的网络钓鱼时，恶意软件用于在受害者计算机上存储凭据并将其发送给所有者，即发送给网络钓鱼者。例如，威胁可以是通过垃圾邮件发送，附带一个包含下载恶意软件的 Powershell 脚本的文档文件；然后，它找到存储的钱包和凭证，并将它们上传到 C2；攻击者使用的恶意程序数量在不断增加，工具本身也在不断被修改。其中最常用的恶意程序是木马 AZORult 和 Pony Formgrabber，以及 bot Qbot。与此同时，网络犯罪分子继续使用以前针对银行的攻击工具，现在成功地使用它们来破解加密钱包、钱包和获取用户的个人数据。

（4）键盘或屏幕记录器：当用户从他的设备输入信息时，它们被用来窃取数据。随着虚拟键盘和触摸屏的出现，屏幕截图被使用，将它们发送给入侵者。

7.2.2　人工智能建模

本节主要介绍吴嘉静等在《Who Are the Phishers? Phishing Scam Detection on Ethereum via Network Embedding》针对以太坊钓鱼诈骗账户检测提出的模型。

1. 数据描述

数据来源中的以太坊的钓鱼地址来源有两个：一个是 EtherScamDB，它收集有关在线诈骗的信息，以引导以太投资者远离可能的欺诈；另一个是 EtherScan，它充当以太块浏览器。只有两个网站举报的地址都标注为钓鱼地址。在获得所有交易记录后，获得了超过 5 亿个地址和 38 亿笔交易记录。然而，只有 1259 个地址被标记为网络钓鱼地址。因此，极端的数据不平衡是以太坊交易网络钓鱼检测的最大障碍之一。

此外，以太坊上所有地址都可以分为几种类型。如图 7-7 所示，红色点标记为网络钓鱼地址，蓝色点标记为已知交易所地址，黄色点标记为智能合约地址，其他点标记为常见未知地址。上面描述的不同类型的节点在事务特征方面往往表现不同。例如，一些公共或流行的地址，如蓝点和黄点，可能涉及大量的交易，而大多数网络钓鱼和普通地址可能涉及相对较少的交易。因此，以太坊交易网络的异质性可能会使对网络钓鱼和非网络钓鱼节点进行分类变得更加困难。

由于上述极端的数据不平衡和网络异构性问题，将该检测问题建模为监督二分类问题很难获得良好的性能。因此，这里模型采用一种称为单类 SVM 的无监督异常检测方法。

2. 问题概述

设 $G=(V, E)$。其中 V 表示节点集，E 表示边集。每个节点代表一个地址，每条边表示一对地址之间的以太交易；两个节点之间的每条边被分配有它们之间的最后一笔交易的总转移量和时间戳；$G\_L=(V, E, X, Y)$ 是部分带标签的网络，具有边属性 $X \in R^{\wedge}(|E| \times S)$，其中 S 是每条边的特征空间的大小，$Y \in R^{\wedge}(|V| \times |y|)$，其中 y 是标签集。在以太交易网络中，每条边都包含两个关键属性，即交易量和时间戳。在网络钓鱼地址识别场景中，Y 包含两个标签，其中，+1 代表网络钓鱼节点，−1 代表正常样本。

为了更好地捕捉以太交易网络中的信息，该论文提出了一种有偏网络嵌入算法，该算法综合了每条边的交易量和时间戳。同时针对交易网络也提出基于随机游走的网络嵌入方法 Trans2Vec。

使用单类 SVM 的无监督异常检测方法，将这个问题转化为一个单一的分类任务。这样，钓鱼节点的行为就可以在合适的特征空间中与其他节点区分开来，而钓鱼节点的检测任务就是"离群点检测"或"一类分类"，其目的是找到目标周围的决策面。位于该决策面内部的节点被分类为目标（即网络钓鱼节点），而位于外部的节点被分类为异常值（即其他节点）。图 7-8 是本节所介绍模型架构图。

图 7-7　以太坊交易网络的简单示例

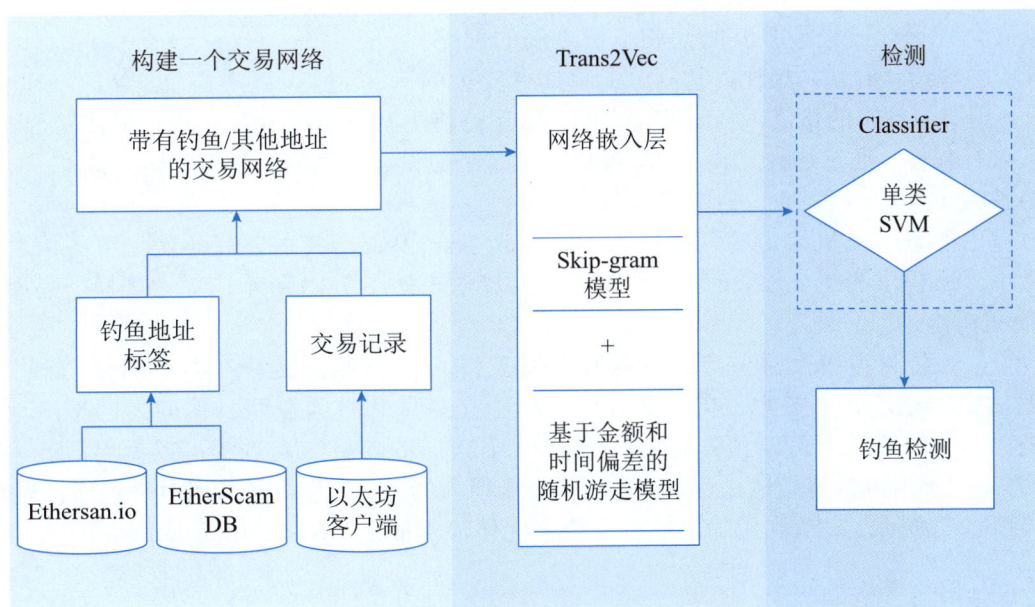

图 7-8　Trans2Vec+SVM 模型架构图

3. 搜索策略

对节点的邻域进行采样的过程可以看作是局部搜索。为了公平比较，将邻域集合的大小设置为 k，然后为每个节点搜索多个集合。对于本文讨论的以太交易网络，考虑了两种有偏抽样方法。

1）基于数量的有偏抽样（Amount-based Biased Sampling）

直观地说，交易额越大，意味着所涉及的两个节点之间的关系越强或更密切。本文将 VU 表示为直

接连接到节点 u 的节点集合，并使用线性函数将量（Amount）信息并入采样概率。在基于量的有偏抽样下，从节点 u 开始，给出从节点 u 到邻居节点 $x \in V_u$ 的转移概率为

$$P_{A_{ux}} = \frac{A(u,x)}{\sum_{x' \in V_u} A(u,x)} \qquad (7\text{-}1)$$

其中，$A(u,x)$ 表示节点 u 和 x 之间的交易的总金额。

2）基于时间的偏向采样（Time-based Biased Sampling）

每条边都有一个唯一的时间戳。这里本文假设事务越晚，对节点当前关系的影响就越大。首先，将 edge 的真实时间戳映射到离散时间步长。设 $T: E \to Z$ 是按时间戳升序对交易 Edge 进行排序的函数。类似地，在基于时间的偏置采样下，从节点 u 开始，从节点 u 到邻居节点 $x \in V_u$ 的转移概率为

$$P_{T_{ux}} = \frac{T(u,x)}{\sum_{x' \in V_u} T(u,x')} \qquad (7\text{-}2)$$

其中，$T(u,x)$ 表示节点 u 和 x 之间的最新事务的时间戳。

从节点 u 开始，当采用基于 Amount 的采样时，最有可能选择节点 x_4 作为下一个节点。而在基于时间的偏置采样下，节点 x_1 被采样的概率最大。

3）搜索偏差参数 α

为了兼顾时间和数量，使用参数 $\alpha(0 \leqslant \alpha \leqslant 1)$ 来平衡它们的影响。从节点 u 到 x 的非归一化转移概率可以给出如下

$$\pi_{ux}(\alpha) = PA_{ux}^{\alpha} \cdot PT_{ux}^{1-\alpha} \qquad (7\text{-}3)$$

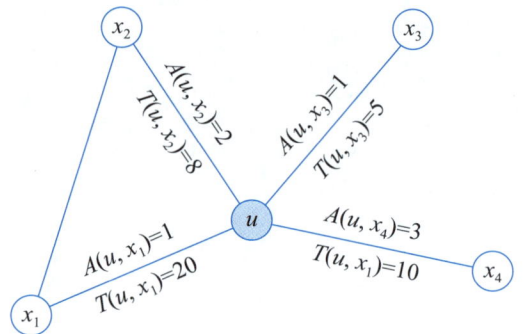

图 7-9　搜索图例

这里，参数 α 允许采样过程调整其时间和数量之间的偏差。如图 7-9 所示，与边 (u, x_4) 相比，边 (u, x_1) 具有较大的时间步长值，但具有较小的量值。当 α 非常小时，该策略将更有可能对节点 x_1 进行采样；否则就更倾向于对节点 x_4 进行采样。通过这种方式，可以在时间权重和数量权重之间平衡搜索偏差。

4. Trans2Vec 算法

论文中提出的基于随机游走的网络嵌入方法称为 Trans2Vec，其主要任务是将事务信息嵌入到节点表示向量中。所提出的 Trans2Vec 算法的伪代码为算法 1 如图 7-10 所示。对大规模交易网络进行了 Trans2Vec 随机游走过程的采样。

具体地说，执行来自每个源节点的具有游走长度 1 的 r 个随机行走。在游走的每一步，本文设计了一种有偏抽样策略，其中搜索偏向参数 α 允许基于交易量和时间在两种偏向之间平滑地转移。应该注意的是，由于转移概率可以预先计算，因此 Trans2Vec 的随机游走过程可以使用混叠采样（Alias Sampling）在 $O(1)$ 时间内有效地执行。此外，类似于前人的工作，首先使用预处理程序计算转移概率，然后进行转移随机游动，最后利用随机梯度下降来优化节点嵌入（Node Embeddings）的映射函数，如图 7-11 所示。

5. 实验结果

为了对比 Trans2Vec 算法的效果，采用了 DeepWalk、Node2Vec、时间偏差采样和金额偏差采样。

DeepWalk：这是通过模拟无偏随机行走来学习节点表示的开创性工作。它提出通过网络上的随机行走对网络进行采样，并通过其在行走上的共发生节点来定义节点的邻域或上下文。在节点采样后，通过预测每个节点的邻域来学习节点嵌入。

Node2Vec：继 DeepWalk 之后，Node2Vec 定义了一个更灵活的节点邻域概念，并利用有偏随机漫步对局部和全局网络结构进行编码。

```
Algorithm 1 trans2vec algorithm
Require: (The transaction network G = (V, E, X) where X
    contains the transaction amount and timestamp information
    of all edges, embedding dimension d, walks per node r, walk
    length l, context/neighborhood size k, search bias parameter
    α)
π=PreprocessTransitionProbability(G,α)
G' = (V, E, X, π)
Initialize walks to Empty
for iter = 1 to r do
    for each node u ∈ V do
        walk=trans2vecwalk(G', u, l)
        Append walk to walks
    end for
end for
f = StochasticGradientDescent( k, d, walks)
return f
```

图 7-10 Trans2Vec 算法伪代码

```
trans2vecwalk (Graph G' = (V, E, π), Starting node
u, Length l, search bias α)
Initialize walk to [u]
for walk_iter = 1 to l do
    curr = walk[-1]
    V_curr = GetNeighbors(curr, G', α)
    s = AliasSample(V_curr, π)
    Append s to walk
end for
return walk
```

图 7-11 随机游走伪代码

各搜索策略实验结果如表 7-2 所示。

表 7-2 各搜索策略实验结果精确率、召回率、F- 分数

方　　法	精　确　率	召　回　率	F　分　数
DeepWalk	0.799	0.762	0.780
Node2Vec	0.870	0.822	0.845
Time-based Bias	0.864	0.822	0.842
Amount-based Bias	0.883	0.855	0.868
Trans2Vec	0.927	0.893	0.908

此外，检测框架所选择的分类器也是影响检测性能的一个因素。因此，这里考虑几个广泛考虑的分类器作为基线，即逻辑回归，朴素贝叶斯和隔离森林。使用 Trans2Vec 的节点表示向量，以维数 $d = 64$ 作为输入特征，比较不同分类器的检测结果如表 7-3 所示。

表 7-3 各分类器的实验结果精确率、召回率、F- 分数

方　　法	精　确　率	召　回　率	F　分　数
Logistic Regression	0.799	0.762	0.780
Naive Bayes	0.870	0.822	0.845
Isolation Forest	0.864	0.822	0.842
One-class SVM	0.883	0.855	0.868

7.2.3　案例分析

1. 概述

钓鱼诈骗的手段层出不穷，本文所举案例为主要攻击群体是中国区的用户。案例的攻击活动正是以钱包应用程序（Application，APP）为主要目标，利用搜索引擎进行传播的数字货币窃取活动。发现在百度的默认推荐关键词下，主流钱包"imToken"相关关键词的搜索结果列表里排名前五的站点全部是黑客部署的仿冒网站（黑客可能对此类关键词做了搜索引擎优化（Search Engine Optimization，SEO）），仿冒网站与官网高度相似。取得仿冒网站上的样本后，通过分析和溯源发现这批攻击活动最早可以追溯

到今年 2 月份，并且被仿冒的对象还涉及 Coinbase Wallet、MetaMask wallet 和 TokenPocket 等主流的数字钱包应用。

2. 攻击分析

黑客采用的主要攻击手段是代码篡改和库注入技术，分别应用 Android 和 IOS 平台的钱包 APP，对于 Android 平台，黑客采用反编译技术插入代码，然后再编译成为 Android 系统安装包（AndroidPackage，APK）文件，由于 IOS 难以实现重编译技术，所以黑客采用动态库注入技术和 Hook 技术来实现。当受害者对钱包进行操作时，这些仿冒的 APP 就会偷偷地将对应加密货币钱包的 Mnemonic Phrase（助记词）回传至黑客端点。钱包助记词可以代替私钥生成收币地址、签名交易，是用户在区块链世界资产的唯一凭证，谁拥有了助记词，就拥有了对应地址上的资产。

如图 7-12 所示，攻击者首先克隆并伪造 ImToken、Coinbase Wallet、MetaMask wallet、TokenPocket 等数字钱包平台的官方网站，然后利用百度、搜狗、搜搜等搜索引擎来使得这些仿冒网站出现在靠前的页面（这些恶意应用程序通过客户在百度等网络爬虫中识别的连接传播，由于对 SEO 优化的智能处理，这些恶意应用程序的链接会到达百度等搜索站点中的热门位置，从而使它们排名靠前）。这些出现首页且靠前的搜索结果诱使受害者打开仿冒链接，并从这些仿冒网站下载安装带有恶意代码的钱包应用。因为这些恶意应用与真实应用从 UI 和功能上来说完全相同，被恶意篡改的代码只在特殊时机触发并在后台偷偷地上传受害者的钱包助记词，即使专业的使用者也很难辨别，攻击者窃取到助记词后，通过内部系统自动将相应的数字货币转移到黑客自己的加密货币账户。

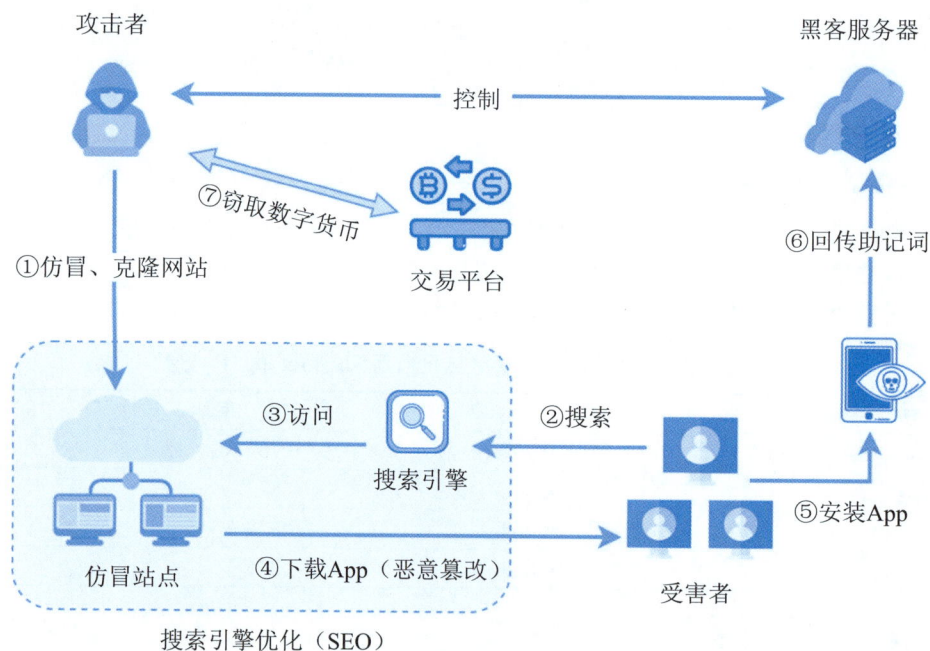

图 7-12　攻击流程图

3. 恶意代码传播

虽然黑客组织也通过社交媒体渠道、论坛等方式推广其恶意应用，不过推广仍以百度、搜狗、搜搜等搜索引擎渠道为主。攻击者通过修改原始钱包，向其中添加恶意代码，生成 imToken、Coinbase Wallet、MetaMask wallet 和 TokenPocket 这些数字钱包的后门版本。然后通过仿冒这些数字钱包的官方网站，再利用搜索引擎将这些仿冒网站排到靠前的页面来传播这些后门版本的应用。以百度搜索引擎为例进行说明：在百度搜索上输入 Imtoken 会出现默认搜索关键词列表，随机选"Imtoken 钱包 APP 下载网址"，搜索结果如图 7-13 所示。

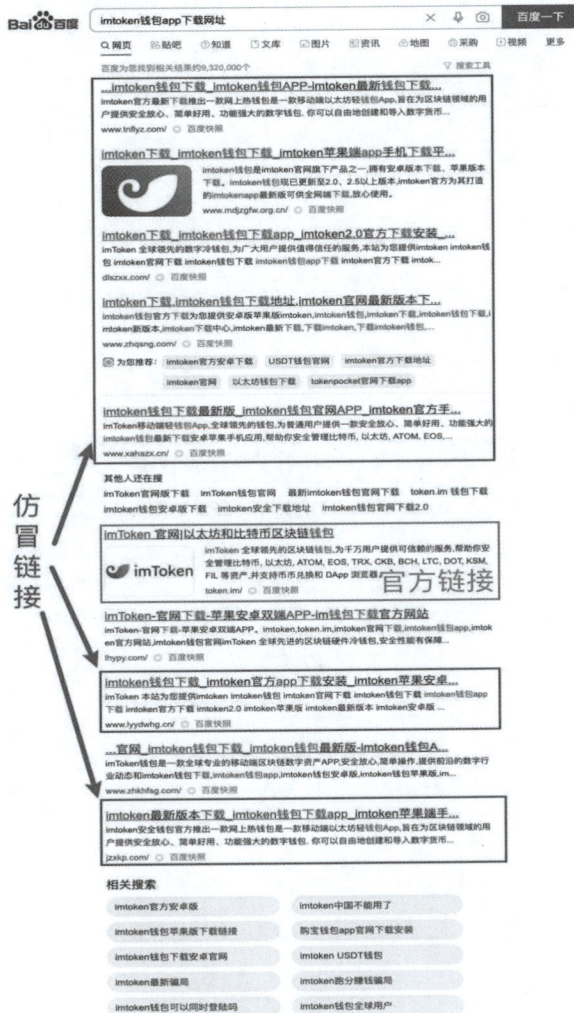

图 7-13　搜索结果

通过对第一页的 10 个搜索结果进行分析验证后，发现其中有 7 个属于该组织的仿冒网站，甚至最靠前的 5 条结果中没有一条属于官方链接，全部都是仿冒网站，官方链接只排在第 6 的位置。

再在关键字中加入官方下载如"Imtoken 官方下载"进行搜索时，情况稍微有所改善，但是依然容易误导用户访问到仿冒网站。如图 7-14 所示，在首页的前 5 搜索结果中，有 2 个是该黑客组织的仿冒站点。

4. 恶意代码分析

下面以 Android 版本后门应用 imToken 和 Coinbase Wallet 钱包为实例来分析攻击者是如何窃取受害者的数字货币钱包"助记词"的。

1）imToken 钱包样本分析

该样本为后门版本的 imToken 钱包应用，逆向该恶意样本后，发现如图 7-15 所示的后门代码，其目的是将用户的"助记词"回传到攻击者控制的远程服务器。

135

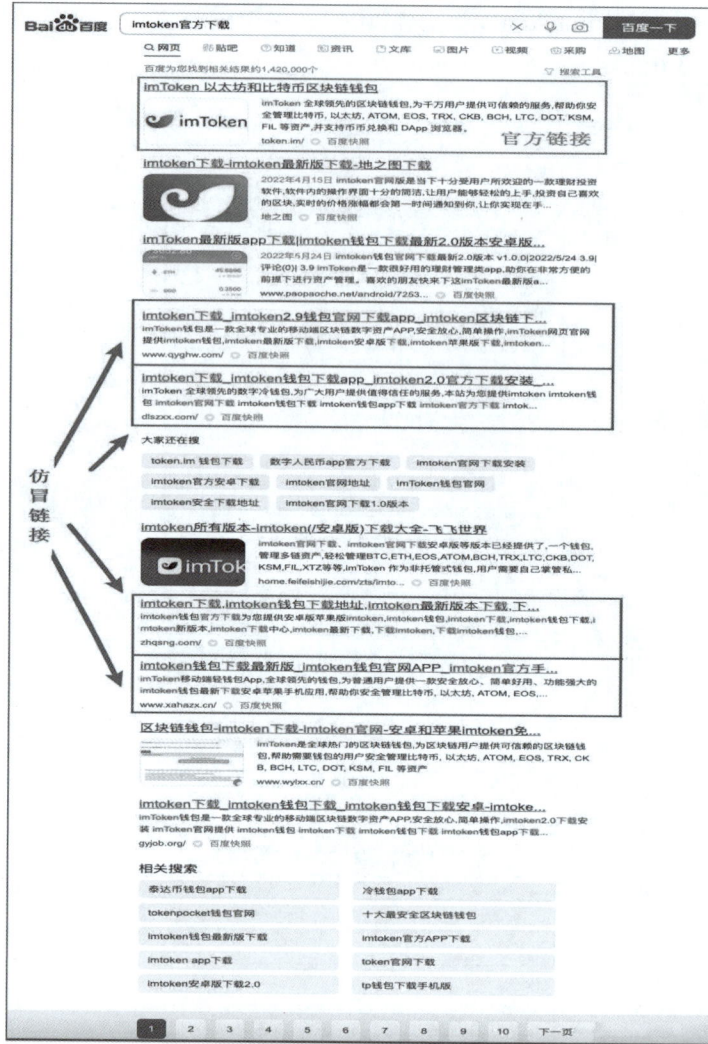

图 7-14　搜索结果

图 7-15　后门代码

查看其交叉引用（如图 7-16 所示），看到一共有两处引用了该后门代码，从字面意思 CreateIdentity 和 RecoverIdentity 来看，分别是创建账户和恢复账户时调用该段后门代码。字符码为为 "https：//api. t0kenpocket.xyz/u/sms/"，为恶意服务器的地址。后门代码是在生成助记词并以加密形式存储之前被调用，这样受害用户在创建新钱包或将现有钱包添加到新安装的恶意应用程序的时候，助记词会被拦截并回传到攻击者控制的远程服务器。

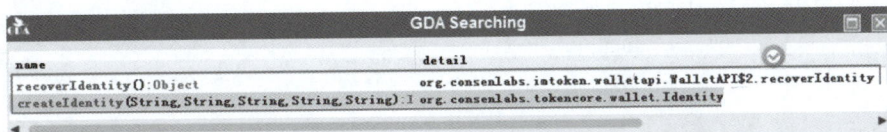

图 7-16　交叉引用

在 Android 手机上安装该恶意应用后运行，如图 7-17 所示，该恶意应用打开后，用户可以选择创建账户或恢复账户来进入该应用。

分别创建和恢复账户时，对该应用抓包（如图 7-18 和图 7-19 所示），可以看到，当受害者创建或恢复账户时，恶意应用将受害者的助记词回传到攻击者控制的远程服务器。

图 7-17　恶意应用

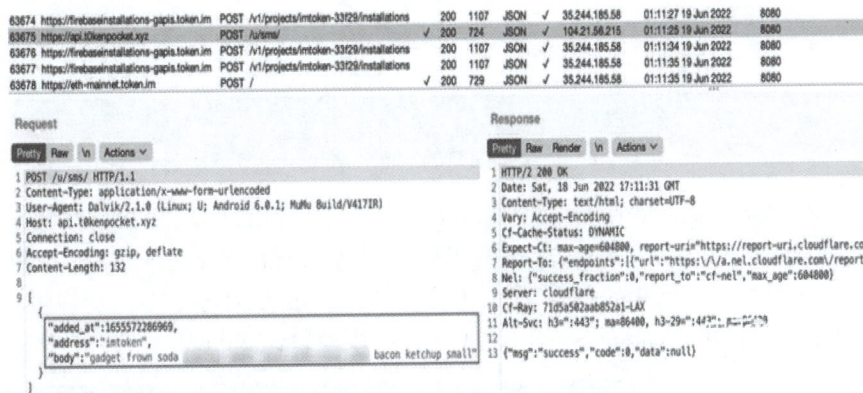

图 7-18　用户创建账户时回传助记词

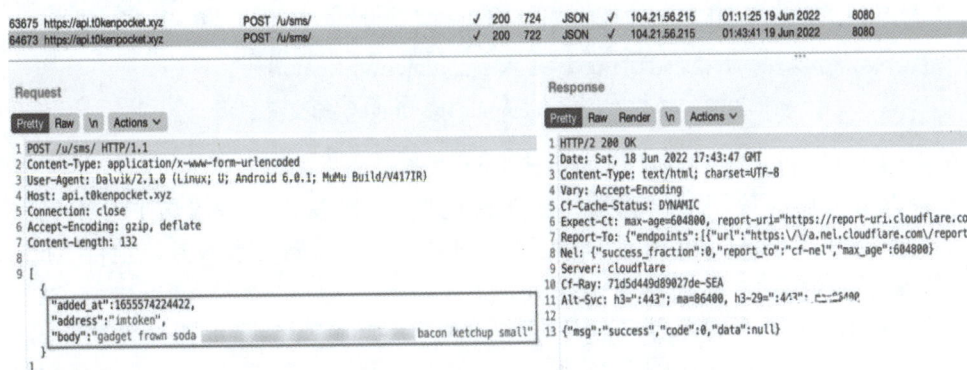

图 7-19　用户恢复账户时回传助记词

2）Coinbase Wallet 钱包样本分析

该样本为后门版本的 Coinbase Wallet 钱包应用，逆向该恶意样本后，发现图 7-20 的后门代码，可以看到，其后门代码和前文后门版本的 imToken 钱包非常相似。同样，其作用是将窃取的助记词发送到攻击者控制的远程服务器。该后门代码有一处调用，调用函数为"saveMnemonicToStorage"（如图 7-21 所示），字符串"aHR0cHM6Ly9jb2xuYmFzZS5ob21lcy91L3 Ntcy8="Base64 解码后为"https：//colnbase. homes/u/sms/"，为恶意服务器的地址。

图 7-20　后门代码

图 7-21　saveMnemonicToStorage 调用函数

查看函数"saveMnemonicToStorage"的交叉引用，发现总共调用该函数的地方有 6 处（如图 7-22 所示，其中一个调用包含新建钱包和登录钱包），经分析发现这些引用处分别是创建钱包、登录钱包、修改生物识别许可（指纹 ID、面部 ID）、切换认证方式为生物识别许可、切换认证方式为个人身份识别码（Personal Identification Number，PIN）码以及修改 PIN 码。

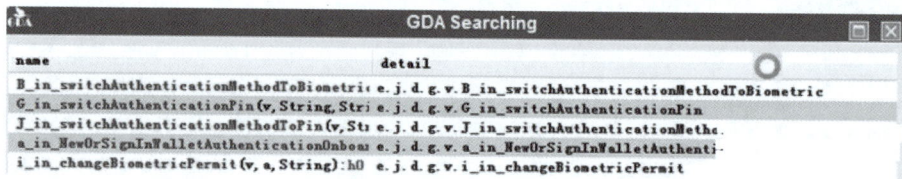

图 7-22　函数"saveMnemonicToStorage"的交叉引用

同样地，在 Android 手机上安装该后门 App 来验证"助记词"的回传时机。验证过程如下。

打开 Coinbase Wallet 后门应用后，选择"新建钱包"，按照操作步骤设置 PIN 码后（如图 7-23 所示），使用 BurpSuite 抓包（如图 7-24 所示），可以看到，恶意应用向恶意服务器地址"https：//colnbase. homes/u/sms/"发送了窃取到的"助记词"。

如果选择"I already have a wallet"，使用助记词登录钱包，按照操作步骤设置 PIN 码后（如图 7-25 所示），同样使用 BurpSuite 抓包（如图 7-26 所示），可以看到，恶意应用向恶意服务器地址"https：// colnbase.homes/u/sms/"发送了窃取到的"助记词"。

图 7-23　新建钱包

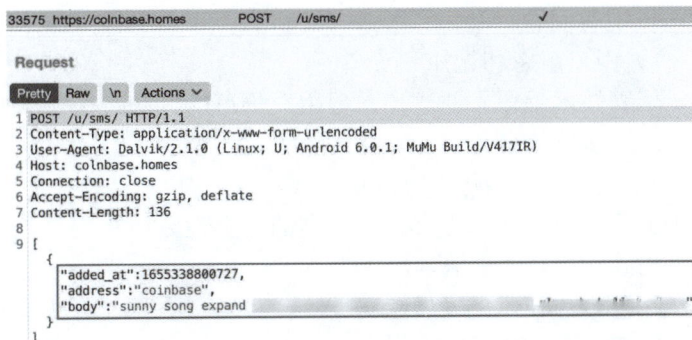

图 7-24　BurpSuite 抓包

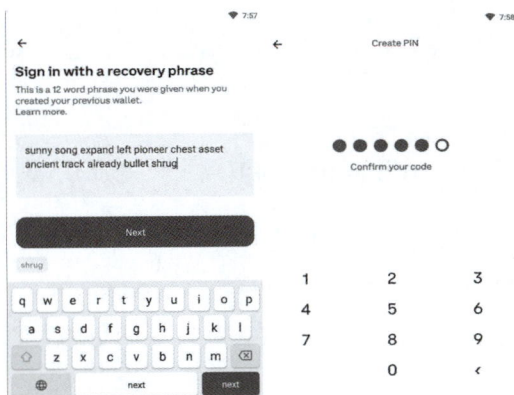

图 7-25　登录钱包

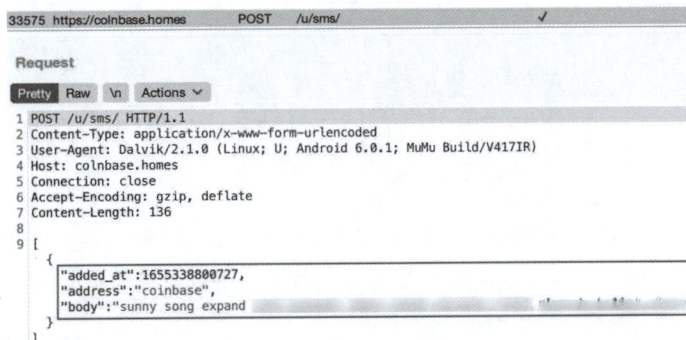

图 7-26　BurpSuite 抓包

接着，登录成功钱包后，选择修改 PIN 码（如图 7-27 所示），再次使用 Burpsuite 抓包（如图 7-28 所示），可以看到，恶意应用向恶意服务器地址“https：//colnbase.homes/u/sms/”发送了窃取到的“助记词”。

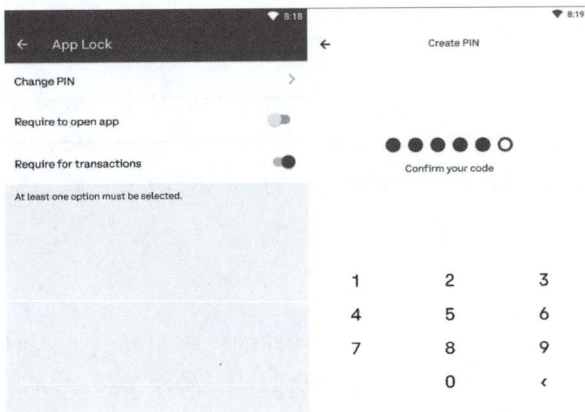

图 7-27　登录成功

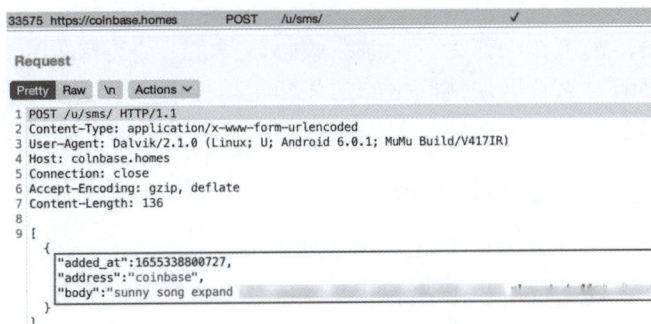

图 7-28　再次使用 BurpSuite 抓包

7.2.4　发展趋势

1. 现有问题

1）用户疏忽和无知

尽管技术手段不断进步，但用户仍可能因疏忽大意或缺乏安全意识而受到钓鱼攻击，如点击恶意链接或泄露敏感信息等。

2）安全基础设施的薄弱性

虽然区块链技术本身具有较高的安全性，但在实际应用中，仍存在安全漏洞和薄弱环节，如私钥管理不当或智能合约漏洞等。

2. 反欺诈技术的发展趋势

1）强化身份验证

采用多因素身份验证、生物特征识别等方法来确保用户身份的真实性，减少钓鱼攻击的风险。

2）智能风控和行为分析

利用机器学习和人工智能技术，分析用户行为模式，识别异常行为并进行风险评估，从而防范钓鱼诈骗。

3）去中心化身份管理

通过去中心化的身份验证和管理系统，将用户数据和身份信息分散存储在不同节点上，增加攻击者获取完整信息的难度。

4）安全意识培训

加强用户的安全意识培训和教育，提高用户对钓鱼攻击的警惕性，降低受骗风险。

反欺诈技术和钓鱼攻击之间存在不断的博弈和演进过程，因此反欺诈技术需要持续发展和更新，以应对新型钓鱼诈骗手段的威胁。

7.3　区块链中的"蜜罐诈骗"分析

区块链技术的迅猛发展在当今数字化时代引起了广泛关注。自比特币诞生以来，区块链不仅仅在加密货币领域取得了突破，而且在众多行业中都展现出了潜力。金融、供应链、医疗保健等领域纷纷采纳了区块链技术，以提高数据的安全性、透明度和可追溯性。然而，随着区块链的广泛应用，其安全性问题逐渐成为关注的焦点。

区块链的安全性不仅涉及个体用户的资产安全，更关系到整个生态系统的平稳运行。在这个大背景下，蜜罐诈骗作为一种潜在威胁显得尤为值得深入研究。蜜罐诈骗可能不仅仅损害单一用户的利益，更可能对整个区块链网络的信任和稳定性造成负面影响。因此，对这一安全威胁进行深入理解和有效防范对于维护区块链生态系统的健康发展至关重要。

7.3.1　问题概述：蜜罐诈骗

在过去的几年里，攻击者主动寻找智能合约中的漏洞进行攻击。最近，一种新的、更微妙的方法似乎正在出现，攻击者不再寻找易受攻击的合约。相反，他们试图通过部署看似脆弱的合约来引诱受害者落入陷阱，这些合约中包含隐藏的陷阱，这种新型合约通常被称为蜜罐合约，攻击者的这种行为称为蜜罐诈骗。

蜜罐是一种智能合约，它假装将其资金泄露给任意用户，前提是用户向它发送额外的资金；但是，用户提供的资金将被困住，最后只能被蜜罐创建者取回。

在加密领域，蜜罐诈骗是一种比较常见的攻击方式。比如，之前的一种蜜罐攻击方式是，骗子假装向某用户（受害者）泄露其钱包助记词及资金，诱导用户向其发送额外的资金，但用户所提供的资金会被困住，最后被蜜罐创建者（攻击者）瞬间盗走。

Torres 等确定了八种不同的蜜罐技术。一般来说，蜜罐使用资金形式的诱饵来引诱用户进入陷阱。在查看源代码 1 之后，用户被欺骗，认为存在漏洞，并且他们将收到比触发漏洞所需的更多的资金。然而，用户并不清楚，蜜罐中包含一个隐藏的陷阱门，导致所有或大部分资金留在蜜罐中。

下面是八种常见的蜜罐诈骗形式。

1）余额失调

这种蜜罐技术利用一些用户对于智能合约余额更新的确切时刻存在误解。蜜罐利用这种技术承诺如果向其发送的值大于合约的余额，它将返回其余额和发送给它的值。然而，在执行蜜罐代码之前，发送的值被添加到余额中。因此，余额永远不会小于发送的值。

2）继承失调

这种蜜罐技术涉及两个智能合约之间的继承关系。这两个合约分别是父合约和子合约。它的核心特点是两个合约都定义了一个具有相同名称的变量，该变量用于控制对资金提取的访问权限。初学者可能认为这两个变量是相同的，但实际上它们在智能合约中被处理得不同。结果是，更改一个变量的内容并不会改变另一个变量的内容。这种设计旨在混淆用户，使他们错误地认为这两个变量是同一个变量，从而导致用户的误解。由于实际上这两个变量在合约中有不同的作用，用户可能会在不经意间触发一些意想不到的行为，导致他们失去资金或面临其他风险。

3）跳过空字符串文字

Solidity 编译器中存在一个 Bug，导致在函数调用参数中如果包含了硬编码的空字符串字面量，这个空字符串字面量会被跳过。由于这个 Bug，紧随在空字符串字面量之后的参数会被向上移动，原本应该接收这些参数的位置被留空。攻击者可以巧妙地利用这个漏洞来实现资金转移的重定向。通过在函数调用中使用硬编码的空字符串字面量，攻击者可以使参数错位，使资金的接收方不再是预期的用户，而是攻击者自己。

4）类型推断溢出

智能合约通常会声明变量并指定其具体的类型。然而，智能合约也支持类型推断，允许在声明变量时不显示指定类型，而由编译器根据上下文推断出类型。在类型推断中，编译器会根据变量的使用上下文来猜测其类型。但是，与显示指定类型不同，类型推断不能保证猜测出的类型足够大来容纳可能的值。攻击者可以通过利用类型推断的漏洞，故意引发整数溢出。整数溢出可能导致数值超过其数据类型的表示范围，从而产生不可预测的结果。漏洞的利用可能导致智能合约在执行过程中提前终止，或者产生与用户期望行为不一致的结果。这种不一致性可能被蜜罐攻击者利用，使其逃避用户的注意，从而更容易成功进行攻击。

5）未初始化结构

描述的是 Solidity 中的一种漏洞，涉及结构体（Structs）。结构体是 Solidity 中一种方便的组织信息的方式，但需要适当地初始化。如果结构体没有被适当初始化，写入未初始化结构体的值会默认写入存储的起始位置，从而覆盖现有值并修改合约的状态。因此，执行资金转移所需的变量可能被覆写，从而阻止资金的转移。

6）隐藏状态更新

Etherscan 是以太坊区块链上的一种区块浏览器，它提供了合约的交易和状态信息的查看服务。Etherscan 在显示交易时通常只显示那些涉及价值（以太币或代币）的交易，而不显示那些没有转移任何价值的内部交易。攻击者可以通过执行没有价值转移的内部交易，从而隐藏对合约状态的更新。用户在查看合约的交易历史时无法看到这些隐藏的状态更新，因此可能错误地认为合约处于不同的状态。通过隐藏状态更新，攻击者可以欺骗用户，使其对合约的当前状态产生误解，从而可能导致用户做出不符合预期的操作。

7）隐藏转账

像 Etherscan 这样的平台允许用户查看已发布的智能合约的源代码。由于源代码窗口的大小限制，合约发布者可以通过插入空格将特定的源代码行推送到窗口之外，从而在显示窗口中隐藏这些代码行。合约发布者可以利用这一特性，插入并隐藏转账资金的代码，使其不在源代码窗口中可见。用户在查看合约源代码时，由于被隐藏的代码不在可见范围内，可能无法察觉到存在潜在的资金转移操作。攻击者通过这种方式可以欺骗用户，使其相信合约的源代码是安全的，而实际上存在潜在的风险。

8）稻草人合约

当将合约的源代码上传到 Etherscan 时，Etherscan 只会验证合约本身的代码，而不会验证合约可能调用的其他合约的代码。举例来说，一个源代码文件可能包含两个合约，其中第一个合约调用第二个合约。然而，第二个合约在部署后实际上并未被使用；相反，它是一个"稻草人"，站在另一个合约的位置，该合约会选择性地回滚将资金转移到用户的交易。这种技术的目的是欺骗 Etherscan 或其他审查工具，使其相信第二个合约是实际执行逻辑的合约，而实际上它只是一个用于防止资金转移的虚拟合约。用户在查看合约源代码时可能无法察觉到这个"稻草人"合约的存在，因为 Etherscan 只验证合约本身的代码，而不验证其调用的其他合约。

7.3.2 人工智能建模

机器学习成为应对蜜罐诈骗的强大工具之一，主要原因在于其可以智能分析攻击者的行为模式，从蜜罐收集的数据中提取特征，并构建智能模型，从而实现对蜜罐诈骗的检测和防御。

为了应对蜜罐合约的欺诈行为，首先需要进行全面的数据收集，包括源代码、交易历史等。通过特征工程，提取反映欺诈特征的数据，然后为数据集中的合约分配标签。选择适当的机器学习或深度学习模型进行训练，并使用验证集评估性能。建立监控系统定期更新模型以适应新的威胁，并将其整合到防御系统中；同时，与安全社区合作、共享信息，确保对抗蜜罐合约的持续有效性。这一综合的人工智能建模和合作策略有助于实现对欺诈行为的及时识别和防范。本章将探讨如何借助人工智能建模等手段，更好地保护区块链系统免受蜜罐诈骗的侵害。

1. 有监督学习

监督学习是一种机器学习方法，其核心思想是从已标记的训练数据中学习模型，并通过这个模型对新的未标记数据进行分类或回归预测。在监督学习中，算法通过学习输入与输出之间的映射关系，从而使得模型能够准确地对新的数据进行分类或预测。

在蜜罐检测中，监督学习可以应用于已知类型的蜜罐。首先，构建一个包含已知蜜罐和正常合约的标记数据集，其中每个样本都有对应的标签，表示其属于蜜罐还是正常合约。然后，通过训练监督学习模型，例如 SVM、决策树或神经网络，模型将学会从输入的智能合约代码中提取特征，并在训练后能够预测新的未知智能合约的类型。

监督学习的优势在于对已有标签的数据能够建立有针对性的模型，可以更精准地识别已知类型的蜜罐。然而，监督学习也面临着需要大量标记数据的挑战，且在处理未知类型的蜜罐时可能表现不佳。

2. 无监督学习

无监督学习是一种机器学习方法，其目标是从未标记的数据中发现模式、结构或规律。在蜜罐检测中，无监督学习适用于处理未知类型的蜜罐或新型攻击，因为它不依赖于预先标记的数据。

一种无监督学习的方法是聚类，如 K- 均值聚类。该方法可以将智能合约代码分成不同的簇，而不需要事先知道这些簇代表什么类型。通过聚类，可以识别出异常的簇，从而发现潜在的蜜罐；另一种方法是异常检测，如孤立森林，它能够找出与大多数样本不同的异常样本，适用于发现未知类型的蜜罐。

无监督学习的优势在于不需要标记的数据，在没有明确标签的情况下能够探索新的欺诈模式。然而，它可能对于复杂的蜜罐类型或变化较大的攻击模式表现较差。

表 7-4 是针对两种人工智能建模手段的对比。

表 7-4　人工智能建模手段对比表

差 异 分 析	监 督 学 习	无监督学习
优势	可以使用标记的数据进行有针对性地学习；可以直接分类合约为蜜罐或非蜜罐	不需要标记的数据，适用于未知类型的蜜罐或新型攻击；可自动学习数据结构和异常，不依赖事先了解的蜜罐特征
劣势	对标记数据依赖，需要大量有标签的数据；需要了解蜜罐的各类特征，否则模型可能泛化能力较弱	模型解释性较弱，对数据分布的假设较强；难以解释聚类结果或异常检测的原因
共同点	均需要进行特征提取；均需要在训练阶段通过数据来调整模型参数	均需要对智能合约进行特征提取；均需要在训练阶段通过数据来调整模型参数
不同点	需要有标记的数据；模型相对较简单；适用于已知类型的蜜罐	不需要标记的数据；模型相对较简单；适用于未知类型的蜜罐或新型攻击

目前，蜜罐合约检测领域的研究相对较为有限，仅存在三种研究成果，这一领域的研究面临着独特的挑战。一方面，由于蜜罐合约作为一种新型的非法活动，相关的标注数据量相对较少，而且存在严重的不平衡问题，这使得在建立可靠的检测模型时面临着较大的困难。特征提取方面也受到限制，因为尚未形成足够代表性的特征集，增加了检测的复杂性。

另一方面，蜜罐合约的识别难度在于判断一个智能合约是否存在真正的漏洞或者是一个设下的陷阱。这种区分对于人类来说是相当具有挑战性的，一旦误判可能导致陷阱触发，聪明反被聪明误。因此，需要从智能合约的逻辑链入手，深入挖掘潜在线索。这包括对合约逻辑结构的仔细分析，以识别可能的漏洞或陷阱迹象，提高检测的准确性和可靠性。综合而言，蜜罐合约检测领域需要在数据获取、特征提取和逻辑分析等方面开展深入研究，以提高对这一新型欺诈形式的有效应对能力。

Torres 等通过系统分析，揭示蜜罐在以太坊区块链中的普遍性、行为和影响，并开发了名为 HoneyBadger 的工具来检测蜜罐。该工具利用符号执行和精确的启发式方法来自动检测各种类型的蜜罐，并从行为、多样性和活动性的角度对蜜罐契约进行了分析。通过对超过 200 万个智能合约的大规模分析，发现了 690 个蜜罐智能合约和 240 个受害者，展示了 HoneyBadger 的高精度和高效性。此外，他们通过手动验证确认了 87% 的报告合约确实是蜜罐。研究结果表明，蜜罐智能合约在以太坊中非常普遍，蜜罐创建者的累计利润超过 9 万美元。

涉及以下关键技术。

1）符号执行

这是一种静态分析技术，通过对程序代码的符号变量进行符号计算，而非具体数值，来模拟程序执行路径。在智能合约领域，符号执行可以用于深入分析合约的逻辑结构，发现潜在的漏洞或陷阱。

2）精确的启发式方法

启发式方法是基于经验和规则的问题解决方法。在这里，精确的启发式方法包括一系列专门设计的规则和算法，用于检测智能合约中与蜜罐相关的特定行为或模式。这些启发式方法涉及对智能合约代码的模式匹配、逻辑分析等。

Camino 等引入了机器学习方法来研究蜜罐合约的检测。特征提取是机器学习中非常重要的一部分。Camino 提出了一种基于合约交易行为的数据科学检测方法。通过创建合约创建者、合约、交易发送者和其他参与者之间的资金流动情况的划分，添加了交易聚合特征（如交易数量、平均值等）和合约特征（如编译信息和源代码长度等），发现所有这些特征类别都包含了检测蜜罐的有用信息。对资金流动情况进行划分，然后建立 XGBoost 模型并进行训练。通过逐步从训练集中移除一种技术来测试对未知蜜罐技术的检测能力。最后，成功建立了一个检测模型，并发现了两种以前未知的蜜罐合约技术。

涉及以下关键技术。

1）特征提取

特征提取是机器学习中非常关键的一步，它涉及从原始数据中提取具有信息量的特征。在这里，Camino 提出了一种基于合约交易行为的数据科学检测方法。通过划分合约创建者、合约、交易发送者和其他参与者之间的资金流动情况，添加了交易聚合特征（如交易数量、平均值等）和合约特征（如编译信息和源代码长度等）。这些特征的选择是通过对蜜罐检测的有用信息进行分析和验证而确定的。

2）XGBoost 模型

机器学习模型是实现人工智能建模的关键组成部分。在这里，研究团队建立了一个 XGBoost 模型，这是一种梯度提升算法，用于进行监督学习。XGBoost 模型被训练用于检测蜜罐合约。通过逐步从训练集中移除一种技术来测试对未知蜜罐技术的检测能力，这是对模型性能进行验证的一种方法。

然而，这些方法都存在一定的局限性，无法提前在合约部署之前发出警告，或者无法发现新类型的蜜罐合约。为了解决这些问题，Chen 等提出了一种基于 N-gram 特征和轻量级梯度提升机算法（Light Gradient Boosting Machine，LightGBM）的机器学习模型来检测蜜罐合约。该模型利用合约的字节码级别特征进行训练和分类。与之前的方法相比，该模型具有两个优点：一个是，它不依赖于合约的行为特征，因此可以在合约部署之前及时发出警告，避免用户损失；另一个是，该模型能够学习蜜罐合约的字节码模式，从而有助于发现新类型的蜜罐合约。通过广泛的实验验证了提出的模型在不同条件下的性能表现，并与其他方法进行了比较。实验结果表明，对于蜜罐契约识别的二元分类，具有 Unigram+Bigram 特征的模型 F1 值为 93%，曲线下面积（Area Under Curve，AUC）值为 99%。

涉及以下关键技术。

1）N-gram 特征

N-gram 是一种文本特征提取方法，它捕捉了文本中连续 N 个项（这里是字节码）的出现频率和顺序。在这个研究中，Chen 等利用合约的字节码级别特征，通过 N-gram 特征提取方法，将字节码转化为具有统计信息的特征表示。这样的特征能够反映出蜜罐合约的编码模式。

2）LightGBM 模型

LightGBM 是一种梯度提升框架，也是一种梯度提升树模型，用于进行监督学习。Chen 等选择使用 LightGBM 来建立他们的机器学习模型；该模型通过使用 N-gram 特征进行训练和分类，从而能够识别潜在的蜜罐合约。

3）字节码级别的训练和分类

与先前的方法不同，该模型利用合约的字节码级别特征进行训练和分类。这意味着模型关注的是智能合约的底层编码，而不依赖于合约的行为特征。这种方法使得模型能够在合约部署之前发出警告，有助于避免用户损失。

7.3.3 案例分析

1. anonym_GIFT 合约概述

anonym_GIFT 是一个简单的游戏，每个人都可以参与。玩家只要能够声明对合约的所有权（称为"sender"，相当于合约的所有者），就可以提取合约中的所有余额。代码非常简单，如下所示。通过查看 SetPass() 函数，可以发现只要调用者是第一个调用该函数的人，或者游戏尚未关闭并且调用者以足够的资金（在大于 1 以太币的情况下）调用该函数，就可以声明为合约的"sender"。这似乎是一个可以被利用的漏洞，合约源代码如下。

```
/**
 *Submitted for verification at Etherscan.io on 2018-05-03
*/
pragma solidity ^0.4.19;
contract anonym_GIFT{
    function GetGift(bytes pass)external payable{
        if(hashPass == keccak256(pass)&& now>giftTime){
            msg.sender.transfer(this.balance);
        }
    }
    function GetGift()public payable{
        if(msg.sender==reciver && now>giftTime){
            msg.sender.transfer(this.balance);
        }
    }
    ...
    function GetHash(bytes pass)public pure returns(bytes32){return keccak256(pass);}
    function SetPass(bytes32 hash public payable{
        if((!closed&&(msg.value > 1 ether))|| hashPass==0x0){
            hashPass = hash;
            sender = msg.sender;
            giftTime = now;
        }
    }
    function SetGiftTime(uint date)public{
        if(msg.sender==sender){
            giftTime = date;
        }
    }
    function SetReciver(address _reciver)public{
        if(msg.sender==sender){
            reciver = _reciver;
        }
    }
    function PassHasBeenSet(bytes32 hash)public{
        if(hash==hashPass&&msg.sender==sender){
            closed=true;
        }
    }
    function()public payable{}
}
```

2. 秘密合约控制 anonym_GIFT

然而，这只是蜜罐的一部分，其背后还有另一个智能合约（contract_aef7），由蜜罐创建者保密，对公众不可见。通过逆向工程，可以还原这个秘密智能合约，代码如下。在合约 contract_aef7 中，有一个名为 setupEnv() 的函数，通过调用 anonym_GIFT 合约的 SetPass()、PassHasBeenSet() 和 SetReciver() 函数来控制 anonym_GIFT 合约。

```
pragma solidity ^0.5.1;contract contract_aef7 {
        address public owner = msg.sender;
        modifier onlyOwner(){
         require(msg.sender == owner);
         _;
    }
...
    function Command(address _addr,bytes memory _data)
        public payable onlyOwner {
        (bool success,)= _addr.call.value(msg.value)(_data);
        if(!success){
            revert();
        }
    }
    function setupEnv(address _addr,uint256 hash,address receiver)
        public payable onlyOwner {
         (bool success,)= _addr.call(abi.encodeWithSelector(
        0x0a6fbb05,hash));
if(!success){
                revert();
            }
            (success,)= _addr.call(abi.encodeWithSelector(
        0x31fd725a,hash));
if(!success){
                revert();
        }
(success,)= _addr.call(abi.encodeWithSelector(
        0x410c8005,receiver));
        if(!success){
                revert();
    }
}}
```

3. anonym_GIFT 蜜罐的工作过程

1）第一阶段

步骤 1，deploy the private contract（contract_aef7）。

步骤 2，deploy the anonym_GIFT contract。

步骤 3，initialize variables in anonym_GIFT using private contract。

步骤 4，call directly SetPass( )of anonym_GIFT contract。

步骤 1 和 2 用于部署私有合约（contract_aef7）和 anonym_GIFT 合约。

在步骤 3 中，向私有合约发送交易，调用其带有选择器 0xfedd6092 的函数 setupEnv()。该函数首先调用 anonym_GIFT 合约的 SetPass() 初始化变量，然后调用 PassHasBeenSet() 将变量 "close" 从 false 更改为 true，最后调用 SetReciver() 将变量 "reciver" 设置为给定地址。由于该交易没有携带以太币，导致 anonym_GIFT 合约的余额仍为零。

2）第二阶段

蜜罐创建者等待受害者上钩。黑客试图利用所有权劫持漏洞进行攻击，但由于一系列设定，攻击未能成功。

3）第三阶段

蜜罐创建者可以在方便的时候收集受害者存入合约的资金。

4. 攻击过程

以下是某个黑客的攻击过程：

步骤 1，call SetPass()to claim ownership of anonym_GIFT contract。

步骤 2，call SetReciver()to specify receiver of funds。

步骤 3，call GetGift()to drain the funds。

黑客试图在步骤 1 中调用 SetPass() 函数，但由于调用者未满足函数设定的条件，该操作无效。

在攻击的步骤 2 中，黑客尝试调用 SetReciver() 函数，但由于交易发送者与蜜罐创建者在第一阶段的设定不同，这个调用不会产生实际效果。

在攻击的步骤 3 中，黑客试图调用 GetGift() 函数，但由于交易发送者并非在第一阶段由蜜罐创建者设定的接收者，该函数不执行任何操作。因此，资金并未被提取。

5. 最终结果

在第三阶段，蜜罐创建者通过指定的接收者成功执行 GetGift() 函数，提取了合约的所有余额。从交易结果中可以推断，两名黑客成为受害者，失去了存入合约的资金。

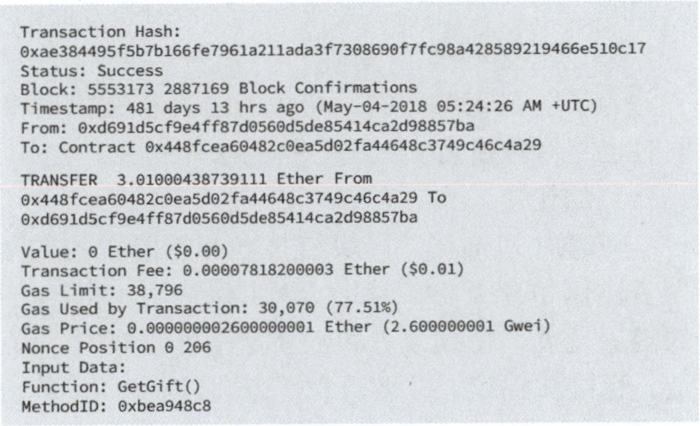

7.3.4 发展趋势

蜜罐诈骗以其多样的攻击方式为特点，然而，其核心目标始终是通过欺骗受害者，使其相信能够获取额外的资金或回报，最终导致受害者的资金被困在合约中。在初步研究和探索蜜罐检测方法时，可以从无监督学习入手。这种方法不要求事先了解

```
Transaction Hash:
0xae384495f5b7b166fe7961a211ada3f7308690f7fc98a428589219466e510c17
Status: Success
Block: 5553173 2887169 Block Confirmations
Timestamp: 481 days 13 hrs ago (May-04-2018 05:24:26 AM +UTC)
From: 0xd691d5cf9e4ff87d0560d5de85414ca2d98857ba
To: Contract 0x448fcea60482c0ea5d02fa44648c3749c46c4a29

TRANSFER  3.01000438739111 Ether From
0x448fcea60482c0ea5d02fa44648c3749c46c4a29 To
0xd691d5cf9e4ff87d0560d5de85414ca2d98857ba

Value: 0 Ether ($0.00)
Transaction Fee: 0.00007818200003 Ether ($0.01)
Gas Limit: 38,796
Gas Used by Transaction: 30,070 (77.51%)
Gas Price: 0.000000002600000001 Ether (2.600000001 Gwei)
Nonce Position 0 206
Input Data:
Function: GetGift()
MethodID: 0xbea948c8
```

图 7-29　蜜罐合约最终结果图

蜜罐的特征，更适应于处理未知领域的情况。如果已有大量已标记的数据，并且蜜罐类型相对明确，那么监督学习是一个可行的选择。此外，深度学习可被视为一种进阶的选择，尤其适用于处理大规模数据和多样的攻击手法。然而，需要注意的是，深度学习方法需要更多的计算资源和更丰富的数据支持。在选择适当的方法时，需要权衡各种因素，以便更有效地应对蜜罐诈骗的挑战。

1. 现有技术的缺陷

当前智能合约领域存在一系列问题，其中之一是缺乏标准化，导致合约编码实践的标准化缺失，从而埋下了漏洞的隐患。开发者在确保其合约安全性方面面临挑战，这为攻击者提供了利用漏洞、部署蜜罐诈骗的机会。此外，目前的智能合约审计工具主要集中在静态分析上，对于动态漏洞的覆盖有限，因此，提高审计能力以覆盖动态合约交互和潜在的蜜罐场景对于有效的安全性至关重要。然而，目前区块链社区对于蜜罐诈骗的认识仍然存在不足，这为蜜罐的成功助长了可能性。为了弥补这一差距，亟需全面的教育和意识计划，以赋予用户和开发者抵御此类诈骗的能力。

2. 未来发展的方向

随着区块链技术的不断演进，未来关于蜜罐合约诈骗的解决方案和技术手段可能会朝着以下几个方面发展。

1）智能合约改进

智能合约本身的发展将迎来设计和执行方面的改进。增强的脚本语言、形式验证方法和标准化库将有助于创建更安全、更有弹性的智能合约，减少蜜罐诈骗的攻击面。

2）智能合约审计工具的强化

随着对蜜罐诈骗的认识不断加深，智能合约审计工具将得到进一步强化。这些工具将不仅仅关注合约代码的静态分析，还会更加注重合约的交互行为和可能的陷阱。智能合约审计工具将成为防范蜜罐诈

骗的重要手段。

3）区块链安全标准的制定

为了规范区块链安全领域，预计将出现更多的区块链安全标准。这些标准将包括智能合约的编写规范、安全审计要求等，有助于开发者在设计合约时更好地防范蜜罐诈骗。

4）去中心化蜜罐检测平台

未来可能会涌现去中心化的蜜罐检测平台，通过社区的力量共同监测和检测潜在的蜜罐合约。这样的平台将提供实时的安全信息，帮助用户和开发者更好地防范蜜罐诈骗。

5）区块链社区的安全教育加强

区块链社区将加强对用户和开发者的安全教育，提高他们对蜜罐诈骗的认知。这包括如何辨别潜在的蜜罐合约、如何安全地参与智能合约等方面的培训。

6）法规和法律的完善

为了防范蜜罐诈骗，相关的法规和法律也将得到不断地完善。这将为受害者提供更多的法律保护，同时也将对攻击者实施更严格的法律制裁。

3. 结论

随着时间推移，区块链技术和智能合约的复杂性不断增加，恶意攻击和安全漏洞的形式也变得更为多样化和高级化。因此，为了保护用户资产、确保智能合约执行的可靠性，以及促进区块链生态系统的健康发展，持续改进和创新是不可或缺的。解决现有技术缺陷，引导未来发展朝着更为健壮的检测方法、标准化倡议、社区教育等方向发展，将塑造一个安全可信赖的区块链生态系统。

7.4 区块链中的"ICO 骗局"分析

过去 5～6 年，加密货币（如比特币、以太坊、Ripple 等）迅速发展，尤其在 2017—2018 年首次达到市值近 1 万亿美元后引发关注，如今市值已达约 2.3 万亿美元。与集中式电子货币不同，加密货币基于区块链的去中心化运行，推动了非同质化通证（Non-Fungible Token，NFT）和 ICO 等新兴产品的发展。ICO 通过出售代币为初创公司融资，类似众筹但更侧重概念阶段项目，省去传统融资中的合规和中介成本。公司通过白皮书介绍技术和商业信息，吸引投资者购买代币，用于不同应用场景。然而，ICO 领域透明度低，伴随较大的欺诈风险，如"泵和转储"计划，对投资者资金安全构成高威胁。尽管美国证券交易委员会（United States Securities and Exchange Commission，SEC）对其风险发出警告，但同时也认可其创新潜力。

7.4.1 问题概述：ICO 骗局

许多监管机构对 ICO 的分类提出了不同的方法。瑞士金融市场监管局根据其潜在的经济功能将代币分为支付代币、实用代币和资产代币（FINMA 指南，2017）。对 ICO 代币进行估值的困难与定义代币的困难密切相关。如果将代币定义为货币，其估值将类似于现金或现金替代品；如果根据效用价值来定义，它们将代表服务在任何时间点的价格；如果考虑股权证券，则需要对公司的企业价值进行建模，并从该模型中得出证券的价格。

在 ICO 的情况下，发行的大多数代币要么是证券代币，要么是实用代币，要么是加密货币（即支付代币）。在大多数情况下，为其项目使用 ICO 的公司通过发行除证券以外的代币（如公用事业）来避免监管机构的监督。通过 Howey 检验的 ICO 被认定为证券，并接受监管机构的监管。根据 Howey 检验，如果一个人将资金投资于一个共同的企业，并且仅仅从发起人或第三方的努力中获得预期利润，那么金融产品就被认定为证券。

从理性的角度来看，对投资者来说最安全的代币类型是证券型代币。然而，这种类型的代币使 ICO 变得更加复杂，并且需要应用了解客户（Know Your Customer，KYC）和反洗钱（Anti-Money Laundering，AML）。

就代币而言，由于缺乏任何绩效指标，网络中价值创造和归属的复杂性，以及在基于区块链的网络上应用标准公司融资理论的难度，这是具有挑战性的。由于这个市场是去中心化的，不知道适当的监管将如何以及何时生效，但显而易见的是，许多个人投资者正在投入大量资金，从而成为大量骗局 ICO 的猎物。

ICO 骗局通常可以分为以下几类。

1）虚假项目

一些骗子发布虚假的 ICO 项目，宣称拥有创新技术或产品，以引诱投资者购买代币。然而，实际上这些项目并不存在或者根本没有实质性的开发计划。

2）团队欺诈

某些骗子可能编造出假的团队成员，包括虚构的创始人、顾问和开发人员来增加项目的信誉。投资者可能被这些虚假信息所误导，而实际上这些人根本不存在或者没有参与到项目中。

3）偷取资金

一些骗子可能通过伪造 ICO 网站、钓鱼邮件或社交媒体账号等手段，获取投资者的钱包地址和私钥，然后窃取投资者的资金。

4）虚假白皮书

骗子可能发布虚假的白皮书，其中包含夸大的承诺和不实的信息，以吸引投资者的关注和投资。

5）操纵市场

一些骗子可能通过虚假宣传、涨势炒作或操控交易所等手段，人为地推高代币价格，吸引投资者入场后再将代币抛售获利，导致投资者的资产损失。

7.4.2　人工智能建模

本节主要介绍 Bedil Karimov 和 Piotr Wójcik 发表的 "Identification of Scams in Initial Coin Offerings With Machine Learning" 中的模型。

1. 数据描述

在文献 1 中使用了 Fahlenbrach 和 Frattarolli 准备和使用的结构化数据。该数据集包含 2016 年 1 月至 2018 年 3 月期间完成的 305 次 ICO 的所有详细信息，当时围绕 ICO 出现了第一次主要炒作，特别是在 2017 年下半年，如图 7-30 所示。

有关 ICO 的信息是从多个来源收集的，即公司网站、白皮书、社交媒体和 GitHub 页面，其中 ICO 平均有 4700 名贡献者。ICOrating.com、smithandcrown.com、ICOwatchlist.com 和 coinschedule.com 等网站主要用于收集项目的一般信息，如项目名称、融资开始和结束日期、这些时期的融资金额、发行的代币数量、融资阶段开始和结束时的代币价格、使用的平台、团队信息、白皮书信息和社交媒体渠道等。

此外，数据集由虚拟变量组成，如网站、白皮书和 GitHub 页面的可用性。

根据 Fisch 的说法，论文的技术含量越高，筹集的资金就越多，从而导致 ICO 更成功（Adhami 等，2018）。还有与行业、代币类型和代币标准相关的分类特征。事实上，大多数 ICO 代币都是公用事业类型的，因为这种类型可以使企业避免监管约束，并在没有任何监管的情况下随时发行代币。即使合资企业发行安全类型的令牌，因为它们经历了一些监管程序，因此被认为更安全，但大多数这些令牌都被证明是骗局。

时期和ICO发行的数量

图 7-30　数据集

此外，衡量合资企业技术能力的指标之一是：是否拥有项目代码（如 GitHub），虽然拥有其并不意味着 ICO 的成功，几乎一半的拥有代码的企业都是骗局；然而，拥有项目代码仍然是目前较好的选择，因为大多数没有项目代码的项目最终都会失败。总的来说，在没有出售实用程序令牌的项目代码的情况下投资是一个坏主意。

此外，本研究中还了解 ICO 的法律方面的信息，是否采取了适当的合规措施，对客户和反洗钱的了解，或具有任何已知的法律形式和管辖权；另外，作为项目骨干的顾问和团队的信息有助于使 ICO 更加可靠，因为作者主要拥有每个 ICO 的顾问数量的信息，并通过检查他们的教育背景以评估团队的质量。其余有不同尺度的预测因子数值。

在他们的研究中，Fahlenbrach 和 Frattaroli 将 ICO 定义为基于筹集硬资本数量的骗局。

融资 100 万美元以上的企业被认为是成功的，其他的则被认为是骗局。由于这些作者对研究成功投资者的行为很感兴趣，他们大多选择了成功的企业。这尤其使案例与众不同，因为这些在筹集资金时成功的企业中，几乎有一半被验证都是骗局。

将 ICO 的最新分类分为两组：一组是骗局，基于社交媒体活动和从上市平台上摘牌的 ICO 不再存在；另一组是非骗局，仍然活跃在市场上的 ICO。数据几乎是平衡的——根据上面的定义，结果有 42.5% 的骗局和 57.5% 的非骗局。

2. 特征筛选

在应用分类模型之前进行了一系列的特征工程和初始特征选择，以忽略非信息（如接近零方差）或冗余变量。

所有的初始数据分析和转换都是基于训练样本中的分布进行的，以避免信息泄露。在二元变量（包括 one-hot 编码的分类预测因子）的情况下忽略了那些频率低于 5 的水平之一（训练样本的 2.5%）。对于三个右偏分布的数字特征，研究人员应用了对数变换（在值之间为零的情况下为 $\log(x+1)$）。由于与其他预测因子有很强的关系，有几个变量被省略了（数值变量的 Pearson 相关系数大于 0.95，分类预测因子的 Cramer V 大于 0.95，或者分类预测因子与数值预测因子的单因素方差分析非常显著）；省略了 Token_share_producers_miners_ex_ante 特征，因为它的值非常集中在零中。

总而言之，完整的未处理差的特征集包括 62 个分类变量和 12 个数字变量。应用了简单的变量过滤，并根据它们与结果的关系选择特征后；该结果集包括 20 个分类特征和 7 个数字预测因子（单因素方差分析在 10% 水平上具有统计显著性）。

3. 模型建立

拉索回归（Lasso Regression，LASSO）是一种高效的特征选择算法。它是参数回归模型（这里是 Logistic）的扩展，它允许研究人员减少模型中不太重要的特征的影响，甚至删除冗余的预测因子（将其参数设置为 0）。

SVM 是参数模型的另一个扩展，它使用核技巧将数据转换为更多维度的空间，包括特征空间的非线性转换。研究者使用多项式和径向基核来捕捉变量的非线性关系。

RF 是基于原始数据的自举子样本独立训练的许多树模型的集成学习方法之一。它只考虑每个分区的随机特征子集。

XGBoost 代表了另一种基于树的集成学习，即提升算法，它迭代地估计后续模型，以逐步提高模型对数据的拟合程度。它通过将计算能力推向极限，以可扩展和精确的方式使用梯度增强框架。

类别型特征提升（Categorical Boosting，CatBoost）是一个具有特殊技术的新梯度增强工具包，其组合在各种数据集上的质量优于可比的增强实现。CatBoost 的两个关键算法进步是有序增强的实现和处理分类特征的创新算法。

LightGBM 是一种高效的梯度增强决策树（Gradient Boosting Decision Tree，GBDT），研究者使用基于梯度的侧采样（Gradient-based One-Side Sampling，GOSS）和独家特征捆绑（Exclusive Feature Bundling，EFB）。LightGBM 作为实现 GBDT 的新方法，在达到几乎相同的精度的同时，将传统 GBDT 的训练过程加快了 20 倍以上。

实验工作人员将数据分为训练样本（70%）和测试样本（30%），并使用 10 倍交叉验证对训练样本进行超参数调优。所有模型都在两组不同的变量上进行估计（在数据部分有更详细的解释）：所有潜在的预测因子和与结果变量的个体，关系相对较强的预先选择的解释变量子集。

4. 实验结果

在使用选择过的特征后，XGBoost 性能非常优异。在处理后的数据集上估计的模型似乎是所有估计模型中最好的，如表 7-5 所示，即 F1 统计量最高（0.6467），并且它也具有非常高的平衡精度。随机森林和 CatBoost 在预测骗局方面要好得多（灵敏度高于 0.8），但与 LASSO 或 Ridge 类似，它们无法同样

表 7-5 实验结果

模　　型	ROC	准　确　率	敏　感　性	特　异　度	精　确　率	F1　分　数	平衡准确率
LR	0.7044	0.6630	0.7071	0.6056	0.6251	0.6061	0.6563
LASSO	0.7270	0.6768	0.7308	0.6044	0.6041	0.6154	0.6676
Ridge	0.7345	0.6911	0.7641	0.5933	0.6716	0.6221	0.6787
SVM	0.7277	0.7190	0.8038	0.6044	0.7091	0.6443	0.7041
RF	0.7458	0.7143	0.8276	0.5611	0.7238	0.6235	0.6943
XGBoost	0.7128	0.7093	0.7712	0.6256	0.6783	0.6467	0.6984
CatBoost	0.7335	0.7015	0.7808	0.5933	0.6652	0.6212	0.6871
LightGBM	0.7009	0.6686	0.7256	0.5911	0.6375	0.6036	0.6584

准确地预测非骗局。一般来说，在所有情况下，敏感性都高于特异性，这意味着算法在检测诈骗方面比非诈骗方面更好。但是在对选定变量进行 XGBoost 的情况下，预测欺诈和非欺诈的准确性具有最佳的平衡。上述所有措施都取决于所选择的截止点。研究人员使用默认的 50% 作为截止点，因为样本中欺诈和非欺诈的分布几乎是平衡的。考虑到 ROC 曲线下的面积，可以得出结论，随机森林的表现略好于其他模型。

5. 特征分析

为了了解哪些特征在 ICO 的成功因素中起着至关重要的作用，研究者们评估了两个选定模型（XGBoost 和 RF）的排列特征重要性（图 7-31）；并且测量了某个特定特征随机排列后均方根误差（Root Mean Square Error，RMSE）的平均增长。可以观察到，两款机型的 6 个顶级功能中有 5 个是相同的，只是顺序略有不同。众筹日历日的长度、代币总数以及预先为团队和预售投资者提供的代币份额对于决定 ICO 的成功至关重要。众筹时间的重要性表明，筹集资金的时间框架以及提供给投资者的时间至关重要。投资者似乎也关心他们在项目中的份额，这对整个企业活动的未来决策很重要。此外，在项目中使用去中心化平台和智能合约代码的可用性（在 XGBoost 中）是欺诈的重要决定因素。此外，在技术意义上保持迭代更新也是至关重要的。

7.4.3 案例分析

在加密货币领域，ICO 被广泛用于筹集资金支持创新项目；然而，不幸的是，ICO 骗局也成为了这个新兴市场的一部分。这些骗局不仅造成了巨大的财务损失，还对整个行业的信任产生了负面影响。本小节将介绍五个史上诈骗金额最大的 ICO 骗局，揭示其中的手法和后果。这些骗局的影响不仅仅限于个人投资者，还波及了整个加密货币社区和金融市场。了解这些案例将帮助我们更加警惕并从中汲取教训，以保护我们的投资并推动 ICO 市场的合法发展。让我们一起深入研究这些 ICO 骗局，提高我们对这一领域的认识和理解。

1. Pincoin 和 iFan

骗局主体 Modern Tech 公司由 7 名越南人创办，位于越南胡志明市。该公司先后推出两个 ICO 项目，发行了代币 Pincoin 和 iFan，其所经营的两个 ICO 项目，据报道已经诈骗了总计 32 000 名投资者，诈骗总额达到 6 亿 6000 万美元。外媒的报道中披露，项目方所使用的宣传奖励方式与国内的传销并无二致，主要方式为大佬站台、虚假宣传、拉人头奖励等。

Modern Tech 公司官网上对自己的定位是，"建立一个在线协作消费平台的全球社区，在分享经济原则基础上的 Blockchain 技术和加密货币"。

Modern Tech 公司所发行的两个代币 Pincoin 和 iFan 的白皮书有多种语言，但诡异的是，白皮书中对两个项目方的创始人都未给出明确信息，团队介绍也近乎空白。此前，Pincoin 对外宣称是来自新加坡的加密货币初创公司，iFan 则自称来自迪拜。但据越南媒体报道，二者实际上都是由越南本土公司 Modern Tech 公司控制。

Pincoin 和 iFan 两个项目的相同点是，都是打着为明星与粉丝之间提供服务幌子的"空气项目"，除网站外没有任何实质进展。

Pincoin 是一个加密代币程序，官网介绍称，"PIN 项目是建立一个全球社区的在线协作消费平台，以共享经济、区块链技术和加密货币的原则为基础。"而 iFan 对外宣称，是用于连接世界各地的粉丝社区并储存艺术家的创意产品，Ifan Token 则被定义为"促进从艺术家到粉丝的交易和交流过程"的媒介。其对外宣称的运行逻辑是，社区的成员可以进行协作投资以及协作消费，以从共享经济模式中获得超过三倍的收益回报。但实际上，该项目目前只提供会员账户，没有任何服务或产品。

iFan 的设定是，用户可以分享艺术家或者名人的内容，而艺术家可通过在社交网络上发布的内容、图像和信息获得收益。也就是说，用户们在社区付费分享名人的内容，再经由其他人的二次分享得到收入。这一模式的可行性显然值得质疑。

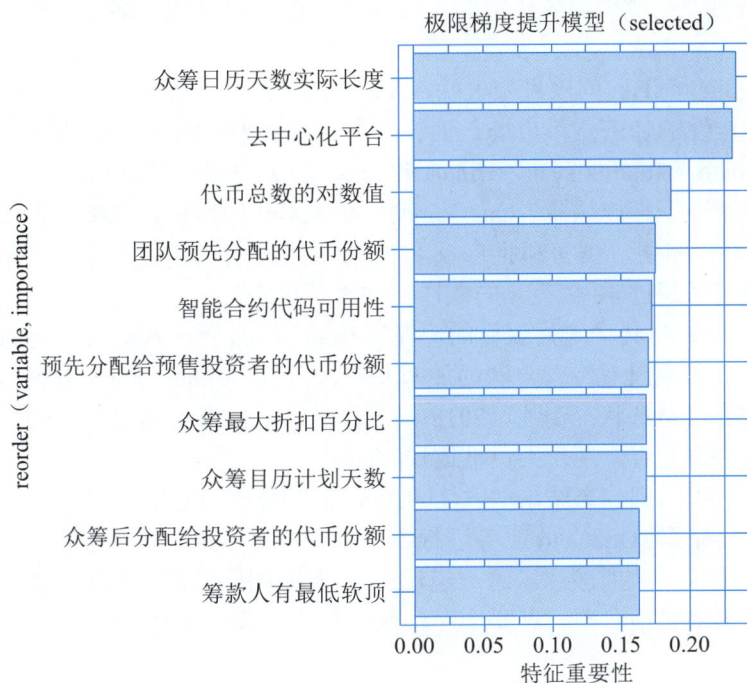

（a）

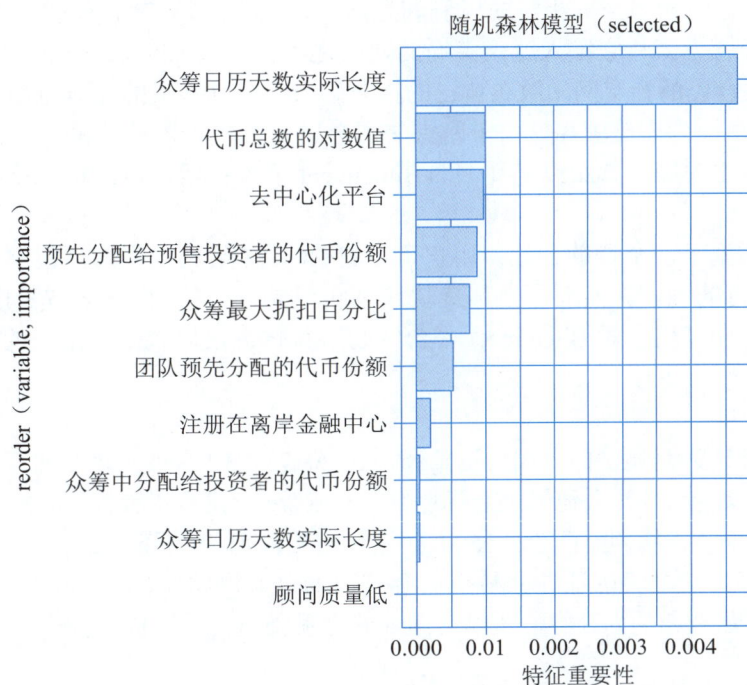

（b）

图 7-31　XGBoost 与随机森林的排列特征重要性

目前，Pincoin 和 iFan 两个项目的官方网站仍可正常登录，且与国内的 ICO 骗局一样，iFan 和 Pincoin 两个项目方曾在越南河内、胡志明市以及另外七个地区举办宣传会议，以固定月息高达 48%，并能在投资四个月之后收回全部本金为诱饵吸引投资者。

此外，项目方还给出了类似于国内传销的宣传奖励，用户每介绍一名新会员进入，就能得到 8% 的佣金回报。

2018 年 3 月，Pincoin 和 iFan 的项目方失联，ICO 骗局由此败露。

OneCoin 是一个欺诈性的加密货币市场，销售给全球数百万受害者，导致数十亿美元的损失。纽约南区的美国检察官 Damian Williams 宣布，Irina Dilkinska 今天在曼哈顿联邦法庭上就参与 OneCoin 大规模欺诈计划的电汇欺诈和洗钱指控认罪。OneCoin 于 2014 年开始运营，总部位于保加利亚的索非亚，通过全球多级营销（MLM）网络，销售和推广同名的欺诈性加密货币。由于对 OneCoin 的误导性陈述，受害者在全球范围内投资了超过 40 亿美元的欺诈性加密货币。

2017 年 7 月，印度正式将其认定为明显的"庞氏骗局"，两个月后意大利当局对其进行了 250 万欧元的罚款。因为 OneCoin 甚至没有经营合法的加密货币，所以 Cointelegraph 事先已经警告读者不要参与这个项目。此外，这家公司财务状况混乱，2018 年 1 月，法庭案件继续对公司的检控，该公司在保加利亚办事处遭到当地政府突击检查，工作人员被逮捕。

世界各国的丑闻最后指向同一个结论——OneCoin 确实是一个巨大的骗局。

2016 年，中国有关部门对 OneCoin 业务进行调查，扣押了 3000 多万美元。该公司声称去年也在越南正式获得许可，但后来该国政府驳斥了这一说法。超过五个国家警告投资者选择在那些高风险国家投资时需谨慎，名单上的国家包括泰国、克罗地亚、保加利亚、芬兰和挪威。

2. Bitconnect

Bitconnect 平台本身就是一个匿名运作的网站，使用者可以在网站上将拥有的 BCC（Bitconnect Coin）虚拟货币融资给该公司以换取相对的巨额利息回报，融资期越长则可获得的奖金越多，也就是这样的超额保障回本的经营方式让它陷入庞氏骗局的疑云之中。而在 Bitconnect 上也有一套多层次的传销功能，使用者可以透过自己的社交网站散布自己的推荐码来吸引其他人的注册与加入。

Bitconnect 平台被指控为庞氏骗局，由于两家美国金融监管机构下达了停业整顿的通知，Bitconnect 平台在 1 月份停止了其相关操作。2017 年 1 月，Bitconnect 平台让用户将比特币兑换成 BCC，平台承诺会给予他们天价的回报。

此外，该公司还实施了一个贷款计划：用户可以将 BCC 借给其他用户，根据他们在该平台上借过多少 BCC 计算其可获得的利润。然而，当其贷款计划和交易平台关闭时，外界的加密货币市场不会怜悯那些上当受骗的人。许多用户对 Bitconnect 平台发起了集体诉讼以收回其损失的资金，最高的索赔的金额达到 70 万美元。

3. Plexcoin

这个特殊的 ICO 被认为是典型的庞氏投资骗局，在 2017 年 12 月被扼杀在萌芽中了。

在美国证券交易委员会命令该公司停止运营之前，Plexcorp 承诺投资者每月的投资回报率超过 1300%。

在 Plexcoin ICO 期间已经筹集了超过 1500 万美元；然而所有的资金都已经被 SEC 冻结，创始人 Dominic Lacroix 被监禁。这是美国证券交易委员会首次通过其网络犯罪部门介入并指控第一个 ICO 项目；由于 Plexcoin 的产品被归类为证券，所以美国证券交易委员会决定提出控告。

4. Centratech

受到超级明星拳击手 Mayweather 和 DJKhaled 等的支持。Centratech 由于其面向 Visa 和 MasterCard 的信用卡服务，而成为众矢之的。该服务允许用户将加密货币转换为普通货币。其中两名创始人因涉嫌与 ICO 有关的欺诈指控被捕，本次筹集的资金约为 3200 万美元。证券交易委员会强调了两位创始人（Sohrab "Sam" Sharma 和 Robert Farkas）是如何一步一步地欺骗投资者的。

"美国证券交易委员会还称，为促进 ICO，Sharma 和 Farkas 创造了一些富有传奇经历的虚构管理人员，在 Centra 的网站发布了虚假或误导性的营销材料，并买通名人在社交媒体上宣传 ICO。"美国监管机构希望发布永久性的禁令，并打算迫使 Sharma 和 Farkas 归还非法获得的资金及利息；他们二人也将被禁止担任公司官员或董事，并被禁止参与任何证券发行活动。

7.4.4　发展趋势

1. ICO 骗局的发展趋势

1）越来越精细的欺诈手法

随着时间的推移，不法分子将不断改进其骗局手法，以更高的技巧和逼真度欺骗投资者。他们可能模仿成功的 ICO 项目，制作看似真实的官方文件和网站，从而更难以识别欺诈行为。

2）针对新兴市场的目标

ICO 骗局的目标通常是对新兴市场的投资者，这些投资者可能对加密货币领域相对陌生，并且容易受到虚假承诺的吸引。随着全球加密货币市场的扩大，预计骗局也将针对更多不同地区的目标进行扩展。

2. 识别 ICO 骗局技术的发展趋势

1）机器学习的进一步应用

随着技术的不断发展，机器学习算法将变得更加高效和准确，可以更好地识别潜在的 ICO 骗局。将使用更多的训练数据和提升算法的复杂性，使识别系统更加智能化和敏锐化。

2）多模态数据分析

除了文本分析，将会更多关注其他数据来源，如图像和语音。技术会不断发展，以提取和分析更多有关 ICO 项目的多种数据类型，从而更全面地评估其真实性和可信度。

3. 社会对抗 ICO 骗局的发展趋势

1）加强监管和法规

政府机构和监管机构将会采取更加严格的监管措施，制定更加完善的法规来约束 ICO 市场，并打击骗局行为。这些措施将提供更大的保护和法律救济机制，以防止投资者成为骗局的受害者。

2）技术共享和合作

社区和行业相关组织将加强合作、共享信息和经验，以加强对 ICO 骗局的识别和预防。定期召开专业会议和研讨会、分享最佳实践和先进技术，有助于社会共同应对骗局威胁。

3）投资者教育加强和意识提高

培养投资者的风险意识和知识储备，提高他们对 ICO 骗局的辨识能力，是社会反欺诈努力中的重要一环。通过教育、培训和信息共享，让投资者了解 ICO 市场的风险和如何避免骗局。

需要注意的是，ICO 骗局的发展和识别技术的进步是相互竞争的。不法分子会不断改进其欺骗手法，而识别骗局的技术也会随之变得更加智能。因此，保持警惕和持续学习是应对 ICO 骗局的关键策略之一。

7.5　本章小结

本章深入探讨了人工智能在区块链反欺诈领域的应用，特别是在识别和预防庞氏骗局、钓鱼诈骗、蜜罐诈骗和 ICO 骗局等方面的实践。通过分析这些欺诈手段的基本原理和运作方式，本章揭示了区块链技术在金融领域应用中面临的安全挑战，并提出了利用人工智能技术进行有效反欺诈的策略。

首先，本章介绍了庞氏骗局的运作机制，并分析了其在区块链环境中的特点。智能合约的匿名性和不可阻挡性为庞氏骗局提供了新的土壤，使得这类骗局更加隐蔽和难以追踪。通过深度神经网络等机器学习模型，可以有效地识别庞氏骗局合约，从而保护投资者免受损失。

其次，本章探讨了网络钓鱼诈骗在区块链领域的表现形式，包括社会工程和技术手段两种类型。通过构建网络嵌入模型，可以识别出钓鱼诈骗账户，减少用户因疏忽或无知而受到的攻击。

再次，蜜罐诈骗作为一种新型的攻击方式，通过部署看似脆弱的智能合约来引诱受害者。本章介绍了利用机器学习技术对蜜罐合约进行检测的方法，包括有监督学习和无监督学习，以及它们在蜜罐检测中的优缺点。

最后，本章分析了 ICO 骗局的特点和分类，并提出了利用机器学习模型识别 ICO 骗局的可能性。通过特征工程和模型训练，可以预测 ICO 项目的成功与否，从而帮助投资者避免参与可能的骗局。

综上所述，本章强调了人工智能在区块链反欺诈中的重要作用。随着区块链技术的发展，欺诈手段也在不断演变。因此，持续的技术创新和合作是应对这些挑战的关键。通过智能合约审计、监管强化、模式识别工具的开发和社区教育，可以提高区块链系统的安全性，保护用户资产，促进区块链生态系统的健康发展。未来，随着技术的不断进步，预计将出现更多创新的反欺诈技术，以应对日益复杂的欺诈行为。

7.6 拓展阅读

读者可以基于本章内容，进一步探索以下研究方向。

1. 智能合约安全性增强

研究如何通过形式化验证和自动化安全审计工具来增强智能合约的安全性。开发新的智能合约编程语言和框架，以减少漏洞和攻击面。

2. 机器学习在反欺诈中的应用

探索深度学习和其他高级机器学习技术在识别新型庞氏骗局和钓鱼诈骗中的效果。研究如何利用大数据和机器学习进行用户行为分析，以识别异常交易模式。

3. 区块链监管科技

研究如何利用区块链技术本身来增强监管合规性，如通过创建去中心化的合规性监控系统。分析不同司法管辖区的监管要求，据此设计跨司法管辖区的合规解决方案。

4. ICO 市场监管与评估

研究如何建立一个有效的 ICO 项目评估体系，以帮助投资者识别潜在的欺诈项目。探索如何利用区块链技术来提高 ICO 项目的透明度和可信度。

5. 社会工程学防御机制

研究如何通过教育和培训提高用户对网络钓鱼和社会工程学攻击的识别能力。探索如何利用心理学原理来设计更有效的用户界面，以减少用户错误。

6. 区块链数据分析工具

开发更先进的区块链数据分析工具，以帮助监管机构和安全专家追踪资金流向，识别非法活动。研究如何利用图分析和网络科学来理解和预测区块链上的复杂网络行为。

这些研究方向不仅涉及技术层面的创新，还包括法律、社会和伦理等多个维度，为区块链反欺诈领域提供了全面的研究视角。

7.7　本章习题

（1）什么是庞氏骗局？请简述其基本原理，并说明为什么这种骗局能够在区块链中蔓延。

（2）分析区块链中的庞氏骗局特点，与传统庞氏骗局相比，区块链庞氏骗局有哪些特殊之处？

（3）列出至少三种区块链中的庞氏骗局类型，并简要说明每种类型的运作方式。

（4）什么是智能合约的审查和识别？说明智能合约如何用于实现庞氏骗局，并举例说明智能合约的特性如何被滥用。

（5）设计一个案例场景，描述人工智能如何识别区块链中的庞氏骗局特征。

（6）人工智能如何用于区块链反欺诈？请说明一种常见的机器学习模型及其在反欺诈识别中的应用。

（7）解释网络钓鱼诈骗的工作原理，并列出在区块链中网络钓鱼的三种常见策略。

（8）什么是"蜜罐"诈骗？说明蜜罐诈骗在区块链中的作用及其欺骗手段。

（9）人工智能模型如何检测智能合约中的钓鱼和蜜罐诈骗？请举例说明一种常用的 AI 方法。

（10）未来的反欺诈技术发展趋势有哪些？列出至少两种技术趋势并分析其可能对区块链反欺诈的影响。

第 8 章
Web 3.0 与区块链、人工智能融合与应用

Web 3.0,有时简称为 Web3,是在区块链技术的推动下产生的第三代互联网概念。这个概念最早由以太坊联合创始人加文·伍德(Gavin Wood)在 2014 年提出,特别是在爱德华·斯诺登(Edward Snowden)事件后,这一概念引起了广泛关注。Web 3.0 的核心是去中心化,它赋予用户对自己数据的控制权,倡导一个无须信任第三方机构的网络世界。

8.1 Web 3.0 技术

8.1.1 Web 3.0 的概念

Web 3.0 的思想最初由 Ethereum 的共同创始人 Gavin Wood 于 2014 年提出,紧接着他完成 Ethereum 的基础文档。Wood 阐述了他对 Web 3.0 的理念,包括四个主要部分:发布静态内容、动态信息交流、不需信任的交易和整合式用户界面。这些元素共同构成了 Web 3.0 的网络形态。互联网迭代演进的轨迹如图 8-1 所示。

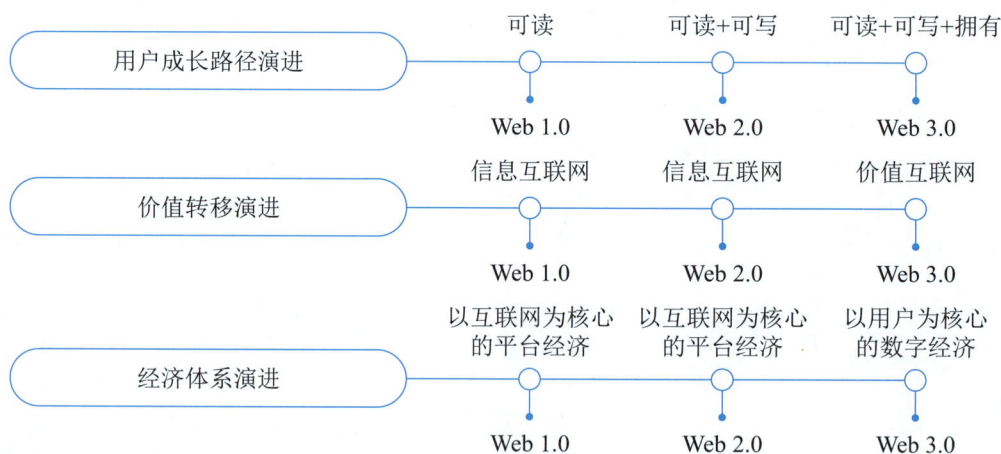

图 8-1 互联网迭代演进的轨迹

1. 互联网的曙光:Web 1.0

1989 年,蒂姆·伯纳斯·李(Tim Berners-Lee)首次提出了"网络"概念,开启了互联网历史的新篇章。这个时代的特点是信息的单向流动,用户主要进行信息的浏览而非互动,因此被称为"只读

网络"。

随着 1994 年美国网景公司推出 Netscape Navigator 1.0 浏览器，互联网开始向普通大众扩展。当时的网页基于静态超文本标记语言（HyperText Markup Language，HTML）技术，只支持单向的信息展示。用户主要利用互联网来阅读新闻或查询学术资料，而网址复杂且难以记忆，促使聚合资讯的门户网站迅速流行。这些网站集新闻、搜索、邮箱等功能于一体，成为了那个时代互联网的主要形式。

除了门户网站，电子公告板系统（Bulletin Board System，BBS）和多人地下城（Multi-User Dungeon，MUD）也是这个时代的重要产品。BBS 促进了社区文化的发展，而 MUD 作为一种纯文字的多用户互动游戏，为后来的网络游戏和虚拟社区奠定了基础。

随着互联网的发展，用户数量和在线时间不断增长，引起了商业化和资本投入的关注。随着中国加入世界贸易组织，国际资本开始涌入中国市场，预示着中国互联网时代红利的开始。这标志着 Web 1.0 时代的结束，更加互动和社交化的 Web 2.0 时代的开启。

2. 交互网络的崛起：Web 2.0 时代

Web 2.0 这一概念最早由达西·迪努奇（Darcy DiNucci）于 1999 年提出，并由蒂姆·奥莱利（Tim O'Reilly）在 2004 年的 O'Reilly Media Web 2.0 会议上推广。这一时代的核心是将用户放在中心位置，强调用户生成内容（User Generated Content，UGC）和交互性，因此被称为"交互网络"。

社交媒体平台"脸书"（Facebook）和微博客平台"推特"（Twitter）是 Web 2.0 时代的典型代表。Facebook 于 2004 年由马克·扎克伯格（Mark Zuckerberg）创立，专注于社交网络的构建，允许用户创建个人资料并与全球各地的人建立联系，分享图像、音乐、视频和新闻。Twitter 则于 2006 年推出，最初限制用户发送 140 个字符的短文本，后扩展至 280 个字符，成为信息传播的重要平台。

Web 2.0 时代的另一显著特征是博客和微博客的兴起。Twitter 最初被视为个人博客的精简版，而 Facebook 则凭借其实名制和个性化反馈机制，为用户提供更精准的定制化广告。

商业模式方面，Facebook 和 Twitter 各有特点。Facebook 通过用户间的强关系和连接，促进品牌广告的口碑传播，而 Twitter 则因其单向关注模式和信息传播的简洁性，在商业化上面临挑战。

Web 2.0 时代的核心特点是网络的可读写性。用户不仅可以获取信息，还可以创造和分享内容。社交媒体的出现促进了互联网用户的内容创作，微博、微信、抖音等平台的崛起标志着移动互联网的到来，彻底改变了人们的生活方式和社交习惯。

Web 2.0 的设计遵循 Web 标准，采用"CSS+XHTML"的模式，提高了网站的访问速度和效率。在这个时代，互联网从门户网站主导的体系转变为以用户为内容创作者的模式，但用户创作的内容所有权通常属于平台。

3. 数据所有权与去中心化网络的革命：Web 3.0 时代

Web 3.0 的核心是建立在区块链技术之上的去中心化互联网。这一时代的网络不再依赖于传统的中心化平台，如百度或腾讯，而是允许用户共建内容、共享价值，并自主管理互联网的各个部分。

Web 3.0 的主要特点如下。

数据确权与授权：用户拥有个人数据的使用权和所有权，对个人隐私进行保护，避免平台泄露个人数据。

无须信任：借助区块链实现的去中心化服务，用户无须信任任何中心化平台，可以自行验证交易的真实性。

打破垄断：Web 3.0 鼓励在公链上发展生态项目，创建一个公平、公开的竞争环境，从而打破 Web 2.0 时代大型平台的垄断。

用户控制数据和数字资产：用户可以完全掌握自己在互联网上的数据和数字资产。

全球化和互操作性：资产可以在全球范围内自由流动，数据公开透明、开放共享。

在 Web 3.0 时代，借助区块链和其他相关技术，用户不再需要信任中心化机构。相反，他们可以依赖代码逻辑来确保协议的严格执行。每个用户都能够控制自己的身份、数据和资产，从而真正掌握自己的命运和未来。这一变革不仅预示着一个新的数字时代的来临，也为打破 Web 2.0 时代巨头的垄断、创造出许多新的商业模式提供了可能性。

8.1.2　Web 3.0 的核心技术

1. Web 3.0 与 Web 2.0 架构异同

1）替换后端部分

Web 3.0 与 Web 2.0 的区别在于将后端和数据库这两部分替换为区块链。在 Web 2.0 中，后端服务器和数据库通常承担着存储和管理数据的角色，而 Web 3.0 中，这些任务由区块链网络来执行。这意味着去中心化应用程序（Decentralized Application，DAPP）的后端数据存储和处理是分布式的，并通过区块链技术进行管理。

2）前端保持不变

相对于传统的应用程序（Application，APP），DAPP 的前端几乎保持不变。用户仍然通过浏览器与网站页面进行交互，信息交互方式仍然基于 HTTP 协议，客户端和前端服务器之间的连接以及前端服务器和区块链之间的连接仍然通过互联网完成。这意味着用户体验在前端方面没有太大变化。

3）增加写入签名

Web 3.0 架构中与 Web 2.0 的显著区别之一是在写入区块链网络时需要用户使用私钥进行签名。这意味着在 DAPP 中，用户必须进行数字签名以验证其身份和授权特定操作，这与传统 APP 不同，后者通常不需要用户手动签名操作。

4）私钥管理工具

私钥管理工具是钱包，常见的钱包包括 Metamask，俗称为"小狐狸"。Metamask 通常作为浏览器插件使用，它允许用户管理他们的加密货币资产和进行数字签名操作，以便与区块链互动。

2. 特有的区块链交互式前端

区块链作为分布式数据库，每个节点都记录完整链上数据并进行同步。前端需要与区块链交互以写入或读取数据，一般通过特定节点进行。

选择节点有两种方式。一种是自建独立节点，可完全控制运行但需人力物力投入；需购买设备、组建团队，同步历史数据需时；多链服务需要重复投入。另一种是利用第三方节点服务商提供的节点集群；服务商负责建设与运营维护，提供稳定应用程序编程接口（Application Programming Interface，API）给开发者使用。

相对来说，使用第三方节点服务成本效益较高。因此，Web 3.0 应用一般选择此模式，集中资源于应用研发。知名节点服务商如 Metamask 亦采用其提供服务。前端开发者在选择节点交互方式时，应考虑自身条件是否支持独立节点运营，否则利用第三方成熟服务可能是较佳选择。两种模式各有优劣，开发者宜根据实际需求灵活权衡。

3. Web 3.0 数据存储

区块链交易费用高，直接存储大容量数据成本不低。所以前端开发中常采用分布式存储解决方案。在目前应用场景中，非同质化代币（Non-Fungible Token，NFT）项目会将图片等资源指向分布式文件系统（InterPlanetary File System，IPFS）获取，只将 TokenID 和链接记录在链上。这种模式减轻了链上存储压力。与此同时，节点服务商也提供与 IPFS 的集成，开发者可通过节点服务接入 IPFS 和链，实现资源交互。从一个角度看，区块链和 IPFS 都属基础设施层，节点服务承担连接二者的中间层作用。值得注意的是，DApps 前端页面依旧主要存储在亚马逊网络服务（Amazon Web Services，AWS）等中心化服务器。少部分追求去中心化的项目也利用 IPFS 等技术部署资源，这方面还需进一步探索最优方案。总体而言，充分利用分布式存储助推 Web 3.0 应用可扩展性显重要，节点服务商在此过程中发挥重要连接作用。

4. 数据预处理

Infura 提供区块链原始数据接口，但数据需进一步标准化与结构化处理才能直接为客户端应用提供参考。因此部分中间件致力于预处理工作，为开发者开发更高层次的 API。预处理工作包括构建身份图谱、查询索引、图表分析等不同领域的服务。这有助于应用开发专注于产品搭建，无须管理基础数据细节；同时也满足 Web 3.0 应用类型日渐多样的需求。标准化后的数据接口揭示隐藏在原始数据中的结构线索，为开发者提供了参考依据。与此同时，保护隐私领域亦是预处理中的重要内容。这些工作共同构建起数据基础设施，实现了资源共享。不同领域的服务采取模块化设计，既保证专业性，又有利于各司其职。未来可基于用户需求不断优化精细处理流程，为 Web 3.0 生态带来持续进步。

5. 链下数据处理

区块链作为独立系统，其中的智能合约仅能处理链上数据；但是部分业务需求需要与链外信息交互；人工输入存在作弊风险，不具可靠性。预言机就可解决这个问题，预言机通过特定机制将链下数据同步到链上，在不影响系统可信度的前提下，起到了连接区块链与外部系统的桥梁作用。其设计消除了人工输入可能引入的主观因素。总体来看，Web3 体系中包含基础设施、中间件与应用三层关系。预言机作为一类中间件，为智能合约提供了访问外部数据源的途径，这有助于合约应用的全面发展。

8.1.3 去中心化应用程序 DApps

当我们谈论现代科技和互联网时，Web 3.0 和 DApps 无疑是备受瞩目的话题。Web 3.0 代表了互联网的下一代，强调去中心化、开放性和用户主权。与此同时，DApps 则是 Web 3.0 理念的具体应用，采用了区块链技术的思想和原理，具有去中心化、透明、安全等特点，为用户提供了全新的使用体验和更高的信任度。

分散式应用程序是建立在区块链技术之上的应用程序，代表了 Web 3.0 理念的具体体现。与传统中心化应用程序不同，DApps 的核心特点是去中心化。这意味着它们不依赖单一的中央服务器或实体，而是通过分布在全球的节点网络来运行和维护。

Apps 与 DApps 的架构如图 8-2 所示。

DApps 通常包括以下关键要素。

1）去中心化

DApps 不受单一中心实体的控制，数据和逻辑分散存储在区块链网络的多个节点上，使其更加安全和抗审查。

2）智能合约

DApps 使用智能合约来自动化和执行协议。智能合约是区块链上的自动化程序，根据预定条件自动执行操作，从而消除了信任问题。

3）开放源代码

DApps 通常以开源代码的形式发布，这意味着任何人都可以查看和审查其代码，确保其安全性和透明度。

Apps   DApps

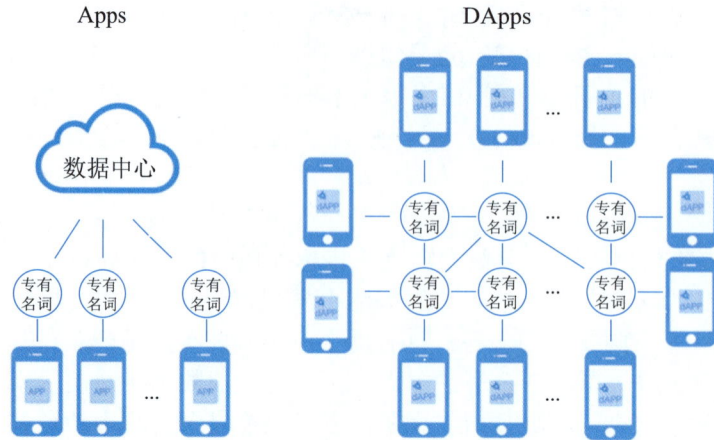

图 8-2　Apps 与 DApps 的架构

4）代币经济

许多 DApps 使用代币作为激励机制，鼓励用户参与和贡献到网络中。这些代币通常可以在二级市场上进行交易。

DApps 具有许多独特的优势。其中最突出的几个方面包括。

（1）去中心化和透明性极大提升了用户的信任度。

与传统应用不同，DApps 不依赖于单一机构或个人来运营和控制。数据和记账信息都存储在公开透明的分布式账本中，任何交易都可以被证实和核对。这种结构消除了单点失效和操控的可能，让所有参与者在平等、公平的环境中合作。

（2）DApps 所采用的分布式账户技术也提供了极高级别的安全保障。

加密算法和共识机制保证了数据不可能被篡改或操控。同时，将数据和服务分散在全网各节点，大大减少了系统受到黑客攻击的风险。这给用户带来了前所未有的信任感。

（3）DApps 具有出色的全球可达性。

它不受地域或者政治限制，只要网络畅通，用户就可以享受应用提供的服务，这对国际合作和跨境业务极其重要。同时，用户也可以获得前所未有的管理自主性。他们可以真正控制自己的数据和数字资产，不受任何单一实体的干扰。

以上几点，印证了 DApps 去中心化和开放的设计理念，为用户提供了极高程度的便利性、透明度和自主控制能力。这将会促进分散式应用在各个行业的广泛采用。DApps 代表了未来科技的一部分，它们有潜力彻底改变我们与应用程序和数字资产互动的方式。随着区块链技术的不断发展和成熟，可以预期 DApps 将在多个领域发挥重要作用。

DApps 将在金融领域引发深刻的变革。去中心化金融（Decentralized finance，DeFi）应用程序将改变传统金融体系，提供更多金融自由和包容性，使个人能够更轻松地进行借贷、投资和交易，而无须依赖传统银行和金融机构。DApps 可以用于创建安全和私密的数字身份。这将有助于减少身份盗用和数据泄露的风险，使个人更加掌控自己的身份信息，并更安全地进行在线交互。DApps 在供应链管理方面也有巨大潜力。它们可以提高供应链的透明度和效率，减少欺诈和浪费，使商品的来源和去向更容易追踪和验证。最后，去中心化社交媒体平台可能为社交媒体用户提供更加开放和自由的环境，减少了审查和信息控制的可能性，从而推动了信息传播和言论自由。DApps 将在多个领域推动创新，改变我们的数字化生活方式和商业模式，为未来科技发展带来了无限可能性。这些领域的变革将在日常生活中产生深远的影响，让我们更加期待未来科技的发展。

8.2 Web 3.0 与区块链的融合应用

8.2.1 区块链技术在 Web 3.0 中的应用

区块链的分布式存储、智能合约和通证技术为 Web 3.0 的发展保驾护航。

1. 分布式存储

分布式存储是 Web 3.0 的基础设施，在 Web 3.0 时代数据不再存储于中心化的服务器中，而是通过区块链技术进行分布式存储。作为 Web 3.0 基础设施的分布式存储具有以下优点。

1）数据一致性

传统存储架构多采用磁盘阵列（Redundant Arrays of Independent Disks，RAID）模式实现数据的安全性和提高磁盘的性能。而分布式存储采用多副本备份机制，以确保数据的一致性。分布式存储在存储数据前对数据进行分片，将数据分别保存在多个节点上。在需要时，分布式存储对一个副本进行写入，让其他副本进行读取。如果一个副本的数据读取失败，系统还能从其他副本中读取数据，从而实现对业务影响最小化。

2）支持分级存储

分布式存储允许低速存储与高速存储分别进行。在无法预估所有可能出现的情况的业务环境下，分级存储的优势十分明显。首先，分级存储可以在低成本的存储器中存储不经常访问的数据，综合发挥磁盘的成本优势和磁盘驱动器的性能优势；其次，分级存储能够将使用率较低的数据归档在离线存储池或迁移至辅助存储器中，用户无须反复保存数据，在减少数据存储时间的同时提高了数据的可用性，拓展了磁盘的内部可用空间；最后，在分级存储中，当数据被迁移至其他存储器中时，无须对应用程序进行改动，这样一来，数据迁移更加透明。

3）容灾与备份

分布式存储的多点快照技术能够保存各个版本的数据，还能提取多个时间点的样本并进行恢复，适用于具有多个逻辑错误的故障定位。用户可以通过恢复多个样本，并对这些样本进行分析和比对来确定需要恢复的确切时间点，降低了排除故障的难度，缩短了故障定位的时间。此外，分布式存储能够重现故障，分析故障发生的原因，以防止类似故障再次发生。

4）存储系统规范化

分布式存储系统优先采用行业标准接口进行存储，推动了存储行业的规范化。在服务平台层面，根据异构资源的抽象存储，用户可以将传统的存储设备级操作转换为面向存储资源的操作。综上所述，分布式存储提高了系统的效率和可靠性。

2. 智能合约

智能合约能够在没有第三方介入的情况下对协议进行自动验证和执行。智能合约以信息化的方式进行传播，由计算机进行验证与执行，具有自主性。智能合约运行在区块链上，具有去中心化和防篡改的特性。

智能合约的运行流程分为四步：

第一步是拟定合约，参与签约的用户需要共同制定合约条款，包括合约执行条件、执行日期等；

第二步是合约触发，达到合约执行条件，合约就会自动执行；

第三步是价值转移，智能合约会根据合同内容进行价值转移；

第四步是进行结算，如果是链上资产，则自动结算，如果是链下资产，则在链下进行清算并写入账本。

这四步在本质上与自动贩卖机的运行原理是一致的，即用户付款——触发执行条件——自动掉落用户购买的商品。

智能合约作为 Web 3.0 时代重要的交易机制，保障着用户交易的安全，它主要具有以下优点。

1）实现去信任

智能合约运行在区块链上，能够将合约内容记录上链，保证合约内容的公开透明和不可篡改。智能合约奉行"代码即法律"的原则，信任代码的用户可以在不信任其他交易参与方的情况下安全地进行交易。

2）实现合约的高效执行

用户在执行传统合约的过程中，经常会因为出现分歧而产生纠纷。智能合约依据计算机语言执行，参与方达成共识的成本较低，而且几乎不会产生纠纷。一旦满足事先约定的条件，智能合约便会立刻执行，高效履约。

3）无须第三方仲裁

在传统合约下，如果用户拒不履约，就需要第三方仲裁机构介入，导致履约效率相对较低。而智能合约能根据触发条件自动执行，无须第三方仲裁机构介入。

智能合约的应用范围十分广泛。在金融行业，智能合约可以应用于金融产品中，进行自动化资产管理，或者执行交易所的期权交易；在 DeFi 货币市场中，可以进行资产借贷；在区块链游戏领域，可以促成用户之间的交易。

虽然智能合约还存在缺乏法律监管、流程不可逆等缺点，但随着区块链技术的进步，智能合约将不断完善，更好地保障用户交易安全和利益。

3. 通证

通证是一种加密的数字权益证明，具有一定的流通性。通证可以是数字货币，也可以代表所有权、使用权、投票权等。

通证具有三个要素：

1）权益，通证必须是以数字形式存在的权益证明，体现了某种共识，具有可信度；

2）流通，通证具有流通性，能够随时随地进行验证；

3）加密，通证基于密码学，具有真实性和防篡改性，能够保护用户隐私。

这三个要素中最基础的要素是权益，通证能够为 Web 3.0 的运转提供权益证明。

了解了比特币的创世、以太坊的繁荣，大家心中可能会产生一个疑问：下一代具有变革性的区块链技术会出现在哪里？我们看到了许许多多富有创新性、开拓性的杰出项目，但是似乎很难再找到可以引领一个时代发展的技术。梅兰妮·斯万（Melanie Swan）在《区块链：新经济蓝图》中将下一代区块链描述为：除货币和金融外，在其他领域上区块链的应用，包括健康、文化和艺术等，并探索出一套社会自治的体系。区块链发展至今，已经不再是一个简简单单的技术分支，而是渗透到了社会的方方面面。本节将结合最新区块链的发展，讲述其在 Web3.0 时代的经济活动、文化活动和社会活动中的应用。

8.2.2 去中心化金融和加密经济

去中心化金融和加密经济代表了一种全新的金融体系，利用区块链技术和加密货币来重新定义传统金融模型，让人们能够更加去中心化、自主地管理和投资资金。同时，这些概念也紧密关联着 Web 3.0 的理念，将互联网演进到一个更加分散、开放、智能的阶段。

1. 什么是去中心化金融

去中心化金融，通常简称为 DeFi，是一种基于区块链技术的金融系统，旨在去除传统金融中心化机构，如银行、券商和保险公司，以及它们所带来的中介环节。在传统金融系统中，这些中心化机构担任着金融交易和服务的中间人角色，同时也承担了管理和控制用户资产的职责。然而，DeFi 的核心理念是将这些功能从中心化机构中解放出来，通过智能合约和区块链技术来实现自动化、透明和无须信任的金融交易。

DeFi 主要有以下特点。

1）开放性和无须许可

DeFi 应用程序是开源的，任何人都可以参与，无须经过烦琐的注册和审批流程。这为全球范围内的用户提供了平等的金融机会。

2）透明度

区块链技术使所有交易和智能合约的执行都可以被公开审查，确保了金融交易的透明性和可追溯性。

3）自动化

DeFi 应用程序使用智能合约自动执行交易和协议规则，无须人工干预，从而减少了人为错误和欺诈的可能性。

4）无须信任

DeFi 允许用户在无须信任第三方的情况下进行交易和投资，因为所有操作都由智能合约执行，而不是由中心化机构控制。

5）互操作性

DeFi 生态系统中的多个应用程序可以相互协作，使用户能够在不同平台之间自由移动资产和数据。

6）高度个性化

DeFi 允许用户根据自己的需求和风险承受能力来创建和管理投资组合，提供了更多的灵活性。

DeFi 应用程序可以包括借贷平台、去中心化交易所、稳定币发行、预测市场、保险、资产管理和更多其他金融服务。这些应用程序在全球范围内蓬勃发展，为广大用户提供了更多的金融选择和机会。

2. 加密经济的本质

加密经济是 DeFi 的重要组成部分，它建立在区块链技术和加密货币的基础之上。加密经济是一个更广泛的概念，涵盖了以加密资产为基础的经济生态系统，这些资产可以是比特币、以太坊或其他加密货币。加密经济的本质是利用区块链技术来创造一种去中心化的金融和经济模型，以实现更大程度的自主权和可访问性。

加密经济主要有以下特点。

1）数字资产

加密经济的核心是数字资产，这些资产以区块链技术为基础，具有数字化、不可篡改和可编程的特性。这些数字资产可以代表货币、股票、房地产或其他实际资产，因此在加密经济中有着广泛的应用。

2）智能合约

智能合约是加密经济的关键工具，它们是一种自动执行的合同，基于预定的规则和条件，而不需要中介机构的干预。智能合约使各种金融交易和服务能够在安全、可信任的环境中进行。

3）DeFi

加密经济通过应用程序实现了 DeFi，这意味着用户可以在没有中间人的情况下进行借贷、交易、投资和保险等金融活动。

4）全球性

加密经济是全球性的，不受地理位置的限制。任何拥有互联网连接的人都可以参与，这为全球范围内的金融包容性提供了巨大的机会。

5）数字身份和隐私

加密经济也关注数字身份和隐私保护，用户可以更好地管理他们的个人数据和金融信息，减少了数据泄露和滥用的风险。

6）金融创新

加密经济鼓励金融创新，各种新型金融产品和服务不断涌现，为用户提供了更多选择。

3. DeFi 和 Web 3.0 的交汇

DeFi 与 Web 3.0 是紧密交织在一起的概念，它们一起推动着互联网和金融领域的革命性变革。Web 3.0 是互联网的下一个演进阶段，旨在构建一个更加去中心化、开放、智能化的网络生态系统。Web 3.0 鼓励开发 DApps，而 DeFi 应用程序正是这一理念的杰出代表。DApps 建立在区块链上，无须中心化服务器，可以实现更高程度的用户数据控制和隐私保护。Web 3.0 强调用户拥有自己的数字身份，而加密经济通过去中心化身份验证和数字身份管理工具提供了解决方案，这使用户能够更好地管理他们的个人信息和隐私。Web 3.0 旨在实现数据的开放共享和互操作性，DeFi 和加密经济通过区块链技术提供了一个安全、可信任的方式来实现这一目标。不同的 DeFi 应用程序可以共享数据，而无须信任中介。

8.2.3　去中心化自治组织和治理

DAO 是一种基于区块链技术的创新组织架构，它代表了一种全新的组织治理模式。在 Web 3.0 的背景下，DAO 不仅是技术创新的产物，也是对现有中心化治理模式的挑战和替代。

1. 什么是去中心化自治组织

去中心化自治组织是一种使用区块链技术构建的新型组织形式，其核心特点是无须中心化控制和管理，而是依靠智能合约和代币经济来实现自动化决策和运营。DAO 的目标是将权力下放给社区成员，使他们能够共同参与组织的治理和决策过程。DAO 的核心是智能合约，这是一种自动执行、无须中介的合约。在 DAO 中，所有的规则和操作程序都被编码在智能合约中；当满足特定条件时，合约将自动执行相关操作。这意味着，DAO 的运作完全基于预设的规则，而不依赖任何中心化的权威机构。DAO 的核心功能及其智能算法示意图如图 8-3 所示。

预测型学习控制智能算法
引导型路径规划智能算法

面向场景的AI大模型体系
新的智能合约编程语言

社会代理控制算法
理性与感性共存决策算法

数字人大规模生成算法
场景工程技术与算法

联邦数据算法
价值创造与分配算法

高延展性共识算法
双重自适应动态激励算法

发展功能　服务功能　决策功能　DAO　实验功能　数据功能　协作功能

图 8-3　DAO 的核心功能及其智能算法

DAO 的主要特点包括。

1）去中心化治理

DAO 的治理结构是去中心化的，没有单一的中心管理机构。决策通常通过代币持有人的投票来进行，每个代币的持有者都有权利表达自己的意见，并参与组织的治理。

2）智能合约

DAO 使用智能合约来执行决策和自动化运营。这些合约编程了组织的规则和流程，确保了透明性和可执行性。

3）代币经济

DAO 的代币通常用于投票和激励社区成员参与治理。持有更多代币的成员在决策中拥有更大的权力，这激励了他们积极参与组织的事务。

4）开放性和无须许可

DAO 通常是开源的，任何人都可以参与，无须特殊许可。这为全球范围内的人们提供了平等的参与机会。

5）透明度和不可篡改性

所有 DAO 的决策和交易都被记录在区块链上，公开可查，确保了透明度和不可篡改性。

6）多样性

DAO 可以用于各种用途，包括社会组织、商业企业、资产管理和更多其他领域。这种多样性使 DAO 在不同行业和领域中都有广泛的应用潜力。

2. DAO 与 Web 3.0 的融合

Web 3.0 强调去中心化、用户主权和数据隐私。在这样的背景下，DAO 作为一种去中心化的组织形式，与 Web 3.0 的理念高度契合。它们共同推动了一种更加民主、透明的互联网治理模式。

在 Web 3.0 和 DAO 结合的框架下，用户不仅是内容和服务的消费者，也成为决策的参与者。通过 DAO，用户可以直接参与到项目的治理中，如决定资金如何分配、项目如何发展等。这种模式极大地增强了用户的参与感和归属感。

由于所有决策和交易都记录在区块链上，DAO 提供了前所未有的透明度。这意味着任何人都可以查看和验证组织的决策历史和财务状况。这种透明度有助于建立用户和组织之间的信任。

在传统的组织中，资金管理通常集中在少数人手中，这可能导致权力滥用和效率低下。DAO 通过智能合约自动执行资金分配，从而实现了真正的去中心化。这不仅提高了资金使用的效率，也降低了腐败和滥用的风险。

3. DAO 和治理的影响

DAO 和治理的发展将对社会、经济和技术领域产生深远影响。以下是它们可能产生的一些重要影响。

1）金融领域的变革

DAO 在金融领域有广泛的应用潜力，包括借贷、去中心化交易所、资产管理和风险管理。这将改变传统金融机构的角色，并为用户提供更多金融选择。

2）社会组织的创新

DAO 可以用于社会组织、慈善机构和政府部门，改善治理流程，提高透明度和责任感。这将推动社会组织的创新和效率提升。

3）数字身份和隐私

DAO 需要解决数字身份验证和隐私保护的问题，这将促进数字身份解决方案的发展，并提高用户对个人数据的控制。

4）技术发展

DAO 的发展推动了区块链技术和智能合约的研究和发展。这将有助于改进区块链的可扩展性和安全性，推动更广泛的应用。

5）全球互联

DAO 是全球性的，不受地理限制。这将促进全球范围内的协作和合作，为解决全球性问题提供了新的机会。

去中心化自治组织和治理代表了数字时代中新兴的组织形式，与 Web 3.0 的理念相契合。它们有望推动社会、经济和技术领域的变革，消除中心化权力结构的障碍，促进更公平、透明和民主的未来。然而，DAO 和治理还面临着监管、安全性和道德等一系列挑战，需要全球社区的合作和努力来解决。因此，我们应密切关注这一领域的发展，以更好地理解和利用其潜力。

8.2.4　非同质化代币

非同质化代币（Non-Fungible Token，NFT）是 Web 3.0 时代的杰出代表，它们代表了数字资产和数字所有权的未来。在本节中，我们将深入探讨 NFT 的本质、应用领域以及它们如何与 Web 3.0 的愿景相互作用，对艺术、娱乐、游戏、房地产等领域的未来产生深远影响。

1. 什么是非同质化代币

非同质化代币是一种基于区块链技术的数字资产，与传统加密货币（如比特币或以太坊）不同，它们代表的是独特的、不可替代的数字物品或资产。每个 NFT 都有一个独特的标识符，这使得它们在数字世界中具有唯一性和不可复制性。

在 Web 3.0 的背景下，NFT 不仅是一个交易的媒介，它代表着一种全新的数字资产所有权的形式。Web 3.0 强调去中心化、用户自治和数据隐私，而 NFT 正好与这些特点相契合。通过 NFT，创作者可以直接与消费者建立联系，省去了中间商，这在音乐、艺术和其他创意产业中尤其有价值。此外，NFT 的独特性和不可替代性使其成为了身份和社区归属的标志。

在 Web 3.0 时代，NFT 不仅是艺术品的代名词，它还是构建和维护社区的重要工具。许多 NFT 项目不只是在销售数字艺术品，更在销售一种属于特定社区的身份和文化。例如，拥有某个特定 NFT 系列的成员可能会获得访问特定数字空间的权限，或者参与特定活动的资格。这种基于 NFT 的社区构建，在 Web 3.0 时代显得尤为重要，因为它强调了个体的身份和归属感。

在 Web 3.0 时代，NFT 也成为了个人数字身份的一部分。人们可以通过拥有和展示特定的 NFT 来表达自己的兴趣、价值观和所属社区。这种身份表达方式不同于传统的社交媒体，它是基于区块链的，因此更加安全和不可篡改。随着数字世界和现实世界的界限日益模糊，NFT 在个人身份表达中的作用将变得越来越重要。

2. NFT 与 Web 3.0 的融合

NFT 与 Web 3.0 的愿景高度契合，共同推动了去中心化、开放、可访问的数字未来。以下是 NFT 如何与 Web 3.0 相互作用的一些关键方面。

1）数字资产的拥有权

Web 3.0 倡导用户拥有自己的数字身份和数字资产，而 NFT 为数字资产的拥有权提供了可信任的解决方案。用户可以拥有和管理独特的数字物品，这与 Web 3.0 的自主权理念相契合。

2）去中心化市场和开放平台

NFT 市场和平台通常是去中心化的，允许创作者、收藏家和用户直接交流和交易。这符合 Web 3.0 的去中心化愿景，消除了中介和平台的需求。

3）数字创造的价值

NFT 将数字创造物品赋予了真实的价值，鼓励艺术家、音乐家、游戏开发者和创作者在数字领域进行创作。这与 Web 3.0 的价值互联网概念相契合，将数字创造物品的价值回归给创作者。

4）开放标准和互操作性

NFT 通常遵循开放标准，这意味着它们可以在不同的平台之间互相兼容和交互。这促进了数字资产和应用程序之间的互操作性，与 Web 3.0 的开放数据愿景相符。

5）数字身份和验证

NFT 的拥有者可以使用它们来证明自己的数字身份，这对于访问特定内容、参与社区或参与数字经济活动非常重要，也与 Web 3.0 中的数字身份概念相契合。

3. NFT 的未来

NFT 代表了数字时代中数字资产和所有权的未来。它们将继续影响艺术、娱乐、游戏、房地产和其他领域，为创作者、收藏家和用户提供了新的数字体验和机会。然而，NFT 也面临着一些挑战，包括知识产权、环境问题和市场泡沫等。因此，NFT 的未来发展需要在技术、法律和社会层面上进行综合考虑和监管。

NFT 代表了数字时代中数字资产和数字所有权的未来，它们与 Web 3.0 的愿景相契合，共同推动了去中心化、开放、可访问的数字未来。NFT 已经在多个领域得到了广泛应用，并将继续影响各个行业，为创作者、收藏家和用户创造新的机会和数字体验。随着时间的推移，我们可以期待 NFT 的发展和演变，以适应不断变化的数字经济时代。

8.3　Web 3.0 与人工智能的融合应用

8.3.1　Web 3.0 与人工智能融合的机遇

Web 3.0 与人工智能的融合代表了数字时代的一次革命，它将为社会、经济和技术领域带来巨大的机遇。本节将深入探讨 Web 3.0 与人工智能融合的本质、应用领域以及可能的影响，以及如何更好地利用这一趋势来推动社会进步。

1. Web 3.0 与人工智能的融合

Web 3.0 作为一种新兴的互联网技术和理念，强调去中心化、用户主权和智能化。在这个背景下，人工智能的作用不可小觑。人工智能可以通过学习和处理大量数据，提供更为准确和个性化的信息。在 Web 3.0 时代，人工智能不仅可以帮助用户管理和控制他们的数据，还能为他们提供定制化的网络体验。

在 Web 3.0 中，随着数据量的剧增，有效的数据处理变得尤为重要。人工智能在这方面具有独特优势。通过机器学习算法，人工智能可以从海量数据中提取有价值的信息，并对数据进行有效管理。这种能力对于用户而言意味着更加个性化的网络体验。例如，基于人工智能的推荐系统可以根据用户的历史行为和偏好，提供更加精准的内容和服务推荐。

Web 3.0 时代的一个核心问题是数据安全和隐私保护。在这方面，人工智能提供了强大的支持。人工智能可以帮助检测和预防安全威胁，如通过行为分析来识别异常活动，或通过智能合约自动执行安全协议；此外，人工智能还能帮助保护用户隐私，如通过差分隐私技术来确保数据共享的同时保护个人信息。

Web 3.0 与人工智能的融合标志着互联网从信息时代向智能时代的过渡。Web 3.0 旨在构建一个更加智能、个性化、分布式和去中心化的数字生态系统，而人工智能则是实现这一愿景的关键工具。以下是 Web 3.0 与人工智能融合的一些关键方面。

1）智能合约

Web 3.0 将智能合约视为关键组成部分，而人工智能可以增强这些合约的智能性。智能合约可以自动执行规定的任务和交易，而人工智能可以使这些合约更加智能化，能够理解和应对复杂的情境。

2）个性化体验

Web 3.0 旨在提供更个性化的数字体验，而人工智能可以通过分析用户的行为和喜好来实现个性化。人工智能可以为用户定制内容、推荐产品和优化用户界面，从而提供更符合用户期望的体验。

3）智能搜索和语义理解

Web 3.0 的搜索引擎需要更好地理解用户的查询意图和上下文，而人工智能在自然语言处理和语义理解方面取得了显著进展。这意味着用户可以更准确地找到他们需要的信息。

4）去中心化

Web 3.0 追求去中心化，而人工智能可以用于管理分散化网络和平台。区块链技术与人工智能的结合可以提供更高级的网络管理和治理工具。

5）安全和隐私

Web 3.0 需要更高水平的安全性和隐私保护，而人工智能可以用于检测和防止网络攻击，同时提供更好的身份验证和数据保护。

2. Web 3.0 与人工智能的影响

Web 3.0 与人工智能的融合将在多个方面产生深远影响。

1）增强用户体验

个性化、智能化的用户体验将提高用户满意度和忠诚度，同时推动数字服务的创新和发展。

2）数据价值

Web 3.0 与人工智能的结合将创造更多的数据，这些数据将成为商业和决策的宝贵资产。

3）社会和经济影响

新的数字生态系统将推动创新和就业机会，同时改变了传统产业的运营方式。

4）数据隐私和伦理

融合可能引发数据隐私和伦理问题，需要制定更严格的法规和政策来保护用户的权益。

5）数字不平等

融合可能导致数字不平等加剧，需要采取措施确保数字机会对所有人开放。

6）技术挑战

实现 Web 3.0 与人工智能的融合将面临技术挑战，包括数据互操作性、安全性和性能等方面的问题。

8.3.2　去中心化的人工智能计算协议

去中心化人工智能计算协议是一种基于区块链技术的计算架构。它的核心思想是将人工智能计算任务分布在一个去中心化的网络中，而不是集中在单个的中心化服务器或数据中心。在这个网络中，任何参与者都可以贡献自己的计算资源，并为人工智能模型的训练和运行提供动力。去中心化的人工智能计算协议代表了人工智能和去中心化技术的结合，为人工智能领域带来了革命性的变革。这一趋势旨在创建一个全球化、去中心化、开放的计算环境，使计算资源可以分散化和共享化，以更高效、可访问和可扩展的方式满足不断增长的人工智能计算需求。

这种协议的核心特点包括将计算资源（包括计算能力、存储和数据）从传统的集中式模式转移到全球范围内的参与者之间，利用区块链技术建立智能合约来管理计算任务的分配和执行，并采用代币经济激励机制来鼓励更多的计算资源参与。同时，隐私保护和加密技术也是协议的重要组成部分，以确保用户的数据和计算任务的安全性和隐私性。

去中心化的人工智能计算协议在众多领域都具有广泛的应用潜力。首先,它可以加速人工智能模型的训练过程,将全球各地的计算能力整合起来,提高模型训练的效率;其次,企业和研究机构可以利用这一协议进行大规模的数据分析和挖掘,以获得更深入的洞见和决策支持;此外,科学研究领域也将受益于去中心化的人工智能计算协议,科学家可以利用其进行复杂的科学计算,解决重大科学难题。

在 Web 3.0 的背景下,去中心化人工智能计算协议有着广泛的应用前景。从提高人工智能模型的训练效率到创新的数据共享方式,去中心化人工智能正在重塑我们对人工智能的理解和应用。

1)促进人工智能模型的创新

在去中心化的环境中,任何人都可以参与到人工智能模型的训练和开发中。这不仅降低了参与的门槛,还促进了人工智能模型的多样性和创新。小型企业和个人开发者可以利用去中心化网络的资源,开发出适应特定需求的人工智能模型。

2)加强数据安全和隐私保护

在 Web 3.0 时代,数据安全和隐私保护是用户最关心的问题之一。去中心化人工智能计算协议通过加密技术和分布式账本,有效保护了数据安全和用户隐私。这使得用户在享受个性化服务的同时,不必担心自己的数据被滥用。

3)促进资源的有效分配

去中心化人工智能计算协议通过分布式网络,实现了计算资源的有效分配。这意味着,即使是那些拥有有限计算资源的用户也可以参与到人工智能的训练和应用中。这种资源的有效分配,提高了计算效率,降低了成本。

8.3.3 Web 3.0 赋能生成式人工智能

生成式人工智能(Generative AI)是一种人工智能的应用形式,它能够基于已有的数据生成全新的内容。这类人工智能系统通过学习大量的数据样本(如文本、图像、音频等),理解这些数据的底层模式和结构,然后创造出新的、类似的数据内容。生成式人工智能的主要特点是创造性和生成性,相对于传统的分析型人工智能,有识别和理解数据,甚至"创造"数据的优势。以下是生成式人工智能的一些常见应用。

1)文本生成

生成式人工智能能够创造新的文本内容,如撰写文章、生成对话或创作诗歌。

2)图像生成

它可以用于创造新的图像,如艺术作品的创作、照片的编辑或虚拟场景的构建。

3)音乐创作

生成式人工智能也能够创作音乐,基于学习现有的音乐样本,然后创作出新的旋律。

1. Web 3.0 对生成式人工智能的影响

Web 3.0,作为互联网的下一个发展阶段,强调去中心化、用户数据主权、增强的安全性和更高的智能化。在这个背景下,生成式人工智能不仅能够从 Web 3.0 的技术进步中受益,还能在新的网络环境中发挥更大的作用。本文将探讨 Web 3.0 如何赋能生成式人工智能,以及这种赋能对未来数字世界的影响。

Web 3.0 的核心在于建立一个更加去中心化、安全、智能化的网络环境。这为生成式人工智能提供了新的机遇和挑战。在 Web 3.0 中,数据存储和管理更加去中心化。这种去中心化增强了数据的安全性和隐私性,为生成式人工智能提供了更广泛的数据来源。生成式人工智能可以从分布式网络中获取多样化的数据,从而提高其生成内容的质量和多样性。

Web 3.0 强调用户对自己数据的控制权。这意味着生成式人工智能在处理用户数据时需要更加注意隐私保护和数据安全；同时，这也促使其在内容生成过程中更加注重个性化和定制化，以适应用户的具体需求。Web 3.0 的网络安全性得到了显著提升，这对生成式人工智能意味着更高的安全要求。生成式人工智能在设计和部署时需要考虑到数据安全和模型的抗攻击能力，确保在开放的网络环境中能够稳定可靠地运行。

Web 3.0 的智能化水平对生成式人工智能来说是一个重大的推动力。随着网络环境变得更加智能，生成式人工智能可以利用先进的算法和大量的数据进行自我学习和优化，从而提高生成内容的质量和准确性。

2. 生成式人工智能在 Web 3.0 中的应用

在 Web 3.0 的赋能下，生成式人工智能的应用前景将变得更加广阔。

生成式人工智能可以用于个性化内容创作，如文本、图像、音乐等。在 Web 3.0 的支持下，这些内容的创作将更加符合用户的个性化需求。例如，生成式人工智能可以根据用户的历史行为和偏好生成定制化的新闻、文章或艺术作品。

生成式人工智能还可以应用于数据分析和商业洞察的生成。在 Web 3.0 的环境中，由于数据来源更加丰富和多样化，生成式人工智能可以提供更加深入和全面的分析结果，帮助企业做出更好的决策。

在游戏和交互式体验方面，生成式人工智能可以创造丰富多样的虚拟环境和角色。在 Web 3.0 的支持下，这些环境和角色可以更加逼真和个性化，为用户提供更加沉浸和定制化的体验。

8.3.4　Web 3.0 与人工智能融合的挑战

Web 3.0 与人工智能的融合是当今科技领域的一大趋势，同时也伴随着诸多挑战。Web 3.0 作为互联网的下一个发展阶段，强调去中心化、用户数据主权和高度的连接性；而人工智能则代表了先进的数据处理和学习能力。将两者结合，预示着一个更加智能化、个性化和安全的数字世界的到来。然而，这一融合过程也面临着技术、伦理、法律以及实施层面的挑战。

1. 技术层面的挑战

1）数据的去中心化处理

Web 3.0 的核心特征之一是数据的去中心化。在这个环境下，人工智能需要能够处理分布在不同节点的数据。这不仅要求人工智能系统具有高度的灵活性和适应性，还需要解决数据的整合和同步问题。如何有效地在去中心化的环境中收集、处理和分析数据，是技术上的一个大挑战。

2）数据隐私和安全

在 Web 3.0 中，用户对自己的数据拥有更多的控制权。这对人工智能系统来说，意味着在数据处理和学习时必须更加注重用户的隐私保护。实现这一目标需要复杂的数据加密技术、安全的数据共享机制，以及高度的数据匿名化处理。

3）可解释性和透明性

人工智能系统的决策过程往往被认为是一个"黑箱"，缺乏透明性和可解释性。在 Web 3.0 的背景下，提高人工智能的透明性和可解释性变得尤为重要，这是建立用户信任的关键。用户应能够理解人工智能如何做出决策，以及这些决策背后的逻辑。

2. 伦理和法律层面的挑战

数据权利和所有权：在 Web 3.0 与人工智能的融合过程中，数据权利和所有权问题尤为突出。谁拥有数据？用户如何控制自己的数据？这些问题涉及数据的所有权、使用权和隐私权。确保这些权利在人工智能的应用过程中得到尊重和保护，是一个重大的伦理和法律挑战。

1）人工智能伦理

人工智能伦理是另一个重要议题。随着人工智能系统在决策中扮演越来越重要的角色，如何确保这些决策公平、公正且不带有偏见，是必须面对的伦理挑战；此外，人工智能的自主性与人类的控制权之间的平衡，也是需要认真考量的问题。

2）法律规制与合规

随着技术的发展，现有的法律框架可能无法完全适应 Web 3.0 和人工智能的新情况。如何制定合适的法律规制，保证技术发展的同时不侵犯个人权利，是另一个挑战；同时，跨国界的数据流动也带来了国际法律合规的问题。

8.4 本章小结

第 8 章探讨了 Web 3.0 在区块链和人工智能技术推动下的演进与应用。Web 3.0 作为去中心化互联网的典范，解决了传统互联网中数据所有权、信任机制与隐私保护的难题。本章回顾了 Web 1.0 到 Web 3.0 的演化路径，详细剖析了区块链技术在数据存储、智能合约及 DApps 中的关键作用，并探讨了 DeFi、DAO 和 NFT 等前沿概念的现实意义。同时，人工智能作为 Web 3.0 的融合利器，展现了在智能化个性服务、分布式计算和生成式人工智能应用中的潜力。然而，技术与伦理的挑战并存，需在隐私保护、数据权属及跨国法规等领域实现平衡。Web 3.0 与人工智能的协同发展预示着一个更加智能、安全和开放的数字未来。

8.5 拓展阅读

Web 3.0 作为互联网的第三代形态，结合了区块链和人工智能技术，展示了去中心化、用户自主和数据隐私保护的全新网络模式。在这一领域，区块链的分布式存储、智能合约和 DApps 为 Web 3.0 提供了技术支撑，而人工智能则通过个性化推荐、分布式计算和生成式内容进一步推动了网络的智能化与用户体验的提升。然而，这一融合也面临数据隐私保护、技术透明性和跨国法规适配等挑战。《WEB3.0 时代互联网的新未来》和《Web 3 互联网的新世界》等参考文献深入分析了 Web 3.0 的核心概念和应用场景，提供了理解其技术演进与社会影响的重要视角。

8.6 本章习题

（1）简述 Web 3.0 的核心概念及其与 Web 1.0、Web 2.0 的区别。

（2）解释 Web 3.0 的去中心化特点。用户在 Web 3.0 中的数据所有权是如何保障的？

（3）阐述 Web 3.0 中的智能合约的功能及其在交易中的作用。

（4）如何通过分布式存储和区块链来解决传统互联网中的数据安全和隐私问题？

（5）分析 NFT 在 Web 3.0 时代的作用及其应用场景。

（6）什么是 DeFi？简述其主要特点和对传统金融体系的影响。

（7）阐述去 DAO 的概念及其在 Web 3.0 中的应用实例。

（8）解释去中心化人工智能计算协议的核心特点及其在分布式计算中的优势。

第 9 章
人工智能与区块链在医疗健康中的协同应用

本章将从医疗健康数据管理的角度切入，聚焦于人工智能与区块链技术在医疗健康领域中的协同应用，具体包括：介绍了人工智能与区块链技术的引入对医疗健康大数据中的信息流动和数据分析的促进作用，进而提出智能医疗健康数据共享平台的设计思路；介绍了人工智能与区块链技术融合协作以推进个性化医疗发展，进而提出基于联邦学习与区块链技术的多中心医疗科研平台的设计思路。

9.1 医疗健康数据管理的演变

9.1.1 医疗健康行业信息化管理

医疗健康行业事关人民福祉，为推进健康中国建设，提高人民健康水平，2016 年中共中央、国务院印发并实施《"健康中国 2030"规划纲要》，从国家层面将建设健康信息化服务体系提到新的高度。

从古至今，人类与疾病斗争不断，疾病是人类发展过程中面临的重大挑战之一。早期人类对疾病的认识和理解非常局限，疾病被认为是自然力量或神灵的惩罚。随着时间推移，人们逐渐开始观察记录疾病的特征与对应的治疗手段，衍生出了以实践经验为指导的传统医学体系。受限于较低的科学水平，早期的健康数据记录通常使用纸质记录，且数据体量小、数据类型单一，健康数据记录并不完备。随着科学进步与医学领域的发展，医学的现代化发展促使医疗健康数据体量的增长，但在发展初期仍然使用纸质档案记录，这不利于数据的共享与协作。随着互联网的发展和计算机的普及，我国于 20 世纪 70 年代开始推进医疗信息化，显著提升了医院的诊疗效率，医疗行业的信息化使得医疗健康数据指数级增长，同时也在推进纸质档案的数字化。随着数据管理与协作需求的不断提升，健康信息管理（Health Information Management，HIM）得到了世界各国政府和相关部门的重视，有着重要的价值。

健康信息管理是一个综合性的概念，包含了对医疗健康数据的收集、组织、存储、分析和保护等方面的管理。它关注医疗机构的信息系统中健康数据的整体管理和统计分析，进而辅助医疗健康领域中相关决策、研究和政策制定。健康信息管理的首要任务是从多个方面科学地维护医疗健康数据，涉及健康信息记录的组织与保存，因此从不同目的出发，产生了不同的数字化健康信息记录形式，主要包括电子健康记录（Electronic Health Record，EHR）和电子病历（Electronic Medical Record，EMR），两者的特性与区别如图 9-1 所示。

电子病历是一种电子化的病历系统，将纸质记录进行数字化，通常包含患者的个人信息、病史、治疗历史、诊断信息和检查结果等，将数字版本的病历、检验结果和诊断结果等存储在计算机系统中。临床医生在诊疗过程中可以利用电子病历沿着时间轴查看过往病史等数据，以便快速了解病人的基本情况。同时，医院也可以依据电子病历来监控整个诊疗过程并改善诊疗质量。然而，每个医院的电子病历与其他医院是隔离的，这就使得患者在不同医院就诊可能要做重复检查，并且患者无法访问自己的电子病历，可能需要通过电子病历打印出纸质版记录。电子病历的特性让它在多个医院之间进行信息交互是非常困难的。

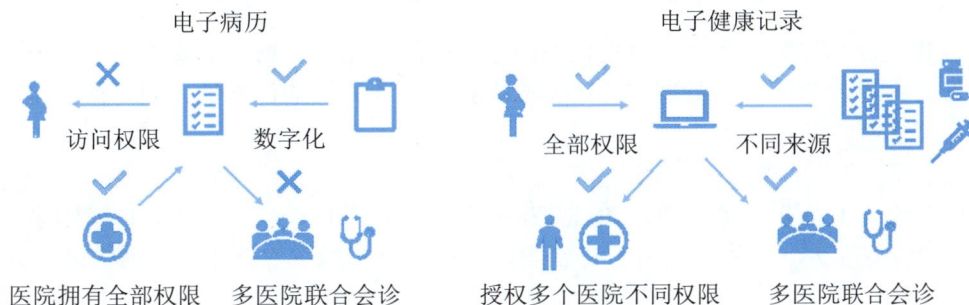

图 9-1 电子病历与电子健康记录的特性与区别

电子健康记录是患者健康信息的数字记录，其涵盖的信息比电子病历要更加丰富。电子健康记录的特性是可以授权患者和多个医院获取，包含患者过往的所有健康记录而不局限在某家医疗机构内部的健康记录。

电子健康记录有以下优势。

1）信息共享

可以授权用户以安全访问患者的电子健康记录，参与该患者诊疗过程的相关医生经过授权后可以访问并补充患者的健康记录。这样避免重复检查，也便于异地咨询专家，有助于缓解医疗资源不平衡问题。

2）提高诊疗方案质量

可安全访问的电子健康记录便于多专家联合会诊，能够跨越地理限制，为患者提供最优诊疗方案。

3）加强患者对自身了解

患者可以整合自己过往健康记录，随时随地查看就诊的检查结果和治疗方案，及时了解自身健康情况。

9.1.2 智能医疗的基石：医疗健康大数据

随着医疗机构的数字化不断发展，医院诊疗过程中的各个环节都在源源不断的产生海量医疗健康数据，数值统计等传统处理模式无法充分发挥大数据的价值，促使研究者利用人工智能、区块链技术以及各类大数据技术挖掘医疗健康大数据的潜在价值。

1. 典型特性

医疗健康大数据除了大数据共有的"5V"性质，还有一些典型的特性，如图 9-2 所示。

1）数据多样性与复杂性

医疗健康大数据来源多样，包含各类结构化、半结构化、非结构化数据，数据类型多样，涵盖电子病历、

图 9-2 医疗健康大数据的典型特性

医学影像、生理信号、基因组数据等。

2）数据标准化程度低

不同医院内部有不同的数据标准格式与规范，这些格式上的差异或多或少，但是都给数据协同利用带来了很大阻碍。每个医院使用自己内部标准的时间以数十年计，数据标准化实行起来较为困难。

3）数据隐私与安全要求高

医疗健康数据的隐私保护关系到严重的伦理问题，医院对患者数据的敏感性负责，在使用过程中医疗健康数据应经过严格的数据脱敏处理并通过相应审查，保证数据的保密性、完整性、可用性和可追溯性，并遵守数据隐私相关法律法规。

4）数据价值高、意义重大

医疗健康数据有非常高的数据价值，通过数据挖掘可以获得相关疾病模式、风险因素、治疗效果和诊疗质量等方面的关键信息，进而为医疗诊断决策、疾病预防和患者的健康管理提供更多支持。

5）数据非集中化

尽管越来越多的医疗健康数据正在被电子健康记录系统、医疗设备和移动健康应用生成并存储，大多数医疗健康数据仍分散在不同的医疗机构和个人移动设备的健康记录中，导致数据的分散和碎片化，难以在整个医疗生态系统中实现数据集中化和数据共享。

6）数据实时响应要求高

在诊疗过程中，医生需要及时获取并分析患者的实时健康数据，比如监测设备中患者的实时生命体征数据，以便作出准确的诊断决策和治疗方案。数据的实时响应也是远程医疗和远程诊断的重要组成部分。

智能医疗（Intelligent Healthcare）是指对医疗健康大数据应用人工智能、区块链、大数据和物联网等技术来改进现有医疗系统。其目标是提供更加智能化、个性化、准确且高效的医疗服务，利用智能技术来优化疾病诊疗全过程以及患者的健康管理。

2. 应用范式

医疗健康数据被称为智能医疗的基石，以下是智能医疗的主要应用范式。

1）智能医疗辅助诊断与决策

基于机器学习和深度学习等技术，通过分析患者的医学影像、检验结果、病历信息等数据，提供疾病诊断和治疗决策的建议，由医生进行二次复核，提高效率的同时有效减轻医生的工作量。

2）提供个性化医疗

智能医疗可以在海量医疗健康数据分析结果的基础上，根据个体过往的历史数据、特征和需求提供个性化的医疗建议和健康管理服务。

3）提供远程医疗

智能医疗可以利用物联网和通信技术实现远程医疗服务，便于医生与患者进行线上诊疗，也便于多专家远程联合会诊。远程医疗带来的便利性降低了获取优质医疗资源的门槛，对于医疗资源匮乏地区和行动不便的患者来说非常重要，是促进医疗公平的一种重要方式。

4）医疗资源调度与管理

智能医疗可以帮助优化资源调度和管理，医疗管理机构可以通过数据分析和模型预测来估计医院的资源需求量和资源使用量，判断是否发生医疗挤兑现象，提高医疗资源使用的效率。

5）医学知识整理与科普

智能医疗可以利用知识图谱、自然语言处理等技术整合并分析海量医学书籍与临床指南，为患者科普相关医学知识，让患者更加清楚地认识自己的疾病与治疗方案。

9.1.3 医疗健康大数据管理与分析的现状及挑战

医疗健康大数据的管理与分析是智能医疗中至关重要的一环，具有非常重要的价值，医疗健康大数据的管理与分析仍待进一步发展，也面临着一些重大挑战，如图 9-3 所示。

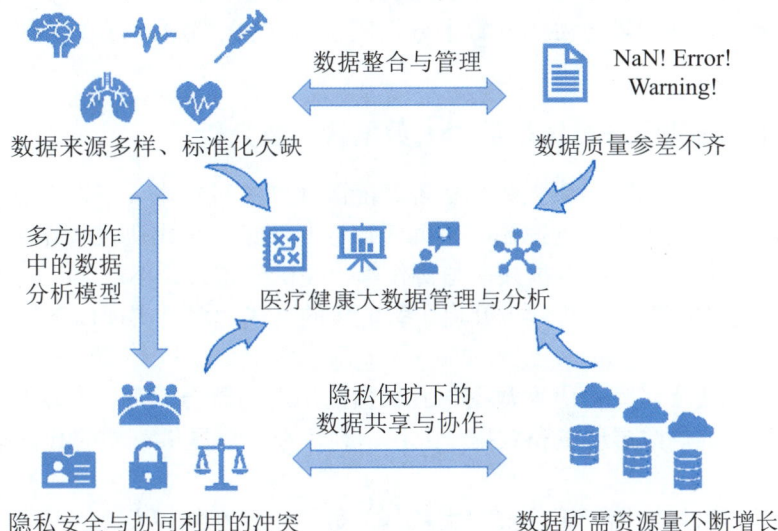

图 9-3 医疗健康大数据的管理与分析的现状与挑战

1. 医疗健康大数据的管理与分析的现状

1）数据来源多样、标准化欠缺

医疗健康大数据来自电子健康记录、医院的医学影像及检验结果、基因组数据、医疗设备传感器数据等，这些数据以不同的标准存储在不同系统中，即便是同一家医院在不同时期也有不同的数据标准，这些情况使数据的管理与共享变得复杂。

2）数据质量参差不齐

尽管医疗设备追求精准的记录，但在收集数据的过程中仍存在各种问题，比如可能存在数据错误、异常等问题，对这类数据进行分析时会导致"垃圾输入—垃圾输出"现象。数据质量不仅影响数据本身的准确性和可靠性，也会大大影响相应分析方法的准确性和可靠性。

3）数据所需资源量不断增长

存量数据随着时间推移呈指数级增长，管理与分析如此庞大的数据集需要海量计算、存储资源。更深层次的分析和智能方法的设计与应用需要更多资源的投入，包括学科交叉人才资源的投入。

4）隐私安全与协同利用的冲突

医疗机构非常注重隐私安全，医疗健康数据涉及个人敏感信息，因此对信息管理系统安全要求很高，在数据分析时也要经过脱敏等步骤。同一患者可能会在多家医院看病，个人诊疗数据分布分散不利于分析，多机构合作互通数据的需求不够强烈，同时可能涉及法律风险。

2. 医疗健康大数据的管理与分析面临的挑战

1）数据整合与管理

将不同标准的源数据转为统一标准的数据，同时对数据质量进行把控，要做到有效管理不同类型、不同来源的数据，以便进行深入分析和应用。

2）隐私保护下的数据共享与协作

在相关法律法规的指导下，构建严格的数据安全访问机制，数据分级授权管理，坚决避免隐私泄露问题的发生，制定适当的数据共享策略，同时在协作研究的方法上进行创新。

3）多方协作中的数据分析模型

数据分析模型的准确性和鲁棒性依赖于训练数据的规模，这促使多方医疗机构寻求更多合作以提高本地数据分析模型的性能。数据分散在多个医疗机构，而隐私保护要求限制了跨机构的数据共享和模型协同训练。因此需要开发适应多方协作的数据分析模型和算法，努力找到数据共享和隐私保护之间的平衡。

9.1.4　利用人工智能与区块链进行医疗健康大数据管理及分析

人工智能与区块链是使用医疗健康大数据实现智能医疗的关键技术。在医疗健康大数据管理与分析中，人工智能主要起到数据处理与数据挖掘、辅助医疗诊断决策、药物研发等作用，而区块链技术主要用于确保数据隐私与数据安全、保障数据共享与协作等，提供分布式、不可篡改的数据管理机制。

人工智能为医疗健康大数据管理与分析开启了智能化的时代，可以实现以下方面的应用。

1）数据预处理

人工智能技术可以应用于医疗健康大数据中脏数据的清洗与整合，可以自动识别和处理数据中的错误、缺失值等异常，进而提高数据质量和数据一致性，为后续分析提供可靠的数据基础。

2）医疗辅助诊断

机器学习和深度学习可以应用于医疗健康大数据的数据挖掘和知识发现。比如，可以通过医学影像分析判断疾病类型，分析 ICU 病人的数据来预测生存率，也可以通过医学影像报告自动生成算法快速生成影像报告，人工智能可以提供实时的指导建议，帮助医生做出更准确的诊断和治疗决策。

3）分布式模型训练与测试

联邦学习坚持"数据不动、模型动"的理念，数据不离开本地，通过本地训练与全局聚合等操作，在保护隐私安全的同时，通过多方协同训练提升模型性能。

4）药物研发

通过分析大规模的药物数据库和基因组数据，人工智能可以加速药物发现，预测药物的安全性和有效性，为药物研发提供指导和支持。

5）个性化医疗

通过分析患者的个人特征、病历数据、检验结果和基因组信息等，可以为患者提供个性化的治疗方案，实现精准医疗的目标。

区块链技术为医疗健康大数据管理与分析提供了安全保障，有着以下优势与应用。

1）数据安全与隐私保护

区块链的去中心化和加密特性可以提供更高的数据安全性，有利于隐私保护。医疗健康大数据可以通过区块链进行加密存储和传输，由区块链确保数据不被篡改和未经授权的访问，这有利于数据的管理与加密传输。

2）数据安全访问控制与协同分析

区块链可以实现医疗健康大数据的安全共享，可以建立智能合约，定义数据共享的规则和访问权限，确保只有经过授权的参与方才能访问和使用数据。这有利于促进多个医院之间的协同研究与分析，充分挖掘医疗健康大数据的价值。

3）全过程记录与监管

区块链的不可篡改性有利于保障医疗健康大数据的完整性，电子健康记录的修改过程都可溯源，有利于相关机构监管。

4）数据分析过程的透明性

医疗健康大数据的分析过程和结果可以通过智能合约进行验证，可以记录在区块链上，这样结果会更加可信、透明，也便于其他机构对结果进行复现。

5）医药供应链透明化管理

区块链应用于医药供应链管理能够确保药品的真实性和可追溯性。通过在区块链上记录药品流通过程的信息，可以降低出现假药的风险、避免医疗腐败，提高药品供应链的效率和安全性。

9.2　人工智能与区块链驱动的数据分析与信息流动：以心血管医学数据为例

本节首先介绍如何利用人工智能与区块链技术协同应对数据质量挑战，从而确保数据质量、一致性与隐私安全；然后以心血管医学领域为例，分别介绍人工智能与区块链技术如何应用；最后介绍两种技术在心血管医学中进行数据分析与信息流动的协同作用。

9.2.1　人工智能与区块链确保数据质量、一致性及隐私安全

医疗健康大数据的管理和分析面临着数据来源多样、标准化欠缺和数据质量参差不齐的挑战，大部分医疗健康大数据是在诊疗过程中记录下来的，它在收集过程中的目的是管理诊疗过程的数据，便于患者查阅和医生做判断，而不是为了研究大数据分析方法。如果数据质量不满足研究需求，那么很容易造成研究结果不适用于实际场景等问题。数据科学家通常需要花费 70% ～ 80% 的时间来清理数据并选择恰当的数据进行挖掘。因此，收集到的数据并不能直接用于算法研究，医疗健康大数据的研究领域中的一项重点是评估数据质量，并对数据做对应处理，使其在最大程度上满足我们的研究目的。

图 9-4 展示了在数据生命周期中，每一个环节都会影响数据质量，数据采集时可能会引入错误的输入和异常值，数据整合过程中的数据存储和共享标准不统一。在数据分析阶段之前的数据采集和整合过程中就已经影响到数据质量，而研究人员一般都是在数据累积到一定规模之后才介入数据分析环节，此时数据质量已经不可能非常完美，因此在数据分析之前根据研究目的进行数据质量评估和处理是至关重要的。

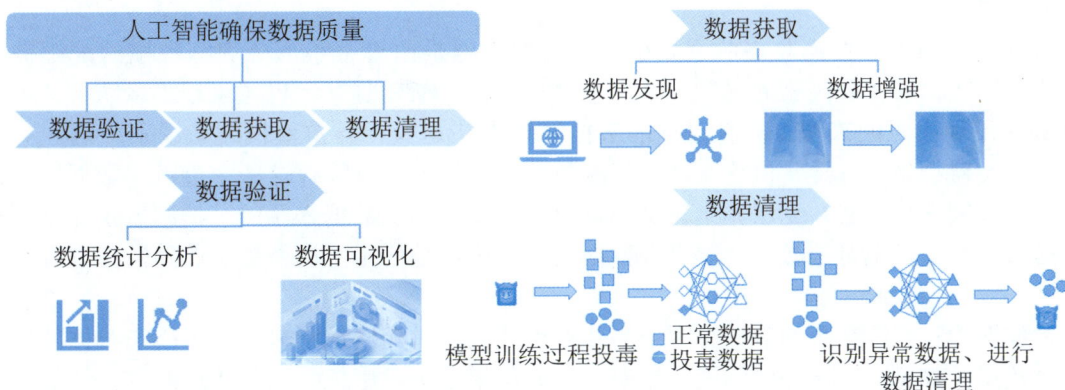

图 9-4　在数据生命周期中人工智能确保数据质量的方法

人工智能在确保数据质量方面有很多技术，如图 9-4 所示，主要包括数据获取、数据标记、数据验证、数据清理等方法。

对于医疗健康大数据来说，数据获取包括数据发现、数据增强等，通过补充数据来保证数据质量尽可能满足研究需求。

1）数据发现的使用场景在于医疗机构中的数据无法满足研究需要时，比如在构建医学领域的专用知识图谱时，可能无法从医院中获取太多的医学专家知识，这时需要对互联网上的书籍文献等资料进行收集，来获取更全面的领域知识，从而构建专用领域的知识图谱。除此之外，也有一些现成的工具（如Juneau）用于数据集的搜索与规整。

2）在研究过程中，很常见的问题是数据标签分布不一致，比如阳性病人患病的类型不同对应的样本数量也不同，当疾病标签分布差异过大时会导致深度学习模型偏向某几类数据，而忽视样本数量少的疾病类型。对此，数据增强是一个有效扩充数据的方法。GAN是一种流行的生成数据的方法，包含一个生成器（Generator）和一个判别器（Discriminator），GAN是让生成器和判别器相互对抗学习，生成器负责生成逼真样本，使判别器负责准确区分真实样本和生成样本。GAN通过生成器和判别器之间的对抗训练来提高模型性能，生成器生成逼真的样本来欺骗判别器，判别器努力提高区分生成样本和真实样本的能力。这种对抗训练过程将一直持续到生成器能够生成与真实样本难以区分的高质量样本为止。

对医疗健康大数据来说，数据标记是一个非常繁杂的工作，比如医学影像数据的区域标注、分割标注等，这类标注需要将特定结构或病变位置进行像素级别的标注或分割。由于这类标注需要很强的专家知识，人工标注效率低且有着较高的成本，使用人工智能进行自动标注在医学领域广泛应用，一种经典方法就是半监督学习，有自训练和一致性学习等方法。自训练是指模型先在有标签的数据集上进行训练，然后用该模型预测未标记的数据，将置信度最高的预测结果作为标签添加到训练数据集中，因此自训练可以作为一种数据自动标注的方法。除此之外还有一致性学习（Consistency Learning），一致性学习的核心思想是相似的输入样本所得到的模型输出应该是一致的，一致性学习鼓励模型在经过不同扰动的无标签数据样本上产生一致的预测结果，在优化过程中添加的一致性正则化项可以帮助模型学习潜在的数据分布信息，增强模型对数据的泛化能力。通过半监督学习可以充分利用无标签的数据，发挥大量无标签数据的作用，提升模型性能。通过一致性学习得到的伪标签也可以作为数据标注的依据，但是仍要考虑伪标签的置信度。

数据验证的一种有效方法是使用数据可视化，可视化可以直观且快速地对数据进行检查与验证，通过各类统计数据确保数据集的健全并排除异常情况，避免后续引发更多的错误，开源的框架包括Facets、SeeDB和CUDE。研究人员也可以自己定义并计算数据集的统计数据，提前评估后续研究关注的数据在某些维度的质量。

数据清理是应对恶意投毒攻击的重要手段，数据中毒是由于一小部分训练数据的来源被污染，比如网络中获取的数据存在被污染的可能。数据中毒技术正逐渐变复杂，也越来越难以防御，被投毒的模型很难分析并发现中毒的来源。一种可行的数据清理方法是执行异常值检测来识别中毒，对被投毒的数据影响的分类器结果进行异常值检测，尽可能通过异常值处理排除掉这些中毒点。数据清理技术与数据中毒技术会持续迭代发展，无法完全防御中毒攻击，所以确认数据来源的可信程度是非常重要的，所有参与方提供的数据都是可信赖的才能保证数据质量，这也是使用区块链技术保障数据来源可信的必要性。

多模态数据的一致性在医学数据分析中需要重点关注，对疾病诊断来说，多模态数据的协同作用比使用单模态数据更加可靠，比如对肺炎的诊断，检验结果和医学影像共同作为诊断依据要更加可靠，医生对病情的把握会更准确。对于人工智能来说，多模态数据协同作用的关键在于特征对齐和共同学习，将不同模态的嵌入用恰当的方式拼接成为多模态表示。

区块链在验证数据质量、确保数据一致性、保护隐私安全等方面有独特优势，主要包括验证数据质量与数据提供方给出的情况一致、数据激励机制、隐私保护特性等。

当数据平台中有多个数据提供方以供选择时，研究人员通常会根据研究目的和需求选择最合适的数据，然而获取数据之后，数据的可用性可能存在争议，比如出现获取的数据与提供方声称的数据不一致的情况，这时候就需要第三方来做仲裁。距离度量学习是从成对的相似或不相似点中学习指定数据之间的距离关系，可以利用区块链上的距离度量学习来进行仲裁，通过验证实际数据的特征与数据提供方声明的特征间的距离判断数据的可用性。距离度量学习也是识别数据投毒行为的一种有效方式，数据提供方可能在一开始使用正确的数据，但在中途故意提供虚假数据或在数据提供时出现重大失误，这时距离度量学习可以分析以往提供的数据和当前提供数据的特征，检测到异常或不一致的模式，从而发现数据投毒或数据提供方的失误。但距离度量学习也不能完全解决数据投毒问题，还应该结合其他策略如多源数据对比、审计机制等，以提高数据的可靠性和一致性。

区块链中的数据激励机制通过设计奖励机制，吸引更多数据提供者积极参与区块链网络，提供有效的数据贡献，从动机方面促使数据提供者分享高质量的数据。基于人工智能与区块链技术的智能合约可以验证数据分析过程，将数据分析过程放在区块链上以提高透明性和可靠性，便于数据使用方验证数据质量。受益于区块链具有去中心化、不可篡改、透明性、加密等特性，区块链技术可以提供安全的数据信息流动，加强隐私保护的同时避免数据被篡改、窃取或损坏；数据的分析过程可以由智能合约在区块链上执行，保证了过程的透明化。

因此，使用人工智能与区块链技术可以有效确保数据质量、一致性与隐私安全，也为各种数据驱动的应用提供了更高的安全性和可信度。

9.2.2 人工智能技术在心血管医学数据分析中的应用

人工智能技术在心血管医学领域中的应用非常广泛，可以利用不同类型的相关数据进行心血管疾病的诊断，本节首先介绍人工智能在心血管医学中的各类应用；然后详细介绍人工智能利用心电图在心血管疾病管理中的应用，介绍基于人工智能的眼部图像分析在预测心血管疾病风险方面取得的进展；最后介绍人工智能技术在心血管医学数据分析中需要解决的 12 个关键问题。

人工智能在心血管医学中的重要应用之一是心血管药物治疗领域。人工智能和精准医学对新药开发产生了重大影响，在寻找有效治疗方法的同时，最大限度地降低个体出现副作用的风险。基于深度学习的人工智能系统在药物发现、个性化药物治疗和精准医疗方面具有潜在的突破性应用。人工智能还带来了心血管风险分层和心力衰竭表型的新方法、用于高血压管理的新心血管药物疗法和优化的药物治疗。

人工智能和机器学习在心血管成像中的应用也很广泛。人工智能已经在阻塞性冠状动脉疾病的诊断、左心室射血分数的测定、接受冠状动脉计算机断层扫描血管造影（Coronary Computed Tomography Angiography，CCTA）的患者异常血流储备分数的预测方面得到应用。基于人工智能的算法已经在诊断冠状动脉疾病、风险分层、心血管成像和心脏 MRI 等方面产生了重大影响。然而这部分研究通常是在最先进的医学研究中心进行，所提出的方法在不同患者群体之间的普适性还有待验证，但人工智能已经在不同的心血管成像模式中发挥重要作用，可以诊断多种心血管疾病。人工智能在未来很可能显著提高医疗系统的效率，减少医生的重复性工作，并提高治疗方案的个性化程度和水平。

心电图（Electrocardiogram，ECG）是临床诊疗过程中一种低成本、快速且简单的工具，其用途非常广泛。临床医生对心电图的解释根据经验和专业水平的不同而有很大差异。在这种现实情况下，计算机辅助心血管疾病诊断已经发展了很长时间，在发展初期，研究人员将预定义的规则和手动提取的特征输入机器学习算法（如随机森林等）进行诊断，然而这些算法并不能捕获心电图的复杂性和细微差别，并且手工提取的特征有很大局限性，计算特征的方式固定，导致任何系统误差都可能影响到输出结果。目前深度学习中以卷积神经网络 CNN 为代表的人工智能算法已经广泛应用于分析 12 导联心电图，这种端到端的模型利用更高维度的特征来学习医生对心电图的解释，自动化程度高且有着更高的效率。现有研究已经验证了人工智能方法利用心电图对左心室的收缩功能障碍、无症状房颤等不同类型的房颤、肥厚型心肌病等疾病的识别与诊断的有效性。随着可穿戴技术的发展，一些算法部署在可穿戴设备上也可以利用单导联心电信号进行准确判断。Apple Heart Study 显示，0.52% 的参与者在平均超过三个月的监测中收到了可能出现房颤的通知，其中大约三分之一的人后来通过为期一周的贴片心电图监测证实了房颤。这表明利用现有技术对人群进行大规模筛查是可行的，但这类方法的准确性还有待提高。

利用人工智能模型分析心电图数据有助于心血管疾病的筛查、诊断、预测及个性化治疗，该技术应用前景广阔，但同时也面临着一些挑战。

（1）模型从高质量数据集中训练得到，而现实场景中的心电数据可能存在基线漂移等情况，模型对现实数据的鲁棒性需要在实际临床场景中进行验证。

（2）模型训练依赖大量数据，需要研究团队之间进行数据共享，可能遭到恶意攻击、存在隐私泄漏的风险。现有模型的鲁棒性有待提升，细微的数据调整也可能影响模型的输出结果，这要求模型要足够鲁棒到能够识别数据扰动。

（3）模型存在偏见与不公平现象，可能更侧重某几类数据，这要求研究人员在数据收集和模型训练的时候充分考虑模型可能带来的偏见，并找到对应的措施应对。

除了心血管相关指标的测定，基于眼部血管系统与心血管系统的解剖学和生理特征的相似性，先前研究发现视网膜和心血管疾病之间存在密切关系，这使得分析眼部血管进行心血管疾病风险分层的方式成为可能。眼睛是能够无创实现微循环观察的器官，用眼部成像对心血管疾病进行风险评估成为一种经济有效的方法。

基于人工智能的眼部图像分析使用彩色眼底照片（Color Fundus Photography，CFP）来评估心血管疾病的风险因素、评估心血管疾病生物标志物、评估心血管疾病风险、预测特定心血管疾病等。深度学习模型通过对彩色眼底照片的分析来预测一些心血管疾病的危险因素，比如慢性肾病和糖尿病等；还可以用于评估心血管疾病生物标志物，部分取代现有的临床检查或生物标志物；此外，可以进行风险预测以及一些心血管特定疾病的预测，比如高血压、心肌梗塞等。

Van Smeden、Maarten 等提出了基于人工智能的心血管疾病预测的十二个关键问题。

（1）是否需要人工智能来解决目标医疗问题？

（2）AI 预测模型如何适应现有的临床工作流程？

（3）预测模型开发和测试的数据是否代表目标患者群体和预期用途？

（4）预测的点是否清晰并与特征测量一致？

（5）结果变量标记程序是否可靠、可复制且独立？

（6）样本量是否满足人工智能预测模型的开发和测试的要求？

（7）是否避免了对人工智能预测模型预测性能的乐观情绪？

（8）人工智能模型的性能评估是否超出了简单的分类统计？

（9）是否遵循了人工智能预测模型研究的相关报告指南？

（10）是否考虑并适当解决了算法（不）公平性？

（11）开发的人工智能预测模型是否开放使用、进一步测试、批判性评估以及在日常实践中更新和使用？

（12）所呈现的个体特征与结果之间的关系是否没有被过度解释？

尽管基于人工智能的心血管疾病预测算法研究已经取得了一定的效果，很多方法仍难以解决上述关键问题，因此在真正实施在诊疗过程中之前，需要进行严格的评估与审核。

9.2.3 区块链技术在心血管医学数据隐私安全方面的应用

心血管医学数据由不同医疗机构或个人的设备采集，开发具有良好性能的人工智能算法需要心血管医学数据的共享。数据共享过程中的数据隐私安全保护至关重要，区块链技术可以允许研究人员和机构之间安全且可追踪地共享患者数据，以用于人工智能算法的开发、验证和临床实施。具体而言，区块链技术可以应用于设备端和医疗机构端，以提高数据隐私和安全性。

区块链技术对于设备端主要有以下优势。

1）数据安全传输与存储

心血管医学设备（医院中的心电采集设备、心脏监测设备、可穿戴设备中的心电采集设备等）生成的数据可以通过区块链进行安全传输和存储。数据在传输过程中使用加密算法进行加密，防止被恶意窃取。心血管医学数据存储在区块链网络中的多个分布式存储节点上，避免数据丢失。

2）数据隐私保护

通过区块链技术患者可以授权自己心血管医学数据的访问权限，并通过智能合约定义数据的使用规则，通过安全访问控制来授权可信的参与者获取数据，确保个人心血管医学数据的隐私。

3）数据溯源与验证

区块链记录了每一次数据交换的历史，可追溯数据的源头和流转路径。这可以提高数据的可信度和可验证性，并防止数据被篡改。参与者可以通过验证区块链上的数据，确保其来源和完整性。

在医疗机构中使用区块链的优势和设备端相似，但在具体细节方面略有差异。

1）数据共享与协作

区块链技术为数据共享与协作提供了一个安全可靠的环境，可以促进多方医疗机构加强彼此之间的数据共享与协作，以提高人工智能算法辅助决策的准确性和效率，进而提高心血管疾病的诊断和治疗效果。

2）安全访问控制

医疗机构可以利用区块链技术实现安全访问控制，可以确保只有经过授权的医生才能访问敏感的心血管医学数据。

3）审计和合规性校验

区块链记录了每一次数据信息流动及相关操作，医疗机构可以利用区块链的不可篡改性和可验证性，进行审计以及流程合规性的校验，确保数据信息流动符合相关法律法规和隐私保护政策。

总的来说，区块链技术在心血管医学数据隐私安全方面有着诸多应用，可以提供更安全、可信的数据信息流动环境，确保数据的安全传输、溯源和验证等，并促进多个数据提供方之间进行数据共享和协作，有助于综合提高心血管医学的诊断准确性、制定更恰当的治疗方案。

9.2.4 人工智能与区块链在心血管医学中进行数据分析及信息流动的协同作用

心血管疾病严重危害人类健康，是全球一大死亡原因。早期发现并及时介入治疗可以缓解心血管疾病的病情发展。人工智能在心血管疾病的诊断和治疗中发挥了重要作用，包括可穿戴设备对患者心电信号的实时监测和预警、整合多来源数据协助制定治疗或手术方案。

基于人工智能的可穿戴设备可以持续监控患者病情，华为手表用单导联心电采集设备对阵发性房颤进行检测，其心电功能具有一定的参考价值。然而手表中的单导联心电采集和医院所使用的 12 导联心电采集设备相比有很大的局限性，Tsukada YT 等开发了一种新型可穿戴设备，用涂有导电涂层的纳米纤维制成的运动背心，使心电图的电极与人体紧密接触，实现多导联心电信号的实时收集与传输，将心电数据上传云端供医生分析。

基于人工智能的临床决策辅助系统可以将超声心动图和 CT 成像数据结合起来，协同分析制定术前计划，以快速可靠地判断介入治疗的瓣膜尺寸和类型。最合适的治疗方案应该是对患者的年龄、病史、虚弱程度、并发症、独立程度、术前死亡率和患者自身偏好等因素进行综合判断，人工智能可以辅助制定治疗方案，帮助医生确定最佳治疗方案。

然而，人工智能算法需要海量数据进行训练与验证，在很多情况下单独一方难以获得足够的生理健康数据用于机器学习的训练。基于区块链技术的多方协同数据共享可以将不同来源的健康信息进行整合，比如可穿戴设备、多导联心电采集设备、电子病历、基因组学数据等。区块链技术为数据信息流动与整合提供了一个安全、透明的环境，衍生出人工智能与区块链技术协同作用的心血管疾病诊断和治疗。

基于人工智能与区块链技术的心血管疾病诊断和治疗系统构建示例如下。

1）数据整合与处理

建立分布式数据库存储多方数据，并通过机器学习技术对数据进行质量评估、清洗、验证、标记等处理，然后将来源不同的数据进行整合与对齐，形成高质量的心血管疾病相关数据。

2）人工智能算法分析

根据不同研究目的，利用海量高质量心血管疾病相关数据对模型进行训练和验证，开发出有效的智能算法并进行性能评测，结合专家医生的评估结果进行迭代更新。经验证有效的算法可以分发给参与数据共享的多个数据提供方，以激励其提供更多有效数据。

3）区块链技术为系统中数据信息流动的全过程提供安全保障，可追溯不同类型记录的处理情况，数据信息存储在区块链网络的多个节点中有助于数据安全避免丢失，数据加密传输和安全访问控制。

人工智能与区块链这两种技术优势互补，两者结合应用可以显著提升人工智能算法训练所需数据的质量，区块链在信息流动的过程中提供安全保障，同时记录信息流动过程以实现透明性、可追溯性，训练得到的有效算法可以提升参与方进行心血管疾病个性化治疗的水平，促使心血管疾病的管理更加准确高效。

9.3 医疗健康数据共享平台

9.3.1 医疗健康数据共享的现状与挑战

医疗机构通常在内部有自己专属的数据中心，对于不同的数据模块，通过数据服务总线结构来进行格式转化等操作。数据服务总线可以降低链接异构应用系统的难度，同时降低内部系统彼此之间的耦合度，增加灵活性及故障响应机制。数据服务总线可以帮助构建医院内部的数据中心，可以将数据传送到临床数据中心、科研数据中心和运营数据中心等，在数据中心整体上搭建平台的服务和应用。由此可见，医院内部数据进行共享，更多在于系统开发和协调组织问题，内部的合作过程中数据不流出医院本地，避免了数据隐私泄漏等伦理风险。

医院中的医学科研水平是衡量三甲医院学术能力和医疗水平的重要指标，医院内部数据共享可以提升数据多样性。然而单个医院在某些专病中的数据量非常有限，这时就需要医院之间进行医疗健康数据共享，一个典型例子是多中心科研平台。目前的多中心科研平台设置一些可信的中心科研平台并提供智能化的分析工具，参与的医院与其他合作医院沟通协调需求，将脱敏后的数据传输给中心平台，中心平台根据汇集到的数据进行集中化分析，一定程度上解决了单个医院数据量不足的问题，中心平台将分析的结果返回各个医院。

如图 9-5 所示，目前现有的医疗数据共享系统与科研平台还面临着非常大的挑战。

（1）目前的中心平台提供的数据分析工具较少且较为基础，无法满足智能化算法设计与实现的实际需求。

（2）不同医院的数据标准不一致，缺少合适的智能技术进行数据格式处理与整合。

（3）中心化、集中化的存储数据方式带来了隐私安全风险，同时一旦出现中心故障等问题会导致系统功能完全中止。这要求采取更高级的隐私保护措施，需要多重技术手段保障。

（4）病例查询等任务需要系统的快速响应，对系统响应的实时性要求高。

（5）监管和激励机制尚不完善，集中化的数据存储方式更要对各方数据的使用进行严格监管，明确数据信息流动的全过程可追溯，同时需要设计合适的激励机制鼓励参与方提供更多的高质量数据，使数据共享平台可持续发展。

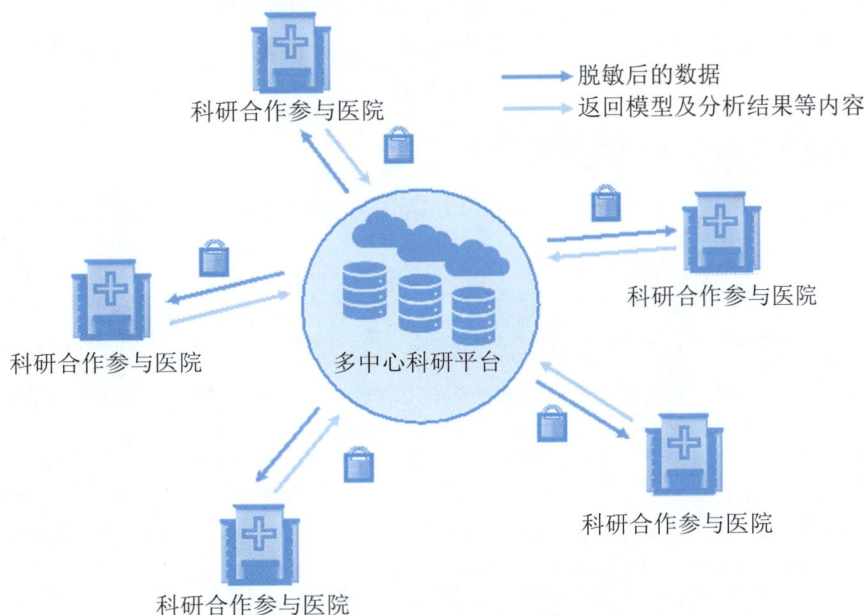

图 9-5　现有医疗中心数据共享的合作方式

9.3.2　医疗健康数据共享的数据隐私安全问题

医疗健康数据共享过程中最重要的问题就是数据隐私安全，这也是各个医疗机构不愿共享数据的根本原因。随着医疗机构之间数据共享的需求越来越强烈，为共享数据提供多重数据隐私安全保障可以在很大程度上打消医疗数据提供方的顾虑。

医疗健康数据共享过程中的数据隐私安全问题有如下几种。

1）法律合规要求

医疗健康数据共享需要符合相关的法律法规和隐私保护标准，如我国的《中华人民共和国数据安全法》和《中华人民共和国个人信息保护法》、美国的《加利福尼亚州消费者隐私法案》（California Consumer Privacy Act，CCPA），欧洲的《通用数据保护条例》（General Data Protection Regulation，GDPR）等。医疗机构如果在数据共享过程中没有遵守法律要求则需要承担相应的法律责任，也会导致人们对该医疗机构的信任问题。

2）数据的匿名化保护不够充分

在医疗健康数据共享过程中，为了保护个人隐私通常需要对数据进行去标识化或匿名化处理。但是匿名化数据并非绝对安全，攻击者可以通过重新标识化或数据关联等方法重新识别匿名化的数据，导致个人数据隐私泄露。

3）第三方访问权限控制

医疗健康数据共享涉及多个参与方，包括不同的医院、研究机构等，管理数据访问控制权限非常重要，如果未能有效限制第三方对数据的访问权限，可能导致数据被非法获取、篡改，存在数据滥用的风险。

4）数据传输和存储安全

在医疗健康数据共享过程中，数据的传输和存储需要采取安全的数据隐私保护措施，包括加密传输、安全存储设施和权限访问控制等。如果数据在传输或存储过程中受到攻击，仍然可能导致数据泄露或被篡改。因此需要多个方法联合应用，多种措施保障数据传输存储安全。

医疗健康数据共享可以通过智能医疗健康数据共享平台的隐私安全保护机制提供多重隐私安全保障。

9.3.3　智能医疗健康数据共享平台的架构设计

智能医疗健康数据共享平台的架构设计如图 9-6 所示，可以分为数据管理层、数据中台层、应用层与门户层。

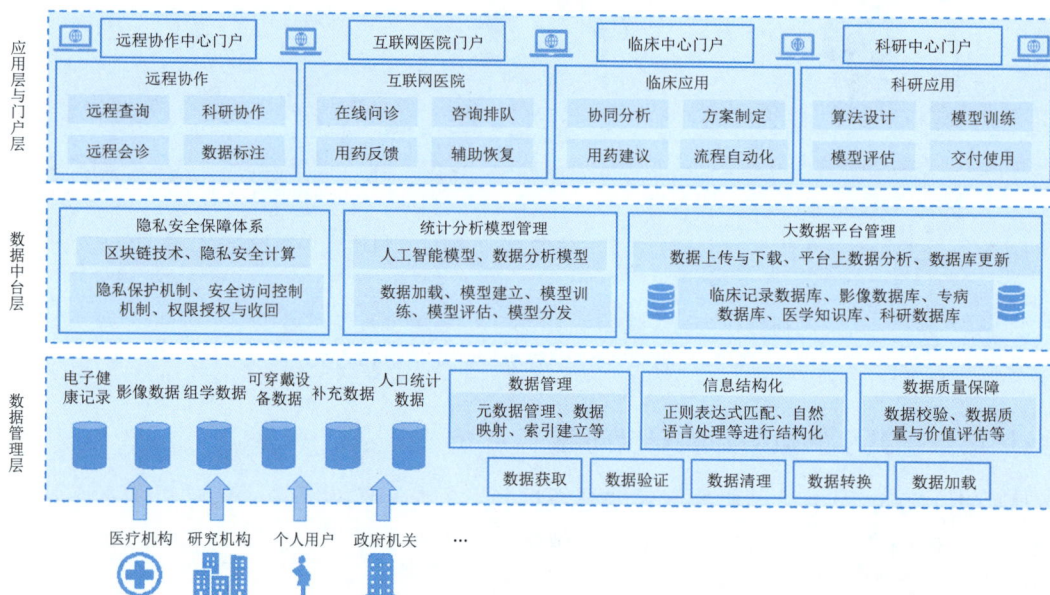

图 9-6　智能医疗健康数据共享平台的架构设计

1）数据管理层

应当负责与多参与方的医疗数据中心进行对接，经过一系列步骤的处理将外部数据转换为统一数据格式与规范，得到结构化、标准化的高质量数据，同时进行数据质量的监管与评测。值得注意的是，在数据管理整合过程中，要考虑同一患者在同一所医疗机构中的不同科室之间就诊的情况，这种情况下应该把同一患者的全部就诊数据整合在一起。

2）数据中台层

包含多种数据库和模型，归类整合数据管理层的高质量数据，建立各种类型的数据库，同时研发人工智能模型等统计分析模型，用区块链及隐私保护技术保障数据库的数据隐私安全。

3）应用层与门户层

对应着下游业务的开发与远程使用，应用层包含远程查询、科研协作等下游业务并对具体业务进行实现。门户层通过网页或软件远程连接用户与平台，提供应用层的相关业务服务。

动态数据架构是智能医疗健康数据共享平台架构设计中的核心，对数据的全过程动态管理是数据共享平台的重中之重。平台要将参与方上传的数据进行数据脱敏与格式对接，然后以数据集、专病集等形式存储在平台中，并为每个数据集分配管理者，由管理者对数据集的访问权限进行动态授权与回收，数据流动过程在平台中进行，不能脱离平台本身。

在参与方初次上传数据时，可能将过往的数据进行一次批量上传，但对于后续产生的数据，则需要多次增量上传，同时平台上的数据结构也可能由于业务模式等因素进行调整，平台需要对数据集的存储和计算资源进行弹性、动态的管理，因此平台可以利用数据仓库实现多模态数据在隐私保护下的共享，在数据共享平台中一个重要思想是不共享原始数据但通过协作获取更多价值。

在安全访问控制方面，平台需要尽可能将数据所有权和使用权进行分离，数据授权方式也需要根据参与方的可信程度和安全保护等级，来授权数据可用不可见或可用可见。

在实际部署方面，平台部署可以采取中心化与分布式节点相结合的部署方式，对不同安全级别的数据进行分类存储，在充分保障数据隐私安全的前提下兼顾数据的高效利用。

9.3.4 智能医疗健康数据共享平台的业务模式分析

智能医疗健康数据共享平台涉及的业务模式可以很广泛（如图 9-7 所示），为此可以分为基础业务和扩展业务。作为数据共享平台，在实际开发时应该先实现面向基础业务的基本功能，后续随着基础功能的完备与稳定发展，逐步推进完善扩展业务。

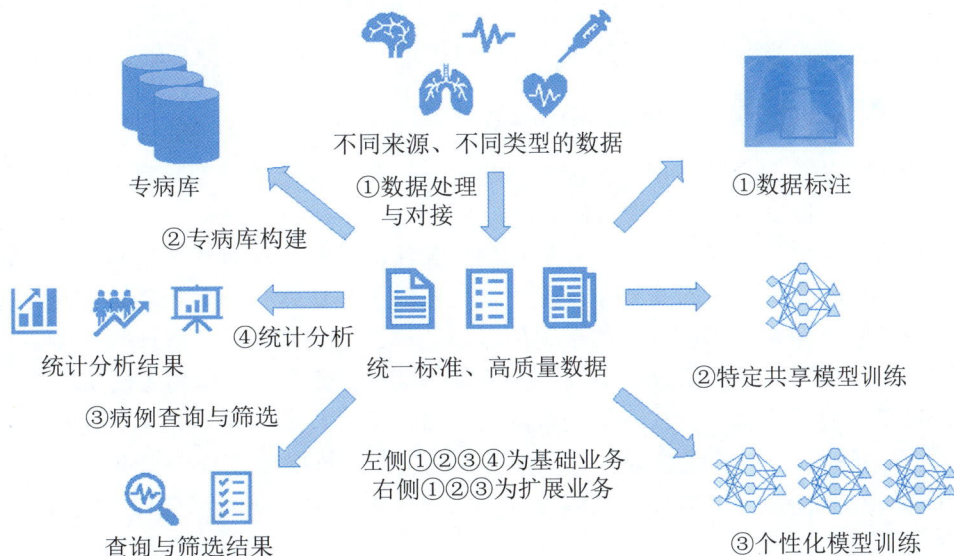

不同来源、不同类型的数据

专病库
②专病库构建
①数据处理与对接
①数据标注

统计分析结果
④统计分析
③病例查询与筛选
统一标准、高质量数据
②特定共享模型训练

查询与筛选结果
左侧①②③④为基础业务
右侧①②③为扩展业务
③个性化模型训练

图 9-7　智能医疗健康数据共享平台的业务模式

智能医疗健康数据共享平台中的基础业务可以包括以下。

1）数据处理与对接

这一部分首先将平台的参与方（数据提供方）提供的数据进行格式转化、数据清理等预处理工作，目的是形成统一标准、高质量的数据并与平台上线的数据进行对接。在此过程中也可以由平台综合数据规模、质量、类型等各种因素对该参与方提供的数据进行价值评估，并用相应激励机制对参与方进行奖励。

2）专病库构建

在多个数据来源的数据统一之后，可以根据疾病关键词进行归类，进而构建专病库，归类整理的构建过程中也会排除一定的冗余信息，用于在参与方查询时直接定位到相应疾病也便于研究人员获取专病数据进行分析与算法设计。

3）病例查询与筛选

可以通过多维度结合进行查询与筛选，得到符合特定需求的病例，用于相关病例查询或满足科研需求。

4）统计分析

多参与方共享数据的部分目的是获取大规模数据上的数据特性，因此平台可以在内部进行统计分析或进行其他扩展应用。

智能医疗健康数据共享平台中的扩展业务可以包括以下。

1）数据标注

医疗过程中会产生大规模的未标记数据，可以在平台上扩展数据标注业务，将多个参与方的有标记数据汇集在平台上进行模型训练与评估，得到良好性能的模型可以用于加速医院数据标注环节。

2）特定共享模型训练

对某类专病的数据提供方，可以利用构建的专病库进行模型训练与测试，将训练好的模型开放接口或分发模型权重给各参与方，使各方从数据共享中受益。

3）个性化模型训练

由于共享同一个模型，专病库训练样本的数据分布可能与参与方的本地数据分布差异较大，导致参与方本地数据使用模型时性能不佳，为此可以提供对单个参与方的个性化模型训练、使用本地训练或微调等措施。

智能医疗健康数据共享平台还有很多其他业务可以扩展，但前提是要把基础业务实现完整。

9.3.5　智能医疗健康数据共享平台的智能化设计

智能医疗健康数据共享平台的数据信息流动过程复杂，每个环节都需要高质量的数据处理，人工智能技术可以在这个过程中提供高效的处理方法。

首先要对数据进行采集或对接，不同医疗健康信息系统的数据库和该平台进行对接时，需要将原始数据进行必要的规则转换从而得到符合要求的数据，依据是数据脱敏规范、伦理审查准则等，最重要的是依据平台的数据管理规范，将不同来源的数据处理成统一的格式规范。在这一过程中，可以使用基于深度学习的语言模型，将不同来源的数据与平台标准数据格式进行映射，加快格式规范统一的效率。

在数据清洗环节，应将不符合格式规范的数据进行再次筛查，确认是数据单元内部值错误还是平台数据规范设计不够完备；当数据单元的值出现错误时，首先由内部预定义的数据处理规则进行数据纠正，再由平台的人工智能模型学习这类数据纠错的方式，逐步由两种策略共同识别错误数据，以保证平台上数据的数据质量。

在对共享的数据信息进行数据挖掘时，有多种人工智能技术可以加强数据共享平台的智能化设计。智能化设计可以涵盖各个方面，下面主要介绍使用自然语言处理技术将非结构化数据转化为结构化数据、智能化数据标注方法，以及智能合约保障数据隐私安全。

数据共享平台的一个重要任务是将病历等健康数据信息进行结构化，将非结构化的数据如检验报告、病理报告、医学影像报告等进行拆解与知识抽取，将一体化不易查询的数据转变为结构化易查询的，让平台参与方可以快速查询到对应的信息，可以真正获取有临床及科研价值的数据。数据挖掘方式可以用 NLP 对文本进行自动化的分析以提高效率和准确性,将大量文档中不易查询、非结构化的数据拆解为结构化的有意义的数据,具体处理流程分为多个阶段,包括分词、语言理解、实体识别、关系抽取等阶段,还可以附加做一些可扩展的任务包括主题分类、关键词提取、生成知识图谱等。这样可以利用知识图谱定位需要查询的关键词,可以通过关键词或文本示例来查询 NLP 处理之后的结构化文本。

数据共享平台中一个实用功能是用平台上的人工智能模型为本地数据进行标注,尤其对于医学影像数据来说。一种方法是整合过往病历、诊断信息与对应影像数据,从文本中提取标注信息与影像数据一一对应,各个参与方将这类有标注数据上传到平台上,对这些多方提供的数据进行联合标注评估,汇总成高质量的标注数据由平台进行人工智能模型训练,得到具有良好性能的数据标注模型之后,参与方可以将医疗过程中产生的未标注数据上传至平台上,由人工智能模型返回数据标注结果,再由参与方的医生专家进行审核与校验,标注错误的数据及时反馈到平台上,如此迭代训练平台上的数据标注模型,以提高模型的数据标注准确性,进而提高参与方标注数据的效率。

数据共享平台上的信息流动整体由区块链进行全过程记录,实现数据全生命周期的管理,同时可以利用智能合约实现数据的价值定义和授权过程,详细的智能化隐私保护设计在 9.3.6 节进行介绍。

9.3.6 智能医疗健康数据共享平台中的人工智能隐私安全计算

智能医疗健康数据共享平台在实现高级别隐私安全保护时,应当保证数据不离开本地。一种安全的架构是在外部机构需要评估模型或查询数据时,由平台上的专门功能组件作为中介代理,首先接收到外部机构的请求,分析请求的具体内容及请求方的访问控制权限,在多个医院的数据中及平台的专病库中筛选出符合要求的数据,然后对有访问权限的多中心医院数据进行查询,由平台作为中介代理查询,将原始数据的查询结果在平台内部进行模型性能分析或统计分析,最后将整合的结果返回给外部查询机构。这样的操作流程保证了数据不离开数据中心,由安全可信的平台功能组件作为代理进行查询等操作。

上述例子对于模型评估和病例查询等基础操作有效,然而对联邦学习这类分布式机器学习训练而言平台的压力太大,同时外部机构可能通过控制客户端数量来进行差分查询,定位到关键的隐私信息,因此也要考虑对原始数据进行处理,以增强该平台的隐私保护能力。

人工智能技术可以增强现有的隐私安全计算技术,包括差分隐私、安全多方计算等,典型的例子是基于人工智能的对抗生成网络 GAN,GAN 本身可以用于数据增强等方面,因此在隐私保护方面一个直接的想法是利用生成模型来生成新数据,且生成的新数据与原数据之间的一一对应关系被隐藏掉,这样既可以保障隐私安全又可以满足模型训练对海量数据的需求,还可以确保机器学习算法的训练过程不受影响。

一种基于人工智能的隐私计算方法是满足差分隐私的 GAN,使用训练好的 GAN 网络用于拟合真实数据分布,并生成经过严格隐私保护的数据集,其核心思想是当生成器的输出结果相同时,攻击者很难通过输出结果来判断输入的数据集具体是哪一个,进而避免攻击者得知用户的隐私信息。满足差分隐私的生成对抗网络也很容易集成到联邦学习的场景下,可以在不影响联邦学习训练过程及模型性能的基础上,加强对多方医疗机构真实数据的隐私保护。

这类数据生成和替代方法除了生成对抗网络之外还有变分自动编码器(Variational Autoencoder,VAE)等,它们都可以生成合成数据来替代真实数据,用这些生成的数据"代表"原始数据,从而减少对原始数据的直接访问和使用,避免个人信息等隐私泄漏的同时保证了数据的实用性。

9.3.7 智能医疗健康数据共享平台中的区块链技术

在智能医疗健康数据共享平台中,区块链技术可以发挥重要作用。区块链技术有着可溯源、不可篡改、透明程度高、可信可靠等优势，可以对数据操作的全生命周期进行监管。区块链可以帮助建立各参与方之间的信任机制，降低数据共享的成本和流程复杂性。

区块链技术可以利用其去中心化和不可篡改的特性提供更高的数据安全性和隐私保护。医疗健康数据可以被加密并存储在区块链上，只有授权的参与者才能访问和解密数据，防止未经授权的访问和篡改。

区块链技术可以利用智能合约来管理数据共享权限，参与者可以将医疗健康数据存储在区块链上，通过智能合约设定数据的共享条件和权限，确保数据的合法性和安全共享。在数据流动过程中，智能合约也可以记录并跟踪数据的使用和访问历史，增加数据的透明度和可追溯性。

区块链技术也有助于统一数据标准并提高数据一致性，建立共享的数据标准和数据模型，让不同机构和系统之间的数据能够进行操作，这有助于解决医疗健康数据的格式和标准不一致的问题，提高数据的质量和可用性。

总的来说，区块链技术在智能医疗健康数据共享平台中提供了一种安全、透明和可信的数据流通环境，同时也提高了平台的数据隐私保护能力。区块链技术可以促进跨机构的数据协作与共享，提高数据的质量和可用性，推动医疗健康领域的创新和发展。

9.3.8　智能医疗健康数据共享平台中的激励机制

健康数据共享平台需要提供一定的激励机制以鼓励参与者上传更多高质量数据，可以采用积分激励机制，用户通过发布高质量数据集来获取积分，不同数据集对应的积分数量由平台综合数据质量、数据类型、数据体量等因素决定，用户可以用获取的积分余额换取其他数据集的授权，或者申请数据的更多存储空间等。同时也可以采用其他各种激励机制，比如可以利用区块链技术中的智能合约将数据以资产化方式进行交换，在智能合约中约定具体的激励方式。

9.4　人工智能与区块链技术推进个性化医疗

9.4.1　利用人工智能、区块链技术与可穿戴技术管理慢性疾病

慢性疾病有着持续性强、周期性复发与进展缓慢的特点，严重影响患者生活质量，慢性病造成的负担占疾病总负担的 70% 以上，典型的慢性病有心脑血管疾病、糖尿病、肾脏病等。由于慢性疾病的特殊性，患者到医院就诊时可能处于未发病的状态，使得医生难以依据实时数据进行诊断。智能医疗时代的到来让慢性病管理迎来了新的发展：智能可穿戴设备内置传感器可以用于监测患者的生理数据，为疾病诊断和治疗提供了持续的数据流；人工智能算法可以通过分析患者的生理数据来提供诊断和治疗建议；区块链技术通过去中心化、访问控制、加密等方式来保护数据隐私，更好地管理用户的个人数据，也使得医疗机构和智能可穿戴设备之间可以安全的互通数据。将人工智能与区块链技术和可穿戴技术相结合，智能化慢性病管理的主体为患者，做到以患者为中心，这也是个性化医疗的核心目标。

传统慢性病管理依赖医生和患者之间的持续联系，医生需要对患者进行持续跟踪，及时了解患者康复过程中的情况变化，相应地调整治疗方法。然而，医生管理的患者众多、精力有限，患者难以在康复过程中经常和医生沟通进展，有些患者因为没有良好的体验和效果，逐渐忽视对自身慢性病的管理。另外，由于慢性病的特殊性，医生为了更好地了解患者情况，通常需要为患者佩戴动态监测的医疗器械，这种动态监测数据的获取门槛也是阻碍慢性病管理发展的壁垒。

随着可穿戴和物联网技术的发展，现有的可穿戴设备已经可以较为准确地收集相关生理数据，如心电信号、肌电信号、血压、心率、血糖等。可穿戴技术使得定期、持续收集患者健康数据非常容易，也

不会影响患者的日常生活；除此之外，基于人工智能的可穿戴设备还可以提供实时的分析结果，前提是雾端计算节点和边缘设备上的计算资源足够用于模型推理。可穿戴设备中的一些算法还可以使用专家知识和预定义规则，通过规则匹配来判断患者当前的健康状态；可以联合应用多个传感器收集到的各项健康数据，进行智能、实时地全面分析，实现对用户健康状态的动态监测。可穿戴设备的广泛应用让实时、准确地监测患者的健康状态成为可能，为慢性疾病患者提供了个性化服务。

人工智能技术在慢性疾病方面的辅助诊断能力已经达到较高水平，深度学习可以从海量数据中提取相关性，结合专家知识和医学知识图谱对患者的健康情况作出判断并给出对应的治疗建议。人工智能也擅长捕捉多种模态数据之间的联系，可以通过医学影像、生理信号、病历信息、检验结果等指标联合诊断。人工智能的助力也不仅体现在慢性疾病的辅助诊断方面，大规模预训练语言模型可以分析诊断结果等各项数据，结合医生、药师、保健专家、营养师等各个领域的知识，为慢性疾病管理的全过程提供细致的方案和建议。人工智能可以通过持续学习患者本人的历史健康记录对自身算法进行迭代更新，提供个性化治疗方案。人工智能的发展让慢性病诊断和管理逐渐智能化，提高了疾病诊断和管理的效率。

区块链技术为患者在不同机构、不同设备之间进行信息交换提供了安全保障。慢性疾病诊疗中的重要依据就是患者的生理数据，而患者生理数据的隐私安全使得不同医疗机构之间交换健康数据有所顾虑，而"数据孤岛"现象让人工智能难以学习到全面的知识，会大大影响训练得到的模型性能。区块链技术可以使用智能合约和分布式账本帮助数据交换与共享，有利于跨设备、跨机构的生理、临床数据联合分析，进而帮助挖掘健康大数据中的更多价值。区块链技术还可以在人工智能模型的评测过程中发挥作用，提高算法诊断结果的透明性和真实性。区块链技术用不可篡改、可追溯的方式传递模型和数据，为人工智能与可穿戴技术的结合搭建了一座安全的桥梁。

在管理慢性疾病时，人工智能与区块链技术和可穿戴设备的协同应用流程如下：可穿戴设备的本地模型仅由本地数据训练是远远不够的，边缘设备需要通过定期从云端下载新版本来更新本地模型。如表9-1 所示，云端的中心在不同的隐私安全要求下，可以有多种方式训练性能良好的模型：一种方案是通过整合不同用户之间的数据使其数据规模足以支持训练 AI 模型，这要求本地数据可以授权给云端共享；另一种方案是通过联邦学习，将本地数据进行模型训练的梯度传递给云端，这要求本地数据不动，只传递模型梯度参数，但对边缘设备的计算资源有着更高的要求，要保证本地模型能够进行本地训练。当然，无论哪种方案，都要在区块链上传递数据，以保证用户的数据安全。

表 9-1　对比协同应用的两种方案

方　　案	方　案　一	方　案　二
特点	整合不同用户的数据	联邦学习
数据所在位置	集中汇总到服务器端	数据各自分布在客户端本地
权限需求	需要所有客户端授权数据离开本地	不需要数据离开本地，传输模型梯度参数作为替代
模型训练位置	服务器端进行集中训练，对中心服务器的资源需求很高	边缘设备进行本地计算，对边缘设备的计算资源需求较高
传输要求	区块链技术保障安全传输	区块链技术保障安全传输

9.4.2　人工智能与区块链技术在疾病自我检测中的协同应用

新型冠状病毒肺炎（Corona Virus Disease 2019，COVID-19）作为全球公共卫生事件，突显出医疗卫生机构对疫情应对能力的重要性。新冠疫情的传播速度快、变异性强，造成了大范围的感染，短时间内的大规模感染非常容易造成医疗资源挤兑，这时医疗卫生机构对医疗资源的调度尤为重要，需要根据病人的不同情况进行分级诊治。对病人来说，正确判断自己的身体健康情况非常重要，采取正确的应对措施可以避免病毒造成更多伤害。新冠肺炎抗原检测可以帮助人们快速判断自己是否病毒阳性。人工智能与区块链技术的协同应用在新冠肺炎自我检测过程中可以发挥重要作用，既可以高效地提供治疗建议，又可以帮助医疗机构进行医疗资源地合理调度。

通过开发基于人工智能与区块链技术的移动健康自我检测应用程序，可以更好地管理疾病。一种可能的自我检测应用程序业务流程如图 9-8 所示。

1）用户端

用户提供身份证号码等关键信息进行身份校验，补充既往病史、过敏原等关键信息，选择性地补充当前体温等身体症状、有无药品等信息，开启检测时按照提示正确执行抗原检测流程，并将自我检测结果上传。在用户自我检测结果为阳性时，可以持续记录并更新身体情况，获取应用程序提供的治疗建议。

2）应用后台

后台获取用户自我检测结果，当结果为阳性时，记录用户的位置信息，将用户提供的各类数据信息通过区块链技术安全传递到服务器端。

3）服务器端

服务器端借助人工智能技术分析用户信息，给出严重程度的初步分级，并为该用户生成个性化的治疗建议，将治疗建议返回用户端。服务器端还需要统计用户位置信息和严重程度，利用人工智能技术分析不同地区医疗资源需求情况的紧急程度，定期将统计信息发送给医疗卫生机构，用于医疗资源的调度和快速反应。云端服务器与用户端、应用后台和医疗卫生机构之间通信的数据安全由基于区块链技术的智能合约和分布式账本来保障。

4）医疗卫生机构

医疗卫生机构需要利用服务器端给出的数据分析结果合理配置医疗资源，包括投放医疗物资、对情况严重的患者及时提供救治等。

图 9-8　一种疾病自我检测应用程序的业务流程

人工智能与区块链技术的协同应用可以利用疾病的自我检测来统筹管理医疗资源的调度，同时为患者提供个性化的治疗建议。这不仅可以用于新冠肺炎，也可以用于各类突发传染病。

9.5　基于联邦学习与区块链技术的多中心医疗科研平台

基于人工智能与区块链技术的医疗健康数据共享平台，可以为医疗健康数据的流动与分析提供安全环境，有助于多方协同分析，提高诊断的准确性和效率。然而，人工智能算法的开发依赖于海量数据，同时算法性能很大程度上由数据质量决定，不同医疗机构对人工智能算法设计的需求与侧重点不同，所需数据也有所不同，构建多中心医疗科研平台可以尽可能满足不同算法设计需求。联邦学习中的隐私保护技术与区块链技术可以共同为算法研发提供安全可信的环境，同时联邦学习作为一种分布式机器学习方法，有助于模型在不同机构的本地数据上进行分布式协同训练，以获得高质量的机器学习模型。基于联邦学习与区块链技术的多中心医疗科研平台有助于在数据不离开本地的情况下进行多方协同训练高质量模型。

9.5.1　联邦学习与分布式机器学习概述

随着大数据时代的发展，越来越多的机构对自己在业务流程中产生的数据价值有了更深刻的认识，但也使得数据私有化现象越来越严重，不同机构之间进行数据共享变得更加困难，数据隐私、数据价值和共享数据的收益分配等问题造成了"数据孤岛"现象，也严重影响了机器学习等人工智能算法的发展。尽管数据共享平台可以利用区块链技术和人工智能技术提供数据流动的安全环境，一些机构仍然因为严格的数据隐私管理规范，避免数据流出本地。在这些现实因素的影响下，联邦学习应运而生。

联邦学习（Federated Learning，FL）是一种在分布式环境下进行机器学习的方法，其核心思想是在多个数据源共同参与模型训练时不进行原始数据流动，仅通过交换模型中间参数进行模型协同训练。联邦学习的一种经典流程图如图 9-9 所示，这种方法可以让原始数据不出本地，实现"数据可用不可见""数据不动模型动"的应用新范式。

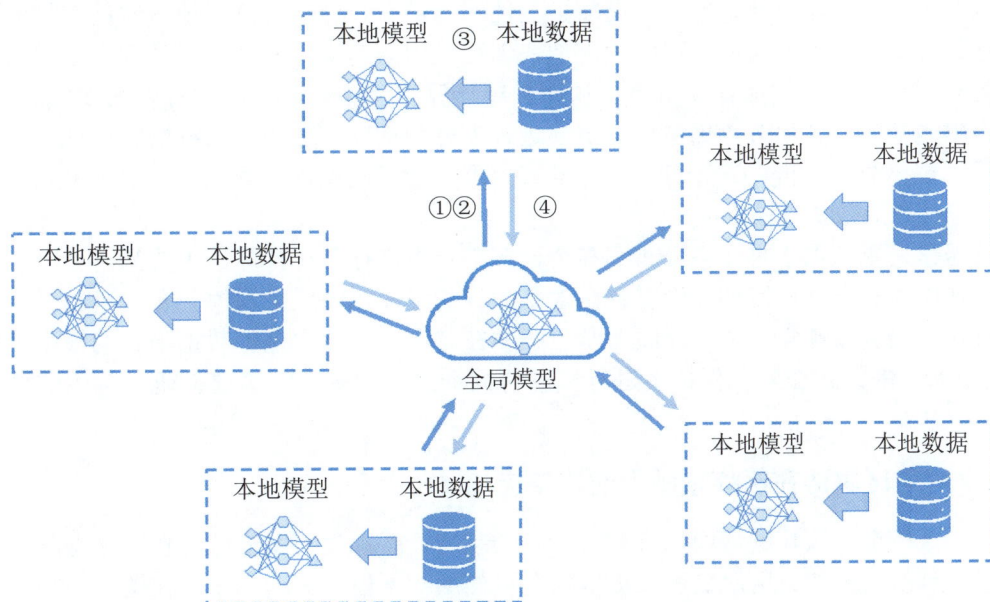

图 9-9　联邦学习经典流程图

在联邦学习中，各方数据存储在不同的边缘设备上，每个客户端都可以独立地利用本地数据进行训练，而不需要将数据传输到中央服务器。模型更新通过联邦聚合的方式进行，每个客户端在本地设备上计算模型参数的更新，并将这些模型参数通过加密算法传输给中央服务器，中央服务器再聚合得到全局模型，并将全局模型再发送给拥有本地数据的客户端，进行新一轮迭代。重复联邦通信的过程直到完成一定的迭代次数，聚合得到的模型能够受益于分布式训练过程，比只使用本地数据进行训练的性能更好。联邦学习得到的模型应该尽可能与所有分布式数据存储在同一地方进行训练的性能相近，但是不可避免的有一定性能损失，联邦学习中各参与方的数据不会泄漏给其他参与方，与中心服务器的模型参数交换过程也进行了加密，因此可以在保护数据隐私的同时进行模型的协同训练。

分布式机器学习（Distributed Machine Learning）是一种将机器学习任务分布到多个计算节点上进行并行计算的方法。它将机器学习任务分散到多个计算节点上，并利用这些节点的计算能力和存储资源来加快训练和推理的速度。在分布式机器学习中，通常有一个中央服务器（也称参数服务器）和多个工作节点（也称训练节点）组成。数据通常存储在中央服务器上，而模型的训练则在多个工作节点上进行。这些工作节点可以是不同的物理机器或计算集群。

分布式机器学习的主要目标是实现模型的并行训练和参数的共享。具体而言，分布式机器学习涉及以下几个关键方面。

1）数据划分

将原始数据划分为多个部分并分配给不同的工作节点。每个节点使用本地数据进行模型训练，可以使用不同的训练算法和优化方法。

2）模型参数传递和同步

在训练过程中，工作节点会计算模型参数的更新，并将这些更新传递给中央服务器。中央服务器负责统一收集和整合这些更新，并将更新后的参数传回给各个工作节点。

3）通信和协调

在分布式机器学习中，工作节点之间需要进行通信和协调。它们需要交换数据、模型参数和更新，并保持同步，以确保模型的一致性和收敛性。

分布式机器学习可以加速训练速度、提高扩展性和容错率。分布式机器学习通过将任务划分到多个节点上，并行处理数据和模型训练，可以大大加快训练过程的速度，尤其是在处理大规模数据集时；分布式机器学习可以根据需求增加计算节点，从而扩展计算和存储资源，以应对更大规模的任务和数据，即使某个节点出现故障，其他节点仍然可以继续进行训练和推理，增强了系统的容错性。分布式机器学习广泛应用于大规模数据分析、云计算、自然语言处理、计算机视觉等领域，为大规模数据分析和复杂模型训练提供了一种有效的方法。

分布式机器学习更侧重于将任务分布到多个计算节点上进行并行计算，主要为了处理大规模数据并加快模型训练速度。分布式机器学习没有数据隐私的保护手段，因此大规模分布式机器学习的现有方法和框架不能直接应用到联邦学习中。而联邦学习强调在分布式环境中保护数据隐私的模型训练方式，用"数据不动模型动"的方式在隐私保护下进行模型协同训练，为多中心医疗科研平台中的模型训练提供了一种有效的方法。

9.5.2　联邦学习与区块链在医疗领域中的广泛应用

联邦学习与区块链在医疗领域中均有非常广泛的应用，联邦学习主要解决在隐私保护的前提下进行分布式机器学习训练的问题，区块链可以提供安全可信的数据信息流动环境。在这一小节首先介绍联邦学习的分类，以及实际医疗场景中的数据分布类型对应的联邦学习场景，进而介绍横向联邦学习中的基本流程和经典算法 FedAvg，针对未标记数据占绝大部分的现实情况介绍联邦半监督学习，针对医疗场景中的多机构数据分布 Non-IID 问题介绍个性化联邦学习，最后概要介绍区块链在医疗领域中的应用与重要作用。

联邦学习按照客户端类型不同可以分为两大类："跨设备的联邦学习"（Cross-device FL）和"跨孤岛的联邦学习"（Cross-silo FL）。如图 9-10 所示，（a）为"跨孤岛的联邦学习"，（b）为"跨设备的联邦学习"。

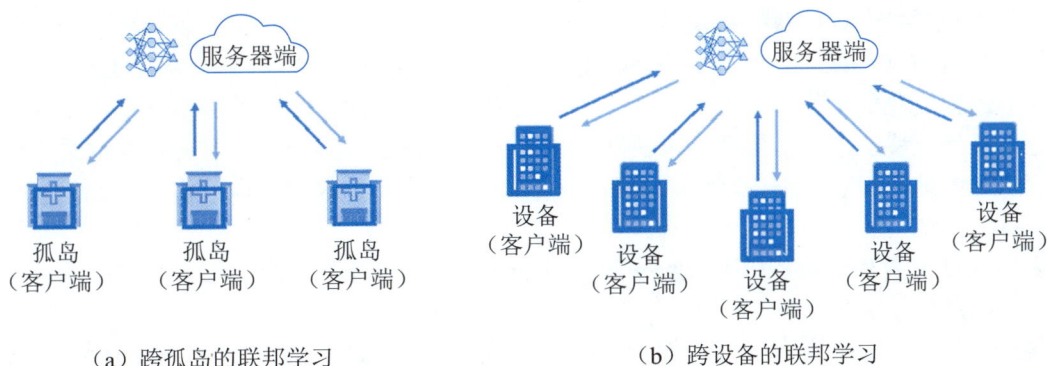

（a）跨孤岛的联邦学习　　　　　　（b）跨设备的联邦学习

图 9-10　两种不同类型的联邦学习

1）跨孤岛的联邦学习

针对少量相对可靠的客户端，如多个医疗机构合作训练一个模型。在医疗领域的实际应用包括人工智能算法开发、药物发现、电子健康记录挖掘等。这类场景中客户端可靠性高、客户端数量相对较少、本地数据集较大，因此跨孤岛的联邦学习更符合多中心医疗科研平台的构建需求。

2）跨设备的联邦学习

着重于整合大量移动端和边缘设备，在医疗领域中，适用于大量可穿戴设备及移动端 APP 的联邦学习属于这种类型。这类场景有参与的客户端数量多、通信速度较慢、客户端可靠性较低等特点，可穿戴设备本身数据处理能力较低，需要依赖联邦学习来更好地训练轻量级模型。

在跨孤岛的联邦学习中，多家医疗机构合作时往往会遇到各自拥有的数据集不同的情况，不同参与方的数据分布类型可以分为以下三种情况。

（1）不同数据集的样本特征重叠部分较多，而样本 ID 重叠部分少。

（2）不同数据集的样本特征重叠部分较少，而样本 ID 重叠部分多。

（3）不同数据集的样本特征和 ID 重叠部分都比较少。

针对上述不同的三种数据分布情况，分别有横向联邦学习（Horizontal Federated Learning，HFL）、纵向联邦学习（Vertical Federated Learning，VFL）和联邦迁移学习（Federated Transfer Learning，FTL）这三种不同的联邦学习场景，在医疗领域的应用中有着不同的针对性。

1）横向联邦学习

横向联邦学习是指在多个参与方（如多个医疗中心）共享相同特征空间但样本不同的情况下进行的联邦学习。在横向联邦学习中，每个参与方持有自己的数据集，但数据的特征维度是相同的。参与方可以通过协商或者中央服务器的协调来共同训练一个全局模型，而不共享原始数据。横向联邦学习适用于多个参与方拥有相同特征集的情况，如多个医疗中心共享病人的相同特征（如性别、年龄等），适用于扩展样本数量。

2）纵向联邦学习

纵向联邦学习是指在多个参与方共享相同样本空间但特征不同的情况下进行的联邦学习。在纵向联邦学习中，每个参与方持有自己的特征数据，但样本空间是相同的。纵向联邦学习适用于多个参与方拥有不同特征集的情况，实例中，多个医疗中心具有同一病人的不同医疗特征，比如该病人的基因数据和医学影像数据分布在两家不同的医疗机构。

3）联邦迁移学习

联邦迁移学习是在两个数据集的样本与样本特征重叠都较少的情况下，不采用对数据进行切分的策略，而是利用迁移学习来克服数据不足的情况。比如，对于三甲医院和基层医院，由于地域的差异这些医疗机构的用户群体交集很小，医疗设备等资源的不同又导致两种医院的数据特征也只有小部分重合。在这种情况下，就需要引入迁移学习来进行有效的联邦学习，目的是解决单边数据规模小的问题以提升模型的性能。联邦迁移学习对基层医院来说非常重要，可以通过联邦迁移学习将在其他医疗机构训练的模型参数应用于本地的患者数据，从而改善本地医院在疾病诊断、医学影像分析、个性化治疗等方面的能力。

横向联邦学习典型架构为客户端—服务器（Client-Server）架构；K 个参与方在中心服务器的调度下协同训练一个机器学习模型。

横向联邦学习的一个经典算法是 FedAvg 算法（联邦平均算法），其目标是得到一个经过多轮迭代学习的全局模型参数 w_{t+1}，具体流程如下。

1）全局模型初始化

服务器端初始化全局模型参数 w_0。

2）模型下载

每一轮迭代过程中，首先按一定比例选取客户端参与方，并将初始化的全局模型参数分发给所有参与方；然后对每个客户端并行地进行本地训练。

3）客户端本地训练

所有参与本轮训练的客户端利用全局模型和本地数据进行训练，用 SGD 等梯度下降方法更新本地模型，将更新后的本地模型参数加密传输给服务器端。

4）模型聚合

服务器端收集所有参与方提供的模型参数并进行聚合。

5）模型更新

服务器端用聚合得到的模型参数更新全局模型，并在后续轮次中分发给参与的客户端。

Federated Averaging 算法伪代码。

K 个客户端由索引 k，B 是本地小批量大小，E 是本地 Epochs 数，η 是学习率。

服务器端执行：

初始化 w_0：

For 每一个轮次 $t=1, 2, \ldots$ do

  $m \leftarrow \max(C \cdot K, 1)$

   $S_t \leftarrow$（m 个客户端的随机集）

For 每一个客户端 $k \in S_t$ 并行 do

  $w_{t+1}^k \leftarrow \text{ClientUpdate}(k, w_t)$

$w_{t+1} \leftarrow \sum_{k=1}^{K} \frac{n_k}{n} w_{t+1}^k$

ClientUpdate(k, w_t)：// 在客户端上 k 运行

  $B \leftarrow$（将 P_k 切分成大小为 B 的多个批次）

  For 每一个本地 $epoch\ i \in [1, E]$ do

   For 批次 $b \in B$ do

  $w \leftarrow w - \eta \nabla \text{L}(w; b)$

将 w 返回给服务器端

现有的联邦学习方法要求客户端拥有完整的标签数据进行训练，但在医学领域中标记数据需要非

常多的专家知识，标记大量数据难度大且成本很高。在跨孤岛的联邦学习中，医院的临床过程和设备中随时产生新的未标记数据，而在医学图像诊断、目标检测等领域标记所有数据的成本难以估量，因此只能标记其中的一小部分数据。在跨设备的联邦学习中，患者使用的可穿戴智能设备每天都会生成大量数据，如各类生理信号等指标，这些数据量非常大或者需要高水平专业知识，患者显然不具备这些知识，因此对可穿戴设备产生的数据进行标记也是一大难题。

基于海量医学数据中仅有部分标记这一现状，产生了一个新的联邦学习的实际问题，即联邦半监督学习。半监督学习（Semi-Supervised Learning，SSL）的目标是利用非常有限的标记数据和大量未标记数据学习模型，在数据缺乏标签的场景被广泛采用，利用未标记的数据来提高泛化性能。一种解决方案是使用现成的方法（如 FixMatch）简单地执行半监督学习，同时使用联邦学习算法来聚合学习的权重，但是这并没有充分利用异构数据分布上训练的多个模型的知识。在客户端有标记数据的情况下，从未标记数据中学习也可能会导致模型遗忘从标记数据中学习到的内容。

如图 9-11 所示，联邦半监督学习的应用场景有以下两类。

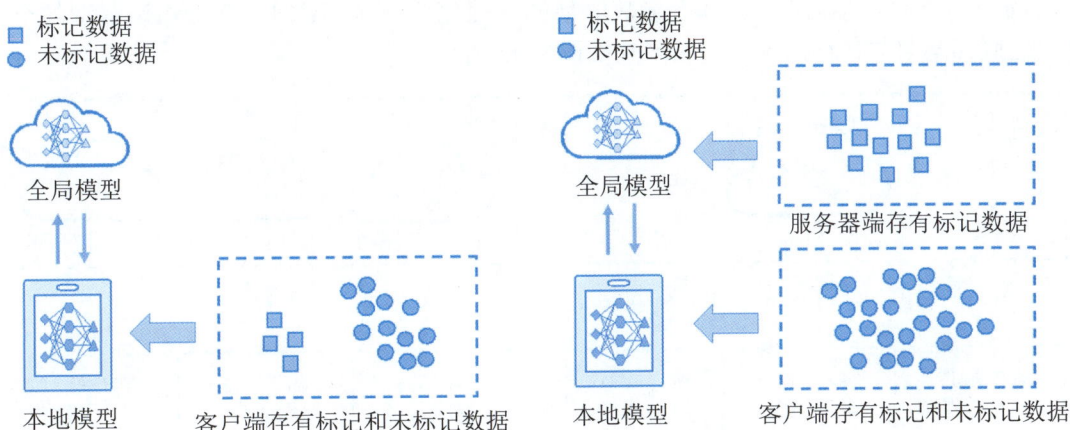

图 9-11　联邦半监督学习中的两种场景

1）标签在客户端的场景

本地客户端上既有标记的数据，也有未标记的数据。该场景对应医学领域中各个医疗机构各自拥有少量标记数据和大量未标记数据。

2）标签在服务器的场景

标记的数据仅在服务器上可用，而未标记的数据在本地客户端可用。该场景对应多个医疗机构共同标注一部分数据放在可信的服务器端，本地拥有大量未标记数据。

与传统的半监督学习方法相比，标记数据仅在服务器上可用是联邦学习独特的半监督学习场景，因此需要更多额外设计。现有的联邦半监督学习使用一致性正则化、模型分解等技术。一致性正则化技术通过鼓励模型在不同输入条件下产生一致的预测结果，从而利用未标记的数据进行模型训练；模型分解技术将模型的参数分解为监督学习和无监督学习两个部分，通过两个部分参数的独立更新来缓解模型遗忘现象。

传统的联邦学习算法通过多客户端协作得到一个全局模型，然而在医疗领域的现实场景中全局模型难以适配每个客户端的本地数据，且当不同客户端的数据是非独立同分布时，联邦学习训练过程中会出现客户端漂移（Client-drift）的现象，因为如果不同客户端的数据分布不一致，本地模型在更新时会朝着不同方向进行优化，进而偏离初始的全局模型，这会使得全局模型在各个客户端中的性能下降。不同医疗机构显然数据分布不同，直接使用传统联邦学习算法可能无法获取良好性能的全局模型，这促使个性化联邦学习在医疗领域中的应用。

为了解决 Non-IID 问题，一些方法对传统联邦学习中的优化方法进行改进：SCAFFOLD 加入一个修正项进行更新修正，对模型的更新方向进行修正，尽可能让模型朝着真实最优解方向优化；FedProx 在 FedAvg 中的本地训练部分对损失函数增加了约束本地模型权重的正则化项，同时允许各客户端可以根据自身算力去决定本地训练的轮次。上述方法通过对全局模型优化方向的修正，目的是得到在 Non-IID 场景下相对不受数据分布影响的全局模型，但全局模型仍然难以在每个客户端的使用过程中提供良好的性能。

个性化联邦学习（Personalized Federated Learning，PFL）目的是为每个参与方提供个性化的模型训练和参数更新，以缓解全局模型对本地数据适配不佳、性能不够好的问题。基于个性化联邦学习的个性化医疗技术在医疗领域中备受关注。

个性化联邦学习可以分为多种类型，包括：（1）基于正则化的个性化联邦学习；（2）基于特定客户端模型聚合的个性化联邦学习；（3）基于参数解耦的个性化联邦学习；（4）基于知识蒸馏的个性化联邦学习。个性化联邦学习与传统联邦学习的区别如图 9-12 所示。

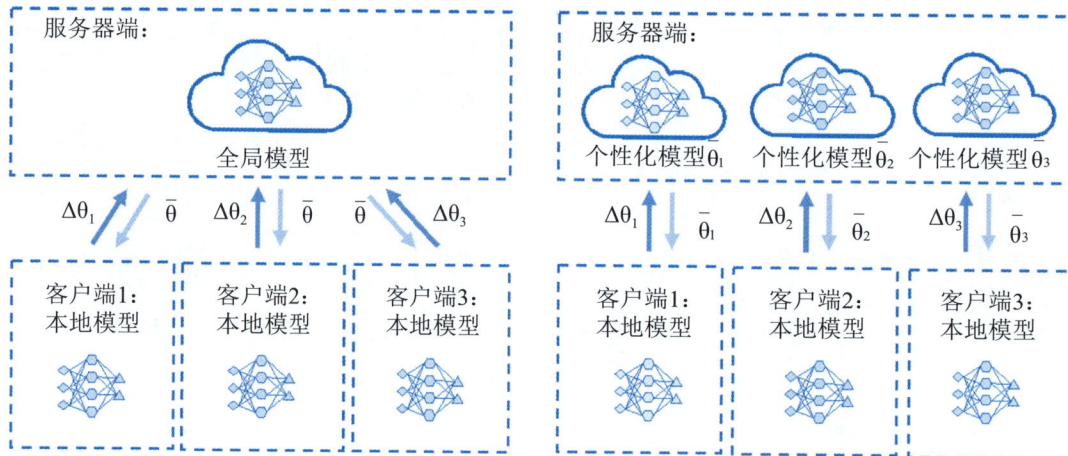

图 9-12　个性化联邦学习和传统联邦学习的示例

下面以基于特定客户端模型聚合和基于参数解耦的个性化联邦学习为例，介绍使用个性化联邦学习对客户端本地有益的原因。在基于特定客户端模型聚合联邦学习中，客户端之间的协作遵循着有相近数据分布的客户端可以互相促进的原则。FedAMP 在服务器端保存每个客户端的个性化模型，个性化模型是通过计算当前客户端与其他客户端的交互权重进行加权聚合得到的，同时在本地训练中增加了本地模型和个性化模型的正则化项。FedAMP 引入了基于注意力的消息传递机制，为个性化模型的聚合选择了适当的客户端。FedFomo 为每个客户端学习与其他客户端的聚合权重，在聚合操作中选择更合适的客户端。FedLA 利用超网络生成特定于客户端的层级别聚合参数，更细粒度地捕捉了当前客户端与其他相似客户端之间的交互关系，赋予相似客户端更高权重，从而提升个性化模型的性能。FedALA 则采用了更细粒度的元素级别聚合策略。在基于参数解耦的个性化联邦学习中，通常将模型分为基础层和个性化层，对解耦后的两层分别采取不同的聚合或训练策略，这样可以更好地利用个性化层适应本地数据，利用基础层捕捉更多有效的共享信息。FedPer 只聚合基础层参数，每个客户端的个性化层参数不聚合，两个层一起在本地训练过程中更新参数；FedRep 与 FedPer 类似分为基础层和个性化层，区别是 FedRep 在聚合后先更新个性化层，再更新基础层；FedBABU 直接让分类器全程不参与训练，而只训练和聚合编码器。

区块链在医疗领域有非常广泛的应用，比如个性化健康数据保存与授权、个性化医疗辅助算法开发、药物研究与药品供应链管理、可穿戴设备健康检测等方面。基于区块链的数据传输和存储机制可以让医疗健康数据安全地流动于不同医疗机构之间，联邦学习中数据也是分布式存储，因此区块链结合联邦学习会给医疗领域带来更深远的影响，尤其在多中心医疗科研平台的构建中。

9.5.3 多中心医疗科研平台中基于联邦学习与区块链的隐私架构设计

联邦学习在流程上用模型梯度参数的加密传输代替本地数据传输，在保护隐私的情况下分布式训练机器学习模型，联邦学习中的隐私保护技术也为梯度参数传输提供了安全保障。而区块链技术用分布式账本、智能合约等技术实现数据可溯源、数据不可篡改，可以保证数据隐私和数据一致性。

多中心医疗科研平台中基于联邦学习与区块链的隐私架构设计需要考虑两种实用场景。

（1）分布式机器学习等算法利用不同医疗机构本地数据进行协同训练的隐私保护。

（2）部分医疗机构彼此可信可以相互传输脱敏后的数据，或因科研需要只能将数据集中化到服务器端。

场景（1）可以利用联邦学习中的隐私保护技术和区块链技术共同进行隐私保护，场景（2）更加依赖区块链技术及密码学来提供安全的信息交互环境。

在联邦学习中，用模型梯度参数代替本地数据进行信息流动本身已经是一种隐私保护策略，但是也有一些模型投毒方法可以对传输的梯度进行攻击，影响联邦学习算法的性能或间接泄漏本地数据分布等信息。联邦学习中也有一些隐私保护方法来保护梯度信息流动，主要包括差分隐私和安全多方计算等。

差分隐私（Differential Privacy）的基本思想是通过在个体数据中引入一定的随机性，以保护个体隐私，防止攻击者对个体的敏感信息进行推断。差分隐私方法的目标是在允许对数据进行统计分析的同时，尽可能减少对个体隐私的侵犯。

差分隐私通过引入随机性来保护个体数据的隐私，对每个个体记录都添加一定的随机化噪声，使得个体数据的真实值与加入噪声后的结果之间的差异无法准确推断出个体的具体信息。常见的差分隐私机制包括拉普拉斯机制、指数机制和加性噪声机制等。

差分隐私方法通常使用敏感性（Sensitivity）反映在改变个体数据时查询结果的变化程度。通过限制查询结果对于个体数据的敏感性，可以控制差分隐私方法中添加的噪声的大小。而隐私预算（Privacy Budget）用于衡量在一系列操作中允许的隐私泄露量，可以表示为 ε- 差分隐私或 δ- 差分隐私，其中 ε 和 δ 是隐私预算参数，较小的 ε 或 δ 值表示更强的隐私保护。

差分隐私的定义是：对于只差一项数据记录的两个数据集 $D_1, D_2 \in D$，函数 $F: D \rightarrow R$ 满足差分隐私，当其对任意输出集 $S \in R$，满足条件

$$\Pr\left[F(D_1 \in S)\right] \leqslant e^{\epsilon} \Pr\left[F(D_2 \in S)\right] + \delta$$

差分隐私的实现方法有对数据直接加入扰动噪音和根据函数敏感度加入扰动噪音，函数 $F(\cdot)$ 敏感度定义为两个数据集的最大输出差异。差分隐私方法通过加入随机噪声，尽可能让攻击者无法识别并区分出敏感数据。在实际应用中，需要选择符合实际情况的差分隐私方法，并根据隐私预算和敏感性要求进行参数设置。

安全多方计算（Secure Multiparty Computation，SMC）是一种密码学协议，旨在允许多个参与方在不公开私密输入的情况下进行计算，并获得计算结果。在安全多方计算中，参与方可以是不信任的实体，在保护隐私的情况下通过协作进行计算。安全多方计算的基本目标是在获取正确结果的同时兼顾隐私保护，参与方在计算过程中不会暴露私密输入，即使其他参与方联合起来，也无法获得有关任何单个参与方的私密信息。

安全多方计算可以由多种方法实现，包括秘密共享、同态加密等。秘密共享被视为安全多方计算的核心，其用于将私密数据分割为多个部分，并将这些部分分发给不同的参与方。只有在满足一定条件时（如多个参与方合作），才能重建出完整的私密数据，因此没有任何单个参与方可以获取完整的私密输入。同态加密允许在加密状态下执行计算操作，参与方可以使用同态加密对密文进行计算，并在计算结果上解密，避免暴露明文数据，因此参与方可以在不暴露私密输入的情况下进行计算。

安全多方计算为联邦学习中的梯度传输提供了安全保障，使用秘密共享和同态加密等方式对梯度更新进行保护，避免不诚实的参与者对其他参与者进行推理攻击，为多个参与方之间进行梯度协同计算提供了隐私保护，使得各方可以在保护私密梯度传输的同时共同完成梯度聚合的计算任务。

区块链作为一种去中心化的分布式账本技术，天然具有隐私保护的特性，可以通过以下方式实现隐私保护。

1）匿名性

在区块链网络中，不同医疗机构可以使用匿名身份进行交互，不需要直接暴露真实身份信息，避免攻击者对特定医疗机构进行针对性攻击。

2）数据脱敏

在不得不进行数据信息流动的情况下，可以使用哈希函数对敏感数据进行脱敏处理后再存储在区块链上，以减少对数据信息的泄露风险。

3）各类加密技术

区块链中的数据可以使用各种基于密码学的加密技术进行保护，包括属性加密、可搜索加密、代理重加密等。

4）隐私保护协议

区块链中可以引入特定的隐私保护协议来增强隐私保护能力，比如可以使用零知识证明（Zero-Knowledge Proofs），零知识证明技术允许验证方向其他方证明某个陈述的真实性，而无须揭示具体的信息，可以用于验证所交换的医疗健康数据的一致性和真实性。

5）侧链和隐私链

一些区块链平台可以创建侧链或隐私链，这些链可以提供更高级别的隐私保护，可以限制参与者范围及访问权限，或者使用特定的隐私保护机制，以确保数据只在特定范围内可见。

9.5.4 多中心医疗科研平台的分布式数据存取设计

不同医疗机构的数据需要存储在分布式系统上，区块链利用分布式架构保证数据不可篡改性，分布式存储系统也用分布式架构提高了数据容量，区块链与分布式存储系统结合可以满足隐私保护需求并容纳海量数据。

分布式存储系统相关研究有很多，谷歌在存储海量数据方面提出了分布式文件系统架构（Google File System，GFS），后续该领域的逐步发展也产生了星际文件系统（InterPlanetary File System，IPFS），IPFS 将参与者整合成为庞大的分布式文件系统。

分布式数据存取需要在分布式系统中有效地管理和访问数据，在分布式环境中数据存储在多个节点上，因此需要一种机制来协调和管理数据的存储和访问。

多中心医疗科研平台的分布式数据存取设计中需要考虑的因素和方法。

1）数据分区

每个医疗机构的数据可以划分为多个部分，将每个部分存储在不同的节点上。数据分区可以基于键值范围、哈希函数等策略进行，从而提高数据的并行处理能力和可扩展性。

2）数据复制

为了提高数据的可用性和容错性，从而将数据复制到多个节点上。复制可以采用主从复制或多主复制等方式，确保数据的冗余存储和故障恢复。

3）数据一致性

在分布式环境中，数据的分区和复制可能会带来数据一致性的问题。为了保持数据的一致性，可以采用一致性协议来确保在分布式系统中所有副本之间达成一致的数据状态。

4）并发控制与冲突解决

当多个节点同时对同一数据进行更新时，可能会出现冲突。为了解决冲突，可以采用乐观并发控制或基于版本的控制机制，这些机制可以检测并解决数据的并发修改冲突。

5）安全性和权限管理

在分布式环境中需要考虑数据的安全性和权限管理，可以使用加密技术保护数据的机密性，使用访问控制列表或基于角色的访问控制来管理对数据的访问权限。

6）故障恢复和容错性

分布式系统中的节点可能会发生故障，因此需要设计故障检测和恢复机制，可以使用心跳检测、备份节点或自动故障转移等方法，确保系统的容错性和可用性。

7）性能优化

分布式数据存取设计应考虑性能优化。可以采用数据缓存、分布式索引、数据预取等技术，提高数据的访问效率和响应速度。

分布式数据存取设计需要综合考虑上述因素，以实现高效且安全可靠的数据存取机制。

对于多中心医疗科研平台来说，在分布式数据存取过程中要重点关注其中的安全访问控制机制，在医疗健康隐私保护需求非常高的场景下，多中心医疗科研平台需要针对不同数据的机密程度与不同存取需求设计多种角色。IPFS 作为数据存储和传输的协议，缺少深层次的访问控制能力，区块链中的智能合约提供了持续的访问控制能力，两者优势互补，可以实现"链上控制、链下执行"的协作。链上可以将身份认证信息和授权情况上传，通过密码学技术加密，并用智能合约提供安全访问控制并管理授权情况；链下采用分布式存储技术来存取加密数据，经授权的用户可以用区块链智能合约提供的密钥对，加密数据进行解密。因此，区块链与 IPFS 结合可以为多中心医疗科研平台的分布式数据存取提供一种安全有效的设计方案。

9.5.5 多中心医疗科研平台的分布式机器学习模型架构设计

联邦学习中使用的机器学习模型通常要求不同客户端本地模型的架构保持一致，这是由联邦聚合方法所决定的，科研平台中不同需求所对应的模型架构不同，比如对于医学图像分析现有公开数据集 COVID-19 CHEST X-RAY DATABASE、MedMNIST 等，可以选用 ResNet18、AlexNet、MobileNet、GoogleNet 等模型架构进行实验，对于医学文本处理任务可以使用 Transformer 及其变种结构进行实验。此外，很多联邦学习平台都支持扩展添加自主设计的模型架构，但要注意使用的聚合算法是否存在对模型架构进行解耦等特殊操作，避免在聚合过程中产生错误。

标准的联邦学习技术要求客户端具有相同的网络架构，然而当客户端的模型架构也私有时，不同的模型架构难以在多中心医疗科研平台上进行协作。HAFL 通过图超网络进行参数共享来适应异构的客户端模型架构，利用图超网络可以适应各种计算图，可以跨模型共享有意义的参数，为不同客户端本地模型架构不同的场景提供了有效的解决方案。

随着预训练大语言模型的发展，大语言模型对文本的处理能力有了大幅提升，同时也影响着多模态大模型的发展，可以利用多种不同模态的数据融合进行推理，或者进行模态之间的转换。然而大模型的参数量非常庞大，本地部署后能进行推理已经对本地资源有着较大需求，如果对预训练大语言模型进行全参数量微调，所需资源和时间是医疗机构难以承担的，医疗机构的本地数据量也不足以支持全参数量微调，为了降低训练成本与负担，高效参数微调（Parameter-Efficient Fine-Tuning，PEFT）技术受到广泛重视，PEFT 技术通过最小化微调参数的数量来提高预训练模型在新任务上的性能，进而降低训练成本。常见的 PEFT 技术有 P-Tuning、P-Tuning v2 和 LoRA 等。随着大模型的快速发展，大模型的联邦化也是研究关注的热点问题，FederatedScope-LLM 提供了一个用于微调联邦学习中大语言模型的框架，该框架自动化了数据集预处理、联邦微调执行以及联邦微调的性能评估，提供全面的联邦参数高效微调算法实现和通用编程接口。多中心医疗科研平台可以利用类似框架研发联邦学习中的大模型参数高效微调方法，有助于在大语言模型的预训练知识和推理能力的基础上结合本地数据训练医学专有领域的模型。

9.5.6 多中心医疗科研平台的基于区块链的联邦学习算法设计

基于区块链的联邦学习算法是多中心医疗科研平台中的重要组成部分，传统的联邦学习大多采用中心化的客户端—服务器架构，需要中心化的服务器去进行联邦聚合操作并分发全局模型，联邦学习认为这种中心化的服务器是可信的，尽管可信的中心化服务器能够在一定程度上避免恶意攻击，但是一旦发生故障将会影响整个联邦学习过程，也没有合适的激励机制来鼓励客户端提供数据训练并上传模型参数。针对中心化服务器的故障影响范围大、激励机制不明确等问题，一些区块链与联邦学习结合的方法提供了有效的解决方案，如 BlockFL 和 BAFFLE 等。

BlockFL 是基于区块链的联邦学习，用区块链网络来替代中心化的服务器，区块链网络允许交换设备的本地模型更新，同时验证和提供相应的激励机制。BlockFL 的基本元素分为设备和矿工，其中矿工可以是随机选择的设备或独立的节点。

在 BlockFL 网络中，每个设备计算并上传本地模型更新给相关的矿工，矿工交换和验证所有的本地模型更新，并运行 POW。完成 POW 后矿工生成一个新的记录了验证的本地模型更新的区块，并将存储本地聚合模型更新的区块添加到区块链中。本地设备从区块链下载新的块并计算全局模型更新。

本地设备上的全局模型更新可以确保在矿工或者设备故障时不会影响其他设备的全局模型更新。这种设计确保普通设备用户和矿工用户都能获得最新的全局模型更新，并形成对用户的激励机制。然而 BlockFL 引入区块链网络可能造成一定的延迟，可以通过调整块的生成速率和 POW 难度来降低延迟并提高系统的实用性。

BAFFLE 基本思想是在区块链上维护全局模型代替中心服务器，用智能合约共同更新全局模型，区块链系统一般支持的交易数据大小远远小于机器学习模型大小，BAFFLE 将模型拆解成大小相同的模型块并进行序列化，实现了链上传输的同时也实现了模型的高效存储。

以下为 BAFFLE 的联邦学习过程。

（1）用户从区块链获取最新的全局模型与本地模型进行聚合，聚合结果作为本地模型的初始化，然后用本地数据进行本地训练，完成本地训练之后通过智能合约进行聚合并更新全局模型。

（2）本地模型被分成多个模型块，对每个模型块计算分数（当前本地模型块与最新的全局模型块之间的范数差），将分数和模型组块发送给智能合约。

（3）智能合约选择分数最高的模型块并将模型组块更新到全局模型中。

整个过程通过智能合约执行全局模型的更新，通过选择分数最高的模型块进行更新，而不是对整个模型进行聚合；在某种程度上，分数高代表着该模型块对全局模型更新的帮助大。

基于区块链的联邦学习算法中的分布式机器学习模型训练过程可追溯、不可篡改，为联邦学习过程增加了更高的安全性，可以去中心化的管理参数聚合的过程，同时也在激励机制方面有所改进和提升，有助于促进多中心医疗科研平台的合作和创新。

9.6 本章小结

本章首先介绍了医疗健康数据管理的发展过程，引出了使用人工智能与区块链技术进行医疗健康大数据管理与分析的重要性。在后续小节中详细介绍了人工智能与区块链技术在医疗健康领域中的协同应用：以心血管医学数据为例，介绍了人工智能与区块链技术的引入在确保数据质量、一致性和隐私安全，以及对医疗健康大数据中的信息流动和数据分析的促进作用，进而提出智能医疗健康数据共享平台的设计思路，包括架构设计、业务模式分析、智能化设计、隐私安全计算、激励机制等；分别以慢性病管理、疾病的自我检测为例，介绍了人工智能与区块链技术融合协作以推进个性化医疗发展的思路，进而提出基于联邦学习与区块链技术的多中心医疗科研平台的设计思路。

9.7 拓展阅读

大模型时代，联邦学习和区块链技术如何赋能大模型的发展？一些人认为，当大模型发展到通用人工智能的程度，将不再需要联邦学习和区块链技术赋能模型的协同训练。然而在现阶段以及未来一段时间，可预见的是联邦学习和区块链技术会在大模型的协同训练中应用，比如大模型在私域数据上的协同训练和大模型的本地个性化，尤其是对端侧大模型来说。个性化联邦学习可以在隐私保护前提下推进大模型的端侧个性化，区块链技术在加强隐私保护的同时可以保证协同训练过程可追踪，它们相结合可以推进大模型端侧个性化的生态发展，有助于发展出个性化的大模型医疗助手等应用。

9.8 本章习题

（1）概述为什么人工智能与区块链技术在医疗健康数据管理中有着重要意义？

（2）概述人工智能与区块链技术是如何作用于数据分析与信息流动过程的？

（3）设计一个智能医疗健康数据共享平台，应该从哪些方面考虑？

（4）请搜索相关资料，设计较为完善的智能医疗健康数据共享平台激励机制。

（5）设计一套人工智能与区块链技术协同推进个性化医疗的方案，并结合医疗场景分析。

（6）联邦学习与区块链技术分别在多中心医疗科研平台的设计中起到什么作用？

（7）大模型、联邦学习和区块链技术的结合是如何应用于医疗健康领域？

第 10 章
物联网中的人工智能与区块链应用

10.1 物联网技术与应用

10.1.1 物联网基础概念

早在 1995 年，美国著名企业家比尔·盖茨在《未来之路》一书中已经提及物联网这个概念。1999 年美国麻省理工学院成立 Auto-ID 研究中心，给出了"物联网"最早期的定义：把所有的物品通过射频识别（RFID）和条形码等信息传感设备与互联网进行连接起来，实现智能化识别和管理。2005 年，国际电信联盟（ITU）发布了《ITU 互联网报告 2005：物联网》，正式将"物联网"称为"The Internet of Things"，对物联网的概念进行了扩展，提出了任何时刻、任何地点、任何物体之间互连，无所不在的网络和无所不在的计算。物联网（IoT）网络架构是由红外感应器、射频识别器（Radlo Frequency Identifcation，RFID）、GPS/北斗定位器等信息传感设备组成的，如图 10-1 所示。

应用层	应用集成	云计算	Web服务
网络层	移动通信网络	计算机网络	无线网络
感知层	RFID	二维码	GPS/北斗
	传感器	传动器	红外感应器

图 10-1　物联网网络架构

物联网诞生以来，被认为是继计算机、互联网之后的又一次信息产业浪潮，是新一代信息技术的重要组成部分，它是在互联网基础上进行进一步延伸扩展的网络，将各种信息传感设备与网络结合起来而形成的巨大网络，是人类科技史上的又一次重大革命，对社会生产生活产生了深远的影响。物联网技术的飞速发展也不断引领着产业升级，同时对其技术的演进提出了更高的要求，具体来讲有以下五个重要的发展趋势。

一是物联网终端设备大规模普及，导致终端数据和连接出现了井喷式的增长，根据华为 GIV（全球产业展望）和思科预测，到 2025 年全球连接的设备数量将达到 1000 亿台，而到 2030 年将超过 5000 亿台物联网设备接入互联网，届时全球每年产生的海量数据总量将达到 1YB，相比 2020 年，增长了 23 倍，海量数据连接需要计算能力更高的物联网体系架构以实现数据的及时分析和处理。

二是数据处理的实时性、隐私性要求更为迫切，新的物联网业务不断衍生，万物感知、万物互联带来的数据洪流将与各个产业深度融合，催生产业物联网的兴起，许多特殊的领域应用场景，如安防监测，自动驾驶、在线医疗等，一方面对数据的实时性要求较高，需要较低的数据传输时延，另一方面因为逐步与人们的日常生活深度融合，对隐私性保护的要求也极为迫切。

三是深度学习等人工智能技术的兴起。近年来，以深度学习为代表的新一代人工智能技术快速发展。相比传统机器学习模型，深度学习在很多领域任务上都取得了更好的性能结果。但同时，随着网络层数的增加，其模型参数规模不断变大，计算成本不断提高，为其在物联网环境的部署和执行带来了很大挑战。

四是物联网终端计算能力不断提升。传统物联网终端主要负责数据的采集与传输，而随着智能芯片、嵌入式处理器、感知设备等的小型化及不断发展，终端设备被不断赋予了智能数据处理能力，能在成本约束下完成部分数据处理和智能推理任务，为提升计算的实时性和保护数据隐私性提供支撑。

五是边缘计算和边缘智能的兴起。边缘计算是指在用户或数据源的物理位置或附近进行的计算，能就近提供边缘智能数据处理服务，这样可以降低延迟、节省带宽。边缘计算的兴起进一步提升了本地数据处理能力。Gartner 将边缘计算列为 2020 年十大战略技术趋势之一。

综上所述，由于传统物联网架构的处理和计算能力逐渐不足以支撑大型乃至超大的物联网络深度覆盖、海量连接、实时处理、智能计算等瓶颈问题，在新一代人工智能与边缘计算的发展背景下，很快也促进了许多新型的物联网新技术的诞生，如智能物联网、社交物联网等，实现人工智能与物联网技术的协同应用形成一个智能化的生态体系。但就目前的物联网技术而言，其主要的核心技术还是集中在传感器网络与实际的电子设备等终端之前的互连。

10.1.2　物联网核心技术

1. 技术特点

物联网技术主要有两个特点。

1）层层递进

通常情况下，物联网需要经历 3 个阶段才能发挥出其作用。首先是感知阶段，其次是传输阶段，最后是智能阶段。在全面感知的过程中，物联网首先需要在射频识别、传感器、二维码等设备的帮助下，获取相关物品的动态信息。然后这些信息通过可靠的传输，按时且全面地传达物品的数据，最后在智能信息处理的过程中，使用互联网以及计算机技术对这些信息进行分类汇编，从而实现人与物之间的智能沟通。

2）较强的综合感知能力

首先，物联网技术可以模仿人的感知过程对物体进行感知。其次，智能物联网也能够实现人类对外界环境的认识过程，这主要是通过利用射频扫码、视频探头、激光扫描等技术对外部环境中物体的属性进行信息采集，然而，这个过程获取的是感知模糊信息，最后，还需要借助其他的设备增强感知信息的透明度以及感知效率。

物联网可以通过各种不同的感知设备来收集、处理数据，通过互联网来传输信息，从而达到信息传输的目标。在实际中，它对各种对象进行检测和辨识，把收集到的数据传送给云计算服务器，并按要求对相关的装置进行操作，从而对某一具体的情况进行监控和处理。这个进程是人、物之间的关系、信息的传输。该系统能够将各个对象连接起来，进行智能的管理，利用无线网络进行即时通信和资源分享。该技术使用各种传感器，把互联网和物体连接起来，可以传输海量数据。

2. 核心技术构成

物联网的核心技术构成有以下几方面。

1）无线电射频（RF）

在物联网中需要通过应用感知对事物进行感知，而这个场景则是以 RF 技术作为基础的。RF 是一种利用电磁信号发送到后台进行数据收集的新技术，不需要人工引导或操控，可对物体进行识别并获取有用的数据，一次识别多个目标，具有较高的准确率和较好的抗干扰性，在军事、工业制造、医疗护理等领域有着广阔的发展前景。例如，向接收机发送无线电波，对产品进行自动识别和位置；在复杂的环境下，通过 RF 与对方无接触地顺利地获得情报；使用户在进行身份验证时快速获取相关的数据，实现信息的共享。该技术在军队和民间都得到了广泛的运用，为人类的发展带来了巨大的方便。

2）无线电感应

随着科学技术的飞速发展，传感器技术也获得了良好的发展条件。传感器的单位结构能够构建一个庞大的、复杂的传感器网络，连接着真实的和数字化的。在物联网的发展与普及下，传感器网络已逐渐发展成为一个关键环节。传感器网络能够感知各网络的各节点，实现网络数据的交互、传递、管理和监测。

3）智能技术和纳米技术

智能技术是一种核心技术，将其嵌入到对象中，可以提高对象的智能程度，完成物品与物品、用户与用户、用户与物体间的交流。随着物联网技术的普及，它正在逐步渗透到网络之中。纳米科技可以被运用到很小的物件上，来实现与小型物件的交流、互动，将纳米技术和智能化技术有机地融合是大势所趋，随着物联网技术的进一步发展，未来将会出现与智能技术更好的协作平台，二者的融合将会使得目标更加人性化、智能化。

4）传感器技术

传感器技术在物联网中扮演着至关重要的角色，其作用是通过测量和检测环境中的各种物理量，将现实世界的数据转化为可供数字系统处理的信息。这种技术的多样性包括温度传感器、湿度传感器、光敏传感器等，它们广泛应用于农业、医疗、工业和家庭自动化等领域。传感器通过实时采集数据，使物联网系统能够实现智能监测、远程控制和数据分析。近年来，微电子和纳米技术的发展使传感器更小巧、更精确，从而拓展了其应用范围。无论是用于精确监控工业过程还是优化农业生产，传感器技术的不断创新都推动着物联网系统的发展。

5）通信技术

通信技术是物联网不可或缺的核心组成部分，关乎设备之间的有效连接。在这个数字时代，无线通信技术如 Wi-Fi、蓝牙、LoRa 等实现了设备之间的灵活互联，为短距离通信提供了高效解决方案。而 5G 技术的崛起则为大规模设备连接提供了更高带宽和低延迟的支持，推动了物联网的进一步发展。有线通信标准如以太网则在对可靠性和高带宽要求较高的场景中发挥着关键作用。通信技术的不断演进为物联网打开了无限可能，使设备能够实时、可靠地交换信息，促进了智能城市、智能家居等领域的快速发展。

6）射频识别技术（RFID）

RFID 是一项重要的物联网核心技术，通过在物体上植入微型射频标签和读取设备之间进行无线通信，实现对物品的唯一标识和跟踪。RFID 的工作原理是通过无源或有源的射频标签，利用电磁场中的能量进行通信，从而实现对物品的快速、准确的识别。这项技术在供应链管理、物流追踪、库存管理等领域得到广泛应用，提高了效率、降低了成本。RFID 技术的不断创新和发展，使其在零售、制造业、医疗等领域发挥着关键作用，为实现物联网中设备间智能交互和数据管理提供了可靠的解决方案。

7）嵌入式系统

嵌入式系统是一种紧凑而高效的计算机系统，通常嵌入于其他设备中，执行特定任务。其设计注重小型、低功耗和实时性能，使其在物联网设备中得到广泛应用，支持数据采集、实时处理和设备控制。这些系统通过精心设计的硬件和软件协同工作，实现了在有限资源环境下的高效运算，是物联网设备实现智能化和自动化的关键组成部分。

8）边缘计算

边缘计算是一种将计算资源和数据处理能力移动到物联网设备附近的策略。通过在设备、传感器或网关上进行本地数据处理，边缘计算降低了数据传输到云端的需求，减小了延迟并提高了系统的响应速度。这种分布式计算模型适用于需要实时决策和低延迟的应用，如智能城市、智能交通等，为物联网系统提供了更高效的数据处理解决方案。

9）身份验证与安全

身份验证与安全技术在物联网中起到至关重要的作用，确保设备和数据的安全性。采用先进的加密算法、访问控制和认证机制，以防止未经授权的访问、数据泄露和恶意攻击。这些安全措施不仅保护用户隐私，也确保物联网系统的可信度，为各种应用场景提供了可靠的基础，包括智能家居、工业自动化等。

10.1.3 物联网应用实例

在大数据时代的背景下，物联网技术的水平也在不断地提高，使信息之间的交换以及传递变得更加方便，并逐渐朝着物联网技术三位一体化格局的方向发展。时至今日，物联网技术的发展也已经逐步朝着智能化的方向前进，因此而诞生的智能物联网成为如今物联网技术的主流，本节对其应用最普遍的几个领域做详细介绍。

1. 智能物流领域

随着社会的发展，物品的生产、流通、销售逐步专业化，连接产品生产者与消费者之间的运输、装卸、存储逐步发展成专业化的物流行业。物联网技术通过信息流来指挥物流的快速流动，从而加快资金流的周转，使企业从中获取更大的经济利益。智能物流利用 RFID 与传感器技术，实现对物品从采购、入库、制造、调拨、配送、运输等环节全过程的信息的采集、传输与处理，如图 10-2 所示。

图 10-2　智能物流应用示例

目前，国内物流企业应用物联网系统实现了快运业务模式，并且对传统物流信息系统进行了整改，利用了先进的信息技术手段，对传统物流过程进行全方位的数字化、网络化、智能化、高效化、协同化的物流管理和服务。其目的是通过信息化手段，将物流系统各个环节相互连接，形成物流信息流、物流和资金流的协同运作，提高物流管理效率，降低物流成本，提升物流服务质量，从而实现物流系统整体的优化和升级。例如，通过视频识别技术构建了自动入库管理系统，实现了物流仓储的无人化办公，从根本上提高了产品入库的准确率，推进了国内物流的智能化发展。

2. 环境安全领域

智能物联网技术在环境安全领域的应用不局限于实时监测和自动化检测，其更深层次的贡献在于充分结合嵌入式计算机技术，构建了高度可靠、适应性更强的环境质量检测系统。这一系统不仅能够即时捕捉环境数据，还能够通过先进的嵌入式处理能力对这些数据进行实时分析和处理。通过持续跟踪环境变化，智能物联网系统能够全面量化环境质量水平，提供精准而全面的数据支持；这不仅为环境管理者提供了基础信息，还为污染治理、防灾减灾等工作提供了有效的方法指引。环境质量监测系统的高可靠性和实时性使管理者能够更迅速地做出反应，采取相应的措施，从而最大程度地降低环境安全事故的发生概率。

除此之外，智能物联网技术还为环境安全提供了全方位的质量保障。通过与其他相关领域的数据交叉分析，系统能够形成更为全面的环境安全画像，为决策者提供更具深度和广度的信息。这种综合性的数据视角不仅有助于提前发现环境潜在风险，也为科学决策提供了更加坚实的依据。综合来看，智能物联网技术的广泛应用显著提升了环境的安全质量，为可持续发展和人类福祉作出了积极的贡献。

3. 智能医疗领域

智能医疗是指将智能化、信息化、网络化、数字化等技术应用于医疗领域，以提高医疗服务效率和质量，改善患者就诊体验，并促进医疗资源优化配置的一种新型医疗服务模式。它是物联网技术与医院管理、医疗与保健"融合"的产物，覆盖了医疗信息感知、医疗监护服务、医院管理、药品管理、医疗用品管理，以及远程医疗等领域，实行医疗信息感知、医疗信息互联与智能医疗控制的功能。图 10-3 是智能医疗的应用示例。

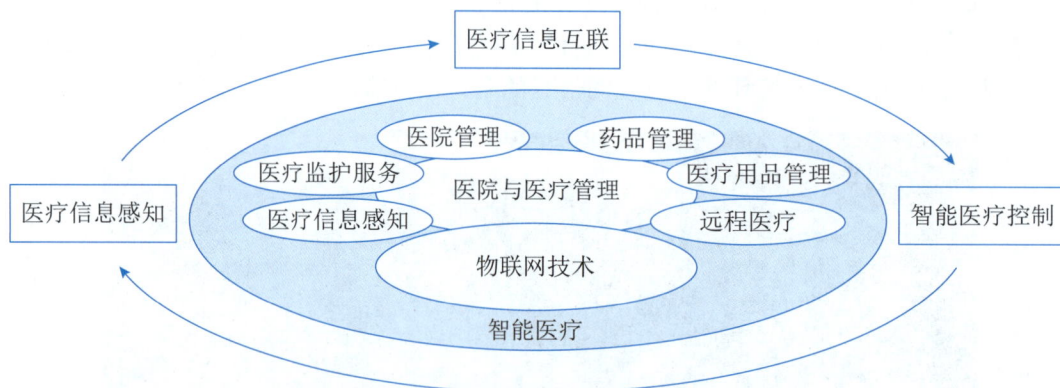

图 10-3　智能医疗的应用示例

目前，在智能医疗领域中已经诞生了一些应用，如智能手术橱柜和智能纱布。如图 10-4 所示。智能手术橱柜是一种能够自动识别和管理手术器械的医疗设备。该设备内置 RFID 芯片和传感器，能够识别每个器械的类型、规格和数量，并能够自动完成清点、盘点和管理。这种设备不仅能够减少手术过程中的操作时间，还能够提高手术的准确性和安全性，避免手术器械误用和重复使用。

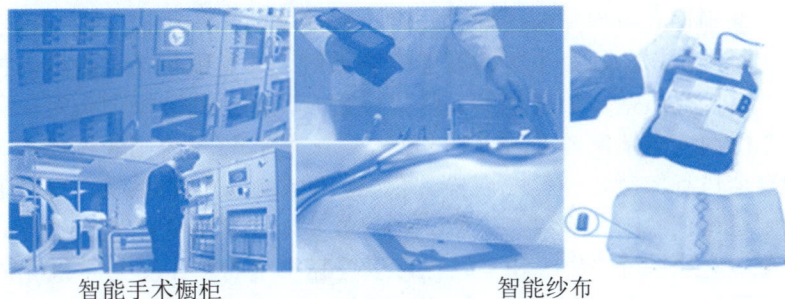

智能手术橱柜 　　　　　　　　智能纱布

图 10-4　智能手术橱柜和智能纱布应用示例

智能纱布是指一种能够自动监测伤口状态的医疗材料。该材料内置传感器和无线通信模块，能够实时监测伤口的温度、湿度和 pH 等参数，并将监测结果传送到医生的移动设备上。这种设备能够实现对伤口状态的实时监测和远程管理，减少了医护人员的工作量，提高了治疗的效率和质量；同时，由于能够及时发现和处理伤口问题，还能够避免伤口感染和其他并发症的发生。

4. 智能家居领域

智能家居采用了智能物联网的 RFID、传感器、短距离通信以及智能决策技术，将普通人的家居设备和系统有机互联并统一管理，相较于传统家居的区别在于智能化程度和功能拓展。传统家居通常只有简单家居设施，如家具、电器等，而智能家具可以通过集成各种传感器、控制器，以及人工智能等技术，能够实现远程控制、智能化管理和自动化调控，为人们提供了一个舒适、安全、环保、愉悦的家居生活环境。举例来说，传统家居中需要人工操作的事情，如开灯、开窗、拉窗帘、调节空调等，智能家居可以通过智能语音助手或者手机应用实现远程控制，而且可以预先设定一个自动化的场景模式，如起床模式、离家模式等，实现更加智能化的生活体验，同时智能家居领域还可以和安防系统、环境监测系统进行联动，实现智能化安全和健康管理，因此智能家居具有高效节能、使用方便、操作安全、安全性高、舒适度好等优势。图 10-5 是智能家居的应用示例。

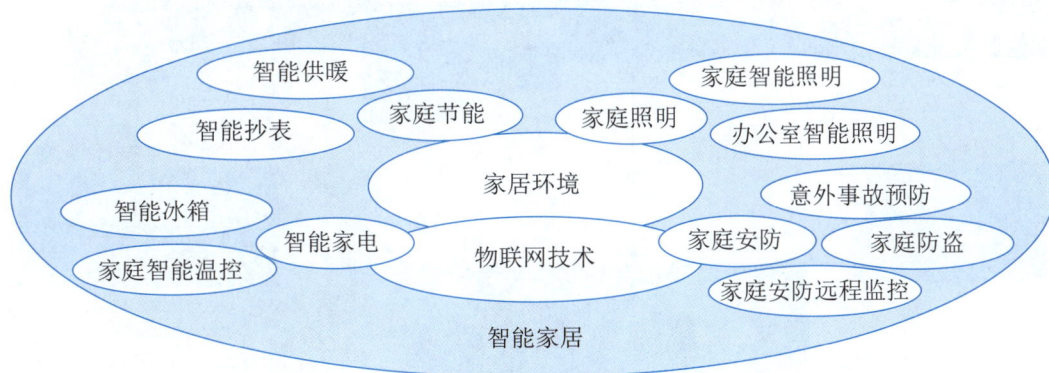

图 10-5　智能家居的应用示例

5. 智能安防领域

智能安防是指利用物联网技术、云计算、大数据等先进技术手段，将传感器、网络摄像头、报警设备等各种安防设备互连，形成一个智能化、自动化的安防系统，实现对人、物、车等的实时监测、预警、防范以及管理。图 10-6 是智能安防的应用示例。

物联网技术在智能安防中的应用小到我们身边的家庭、小区、学校的安防系统，大到一个国家或者地区的安防系统。智能安防相较于传统安防，主要优势在于通过智能化的技术手段，如人脸识别、智能监控等，提高了安防的准确性、效率和便捷性；同时，智能安防系统可以实现远程监控和控制，提高了安全管理的灵活性和实时性。例如居民小区的智能安防系统，通常就包括了视频监控、入侵报警、门禁管理等功能。其中视频监控是最基本最常用的安防措施之一，通过安装摄像头对小区内的各个区域进行监测和录像，实现对小区内安全情况的实时监控和回放。入侵报警系统则通过门磁、窗磁、红外线探测器等装置对小区内的安全进行监测，一旦发现异常状况，即刻触发报警系统，同时通知线管责任人进行处理。门禁管理系统则通过门禁卡、指纹、人脸识别等技术对小区的进出人员进行识别和管理，有效保障了小区的出入口安全。这些系统的集成和互联也可以提高系统的整体安全性和可靠性。图 10-7 就是一个居民小区的智能安防系统。

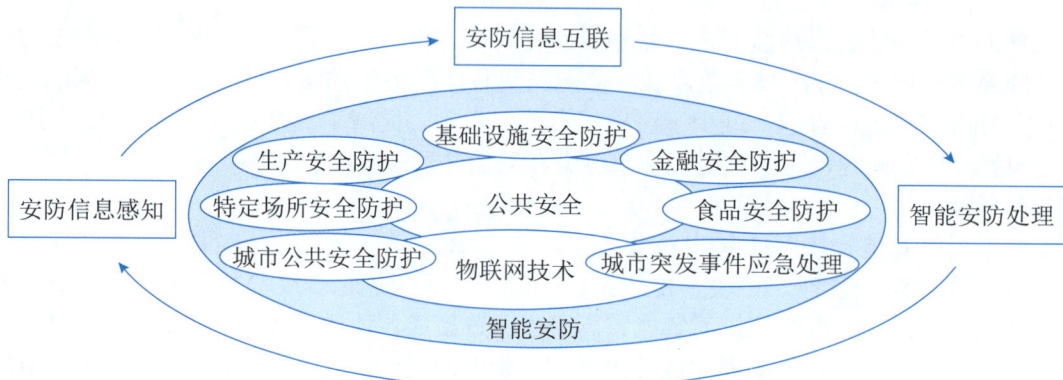

图 10-6　智能安防的应用示例

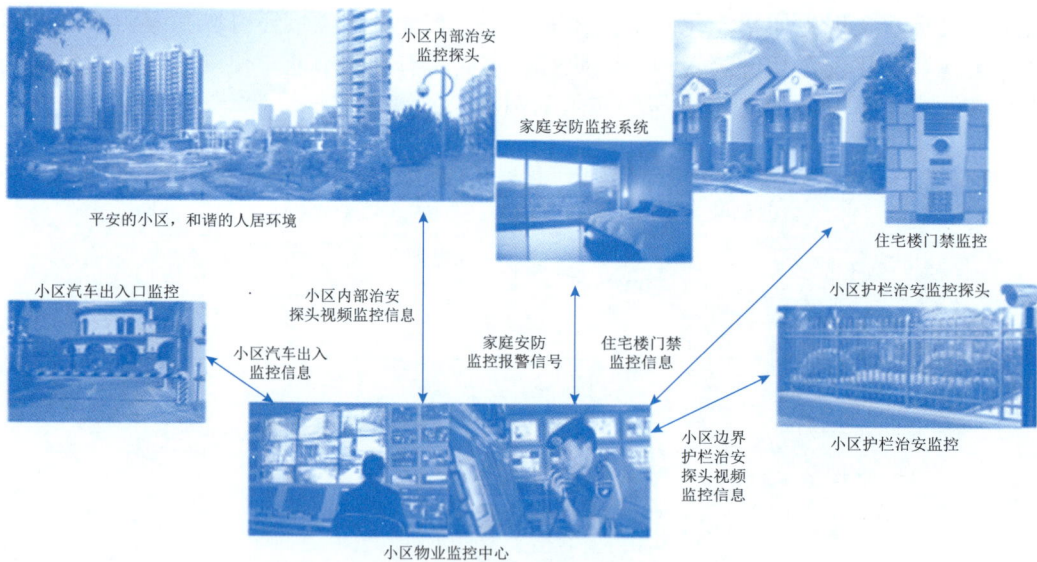

图 10-7　居民小区的智能安防系统示例

10.1.4　物联网行业发展趋势

根据 Markets and Markets Research 的数据显示，到 2026 年，全球物联网市场的规模将达到 6506 亿美元，2021—2026 年的复合年增长率为 16.7%。在笔者看来未来物联网行业将有以下几个重要的发展趋势。

首先是节约能源与环境保护，随着时间的推移，中国也面临着资源匮乏的问题。在这样的大环境下，矿业发展需要大力发展，以适应人类对矿产不断增长的需求，该问题的产生与技术发展已达"瓶颈"的社会背景相关联。所以为解决我国目前的能源短缺问题，政府已经将节约能源和环境保护列为一项长远的工作，要从根本上改变现状，必须从传统工业的转型和提升入手，而物联网技术将极大地影响到传统工业的发展方式。为了适应人民的物质和精神的需要，必须转变传统的生产方式和生活模式，物联网技术可以很好地处理好资源、经济和环境之间的冲突与影响，有着广阔的发展空间，能够为人类带来美好的未来。

其次是通过增强物联网安全来阻止网络欺诈行为，物联网技术改善了用户的生活方式，但是网络中存在的漏洞吸引了网络犯罪分子。换句话说，有着更多的连接设备意味着欺诈者将有更多机会实现他们的恶意目标。随着 2023 年物联网设备数量的增加，制造商和安全专家将做好准备打击不良行为者的欺诈行为。通过这种方式，专业人员可以确保个人敏感数据的高安全性。在美国，白宫国家安全委员会已经宣布于 2023 年第一季度为消费物联网设备制造商建立标准化安全标签；在这种情况下，用户可以快速识别与物联网系统相关的各种风险。

最后还有物联网技术在医疗领域的发展，在未来，医疗保健行业大约为物联网技术提供巨大的增长机会，因为至 2023 年，基于物联网技术的医疗设备的财务价值将达到 2670 亿美元。一个巨大的游戏规则改变者是使用可穿戴设备和家用级传感器，使医疗保健专业人员可以随时监测患者信息。这不仅提供 24×7 全天候的医疗服务，还为紧急护理释放了宝贵的资源。截至 2023 年，更多的患者将熟悉虚拟医疗病房，其中的传感器设备和远程诊疗方法将帮助专业人员更好的处理患者。同时使用身份验证服务还可以帮助医疗保健部门阻止一些不良行为利用该系统。

当前我国的互联网技术还未完全发展起来，许多技术手段都存在缺陷，企业的利润状况并不稳定，有待改进。在现代技术的支持下，未来的物联网技术必然会持续突破发展，朝着智能化、自动化的方向迈进，各大公司要加大研发和运用新技术，以提升自己的科技创新能力。根据用户的需求，开发出更丰富的智能化的物联网服务模式，实现真正的智能物联网融入人类的日常生活，这将极大地拓展物联网技术的应用范围。在物联网技术的未来发展中，社会各界以及政府在支持方面起着至关重要的作用。

第一，资金和政策支持是确保物联网技术取得突破性进展的关键因素。社会和政府需共同努力，为物联网企业提供必要的财政支持，以加速技术创新、克服技术上的不足。通过建立专项资金和制定激励政策，可以激发企业的创新热情，推动物联网技术不断向前发展。

第二，在物联网技术的普及过程中，我们需要全面考虑产品性能和应用环境，特别是加强对网络保护的重视。这包括在物联网设备设计中注重安全性，防范潜在的网络攻击和数据泄露；同时，制定并执行相关的国家规范，确保物联网技术的安全性和稳定性。只有如此，物联网技术才能在各行各业中得到广泛应用，为社会带来更多的便利和效益。

第三，为了促进物联网技术的健康发展，必须加强法律法规的完善。除了注重物联网领域的专业技术培训外，还需通过不断完善法律和法规体系，为物联网技术的良性演进提供有力的法律保障。这涉及隐私保护、数据安全、标准规范等方面的法规建设，以确保物联网技术在不损害个人权益和社会安全的前提下，发挥其最大的社会价值。

综合而言，未来物联网技术的发展需要全社会的积极参与和政府的有力支持，通过资金、政策、产品设计和法规的多方面努力，共同促使物联网技术更好地服务社会、推动经济发展。

10.2 物联网 + 人工智能

10.2.1 边缘计算

1. 边缘计算的定义

边缘计算是一种新型计算模式,通过在靠近物或数据源头的网络边缘侧,为应用提供融合计算、存储和网络等资源。同时,边缘计算也是一种使能技术,通过在网络边缘侧提供这些资源,满足行业在敏捷连接、实时业务、数据优化、应用智能、安全与隐私保护等。它的核心理念是"计算应该更靠近数据的源头,可以更贴近用户"。这里"贴近"一词包含多种含义。可以表示网络距离近,这样由于网络规模的缩小带宽、延迟、抖动这些不稳定的因素都易于控制与改进;还可以表示为空间距离近,这意味着边缘计算资源与用户处在同一个情景之中(如位置),根据这些情景信息可以为用户提供个性化的服务(如基于位置信息的服务)。空间距离与网络距离有时可能并没有关联,但应用可以根据自己的需要来选择合适的计算节点。

2. 边缘计算的优势

1)实时数据处理和分析

将原有云计算中心的计算任务部分或全部迁移到网络边缘,在边缘设备处理数据,而不是在外部数据中心或云端进行;因此提高了数据传输性能,保证了处理的实时性,同时也降低了云计算中心的计算负载。

2)安全性高

传统的云计算模型是集中式的,这使得它容易受到分布式拒绝服务供给和断电的影响。边缘计算模型在边缘设备和云计算中心之间分配处理、存储和应用,使其安全性提高。边缘计算模型同时也降低了发生单点故障的可能性。

3)保护隐私数据,提升数据安全性

边缘计算模型是在本地设备上处理更多数据而不是将其上传至云计算中心,因此边缘计算还可以减少实际存在风险的数据量,即使设备受到攻击,它也只会包含本地收集的数据,而不是受损的云计算中心。

4)可扩展性

边缘计算提供了更便宜的可扩展性路径,允许公司通过物联网设备和边缘数据中心的组合来扩展其计算能力。使用具有处理能力的物联网设备还可以降低扩展成本,因此添加的新设备都不会对网络产生大量带宽需求。

5)位置感知

边缘分布式设备利用低级信令进行信息共享。边缘计算模型从本地接入网络内的边缘设备接收信息以发现设备的位置。例如导航,终端设备可以根据自己的实时位置把相关位置信息和数据交给边缘节点来进行处理,边缘节点基于现有的数据进行判断和决策。

6)低流量

本地设备收集的数据可以进行本地计算分析,或者在本地设备上进行数据的预处理,不必把本地设备收集的所有数据上传至云计算中心,从而可以减少进入核心网的流量。

3. 边缘计算架构

1)通用架构

云边协同的联合式网络结构一般可以分为终端层、边缘计算层和云计算层,各层可以进行层间及跨层通信,各层的组成决定了层级的计算和存储能力,从而决定了各个层级的功能。

终端层由各种物联网设备（如传感器、RFID 标签、摄像头、智能手机等）组成，主要完成收集原始数据并上报的功能。在终端层中，只考虑各种物联网设备的感知能力，而不考虑它们的计算能力。终端层的数十亿台物联网设备源源不断地收集各类数据，以事件源的形式作为应用服务的输入。

边缘计算层是由网络边缘节点构成的，广泛分布在终端设备与计算中心之间，它可以是智能终端设备本身，如智能手环、智能摄像头等，也可以被部署在网络连接中，如网关、路由器等。

在云边计算的联合式服务中，云计算仍然是最强大的数据处理中心，边缘计算层的上报数据将在云计算中心进行永久性存储，边缘计算层无法处理的分析任务和综合全局信息的处理任务也仍然需要在云计算中心完成。

2）EdgeX Foundry

EdgeX Foundry 是微服务的集合，这些微服务分为四个层次：设备服务层、核心服务层、支持服务层、应用及导出服务层。

（1）以核心服务层为界，整个服务架构可以分为"北侧"和"南侧"。"北侧"包含云计算中心和与云计算中心通信的网络，包含支持服务层与应用及导出服务层。其中，支持服务层包含各种微服务，可提供边缘分析能力，并可以为框架本身提供日志记录、调度和规则引擎等服务；

（2）应用及导出服务层则保证了 EdgeX Foundry 的独立运行，在其不与云计算中心连接时，仍可以对边缘设备的数据进行收集，同时，导出服务层也负责提供网关客户端注册等功能，并对与云计算中心传递的数据格式和规则进行实现。"南侧"包含物理领域中的全部物联网对象以及与它们直接通信的网络边缘。

（3）设备服务层提供软件开发工具包，以实现与设备的连接和通信，设备可以是网关或其他具有数据汇集能力的设备，同时设备服务层也可以接收来自其他微服务的命令，进而传递到设备。

（4）作为中心的核心服务层是实现边缘能力的关键，其中"核心数据服务"提供了持久性存储服务和对设备数据的管理服务；"命令服务"负责将云计算中心的需求驱动至设备端，并提供命令的缓存和管理服务；"中继数据服务"为中继数据（又称元数据，是对数据的属性描述）提供管理和存储服务，信息用于为设备和服务提供配对；"注册及配置服务"为其他微服务提供配置信息。

EdgeX Foundry 还包含了两个贯穿整个框架，且为各层提供服务的基础服务层，负责安全和系统管理。

4. 边缘计算的应用

1）医疗保健

边缘计算可以辅助医疗保健，如可以针对患有中风的患者辅助医疗保健。研究人员最近提出了一种名为 U-fall 的智能医疗基础设施，它通过采用边缘计算技术来利用智能手机。在边缘计算的辅助下，U-fall 借助智能设备传感器实时感应运动检测；边缘计算还可以帮助健康顾问协助他们的病人，而不受其地理位置的影响；边缘计算使智能手机能够从智能传感器收集患者的生理信息，并将其发送到云服务器以进行存储、数据同步以及共享。

2）视频分析

在万物联网时代，用于监测控制的摄像机无处不在，传统的终端设备——云服务器架构可能无法传输来自数百万台终端设备的视频。在这种情况下，边缘计算可以辅助基于视频分析的应用。在边缘计算辅助下，大量的视频不用再全部上传至云服务器，而是在靠近终端设备的边缘服务器中进行数据分析，只将边缘服务器不能处理的小部分数据上传至云计算中心即可。

3）车辆互联

通过互联网接入为车辆提供便利，使其能够与道路上的其他车辆连接。如果把车辆收集的数据全部上传至云端处理会造成互联网负载过大，导致传输延迟，因此需要边缘设备本身具有处理视频、音频、信号等数据的能力。边缘计算可以为这一需要提供相应的架构、服务、支持能力，缩短端到端延迟，使数据更快地被处理，避免信号处理不及时而造成车祸等事故。一辆车可以与其他接近的车辆通信，并告知其任何预期的风险或交通拥堵。

4）移动大数据分析

无处不在的移动终端设备可以收集大量的数据，大数据对业务至关重要，因为它可以提取可能有益于不同业务部门的分析和有用信息。大数据分析是从原始数据中提取有意义的信息的过程。在移动设备附近实施部署边缘服务器可以通过网络高带宽和低延迟提升大数据分析。例如，首先在附近的边缘服务器中收集和分析大数据，然后可以将大数据分析的结果传递到核心网络以进一步处理，从而减轻核心网络的压力。

5）智能建筑控制

智能建筑控制系统由部署在建筑物不同部分的无线传感器组成。传感器负责监测和控制建筑环境，如温度、气体水平或湿度。在智能建筑环境中，部署边缘计算环境的建筑可以通过传感器共享信息并对任何异常情况做出反应。这些传感器可以根据其他无线节点接收的集体信息来维持建筑气氛。

6）海洋监测控制

科学家正在研究如何应对任何海洋灾难性事件，并提前了解气候变化。这可以帮助人们快速采取应对措施，从而减轻灾难性事件造成的严重后果。部署在海洋中某些位置的传感器大量传输数据，这需要大量的计算资源和存储资源；而利用传统的云计算中心来处理接收到的大量数据可能会导致预测传输的延迟。在这种情况下，边缘计算可以发挥重要作用，通过在靠近数据源的地方就近处理，从而防止数据丢失或传感器数据传输延迟。

7）智能家居

随着物联网技术的发展，智能家居系统得到进一步发展，其利用大量的物联网设备实时监测控制家庭内部状态，接收外部控制命令并最终完成对家居环境的调控，以提升家居安全性、便利性、舒适性。由于家庭数据的隐私性，用户并不总是愿意将数据上传至云端进行处理，尤其是一些家庭内部视频数据。而边缘计算可以将家庭数据处理推送至家庭内部网关，减少家庭数据的外流，降低数据外泄的可能性，提升系统的隐私性。

8）智慧城市

预测显示：一个百万人口的城市每天将会产生约 20.48 万 TB（200PB）的数据。因此，应用边缘计算模型，将数据在网络边缘处理是一个很好的解决方案。例如，在城市路面检测中，在道路两侧路灯上安装传感器收集城市路面信息，检测空气质量、光照强度、噪声水平等环境数据，当路灯发生故障时能够即时反馈给维护人员，同时辅助健康急救和公共安全领域。

5.边缘计算面临的挑战

1）可编程性

边缘节点组成的计算平台类似于异构平台，边缘节点的计算与存储能力、运行时间、操作系统和支持语言等资源都可能是不同的，这意味着开发者需要根据不同种类边缘设备的资源进行程序开发。

2）命名机制

域名系统等命名机制已经在云计算模型中得到了很好的应用，能够满足当前的大多数网络。但是现有命名机制并不适用于边缘计算，以智能家居中玄关灯随门打开而自动开启为例，边缘计算程序根据玄关灯的唯一 ID 控制它的开关，如果这个设备被更换，玄关灯的 ID 将会改变，此时只有更改程序才能实现原有的功能。可见，原有命名机制灵活性较低，因而不能适应边缘计算中动态变化的网络拓扑。

3）服务管理

服务管理是边缘计算中的关键技术，边缘计算中的服务管理应该满足四种特性。

（1）差异化，即各类服务应根据其属性分为不同的优先级；

（2）可扩展性，即边缘计算中的节点是动态变化的，服务管理应该能够具有灵活的扩展性；

（3）隔离性，即应避免服务之间的耦合，当某个应用程序崩溃时，系统应仍能够保持运行；

（4）可靠性，即数据传输、设备自身的可靠性对服务非常重要。

除此之外，边缘计算场景中的服务管理还面临着云计算与边缘计算目标不一致的独特问题。

4）隐私及安全

相比云计算模型，边缘计算模型可以在网络边缘完成一部分数据处理工作，这避免了用户隐私信息在云计算中心或过长的传输链路上被滥用和被窃取的风险，但是边缘计算中多类别、多数量设备的接入也带来了新的隐私及安全问题。

（1）物联网汇集的数据中很有可能包含用户的隐私，例如在智能家居场景中，宠物监控摄像头包含房屋结构和室内陈设信息；

（2）边缘网络的安全性往往是没有保证的，以智能家居为例，有数据显示，49%的家庭无线网络是不安全的，攻击者可以轻易地破解密码，并窃取信息；

（3）网络边缘的高度动态性也会增加网络的脆弱性。

10.2.2 智能控制技术

1. 智能控制技术简介

控制是物联网应用中的主要环节，因此，物联网发展的关键之一在于实现物联网的智能控制。为了解决此问题，可以将智能控制技术有效移植于物联网领域，以此来最大限度的扩充与丰富物联网所具备的应用价值。所接入的物联网设备可以接收到物联网发出的操作指令，从而实现无人参与的自我管理与自动操作。在物联网智能控制的应用过程中，其接受的智能控制命令基本上来源于所接入物联网的一个或者是一类用户，物联网智能控制则会在此基础上完成相应用户的无人值守作业。

2. 智能控制与传统控制的比较

在应用领域方面，传统控制着重解决不太复杂的过程控制和大系统的控制问题；而智能控制主要解决高度非线性、不确定性和复杂系统控制问题。

（1）在理论方法上，传统控制理论通常采用定量方法进行处理，而智能控制系统大多采用符号加工的方法；传统控制通常捕获精确知识，而智能控制通常是学习积累非精确知识；传统控制通常是用数学模型来描述系统，而智能控制系统则是通过经验、规则用符号来描述系统。

（2）在性能指标方面，传统控制有严格的性能指标，智能控制没有统一的性能指标，主要关注其目的和行为是否达到。

3. 智能控制技术的主要方法

1）模糊控制

模糊控制以模糊集合、模糊语言变量、模糊推理为其理论基础，以先验知识和专家经验作为控制规则。其基本思想是用机器模拟人对系统的控制，就是在被控对象的模糊模型的基础上运用模糊控制器近似推理等手段，实现系统控制。在实现模糊控制时主要考虑模糊变量的隶属度函数的确定，以及控制规则的制定二者缺一不可。与传统控制相比，模糊推理不需要精确的数学模型，其设计主要建立在相关数据与规则的基础之上，因此适于解决非线性系统的控制问题；而且模糊控制的鲁棒性好、自适应性强，适用于时变、时滞系统。但是模糊控制也有其自身的弊端，如学习能力不强，设计时控制规则的拟订过于依赖经验和专家知识，因此有时精确度不高。

2）专家控制

专家控制是将专家系统的理论技术与控制理论技术相结合，仿效专家的经验，实现对系统控制的一种智能控制。主体由知识库和推理机构组成，通过对知识的获取与组织，按某种策略适时选用恰当的规则进行推理，以实现对控制对象的控制。

（1）专家控制可以灵活地选取控制率，灵活性高；

（2）可通过调整控制器的参数，适应对象特性及环境的变化，适应性好；

（3）通过专家规则，系统可以在非线性、大偏差的情况下可靠地工作，鲁棒性强。

但是由于专家控制主要依据知识表示技术确定问题的求解途径，采用知识推理的各种方法求解问题及制订决策，因此如何获取专家知识，并将知识构造成可用的形式就成为研制专家系统的主要"瓶颈"之一；另外，专家控制系统是一个动态系统，因此如何在控制过程中自动更新和扩充知识，并满足实时控制的快速准确性需求是非常困难的。以目前的稳定性分析方法很难直接用于专家控制系统。

3）神经网络控制

神经网络模拟人脑神经元的活动，利用神经元之间的联结与权值的分布来表示特定的信息，通过不断修正连接的权值进行自我学习，以逼近理论为依据进行神经网络建模，并以直接自校正控制、间接自校正控制、神经网络预测控制等方式实现智能控制，与传统控制相比具有如下的优势：

（1）能够充分逼近任意复杂的非线性系统；

（2）能够学习和适应严重不确定性系统的动态特性；

（3）由于大量神经元之间广泛连接，即使有少量单元或连接损坏，也不影响系统的整体功能，表现出很强的鲁棒性和容错性；

（4）采用并行分布处理方法，使得快速进行大量运算成为可能。

显然，神经网络具有学习能力、并行计算能力和非线性映射能力，在解决高度非线性和严重不确定性系统的控制方面具有很大潜力；但是，目前神经网络控制的研究大多仍停留于数学仿真和实验室研究阶段，极少用于实际系统的控制。

4）智能控制技术的集成

控制理论与技术向着两个方向发展：

（1）理论方法本身研究的深入；

（2）将不同的方法适当地结合在一起，获得单一方法所难以达到的效果，即智能控制技术的集成。

智能控制技术的集成包括两方面：

（1）将几种智能控制方法或机理融合在一起，构成高级混合智能控制系统，如模糊神经（FNN）控制系统、基于遗传算法的模糊控制系统、模糊专家系统等；

（2）将智能控制技术与传统控制理论结合，形成智能复合型控制器，如模糊 PID 控制、神经元 PID 控制、模糊滑模控制、神经网络最优控制等。

5）遗传算法

遗传算法（Geuetie Algorithm，GA）是一种基于模拟遗传机制和进化论的并行随机搜索优化算法。遗传算法依照所选择的适配值函数，通过遗传中的复制、交叉及变异对个体进行筛选，使适配值高的个体被保留下来，组成新的群体，新群体既继承了上一代的信息，又优于上一代，这样周而复始，群体中个体适应度不断提高，直到满足一定的条件。

蚁群算法是群体智能的典型实现，是一种基于种群寻优的启发式搜索算法。蚁群算法的基本思想：当一只蚂蚁在给定点进行路径选择时，先行蚂蚁选择次数越多的路径，被选中的概率越大。

4. 智能控制技术的应用

1）直接模糊神经网络控制的应用

众所周知，列车运行过程中受到许多不确定因素的影响，是一类复杂动力学过程，难以用常规方法进行建模，其在不同的工作条件下，控制目标和控制策略随过程特性的变化而大不相同，因此用常规的控制理论很难适应过程要求。针对该控制对象的特性，研究了一种高速列车运行过程的直接模糊神经控制器，提出了一种基于模糊神经自适应控制的方法。该方法利用模糊神经网络来辨识列车运行的逆动力学模型，并以此模型作为控制器提供给列车主要的广义驱动力，加上常规的控制器构成完整的控制系统；当神经网络给出的驱动力合适，系统误差较小，常规控制器的控制作用就变弱；反之，常规控制器起主要的控制作用。模糊规则的制定是利用常规控制器提取初始模糊规则，通过专家经验对初始规则进行补充，最后运用误差的反向传播算法对参数进行在线自适应调整，结果很好地满足了列车运行的某些性能指标。

2）蚁群算法在配电网优化规划中的应用

在配电网的规划中，需要根据现场条件、可靠性要求及相关约束条件寻找一种优化的规划方案来实现各个站点之间的互联。此问题可看作是从电源节点出发寻找一个连接网格上任意两站点之间最优路径的问题，网格上的每个 Agent 根据启发策略，像蚂蚁一样在网格上爬行，所经之处便设置一条连接边；历经网格上的所有站点之后，电网便布通了。应用蚁群算法，可以找到成本最低、最合理的配电网规划。

10.2.3 预测性维护

1. 预测性维护简介

对于传统的生产运营而言，设备的维护通常是基于"事后控制"，这往往是出现在故障已经发生的情况下，对于连续的生产如生物发酵、制药、食品饮料而言，这会造成巨大的损失，可能包含：在制品的损失；设备本身的组件更换与维护成本；当机过程所造成的生产损失；客户的抱怨与订单流失。为了避免被动的救火式维护，很多企业采取了预防性维护。预测性维护是借助监测工具对设备运行状况实施周期性或持续监测，通过对监测结果进行分析、与既定数据、经验数据、检测故障发生前的机械状态进行比较，预测故障发生的时间，通过机器学习算法和模型来分析评估设备状况，实施维护保养的一种方法。这是以预防为主，将事后控制转换为事前管理，通过分析和预测事先实施维护保养的工作思维；它使设备维护保养管理工作改变了以前被动的工作方式、成为居于预防工作思维的主动工作方式，从而延长了设备的使用寿命，降低了设备的维护成本。

2. Con Mon 系统

Con Mon 是由 B&R 厂商开发的状态监控系统，它通过现场数据采集，实现全厂关键设备的状态显示、报警、趋势分析、生成报表，提高整个工厂的设备的状态监测，降低人工巡检的经验依赖、维护难度等问题。它是一个开箱即用的软件单元，可以直接并行于当前 DCS/SCADA 系统，基于开放架构设计，可以实现基于浏览器的远程访问，也可以在智能手机上对设备进行查询、提供报警等。

3. 预测性维护实现

目前大多数组织，在预测性维护模型建立过程中通常使用基于传感器检测的设备预测性维护，其实际作法一般为：温度测量、动态监测、电气测试与监测、流体分析等方法。

1）温度测量

通常用于机械摩擦过大、电机发热、变压器温升等问题导致设备故障的预测性维护工作。设备维护保养人员可以直接将温度传感器或红外热成形技术应用于运行设备的实时监控。如对生产流水线上的电机进行温度检测及时掌控电机发热情况，对流水线上的轴承进行温度测量及时掌控机械摩擦情况，对供配电设备上的变压器温度实施检测及时掌控变压器温升情况，以便适时实施预测性维护。

2）动态监测

通常用于检测磨损、不平衡、不对中以及内部表面磨损导致设备故障的预测性维护工作。它一般借助波谱分析，冲击脉冲分析手段，对被观察设备部件的既定参数实施监测，并根据测量的结果对照已知标准或经验，评价设备运行实际状况，确定设备的维护需求、并加以实施。如在设备皮带磨损方面，我们知道皮带使用过程中常见的故障为冲击负荷大造成的断裂，张紧力过低造成的皮带分离、带轮不平行造成的皮带磨损等。进一步分析皮带磨损的特征，发现它一般表现为皮带轮锥度磨损和皮带轮轴磨损两种。为此我们可以通过对皮带的张紧力进行测量、对皮带的挠度进行测量，以预测设备潜在故障发生的时机，及时实施预测性维护。

3）电气测试与监测

一般通过对设备电气系统的电参数实施监测为预测性维护提供依据。如通过对锡锅加热管电流进行监测，了解加热管的热量输出，从而推算出锡面温度的平衡情况，及时发现预测性维护的需求，消除由于加热管坏导致锡温不平衡而造成产品质量问题的隐患。

4）流体分析

一般通过对由于油的污染、降解等问题导致的设备故障；或者由于润滑油、液压、绝缘油等问题引起的设备故障实施监控，为预测性维护提供依据。

10.2.4 不同场景下的智慧物联网应用

1. 智能家居

物联网在家居领域的应用主要体现在两个方面：家电控制、家庭安防。

1）家电控制

家电控制是物联网在家居领域的重要应用，它是利用微处理电子技术、无线通信及遥控遥测技术来集成，来控制家中的电子电器产品，如电灯、厨房设备电烤箱、微波炉、咖啡壶等设备，取暖制冷系统、视频及音响系统等系统。它是以家居控制网络为基础，通过智能家居信息平台来接收和判断外界的状态和指令，进行各类家电设备的协同工作用户对家电设备的集中控制通过物联网，用户可以实现对家电设备的户内集中控制或户外远程控制。

（1）户内集中控制是指在家庭里利用有线或无线的方式对家电设备进行集中控制。这里有线方式是指通过诸如控制盒这样的集中控制器对家电进行控制，无线方式则是以红外、蓝牙等方式，实现手持集中遥控功能。在实现家电设备控制时，住户通过对按钮或开关的关联定义，可以轻松控制家庭中任意设备。

（2）户外远程控制是指住户利用手机或计算机网络，在异地对家电设备进行控制，实现家电设备的启停。家电设备的自动启停控制通过传感器对家庭环境进行检测，根据湿度、温度、光亮度、时间等的变化自动启停相关的电器设备。在实际应用中，家居控制通过设置场景模式来实现设备的协同工作。例如，当夏天中午开启空调降温的时候，同时需要拉上窗帘晚间观看电视时，需要调整房间的灯光亮度等。

2）家庭安防

当主人不在家，如果家中发生偷盗、火灾、气体泄漏等紧急事件时，智能家庭安防系统能够现场报警、及时通知主人，同时还向保安中心进行电脑联网报警。家庭安防中物联网的主要功能可概括为以下几点。

（1）家庭区域单独设防：利用传感器，有人在家时可设置单独防区，如有人进入或者闯入便可产生报警。也可设置为在家周边防范状态，此时主机只接收门窗等周边传感器信号，室内传感器处于非工作状态。如果周边有人非法闯入，主机则立即向外报警。

（2）全面设防：当用户离家时，设置所有防区为"布防"状态。此时用户的终端接收所有传感器传来的信号，如有非法进入，主机将自动向用户的终端和接警中心报警。接警中心在电子地图上自动显示出警情方位，信息栏显示用户户主名、家庭成员、住址、电话等详细信息，便于通知派出所迅速出警，以最快的速度赶往现场。

（3）紧急报警：遥控器上一记有紧急报警功能键，无论主机处于布防还是撤防状态，当用户触发此键时，主机立即向周围发出求救信号。用户也可选择家中适当位置安装单个紧急按钮，其状态与功能同遥控器上的报警键相同。

（4）煤气报警：用户的终端有煤气报警功能，可接上煤气泄漏传感器。无论终端处于何种状态，当煤气浓度超过安全系数时，终端立即将报警信号发出给用户接警中心。

（5）报警监听：当报警触发后报警器自动拨通主人终端，此时主人可远程对报警现场情况进行监听。

（6）多渠道报警：用户终端可以设置有六组报警号码，用户可设置要求通知的手机、电话、传呼机号码，多渠道地通知接警中心或用户本人。

2. 智能物流

物流是指物品从供应地向接收地的实体流动过程，现代物流系统是从供应、采购、生产、运输、仓储、销售到消费的供应链。物流信息化的目标就是帮助物流业务实现"高效运转、资源优化、成本降低、服务提升。"，即将顾客所需要的产品形，在合适的时间形，以正确的质量和数量形、正确的状态送达指定的地点，并实现总成本最小。而传统的物流信息管理系统无法及时跟踪物品信息，对物品信息的录入和清点也多以手工为主，速度慢且容易出现差错。物联网技术的出现从根本上改变了物流中信息的采集方式，改变了从生产、运输、仓储到销售各环节的物品流动监控、动态协调的管理水平，极大地提高了物流效率。

10.3 物联网 + 区块链

物联网综合了传统互联网、移动网络以及传感器网络等，扩展了新的互联网概念，实现了万物互联互通；然而，随着这种全面性的连接，物联网不仅带来了开放性和遏制性的优势，同时也直接引入了安全性和匿名性等方面的隐患。为了更好地实现网络安全、保护用户隐私并进行有效的信任管理，物联网安全技术亟需进一步深入研究。

目前，大多数物联网解决方案普遍采用集中式的服务器—客户端模式，通过云计算方式与物联网设备进行连接；然而，在这种中心化模式下，随着设备和数据规模的迅速增长，线性增长的集中式云计算能力无法满足不断增长的需求。网络边缘设备与云服务器之间的传输带宽限制了网络性能，同时也引发了更多的安全问题。数据的集中管理导致隐私安全问题凸显，而且网络边缘设备与云服务器之间的数据传输也带来了较大的开销。

因此，一些基于分布式点对点（Peer-to-Peer，P2P）的物联网架构相继出现，旨在解决中心化网络架构所带来的问题；然而，直到引入区块链技术并将其与物联网相结合，才有效地解决了许多物联网存在的问题。例如，利用区块链的 P2P 特性，物联网设备之间的敏感数据生成、交换和存储可以得到确保，保障了隐私性、鲁棒性和单点故障容错性；在区块链中对物联网数据的每个操作，如创建、修改和删除，都可以得到注册和验证，以实现对物联网数据篡改和滥用行为的检测。此外，通过区块链可以定制和实施访问策略，实现对数据的访问控制。

在区块链框架中，物联网设备无须人为干预，即可将数据安全地存储在不同的节点中，并充分利用区块链的特性，确保去中心化信任、真实性、安全性和隐私性等方面的保障。

10.3.1　区块链物联网中的核心技术

在区块链和物联网的融合领域，核心技术主要涉及系统架构、加密算法、共识机制、智能合约、区块链升级与维护。

1．系统架构

物联网架构的发展经历了从服务器—客户端，到开放式云中心，再到分布式 P2P 的过程，如图 10-8 所示。传统的基于云服务器的物联网存在一些固有的安全隐患，若服务器出错或被攻击，将直接影响整个网络系统。此外，若单个物联网设备受到攻击，可能通过拒绝服务攻击破坏整个网络，从而影响到网络安全。

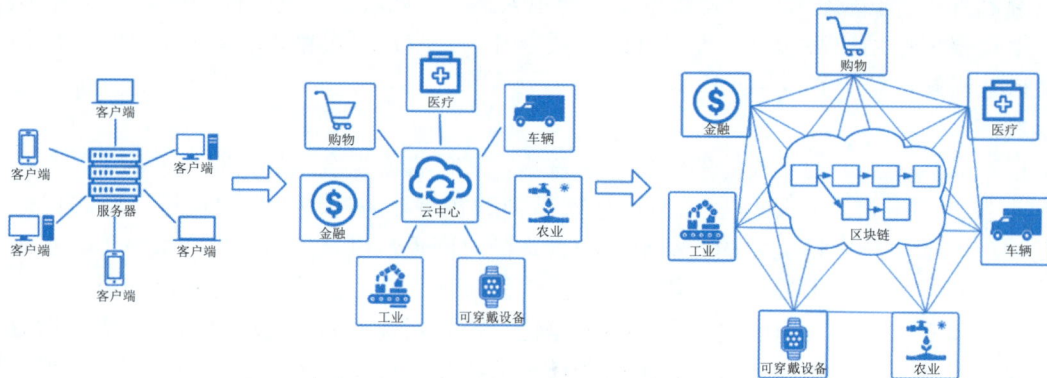

图 10-8　物联网网络架构发展

相比之下，基于区块链的分布式 P2P 网络架构则不依赖于某个中心节点或云服务器。事务或交易在网络中以加密的形式进行操作和验证，因此在单个恶意节点存在的情况下，可以拒绝该节点对链上数据的操作。这种分布式架构有效地提高了系统的安全性，使得网络更加具有鲁棒性，不易受到单点故障的影响。具有区块链的物联网框架通常由四层组成。

1）物理层

物理层包括所有智能设备，配备有传感器和执行器，这些设备收集并将数据传递到更上层。通常，智能设备之间没有单一的标准来共享和集成，以实现跨功能性。因此，在物联网系统中使用区块链来管理设备需要确保来自同一制造商的所有物联网设备都在同一个区块链网络上运行。

2）通信层

物联网中的智能设备使用不同的通信机制来访问系统并交换信息，如 Wi-Fi、4G 和以太网。系统内传输数据的安全性和隐私性非常重要，区块链可以与系统集成，并对此情况做出重要贡献。例如，可以使用 BitTorrent 进行点对点通信。需要在区块链的帮助下探索更多解决方案，以确保数据安全。

3）数据库层

区块链本身是一个分布式数据库，记录着不可变且不断增长的交易。与传统的中心化数据库相比，区块链的另一个优点是其公共验证和审计机制。有三种主要类型的区块链，即公共区块链、联盟区块链和私有区块链。在公共区块链中，任何人都可以轻松参与系统、生成交易并达成共识；联盟区块链是一种有权限的区块链，共识由预先选择的一组节点管理。

4）接口层

接口层包含相互通信以共同做出有益决策的应用程序。典型的物联网应用包括智能城市和智能家居。

在使用区块链的物联网框架基础上，研究者们提出了多种创新解决方案。

例如，A Dorri 等考虑到典型的智能家居环境，基于区块链技术提出了一种新的轻量级体系架构，包括智能家居层、覆盖网络层和云存储层。该系统通过在区块中加入 Policy Header 解决了身份认证和访问控制问题，通过签名与验签、账户公钥与 ID 解决了隐私问题，通过数据的哈希签名解决了分布式节点的信任问题。

O. Novo 基于区块链技术实现了一个新的物联网分布式访问控制系统。该系统由管理中心节点将多个约束网络同时连接至区块链网络，具有很好的扩展性与灵活性，适用于各种物联网场景。

O. Alphand 等提出了 IoTChain，结合了基于对象的物联网安全架构和 ACE 授权框架，实现了可信而灵活的 ACE 授权阶段。区块链替代了单个 ACE 授权服务器，由智能合约处理授权请求，使用自我修复的密钥分发方案实现了物联网的高效管理。

Li 等提出了一个多层分布式网络模型，将区块链技术的安全性、可靠性与云服务器架构的高性能和管控能力有机结合。该模型分为边缘层和高级层，实现了局域网和广域网功能，通过拜占庭容错算法维护分布式记录的数据，为建立广域安全物联网网络提供了可行的解决方案。

在当前研究中，完全分布式的网络架构并非最适合物联网应用场景，而多层可扩展的区块链架构能够更有效地兼容物联网原有的功能。同时，随着下一代物联网边缘计算的快速发展，分层结构的雾计算将成为更高效的物联网架构，如图 10-9 所示。因此，将区块链与雾计算结合将是未来区块链物联网系统架构研究的重要发展方向。

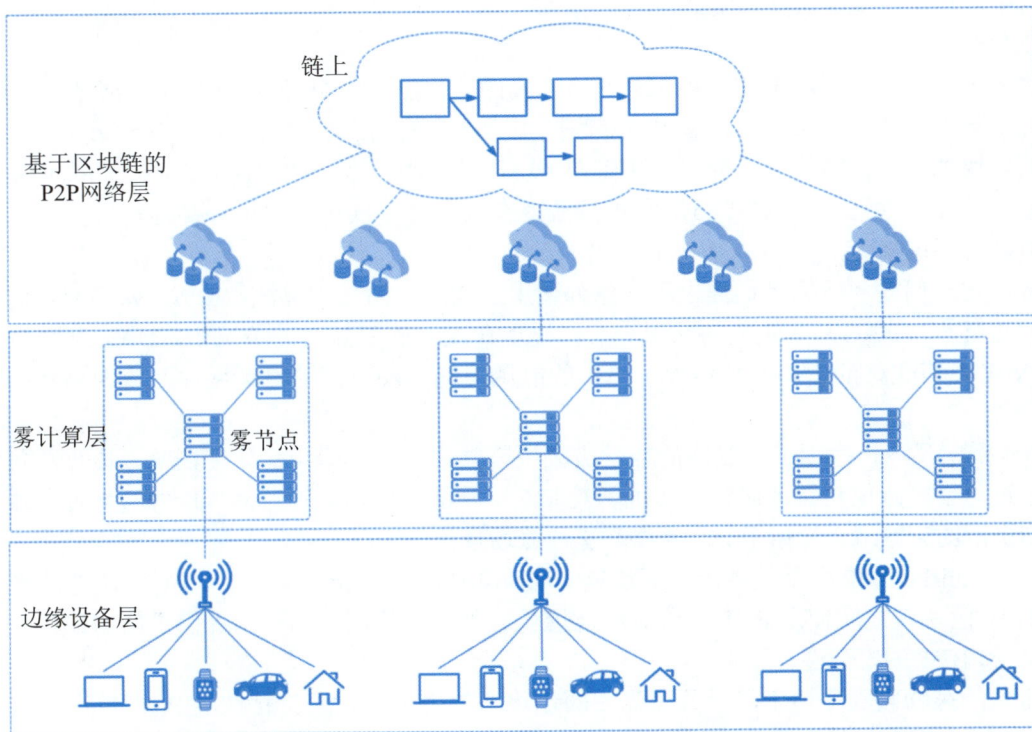

图 10-9　结合雾计算的区块链物联网多层架构

221

2. 加密算法

公钥密码学对于在区块链中提供安全性和隐私性至关重要；然而，资源受限的物联网设备在现代安全密码方案的计算要求方面面临困难。具体而言，基于 Rivest–Shamir–Adleman（RSA）的非对称密码在物联网设备上实现时速度较慢且消耗大量资源。因此，在选择适当的加密方案时，不仅应考虑计算负荷和内存需求，还应考虑能耗。

最常见的基于公钥的密码套件是 RSA 和椭圆曲线 Diffie-Hellman 交换（ECDHE），这是美国国家标准与技术研究所（NIST）为传输层安全性（TLS）推荐的算法。基于 RSA 的密码套件使用 RSA 作为密钥交换算法，而基于 ECDHE 的密码套件使用一种基于椭圆曲线的瞬时 Diffie-Hellman 算法。

目前，对于大多数物联网设备而言，RSA 密钥的大小并不实用。由于 2010 年破解了 768 位和 1024 位的 RSA 实现，2048 位密钥被认为是安全的最小密钥。但在瞬时密钥交换算法上使用 2048 位证书会引入繁重的开销和计算需求，这在大多数物联网节点的受限硬件能力上是非常难以容纳的。

相比之下，椭圆曲线密码学（ECC）是 RSA 的轻量级替代方案。在资源受限的设备上实施时，ECC 在速度和功耗方面优于 RSA。美国国家安全局（NSA）因为在量子密码学方面取得的进展，在 2015 年 8 月建议停止使用基于 ECC 的算法 Suite B。

哈希函数在基于区块链的系统中也很关键，它们通常用于签署交易。用于物联网应用的哈希函数必须安全（即不应生成碰撞）、快速且应尽可能消耗最少的能量。最流行的区块链哈希函数有 SHA-256d（比特币、PeerCoin 或 Namecoin 使用）、SHA-256（Swiftcoin 或 Emercoin 使用）和 Scrypt（Litecoin、Gridcoin 或 Dogecoin 使用）。SHA-256 的性能已经在不同的物联网设备中进行了评估，如可穿戴设备。评估 SHA-256 在 ASIC 中的占用空间和能量需求的研究人员建议对于低功率安全通信应该使用高级加密标准（AES）。由于这种功耗限制，其他研究人员建议使用像 Simon 这样的密码，但仍然需要在实际的物联网应用中进行进一步的研究和实证评估。

3. 共识机制

在区块链中，共识机制用于分布式 P2P 网络，确保各节点维护相同内容和顺序的交易记录。在共识过程中，各节点独立构造候选区块，获得记账权的节点将自身构造的区块广播至其他节点，其他节点将收到的有效区块加入各自区块链。共识算法作为区块链的核心技术，在保证去中心化和维护安全性等方面发挥着重要作用。然而，传统的 PoW 共识算法存在低通量、低可扩展性和高能耗等问题，特别在物联网场景中显得不可接受。

为了解决这一问题，研究者们提出了一系列适用于物联网的共识算法。K. Yeow 等通过比较传统区块链和有向无环图（DAG）区块链的共识算法，发现在没有矿工参与的情况下，DAG 区块链的共识过程相较于 PoW 具有更好的去中心化程度、更小的能源消耗以及更高的可扩展性。这为物联网提供了有效的解决方案。

D.Puthal 提出了一种适用于物联网的轻量级区块链共识算法，即身份认证证明。该算法包括两个认证步骤，通过可信节点成功认证区块，实现了对非法交易的识别，并通过降低能源消耗使区块链能够有效地集成到资源约束网络，适用于分层网络和雾计算场景。

另外，G.Sagirlar 等提出了一种混合区块链 Hybrid-IoT，其中 IoT 设备以 PoW 区块链的形式组成小组，而各 PoW 区块链之间使用 BFT 共识算法连接。这种混合共识为物联网提供了新的解决方案，有效平衡了 PoW 和 BFT 的安全性。

总体而言，在物联网环境下，对共识算法的优化与改进至关重要。传统的 PoW 算法在大多数情况下不再适用，而在网络规模大、安全性要求高的环境中可以考虑使用 PoS 算法，而在网络规模小、安全性要求较低的环境中可以使用 DPoS 和 PBFT 等共识算法。对于更高效、更节能、更大交易吞吐量的共识算法的研究仍然是未来的重要方向。随着 DAG 无链结构共识算法的发展，区块链物联网系统架构也将朝着更高效的方向发展。

4. 智能合约

区块链在成功应用于去中心化数字货币等领域后，支持各类智能合约的设计使得区块链技术在其他领域得到了更广泛的应用。智能合约是一种使用区块链来实现各方之间协议的方法，通过加密算法和其他安全机制，允许在没有第三方的情况下执行可信交易。这些交易是可追踪和不可逆转的，因此智能合约提供了比传统合约更高安全性，并降低了与合同相关的其他交易成本。

智能合约本质上是在区块链的特定地址上记录的预定义指令和数据的集合。合约操作的结果通过矿工的共识打包进区块中，保证了整个网络同步更新数据。通过智能合约定义的公共函数或应用程序二进制接口（ABI），用户可以在给定预定义的业务逻辑或合同协议的情况下与它们进行交互。智能合约将操作逻辑封装为字节码，并通过分布式矿工执行图灵完整计算，使用户能够将更复杂的业务模型转化为区块链网络上的新类型的交易，从而提供可扩展的解决方案，允许物联网设备在区块链网络上完成更灵活、更细粒度、更复杂的业务。

5. 区块链升级与维护

物联网网络的构建需要部署大量设备。这些设备嵌入了某些固件，这些固件通常会更新以纠正错误、防止攻击或改进某些功能。传统上，物联网设备必须手动更新或通过无线（OTA）更新。这些更新可以通过使用区块链来执行，这使得物联网设备能够安全地传播新的固件版本。

10.3.2 物联网安全性的区块链解决方案

区块链技术在物联网中的应用旨在解决数据完整性、身份验证和访问控制、数据隐私保护，以增强物联网环境中的安全性。

1. 数据完整性

物联网系统中的另一个安全问题是未经授权对系统资源和敏感信息的访问。传统的对外部实体的身份验证和访问控制管理是基于中心化的方式，该中心根据访问策略生成适当的密钥。然而，当物联网系统中的设备数量呈爆炸性增长时，采用中心化的方法可能成为系统的瓶颈。此外，物联网系统的动态特性也导致了复杂的信任管理，这可能会牺牲系统的可扩展性。

图 10-10 展示了去中心化系统中数据完整性的潜在解决方案。具体而言，它采用了以太坊和智能合约。为了保护数据机密性，物联网设备收集的数据在外部化之前应进行加密。在 P2P 系统中，需要通过生成空间证明来提交他们拥有的空间，以证明他们的声明并进行存款。这是在节点注册到系统中生成交易 Tregist 时实现的；矿工验证交易通过检查空间证明中的验证方程并链接区块链中的有效交易；物联网用户将交易存储在 P2P 网络中，并索取要求和涉及的费用；矿工将需求与交易中的服务进行匹配，并向用户提供存储。当物联网用户需要检查外部化数据的完整性时，会生成一个新的交易 Tchal。之后，存储数据的矿工计算出一个证明并将其放在区块链上，由用户验证。如果证明未通过验证，则将在交易 Tregist 中的存款作为对托管数据的矿工的惩罚奖励给用户。如果矿工想要撤销存储空间，他需要生成一个交易 Tcancel 并撤回 Tregist 交易中的存款。

2. 身份验证和访问控制

以太坊可以为物联网中的智能设备、服务和数据提供身份验证和访问控制，从而消除了对中心化方的依赖，并相比于传统的访问控制模型（如基于角色的访问控制、基于上下文的访问控制和基于能力的访问控制）更具效率。用户可以在智能合约中预定义访问策略，并生成几种类型的交易，比如 Tpolicy、Taccess 和 Tquery。交易 Tpolicy 包括预定义的访问策略，Taccess 用于访问管理，Tquery 用于访问查询。

当新实体首次注册到物联网系统时，一个新生成的公钥以及相应的访问权限被确定，并放入区块链上的一个交易 Taccess 中；随后，当该实体需要访问物联网系统时，通过构建和签署一个交易 Tquery 生成查询。该交易将通过它的公钥进行验证，并获得授权。

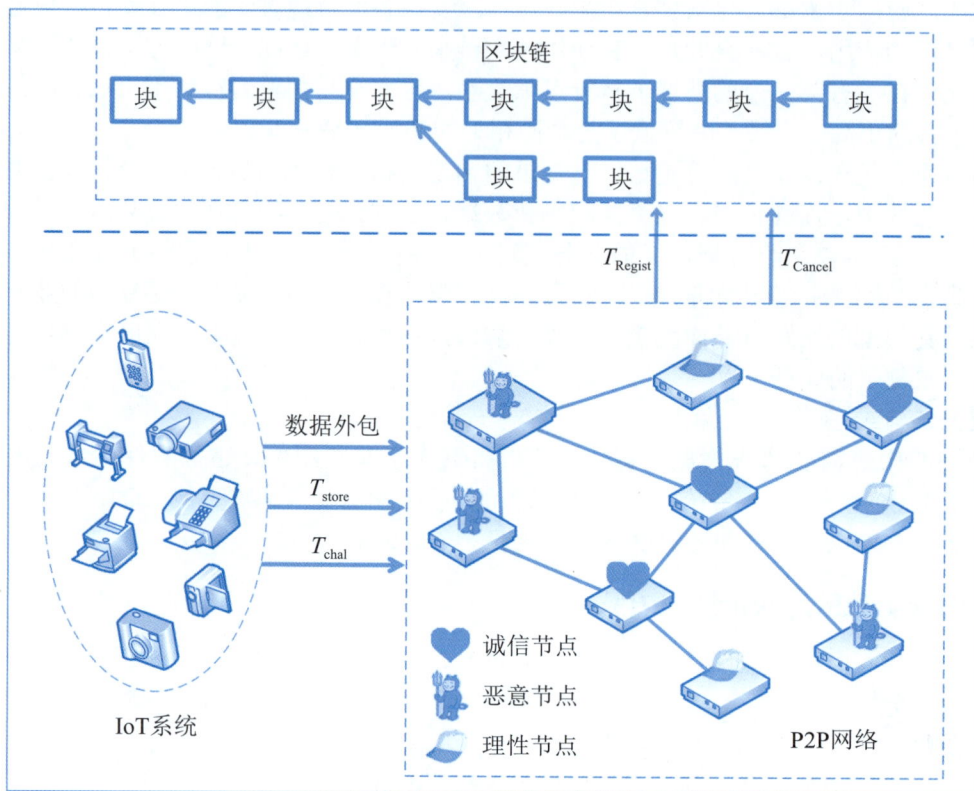

图 10-10　去中心化系统中的数据完整性框架

在以太坊基础上，Zhang Y 等提出了一种智能合约定义的访问控制方法，通过检查对象的行为来实现基于预定义策略的静态或动态访问权限验证。该访问控制框架包括多个访问控制合约（ACC）、一个裁决合约（JC）和一个注册合约（RC）。ACC 为每对主体—客体提供一种访问控制方法，通过检测主体的行为来实现基于预定义策略的静态或动态访问权限验证。JC 实现了一个非法行为的判断算法，通过接收 ACC 的行为报告来辅助 ACC 进行动态验证并惩罚非法行为。RC 注册登记访问控制以及非法行为判断方法的信息，并提供管理这些方法的接口。该访问控制系统的实现证明了利用区块链智能合约实现分布式物联网设备访问控制的可行性。

S.Huh 等基于以太坊区块链开发了一个物联网设备管理系统。该系统将密码公钥存储在区块链上，而将私钥保存在各个设备上，通过智能合约轻松管理物联网设备的配置并构建密钥管理系统。智能合约的应用使得物联网设备的管理达到了更细的粒度。通过智能合约，区块链能够灵活地实现物联网应用功能，因此智能合约已成为区块链技术在各个领域落地的关键点。除了访问控制和设备管理等方面，当前区块链物联网中的供应链产品溯源、传感器质量控制、分布式智能电网等应用都依赖于智能合约来实现，可见智能合约在物联网中的应用场景仍有待进一步开发。同时，智能合约代码审计和代码安全等问题在物联网环境下也将成为重要的研究方向。

3. 数据隐私保护

物联网系统通过各类智能设备和传感器收集数据，并根据定制需求做出综合决策。然而，在复杂的物联网系统中，隐私问题很容易受到多种方式的侵犯，包括数据采集、原始数据处理以及数据处理等环节。滥用从物联网设备中产生的数据可能导致用户隐私的侵犯。例如，物联网设备可能泄露设备所有者的爱好和偏好，将这些信息暴露给攻击者。有报道称，一些智能玩具如芭比和 CogniToys Dino，为了提升玩具的智能性，会收集儿童的个人信息（如姓名、年龄等），并在家长不知情的情况下记录儿童的声音，引发了隐私问题。

因此，在物联网系统中，隐私保护显得尤为重要，包括对数据隐私和实体隐私的保护。这不仅是一项重大挑战，也需要在系统设计和实施中采取有效的措施来确保用户隐私得到妥善保护。如今，物联网已经深入人们的日常生活，物联网设备遍布城市各个角落。众多传感器和通信设备承载的海量数据引发了人们对隐私安全的关切，尤其是在区块链系统中，交易数据公开透明地存储在链上，虽然地址与用户真实身份匿名对应，但仍带来了安全隐患。在涉及敏感数据的应用中，如何确保数据隐私安全成为区块链物联网亟需研究的重要问题。

为了保护物联网系统中的隐私，通常涉及联盟和私有区块链。对于物联网中的实体隐私，区块链使用假名（如公钥）来实现匿名。但是，这在一些实际应用中还不够强大。几种密码学技术可以组合起来实现完全匿名。可链接环签名非常适合签署可以在自发环中隐藏发送者身份的交易；同态承诺可以隐藏计费交易中的货币数量；零知识证明和零知识论证是将交易中的任何信息转换为随机信息的完美工具，以限制任何第三方获取哪怕是一点点的信息；当提到物联网系统中的数据隐私时，为了提高效率，使用对称加密，例如 AES 加密。

FairAccess 是一种用区块链保障物联网数据隐私安全的方法，通过分布式账本的一致性解决了物联网中集中式和分布式访问控制的问题，开创了区块链在物联网访问控制领域的新局面。另一方面，ControlChain 是一种基于区块链的访问控制架构，不仅能够保护物联网的隐私安全，还与物联网中的各种访问控制模型兼容。一种区块链连接网关的设计被提出，可以自适应地保护用户隐私安全。在该设计中，区块链充当用户和物联网设备之间的中介，用户通过网关访问设备，而不是直接访问，从而防止数据泄露。此外，区块链网关存储用户对于物联网设备的隐私偏好，可用于解决用户与物联网服务提供者之间的隐私争议。

尽管在区块链架构下数据通过高级加密标准等方案加密，但在矿工验证出块的过程中，密钥与数据会共享，因此区块链物联网的数据隐私性依然存在问题。为解决这一问题，基于属性加密算法的隐私保护区块链物联网架构被提出，该架构应用了属性加密技术以重构区块链协议，为物联网生态系统提供了端到端的隐私保护方案。然而，基于加密算法的隐私安全优化可能为物联网设备带来更多的计算开销，需要在实际应用场景中进行权衡利弊。

10.3.3　总结与展望

数字化推动的互联网世界迅猛发展，使得万物互联的理念逐渐成为现实。随着物联网设备数量的爆炸式增长以及区块链技术的不断进步，物联网与区块链的结合成为备受关注的研究问题。在物联网生态下，区块链为提供一个分布式去中心化信任平台而被广泛研究。

区块链运用密码学、哈希链、时间戳、共识算法等技术解决了物联网领域旧有的安全、隐私、信任等问题，为物联网数据赋予了去中心化、可追溯、不可篡改等新特性。这使得区块链物联网在智能家居、智慧城市、可穿戴医疗设备、物流保障、传感器数据安全等众多领域都具备广泛的应用前景。区块链作为解决物联网安全问题的一种有效手段，其研究和应用将进一步推动物联网技术的普及和发展。

10.4 物联网、人工智能、区块链融合的城市大脑应用

10.4.1 城市大脑的总体架构

城市大脑的架构基于物联网设备的广泛部署，这些设备收集各类城市数据，如交通流量和天气信息。例如，在交通流监测中，摄像头和运动传感器被安装在重要交通节点，实时收集道路状况数据，能够监测车辆流量、速度，并识别不同类型的交通工具。同时，环境监测传感器被部署在城市多个区域，监测空气质量、温度、湿度等环境因素。

数据通过多种通信技术传输至中央数据处理中心，这些技术保证数据传输的高效性和安全性。数据一旦整合和存储，人工智能技术便被用于深入分析，例如数据清洗、预处理，趋势分析和模式识别。人工智能在交通管理优化和环境管理策略中的应用显著，如调整交通信号灯时序和制定空气质量改善计划。

在处理复杂数据时，人工智能的逻辑计算能力至关重要。它能从结构化和非结构化数据中提取信息，识别模式，进行预测分析，为决策者提供决策方案生成、风险评估与管理等支持。

1. 识别处理组件与逻辑计算

城市中部署的各类传感器网络是物联网技术的基石。这些设备被安置在关键的城市节点，如交通路口、公共区域和城市基础设施周围，负责监测从交通流到环境参数的多种数据。例如，在交通流监测方面，摄像头和运动传感器能实时捕捉道路上的交通状况，包括车辆流量、速度和交通工具类型。同时，环境传感器被部署于城市各处，以监测空气质量、温度、湿度等关键环境指标，为环境保护提供实时数据支持。收集到的数据通过先进的无线通信技术，如 Wi-Fi、4G/5G 网络和 LPWAN，安全高效地传输到中央数据处理中心。在这里，来自城市各个角落的数据被集成并存储，为进一步的分析和应用奠定基础。这个过程确保了数据的完整性和准确性，同时也为数据的进一步处理提供了便利。

通过这样一个高度集成和自动化的系统，城市大脑可以实时监控和响应城市的各种需求和挑战，从而提高城市管理的效率和质量。物联网设备的广泛部署为城市提供了前所未有的数据收集能力，而人工智能的应用则使得从这些庞大数据集中提取有价值信息成为可能。例如，人工智能可以通过分析交通数据来优化交通流量，或者通过监测环境数据来提早预警潜在的环境问题。

一旦通过物联网设备收集的城市数据传输到中心数据库，人工智能就开始发挥其能力，处理和分析这些数据。这个过程不仅包括数据清洗和预处理，以确保数据的准确性和可用性，还涵盖了趋势分析和模式识别。人工智能通过应用复杂的机器学习算法，能够从海量的城市数据中提取关键信息和深刻洞察。

例如，在交通流量分析中，人工智能不仅能够识别高峰时段和拥堵路线，还能预测未来的交通趋势，为交通管理提供决策支持。在环境监测方面，人工智能能够分析空气质量和气候数据，帮助城市规划者制定应对策略和改善计划。人工智能的逻辑计算能力使其能够处理来自不同来源的复杂数据，包括结构化和非结构化数据。AI 在数据解析、模式识别、预测分析等方面的能力，为城市管理提供了全面的决策支持。它不仅能够生成多种决策方案，考虑潜在的风险和收益，还能够在需要快速响应的情况下提供实时决策建议，如应对突发公共卫生事件。

这种由物联网设备、数据传输技术和人工智能组成的集成系统，构成了城市大脑的基础架构，它不仅改善了城市运营效率，还提升了居民的生活质量，并为实现可持续城市发展提供了强有力的技术支持。人工智能在数据处理、分析、预测和决策支持方面的综合应用，极大地提高了城市管理的效率和效果，它在交通管理、环境保护、公共安全、长期城市规划等多个方面的应用，正在推动城市向更智能、

更高效的方向发展。随着技术的进步和应用的深入，人工智能在城市大脑中的作用将更加显著，为智能城市的建设提供坚实的技术支撑。

2. 知识图谱

知识图谱作为一种创新的技术工具，不仅是对数据的简单集合，而是一种高度组织和结构化的信息网络，能够将大量复杂的数据转化为易于理解和操作的知识。构建知识图谱的过程开始于从各种来源收集和整合数据。这些数据来源可能包括数据库、API、文本文档等。重点在于保证数据的质量和相关性，以确保图谱的准确性和实用性。接着，关键任务是识别和分类数据中的实体，如人物、地点、组织、事件等，并且映射这些实体之间的复杂关系。这些关系的识别和理解是构建有效知识图谱的核心。

知识图谱的应用领域广泛，从洞察发现到决策支持，都展现出其独特的价值。它使得从复杂数据中提取有用信息变得更加简单和直观。在市场分析、城市规划、环境监测等方面，知识图谱都能提供深入的洞察和有力的决策支持。通过简化复杂查询，它还能增强不同数据源之间的互操作性，这对于跨部门和跨领域的数据集成至关重要。在交通管理方面，它可以链接道路网络、交通流量和公共交通数据，为减少交通拥堵提供分析支持。在环境监测方面，它能够将环境数据与地理信息和公共政策相结合，帮助制定有效的环境保护策略。此外，在优化公共服务方面，知识图谱也能够整合人口统计数据和城市资源分布，提升服务效率和质量。

3. 时空构建在智能城市中的应用

时空构建这一概念集中于通过物联网和区块链技术的结合，对城市数据进行深入的时间和空间维度分析。物联网技术通过在城市各个角落部署传感器和监控摄像头，实时收集关于交通流量、环境质量、公共安全等方面的高精度数据。这些数据的收集、存储和处理，不仅依赖于高效的网络通信技术，还涉及数据的安全性和不可篡改性，这正是区块链技术发挥作用的地方。

时空构建允许城市规划者和管理者深入理解城市的动态变化。例如，在交通管理方面，时空数据帮助分析日常交通流量的变化趋势，预测高峰时段，并据此优化交通信号灯控制，减少交通拥堵。在环境监测方面，通过分析空气和水质数据，可以及时识别污染源并采取相应的应对措施。同时，时空数据的分析还支持城市的长期规划，如基础设施建设、公共设施布局和城市绿化。

此外，时空构建还能够帮助研究城市的社会经济模式，比如通过分析人口迁移趋势和经济活动的空间分布，可以为城市的经济发展和社会服务提供有力的数据支持。在这个过程中，物联网技术提供了丰富的实时数据，而区块链技术则保证了这些数据的安全性和透明性，共同推动了智能城市的高效和可持续发展。

10.4.2　城市大脑的发展现状

在智能城市的发展进程中，"城市大脑"项目代表了一种创新的趋势。以阿里巴巴的"城市大脑"为例，这个先进的城市管理系统融合了云计算、大数据和人工智能技术，目的是提高城市运营的效率和智能化水平。该项目最初在杭州开始实施，并逐渐扩展到其他城市，它整合了各种城市信息源，如交通信号、视频监控和环境传感器数据，实现了对城市关键功能的实时监控和管理。在交通管理方面尤为显著，通过优化交通灯控制和车流导向，显著降低了交通拥堵。除此之外，这一系统还具备紧急事件响应功能，能够及时发现并处理诸如交通事故等紧急情况。

这一系统的主要优势在于其能够提供实时的数据分析和决策支持，极大提高了城市管理的效率和灵活性。例如，在交通管理领域，它可以实时分析道路状况，并自动调整交通信号，从而有效减少交通拥堵。同时，该系统还通过实时监控提高了城市的安全水平，帮助预防和快速响应各类紧急情况。这些功能得益于其先进的数据处理技术和机器学习算法，使得"城市大脑"能够高效处理和分析海量数据，从而提取出有价值的信息。

然而，尽管"城市大脑"在提高城市运营效率方面取得了显著的成果，它面临着一系列挑战。首先，涉及大量个人和敏感信息的收集与处理引发了公众对数据隐私和安全的关注；其次，技术的实施复杂性要求持续的高水平技术支持和维护，这对资源和投资提出了较高的要求；最后，系统的可持续发展也面临挑战，需要持续的财政和技术投资以保证其长期有效运行。

10.4.3 城市大脑典型应用场景

城市大脑的应用场景广泛，涵盖了交通管理、环境监控、公共安全和城市规划等多个方面。

（1）在交通管理方面，城市大脑通过实时监控和分析道路交通状况，有效优化交通流量并减少拥堵。例如，在某个交通繁忙的城市，城市大脑利用高级算法分析交通流模式，识别出拥堵热点，实时调整信号灯周期，优化车辆和行人的通行效率。此外，系统还能够基于预测分析提前发现潜在的交通问题，提出解决方案如道路改造或增设公共交通服务。

（2）在环境监控方面，城市大脑通过城市各处分布的传感器实时监测空气质量、水资源状况等环境指标。例如，在某个城市发生的一起突发工业污染事件中，城市大脑能够快速响应，监测到污染物的扩散并及时通知相关部门采取行动，有效地控制了污染的影响。这些信息有助于及时发现和应对环境问题，同时也支持长期的环境规划和资源管理。

（3）在公共安全方面，城市大脑结合城市监控摄像头的数据和历史犯罪报告，可以预测犯罪高发区域和时间，为公安机关提供有效的决策支持。在紧急情况，如自然灾害或公共安全事件中，系统能够协调不同部门和资源，快速响应，减少损失和影响。例如，在一次城市火灾事件中，城市大脑迅速识别出火灾发生的位置，协调紧急服务，有效地控制了火灾的蔓延。

（4）在城市规划方面，城市大脑通过分析人口流动、商业活动分布、基础设施使用情况等数据，为城市规划提供了科学的数据支持。这些数据使规划者能够更好地理解城市的发展需求和居民的生活习惯，制定出更加合理有效的城市发展规划。例如，在一次城市绿化规划中，城市大脑分析了城市中的绿地分布、人口密度和居民活动模式，提出了一套有效的城市绿化方案，既满足了居民的需求，又促进了城市的可持续发展。

城市大脑能够提供实时的洞察和预测，帮助决策者更有效地应对城市挑战，提高城市运行的效率和质量。这些应用不仅增强了城市的智能化管理能力，也为提升居民的生活质量和推动可持续发展提供了重要支持。未来，随着技术的进步和数据分析方法的完善，城市大脑将在更多领域发挥其重要作用，成为智能城市不可或缺的核心部分。

10.4.4 问题与挑战

城市大脑的发展和实施过程中面临着多项挑战，这些挑战不仅涉及技术层面，还包括法律、伦理和社会层面的考虑。为确保城市大脑的成功实施和可持续发展，以下几个方面的问题需要特别关注。

（1）数据隐私和安全问题是城市大脑项目中最关键的挑战之一。由于系统依赖于大量的数据收集和分析，包括众多个人和敏感信息，因此确保这些数据的安全性和保护用户隐私成为了重中之重。采取严格的数据加密技术、设置精细的权限控制和符合国际数据保护法规的操作流程，是保障数据安全和隐私的关键措施。

（2）技术集成方面的挑战不容小觑。城市大脑涉及将物联网、人工智能、区块链等多种技术有效结合，要求克服技术间的兼容性问题，并管理系统的复杂性。为此，需要开发新的技术接口和协议，以确保不同系统和设备之间的顺畅协作。同时，随着技术的不断进步，系统也需要持续更新和优化，以维持其先进性和高效性。

（3）可持续性和伦理问题也是城市大脑项目需要重点关注的领域。项目的实施应考虑到对环境的影响，力求实现绿色可持续的技术发展。在伦理方面，尤其是当涉及人工智能在决策过程中的应用时，必须确保决策的公正性和透明性，避免偏见和歧视。解决这些问题不仅是技术发展的要求，也是对社会责任的重要体现。

10.5　本章小结

本章深入探讨了物联网技术及其在人工智能与区块链领域的融合应用，揭示了这些技术如何共同推动信息技术的革命，并为现代城市治理、智能物流、环境安全等多个领域带来创新的解决方案。物联网技术的核心在于其能够实现物品的智能化识别和管理，通过信息传感设备与互联网的链接，构建起一个无所不在的网络和计算环境。随着技术的不断发展，物联网终端设备的普及、数据处理的实时性与隐私性要求、深度学习等人工智能技术的兴起、物联网终端计算能力的提升以及边缘计算和边缘智能的兴起，都成为了推动物联网技术发展的重要趋势。

在人工智能的助力下，物联网技术的应用场景得到了极大的扩展。从智能物流的高效流转、环境安全领域的实时监测，到智能医疗的精准服务、智能家居的便捷生活，再到智能安防的全面监控，物联网技术正在逐步改变我们的生活和工作方式。同时，人工智能的加入使得物联网系统能够更加智能化地处理和分析数据，提供更加精准的决策支持。

区块链技术的引入则为物联网提供了一个新的信任平台，通过其分布式、不可篡改的特性，解决了物联网中的数据完整性、身份验证、访问控制和数据隐私保护等问题。这使得物联网系统在处理大量设备和数据时，能够保持高度的安全性和可靠性。

城市大脑作为物联网、人工智能和区块链融合的典范，展示了智能城市的未来发展方向。它通过广泛部署的物联网设备收集城市数据，利用人工智能技术进行深入分析，优化城市管理和服务。城市大脑的应用场景广泛，从交通管理到环境监控，从公共安全到城市规划，都体现了智能技术在提升城市运行效率和居民生活质量方面的巨大潜力。

然而，随着技术的发展，数据隐私、安全和伦理问题也日益凸显。城市大脑项目中涉及的大量个人和敏感信息的收集与处理，引发了公众对数据隐私和安全的关注。技术的实施复杂性要求持续的高水平技术支持和维护，这对资源和投资提出了较高的要求。同时，系统的可持续发展也面临挑战，需要持续的财政和技术投资以保证其长期有效运行。因此，我们需要在享受技术便利的同时，不断探索和解决这些挑战，确保技术的健康发展和应用。

综上所述，本章不仅展示了物联网技术在人工智能与区块链领域的应用前景，也强调了在技术发展过程中需要关注的问题和挑战。随着技术的不断进步，我们可以预见，物联网、人工智能与区块链的融合将为未来的智能城市带来更多的可能性，同时也需要我们共同努力，以确保技术的可持续发展和社会责任的履行。

10.6　拓展阅读

在深入研究本章物联网、人工智能与区块链技术及其在智能城市中应用相关内容后，读者可以探索以下几个研究方向和拓展思考方向，以进一步深化对这些技术如何塑造未来城市的理解。

首先，可以考虑物联网技术在不同城市环境中的应用，以及它们如何帮助解决特定的城市问题。例如，研究物联网设备如何在高密度城市地区改善交通流量管理，或者如何在偏远地区提供更好的环境监测；同时，思考这些技术在实施过程中可能遇到的挑战，如技术成本、数据隐私和安全问题，以及如何克服这些挑战。

其次，探讨人工智能在智能城市中的作用，尤其是它如何提升城市服务的效率和居民的生活质量。研究人工智能在交通管理、公共安全和资源分配中的应用；同时考虑这些技术可能带来的伦理和隐私问题，以及如何平衡技术进步与个人权利的保护。

再次，区块链技术在物联网中的应用也是一个值得深入研究的领域。研究区块链如何提高物联网设备的数据安全性和完整性，特别是在供应链管理和智能合约中的应用。探讨区块链如何解决物联网中的关键问题，如设备身份验证和数据篡改，以及在实际应用中可能遇到的挑战和限制。进一步，思考智能城市技术如何改变城市设计和规划的未来趋势，随着自动驾驶汽车、智能电网和环境监测系统的普及，分析这些技术如何影响城市居民的日常生活和城市的可持续发展。同时，考虑这些技术发展可能带来的新的社会挑战，例如数字鸿沟问题，以及如何确保技术的公平性和包容性。

最后，从跨学科的视角分析智能城市技术对社会结构、经济发展和环境可持续性的影响。研究智能城市技术如何帮助实现联合国可持续发展目标，同时注意在推动这些目标的过程中可能出现的潜在副作用。

通过这些研究方向和思考方向，读者不仅能够更全面地理解物联网、人工智能和区块链技术在智能城市中的应用，还能够深入探讨这些技术如何塑造我们的未来，以及我们在享受技术便利的同时需要面对和解决的挑战。

10.7　本章习题

（1）结合实际案例，描述物联网在智能物流、环境安全、智能医疗中的应用场景及其带来的优势。

（2）区块链在物联网中的应用有哪些优势？

（3）解释区块链的分布式网络如何提高物联网的安全性和隐私保护？

（4）物联网与区块链的融合面临哪些技术挑战？请分析至少两种挑战，如数据加密和共识机制。

第 11 章
数据交易平台中的人工智能与区块链应用

在前面章节中，我们已经介绍过人工智能与区块链的基本概念和原理。本章将介绍人工智能与区块链在数据交易平台中的应用。具体来说，首先，介绍数据交易平台的基本情况、核心概念和关键技术；随后，从人工智能与区块链角度出发阐述二者在数据交易平台中的应用，并讨论了人工智能与区块链如何保障数据交易平台的安全和隐私；接着，提供了数据交易平台架构设计的实战例子，包括设计思路、模式变革、功能架构、业务架构、技术架构、数据架构和安全架构；最后，对中国首家数据流通交易场所——贵阳大数据交易所进行案例研究和学习，从人工智能与区块链角度介绍了相关技术在贵阳大数据交易所的实际应用，并总结和展望了数据交易平台中的人工智能与区块链应用。

11.1 数据交易平台的演变与现状

11.1.1 数据交易平台的兴起

随着全球进入数字经济时代，数据已成为现代经济增长的核心动力之一，被广泛称为"新的石油"。随着物联网、智能设备和云计算的普及，数据的生成量呈指数级增长，涵盖了从个人行为数据到企业运营数据的方方面面。无论是精准广告投放、智能制造，还是个性化医疗，数据已经成为企业优化运营、提升效率、挖掘市场机会的关键资源。

然而，尽管数据具有巨大的潜在价值，大量的数据资源往往处于"孤岛"状态，无法得到有效共享与利用。企业、机构、政府等不同数据持有方之间，缺乏合法、有效的数据交易机制，导致数据价值难以充分释放。为了打破数据孤岛，推动数据流通，数据交易平台应运而生，成为连接数据供给方与需求方的桥梁，帮助各方安全、合法、透明地进行数据交易。

数据交易平台是为数据买卖双方提供数据资源交易的中介平台，旨在促进数据流通、保障数据交易安全，并为数据提供标准化的确权、定价、合约和支付机制。平台的核心功能主要包括：

（1）数据确权，通过技术手段和法律框架，明确数据的所有权，并确保数据在交易中的合法性；

（2）数据定价，为数据提供合理的市场定价机制，通常基于数据的质量、价值、使用场景和市场需求进行评估；

（3）数据交易撮合，数据交易平台提供交易撮合服务，帮助数据供需双方高效达成交易；

（4）隐私和安全保障，通过技术手段（如区块链、智能合约、差分隐私等），保障数据交易过程中的隐私和安全。

数据交易平台的发展，随着数据经济的兴起而逐渐兴起。在数据经济时代，数据被视为一种基础性战略资源和革命性关键要素，其流通的效率直接决定了大数据产业的发展速度和质量。因此，如何构建高效的数据要素流转机制，如何实现数据资产的科学客观估值定价，如何建设安全可控的数据交易平台，成为了摆在人们面前的重要课题。回顾数据交易平台的发展历程，大致可以分为三个阶段：

（1）在萌芽增长期，数据交易平台如雨后春笋般涌现，但由于缺乏成熟的商业模式和监管机制，市场呈现野蛮生长的状态；

（2）随着市场热度的逐渐冷却，数据交易平台进入发展停滞期，部分平台因经营不善发展停滞不前；

（3）直到近年来，随着国家政策的支持和市场需求的增长，特别是中共中央、国务院正式发布《关于构建更加完善的要素市场化配置体制机制的意见》和《关于构建数据基础制度更好发挥数据要素作用的意见》，将数据与土地、资本、劳动力并列为关键生产要素，并提出加快培育数据要素市场的愿景，使数据交易平台再次焕发生机。

随着对数据流通需求的增长，世界各国和地区开始涌现出专门的数据交易平台。2015 年，中国贵阳市成立了全球首个大数据交易平台——贵阳大数据交易所。该平台的设立标志着数据交易进入了一个全新的阶段。贵阳大数据交易所不仅提供数据交易服务，还致力于制定数据交易的行业标准和技术规范，帮助解决数据确权、定价等关键问题。表 11-1 和表 11-2 分别列出了目前国内主要的数据交易平台，包括政府参与型和企业主导型。

表 11-1　政府参与型数据交易平台基本情况概览

平台名称	区域	业务模式	服务领域	产品特点
贵阳大数据交易所	贵州省（西南）	混合数据交易平台	工业农业、生态环境、交通运输、科技创新、教育文化、智慧城市、社会保障、生活服务等	提供激光雷达等探测数据服务
数据宝	贵州省（西南）	混合数据交易平台	公安、金融、交通、车辆、高速、企业、气象等	国有大数据的整合处理与加工
北京国际大数据交易所	北京市（华北）	混合数据交易平台	工商、司法、行政、金融、电信、制造、能源、医药、交通、房地产、环境、气象、新能源、航空航天、新闻媒体等	涵盖科研数据及影像音乐等社会数据
上海数据交易所	上海市（华东）	第三方数据交易平台	经济、交通、运营商、工业等	研制 xID 技术体系，提供数字资产交易
深圳数据交易所	广东省（华南）	混合数据交易平台	银行、互联网、零售、智慧城市、医疗、工业制造、物流、企业管理等	重点探索开展跨境数据交易
浙江大数据交易中心	浙江省（华东）	混合数据交易平台	金融科技、电商消费、城市治理、医疗卫生、工业制造、交通物流、企业服务、公共服务等	建设数据国际交易专区，提供海外广告服务等
江苏大数据交易中心	江苏省（华东）	混合数据交易平台	智慧交通、金融科技、数字政务、智慧医疗、智能制造、教育科技、消费互联网等	首个交通大数据特色专区，人工智能模型自动化建模平台
钱塘大数据交易中心	浙江省（华东）	第三方数据交易平台	化纤等工业数据	擅长工业大数据服务
中原大数据交易平台	河南省（华中）	第三方数据交易平台	电商、企业、生活服务、资源能化、交通地理、金融服务、医疗等	工业、能源数据服务
青岛大数据交易中心	山东省（华北）	混合数据交易平台	教育、卫生保障和社会福利、制造业、农林牧渔业、物联网、电子商务等	重点赋能航运、房产等领域
哈尔滨数据交易平台	黑龙江（东北）	混合数据交易平台	政府、经济、医疗、交通等	无
西咸新区大数据交易所	陕西省（西北）	混合数据交易平台	政府、经济、人文、交通等	无

表 11-2 企业主导型数据交易平台基本情况概览

平台名称	地区	业务模式	服务领域	产品特点
数据堂	北京市（华北）	混合数据交易平台	智能驾驶、游戏娱乐、智能客服、智能家居、新零售等	自有版权 800 TB 图像数据，20 万小时音频数据，约 20 亿条文本数据
数粮大数据交易平台	北京市（华北）	第三方数据交易平台	经济 / 金融 / 贸易、农业 / 工业、工程 / 能源 / 地产、通信 / 社交、科教等	主要为数据包的商品服务
京东万象大数据开放平台	北京市（华北）	混合数据交易平台	金融、公共、生活、企业、政务	提供多方数据计算模型及各类通用服务 API
聚合数据资产服务 API 平台	江苏省（华东）	混合数据交易平台	生活服务、金融科技、交通地理、企业工商、充值缴费、数据智能、企业管理等	主要提供 API，可提供 API 全生命周期治理服务
发源地大数据交易平台	上海市（华东）	第三方数据交易平台	社交、金融、电商、汽车、人才、房产、医疗、企业、旅游、科研、咨询、阅读等	众包 UGC 模式采集 / 接入数据源
天元数据	江苏省（华东）	混合数据交易平台	线上零售、生活服务、企业数据、农业、资源能化等十大类	整合济南市政府开放数据，提供网络商品零售数据报告
淘数据（大型互联网企业派生）	浙江省（华东）	混合数据交易平台	行业数据、爆款分析、热词推荐、产品里程碑等	为淘宝卖家提供数据查询、分析等
iData API	广东省（华南）	混合数据交易平台	社交团购、酒店数据、餐饮数据等	数据产品允许历史数据回溯
阿凡达数据	湖北省（华中）	第三方数据交易平台	金融股票、充值认证、便民类、新闻文章、医药交通、科教文艺等	主要关于网络热词
SHOW API	云南省（西南）	混合数据交易平台	金融商业、企业管理、数字营销、交通地理、生活服务、虚拟充值、人工智能等	主要为 API 业务
中关村数海大数据交易平台	北京市（华北）	第三方数据交易平台	经济、教育、环境、医疗、交通等	全国首个大数据交易平台
东湖大数据交易中心	湖北省（华中）	混合数据交易平台	车辆服务、气象服务、通信服务、个人信用、企业信用	政务数据资产运营的开拓者，主要提供车辆类、气象类、企业类数据服务

与此同时，美国、欧洲等国家和地区也涌现出多个数据交易平台，包括综合性数据交易中心和细分行业数据交易中心两个大类。其中典型的综合性数据交易中心有 BDEX、Ifochimps、Mashape 等，而细分行业数据交易中心包括以位置数据为代表的 Factual、以金融数据为代表的 Quandl、以工业数据为代表的 GE Predix、以个人数据为代表的 DataCoup 等，如表 11-3 所示。这些平台通过构建标准化的交易流程，极大提升了数据的流通效率和市场透明度。

表 11-3 国际数据交易平台列表

序号	类型	细分领域	交易中心名称
1	综合性数据交易中心		BDEX
2			Ifochimps
3			Mashape
4			RapidAPI

序　号	类　　型	细　分　领　域	交易中心名称
5	细分行业数据交易中心	位置数据	Factual
6		金融数据	Quandl
7			Qlik Data market
8		工业数据	GE Predix
9			德国弗劳恩霍夫协会工业数据空间 IDS
10		个人数据	DataCoup
11			Personal

未来，随着人工智能等新兴技术的不断发展，数据交易平台将朝着更加智能化、去中心化的方向发展。以区块链技术为基础的去中心化数据交易模式，将进一步降低数据交易的成本和风险，增强数据交易的安全性和隐私保护。此外，结合人工智能技术的数据定价模型将帮助平台实现更加精准的市场匹配，进一步提升数据交易的效率和价值挖掘。在全球范围内，数据交易平台的发展势必成为推动数据要素市场化的重要引擎。随着各国政府对数据流通和隐私保护的政策不断完善，数据交易平台将在全球数字经济中扮演越来越重要的角色。

11.1.2　数据交易平台面临的挑战

尽管数据交易平台在推动数据流通、挖掘数据价值方面取得了显著进展，但现有平台在实际运行过程中依然面临着诸多挑战。这些挑战不仅限制了数据市场的进一步扩展，还影响了数据交易的效率和安全性。以下将详细探讨当前数据交易平台所面临的主要问题。

1. 数据确权问题

数据确权是当前数据交易中最基础且最具争议的问题之一。数据的所有权往往并不明确，尤其是在数据的生成、收集、加工、再利用等过程中，谁拥有数据的最终所有权仍然缺乏清晰的法律定义。目前，全球范围内对数据产权的归属问题尚未形成共识，缺乏明确的法律法规来规范数据产权的归属和交易。这使得数据交易中的确权变得异常复杂。

1）数据源复杂性

许多数据是在多个主体的协作过程中生成的，尤其是在物联网、智能城市等多方参与的数据场景下，数据的生成和流转涉及多方利益主体，确权困难。

2）衍生数据所有权

在数据交易中，购买方在对原始数据进行处理、分析后生成了新的衍生数据，关于这些衍生数据的所有权归属问题仍然没有清晰的法律框架。

这种确权不清的问题导致数据交易中的所有权争议时有发生，阻碍了数据交易的顺利进行。此外，数据确权问题也导致了数据提供方在交易过程中对数据的控制力不足，使得数据滥用、数据盗用等风险增加。

2. 数据隐私与安全问题

数据交易不可避免地涉及对数据的访问和使用，尤其是在医疗、金融等敏感行业，数据隐私与安全问题尤为突出。当前数据交易平台在隐私保护和数据安全方面主要面临以下挑战。

1）数据泄露风险

在数据交易的过程中，数据通常需要从提供方传输到需求方，在这一过程中，数据可能遭到未授权的访问或篡改。传统数据交易平台依赖中心化存储和传输方式，这使得数据在传输过程中容易受到攻击。

2）数据使用过程中的隐私问题

即便数据在交易中合法转移，需求方如何使用数据仍然难以监管。许多数据交易平台缺乏有效的追踪和监管机制，无法对数据使用进行持续监控，导致数据滥用和隐私泄露的风险增加。

尽管差分隐私、多方安全计算等技术在数据隐私保护方面有所突破，但这些技术仍未得到大规模应用和实践，尤其是在复杂、多方参与的数据交易场景中，如何有效保护数据隐私仍是一个待解决的难题。

3. 数据质量与可信度问题

数据质量与可信度是数据交易平台中另一个重要的挑战。在数据交易市场中，数据提供方通常会对数据进行包装和描述，但由于缺乏透明的验证机制，需求方往往难以判断数据的真实价值和质量。

1）数据描述的偏差

在数据交易平台上，数据的描述信息（如数据集的来源、质量、时间维度等）通常由数据提供方自行撰写，缺乏统一的质量评估标准。这导致需求方在交易前难以准确评估数据的实际价值和可靠性。

2）数据完整性和一致性问题

数据在生成和采集过程中，往往会出现不完整、不一致的问题，如数据丢失、格式不统一等。这种数据缺陷不仅影响了数据的使用效果，还可能对需求方造成严重的经济损失。

因此，如何为数据交易建立一个透明的质量评估体系，确保数据的真实性和可信度，成为了当前数据交易平台亟待解决的问题之一。

4. 数据定价机制的不完善

数据的定价问题也是数据交易中一个较为棘手的问题。数据的价值并不像传统商品那样容易衡量，其定价涉及多个复杂因素，如数据的质量、使用场景、历史交易记录、市场需求等。在当前的数据交易平台中，数据定价机制普遍存在以下问题。

1）数据价值难以量化

数据的使用价值通常依赖于其使用场景。例如，同一数据在金融市场和广告市场中的价值可能差异巨大，传统的定价模型很难灵活反映数据的多维价值。

2）缺乏动态定价机制

大多数数据交易平台仍依赖固定价格或人工定价，未能充分利用历史交易数据和市场动态进行智能定价。这不仅降低了交易效率，也可能导致数据买卖双方对价格产生分歧。

目前，人工智能和机器学习技术已经在数据定价模型中得到了初步应用，如利用历史交易数据预测未来的价格趋势，但仍然处于探索阶段。如何建立一个灵活、智能的定价模型，成为了数据交易平台提高交易效率和公平性的重要挑战。

5. 合规性与法律监管问题

数据交易涉及跨地区、跨行业的数据流通，这使得合规性和法律监管问题变得尤为复杂。不同国家和地区对于数据的隐私保护、数据流动有着不同的法律规定，尤其是在跨境数据交易中，如何确保数据的合规性成为了一个巨大的挑战。

1）跨国数据交易的法律限制

不同国家对数据跨境流动的法律要求不同，如欧盟的《通用数据保护条例》（General Data Protection Regulation，GDPR）对个人数据的跨境传输有严格限制，而其他国家和地区的监管政策可能更为宽松。数据交易平台需要确保符合各国的法律要求，防止交易过程中因法律合规性问题引发的争端。

2）数据所有权和使用权的法律不确定性

在许多国家，关于数据所有权和使用权的法律框架尚不完善，特别是衍生数据的所有权问题。这种法律框架的不确定性给数据交易中的合规性带来了额外的复杂性。

法律和合规性问题不仅给数据交易平台的运营带来了技术挑战，也对平台的运营模式和商业模式产生了深远的影响。因此，如何在全球范围内推动数据流通的法律框架和标准化进程，将是未来数据交易平台发展的关键。

6. 数据交易模式中的信任问题

信任问题贯穿于整个数据交易流程。买卖双方对于数据的质量、隐私、安全、价格等方面的认知不同，往往导致数据交易中的不信任感加剧。传统的数据交易平台由于依赖于中心化的中介机构来建立信任，但中介平台本身的透明性和公正性又受到质疑。此外，在中心化模式下，平台的权威性、透明度不足，数据买卖双方难以完全信任平台的操作，尤其是在价格、质量、合规性等方面。区块链技术虽然被认为是解决这一问题的有效手段，但在大规模商用环境下，区块链技术的应用仍面临许多挑战，特别是在扩展性和性能方面。

11.2 数据交易平台的核心概念和关键技术

11.2.1 数据分类与分级

数据交易平台的运作离不开有效的数据分类和数据分级机制。这两个环节在确保数据安全、优化数据流通效率和定价合理性等方面起着至关重要的作用。由于数据种类多样、来源复杂，传统的手工分类和分级方式在处理大规模数据时效率低下，且容易出现主观偏差。人工智能技术的引入为数据分类和分级提供了智能化、自动化的解决方案。

数据分类是指根据数据的特性、用途、来源等因素对数据进行科学的归类，这有助于不同领域的数据用户快速找到所需数据资源。常见的数据分类维度包括：结构化与非结构化数据、敏感数据与非敏感数据、实时数据与历史数据等。

数据分级则是根据数据的重要性、敏感性和隐私保护需求，将数据划分为不同等级。这不仅有助于优化数据安全管理，还能帮助交易平台制定相应的访问权限、交易规则和定价策略。分级一般分为以下几类。

1）公共数据

无须特殊权限即可共享，且无隐私或安全风险的数据，如气象数据、地理信息等。

2）敏感数据

涉及个人隐私或商业机密，可能引发法律合规性问题的数据，需严格控制其使用与共享，如医疗记录、金融交易数据等。

3）专有数据

属于特定组织或个人，涉及商业利益或竞争优势的数据，如企业运营数据、专利研发数据等。

通过数据的分类和分级，数据交易平台可以更有效地为用户提供个性化的服务，同时保证数据的安全性和隐私保护。

表 11-4 给出了数据定级规则的一个示例，可以看出，影响数据资源等级的因素主要有三个方面：影响对象、影响范围和影响程度。

（1）影响对象，划分为个人、组织、行业。

（2）影响范围，划分为个人利益、公共利益、社会秩序、国家安全。

（3）影响程度，一般指数据安全属性（完整性、机密性、重要程度）遭到破坏后带来的影响大小，划分为特别严重、严重、中等、轻微、无。

一般按照"确定影响对象—确定影响范围—确定影响程度"的步骤综合对数据定级。

表 11-4　数据定级规则表

影响对象	影响范围	影响程度	数 据 特 征	重要程度	数据级别
行业	国家安全	特别严重	数据仅针对特殊人员公开，且仅为必须知悉的对象访问或使用	极高	V
组织	国家安全	特别严重		极高	V
个人	国家安全	特别严重		极高	V
行业	社会秩序	严重	数据仅针对内部人员公开，且仅为必须知悉的对象访问或使用	高	IV
组织	社会秩序	严重		高	IV
个人	社会秩序	严重		高	IV
行业	社会秩序	中等、轻微	数据针对内部人员公开，且仅限内部人员访问或使用	较高	III
组织	社会秩序	中等、轻微		较高	III
个人	社会秩序	中等、轻微		较高	III
行业	公共利益	中等、轻微	数据针对内部人员公开，且仅限内部人员访问或使用	较高	III
组织	公共利益	中等、轻微		较高	III
个人	公共利益	中等、轻微		较高	III
行业	个人利益	轻微	数据有条件的公开，可被公众获知、使用	中	II
组织	个人利益	轻微		中	II
个人	个人利益	轻微		中	II
行业	个人利益	无	数据完全公开，可被公众获知、使用	低	I
组织	个人利益	无		低	I
个人	个人利益	无		低	I

11.2.2　数据资源共享与开放

1. 数据资源共享、开放和管控的要求

随着信息化时代的深入发展，数据资源已成为国家治理、社会运行和经济发展的重要基石。为了充分发挥数据资源的价值，我国自 2015 年起陆续出台了一系列关于政务数据共享开放的重要文件，如《政务信息资源共享管理暂行办法》和《政务信息系统整合共享实施方案》等，旨在建立一个规范、高效、安全的数据资源共享与开放体系，推动数据资源的合理利用和高效流通，为经济社会发展注入新的动力。

在数据资源共享方面，以"共享为原则、不共享为例外"的指导思想，将共享分为无条件共享、有条件共享和不予共享三个类别。

1）无条件共享

这类数据主要涵盖人口、法人单位、自然资源和空间地理、电子证照等基础信息，应无条件提供给所有公共管理和服务机构使用，确保基础数据的广泛共享和应用。

2）有条件共享

对于如健康保障、社会保障、食品药品安全等特定主题的信息资源，应在满足设定条件的前提下，提供给特定公共管理和服务机构共享利用。这些条件可能涉及数据使用目的、使用范围、数据安全保障措施等。

3）不予共享

对于涉及国家秘密、商业秘密、个人隐私或法律法规明确规定不得共享的数据，应严格遵循相关法律法规，不予提供给其他公共管理和服务机构使用。

在数据资源开放方面，分为无条件开放、有条件开放和不予开放三个类别，并针对不同类别的数据制定了相应的开放要求。

1）不予开放

对于涉及国家秘密、商业秘密、个人隐私或开放后风险较高的数据资源，应严格遵循相关法律法规，不予开放。

2）有条件开放

对于数据安全处理能力要求高、时效性强的公共数据，如医疗健康、信用体系等数据，可在满足特定条件的前提下定向开放或脱敏后开放。这些条件可能包括数据使用方的资质、数据安全保障措施、数据使用目的等。

3）无条件开放

除不予开放类和有条件开放类以外的数据，如行政审批、信用等公共服务领域的政务数据，应优先无条件开放，以满足公众的基本需求。

为确保数据资源的安全和合理利用，各地在数据共享开放过程中，还结合了数据定级要求，制定了数据等级管控措施。以雄安新区为例，按照"确定影响对象—确定影响范围—确定影响程度"步骤综合对数据定级（如表 11-4 所示），将数据共享开放要求与数据定级相结合，针对不同等级的数据制定了不同的共享和开放要求。

1）Ⅰ级数据

无条件共享，可完全开放。这类数据属于基础信息，具有较高的通用性和共享价值。

2）Ⅱ级数据

原则上政府部门无条件共享，涉及公民的个人敏感数据可有条件共享。在开放时，需按国家法律法规处理，对于涉及公民的个人敏感数据须脱敏后开放。

3）Ⅲ级数据

原则上政府部门无条件共享，涉及企业和其他组织权益的敏感数据可有条件共享。在开放时，同样需按国家法律法规处理，对于涉及个人、企业和其他组织权益的敏感数据有条件开放。

4）Ⅳ级数据

按国家法律法规处理，决定是否共享和开放。对于确需开放的数据，须对数据中涉密部分进行脱密处理。

5）Ⅴ级数据

不可进行共享和开放。这类数据涉及国家核心利益和安全，必须严格保密。

2. 跨平台、跨行业数据共享的技术难题与标准化需求

在全球数字经济时代，数据资源共享是推动创新、提升资源利用效率和实现跨领域合作的核心要素。跨平台和跨行业的数据共享在现代数据生态系统中至关重要，但它也伴随着复杂的技术和操作性难题。

1）数据标准不一致

不同平台和行业的数据往往采用不同的格式、命名规范和数据结构，这导致了数据在共享时难以互操作。例如，在医疗行业中，患者记录可能采用不同的格式，如 HL7、FHIR 或 DICOM 标准；而金融行业则可能采用完全不同的格式，如 ISO 20022 标准。这种数据标准的不一致性是跨平台数据共享的主要障碍之一。为了解决这一问题，急需制定统一的数据格式标准和语义标准。例如，使用 JSON、XML 这样的标准化数据格式，可以在很大程度上提升数据在不同平台间的互操作性；同时，采用像 ISO/IEC 11179 这样的元数据标准，能够确保数据的定义和用途得到统一理解。

2）数据安全与隐私保护

当涉及敏感数据（如个人医疗信息、金融交易数据等）的跨行业共享时，数据安全和隐私保护成为关键问题。共享的数据在传输和使用过程中，如果缺乏有效的保护机制，容易遭到攻击或被滥用。例如，金融机构之间的数据共享要求遵循严格的隐私保护规范，而这些规范在其他行业可能未必适用。为此，需要建立统一的数据隐私保护标准，如引入差分隐私、多方安全计算等技术，并通过角色基于访问控制或属性基于访问控制模型，确保在数据共享过程中，敏感数据不会被未授权方访问。

3）数据质量与完整性

在跨平台数据共享过程中，确保数据的质量和完整性至关重要。数据的质量问题包括：数据的准确性、完整性、一致性等，而数据完整性则指确保数据在共享和传输过程中没有丢失或被篡改。缺乏统一的数据质量标准会导致共享的数据无法满足使用方的需求，影响数据的实际价值。为了解决这些问题，数据提供方和使用方需遵守一套明确的数据质量标准，确保数据在共享过程中保持高质量。这需要引入自动化数据质量检查工具，以及采用国际标准化的数据完整性验证技术，如使用校验和、数据哈希等。

4）数据互操作性和协议兼容性

跨平台和跨行业的数据共享还涉及不同协议和系统的互操作性问题。每个平台和行业可能使用不同的数据传输协议和网络架构，导致数据在传输和集成时面临诸多兼容性挑战。为了实现跨平台的数据共享，需要制定标准化的数据传输协议。例如，采用基 REST API 的传输协议可以提高系统之间的数据互操作性。同时，支持使用诸如 TLS 等加密传输协议，以确保数据在传输过程中的安全性。

3. 区块链技术与数据共享过程中的透明度和可追溯性

区块链技术因其去中心化、不可篡改和透明的特性，成为解决数据共享过程中的透明度和可追溯性问题的有力工具。区块链在数据共享中所起的关键作用包括如下几方面。

1）透明度与信任机制

传统的数据共享模式往往依赖于中介机构来保证数据的完整性和透明性；然而，这种模式容易受到中介平台的控制，缺乏足够的信任保障。区块链通过去中心化的架构，使得数据交易和共享的每一步操作都公开记录在分布式账本中，所有参与者可以共同见证数据的共享和交易过程，确保数据共享的透明度。

区块链中的智能合约可以自动执行预先设定的共享规则，从而减少人工干预，降低了交易的复杂性和风险。数据共享的所有操作（如数据的提供、使用和存储等）都被记录在区块链中，使得每个操作都可追溯且透明。

2）数据可追溯性

在数据共享过程中，数据的来源和流转路径是确保其可信度和合法性的重要因素。区块链技术的分布式账本记录了每一个数据块的创建、共享和修改信息，确保数据从源头到最终使用者的整个流转过程都可以被追踪和验证。

区块链的不可篡改特性保证了数据的每次变更都会被永久记录在账本中，无法被删除或伪造。这意味着，无论数据共享涉及多少参与方，每一个共享的步骤和交易记录都可以追溯到源头，确保了数据的真实性和可靠性。

3）数据安全保障

区块链通过加密和分布式共识机制保证数据在共享过程中不会被篡改或未经授权访问。数据的所有交易记录经过加密处理，只有经过授权的用户才能查看和使用数据。同时，区块链的去中心化共识机制可以防止单一节点或机构对数据进行控制或篡改。

多方安全计算与区块链结合：在数据共享过程中，特别是涉及敏感数据时，可以将区块链与多方安全计算技术相结合。在确保数据隐私的同时，区块链负责记录每一项计算结果和数据流转，确保整个过程的透明度和可追溯性。

4）数据共享中的激励机制

区块链中的代币和激励机制可以有效推动更多数据资源的共享。例如，在去中心化数据交易平台上，数据提供方可以通过出售数据获得代币奖励，而数据使用方可以通过区块链上的智能合约购买和使用数据。整个过程公开透明，所有交易记录都存储在区块链中，确保数据交易的公平性和可追溯性。

11.2.3　数据资产定价策略和方法

数据定价是连接数据供给方和需求方的桥梁，合理的数据定价能够激励数据供给方积极提供高质量的数据资源，同时也能够满足数据需求方对数据价值的期望。此外，数据定价还能帮助平台建立公平、公正、透明的交易环境，促进数据市场的健康发展。

然而，数据定价并非易事。首先，数据产品具有非竞争性和价值难以衡量等特点，这给数据定价带来了很大的难度；其次，数据产权归属不明晰、产品化存在困难、数据交易机制不完善等问题也进一步加剧了数据定价的复杂性；最后，隐私保护及信息安全的风险也是数据定价中不可忽视的因素。

为了应对这些挑战，数据交易平台通常采用多种定价策略和方法。其中，成本导向定价、协议定价、拍卖定价、使用量定价、免费增值定价和动态定价是较为常见的策略。这些策略可以根据数据的特点、市场情况和交易双方的需求进行灵活运用。

在数据资产价值的评估方法方面，如表 11-5 所示，依据《资产评估专家指引第 9 号——数据资产评估》，有传统的成本法、收益法和市场法，以及衍生的博弈论定价法、信息熵定价法和机器学习定价法。每种方法都有其优点和局限性，因此在实际应用中需要综合考虑多种因素，选择最适合的定价模型。

表 11-5　数据资产价值的评估

定价方法		定价机制	优点	缺点
传统	成本法	从产生数据资产所需花费的成本进行评估	数据指标相对客观且易操作	传统的成本法在应用时无法完全反映数据资产带来的潜在社会价值及经济价值，可能导致最终的评估值比实际情况偏低、计算值不准确的情况
	收益法	对数据资产投入使用后的预期收益能力进行评估	反映真实数据价值	数据的用途多样，其使用期限根据外界因素变化，为使用者带来的潜在未来收益流更是具有极大不确定性，折现率难以估算
	市场法	基于相同或相似数据资产的市场交易案例进行评估	反映真实市场情况	适用于活跃数据市场中以交易为目的的数据产品，但目前并不存在一个公开并活跃的交易市场，可比案例难以找到
衍生	博弈论定价法	多角色的相互作用达到平衡	契合拍卖场景	需要积累数据价值关系，包括数据与数据、数据与场景之间的价值贡献
	信息熵定价法	由信息论理论判断价值含量	针对个人隐私数据效果较好	某种特定信息的出现概率，概率越小，时间产生的信息量越大，相对数据质量的多维度评价有明显弱势
	机器学习定价法	运用机器学习算法模拟定价问题	在金融领域定价表现杰出	交易标的一般为数据集，由于国内尚不存在一个公开且活跃的交易市场，亦没有可获取的交易价格，可作为神经网络模型的基础

11.2.4 数据交易平台的设计思路

随着区块链技术的发展，去中心化和智能合约已经成为数据交易平台架构设计的核心理念。传统的中心化数据交易模式依赖于中介机构进行数据管理、交易撮合和合规审查，这种模式存在一定的安全风险、操作透明度不足以及效率低下等问题。通过采用去中心化的分布式架构和智能合约，数据交易平台可以有效提升安全性、透明性和自动化水平。

1. 基于区块链的分布式架构：提升数据交易的安全性和透明度

传统中心化数据交易平台的架构存在单点故障、数据篡改和隐私泄露等问题。而区块链的分布式架构通过分布式账本技术来存储和管理交易数据，解决了这些问题。每个参与节点都拥有交易的完整副本，并通过共识机制来确保数据的真实性和一致性。

这种去中心化的架构大大降低了单点攻击的风险。在区块链上，交易数据经过哈希加密后分布式存储在多个节点，任何对数据的篡改都会在所有节点间被检测到，从而保证了数据交易的安全性，提升了平台的抗篡改性。另外，由于区块链的每个节点都存储了完整的账本副本，即使部分节点失效，系统仍然可以正常运行，通过数据冗余的策略保障了数据的可用性和完整性。

区块链的透明性为数据交易平台带来了全新的信任机制。每笔交易的数据记录都公开存储在区块链上，任何参与者都可以查看和验证交易过程。通过这种方式，数据交易的所有步骤，从数据上传、验证到交付和付款，都可以被实时监控和追踪。

具体来说，区块链为数据交易提供了完备的审计追踪功能，所有交易记录都永久存储在区块链上，任何变更和交易行为都可以被追溯到最初的参与者，保证了交易的透明度，提升了交易可追溯性。另外，由于区块链采用分布式共识机制来验证交易，任何一方都无法单独篡改数据交易记录，避免了数据操纵和造假行为。这为平台上进行的每一笔交易提供了强大的信任背书，从根本上防止数据操纵和造假。

2. 智能合约在数据交易中的应用：从交易自动化到合规审查

智能合约是区块链技术中的一个重要组件，指的是通过编程实现的自执行合约，具备透明性、自动化和高效性。智能合约可以大幅度提升数据交易的效率和合规性，是去中心化数据交易平台实现自动化和合规管理的关键。在传统数据交易平台中，交易流程通常需要依赖中介或第三方进行数据撮合、协议签署和付款结算，这样的流程往往复杂且易出错。通过智能合约，数据交易可以实现全流程自动化。

1）自动化执行交易

智能合约预先定义了交易双方的条件和条款（如数据质量、交付时间、付款条件等），一旦条件达成，合约将自动执行。例如，数据购买方在验证数据的完整性和准确性后，智能合约会自动触发支付操作，无须第三方干预。

2）自动化数据交付

在数据交易中，智能合约可以自动控制数据的交付流程。在条件满足后，智能合约会自动解锁并将数据交付给购买方，从而减少人工操作中的错误和延迟，提高交易的效率。

智能合约不仅可以自动化数据交易，还可以在合规审查和风险控制中发挥重要作用。由于智能合约是代码化的法律协议，它可以嵌入合规性检查机制，在交易过程中自动执行相关法律、监管和公司政策。智能合约可以嵌入行业规则、法律法规和隐私保护政策。例如，在涉及敏感数据的交易中，智能合约可以自动检查交易是否符合相关隐私保护法的要求，确保数据共享和使用的合法合规。在数据交易平台中，智能合约可以通过实时监控数据的流转和使用，自动识别潜在的合规风险，并向相关方发出预警。如果交易行为违反了合同条款或监管规定，合约将自动中止交易，从而避免违规操作。

此外，DAO 是基于智能合约管理的去中心化平台运作模式，能够通过共识机制治理数据交易平台的运作。DAO 允许参与者通过智能合约执行和监督平台内的交易行为，减少了传统中介的介入，实现了完全去中心化的自治；智能合约可以实现平台的自动化管理，包括数据的定价、交易撮合、合约执行等流程；DAO 的成员通过共识机制共同监督和管理平台的运营，确保交易的透明、公正和高效；在 DAO 的架构下，平台的规则和合规策略可以通过智能合约和社区共识进行修改和更新，保证平台的合规性和灵活性；DAO 允许参与者共同参与平台的创新和决策，推动平台的持续发展。

11.3 数据交易平台中的人工智能与区块链的协同应用

11.3.1 人工智能与区块链的技术协同机制

随着计算机技术的飞速进步及其广泛应用，人工智能与区块链技术已逐步成为数据交易平台至关重要的技术支柱。在数据交易平台的应用中，人工智能与区块链通过相互协同，不仅能弥补各自技术的不足，还能共同推动数据交易平台在数据处理自动化、去中心化交易、数据隐私保护、交易透明度等方面实现质的飞跃。借助人工智能卓越的数据处理和分析实力，并与区块链的去中心化安全架构相融合，我们有望克服传统数据交易平台面临的诸多挑战，同时为现代数据交易平台的设计理念与解决方案注入新的活力。

1. 人工智能在数据交易平台中的应用

人工智能在数据交易平台中的应用涵盖了数据自动处理与智能分析、数据定价优化以及数据隐私保护与多方协作等多方面。通过强大的数据处理和学习能力，人工智能能够自动化处理异构数据集，提升数据清洗、分类和结构化的效率，并智能推荐符合需求的数据产品，提高交易效率。在数据定价方面，人工智能能够基于多维度因素制定更为合理和灵活的定价模型，实现动态定价和基于数据质量的定价，为买卖双方提供公允的价格。同时，人工智能与隐私计算技术的结合，确保了数据在交易中的隐私性，促进多方协作，保护数据所有者的隐私。

1）数据自动处理与智能分析

数据交易平台在现代数字经济中扮演着至关重要的角色，它们连接着数据的供给方和需求方，促进数据的流通和价值实现；然而，这些平台通常面临着处理海量异构数据集的挑战。数据的清洗、分类和结构化处理成为确保数据交易顺利进行的重要前提。人工智能技术的引入，尤其是其强大的数据处理和学习能力，可以显著提升数据处理的自动化水平，从而提高数据交易的效率和质量。

在数据清洗与标准化过程中，人工智能技术发挥着关键作用。首先，人工智能可以自动化处理非结构化数据，如文本、图像和音频等，将其转换为结构化数据。这对于释放数据的潜在价值至关重要，因为非结构化数据往往包含大量有价值的信息，但难以直接用于分析和决策。人工智能技术通过 NLP 和大模型（Large Language Models，LLM）等模型，可以从文本数据中提取关键信息，将其转换为结构化数据，便于进一步分析。此外，人工智能还可以补全缺失数据，并确保数据符合交易平台的标准，从而提高数据的质量和一致性。

在智能推荐与数据匹配应用中，人工智能技术同样发挥着重要作用。通过机器学习模型，人工智能能够根据需求方的历史交易数据、行业特征和偏好，智能地推荐符合其需求的数据产品。这一智能匹配过程不仅能够提高交易效率，还能为数据供给方提供精准的市场机会。人工智能技术通过对大量数据的分析和学习，可以发现潜在的需求和趋势，从而为数据供给方提供有针对性的市场策略建议。

2）数据定价优化

传统的数据定价模式往往依赖于人工经验和主观判断，这种方式在很多情况下难以充分反映市场的动态需求和数据本身的质量。随着大数据和人工智能技术的发展，人工智能为数据定价提供了新的解决方案，使得数据定价更加合理、灵活和科学。人工智能可以通过历史交易数据、市场趋势、供需关系等多维度的因素来制定更为合理和灵活的定价模型。这种基于数据驱动的定价方式不仅可以反映市场的实时需求，还能充分考虑数据的价值和稀缺性。通过收集和分析大量的历史交易数据，人工智能可以揭示出数据的价格波动规律和市场趋势，为数据定价提供有力的依据。

对于动态定价模型，人工智能可以通过机器学习模型分析历史交易行为、市场供需变化等数据，动态调整数据价格。这种动态定价方式可以根据市场的实时变化自动调整价格，确保数据价格的公允性和合理性。同时，动态定价还能激励数据供给方提供更高质量的数据，从而提高整个市场的竞争力。

针对基于数据质量的定价，人工智能可以对数据的准确性、完整性、时效性进行实时评估，从而为数据定价提供更科学的依据。通过大数据分析算法，AI 能够识别数据中的异常情况并对其进行调整，确保数据质量与价格的合理匹配。此外，人工智能还可以根据数据的实际使用情况和价值反馈，对数据价格进行动态调整，确保数据交易的公平性和有效性。

3）数据隐私保护与多方协作

随着大数据和人工智能技术的飞速发展，数据已经成为了一种重要的资产。然而，在数据交易过程中，如何确保数据的隐私和安全成为了一个亟待解决的问题。人工智能与隐私计算技术（如差分隐私、同态加密、联邦学习等）的结合，为数据交易提供了有效的隐私保护手段，使得数据在交易过程中既能发挥其价值，又能保障数据所有者的隐私权益。

差分隐私技术是一种常用的隐私保护方法，它通过对原始数据进行随机化处理，使得在数据分析过程中难以识别单个数据点的贡献，从而保护了个人隐私。这种方法可以在不影响数据分析结果的前提下，有效地降低数据泄露的风险。差分隐私技术的应用，使得数据交易双方可以在保护隐私的同时，实现数据的有效利用。

同态加密技术则允许在加密数据上进行计算，而无须解密。这意味着数据在传输和处理过程中始终保持加密状态，确保了数据的安全性；同时，同态加密技术还为数据交易提供了一种新的商业模式，即在不泄露原始数据的情况下，实现数据的共享和分析。这种技术在数据交易中的应用，有助于打破数据孤岛，促进数据的流通和价值创造。

联邦学习作为一种创新的机器学习方法，允许多个组织在不共享原始数据的前提下共同训练模型。这种方法通过将各个组织的局部数据进行聚合，形成一个全局模型，从而提高了模型的准确性；同时，联邦学习有效地保护了数据所有者的隐私，因为原始数据并未在组织之间共享。联邦学习技术在数据交易中的应用，有助于实现数据的协同创新，提高数据利用率。

2. 区块链在数据交易平台中的应用

区块链技术通过其独特的去中心化架构和智能合约，为数据交易平台提供了安全、透明、高效的交易环境。区块链通过分布式账本、共识机制和不可篡改性，确保数据交易过程的安全性和可靠性，同时通过智能合约实现自动化交易，极大提升了交易效率。

1）去中心化架构确保数据交易安全

区块链的去中心化架构通过消除中介的依赖，实现了数据交易的透明化和去中心化，确保交易过程中的各方都能够信任交易记录的真实性和完整性。相比于传统的中心化数据交易平台，区块链具备以下优势。

（1）抗篡改性与透明性：在区块链中，每一笔数据交易都会被记录在分布式账本中，并且通过哈希加密确保数据不可篡改。这种机制使得任何篡改行为都会被网络中的其他节点立即检测到，保证了交易记录的完整性和透明度。

（2）去中介化的信任机制：传统数据交易依赖第三方中介机构进行验证和撮合，而区块链通过共识机制和分布式账本，使得每个节点都可以参与交易验证，确保交易的安全性。这样，参与者无须依赖中介机构就可以直接进行点对点的数据交易，极大降低了交易成本。

2）智能合约自动化提升交易效率

智能合约是区块链中的一种自动执行协议，它使得数据交易过程更加高效和自动化。智能合约可以根据预设的规则自动执行交易条款，确保数据提供方和需求方能够无缝地完成交易。

智能合约可以根据交易双方事先设定的条款自动完成交易操作，如数据交付、付款处理等。例如，当买家收到并验证数据后，智能合约会自动释放支付款项，从而实现快速、高效的交易结算。

智能合约不仅可以提升交易效率，还可以减少交易中的人为错误和延迟。在传统交易流程中，合同签订、验证和支付等环节往往需要大量人工操作，而智能合约通过预编程的规则自动化执行这些操作，降低了操作复杂性和出错概率。

3）数据共享中的隐私保护与合规性

区块链在保证交易透明的同时，也提供了强大的隐私保护机制。尤其在涉及敏感数据的共享和交易中，区块链的加密技术和智能合约能够确保数据仅被授权方使用，同时符合相关的法律法规和行业标准。

通过结合差分隐私和加密技术，区块链能够在不泄露敏感数据的前提下进行数据共享和交易。例如，智能合约可以通过零知识证明技术，在不公开数据内容的情况下，验证交易的合法性。

另外，智能合约还可以集成数据合规性审查功能，确保交易过程符合 GDPR、Health Insurance Portability and Accountability Act（HIPAA）等数据保护法规。智能合约能够自动检查数据的隐私保护级别，避免未经授权的访问或数据滥用，从而确保交易的合法性和合规性。

3. 人工智能与区块链在数据交易平台中的协同应用

人工智能与区块链技术的深度融合为数据交易平台带来了诸多创新应用。在安全性、智能化和自动化方面展现出了显著优势和巨大潜力。随着技术的不断发展和完善，人工智能与区块链技术将在未来发挥更加重要的作用，推动数据交易平台的创新与发展。

1）数据安全与交易透明度的提升

在数据交易的安全性与透明度层面，人工智能与区块链技术的结合展现出了显著的优势。人工智能系统凭借其强大的数据处理和分析能力，能够实时监控和分析交易过程中的各类数据流，有效识别并防范潜在的安全威胁。同时，区块链技术以其独特的不可篡改性，为数据交易构筑了一道坚不可摧的安全屏障。

具体来说，人工智能系统可以实时追踪和分析交易行为，及时发现并处理异常交易。一旦检测到可疑行为，人工智能系统便会立即启动应急响应机制，通过区块链技术深入追踪交易来源和流向，确保每笔交易的真实性和安全性。此外，区块链技术还为交易提供了详尽且不可更改的审计记录，任何第三方都可以验证交易的真实性，从而极大地增强了交易的信任度和透明度。这种结合不仅提高了交易的安全性，还有效降低了数据被篡改或伪造的风险。通过人工智能的实时监控和区块链的透明记录，数据交易平台能够为用户提供更加可靠和可信的交易环境。

2）智能合约驱动的自动化数据交易

人工智能与区块链技术的结合还推动了智能合约在数据交易中的广泛应用，实现了更为复杂且智能化的交易流程。智能合约是一种自动执行预设规则的合约，能够确保交易的公正性和安全性。而人工智能技术的引入，则使得智能合约具备了更高的智能化水平。

通过将人工智能技术嵌入到区块链智能合约中，数据交易平台可以根据交易数据的实时变化自动优化和调整合约条款。例如，人工智能系统可以根据市场动态分析数据价值的变化，自动修改合约中的价格条款，确保交易的公平性和及时性。这种自动化的交易方式不仅提高了交易效率，还降低了人为干预的风险。

此外，人工智能技术还可以根据用户的交易历史和行为模式进行个性化推荐和服务，进一步提升用户体验和满意度。通过智能合约的自动化执行和人工智能的个性化服务，数据交易平台能够为用户提供更加便捷、高效和个性化的交易体验。

3）去中心化自治与智能治理

人工智能与区块链的结合还推动了 DAO 的自动化治理。通过智能合约管理平台运营，人工智能系统可以对平台数据进行实时分析，提出决策建议并自动执行运营规则。这种自动化治理方式不仅提高了平台的自治能力，还降低了人为干预的风险，确保了平台的公正性和安全性。

具体来说，人工智能系统可以通过对平台数据的实时分析，识别潜在的风险和机会，并提出相应的决策建议。这些建议可以通过智能合约自动执行，确保平台运营的高效和稳定。此外，人工智能系统还可以根据平台的运营情况和用户反馈进行自我学习和优化，不断提升平台的自治能力和竞争力。这种去中心化自治与智能治理的方式不仅提高了平台的运营效率和稳定性，还为用户提供了更加公正、透明和可信的交易环境。通过 DAO 的自动化治理和人工智能的智能决策，数据交易平台能够实现更加高效、安全和智能化的运营。

4）高效的数据管理与检索

人工智能技术，特别是机器学习和深度学习算法，在数据管理与检索中发挥着核心作用。通过对海量数据的分析和学习，人工智能系统能够识别数据的内在规律和关联关系，从而构建出高效的数据索引体系。在数据分类方面，人工智能技术能够根据数据的特征和属性进行自动分类和标签化处理，这不仅提高了数据检索的效率，还使得用户能够更加精准地定位到所需的信息。例如，在金融数据交易平台上，人工智能系统可以根据股票的交易量、涨跌幅等特征进行自动分类，帮助用户快速找到感兴趣的股票数据。在数据检索方面，人工智能技术通过构建智能搜索引擎，实现了对数据的快速检索和精准匹配，用户只需输入关键词或查询条件，智能搜索引擎便能在海量数据中迅速找到相关信息并展示给用户。此外，人工智能技术还可以根据用户的检索历史和偏好进行个性化推荐，进一步提高数据检索的准确性和满意度。

区块链技术以其独特的分布式账本结构和加密算法，为数据管理与检索提供了安全可靠的保障。

（1）在数据交易平台中，区块链技术主要应用于数据的存储、传输和验证环节。在数据存储方面，区块链技术通过分布式账本的形式将数据存储在多个节点上，确保了数据的冗余性和可用性。同时，区块链技术的不可篡改性保证了数据的完整性和真实性，防止了数据的篡改和伪造。这使得数据交易平台能够为用户提供可靠的数据服务。

（2）在数据传输方面，区块链技术通过加密算法对数据进行加密处理，确保了数据在传输过程中的安全性。此外，区块链技术的去中心化特性消除了传统数据传输中的单点故障和瓶颈问题，提高了数据传输的效率和稳定性。

（3）在数据验证方面，区块链技术通过智能合约实现了数据的自动验证和审核。智能合约是一种自动执行预设规则的程序，它可以根据预设的条件触发相应的操作。

（4）在数据交易平台上，智能合约可以根据数据的来源、质量等信息进行自动验证和审核，确保数据的真实性和可靠性。

人工智能与区块链技术的协同应用为数据交易平台的高效能数据管理与检索带来了革命性的变革。通过智能化的数据分类与索引优化、安全可靠的数据存储与传输以及自动化的验证与审核流程该技术组合不仅提高了数据管理的效率和准确性还为用户提供了更加安全可靠、个性化且高效的服务体验。

5）数据共享与隐私保护

在数据交易平台中，人工智能与区块链技术的深度融合可为数据共享与隐私保护提供新的解决方案。区块链技术以其去中心化、不可篡改和透明性的特点，构建了一个安全可靠的数据交易环境，确保了数据的真实性和完整性。与此同时，人工智能技术通过先进的机器学习和深度学习算法，实现了数据的智能分析和处理，在保护隐私的前提下，充分挖掘数据的潜在价值。具体而言，人工智能可以对数据进行精细化的脱敏处理，去除或替换敏感信息，确保在共享过程中不泄露用户隐私。此外，人工智能还能结合区块链的智能合约功能，实现动态权限管理和访问控制，根据用户需求和行为推荐合适的数据资源，并自动调整访问权限，确保数据的安全共享。这种协同应用不仅提高了数据共享的效率和安全性，还为用户提供了更加个性化的服务体验。通过人工智能的分析和推荐，用户可以根据自己的需求和偏好获取所需的数据资源，同时享受到严格的隐私保护。而区块链则为这些交易提供了可信的数据基础，确保了交易的透明度和可追溯性。

11.3.2 基于人工智能与区块链的数据交易平台应用场景

人工智能与区块链的结合，为数据交易平台提供了极大的创新潜力。通过两者的协同应用，数据交易平台不仅能够提升数据交易的安全性、透明性和效率，还能够为各行各业提供定制化的解决方案。在具体的应用场景中，人工智能与区块链正在广泛应用于医疗数据、物联网数据、智能城市等领域，为解决数据确权、跨平台交易和隐私保护等问题提供了有力的技术支持。

1. 医疗数据共享与交易

随着信息技术的迅猛发展，医疗数据已经成为推动医疗健康领域创新和发展的重要资源。医疗数据不仅蕴含着个体健康状况的丰富信息，还为疾病研究、新药开发、临床决策支持等提供了不可或缺的基础。然而，医疗数据的隐私保护、安全传输、权属界定及价值分配等问题一直是制约其有效利用的关键因素。

医疗数据涉及个人隐私，其共享面临诸多挑战。

（1）数据孤岛现象严重，不同医疗机构间信息系统不兼容，导致数据难以互联互通；

（2）隐私泄露风险高，医疗数据包含高度敏感信息，一旦泄露将对个人造成不可逆的伤害；

（3）数据权属不明确，缺乏统一的数据权属界定和利益分配机制，抑制了数据共享的积极性。

人工智能技术能够高效处理和分析海量数据，挖掘数据背后的隐藏价值，而区块链则以其去中心化、不可篡改、透明可追溯的特性，为数据安全与信任提供了坚实基础。二者的结合，为医疗数据共享与交易带来了革命性变化。基于人工智能与区块链的数据交易平台在医疗数据共享与交易场景下的部分应用如下。

1）疾病预测与防控

人工智能技术通过深度学习算法，能够分析历史疾病数据，识别疾病传播的模式和趋势。这些算法能够从大量的医疗记录、流行病学调查、社交媒体信息中，提取出对预测疫情有价值的特征。区块链技术的应用则确保了数据的安全性和透明度。各个医疗机构可以将匿名化处理后的患者数据上传到区块链上，这些数据在区块链上被加密存储，并且只有经过授权的研究机构或政府部门才能访问。这样的机制既保护了患者的隐私，又允许必要的数据共享，以支持疫情的预测和防控。此外，区块链上的智能合约还可以自动执行数据交换的条款，如数据使用的目的、时间限制和费用分配等。这确保了数据提供者和使用者之间的权益得到保障，促进了数据的合法、合规使用。

2）个性化医疗与精准治疗

人工智能技术能够整合患者的遗传信息、生活习惯、病史记录等多维度数据，通过机器学习算法生成个性化的治疗方案。这些方案可以根据患者的具体情况进行定制，从而提高治疗效果，减少不必要的药物使用。区块链技术则确保了这些敏感数据的隐私处理与合法使用。患者的个人数据在区块链上被加密存储，并且只有经过患者授权的医疗机构或研究人员才能访问。这样的机制既保护了患者的隐私权益，又允许医疗机构根据患者的数据提供个性化的医疗服务。此外，区块链上的智能合约还可以记录每一次数据访问和使用的记录，确保数据的每一次流转都有迹可循。这有助于增强医疗机构之间的信任，促进数据的合法、合规共享。

3）临床研究与合作

临床研究通常需要大量的患者数据来支持研究结果的可靠性和有效性。然而，由于数据孤岛和隐私保护等问题，临床数据的获取往往面临困难。人工智能技术能够自动清洗、标准化和整合来自不同医疗机构的数据，提高数据的可用性和准确性。区块链技术则确保了数据的安全性和透明度，允许研究机构在遵守数据保护法规的前提下，共享和访问必要的数据。此外，区块链上的智能合约还可以自动执行数据交易的条款，如数据使用的目的、时间限制、费用分配等。这有助于确保数据提供者和使用者之间的权益得到保障，促进数据的合法、合规交易和使用。

2. 物联网数据交易市场

随着物联网技术的飞速发展，万物互联已成为现实，物联网设备产生的数据量呈爆炸式增长。这些数据蕴含着巨大的商业价值，但如何有效挖掘和利用这些数据，成为了一个亟待解决的问题。基于人工智能与区块链的数据交易平台，为物联网数据交易市场提供了一个高效、安全、透明的解决方案。

物联网数据交易市场是指数据提供商（如物联网设备制造商、数据服务商等）与数据消费者（如数据分析公司、科研机构等）之间进行数据交易的平台。当前，物联网数据交易市场面临着诸多挑战。数据质量参差不齐：物联网设备产生的数据往往存在噪声、缺失等问题，数据质量难以保证；数据安全与隐私保护：物联网数据往往包含敏感信息，如何确保数据在交易过程中的安全性和隐私保护，是市场发展的关键；数据交易缺乏透明度：传统数据交易往往存在信息不对称、交易过程不透明等问题，导致市场信任度低。

为了应对上述挑战，基于人工智能与区块链的数据交易平台可利用人工智能技术进行数据清洗、整合和分析，提高数据质量；同时，利用区块链技术确保数据交易的安全性和透明度。在联网数据交易市场场景下，基于人工智能与区块链的数据交易平台其中几个重要应用列举如下。

1）人工智能的数据过滤与优化

物联网设备生成的海量数据往往包含噪声和冗余信息，这为用户分析和利用这些数据带来了巨大挑战。

（1）大数据分析的第一步通常是对数据进行清洗、分类和整理，这是一个耗时且容易出错的过程。人工智能通过自动化工具和算法，可以自动清理数据、识别异常值、填补缺失数据，极大地减少了人工干预的需求。机器学习算法能够识别数据中的模式，从中优化数据的处理方式，提升分析效率和准确性。

（2）面对数据生成速度的不断加快，用户需要在极短时间内做出决策。人工智能通过流数据处理技术，能够对实时数据进行快速分析，并生成预测结果。同时，人工智能的强项之一是通过机器学习和深度学习算法，自动发现数据中的隐藏模式和关联性。例如，人工智能可以在海量的客户数据中识别出购买行为的模式，预测客户的未来需求。无论是非结构化数据如图像、语音，还是结构化数据如表格，人工智能都能通过算法捕捉到重要的趋势和信息。

（3）在大数据分析中，数据量庞大且噪音较多，传统分析方法很难找到真正有用的信息。而人工智能算法，如神经网络和支持向量机，能够通过自我学习和优化，筛选出关键信息并提高预测的精准度。例如，在医疗领域，人工智能通过分析患者的病历数据和影像数据，能更精准地诊断疾病，并提出个性化的治疗建议。

2）区块链的安全共享与设备身份认证

区块链技术为物联网设备提供了去中心化的身份验证和数据共享机制，这一机制对于确保数据交易的安全性和透明度至关重要。

（1）在传统的物联网中，设备的身份认证通常通过中心化的机构或第三方认证服务提供商进行，这种方式存在单点故障和安全风险。区块链技术通过建立分布式的身份认证系统，实现了去中心化的身份认证，提高了系统的安全性和可信度。每个设备都可以拥有自己的身份标识，并通过区块链上的智能合约进行验证和授权，从而实现设备之间的安全通信。

（2）在物联网中，大量的设备产生的数据需要进行收集和处理；然而，传统的数据传输和存储方式容易受到篡改和伪造的风险。区块链技术通过将数据存储在分布式的区块链上，保证了数据的完整性和不可篡改性。每个数据交易都会被记录在区块链上，并且无法被删除或修改，从而实现了数据的可追溯性和透明度。

（3）在物联网中，用户的个人隐私数据往往需要被共享给多个设备和服务提供商；然而，传统的中心化系统存在着用户隐私泄露的风险。区块链技术通过实现去中心化的身份认证和数据交换机制，保护了用户的隐私数据。用户可以通过区块链上的智能合约，授权特定的设备或服务提供商访问自己的隐私数据，从而实现了用户对隐私的控制。

3）基于智能合约的数据交换

智能合约在物联网数据交换中发挥着重要作用，它通过自动化执行数据交付、验证和付款流程，显著提升了数据交换的效率。

（1）智能合约可以定义数据交付、验证和付款的具体条件，并在条件达成时自动执行。这种机制减少了人工干预和交易延迟，提高了数据交换的效率和可靠性。

（2）区块链的跨平台兼容性使得基于智能合约的数据交换可以跨平台进行。不同设备和平台之间可以通过智能合约实现数据的无缝交换和共享，从而推动物联网数据市场的发展。

（3）物联网中的设备通常需要进行复杂的交互和合作，传统的中心化系统往往需要依赖第三方的信任来保证合约的执行。而区块链技术通过智能合约的机制，可以在设备之间直接进行合约的执行，无须依赖第三方的信任。这使得设备之间的交互更加高效和可靠。

3. 智慧城市中的数据交易与管理

智慧城市的建设与发展，离不开对来自交通、能源、环境、公共安全等多个领域的数据的依赖。这些数据经过共享与分析，能够极大地优化城市管理和资源分配。而人工智能与区块链的结合，更是为智慧城市中的数据管理提供了高效且安全的解决方案。

1）人工智能驱动的智能交通管理与城市规划

人工智能在智能交通管理与城市规划方面的应用，已经取得了显著的成效。通过分析实时交通数据、气象数据和人口流动信息，人工智能能够精准地识别城市交通系统的瓶颈和潜在问题，为城市交通系统提供优化方案。例如，人工智能可以实时分析路口交通流量，动态调整信号灯时长，提高道路通行效率，减少拥堵现象；同时，人工智能还可以根据实时和预测数据，优化公共交通线路和班次，提高公共交通服务质量，鼓励更多人使用公共交通；此外，人工智能还能够通过对历史城市数据的分析，辅助城市规划部门制定长远发展策略；人工智能可以预测未来人口分布和需求，从而有针对性地进行基础设施建设，如医疗、教育和住宅等。通过分析现有土地利用情况，人工智能还可以为城市规划者提供合理的土地利用建议，提高土地利用效率，实现可持续发展。

2）区块链的透明数据管理

区块链技术在智慧城市的数据管理方面，展现出了其独特的优势。区块链技术能够实现跨部门的透明数据共享，确保数据在不同机构之间流通时的安全性和透明度。通过区块链技术，数据的生成、验证和更新不再依赖于任何中心化的权威或机构，而是由网络中的所有参与者共同决定，从而实现了数据的民主化和自治化。以能源消耗数据为例，区块链可以记录能源消耗数据的来源和使用情况，确保能源分配的公平性和效率。区块链技术不可篡改的特性，使得任何对数据的修改都会导致哈希值的变化，从而被网络中的其他节点发现和拒绝，从而保证了数据的真实性和完整性。同时，区块链技术通过时间戳和数字签名，使得数据的产生、传输和变更都能够被记录在区块链上，形成一个完整的数据历史记录，任何人都可以查看和验证数据的来源和流向，从而提高了数据的透明度和可信度。

3）基于智能合约的自动化服务

智能合约在智能城市中的公共服务管理方面，发挥着越来越重要的作用。智能合约是一种用计算机语言取代法律语言去记录条款的合约，它是在区块链数据库上运行的计算机应用程序，由事件驱动执行，且能够根据预设条件自动处理区块链数据，从而实现履约自动化和智能化。在电力供应、垃圾处理、交通信号控制等公共服务领域，智能合约可以根据实时数据自动调整服务的供需分配。例如，在电力供应方面，智能合约可以根据电网的实时负荷和电价信息，自动调整电力分配策略，确保电力供应的稳定性和经济性；在垃圾处理方面，智能合约可以根据垃圾收集点的实时垃圾量和处理能力，自动调整垃圾收集和处理计划，提高垃圾处理的效率和质量；在交通信号控制方面，智能合约可以根据路口的实时交通流量和信号灯状态，自动调整信号灯的配时方案，提高道路通行效率和交通安全。智能合约的应用，不仅减少了人为操作的错误和干预，还提升了公共服务的管理效率和响应速度。同时，智能合约的透明性和可追溯性，也使得公共服务的管理更加公开和透明，增强了公众对公共服务的信任和满意度。

11.3.3　基于人工智能与区块链的未来数据交易模式

随着人工智能与区块链技术的不断融合，数据交易平台正在向更加智能化、自动化和去中心化的方向发展。在未来的数据即服务（Data as a Service，DaaS）和 DAO 模式下，数据交易将以更高效的方式实现，创造出全自动化的去信任数据交易市场。随着 DaaS 和 DAO 模式的逐步成熟，人工智能与区块链的协同应用将进一步推动数据交易市场的变革。全自动化、去信任的交易模式不仅能够降低交易成本，还能够为不同行业提供更加灵活、高效的数据交易解决方案，最终实现全球数据资源的优化配置。

1. 数据即服务模式

DaaS 是一种通过网络提供数据资源和数据分析服务的商业模式。它类似于 SaaS，允许企业和个人按需访问高质量的数据集和数据处理能力，而无须自行维护庞大的数据存储和管理系统。随着人工智能与区块链技术的成熟，DaaS 模式将得到进一步发展。

1）按需获取数据资源

在 DaaS 模式下，企业和研究机构可以按需获取实时、准确的数据。这种模式允许用户根据自己的需求访问和使用数据，而无须购买或长期持有数据，从而显著降低数据获取和存储的成本。

2）人工智能优化的数据分析服务

DaaS 平台通常集成了人工智能驱动的数据分析工具，帮助用户自动化处理数据、发现数据中的潜在价值。例如，人工智能可以对海量数据进行深度学习、预测分析、分类和聚类，帮助用户根据特定需求提取有价值的信息。

3）区块链保证的数据安全性和透明性

通过结合区块链技术，DaaS 平台可以保证数据交易的透明性和安全性。每笔数据交易都可以通过区块链进行记录，确保数据使用方和提供方的合法权益受到保障。区块链还可以通过智能合约自动执行数据交付和付款过程，避免人为干预。

2. DAO 在数据交易中的应用

DAO 是基于区块链的分布式管理模式，能够通过智能合约实现去中心化的数据交易平台治理。DAO 在数据交易中的应用可以消除对中心化中介的依赖，使数据提供方和需求方通过智能合约自动进行 P2P 交易。

1）自治管理与平台治理

在 DAO 模式下，数据交易平台的管理权和决策权由所有参与者共享。平台上的交易规则、数据定价和政策更新由智能合约控制，并通过共识机制由平台参与者投票决策，从而实现完全去中心化的自治管理。

2）智能合约驱动的数据交易流程

DAO中的智能合约可以预先设定数据交易的各个流程，如数据验证、交易撮合、付款和交付等。一旦条件满足，智能合约会自动执行交易，确保交易的高效性和透明度。

3）跨平台与跨行业协作

DAO的去中心化特性使得不同行业和平台之间的数据交易更加灵活。通过开放的治理机制，多个行业和组织可以共同参与数据生态系统的建设，实现更广泛的数据共享和互操作。

3. 全自动数据交易市场：从数据上传到交易完成全流程自动化

未来的数据交易市场将逐步迈向去信任的全自动化模式。在这种模式下，人工智能与区块链的深度结合将实现从数据上传到交易完成的全流程自动化，数据交易不再依赖任何第三方中介，而是通过去中心化的技术架构和智能合约自动完成。

1）数据上传与验证的自动化

传统的数据交易平台通常依赖人工进行数据上传和验证，容易出现数据质量问题或交易延误。在人工智能与区块链的协同作用下，数据上传和验证可以实现完全自动化。

（1）人工智能驱动的自动数据分类与清洗。

数据上传后，人工智能可以自动对数据进行分类、清洗和优化。通过机器学习算法，人工智能能够识别数据中的噪声、冗余信息，并确保数据的质量符合交易标准。

（2）区块链的自动数据验证。

在去信任环境下，区块链通过分布式账本记录每一笔数据交易的详细信息，并通过共识机制验证数据的真实性和完整性。这种机制确保了数据上传后能够自动完成验证，无须依赖人工审查。

2）数据交易的自动撮合与定价

传统数据交易中的定价往往依赖人工或中介，容易导致价格偏差或效率低下。人工智能驱动的动态定价模型与区块链上的智能合约结合，可以自动完成数据交易的撮合与定价过程。

（1）人工智能驱动的动态定价。

人工智能通过分析市场供需信息、历史交易数据和数据质量等多个维度，为每笔交易自动生成最优定价策略。定价策略根据实时市场变化自动调整，确保交易价格的公平性。

（2）智能合约的自动撮合。

区块链上的智能合约可以自动根据买卖双方的需求和价格匹配合适的交易对手。当需求方与提供方的条件相匹配时，智能合约会自动完成交易的撮合，并立即执行数据交付和付款流程。

3）自动化的数据交付与支付结算

在传统数据交易中，数据交付和付款往往需要多方参与，交易效率较低。通过人工智能与区块链的结合，数据交付和支付可以实现全自动化。

（1）智能合约自动执行数据交付。

当交易双方的条件达成后，智能合约会自动执行数据交付过程。数据的传输和接收都通过区块链进行记录，确保数据交付的透明性和安全性。

（2）去中心化的支付与结算系统。

通过区块链的支付功能，智能合约可以自动完成交易款项的结算。买家确认收到数据后，智能合约自动将款项支付给数据提供方，从而简化了传统支付流程中的中介环节。

4）完全去信任的数据交易生态

人工智能与区块链的结合为数据交易平台提供了去信任环境下的全自动交易市场。区块链的去中心化账本和智能合约，确保了每笔交易的透明性和安全性，而人工智能则通过智能化的数据处理和定价机制提升了交易效率。这种全自动化的去信任数据交易市场将极大降低交易成本，提升市场的流动性和公平性。

（1）数据交易的可信环境。

在区块链的支持下，数据交易无须依赖中心化中介，所有交易过程都在公开透明的分布式网络中进行，确保数据交易的可信度。

（2）数据流通的高效性与安全性。

人工智能与区块链的协同应用为数据交易的全流程自动化奠定了基础。从数据上传到交付和结算，所有环节都由智能合约和人工智能自动执行，极大提升了数据流通的效率与安全性。

11.2.4　基于人工智能与区块链的数据定价与交易策略

在数据交易平台中，数据定价是一个至关重要的环节，直接影响数据交易的公平性和效率；然而，传统的数据定价策略往往存在多种局限性，难以适应现代数据市场的复杂性。通过将人工智能的动态定价能力与区块链的透明交易机制结合，可以构建更加智能、透明的定价和交易策略，为数据交易平台提供更为灵活、透明和安全的交易。

1. 传统数据定价策略的局限性

传统的数据定价策略主要依赖于手动估价、固定价格或者基于历史经验的定价模型。这些方法存在诸多局限性，特别是在数据交易日益复杂的现代背景下。

1）数据质量评估难度大

在传统定价模型中，数据的质量和价值往往难以准确评估。由于数据是无形资产，其质量并不总能通过简单的维度来量化。常见的质量评估指标包括数据的完整性、准确性、时效性和独特性，而传统的定价策略往往无法全面考虑这些因素。具体来说：

（1）定价缺乏弹性，传统定价模型通常是静态的，难以根据市场的供需情况或数据本身的质量动态调整价格；

（2）人为定价主观性强，传统数据交易中，数据提供方和需求方通常通过协商或市场基准来确定价格。这种定价方式过于依赖个人主观判断，容易导致数据买卖双方对于定价的不满。

2）市场动态变化难以反映

数据交易市场的供需关系往往变化迅速，特别是当涉及跨行业的数据共享时，传统的固定定价策略难以快速响应市场动态，导致数据定价失去灵活性，进而降低了交易效率。例如，某一特定行业的数据需求可能在短期内激增，但传统定价机制无法及时反映这一变化，导致错失市场机会。具体来说：

（1）忽视市场波动，传统的定价策略通常不考虑市场需求的波动和数据使用场景的变化，无法灵活调整价格，导致数据交易不匹配市场需求；

（2）缺乏数据使用反馈机制，传统定价模型也无法根据数据使用后的效果对定价进行调整，难以有效评估数据的实际价值。

2. 基于人工智能和历史数据的动态定价模型

为了应对传统定价模型的局限性，人工智能驱动的动态定价模型提供了一种更加灵活、精确的解决方案。通过结合历史交易数据、市场供需信息和数据质量评估，人工智能模型可以动态调整数据的价格，使之更加精准且符合市场实际需求。

1）人工智能在动态定价中的作用

人工智能技术通过大数据分析和机器学习算法，可以分析历史交易数据、实时市场需求、数据集的特征及质量等多维度信息，进而为每一笔数据交易制定最佳的定价策略。以下是人工智能驱动的动态定价模型的主要优势。

（1）实时市场需求分析。

人工智能模型可以通过分析当前市场的供需关系，自动调整数据价格。例如，在需求高峰期，人工智能可以提高数据的价格，而在需求下降时则降低价格，以确保交易顺利进行。

（2）数据质量评估。

人工智能可以通过自动化评估数据的准确性、完整性和时效性等质量指标，为数据定价提供更加科学的依据。这种基于数据特征的定价方式有助于确保高质量数据能够获得更高的定价。

（3）个性化定价策略。

人工智能可以根据需求方的历史购买行为和偏好，为不同用户提供个性化的定价策略。例如，针对长期合作的客户，人工智能可以提供优惠定价，或根据需求方的预算调整数据价格。

2）动态定价模型的实现方式

实现人工智能驱动的动态定价模型通常依赖于机器学习算法，如回归模型、神经网络、强化学习等。这些模型能够学习历史交易数据中的定价规律，并根据实时市场条件做出价格调整决策。

（1）回归分析模型。

回归模型可以通过对历史交易数据的分析，预测数据的未来价格趋势。例如，基于线性回归的模型可以分析数据价格与市场需求之间的关系，进而自动调整价格。

（2）神经网络与深度学习模型。

深度学习模型可以处理复杂的数据特征和市场信息，从而为定价决策提供更加精确的依据。特别是在大规模数据集上，深度学习模型可以通过多层神经网络结构实现精准的价格预测。

（3）强化学习模型。

通过强化学习，人工智能模型能够通过不断试验和学习，优化定价策略，确保在不同的市场条件下实现最佳交易效果。这种模型可以根据历史定价和交易的反馈，不断调整和优化定价策略。

3. 结合区块链的透明交易机制

在数据交易过程中，除了定价的智能化，交易的透明度和安全性也是关键因素。区块链技术的引入不仅可以保证数据交易的透明和安全，还可以与人工智能驱动的动态定价模型相结合，打造一个更加透明和可信的数据交易环境。

1）交易透明度的提升

区块链通过其不可篡改和分布式账本的特性，使得每一笔交易的价格、交易内容和交易流程都可以被完整记录和追踪。这意味着任何参与方都可以查看每次交易的定价和交易流程，确保交易的透明性。

（1）价格公开。

基于区块链的交易系统可以记录每一笔交易的历史价格，供所有参与者参考。这种价格透明机制有助于减少数据提供方和需求方之间的定价纠纷，提升市场的公信力。

（2）交易记录不可篡改。

区块链的分布式账本技术确保了所有定价和交易记录都无法被篡改，交易各方可以追溯交易历史，从而增强交易的透明度和安全性。

2）数据交易中的智能合约应用

智能合约是区块链技术的核心应用之一，它可以根据预设的条件自动执行交易协议，进一步提高数据交易的效率和安全性。通过将智能合约与人工智能驱动的动态定价模型结合，数据交易可以实现全流程的自动化。

（1）自动化定价与交易执行。

当人工智能模型为某一笔交易生成动态价格后，智能合约将自动执行交易过程。只要双方同意价格，合约会自动完成支付、数据交付等操作，减少了人工干预，提高了交易效率。

（2）合规性与风险控制。

智能合约还可以根据交易的法律法规和平台的合规要求自动审查交易，确保数据交易的合法合规。同时，合约可以实时监控交易过程，自动识别和规避风险。

11.4 数据交易平台的安全与隐私保障

11.4.1 基于隐私保护的人工智能与区块链数据架构

在数据交易平台中，隐私保护和数据安全是至关重要的核心问题。随着数据交易规模的扩大，如何确保数据交易过程中的隐私和安全成为关键挑战。通过结合差分隐私、联邦学习等人工智能技术与区块链的零知识证明、多方安全计算（Secure Multi-Party Computation，MPC）等前沿技术，数据交易平台可以构建一个智能、安全且具备隐私保护能力的新型数据交易架构。

1. 差分隐私和联邦学习等技术在数据隐私保护中的应用

1）差分隐私在数据隐私保护中的应用

差分隐私是一种数学框架，用于确保数据分析和数据发布过程中的隐私保护。通过在统计分析结果中加入随机噪声，差分隐私能够有效保护个体数据不被泄露，同时仍然能够提供高质量的分析结果。

（1）原理。

差分隐私的核心思想是在数据集的分析结果中添加适量的随机噪声，使得无论一个个体是否存在于数据集中，分析结果不会有显著差异，从而保护个体隐私。

（2）应用场景。

差分隐私广泛应用于数据共享和交易中的隐私保护。例如，医疗数据平台在进行疾病趋势分析时，可以通过差分隐私算法确保参与者的敏感数据（如个人健康信息）不被泄露。在数据交易平台上，差分隐私可以为数据消费者提供数据分析结果，同时确保原始数据保持隐私性。

2）联邦学习在数据隐私保护中的应用

联邦学习是一种分布式机器学习技术，允许多个参与方在不共享原始数据的前提下协同训练模型，从而在保护数据隐私的同时实现数据价值的充分利用。

（1）原理。

在联邦学习中，数据提供方保留数据的本地存储，只有模型参数或更新在参与方之间共享。每个参与方独立训练模型，然后将模型更新发送到中央服务器，服务器在不访问任何本地数据的情况下，汇总这些更新并生成全局模型。

（2）应用场景。

联邦学习尤其适用于医疗、金融等对数据隐私保护要求极高的行业。例如，在跨医院的医疗数据共享中，各医院可以利用联邦学习共同训练疾病预测模型，而不需要实际共享患者的原始数据。在数据交易平台上，联邦学习可以在保障隐私的前提下，促进多方之间的协作与数据使用。

2. 区块链在数据交易中的安全保障

区块链以其分布式、不可篡改和透明性的特性，成为数据交易过程中提供安全保障的理想技术。通过区块链技术，数据交易平台可以确保数据在交易过程中不被篡改，并且交易的各个环节都可以进行追溯。结合零知识证明和 MPC 等前沿技术，区块链进一步提升了数据交易的安全性和隐私保护。

1）零知识证明在数据交易中的应用

零知识证明（Zero-Knowledge Proof，ZKP）是一种密码学协议，允许证明者在不透露任何实际数据内容的情况下，向验证者证明某个陈述是真实的。ZKP 通过提供隐私友好的验证机制，极大提升了数据交易的隐私性。

（1）原理。

ZKP 允许数据提供方在不公开数据内容的情况下证明某些信息的真实性。例如，在金融数据交易中，数据提供方可以通过 ZKP 证明其具备特定的资产或交易记录，而不需要公开其详细的账户信息。

（2）应用场景。

在数据交易平台中，ZKP 可以确保敏感数据不被泄露。例如，在医疗数据共享中，ZKP 允许研究机构验证数据的合法性和真实性，而无须访问患者的个人信息。此外，ZKP 还可以用于金融领域的数据验证，确保交易的隐私和合规性。

2）多方安全计算在数据交易中的应用

多方安全计算（MPC）是一种加密技术，允许多方在不泄露各自输入数据的情况下，协同完成计算任务。MPC 确保各方仅能够获得计算结果，而无法获取其他方的原始数据，从而实现高水平的数据隐私保护。

（1）原理。

在 MPC 中，每一方的数据被加密处理，所有参与方共同参与计算过程，确保整个过程中没有一方能够访问其他方的原始数据。最终，所有参与方共享计算结果，而不泄露任何个人数据。

（2）应用场景。

MPC 在需要高度隐私保护的跨组织数据共享和交易中有广泛的应用。例如，跨银行的金融风险评估可以通过 MPC 实现，各银行在不共享客户数据的前提下协同完成风险计算。在数据交易平台上，MPC 可以用于多方协同的数据分析与计算，确保数据隐私得到充分保护。

3. 基于隐私保护的人工智能与区块链架构的优势

通过结合差分隐私、联邦学习、零知识证明和多方安全计算等前沿技术，人工智能与区块链架构能够为数据交易平台提供强大的隐私保护和安全保障。以下是这种架构的核心优势。

1）数据隐私保障

人工智能技术如差分隐私和联邦学习，能够确保数据在交易和分析过程中的隐私性不被泄露。区块链通过零知识证明和多方安全计算，确保了交易的隐私保护，同时实现数据的安全共享。

2）全流程透明与可追溯性

区块链的分布式账本确保了交易的透明性和不可篡改性，每一笔交易记录都可以追溯到其源头，确保数据交易的可信性。

3）去中心化与信任最小化

区块链的去中心化架构消除了对第三方中介的依赖，交易各方可以在无须信任的环境下完成数据交易。同时，人工智能与区块链的结合使得交易流程更加自动化和智能化，极大提升了效率。

11.4.2　智能合约与自动化安全机制

在现代数据交易平台中，智能合约作为区块链的核心工具，通过自动化执行交易协议，有效提升了交易效率和安全性。与此同步，人工智能的引入为智能合约的设计和执行提供了更高的灵活性、透明性和自动化，使数据交易的安全性、合规性和透明度进一步得到保障。这种人工智能与区块链的协同应用将改变传统的数据交易模式，为全自动化的去中心化交易市场铺平道路。

1. 智能合约在数据交易过程中的自动执行与合规性保证

1）自动执行与交易高效化

智能合约的核心优势是通过预定义的条件实现自动化执行。当合约双方满足既定条件后，智能合约会自动执行各项操作，无须第三方干预。这种自动化特性大大提高了数据交易的效率，确保了交易过程的高效性和透明度。

（1）自动化交易流程。

智能合约能够将数据交易的所有步骤（如数据上传、验证、交付和支付）事先设定为合约条件。交易双方在达成协议后，合约会自动触发并执行交易操作，从而减少人为干预，降低出错风险，并提高交易速度。

（2）减少人为操作和错误。

通过代码执行，智能合约能够自动管理和控制交易，确保每个步骤在透明且可验证的环境中完成，减少了人为操作中的漏洞和错误。

2）合规保证与审查

确保数据交易的合规性是平台成功运作的关键，尤其是在跨国交易中。智能合约能够嵌入合规性检查规则，在合约执行过程中自动审查相关法律和行业规范。

（1）动态合规检查。

智能合约可以自动检查交易是否符合不同地区的隐私保护法和数据安全政策。例如，在涉及个人数据交易时，合约可以根据 GDPR 或加州消费者隐私法案（California Consumer Privacy Art，CCPA）的规定自动执行合规性审查，确保数据交易过程合法合规。

（2）数据隐私合规。

对于敏感数据（如医疗或金融数据），智能合约能够自动检查差分隐私或联邦学习等隐私保护技术的应用情况，确保交易双方在符合法规的前提下共享和使用数据。

3）风险监控

在数据交易过程中，智能合约还可以通过自动化的风险监控功能，实时评估交易的安全性，并在检测到潜在风险时采取相应的措施。

（1）实时风险监控。

智能合约可以自动分析交易过程中产生的数据流，识别异常行为或潜在风险。如发现交易数据传输中的异常流量或未授权访问，合约会自动触发警报或暂停交易，确保数据交易的安全性。

（2）自动纠正与终止。

智能合约能够根据预设的规则自动调整交易流程，如果发现违规行为或合规性问题，合约可以自动终止交易，减少潜在的损失和法律风险。

2. 人工智能优化智能合约的设计与执行

通过引入人工智能技术，智能合约的设计和执行得以显著优化。人工智能不仅能增强合约的灵活性和自动化，还能确保交易过程中的透明度和安全性。人工智能可以根据实时数据动态调整合约条款，并在交易过程中进行实时审计和风险评估。

人工智能技术使得智能合约的设计过程更加智能化。通过机器学习和 NLP，人工智能可以根据历史交易数据和当前市场需求自动生成合约条款，并不断优化合约结构。

1）基于交易模式的自动条款生成

人工智能可以根据交易双方的历史交易模式、市场状况和数据需求，自动生成智能合约的条款。通过分析市场数据和用户偏好，人工智能能够为每笔交易提供最合适的合约结构，确保交易的顺利进行。

2）动态调整与优化

人工智能可以实时分析合约执行情况，根据市场的变化自动优化合约条款。例如，人工智能可以在数据价格波动时自动更新合约中的定价策略，从而保证交易的灵活性和实时性。

人工智能的引入使智能合约的执行过程更加透明化。人工智能能够实时监控和分析交易中的数据流，确保每笔交易都在符合规定的情况下进行，并生成详细的审计报告。

1）自动化审计与报告生成

结合区块链的分布式账本技术，人工智能可以自动生成审计报告，对每一笔交易进行详细记录和分析。人工智能能够识别潜在风险，并通过数据分析提供防范措施，确保合约执行的透明性和安全性。

2）实时异常检测与预警

人工智能的机器学习模型可以通过分析交易数据流，实时识别异常行为或违规操作。如果发现交易中存在不正常的行为，人工智能会自动发出预警，避免潜在风险。

3. 智能合约与人工智能的协同作用

随着人工智能与智能合约的深度融合，数据交易平台将逐步实现更加复杂、灵活的自动化交易模式。通过人工智能的智能化优化，智能合约不仅能够自动执行交易条款，还能够动态调整交易参数，确保交易的合规性、透明性和高效性。

1）人工智能优化的智能合约系统

人工智能可以帮助智能合约在交易执行过程中根据实时数据进行自我优化，确保合约的高效执行和风险控制。通过机器学习，人工智能能够识别出交易中潜在的风险信号，并在合约执行前主动调整条款，避免法律纠纷或执行失败。

2）持续学习与改进

人工智能通过学习历史交易数据和合约执行情况，能够不断优化合约的设计和执行过程，适应不断变化的市场需求和交易风险，构建更加智能化的数据交易生态。

11.4.3 构建去中心化的数据交易生态系统

随着全球数据量的爆炸式增长以及跨行业、跨国界的数据需求愈发强烈，传统的数据交易模式面临效率低下、透明度不足、隐私保护不完善等问题。通过区块链与人工智能的协同应用，可以构建一个去中心化、可扩展的全球数据交易网络，使数据交易的透明度和信任度得到显著提升，为跨行业、跨国家的数据流通奠定坚实基础。

1. 通过区块链与人工智能构建去中心化、可扩展的全球数据交易网络

1）去中心化数据交易的优势

去中心化数据交易网络是基于区块链技术的分布式架构，它将数据提供方与需求方直接连接在一起，消除了传统交易模式中的中介环节，并通过智能合约实现自动化和透明化交易。这种模式的核心优势在于去中心化和可扩展性。

（1）去中心化带来的信任最小化。

传统的数据交易需要依赖第三方中介机构进行数据验证、价格撮合和交易执行，而去中心化系统通过区块链的共识机制，实现了信任最小化的交易环境。所有交易记录都在分布式账本中公开存储和验证，确保交易的真实性和透明性。

（2）全球可扩展性。

由于区块链的分布式特性，去中心化的数据交易平台可以在全球范围内扩展，而不受单一中心节点的限制。数据提供方和需求方可以来自不同国家和行业，通过区块链的去中心化网络进行点对点交易。这种全球化网络能够容纳多种形式的数据交易，从而形成高度可扩展的数据交易生态系统。

2）人工智能优化的全球数据交易

人工智能在去中心化数据交易网络中的作用不仅限于数据分析，还在于提升整个交易网络的自动化水平和智能化程度。通过人工智能的自动化优化，全球数据交易网络能够在多维度上实现效率提升和智能管理。

（1）动态定价与自动匹配。

人工智能通过分析历史交易数据、实时市场动态和供需变化，能够为每一笔数据交易动态生成合理的定价策略。与此同时，人工智能还可以根据交易方的需求与数据资源自动进行匹配，确保交易过程高效流畅。

（2）智能预测与资源分配。

人工智能可以对未来的数据需求进行预测，帮助平台合理分配资源，确保交易网络的平稳运行。例如，人工智能可以根据平台上的交易行为预测某些行业或区域的未来数据需求，提前调整数据定价和供应策略，以满足市场需求。

3）区块链技术的全球共识机制

在去中心化数据交易网络中，区块链的共识机制（如 PoW、PoS 或 DPoS）确保了交易的安全性和全网参与者的信任。这些共识机制为全球数据交易网络提供了可扩展的底层基础架构，保障交易的公平性和安全性。

（1）交易透明性。

区块链通过分布式账本将所有交易记录透明化，每个参与者都可以访问、验证和审核交易。这种透明性在全球数据交易中至关重要，能够增强参与者对平台的信任，特别是在跨国界的交易中。

（2）不可篡改与抗审查性。

区块链技术确保了交易数据一旦写入账本后就无法篡改或删除，这为全球数据交易网络提供了强大的抗审查性和安全性，防止任何恶意行为对交易过程造成破坏。

2. 提高跨行业、跨国家数据交易的透明度和信任度

1）数据交易的透明化与可追溯性

在跨行业、跨国家的数据交易中，透明度是构建信任的基础。区块链技术的引入大大提高了数据交易的透明性，使每一笔交易都可以被追踪和审计。

（1）数据可追溯性。

在区块链网络中，数据交易从上传、验证到交付的每个步骤都可以被追踪。交易双方以及监管机构可以查看交易的所有历史记录，从而确保交易过程的合法性和透明性。这对跨国数据交易中的法律合规审查尤其重要。

（2）智能合约的自动执行与透明性。

通过智能合约，交易条款和条件被事先编写成代码，交易执行的每一步都按照合约条款自动化进行。这种透明的自动化执行机制不仅提升了交易的安全性，还为各方提供了清晰的责任和执行流程。

2）信任最小化与数据确权

跨行业、跨国界的数据交易中，数据所有权的确权和信任问题往往是交易障碍。区块链结合人工智能，可以通过智能合约和分布式账本的机制解决数据确权问题，从而提高跨国交易中的信任度。

（1）数据确权与智能合约。

通过区块链的不可篡改性，数据的所有权可以在平台上明确记录和验证。数据提供方可以通过智能合约预设交易条件，确保其数据的使用范围和权限得到严格限制。在数据交易完成后，区块链账本上将永久保存交易记录，确保所有权的合法性。

（2）去信任交易环境。

区块链的去中心化架构为跨国数据交易提供了去信任环境。在传统模式下，交易双方通常依赖中介机构来撮合并监督交易过程，而区块链通过分布式共识机制和智能合约，实现了无须中介的信任最小化交易。这在不同国家的监管框架下，特别是在对隐私和数据安全有不同要求的国家之间，极具优势。

3）数据隐私保护与合规性

在全球范围内，不同国家的数据隐私法律和标准存在显著差异，如何确保数据交易过程中对隐私的保护以及合规性是全球数据交易网络需要解决的关键问题。通过结合人工智能与区块链技术，可以在提升透明度的同时有效保护数据隐私。

（1）差分隐私与联邦学习。

在跨国数据交易中，人工智能可以通过差分隐私和联邦学习等技术，在保护用户隐私的同时实现数据的价值最大化。通过这些技术，数据可以在不泄露个人敏感信息的前提下进行交易和分析，确保各方的数据隐私得到充分保护。

（2）智能合约自动化合规审查。

智能合约可以根据不同国家的隐私保护法自动执行合规性审查。例如，在涉及个人健康数据的交易中，智能合约可以根据 GDPR 或 HIPAA 等隐私法律，自动检测交易的合规性并进行调整，以确保交易合法。

3. 全球数据交易网络的未来前景

通过区块链与人工智能技术的深度融合，全球去中心化数据交易网络能够为不同行业、不同国家的数据流通创造更加透明、安全和高效的生态系统。未来，随着技术的不断发展，全球数据交易网络将会更加广泛地应用于医疗、金融、能源、物联网等各大行业，推动全球数字经济的进一步发展。

1）跨行业标准化与互操作性

未来的全球数据交易网络将通过标准化的数据格式和互操作性协议，打破行业和国家间的数据孤岛，促进数据在全球范围内的无缝流通。

2）智能合约驱动的完全自动化交易

随着人工智能和智能合约技术的进一步成熟，全球数据交易将实现从数据上传、验证、交易撮合到交付的全流程自动化，极大提升交易效率并减少人为干预。

11.4.4　人工智能驱动的数据合约与价值共享模式

在数据交易生态系统中，数据合约的动态调整和数据价值的评估是实现交易公平和价值分配的关键。通过引入人工智能与区块链技术，数据交易平台可以动态优化合约条款、自动评估数据的市场价值，并确保通过去中心化账本和智能合约机制实现数据交易的透明性和公平性。这种新型模式不仅提升了交易效率，还为数据提供方和需求方创造了良好的价值共享环境。

1. 人工智能在动态合约与数据价值评估中的作用

人工智能技术能够实时分析市场动态、用户需求和数据特征，从而自动生成并调整智能合约的条款，确保数据交易过程更加灵活、智能和高效。传统静态合约往往难以应对快速变化的市场需求，而通过人工智能的自适应能力，合约条款可以随市场环境和交易条件的变化自动更新。

1）实时市场分析与合约生成

人工智能通过大规模分析历史交易数据和当前市场需求，能够自动生成适应当前环境的动态合约。例如，当数据需求激增时，人工智能可以自动调整合约中的定价和数据交付条件，以确保交易双方的利益得到最大化。

2）自动化条款优化

人工智能能够根据交易过程中反馈的数据，持续优化智能合约的条款。如果检测到市场变化或交易条件的波动，人工智能可以动态修改合约中的条款，使其更加符合交易需求，提升交易的灵活性和成功率。

数据的价值在很大程度上取决于其质量、时效性、完整性和适用性等多种因素。传统的价值评估方法难以应对这些复杂的维度，而人工智能可以通过大数据分析、机器学习等技术手段，自动化评估数据的实际市场价值。该部分内容在前面章节已有详细描述。

2. 去中心化账本与智能合约确保数据交易的公平与价值分配

智能合约可以预先设定数据价值分配的规则，并通过自动执行这些规则，确保交易中的所有参与者都能公平地分享数据带来的收益。在数据交易完成后，智能合约会根据预设的分配规则，自动将收益按比例分配给数据提供方和其他利益相关者。

1) 自动化支付与分配

在数据交易完成后，智能合约会自动触发付款流程，并根据预设的分配比例，自动将收益分配给所有相关方。例如，在医疗数据交易中，数据提供方、分析方和平台运营方都可以根据他们的贡献比例，自动获得相应的报酬。

2) 确保价值公平分配

通过智能合约，平台可以确保数据交易中的所有参与方（数据提供者、数据处理者、数据消费者）都能够根据他们的贡献或参与度，获得公平的收益分配。这种机制减少了人为干预，确保了交易的透明与公正。

在基于区块链的去中心化生态系统中，数据不仅是单纯的交易商品，也是一种可共享的资源。在这种价值共享模式下，数据提供者可以通过多次交易获得长期收益，而数据消费者也能够通过获取高质量的数据资源来实现自身价值。

1) 持续性收益模式

通过区块链和智能合约，数据提供者可以多次出售相同的数据集，而每次交易都可以通过智能合约自动支付报酬。例如，医疗机构可以将其匿名化的病患数据提供给多个科研机构，并通过智能合约自动获得相应的报酬，实现持续性收益。

2) 数据价值的持续评估与共享

人工智能可以持续跟踪数据的使用情况，实时更新数据的市场价值，并通过智能合约调整未来的交易条款。这种动态评估机制确保数据提供方在数据被多次使用时，能够持续获得收益，而数据使用方则能根据数据的价值变化，灵活调整使用策略。

通过人工智能与区块链技术的深度结合，数据合约的动态生成和数据价值的自动评估将进一步推动去中心化数据交易生态系统的成熟。未来，随着更多行业和国家加入这一体系，数据交易将更加公平、透明，全球数据资源的共享和利用效率也将得到显著提升。

1) 全面自动化数据交易

未来的数据交易平台将实现从数据上传、验证、定价、交付到收益分配的全流程自动化，极大提升了交易效率，同时降低了操作风险。

2) 价值共享的全球化

在全球数据交易市场中，数据价值的评估和分配将更加透明和公平。通过人工智能驱动的动态合约与区块链的智能合约机制，数据提供者、消费者和平台各方将共享全球数据资源带来的价值。

11.5　数据交易平台架构设计实战

11.5.1　设计思路

本节将介绍如何从零开始设计用于生产系统部署的大数据交易平台。交易平台的设计和实现极具挑战性，不可一蹴而就，需要考虑分阶段建设。从技术难度和投入可控角度，第一阶段的建设着重于打基础，实现基本的数据交易业务流程；第二阶段的建设着重于扩展应用场景，尤其是隐私计算相关场景的实现；第三阶段的建设则着重于运营能力提升和相配套的技术能力建设，建立数据交易的生态体系。

1. 打基础阶段

第一阶段，就是打基础的阶段，实现大数据交易平台基本业务流程，以及数据集、API两种数据类型交易业务流程，确保业务顺畅开展；实现公共数据和社会数据融合应用流程并落地试点。

第一阶段的建设逻辑是基于最小必要原则打造轻量级平台，快速实现交易闭环流程，在此基础上与公共数据开发服务平台对接，实现公共数据和社会数据的融合应用试点。

针对以上原则，需要建设的内容可能包括：官网门户、交易门户提供宣传和交易入口；展厅可视化大屏为运营方和监管方了解交易进展；用户中心方便交易主体能够开展交易操作；流通业务平台的数据确权和授权管理系统、数据登记管理系统、产品管理系统、订单管理系统、合同管理系统、财务管理系统和计费管理系统，实现数据的确权登记—上架—下单—合同签署—计量计费—财务管理全流程。除此之外，需要建设运营管理平台的用户运营和产品运营系统，方便平台运营方对用户和数据产品进行审核管理；建设交易监管平台的数据监管、场景监管和流程合规监管系统，方便监管方对全流程进行合规监管。为了实现公共数据和社会数据融合，需要建设交易对接系统，统一认证、统一支付，公共数据开发服务平台对接进行对接，实现用户验证、在线支付等功能。同时，为确保交易过程可信可溯源，建设区块链管理系统，将主要流程的信息上链存证，避免后续纠纷和风险。建设数据管控平台，其中资源管控系统实现对数据样本库的管理；数据目录管理系统实现公共数据目录的存储和管理。

2. 扩场景阶段

第二阶段，也就是扩场景的阶段，需要在高频场景对大数据交易平台开展业务验证，提炼标准化场景和数据产品；扩展大数据交易平台系统功能如数据融合试验系统，提高数据供需方的撮合效率；基于第一阶段用户反馈迭代和优化系统功能。

第二阶段的建设逻辑是在第一阶段系统功能的基础上，扩展除数据集、API外的其他数据产品类型，如隐私数据表等新型数据产品，实现数据可用不可见。因此，需建设PaaS云服务支撑系统，为计算交付平台提供环境自动化部署；在PaaS的基础上建设数据融合试验系统和隐私计算试验系统，为用户提供"先试验后交易"的数据撮合服务；同时，基于第一阶段的业务数据沉淀，建设产品评估定价系统，研发评估模型，对数据产品提供辅助定价参考；建设合规认证系统，同时支撑多家第三方合规机构开展标准化合规认证服务，培育产业生态；随着第二阶段业务量的扩展，需配套建设客服座席管理系统，以应对大量的咨询和售后需求；同步扩展运营管理平台、交易监管平台、技术支撑平台的其他系统。

3. 强运营阶段

第三阶段，也就是强运营的阶段，需要通过系列运营活动投入，提升数据交易平台的活跃度和用户黏性；沉淀交易数据，实现平台智能化服务；扩展样本库，细分行业应用，赋能实体产业；建设统一隐私计算平台，实现平台隐私计算生态互联互通。

到了第三阶段，大部分系统均已建设完成，大数据交易平台的重心应转移至平台运营，第三阶段的建设逻辑为扩展智能化服务，提升风险控制水平，并提升平台的互联互通程度。基于此，第三阶段需建设统一隐私计算系统，以实现不同隐私计算厂商之间的互联互通，构建交易所自身的技术生态；同时，通过自建或第三方风控服务，保障自身运营安全；为更好提升用户体验，需要建设移动端，方便各交易主体及时了解交易动态信息。

大数据交易平台建立在区块链、隐私计算、数据安全等基础之上，通过数据样本的采集和运营，实现供需双方智能撮合，并可提供统一的计算交付模式，使用新的技术解决传统数据交易互信难、可信流通难等问题。在大数据交易平台建设中需要积极探索整合数据"沙箱"、容器、隐私计算等技术，实现以"可用不可见"为特征的双方数据联合校验和需求对接，在保障供需双方数据安全的同时实现数据价值共享，有效消除数据孤岛和系统孤岛问题，形成多元主体利益共享的保障机制，将经过标签化处理后的数据对接融合，再进行统一的增值开发利用，让各数据源重新构成一个数据集群，并不断集聚壮大，从而提升数据的含金量，增强数据价值释放能力，赋能更多的数据交易主体。

11.5.2 模式变革

传统的数据共享模式往往容易走入两个极端：数据要么"捂"得死死的，不共享，不让第三方使用，或者是物理限制，要跑到特定场所用；或者是没有底线，数据直接复制给第三方，要求第三方承担数据保密的义务。这些都是治标不治本的方法。

第一，放开了，数据的安全、隐私、权益保障不了。

第二，捂死了，数据交易的市场和生态没法激活，使用的各种限制，也会导致最终的交易平台走向死亡。

所以，对于不同的数据，需要采取不同的共享原则，具体的数据要素共享原则如图 11-1 所示。

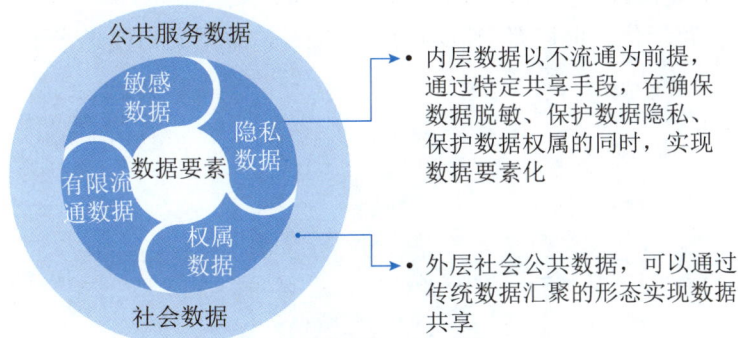

图 11-1　数据要素共享原则

而传统的数据治理流程往往在需求不是很清晰的前提下，就对数据进行汇聚、清洗、交易，投入大，收益小，其弊端如图 11-2 所示。

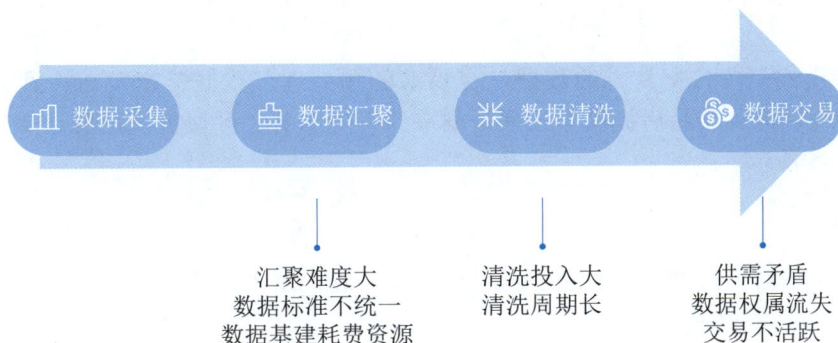

图 11-2　传统数据治理流程的弊端

因此，在整个数据交易体系的设计中，可以创新数据治理流程，改变传统以数据汇聚为重心的数据治理流程，改为以市场需求为驱动、以数据交易为重心的数据治理流程，政府或平台建设方可以将数据治理的核心工作放在数据汇聚、数据标准和数据交易上，如图 11-3 所示。

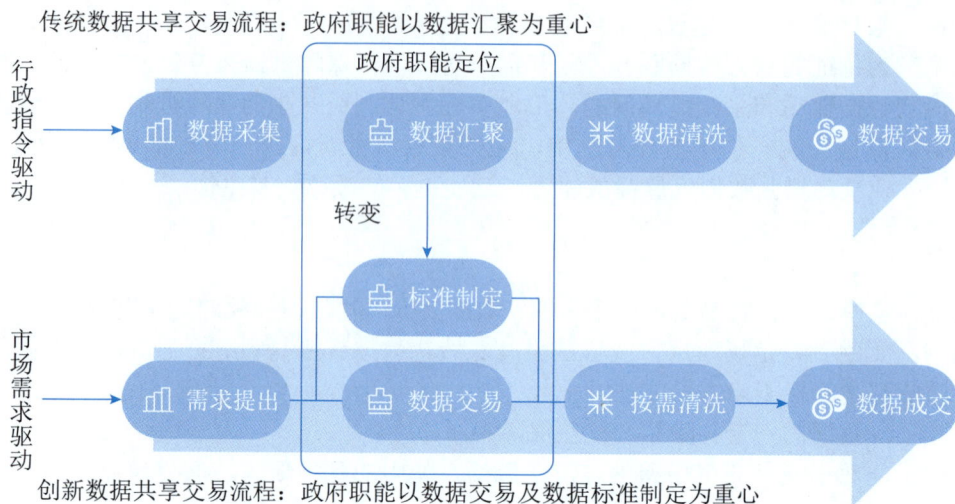

传统数据共享交易流程：政府职能以数据汇聚为重心

政府职能定位

行政指令驱动　→　数据采集　　数据汇聚　　数据清洗　　数据交易

转变

标准制定

市场需求驱动　→　需求提出　　数据交易　　按需清洗　→　数据成交

创新数据共享交易流程：政府职能以数据交易及数据标准制定为重心

图 11-3　数据共享与交易流程再造

通过对数据共享与交易流程的变革，我们可以在成本、安全、效率、效益等方面，得到进一步改善，让数据交易真正走向市场化，促进整个市场的活力提升，数据交易模式变革的收益如图 11-4 所示。

节省成本
无须数据汇聚，最大程度降低政府数据基建成本

需求驱动
以市场需求驱动数据交易，促进数据治理活动开展，有的放矢，告别无价值劳动

数据安全
数据不出门，算法跑上门，计算众协同，利益共分享，隐私不流通，监管无漏洞

商业效益
相关数据治理费用由需求方支出，交易平台无须预支清洗、脱敏等数据治理费用

交易促成
以数据目录为交易参考，快速匹配供需双方，提升交易效率

要素市场化
保护数据所有者权属，调动数据要素所有者的数据共享积极性，推动数据要素市场化

图 11-4　数据交易模式变革的收益

在这样的交易模式下，各交易方的数据从交易前的预处理、数据资产发布，到交易中形成净数据区，进行数据的存证，再到交易后提供一系列数据审计管理服务，区块链及隐私计算技术能够提供较全面的支撑，如图 11-5 所示。

11.5.3　功能架构

基于前述讨论的交易平台设计思路和交易模式变革，我们给出了数据交易平台的功能架构、业务架构、技术架构、数据架构和安全架构。

从功能架构角度，数据交易平台总体分为应用层、业务层、计算层、技术支撑层、数据层共五层架构，为交易主体提供安全、可信、可控、可追溯的数据交易环境，提供准入认证、数据资源登记、数据产品开发、合规审核、产品上架、交易撮合、交易结算等综合服务，同时平台采用成熟的安全机制、标准规范体系等为数据交易业务保驾护航。如图 11-6 给出了数据交易平台功能架构的建议版本。交易平台功能架构的具体说明如下。

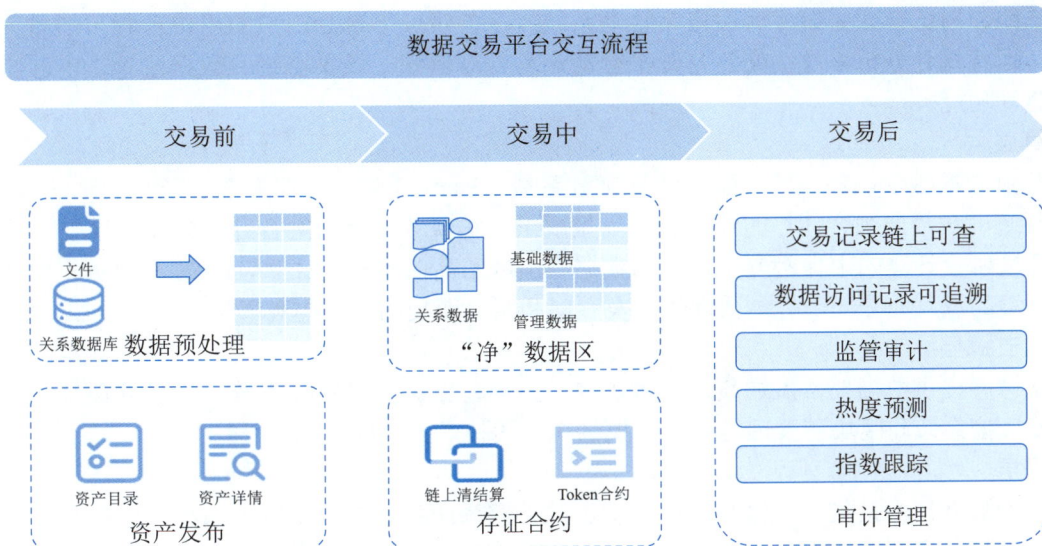

图 11-5 数据交易平台交互流程中的区块链支撑

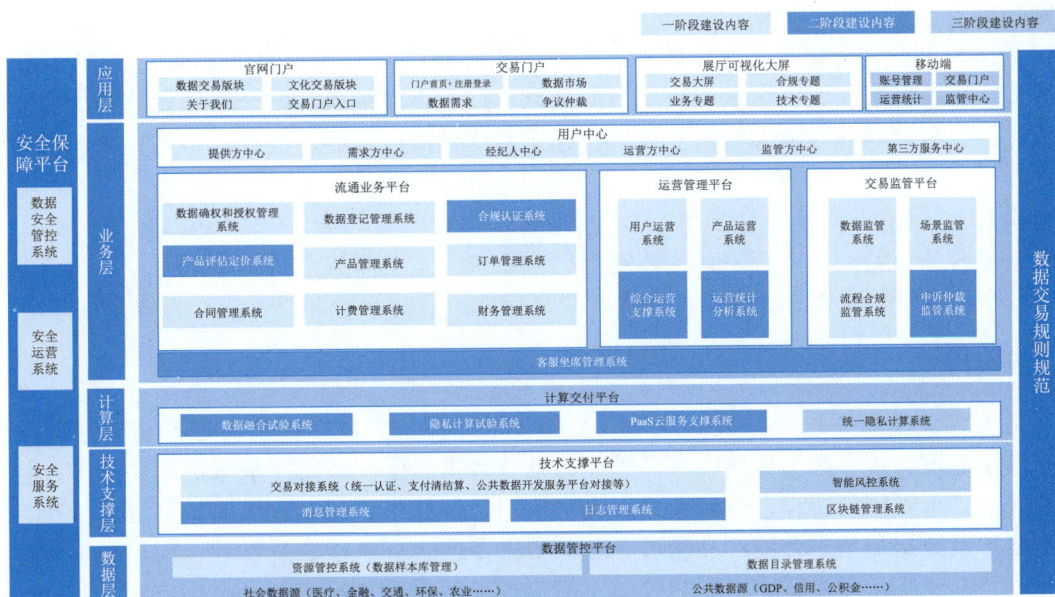

图 11-6 数据交易平台功能架构

1. 应用层

应用层为平台面对用户提供数据要素流通服务的展示，包括官网门户、交易门户和展厅可视化大屏。应用层具备文化交易版块、数据交易版块、数据市场、数据需求、争议仲裁和注册登录等功能，满足供需双方查询、购买和使用导引，以及面向内部管理或对外开放的数据交易大屏。

2. 业务层

业务层为数据交易提供业务、运营、监管的完整支撑。包括用户中心、流通业务平台、运营管理平台和监管交易平台。用户中心提供数据需求方、数据提供方、数据经纪人、运营方、监管方、第三方中心机构管理入口和功能。流通业务平台为数据交易业务的核心平台，包括数据确权和授权管理系统、数据登记管理系统、合规认证系统、产品评估定价系统、产品管理系统、订单管理系统、合同管理系统、计费管理系统、财务管理系统、客服座席管理系统；运营管理平台为门户的用户运营、产品运营、综合运营支撑、运营统计分析系统；交易监管平台从流程合规监管、场景监管、数据监管、申诉仲裁监管等方面提供监管功能。

3. 计算层

计算层由数据融合试验系统、隐私计算试验系统、PaaS 云服务支撑系统、统一隐私计算系统构成。计算层主要通过对数据融合计算的业务保密场景要求，实现数据明文融合计算的低保密安全计算、数据密文安全环境融合计算的中保密安全计算和数据不出域的高保密安全计算。PaaS 云服务支撑系统为安全计算提供环境的调度和分配，提供数据的安全存储和用后即焚的沙箱隔离环境。

4. 技术支撑层

技术支撑层提供数据要素流通统一技术支撑，主要包括：交易对接系统、消息管理系统、日志管理系统、智能风控系统和区块链管理等系统，提供统一的技术支撑底座。

5. 数据层

数据层为数据样本采集、存储和管理提供资源管控系统和数据目录管理系统，将社会数据样本、公共数据目录进行归集整理，构建包括但不限于医疗、金融、交通、农业、信用、公积金、水电气等主题数据样本库。

6. 规则规范

规则规范作为引导平台建设和迭代的业务规则，贯穿数据交易平台整体架构，其中包括交易规则、交易主体管理、合规指南、评估指南、产品上架规范、技术交付指南、安全保障规范等内容，以标准推动市场规范化，并通过标准规范为数据交易平台建设和迭代提供依据，实现业务和技术的深度绑定，减少无效开发。

7. 安全保障

安全保障平台分为数据安全管控系统、安全运营系统、安全服务系统三个部分，从交易安全、数据安全、基础安全、运营安全等方面为交易主体、交易标的、交易平台和交易流程提供全面安全保障。

11.5.4　业务架构

数据交易平台业务流程以公共数据流程、数据需求方流程、数据提供方流程进行设计。数据提供方流程主要涉及数据合规、数据评估、产品管理、社会数据专区；数据需求方流程主要涉及社会数据和公共数据专区、订单审核及管理、合同管理、支付模块、计算平台、结算模块、存证监管模块等；公共数据流程主要涉及数据交易平台的产品管理、公共数据专区、订单审核及管理、支付模块、计量计费模块、结算模块、存证监管模块等。如图 11-7 为一套完整的数据交易平台业务架构方案。

11.5.5　技术架构

图 11-8 为数据交易平台技术架构示例，其中的各种技术只是代表性的选型，在生产系统研发中，可以根据实际情况进行选型。

11.5.6　数据架构

数据交易平台的数据架构有两个主要目标：一是建立数据管控平台对接公共数据资源目录和社会数据样本，二是联合计算交付平台为数据交易业务提供撮合试验支撑，保障数据的有序可靠供给。生产数据不出自身业务系统，通过本地部署隐私计算节点进行点对点计算，数据均在本地完成运算，将中间过程数据进行传输融合，实现从数据来源到数据应用的有序流转。数据的生产过程可以分为四个阶段。

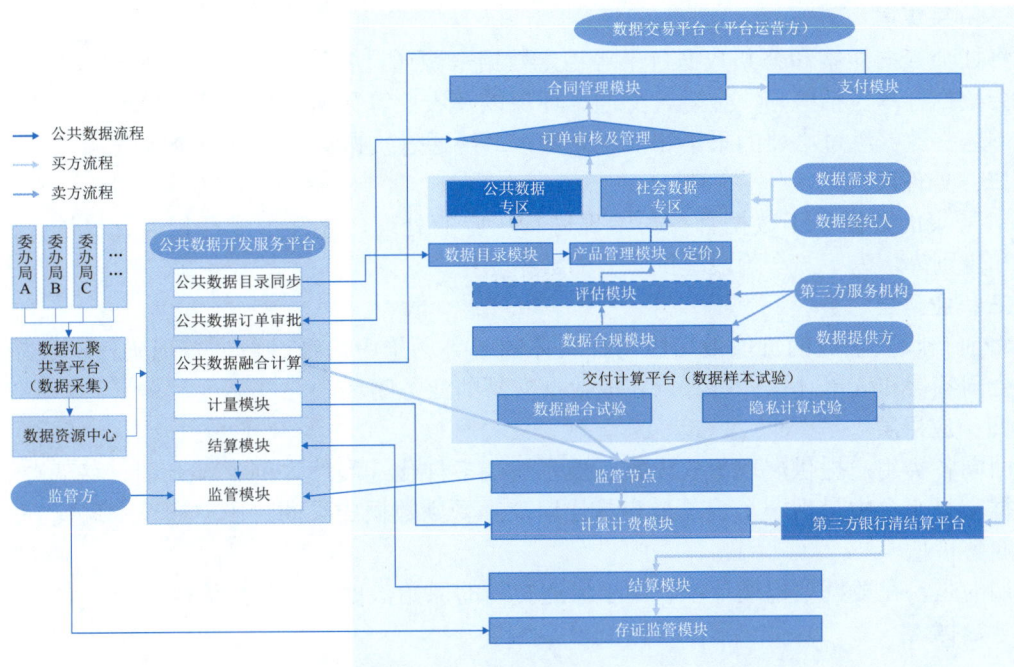

图 11-7　数据交易平台业务架构

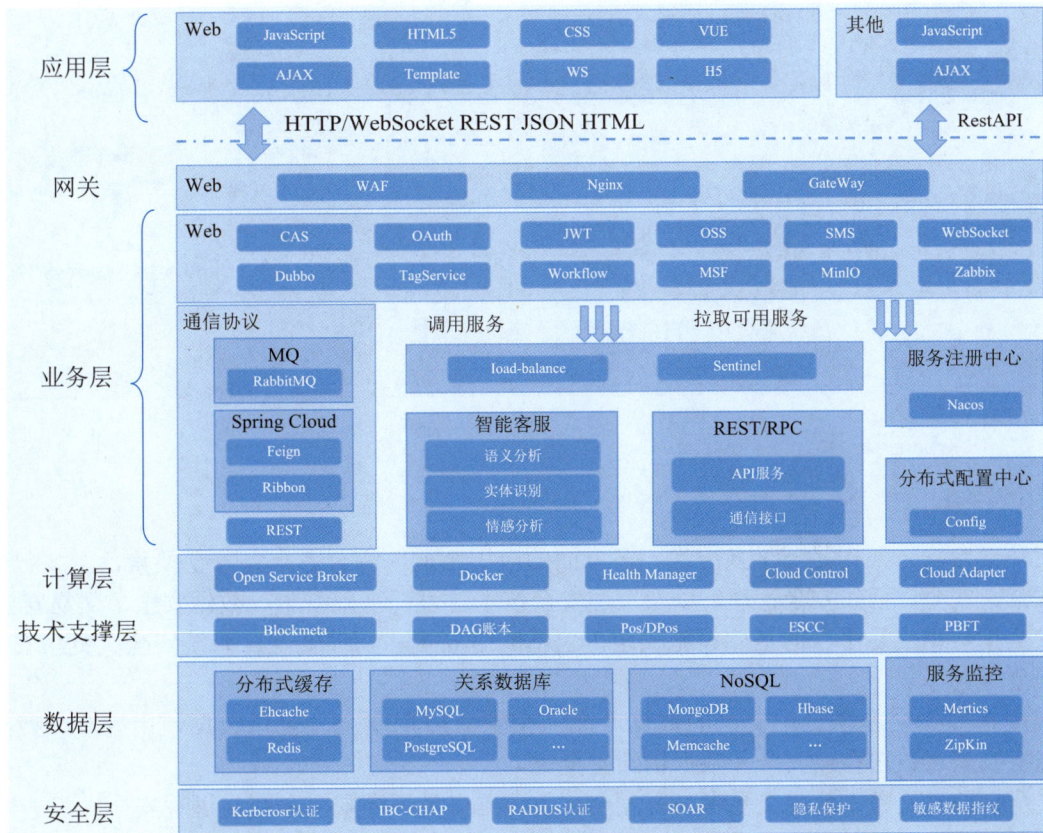

图 11-8　数据交易平台技术架构

1. 阶段一：采集层

本阶段将社会数据样本和公共数据目录等稳定数据来源通过各种方式汇聚到综合库中供进一步存储和处理。社会数据样本包括医疗、金融、交通、环保以及农业等数据，公共数据目录中包括 GDP、信用等数据目录。这些数据经过必要的采集和前置处理，最终通过接口集流向下一个阶段。

2. 阶段二：处理层

本阶段对采集的数据基于数据管控与治理进行相应的处理，最终形成标识库、算法算子库、指标库、特征库和规则库，为下一个阶段提供必要的数据支撑。

3. 阶段三：业务层

本阶段将前一阶段生成的价值数据应用在具体的业务场景中，经过数据登记确权、产品评估定价、产品购买、合同签署和订单计量计费等，完成数据交易的业务闭环。

4. 阶段四：应用层

本阶段面向各类用户提供展现形式丰富、展示终端多样化（展厅大屏、Web 端、移动端等）的呈现模式，是数据交易平台中最后一个也是最容易让用户感受到数据成果的阶段。通过实现良好的数据呈现能够最大化业务价值。

需要强调的是，在数据架构设计中，用于流通交易的原始数据不在平台留存，如图 11-9 中所指的均是平台的业务数据。

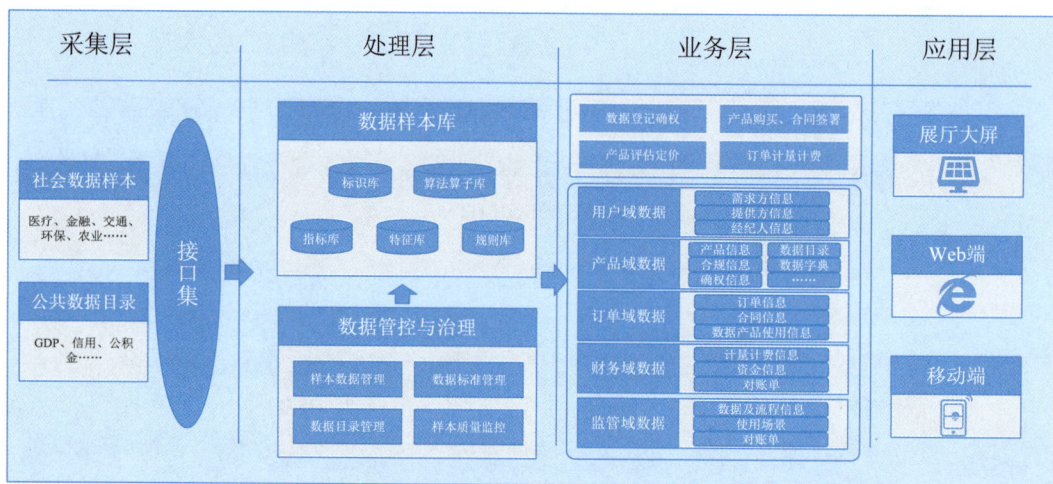

图 11-9　数据交易平台数据架构

11.5.7　安全架构

数据交易平台安全架构是一个多层次、多方面的应用结构，综合考虑各安全要素，主要包含贯穿始终的制度规范、安全运营和安全管理，以及三层安全技术建设：基础安全、数据安全、交易安全。

基础安全指数据交易平台的基础设施安全，包括网络安全、物理安全、系统安全、机房安全、云安全、终端安全等。

数据安全指数据交易平台中交易的数据产品的全生命周期安全，包括数据使用安全、数据传输安全、数据交换安全、数据存储安全和数据销毁安全等。

交易安全指数据交易平台中交易参与方安全、大数据交易平台安全和交易过程安全。

这几方面既是一种防护基础，也是一个循环渐进、合理有效的整体安全防护系统。图 11-10 为数据交易平台安全架构。

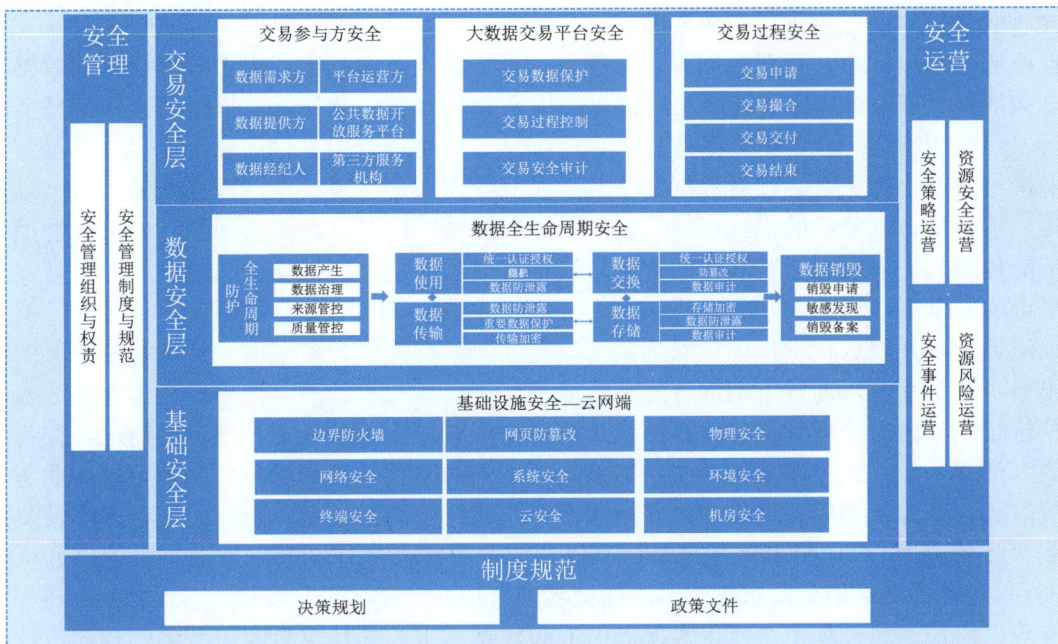

图 11-10 数据交易平台安全架构

安全管理

交易安全层
- 交易参与方安全
  - 数据需求方 / 平台运营方
  - 数据提供方 / 公共数据开放服务平台
  - 数据经纪人 / 第三方服务机构
- 大数据交易平台安全
  - 交易数据保护
  - 交易过程控制
  - 交易安全审计
- 交易过程安全
  - 交易申请
  - 交易撮合
  - 交易交付
  - 交易结束

数据安全层
- 数据全生命周期安全
  - 全生命周期防护
    - 数据产生
    - 数据治理
    - 来源管控
    - 质量管控
  - 数据使用 / 数据传输
    - 统一认证授权
    - 篡改
    - 数据防泄露
    - 重要数据保护
    - 传输加密
  - 数据交换 / 数据存储
    - 统一认证授权
    - 防篡改
    - 数据审计
    - 存储加密
    - 数据防泄露
    - 数据审计
  - 数据销毁
    - 销毁申请
    - 敏感发现
    - 销毁备案

基础安全层
- 基础设施安全—云网端
  - 边界防火墙
  - 网页防篡改
  - 物理安全
  - 网络安全
  - 系统安全
  - 环境安全
  - 终端安全
  - 云安全
  - 机房安全

安全管理组织与权责 / 安全管理制度与规范

安全运营
- 安全策略运营 / 资源安全运营
- 安全事件运营 / 资源风险运营

制度规范
- 决策规划
- 政策文件

11.5.8 人工智能与区块链落地实践

1. 确权及合规性挑战应对: 基于数据公证的合规认证体系

基于数据合规认证系统构建的合规认证体系是通过用户申请、视频连线、短信认证、人脸比对、在线文书签署等全部或者部分步骤后完成数据相关业务在线公证的系统。基于公证服务发挥沟通、证明、监督的职能,有效防范数据交易中的风险,为解决纠纷提供可靠的证据,并能够保障数据交易平台平稳有序地运行。数据合规认证体系的功能架构如图 11-11 所示。

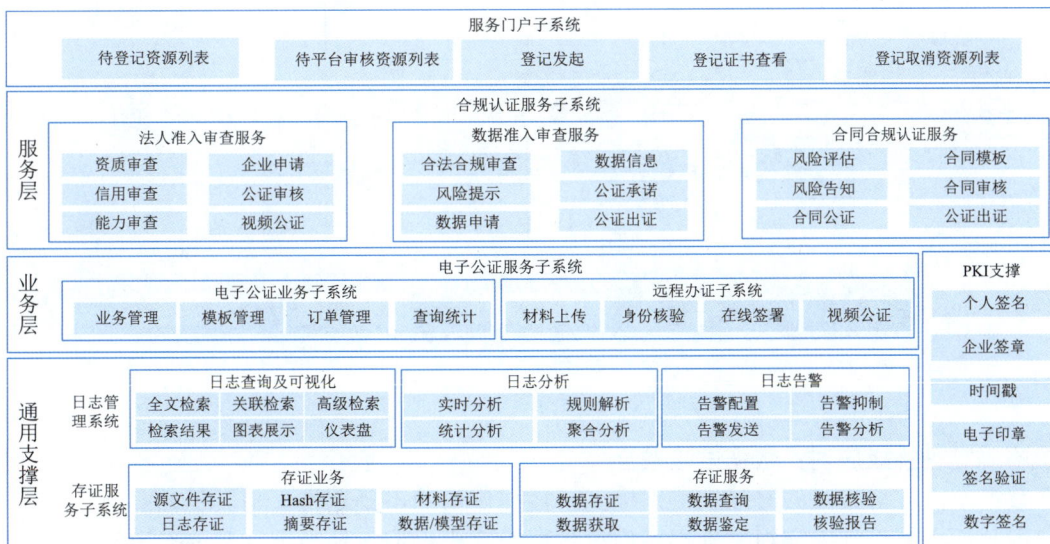

服务门户子系统
- 待登记资源列表
- 待平台审核资源列表
- 登记发起
- 登记证书查看
- 登记取消资源列表

服务层
- 合规认证服务子系统
  - 法人准入审查服务
    - 资质审查 / 企业申请
    - 信用审查 / 公证审核
    - 能力审查 / 视频公证
  - 数据准入审查服务
    - 合法合规审查 / 数据信息
    - 风险提示 / 公证承诺
    - 数据申请 / 公证出证
  - 合同合规认证服务
    - 风险评估 / 合同模板
    - 风险告知 / 合同审核
    - 合同公证 / 公证出证

业务层
- 电子公证服务子系统
  - 电子公证业务子系统
    - 业务管理
    - 模板管理
    - 订单管理
    - 查询统计
  - 远程办证子系统
    - 材料上传
    - 身份核验
    - 在线签署
    - 视频公证

通用支撑层
- 通用支撑层
  - 日志管理系统
    - 日志查询及可视化
      - 全文检索 / 关联检索 / 高级检索
      - 检索结果 / 图表展示 / 仪表盘
    - 日志分析
      - 实时分析 / 规则解析
      - 统计分析 / 聚合分析
    - 日志告警
      - 告警配置 / 告警抑制
      - 告警发送 / 告警分析
  - 存证服务子系统
    - 存证业务
      - 源文件存证 / Hash存证 / 材料存证
      - 日志存证 / 摘要存证 / 数据/模型存证
    - 存证服务
      - 数据存证 / 数据查询 / 数据核验
      - 数据获取 / 数据鉴定 / 核验报告

PKI支撑
- 个人签名
- 企业签章
- 时间戳
- 电子印章
- 签名验证
- 数字签名

图 11-11 数据合规认证体系功能架构

2. 安全性挑战应对：三流分离的业务模式

在数据流通交易过程中，存在数据流、业务流、资金流三条信息流。用于数据计算的数据流，包括隐私计算、大数据计算、API调用等涉及的信息；用于业务传导的业务流，指围绕数据交易全流程业务信息的流转，包括用户信息、数据产品信息、订单信息等；用于费用支付的资金流，主要指交易形成的订单资金及清结算资金信息等。针对数据交易监管以及数据安全保障要求，数据交易平台可以采用业务流、数据流、资金流三流分离的模式，使其在不同系统流转，同时各系统采用独立的安全管控手段，保障某一环节的信息流被攻击截断时其他两类信息流不会受到影响，降低安全风险，同时提升安全审计效率，确保平台的安全可信。

在数据流通交易开展过程中，因考虑到数据安全性，数据提供方多倾向于使用隐私计算的方式，生产数据不出自身业务系统，通过本地部署隐私计算节点进行点对点计算，数据均在本地完成运算，将中间过程数据进行传输融合，得到最终计算结果。针对生产数据流不接入交易平台的情况，交易平台可以设计统一隐私计算平台，通过研发统一中控节点，对不同的隐私计算平台和厂商进行统一业务管理，包括订单开展时长、资源和调用计量计费、安全预警等。这样做的好处是，一方面平台不涉及复杂的生产计算，做到"计算去中心"，更聚焦在交易撮合等核心业务运营工作；另一方面平台能做到"监管有中心"，对场外点对点的交易做到监督管理，确保交易的可控。

在生产数据流通交易过程中会使用数据提供方和数据需求方的计算资源，所需的存储、计算资源在商务合同签署时会约定具体的计费方式和交付内容，一般是"数据＋资源＋服务"形态，若是项目制，则一次性包含；若是调用制，则将资源成本均摊到每次调用价上，具体费用由数据提供方和数据需求方协商议价形成。

如图11-12所示为三流分离的流程及关系。

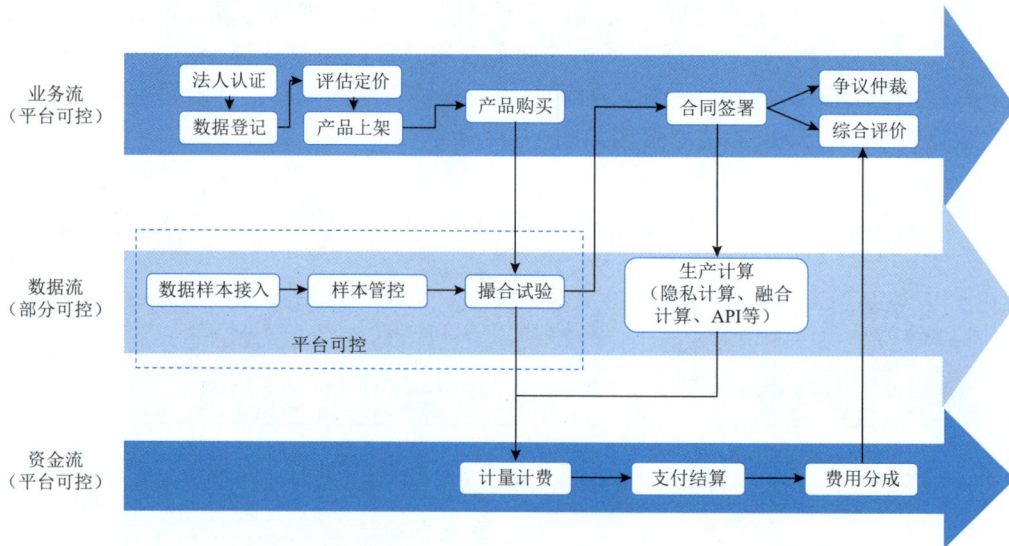

图11-12　三流分离的流程及关系

3. 价值不确定性挑战应对：数据试验融合

在分析数据产品交易特点的时候，特别提到了数据价值的不确定性。与其他商品不一样，数据在交易和实际使用验证之前，需求方很难确定提供方数据的真正价值，使数据交易的意愿往往难以激活。针对价值的不确定性，可以通过数据试验融合，提高数据交易效率。提供"先试验后交易"的数据融合试验服务，即建设数据融合试验环境，方便前置需求匹配和质量验证，提升交易意愿，降低交易风险。图 11-13 为数据试验融合的应用场景。

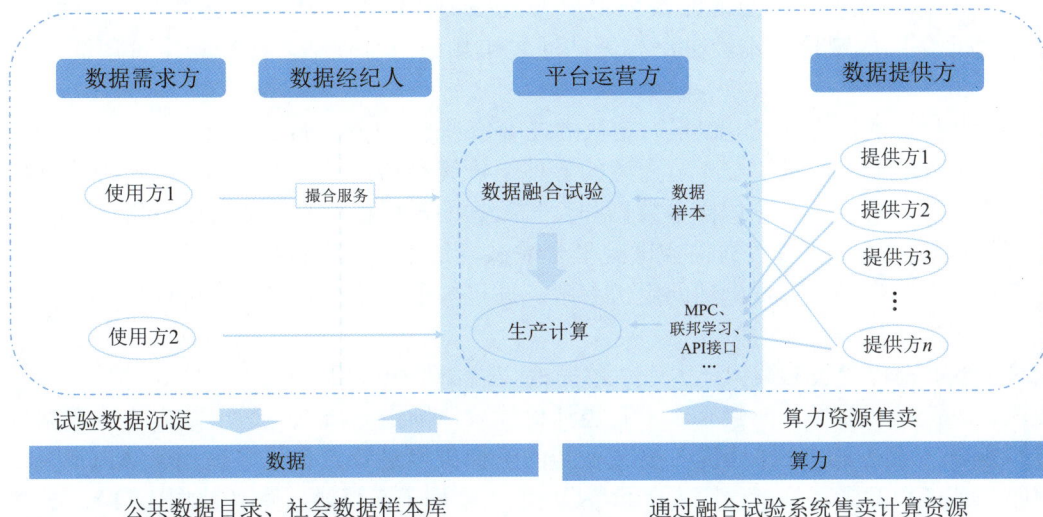

图 11-13 数据试验融合的应用场景

　　数据试验融合期望解决交易信任难构建的问题。在传统数据交易过程中供需双方多在线下进行 POC 测试，实现需求匹配和信任建立，周期长，人力和时间成本较高。数据试验融合为供需双方提供了"先试验后交易"的数据撮合服务，通过建立平台的"融合试验环境"，结合之前搭建和收集的数据样本，允许数据需求方以及数据经纪人在融合试验环境中。

　　对其业务需求进行前期的匹配，以及对数据提供方的数据样本质量进行测试，完成试验后再进行合同的签署和实际数据交付。此外，数据试验融合平台可以结合数据提供方不同的数据保密程度提供两种计算模式：数据沙箱（明文的数据计算，计算后沙箱销毁，只带走计算结果），以及隐私计算（密文的数据计算，多以联邦学习为主，数据"可用不可见"）。通过数据试验融合平台建设可实现两个价值：一是为数据经纪人和数据需求方提供了数据验证和试用的在线平台，减少撮合的时间成本和人力成本；二是通过在平台上进行数据试验，平台可以沉淀一系列的试验业务数据，包括需求方标签、提供方标签、进行试验的商品、计算结果等，基于以上业务数据分析可以在平台运营时，为数据需求方和数据提供方进行精准推荐，在定价时也可以提供辅助参考。

4. 安全监管挑战应对：子母订单审核机制

　　公共数据因为涉及大众隐私及公共安全问题，并非每个数据需求都可以被满足，这时候，可以通过子母订单实现公共数据和社会数据融合利用。

　　当涉及公共数据和社会数据融合场景时，需要以子母订单的形式对订单进行分拆审核。一个母订单包含多个子订单产品，每个数据产品是一个子订单，可以是社会数据订单，也可以是公共数据订单，不同类别的子订单可通过不同前缀区分，如公共数据子订单开头为 PD，社会数据子订单开头为 SD，方便平台运营方在查询时识别；订单编号的长度需要充分考虑业务数量的延展（如 18 位）订单编号可包括字母和数字。

　　若一个订单中包括公共数据订单，则需要通过与公共数据资源开发服务平台对接的接口将公共数据订单申请信息推送至公共数据资源开发服务平台，此时该母订单的状态变更为审核中；若公共数据资源开发服务平台审核通过后，状态变更为"审核通过"，可继续进行合同签署和费用支付环节；若公共数据资源开发服务平台审核驳回，状态变更为"审核驳回"，订单不可继续，数据需求方或数据经纪人可针对驳回情况，进行订单作废或调整后重新提交审批。

5. 价值评估挑战应对：多维度辅助定价

因为数据的非标准化属性，当前的数据定价方式多为协商议价，也缺乏客观、全面的评估体系，而且市场上能够采集的成交价样本较少，亦无法通过市场法进行评估。在数据定价层面，建议分成两步走：

（1）第一步保持协商议价方式，积累一定量的挂牌价和最终成交价；

（2）第二步在此基础上依据 11.2.4 节介绍的各种定价策略和模型，研发适合数据价值评估模型，通过"样本与生产数据匹配维度（测试样本数据和真实数据的偏移程度）""数据质量维度（国标数据质量六性评估）""模型贡献度维度（数据融合试验平台的试验结果）"等维度对数据进行客观评估，形成辅助的交易参考价，并为供需双方提供辅助定价参考。通过模型的运行和纠错，可以使得数据的预测价趋于市场价。

评估定价需要和前面提及的数据样本库、数据试验融合匹配应用。

国内主流数据产品和服务，一般有以下几类计价模式：固定一口价（适用数据集、数据报告、定制服务、软件或解决方案等）、阶梯计价（按照不同的阶梯维度进行定价，多适用于 API 调用）、按量计价（按使用时长或使用数量计价，一般为单价 × 数量，多用于云资源、隐私数据表等）。在数据交易平台可以将以上定价模式抽象为可配置方式，并且将各种定价模型以工具形式提供，方便灵活匹配不同类型的数据产品或服务，给数据交易双方提供实时的数据价值评估参考。

6. 隐私保护挑战应对：隐私计算与统一隐私计算

随着隐私计算技术的兴起，数据"可用不可见"的方式为数据流通提供了可能，但目前在实际数据交易过程中，数据需求方和数据提供方多以点对点部署隐私计算平台的形式进行数据价值融合，隐私计算在数据流通过程中并未与数据交易平台实现联通，同时不同隐私计算厂商之间也缺乏明确的互联互通标准，形成了新的系统孤岛。尤其是在公共数据开发利用上，若每个申请开放的机构所使用的隐私计算平台都不一样，公共数据的融合成本将会非常大。

因此，数据交易平台建设的隐私计算平台，在理想状况下：一方面应可为数据需求方和数据经纪人提供数据融合试验服务，另一方面可为没有隐私计算能力的数据需求方、提供方和经纪人提供标准化或定制化的隐私计算。同时，数据交易平台应允许需求方或提供方用自有的隐私计算平台进行数据融合或数据交付。

长期来看，数据提供方、数据需求方和数据经纪人需要和多个隐私计算厂商对接，以适配不同交易对象的需求，对接成本较高，因此可以建设基于数据流通的统一隐私计算平台，从不同隐私计算平台抽象共性功能和服务，变成统一标准，并提供统一中控管理，为数据交易平台实现"计算去中心，监管有中心"的管控，并能够在数据样本库中扩展隐私计算通用的标准模型算子库，为生态内的交易主体提供标准服务，实现隐私计算平台与数据交易平台的互联互通以及不同隐私计算平台之间的互联互通，解决可信流通难和监管难的问题。统一隐私计算的控制流与信息流如图 11-14 所示。

7. 安全监管挑战应对：全流程链上存证监管

在数据安全监管中，不管是什么问题，最重要的是取证，如何帮助监管方实现全流程无遗漏且让各参与方认可的取证，是数据交易平台有序运行的关键因素之一。交易监管平台在设计时，通过权限配置，可基于不同监管方的监管需求开设账户，并通过灵活配置监管项，满足不同监管方的监管要求，从而构筑多维度、多场景以及多数据的监管体系，帮助平台更加良性、合规地运转。

数据交易平台通过区块链实现安全流通环节的信息存证。全流程链上存证体系如图 11-15 所示，在整个数据交易过程中，将数据流通过程中的核心信息，如数据确权信息、登记信息、订单信息、产品详情信息、计费信息、账单信息、合同信息、计算日志信息和争议信息等同步至区块链上链存证，依托区块链不可篡改特性,将参与数据交易各主体的交易行为进行可信存储,确保记录真实有效、可追溯,保障数据交易的安全与高效,同时支撑数据交易业务的监管要求。

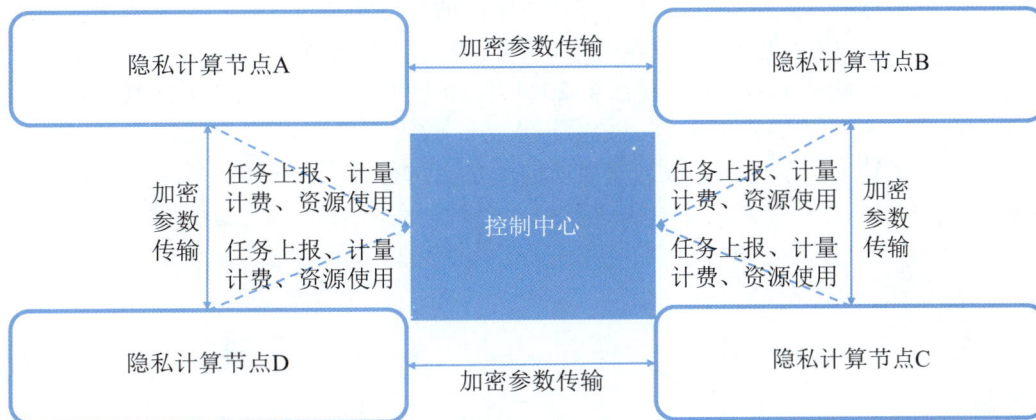

图 11-14 统一隐私计算的控制流与信息流

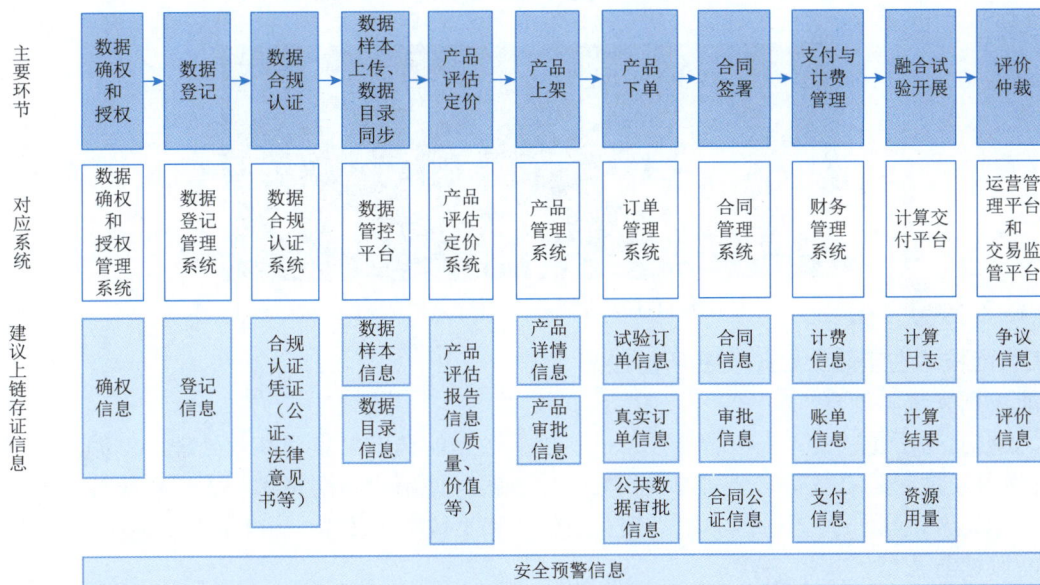

图 11-15 全流程链上存证体系

11.6 案例研究与未来展望

11.6.1 贵阳大数据交易所

随着人工智能与区块链技术的逐步成熟,多个国家和地区已经开始在数据交易平台中部署这些创新技术,推动数据交易的智能化和去中心化。在中国,贵阳大数据交易所和北京国际大数据交易平台等数据交易机构已经探索了人工智能与区块链的深度应用,这为全球数据交易的发展提供了实践经验和创新模式。以下分析以贵阳大数据交易所为典型案例,探讨人工智能与区块链在数据交易平台中的具体应用场景。

1. 贵阳大数据交易所概述

贵阳大数据交易所（Guiyang Big Data Exchange）是中国首家数据流通交易场所，成立于 2015 年，隶属于贵州省，是贵州省国家大数据（贵州）综合试验区的核心组成部分。自成立以来，贵阳大数据交易所持续优化升级，致力于打造一个"安全有序、制度完善"的数据交易体系，全面激发数据要素潜力，释放数据要素红利。如图 11-16 所示，截至 2024 年 10 月 1 日，贵阳大数据交易所累计入驻交易市场主体达到了 899 家，涵盖了数据提供方、数据需求方、数据服务商等多个领域，形成了一个庞大的数据交易生态。这些交易主体在贵阳大数据交易所的平台上进行数据的买卖、交换和共享，不仅促进了数据的流通和利用，还推动了数据产业的快速发展。同时，贵阳大数据交易所的累计交易额也达到了 60.32 亿元，这一数字不仅体现了贵阳大数据交易所在数据交易领域的领先地位，也展示了数据要素在推动经济社会发展中的巨大潜力。

图 11-16　贵阳大数据交易所官网

2. 人工智能技术在贵阳大数据交易所的应用

1）智能数据采集与处理

贵阳大数据交易所通过引入人工智能技术，实现了数据的精准采集和高效处理。例如，在贵阳农村商业银行与贵州东彩供应链科技有限公司的合作案例中，银行使用物联网技术和人工智能技术精准采集肉牛养殖的生物信息，如体重、体温等，实现"按头放款"和"按头还款"，解决了养殖企业的融资难题。

2）智能风控与营销

人工智能技术在风控模型和营销模型建设中发挥了重要作用。通过人工智能算法，数据需求方如贵阳农村商业银行能够构建更为精准的风控模型，降低金融风险。同时，人工智能技术还能够支持数据供给方如贵州东彩供应链科技有限公司进行市场分析，制定更为有效的营销策略。

3）个人简历数据流通交易

贵阳大数据交易所联合好活（贵州）网络科技有限公司，探索个人简历数据的流通交易。通过人工智能技术和隐私计算，确保用户数据可用不可见，保障个人隐私，并通过数据产品交易价格计算器提供交易估价参考，实现了个人数据的合规流通和收益分配。

4）智能环保数据治理与资产化

贵阳大数据交易所助力贵州勘设生态环境科技有限公司实现环保数据的智能治理与资产化。通过引入人工智能技术，该公司对其海量的环境数据、监测数据和环保产业大平台数据进行了收集、校核、清洗、筛选及大模型数据驯化等多维度治理，形成了高质量的数据资源。贵阳大数据交易所进一步对这些符合资产定义的数据资源进行成本归集分析，最终确定可入表的数据资源，并完成了数据合规报告、数据资产专项审计报告等关键链路节点，成功实现了数据资产入表，成为贵州首单数据资产入表案例。

5）智能交通数据融合与应用

贵阳大数据交易所联合南方电网贵州电网公司与数库（上海）科技有限公司，通过深度融合电力大数据与产业数据，为当地金融机构提供了数字化精准赋能。三方合作共建了基于电力大数据的企业营销价值评价模型，该模型将电力数据与数库公司积累的工商、投融资、舆情等多维度数据进行融合，科学构建了适用于能源、制造等工业企业的评价模型。这一创新应用使得金融机构能够更高效地对公营销和授信服务，提高了潜力企业客户线上线下筛选认定效率，并有助于缓解中小企业融资难等问题。

3. 区块链技术在贵阳大数据交易所的应用

1）数据确权与溯源

区块链技术解决了数据交易中的确权难和溯源难问题。贵阳大数据交易所通过区块链技术，实现了数据的唯一标识和不可篡改，确保了数据拥有者的合法权益。2023 年年初，贵阳大数据交易所成为全国首个数据要素登记 OID 行业节点，面向全国提供数据产品登记、数据资产登记、数据交易登记等服务。

2）数据交易透明化

区块链技术的去中心化特性使得数据交易更加透明和公正。在数据交易过程中，任意节点间的交易均被全网认定，物流信息也通过产品地理位置信息的改变捕获，确保了交易的公正性和可追溯性。

3）数据资产化

区块链技术为数据资产化提供了技术支持。贵阳大数据交易所通过区块链技术，实现了数据资产的数字化表示和交易，推动了数据资源的价值开发和商业化应用。例如，贵州勘设生态环境科技有限公司自主研发的环保类人工智能模型数据集以资产形式纳入财务报表，成为全省首家数据资产入表的企业。

4）智能合约在数据交易中的应用

贵阳大数据交易所利用区块链技术，实现了智能合约在数据交易中的广泛应用。智能合约能够自动执行交易条款，包括数据交付、付款和争议解决等，从而降低了交易成本和风险。此外，智能合约还提供了可编程的交易规则，使得数据交易更加灵活和高效。

5）数据安全与隐私保护

区块链技术以其分布式数据存储、去中心化、不可篡改等特性，在贵阳大数据交易所中得到了广泛应用，特别是在数据安全与隐私保护方面。通过区块链技术，贵阳大数据交易所能够确保数据在传输、存储和交易过程中的安全性，防止数据被非法访问、篡改或泄露。例如，交易所利用区块链技术为数据交易提供加密保护，确保数据在传输过程中的安全性；同时，通过区块链的共识机制，确保数据在存储过程中的完整性和真实性。

11.6.2　未来展望

在数字化浪潮席卷全球的今天，数据已成为驱动经济社会发展的新燃料；然而，如何高效、安全地进行数据交易，一直是业界关注的重点。贵阳大数据交易所作为中国数据交易市场的先行者，其探索和实践为我们提供了宝贵的经验和启示。特别是人工智能与区块链在数据交易中的协同应用，为提升交易透明度、效率和安全性提供了创新的解决方案。人工智能在数据价值评估、定价和交易撮合等方面发挥了重要作用，而区块链则为数据交易的透明性、合规性和自动化执行等方面提供了坚实的技术基础。

贵阳大数据交易所的成功实践，为数据交易平台中的人工智能与区块链应用提供了有益的借鉴。区块链技术通过其去中心化、不可篡改、可追溯等特性，提升了数据交易平台的透明度和可信度，确保了数据交易的高效和安全。人工智能技术利用数据交易平台的数据或元数据，通过各类基于机器学习、深度学习等模型的学习和预测能力，优化数据定价、实现智能匹配推荐、并加强安全监控，提升交易效率与用户体验。二者的结合并应用于数据交易平台，使其在保障数据交易平台安全的同时，能更智能和高效地运作。

此外，人工智能与区块链技术还可以用于数字身份认证、智能数据审计、智能化区块链节点管理和调度等。人工智能与区块链技术，不但可以提升当前典型的数据交易平台的各项能力，在未来面对新的需求和挑战，及数据交易平台朝着更智能化方向变革时候，人工智能与区块链技术还能够与数据交易平台进一步融合创新。例如，数据交易平台除了为数据供需双方提供一个可信的数据交易场所外，还能够通过提供云计算及常用数据智能分析模型等增值服务，使得用户能够在数据交易平台上进行一定的数据预处理、即时分析和可视化操作。这样，用户在获取数据后可立即在云端进行清洗、整合及初步分析，利用平台内置的模型和工具快速生成洞察报告，加速数据价值的转化与应用，提升决策效率。同时，结合智能推荐算法根据用户偏好和历史行为，推送相匹配的数据资源与分析模板，进一步增强用户体验与交易便利性。

近期，人工智能技术的快速发展也为数据本身带来了新的内涵，特别是以预训练大模型为代表的人工智能模型，其模型参数本身也可以被看作是一种数据，此类数据具有极大的应用价值和经济价值。人工智能模型参数类的数据需要相关专业领域专家构建模型，收集海量用于训练的数据，耗费昂贵的计算资源训练得到，因此此类数据的成本很高。尽管以 LLaMA 为代表的部分通用预训练语言大模型目前免费开源，但随着人工智能技术的快速发展并渗入各行各业，细分领域专用预训练模型未来需求强劲。为了提升此类模型训练的数据提供方的积极性，促进供需双方的长期持续健康发展，为此类模型参数数据提供一个便捷公平的数据交易平台是未来值得拓展的方向。

随着数据交易平台的数据资源逐步增加，功能逐步增多，智能化程度逐步增强，在提供数据交易的基础上，数据交易平台也会逐渐变为更加综合性的平台，最后可能会形成集数据交易、处理、分析和应用于一体的综合性平台。这不但可以为平台带来新的盈利增长点，同时也为用户带来更便捷的一站式体验。然而，更加综合性平台也对数据交易平台的传统架构带来挑战，因此探索如何利用区块链和人工智能技术对现有平台架构进行创新重构，以应对新需求将是未来发展的一个重要方向。

11.7　本章小结

本章聚焦于数据交易平台中的人工智能与区块链应用。首先，概述数据交易平台的演变与现状，强调其在数据经济蓬勃发展背景下的重要性及面临的挑战；随后，详细介绍数据交易平台的核心概念与关键技术，并从人工智能与区块链的角度探讨二者在平台中的协同机制、应用场景、未来交易模式，以及数据定价与交易策略；接着，分析了基于人工智能与区块链的数据架构如何保障平台的安全性和隐私性；此外，从设计思路、模式变革、功能架构、业务架构、技术架构、数据架构、安全架构，以及人工智能与区块链的实际应用等方面，介绍了如何从零开始设计面向生产系统部署的大数据交易平台；最后，通过案例研究分析中国首家数据流通交易场所——贵阳大数据交易所，从人工智能与区块链的视角总结相关技术的实际应用经验，并对数据交易平台中人工智能与区块链技术的发展进行了展望。

11.8　拓展阅读

尽管本章已详细讨论了数据交易平台在中国的发展，特别是贵阳大数据交易所的案例，但全球数据交易市场的格局同样值得深入探索。读者可进一步阅读如《2023 年中国数据交易市场研究分析报告》与

《数据交易场所发展指数研究报告（2024 年）》等相关报告，了解不同国家和地区在数据交易法律框架、监管环境、市场成熟度以及技术采纳方面的差异；通过对比分析有助于理解全球数据交易的多样性，以及人工智能与区块链技术在不同市场中的适应性和挑战。此外，本章中关于数据交易平台部分内容重点参考了《区块链与数据共享》，读者可进一步从该书中了解区块链和数据共享的相关技术和应用。

随着技术的快速发展，人工智能与区块链在数据治理领域的应用也在不断演进。读者可以关注最新的学术论文、行业白皮书和技术博客，了解人工智能算法在数据质量提升、智能合约在自动化交易执行，以及区块链在数据溯源和透明度增强方面的最新进展。特别是，近年来出现的隐私保护计算技术（如联邦学习、差分隐私）与区块链的结合，为数据交易提供了更加安全高效的解决方案。更多人工智能在隐私保护的技术原理、应用与实践案例可参考《机密计算：AI 数据安全和隐私保护》。这些前沿技术的学习有助于把握数据交易平台未来的技术发展方向。

区块链技术以其不可篡改的特性，在数据确权、交易记录和追溯方面展现出巨大潜力。除了本章提及的贵阳大数据交易所外，读者还可以在《中国区块链创新应用案例集（2023）》中了解到更多的利用区块链进行数据资产化、版权保护、交易历史记录公开的具体案例，这些案例不仅展示了区块链技术的具体应用场景，也为数据交易平台提供了可借鉴的实践经验。

数据交易平台的健康发展离不开完善的法律框架和合规机制。除了欧盟的《通用数据保护条例》和中国的《数据安全法》外，国际上如《跨太平洋伙伴关系协定》和《数字经济伙伴关系协定》等数据流动和交易的相关规定也值得研究。了解这些法律框架如何影响数据交易的合法性、跨境数据流动的规则，以及数据主权和隐私权的保护，对于设计符合国际标准的数据交易平台至关重要。

11.9　本章习题

（1）请概述数据交易平台的目的和意义。

（2）请阐述数据资源共享与开放的意义。

（3）请简述数据交易平台架构设计过程中需要考虑的因素。

（4）请分别挑选 1 或 2 个国外、国内政府主导、国内企业主导的典型数据交易平台，并查阅资料比较它们之间的优缺点。

（5）请简述数据交易平台所面临的挑战。

（6）请从人工智能与区块链角度阐述如何应对数据交易平台所面临的挑战。

（7）请列举出三个或以上数据交易平台中的人工智能与区块链应用。

（8）智能合约是数据交易平台中的一个关键模块，请谈一谈人工智能与区块链如何应用于智能合约。

（9）除了本章节已详细描述的数据交易平台中的人工智能与区块链应用外，根据数据交易平台的特点，思考和分析人工智能与区块链技术还可以应用于数据交易平台哪些方面。

（10）从数据交易安全与隐私保障角度，讨论人工智能与区块链技术如何发挥作用。

（11）北京国际大数据交易所（简称"北交所"）也是我国一个重要的数据交易平台，请对北交所进行案例分析，重点探讨人工智能与区块链在北交所中的应用。

（12）大模型作为人工智能领域的一个新兴重要技术，请探讨未来大模型与数据交易平台之间的关系，及其可能带来的应用。

第 12 章
大模型与区块链

12.1　人工智能大模型基础知识

12.1.1　大模型的发展历程

2017 年，谷歌公司推出了 Transformer 架构，这是神经网络领域的一次重大突破。Transformer 基于自注意力机制，能够捕捉到输入序列中不同位置之间的关联信息。相较于传统的循环神经网络和长短时记忆网络，Transformer 具有更高的并行性和效率。

在 Transformer 架构的基础上，OpenAI 公司在 2018 年发布了 Generative Pre-trained Transformer（GPT）系列模型。通过在大量文本上进行预训练，GPT 能够生成连贯的自然语言文本，并在各种自然语言处理任务中展现出强大的能力。GPT 的成功引发了预训练语言模型的热潮为后续的大模型提供了新的思路和方法。

Transformer 架构的成功为预训练模型提供了基础。Bidirectional Encoder Representations from Transformers（BERT）是谷歌公司推出的一种基于 Transformer 的自编码模型。其通过对词的遮盖进行预测来将上下文的信息编码到词的特征中。而 T5（Text-to-Text Transfer Transformer）则是另一种基于编码器 - 解码器的 Transformer 模型。其将多数任务在任务模式上作为文本转化任务进行学习，如机器翻译、风格转写等。这些方法的成功应用为大模型的进一步发展提供了模型基础。

2020 年，OpenAI 公司发布了 GPT-3；相继，2022 年，基于 GPT-3.5，OpenAI 公司又发布了 ChatGPT，一个拥有 1750 亿个参数的超大规模语言模型。其验证了在足够的数据和计算资源下，模型规模的增加可以带来显著的性能提升，即模型智能的"涌现"。ChatGPT 不仅能够生成高质量的文本还可以进行各种自然语言理解任务如问答、翻译、摘要等。ChatGPT 的发布引起了广泛的关注和讨论，是自然语言处理领域的一个里程碑式的突破。

继 ChatGPT 之后，模型的规模继续增长。为了追求更高的性能，研究团队不断地增加模型的参数数量。新一代的模型，如 GPT-4，预计将达到数千亿甚至万亿个级别的参数规模。这种规模的扩大不仅需要巨大的计算资源，还需要新的模型架构和优化策略来确保有效的训练。几种大模型的相关信息如表 12-1 所示。

然而，单模态模型只能通过对大量自然语言的学习来理解世界。而能够同时处理多种类型的数据（包括视觉以及语言等）的多模态模型，能够更好地建立语言与真实世界之间的联系。在单模态大语言模型之后，多模态大模型成为一个研究热点。这种方法通过在一个统一的模型中整合文本、图像、音频等多种模态的数据，实现了跨模态的语义理解。这不仅增强了模型对于复杂现实场景的处理能力，还为多媒体内容分析、智能推荐等应用提供了新的解决方案。

表 12-1　几种大模型及其相关信息

模 型 名 称	基 础 模 型	参 数 规 模	发 布 机 构	模　　态	模型适用领域
ChatGPT	GPT3.5	175B	OpenAI	自然语言	通用领域
PaLM	PaLM	540B	谷歌	自然语言	通用领域
LLaMA	LLaMA	7 ~ 70B	Meta	自然语言	通用领域
Bloom	Bloom	350M ~ 175B	——	自然语言	通用领域
ChatGLM	GLM	6 ~ 130B	清华大学	自然语言	通用领域
LLaVA	LLaVA	7B，13B	威斯康星大学、微软研究院、哥伦比亚大学	自然语言、视觉	通用领域
VisualGLM	VisualGLM	6B	清华大学	自然语言、视觉	通用领域
LLaVA-Med	LLaVA	7B，13B	微软	自然语言、视觉	生物医学
FinGPT	LLaMA，GLM，Bloom 等	7B，13B	哥伦比亚大学；纽约大学	自然语言	金融

随着大型语言模型在各个领域的应用越来越广泛，模型的解释性和可信度成为了一个重要的研究方向。在 GPT-3 之后，研究团队开始关注模型的决策过程和推理机制，尝试解释模型预测的背后原因。此外，他们还通过引入知识图谱、常识推理等技术来增强模型的可解释性和鲁棒性，从而提高其在关键任务中的可靠性。

12.1.2　大语言模型基本原理

Transformer 架构是大语言模型的核心，它通过自注意力机制捕捉输入序列中的长距离依赖关系。具体来说，自注意力机制计算每个词或字符在整个输入序列中的重要性，并根据这些重要性对输入进行加权处理。这种学习架构能够让模型学习不同位置的关注度，更加高效、精准地定位和理解上下文信息。此外，Transformer 的多头注意力能够将输入序列划分为多个子空间，并在每个子空间中独立计算注意力权重。这种多头解构使得模型能够从不同的角度捕捉输入序列中的信息，从而丰富了模型的表达能力。

预训练与微调是大语言模型训练的两个重要阶段。在预训练阶段，模型在大量的无标签文本数据上进行训练，学习语言的基本规律和知识。具体来说，模型通过预测下一个词或字符的任务，学习输入序列中的统计规律和语义信息。这种无监督的学习方式使得模型能够充分利用大规模的无标签数据，提高对于自然语言的理解和生成能力。在微调阶段，模型在特定任务的标注数据上进行训练，以适应不同的自然语言处理任务。通过微调，模型能够根据任务的特点和需求进行参数的调整和优化，提高在特定任务上的性能。这种迁移学习的思想使得大语言模型能够适应各种自然语言处理任务，并取得较好的性能表现。

大语言模型给定一个输入序列，模型通过计算条件概率分布来预测下一个词或字符。具体来说，模型根据已生成的文本内容和上下文信息，预测下一个词或字符的概率分布，并选择概率最高的词或字符作为输出。通过不断地预测和生成，模型能够生成连贯和有意义的文本内容。这种策略提高了生成文本的质量和多样性。

大语言模型的性能表现很大程度上取决于训练数据的质量和多样性。为了构建高效、准确的大语言模型，研究团队通常会选择大规模、高质量的文本数据作为训练数据。语言模型的训练数据通常来源于互联网、图书馆、新闻网站、社交媒体等。这些数据涵盖了各种领域和主题，为模型提供了丰富的语言知识和上下文信息。为了保证训练数据的质量，研究团队需要进行数据预处理工作，包括去除噪音、标准化、分词等。这些预处理步骤能够确保模型学习到准确、一致的语言规律。大语言模型的训练通常需要数十亿甚至更多的词汇量。这种大规模的训练数据使得模型能够学习到丰富的语言模式和知识，提高在自然语言处理任务中的性能。同时，为了提高模型的泛化能力，训练数据需要具有多样性，涵盖各种语言风格、领域和主题。这种多样性使得模型能够适应不同的应用场景和用户需求。

由于大语言模型的训练通常需要大量的计算资源和时间，研究团队通常会采用并行化训练技术来加速模型的训练过程。首先是数据并行技术，将训练数据划分为多个子集，并在多个计算节点上同时进行训练；每个节点处理一个子集，并计算梯度更新；通过定期同步梯度信息，多个节点可以协同训练一个模型，从而加速训练过程。第二点是模型并行技术，将模型的不同部分分布在多个计算节点上进行训练；每个节点负责计算模型的一部分，并通过通信协议与其他节点交换信息；这种并行方式适用于模型规模较大、无法在一个节点上完整训练的情况。为了支持并行化训练，研究团队还需要解决一系列技术挑战，如梯度同步、节点间通信、负载均衡等。此外，他们还需要选择合适的硬件平台（如 GPU 集群、TPU 等）和并行框架（如 TensorFlow、PyTorch 等），以确保训练的稳定性和效率。

12.1.3　多模态大模型

虽然大语言模型已经能够涌现出惊人的智能水平，但是由于其只能对自然语言一种模态的数据进行学习，因此其对现实世界中客观事物的认知仍然存在可完善的空间。此时，多模态大模型已经成为了自然语言处理和计算机视觉等多个领域的研究焦点。这种模型具有处理和理解多种模态数据（如文本、图像、音频等）的能力，从而为一系列跨模态任务提供了更为全面和深入的理解。

对于多模态大模型而言，如何有效地融合不同模态的数据是其成功的关键。此处，将介绍一种经典的多模态融合算法 Contrastive Language–Image Pre-training（CLIP）。它采用了对比学习的方法，在大量图像和文本对上进行特征学习，从而学习到图像和文本之间的关联。CLIP 的核心思想是为图像和文本构建一个共享的嵌入空间，使得语义上相似的图像和文本在该空间中相互靠近。预训练完成后，CLIP 可以用于各种跨模态任务，如图像检索、文本生成图像描述等。具体来说，CLIP 由两个主要部分组成：一个图像编码器和一个文本编码器。图像编码器通常采用基于 ResNet 或 Vision Transformer 的架构，而文本编码器则使用基于 Transformer 的架构。两者都输出一个固定维度的嵌入向量，这些向量被优化以最大化与匹配对之间的相似性，并最小化与非匹配对之间的相似性。

基于类似的思想，大模型能够完成对多模态数据的学习。在预训练阶段，可以利用大量的多模态数据进行训练，使模型学习到不同模态之间的关联和交互方式。而在微调阶段，则可以根据特定任务的标注数据进行训练，以适应不同的自然语言处理任务需求。为了提高微调的效果，可以选择适当的预训练模型、设计针对性的微调目标函数以及引入辅助任务来增强模型的泛化能力。这些优化策略能够使模型更好地适应特定任务的需求和数据分布从而提高任务的性能表现。

12.1.4　大模型的训练与数据集

大型语言模型之所以能够理解和生成人类语言，达到令人瞩目的水平，背后的关键驱动力之一是：大规模、高质量的训练数据。本节将深入探讨大型语言模型与训练数据集之间的关系，并解析为何数据集对模型性能至关重要。

对于任何机器学习模型而言，数据集都是其成功的关键。对于拥有数百万甚至数十亿参数的大型语言模型来说，这一点尤为重要。大规模的数据集为模型提供了丰富的上下文信息，使其能够学习到语言中复杂而微妙的模式。缺乏足够的数据，模型可能会陷入过拟合的困境，即过于依赖训练数据，而无法泛化到新的、未见过的数据上。因此，构建大规模、高质量的数据集是训练大型语言模型的首要任务。

为了构建大规模的数据集，研究团队通常会从多个来源收集数据。这些来源可能包括互联网、图书馆、新闻网站、社交媒体等。多元化的数据来源确保了数据集的多样性，使模型能够接触到各种主题、领域和语言风格。这种多样性对于提高模型的泛化能力至关重要，因为它使模型能够适应不同的应用场景和用户群体。例如，通过收集不同领域的文本数据，模型可以学习到科学、艺术、历史、文化等多个领域的知识和语言模式。同时，多样性也有助于减少模型的偏见和歧视性输出，因为模型能够学习到更广泛的社会和文化背景。

在将原始文本数据用于训练之前，通常需要进行一系列的预处理步骤。这些步骤旨在清洗数据、去除噪音和不相关的信息，并将文本转换为模型可以理解的格式。常见的预处理步骤包括去除 HTML 标签、特殊字符等噪声信息；将文本转换为统一的格式和编码方式；对于某些语言，还需要进行分词处理以帮助模型更好地理解文本的结构和语义。这些预处理步骤对于确保数据质量至关重要，因为它们直接影响到模型的学习效果和性能表现。通过有效的预处理，可以提高数据的可读性和一致性，从而为模型提供更准确、更有意义的训练样本。

12.1.5 大模型的相关应用

大模型作为人工智能领域的重要技术，正在多个领域中展现出强大的应用潜力。接下来，将对大模型在各个领域中的实践进行介绍。

首先是知识问答任务上，大模型具有优越的性能。例如，ChatGPT 已经开放了多个知识问答的平台；谷歌公司的 LaMDA 模型也被应用于 Google Dialogflow 中，为企业和个人提供了智能问答服务。除了通用大模型以外，各种开源垂类大模型，如 FinGPT、ChatDoctor 等，已经应用于金融和法律的问答系统中。更多的垂类大模型也开始被广泛应用在了金融、法律、医疗、旅游等各种领域。

大模型在机器翻译与多语言处理方面的应用，能够实现自动翻译和多语言文本处理。例如，谷歌公司的 NMT 利用大模型实现了不同语言之间的翻译，具有很高的准确性和流畅性。如今，各个翻译平台都开始逐步将大模型加入原先的深度学习翻译系统中，实现翻译技术的更新换代。

大模型在情感分析与情感计算方面的应用。例如，基于 BERT 的情感分析系统能够自动识别文本中的情感极性，在相关工作中包含了积极、消极或中性，并给出相应的情感标签或评分。同时，结合心理学和认知科学的情感计算模型则能够实现对人类情感的模拟和理解。又例如，结合提示词和无标注训练，大模型还能够运用在舆情数据中的情感分析，具有重要的社会价值。

大模型在智能推荐与个性化服务方面的应用，能够实现用户画像构建和个性化推荐。在传统结合协同过滤和深度学习技术的推荐系统基础上，加入了大模型的用户画像构建系统能够更加灵活地通过对用户历史数据和行为的学习和分析，理解用户的兴趣和偏好，为用户提供更加精准和个性化的推荐和服务。

随着大模型的发展，它们也开始应用于自动编程和代码生成领域。例如，基于大模型的代码生成模型能够自动生成高质量的代码片段和程序，为软件开发人员提供强大的支持。同时，结合深度学习和强化学习技术的自动编程系统则能够进一步提高代码的准确性和效率。例如，OpenAI 公司的 CodeX 作为一个基于 GPT-3 微调的代码生成系统，能够将自然语言描述的问题转换为可执行的代码片段。

除了上面提到的这些标准应用范式以外，在基于提示工程的 Agent 模式加持下，大模型也衍生出了更多丰富的应用模型。通过将大模型嵌入到操作系统中，可以让大模型根据使用者的需求调用不同的应用软件，从而实现智能 AI 助理系统。通过多个 Agent 的场景交互，能够形成 AI 意识集群，如斯坦福发布的 Agent 小镇项目。

12.2 大模型驱动的区块链技术

12.2.1 大模型驱动的区块链技术架构

随着深度学习技术的不断发展和数据量的快速增长，大模型在处理复杂任务时展现出卓越的性能。区块链技术，作为一种去中心化、安全可信的数据存储和传输机制，已经在金融、供应链管理等多个领域得到广泛应用。结合大模型与区块链技术，有望进一步提高区块链系统的智能化、安全性和效率。本节将详细介绍大模型驱动的区块链技术架构，并通过案例分析来探讨其实际应用和价值。

智能合约是区块链系统中的核心组件，用于定义和执行自动化交易逻辑；传统的智能合约开发过程需要专业的编程知识和经验，且易受到人为错误和安全漏洞的影响。基于大模型进行智能合约自动生成，能够一定程度上解决这些问题。该技术的核心思想是利用大模型的强大学习能力和自然语言处理能力，将用户需求转化为智能合约代码。具体流程包括：收集用户需求、使用大模型进行语义理解和代码生成、自动测试和验证生成的智能合约。通过这种方式，非专业开发者也可以快速、准确地创建智能合约，降低了开发门槛，提高了开发效率。

随着区块链技术的广泛应用，相应的伦理问题也逐渐产生，如隐私泄露、不公平交易等。基于大模型，能够进行区块链伦理风险识别技术。该技术利用大模型对区块链数据进行深度学习和模式识别，以发现潜在的伦理风险。具体步骤包括：收集并分析区块链数据、使用大模型进行特征提取和分类、构建风险识别模型并持续优化。通过这种技术，可以及时发现并解决区块链系统中的伦理问题，保护用户的权益和隐私。

区块链交易的安全性对于整个系统的稳定运行至关重要。为了提高交易的安全性并防范潜在风险，研究者提出了一种基于大模型的区块链交易异常检测技术。该技术利用大模型对区块链交易数据进行深度学习和模式识别，以检测异常交易行为。具体步骤包括：收集和分析历史交易数据、使用大模型进行特征提取和分类、构建异常检测模型并持续优化。通过这种技术，可以及时发现并处理异常交易，保障区块链系统的正常运行和用户的资金安全。

大模型驱动的区块链技术架构为智能合约生成、伦理风险识别和交易异常检测等关键任务提供了强大的支持。通过案例分析可以看出，这种结合在实际应用中取得了显著的效果和价值。展望未来，随着技术的不断进步和应用场景的不断扩展，大模型与区块链的结合将在更多领域发挥重要作用，推动区块链技术的智能化和安全性不断提升。

12.2.2 大模型驱动的区块链智能合约自动生成技术

智能合约是区块链技术的核心组件，用于定义和执行自动化交易逻辑。传统的智能合约开发需要专业的编程知识和经验，限制了非专业开发者的参与。在大模型横空出世后，通过一定的需求描述和任务规范之时，能够让大模型自动生成相应的智能合约代码，从而一定程度上解决上述问题。

首先，用户通过自然语言提供智能合约的需求描述，包括功能、交互逻辑和业务规则等；然后，大模型对用户的需求描述进行语义解析，提取关键信息和逻辑结构。基于语义解析的结果，进一步利用大模型生成与用户需求相对应的智能合约代码。该代码应符合特定的编程语言和合约规范。最后，对生成的智能合约代码进行验证和测试，确保其正确性和安全性，这包括语法检查、功能测试和安全性分析等。在经过测试后，就可以根据实际需求对生成的代码进行优化，提高其执行效率和性能，然后将优化后的智能合约部署到区块链网络中，以供使用和执行。

由此，基于这样的 Agent 模式，通过自然语言描述合约逻辑和交互规则，就能够让大模型自动生成相应的智能合约代码。这不仅降低了智能合约开发的门槛，使得非专业开发者也能参与，而且大大提高了开发效率。当基座模型的智能涌现程度较高时，其生成内容的准确性和鲁棒性也能够在一定程度上得到保障。然而，基于大模型的智能合约自动生成技术也面临着一些挑战。最主要的问题仍然在准确性上，即如何确保大模型准确理解需求描述并转化为正确的代码，以及满足法律和合规性要求，保证代码的安全性以及处理特定或复杂逻辑的灵活性。尽管基于大模型的智能合约自动生成技术在一些高要求的场景下仍需谨慎使用，但随着技术的进步和应用的不断深化，有望在智能合约开发中带来越来越多的价值，进而赋能区块链技术的广泛应用。

12.2.3 大模型驱动的区块链智能合约案例分析

通过微调，能够让大模型应用于区块链智能合约生成。智能合约往往以代码的形式进行呈现，而大模型已经在代码生成上显示出了很强的能力。然而，目前少有专门针对区块链智能代码合约生成的大模型，因此，在通用的代码生成的大模型上，针对区块链智能代码合约生成任务进行指令微调。

在大模型中，指令微调技术已经成为优化预训练模型性能的重要手段。该技术通过对模型进行微调，使其更好地适应特定任务或数据集，从而提高模型在特定任务上的准确性和效率。大模型在大规模数据集上进行预训练后，学到了丰富的语言知识和表示能力，以及具备了基础智能，使其能够在各种任务具备一定程度的泛化性。然而，将这些预训练模型应用于具体任务时，模型可能无法完全理解任务的特定要求，以及没有在预训练阶段学习到解决问题所需要用到的相关知识，从而导致在特定数据集上的性能不够理想。此时，使用指令微调，能够模型更好地适应特定任务或数据集。

首先，需要收集与特定任务相关的数据。对于区块链智能合约生成任务，应当制作需求及其对应的智能合约代码的数据集，将其整理为问答的格式。同时，选择一个适合的大模型作为指令微调的基础模型，该模型需要在大量的代码生成任务的数据上进行过预训练，具备一定的编程语言理解和生成能力。使用收集到的任务数据在基础模型上对预训练模型进行微调。通常，只需要微调模型靠输出层的几层参数，这是因为越靠近输入层的参数其更偏向于对输入语言本身语义的理解，而后面的网络参数才是存储着更多任务相关的高阶、抽象的知识。在微调过程中，模型的参数会根据任务数据进行更新，从而越来越好地适应区块链智能合约生成任务。区块链智能合约生成的大模型训练架构如图 12-1 所示。

对于数据而言，较为出名的公开数据集有 HuggingFace 上的 Slither-audited-smart-contracts 数据集。该数据集包含在 Etherscan.io 上经过验证的 Solidity 智能合约的源代码和部署的字节码，以及根据 Slither 静态分析框架对其漏洞的分类。该数据集可用于训练一个模型，用于对智能合约的字节码和源代码进行二元和多标签文本分类。模型性能根据预测标签的准确度进行评估，并与数据集中给定的标签进行比较。该数据集还可用于训练 Solidity 编程语言的语言模型。

然而，不同的场景下，智能合约的生成可能有着不同的要求。因此，一方面来说，经过区块链智能合约生成任务指令微调过后的大模型，仍然可以进一步地在具体任务场景中进行二次指令微调；另一方面，真正高质量且切合具体场景的区块链智能合约生成数据，由于其具有一定程度的需求适配性与私密性，往往在企业当中而非在公开数据集，这一点与推荐系统数据在企业中的私有化类似。因此，企业在利用大模型技术对区块链智能合约相关的业务场景进行数字化转型的同时，也可以考虑从自身过往的数据积累出发，构建出更高质量、更适配自身需求的智能合约数据集。

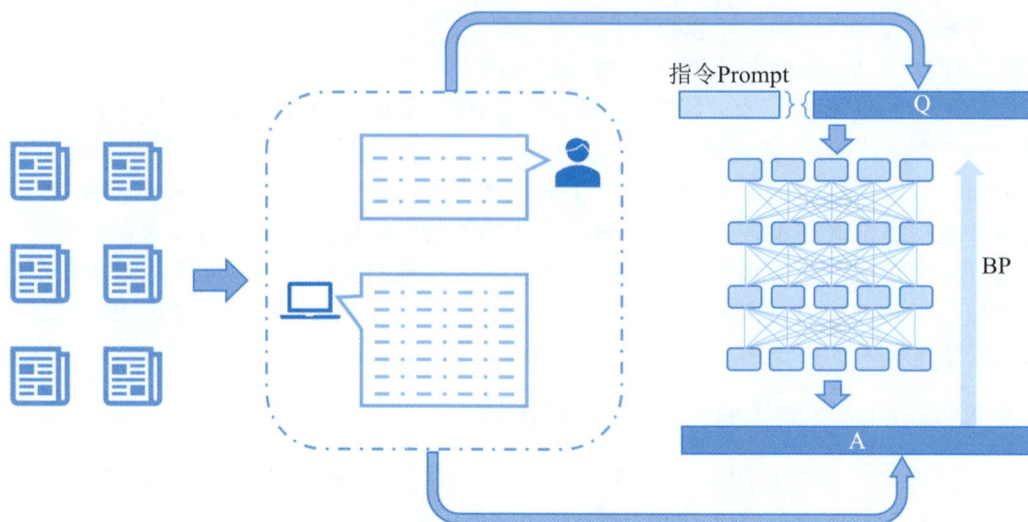

图 12-1　区块链智能合约生成的大模型训练架构

12.2.4　基于大模型的区块链交易异常检测技术

在区块链中，智能合约是一项重要的组成，在通常情况下，智能合约的执行由区块链交易触发。同时，随着 DeFi 的兴起，传统的交易异常检测技术也需要更新换代以适应新的区块链交易架构。由此，基于大模型的区块链交易异常检测技术为区块链网络的安全防护提供了新的解决方案。

传统的异常检测方法在处理大规模、高维度的区块链交易数据时，往往面临搜索空间限制和大量手动工程工作的挑战。这些方法通常依赖于预定义的规则、模式或有利可图的漏洞来识别异常交易。然而，由于区块链网络的复杂性和攻击手法的多样性，传统方法可能无法覆盖全部的异常情况，导致漏报和误报率较高。与传统的异常检测方法相比，基于大模型的区块链交易异常检测技术具有更高的准确性和效率。它能够处理大规模的交易数据，并自动地学习数据的特征和模式。此外，该技术还能够实时地监测和识别异常交易行为，及时发现并应对潜在的安全威胁。

12.2.5　基于大模型的区块链交易异常检测案例分析

本节将会详细介绍 Yu 等的 BLOCKGPT 大模型工作。

BLOCKGPT 通过学习交易执行跟踪的表示和大规模数据集的训练，实现了对异常交易的准确识别。具体来说，BLOCKGPT 首先收集了大量的区块链交易数据，并对这些数据进行预处理和特征提取。然后，其利用扩展和增强的数据集从头开始训练可扩展的大型语言模型。这个模型能够学习交易数据的正常模式，并对新的交易数据进行预测和分类。如果某个交易被预测为异常交易，BLOCKGPT 会发出警报并提供相应的证据供进一步调查。BLOCKGPT 的模型架构如图 12-2 所示。

该架构的核心是一个基于 Transformer 编码器的异常检测系统。该模型经过预训练，能够最大化交易轨迹的联合似然性。当给定一个 DeFi 应用的交易轨迹时，BLOCKGPT 能够根据这些轨迹的对数似然性进行排名，进而识别出最异常的交易。另一方面，通过在系统中设定可调参数，从而能够灵活地调整入侵检测系统（Intrusion Detection System，IDS）的敏感度和误报率。

BLOCKGPT 利用大规模数据集训练模型，学习区块链交易执行跟踪的表示，从而能够准确地识别异常交易。其训练策略结合了智能合约、加密货币资产和区块链账本的特点，为 DeFi 平台提供了安全防护屏障。在训练 BLOCKGPT 时，研究人员扩展了一个以太坊上攻破的 DeFi 应用的交易数据集，其提供了真实且丰富的异常交易样本。由于该模型的训练为无监督以及自监督学习，因此不需要对数据进行预先的标签处理，从而节省了大量的人工标注成本和时间。

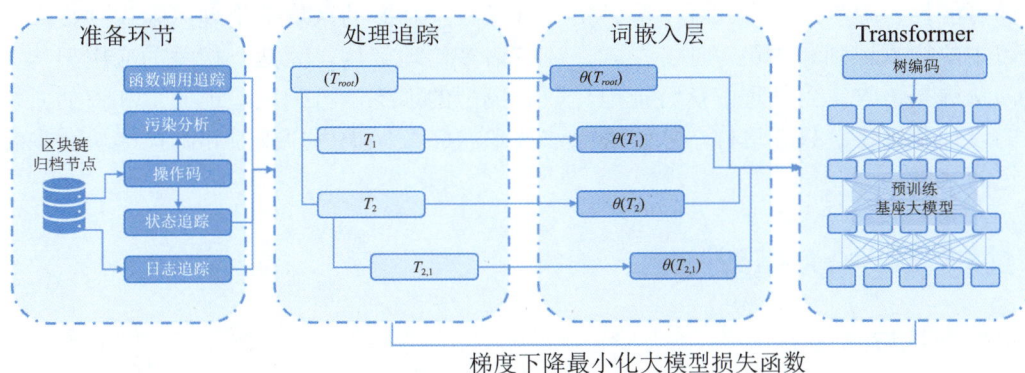

图 12-2　Yu 等提出的 BLOCKGPT 的模型架构

在威胁模型的构建上，研究人员考虑了一个计算受限的攻击智能体作为对手，能够在 DeFi 平台上执行交易并试图利用漏洞改变预期的状态转换。其分为两种不同类型：可观察对手和隐藏对手。可观察对手的交易可以被系统观察到，而隐藏对手知道交易完成前都能够一直向 BLOCKGPT 隐藏该交易过程。

在评估 BLOCKGPT 的性能时，研究人员使用了上述数据集中的所有交易作为基准，并假设只有被标记为恶意的交易是真正的攻击行为。此外，某些恶意交易可能在设计上非常隐蔽，具体而言就是其特征得非常接近良性交易，只在一些关键点上显示出潜在的危险性，这使得 IDS 难以单纯依赖交易轨迹进行准确的识别，从而学习到更加本质的风险交易特征。

在评估时，研究人员采用了两个简单的指标：百分比排名警报阈值和绝对排名警报阈值。一系列测试结果表明，BLOCKGPT 在检测异常交易方面的出色性能；并且，BLOCKGPT 适用于采用智能合约和加密货币资产的区块链账本，支持各种 DeFi 平台上的交易。此外，BLOCKGPT 在处理大量交易时展现出了特别的优势。相关的实验表明，BLOCKGPT 能够在交易量较高的情况下提供可管理数量的警报，从而便于针对其中异常交易而供进一步调查，使其特别适用于高频次交易的实际应用场景。

12.2.6　基于大模型的区块链伦理风险识别技术

区块链技术，以其独特的去中心化、高透明度以及不可篡改特性，在相当大的程度上获得了广泛的应用。然而，随着其应用的日益广泛和深入，一系列的伦理问题也开始浮现，如隐私泄露、不公平交易、欺诈行为等。这些问题不仅威胁到区块链生态的健康发展，还对用户的权益和信任造成了严重影响。因此，如何有效识别和应对这些伦理风险成为一个需要解决的问题。基于大模型的区块链伦理风险识别技术，通过深度学习、自然语言处理等技术，自动分析和识别区块链网络中的潜在伦理风险，为区块链的可持续发展保驾护航。

基于大模型的区块链伦理风险识别技术，一方面，核心在于利用大规模的数据和先进的算法模型，对区块链网络中的各种活动进行深度的分析和挖掘，从而准确地识别和预测潜在的伦理风险。这一技术的实现，涉及多个关键步骤和组件的协同工作。另一方面，一个有效的风险识别技术不仅需要能够分析和预测历史数据中的风险，还需要能够实时监测和预警新的风险。这意味着需要构建一个实时的数据流处理管道，将新的区块链数据实时输入训练好的模型中进行分析和判断。一旦发现潜在的风险行为，系统会立即触发预警机制，通知相关方采取相应措施。这就涉及大模型的泛化能力，以及通过周期性的低成本微调或是 RAG 等技术，构建能够实时监测和预警新的风险的动态大模型。

但是需要注意的是，识别风险只是第一步，更重要的是对这些风险进行量化和评估，以便决策者能够根据风险的大小和影响制定相应的应对策略。这可能需要构建风险评估模型，综合考虑风险的各种因素，如发生的可能性、影响的范围和程度等。实现这样一个全面的区块链伦理风险识别技术，涉及的不仅是深度学习中的模式识别和决策等任务模式，还有诸多伦理架构。因此，相关的应用架构需要系统化的深度构建，从数据地收集到处理，从特征地提取到模型的训练，再到风险地监测和评估，每一个环节都需要精心的设计和优化。只有这样，才能确保该技术能够在保护用户权益和维护区块链生态健康发展方面起到稳定的效果。

12.3 区块链赋能的大模型技术

12.3.1 大模型训练与部署

对于大模型来说，训练和部署是两个极其重要的版块。

首先，大模型性能直接依赖于训练数据的质量和规模。丰富多样的数据集为模型提供了充足的上下文信息，使其能够学习语言中的复杂模式。若数据量不足，模型可能会过拟合，也就是只局限于数据的一些表面特征和关联性，无法再深层的语义层面去涌现智能。因此，构建大规模、高质量的数据集是训练大型语言模型的重要任务。

其次对于通用大模型来说，为了确保数据集的多样性和广度，通常需要从多个来源收集数据。这种多元化的数据来源确保了模型能够接触到各种主题、领域和语言风格，从而提高其泛化能力。多样性不仅有助于模型适应不同的应用场景和用户群体，还能减少模型的偏见和歧视性输出。

最后原始数据的预处理也很重要，包括清洗数据，去除一些噪声字符（如错别字或是网络爬取数据里面的 html tag）和不相关的信息，来提高质量。同时，可能还需要统一文本的格式或者风格。虽然这些步骤可能会耗费相当巨大的人力物力，但是预处理步骤对于确保数据质量至关重要，直接影响到模型的学习效果和性能。高质量的预处理可以提高训练数据的质量，从而提升模型训练的效率和效果。

12.3.2 基于区块链的云计算在大模型中的应用

随着人工智能和机器学习技术的不断进步，大模型在自然语言处理等领域的应用越来越广泛。然而，传统的大语言模型训练和使用方式存在一些问题，如计算资源消耗大、模型静态等。为了解决这些问题，基于区块链的大模型云计算技术架构被提出。该技术架构著主要包含以下方面。

1）去中心化训练

利用区块链的去中心化特性，可以将大模型的训练任务分散到网络中的多个节点上进行。这样可以降低对单个计算节点的依赖，提高训练的效率和稳定性。同时，去中心化的训练方式也有助于保护数据隐私，避免数据泄露和滥用。

2）动态模型更新

传统的大模型在训练完成后参数固定，无法根据新的数据进行自我更新。而基于区块链的云计算，通过区块链记录模型的更新日志和交易数据，可以实现对模型的动态更新和优化可以使得大模型在使用过程中不断进化，使得模型能够适应不断变化的任务环境。

3）安全性和透明性

区块链技术可以确保大模型训练和使用过程中的安全性和透明性。所有的数据交易和模型更新都会被记录在区块链上，形成一个不可篡改的交易分类账。这有助于防止数据被篡改或滥用，提高模型的可信度和可靠性。

4）基于区块链的云计算

可以为大模型的开发和使用提供一种新的经济模式。通过区块链上的智能合约和代币激励机制，可以吸引更多的开发者和用户参与到大模型的训练和使用过程中来，形成一个良性的生态系统。

12.3.3　动态大模型

动态大模型是一种和静态大模型相对应的大模型。与传统的大型语言模型不同，动态大模型具有随着使用进程不断进化的能力。传统模型是静态的，一旦训练完成就无法改变。而动态大模型可以在使用过程中持续更新其神经网络参数，这意味着它们可以通过用户输入和反馈来不断改进和优化，从而提高性能。

传统大模型由于其部署的大规模和高成本，一旦训练完成之后，想要对其进行参数的调整，那么相应的成本是十分高昂的。另外，在使用过程中高频率地对模型参数进行微调还可能会造成模型对过去习得知识的灾难性遗忘。

与传统的静态大模型不同，动态大模型在技术架构的设计上能够针对性地解决这一问题，在使用过程中持续更新其神经网络参数。这意味着其可以通过用户输入和反馈来不断改进和优化，从而提高性能。这就有点类似于 OpenAI 公司在 2023 年底提出的 Q-Learning 算法，虽然这一算法的真实性还不确定，但是其所体现出的技术理念也是为了能够让大模型实现高效的"自我进化"。

除了在参数层面能够不断进行有效的更新，动态大模型还需要一个动态的架构。这种架构可能是与 Agent 模式相融合，去搜集和评估模型在使用过程中的行为，进而引导模型进行正确的动态更新。

从理念上来说，动态大模型的设计灵感来源于人类大脑的终身学习能力。就像人类大脑可以通过经验不断学习和成长一样，动态大模型也有能力在使用过程中学习和改进。这使得它们能够适应各种应用场景并处理复杂的任务。如果能够实现动态大模型，那么 AI 技术将会离强人工智能时代更进一步。

12.3.4　区块链上动态大模型的训练与使用

在这一小节将会介绍 Gong 等的 DLLM 训练与使用相关的案例。

为了实现 DLLM 的动态性，Gong 等采用了区块链技术。在区块链上训练和部署 DLLM，其去中心化特性使得模型的训练和部署不再依赖于中心化的 GPU 资源，从而能够降低模型参数更新时的计算成本和资源需求。通过分布式技术，模型的训练和推理可以在网络中的多个节点上进行，提高了系统的可扩展性和鲁棒性。接着，他们还进行了透明性相关的讨论，即让 DLLM 的输入数据和训练过程对所有人可见，从而增加模型的信任度，使得用户可以更加放心地使用模型。同时，基于区块链的覆写特性和可追溯性也有助于使用者对模型进行独立验证和结果比对，从而提高大模型相关研究的效率和便捷性。DLLM 架构的基本模式如图 12-3 所示。

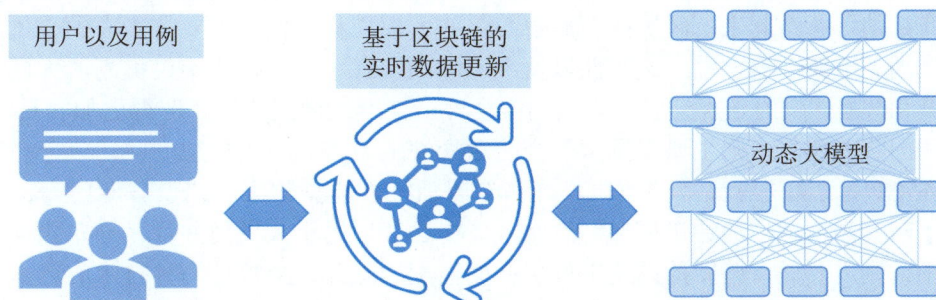

图 12-3　Gong 等提出的 DLLM 架构

此外，Gong 等还提出了一种动态 Price 机制，即简单任务的 Price 相对更低，复杂任务的 Price 相对更低。这种机制不仅对用户更加公平，让 DLLM 的使用成本更加合理，还能够激励开发者构建更加复杂和高效的模型。通过利用人工智能与区块链创建出更加安全、透明和高效的系统。这种系统不仅可以降低训练和部署的成本，提高模型的性能和效率，还能够为用户提供更高的信任度和更好的使用体验。

总而言之，基于区块链的 DLLM 具有很多优势。它不仅解决了传统大模型在需要适应新的人物场景和需求时所面临的静态局限以及更新的计算成本的问题，还通过去中心化、透明化和动态价格机制等方面来提高其可用性和用户接受程度，从而是的相关技术具有更广泛的实际应用价值。

12.4   大模型与区块链融合的优势与挑战

12.4.1   大模型与区块链和数据隐私安全

就如上文所介绍的，区块链技术虽然带来了透明性和不可篡改的优势，但是，一方面，其在隐私泄露、不公平交易等伦理问题上仍然有可以优化的空间，而带来这一优化的重要技术便是大模型与区块链相结合。另一方面，大模型本身因为其数据以及黑箱特性等问题，也存在不少数据隐私安全的风险，因此，通过引入区块链技术，能够对这些问题进行优化。

对于区块链交易中可能存在的风险，可以利用大模型对区块链数据进行深度学习和模式识别。其核心在于微调大模型，对区块链中的复杂数据进行提取和分类。同时，结合 Agent 模式，大模型还可以处理流程复杂的任务，从而实现对于更加复杂的交易流程实施全流程的监控，而不是像传统深度模型架构多数只能对单一的数据模式或者任务节点进行检测。由此，可以进一步地确保区块链系统的正常运行和用户的资金安全。

而大模型的动态性能以及数据隐私安全性，也可以通过区块链赋能来进行优化。区块链的去中心化特性允许大模型的训练任务被分散到网络中的多个节点上进行。这种方式不仅降低了对单个计算节点的依赖，从而提高了训练的效率和稳定性，还有助于保护数据隐私，避免了数据泄露和滥用的风险。

区块链技术和大模型技术都为彼此的发展带来了新的机遇。这其中涉及交易风险识别、去中心化的训练，从而提升安全性和透明性，让相关技术的应用更加能够被大众所接受和推广。

12.4.2   区块链上去中心化的大模型相关优势与挑战

相比于传统的大模型，区块链技术的出现为大模型的训练和使用带来了新的上升空间。上文提到的区块链技术的去中心化、高透明度以及不可篡改特性，为解决传统大模型所面临的诸多问题带来了新的解决思路。但同时，由于大模型的发展仍然处于起步阶段，其本身的技术架构仍然有很多需要探索的地方，因此，区块链上去中心化的大模型在技术的融合以及应用等方面，仍然具有许多的挑战。

如前文所介绍的，总结起来，区块链上去中心化的大模型相关优势主要有，去中心化训练的高效性和鲁棒性、模型动态更新、安全性与透明性以及经济激励模式。这些优势不仅提高了大模型在训练和使用过程中的质量和效率，同时还保证了大模型的安全性，使得大模型的推广变得更加容易。

而该技术所面临的挑战，则主要在技术融合的适配性上。首先，大模型的并行化分布式训练以及推理往往需要大量 GPU 之间进行高效的通讯。许多专门训练大模型的集成式设备专门为保障这些设备的高效协同构建了一套高度适应的通讯框架。然而，要将这些适用于大模型并行化分布式训练的框架迁移到区块链系统中，则需要做一些新的系统工程层面的适配。除此之外，这两种技术的融合所需要耗费的成本如何尽可能地降低，则涉及了更加复杂的层面。这样的新兴技术的落地乃至大规模的应用，仍然需要市场生态的形成来进行推动。

12.4.3 大模型与区块链的过程透明化

如前文所提到的，大模型的训练需要大量的训练数据，而对于海量数据的搜集可能会导致模型的不透明性，这可能会带来数据版权冲突、个人隐私泄露等风险。为了解决这些问题，区块链技术被引入到大模型的开发和使用过程中，通过其去中心化、透明化和不可篡改性，来提高大模型的透明化和可信度。

具体来说，可以在区块链上创建一个安全、透明的去中心化数据集。这些数据集由统一的构建合约来进行构建，其来源透明化，同时需要多方一致核实。当需要进行数据核查时，可以分布式地对数据进行核查，从而提高了数据检测的效率以及细化了检测的粒度。同时，由于数据在区块链上的更改会留有相应的记录，便进一步地增加了数据的可信度和透明度。

大模型与区块链的过程透明化在很多方面具有重要的意义和价值。首先，区块链上的数据不可篡改，提高了数据的可信度和透明度，使得模型的训练结果更加可靠；其次，通过公开可用的输入数据和透明的训练过程，使得其他人更容易复制或独立验证模型的结果，增加了模型的透明度。区块链技术可以确保数据贡献者和验证者得到公平的补偿，从而吸引更多人参与到大模型的开发和使用过程中来。

12.4.4 大模型与区块链未来发展方向

尽管区块链技术已经经过了长久的发展，具有了相对成熟的技术架构，但是大模型作为一门新生代的技术，其仍然具有较大的发展空间，因此这也给大模型与区块链的发展带来了很大的空间。本节将主要从区块链中待解决的问题以及大模型发展的未来趋势两个角度，探讨大模型与区块链的未来发展方向。

1）对于区块链技术

如何构建更加高质量的智能合约，如何更进一步规避交易中的风险，在这些方面如前文所介绍，通过引入大模型能够进一步地提升相关性能。同时，放眼整个区块链架构，也能够引入大模型对其进行系统化的管理。这一过程就像是 12.1.5 节大模型相关应用中提到的，将大模型嵌入操作系统，让其根据需求调用一系列的应用来解决问题。这样的架构也能够嵌入到区块链的应用系统中，从而提供更加智能和高效的区块链 Agent 服务。

2）对于大模型

其未来的发展空间仍然很大。一方面是可解释性方面，现有的大模型继承了深度网络的黑箱特性，并且很难克服"幻觉"问题。在未来，相应的技术问题可能会被解决，到那时候，大模型能够为区块链提供更加安全、可解释的赋能。另一方面，目前大模型通常需要巨大的参数规模来支持其智能的涌现。在未来，当算力成本依据摩尔定律进一步降低时，或是在算法层面能够将模型涌现足够的智能的参数规模阈值降低到一定程度时，大模型在区块链上的使用将会变得更加容易。

12.5 本章小结

第一，本章深入探讨了大模型与区块链技术的融合，阐述了两者在理论与实践层面的相互促进和协同发展。从人工智能大模型的基础知识出发，回顾了大模型的发展历程，剖析了其基本原理，并展示了多模态大模型的前沿进展。这些模型通过庞大的数据集和复杂的训练过程，展现出强大的数据处理和分析能力，其在语言理解、图像识别等领域取得了显著成果。

第二，本章深入探讨了大模型如何驱动区块链技术的创新。通过在预训练过程中学习区块链交易数据的异常模式，大模型可以实现对异常交易的准确识别。例如，BLOCKGPT 模型通过大规模数据集的模型预训练，成功地检测出区块链中的异常交易，提高了区块链系统的安全性和可靠性。此外，大模型同样也可应用于智能合约的自动生成和伦理风险的识别，进一步提升区块链技术的智能化水平。

第三，本章还探讨了区块链技术对大模型发展的支持作用。利用区块链的去中心化和透明性，可以优化大模型的训练和部署过程。通过在区块链上训练和使用动态大语言模型，解决了传统大模型在适应新任务和需求时的局限性。DLLM 的案例表明，区块链技术可以降低模型更新的计算成本，提高模型的灵活性和可扩展性。

第四，在两者融合的过程中，数据隐私安全和过程透明化成为突出的优势。区块链的不可篡改性和可追溯性，能够为大模型的数据处理提供安全保障，增强了用户对模型的信任度。然而，融合过程中也面临着挑战，如去中心化环境下计算资源的分配、模型训练的效率和误报率的控制等。这些问题需要进一步的研究和技术突破。

第五，本章同样介绍了两者融合尚未解决的挑战，如模型训练成本、数据隐私保护和伦理风险等，同时，指出了未来的研究方向。

笔者期待未来在这一领域能有更多的创新和突破，为读者提供进一步思考和探索的空间。

12.6　拓展阅读

大模型与区块链正以前所未有的速度推动着各行各业的创新与变革。大模型具备强大的自然语言处理和生成能力，而区块链则以其去中心化、安全和透明的特性，成为数据可信交互的基础。当这两项技术相互融合时，能够产生巨大的协同效应，推动新型应用场景的诞生。

了解人工智能大模型的基础知识是理解其与区块链融合的前提。大模型是基于深度学习技术训练出来的庞大神经网络，拥有海量参数，可以在自然语言处理、图像识别、语音识别等领域表现出卓越的性能。通过学习海量的文本数据，大模型具备了理解上下文、生成连贯文本的能力，能够用于内容创作、自动摘要、对话系统等众多应用。

一方面，大模型驱动的区块链技术是技术融合的一个方向。区块链网络中的数据和交易信息需要进行验证和共识，而大模型可以优化这一过程。通过引入大模型，区块链网络可以实现智能化的节点验证和风险预测。例如，在区块链的智能合约审核中，大模型可以自动分析合约代码，检测潜在的漏洞和风险，提高整个系统的安全性和可靠性。此外，大模型可以帮助区块链网络优化共识算法，提升交易速度和效率。

另一方面，区块链赋能的大模型技术则是从数据安全和隐私保护的角度出发。大模型的训练需要大量高质量的数据，而数据的隐私和安全问题一直是一个挑战。区块链的去中心化存储和加密技术，可以为大模型的训练数据提供安全的共享平台。通过区块链，数据提供者可以安全地分享数据，确保数据的所有权和使用权受到保护。智能合约可以自动执行数据交易和使用协议，保障各方的权益。在这种模式下，大模型可以获取更多丰富的数据进行训练，提高模型的性能和泛化能力。

大模型与区块链融合的优势在于两者可以相互弥补短板，共同构建一个智能、高效、安全的生态系统。具体而言，融合的优势体现在数据安全与隐私保护、模型可信度与透明度、去中心化的人工智能服务以及智能合约的智能化等方面。区块链的加密和权限控制可以保护大模型训练所需的数据，防止数据泄露和滥用。这有助于解决数据孤岛问题，促进跨行业的数据合作。同时，通过区块链记录大模型的训练过程、参数更新和推理过程，增强模型的可追溯性和透明度。对于需要高可信度的应用场景，如医疗诊断、金融决策等，能够提高用户的信任度。

然而，融合过程中也面临着挑战。首先是技术复杂度的提升。大模型与区块链都是复杂的技术，将两者结合需要专业的技术团队和较高的开发成本。其次是性能问题。大模型的计算需求高，区块链的交易速度相对较慢，在实际应用中需要优化系统架构，平衡性能和效率。此外，监管和合规性也是需要考虑的因素。涉及数据隐私和金融交易的应用，需要遵守相关的法律法规，确保合法合规。

大模型与区块链的融合有望在多个领域产生深远的影响。在金融领域，融合技术可以在数字资产管理、智能投资、风险控制等方面提供更智能和安全的服务。大模型可以分析市场趋势，提供投资建议，区块链则确保交易的安全和透明。在医疗健康领域，患者的医疗数据可以通过区块链安全存储和共享，大模型用于疾病预测、诊断和个性化治疗方案的制定，提升医疗服务质量。在供应链管理中，大模型可以预测市场需求，优化供应链流程，区块链记录产品流通信息，确保数据的真实性，提升供应链的透明度和效率。在智慧城市建设中，融合技术可以实现数据的高效分析和安全共享，提升城市的运行效率和居民的生活质量。

人工智能大模型与区块链的融合代表了科技发展的一个重要方向。两者的结合有潜力解决彼此的局限性，创造出新的应用场景和商业模式。虽然面临技术和监管等方面的挑战，但通过持续的研究和创新，这一领域将不断发展壮大。未来，需要产学研各方的共同努力，推动技术的融合与落地，充分释放其巨大价值，促进科技进步与社会繁荣。

12.7　本章习题

（1）什么是 BLOCKGPT？请简要介绍其工作原理和应用场景。

（2）BLOCKGPT 如何利用大规模数据集实现对区块链异常交易的检测？

（3）请分析 BLOCKGPT 的模型架构，包括其核心组件和功能。

（4）传统大模型在训练和更新过程中遇到了哪些挑战？动态大模型如何解决这些问题？

（5）举例说明可观察对手和隐藏对手在区块链威胁模型中的区别。

（6）研究人员在评估 BLOCKGPT 性能时采用了哪些评价指标？这些指标如何反映模型的检测能力？

（7）基于大模型的区块链伦理风险识别技术的核心思想是什么？其实现需要考虑哪些关键因素？

（8）在基于区块链的动态大模型中，如何实现模型参数的动态更新，同时避免灾难性遗忘？

（9）BLOCKGPT 在处理高频次交易的实际应用场景中表现出哪些优势？

（10）请比较传统静态大模型与动态大模型在适应新任务和需求方面的异同。

（11）为什么区块链技术能够为大模型的训练和部署提供优势？请结合去中心化特性进行说明。

（12）DLLM 架构如何利用区块链技术实现大模型的动态性？

（13）在基于区块链的 DLLM 中，动态价格机制有何作用？如何促进模型的公平使用和开发者的积极性？

（14）如何利用大模型来识别区块链中的伦理风险？例如隐私泄露和欺诈行为。

（15）结合章节内容，讨论大模型与区块链融合所面临的主要挑战和可能的解决方案。

（16）为什么 BLOCKGPT 采用无监督和自监督学习策略能够节省大量的人工标注成本和时间？

（17）基于大模型的区块链交易异常检测技术有哪些实际应用案例？请举例说明。

（18）未来基于区块链和大模型的技术可能会向哪些方向发展？

（19）请解释在动态大模型的设计中，为什么需要考虑模型的"自我进化"能力？这对人工智能的发展有何意义？

（20）大模型与区块链的过程透明化对于用户与系统的信任度有何影响？如何实现过程透明化？

第 13 章
人工智能与区块链的开放研究领域

13.1　基于区块链的联邦学习

　　计算领域的不断进展加速了机器学习和人工智能的各种应用，包括计算机视觉、自然语言处理、自动驾驶和推荐系统。此外，研究人员一直在研究先进的机器学习算法，如深度学习和强化学习。这些机器学习算法的性能高度依赖于大量高质量的可用性的数据，来训练高精度模型。例如，脸书平台的目标检测系统使用了多达 3.5 亿张图像。丰富的数据往往容易受到隐私、高容量的影响。由于数据所有者不愿共享数据中的隐私敏感信息，因此很难获得大量的数据。数据所有者形成与彼此隔离和断开的孤岛。数据孤岛问题严重阻碍了机器学习的发展。为了解决数据孤岛问题，McMahan 等提出了联邦学习，它使用局部计算的模型更新来训练一个共享的全局模型。联邦学习允许在用户之间不进行数据交换的情况下进行模型训练，这大大保护了数据隐私。此外，联邦学习将数据孤岛联系起来，并在存在利益冲突的利益攸关方之间建立一个健康和可持续的数据生态系统。联邦学习被广泛应用，特别对那些涉及机密数据或对数据隐私有严格要求的应用。第一个也是最具影响力的联邦学习系统是由 Bonawitz 等提出的单词预测的机器学习模型（也称为谷歌公司的 Gboard）。

　　联邦学习是一种流行的技术，它将数据孤岛连接起来，形成一个数据生态系统，充分发现并显著放大了大数据的价值。然而，在联邦学习中仍需要有一系列具有挑战性的问题需要解决，如缺乏激励机制、模型安全和系统异构性。虽然研究者们一直在为上述挑战开发先进的解决方案，但大多数现有的研究成果都考虑采用一种集中的方法，由一个值得信赖的中央权威机构监督模型训练。这种集中的方法带来了严重的缺点，包括单点失败、易受攻击、缺乏可信度以及难以计算奖励。例如，在学习过程中，很难估计中央服务器和其他客户端的贡献，这导致了奖励分配方面的挑战。区块链技术源自去中心化加密货币系统，对业界和学术界产生了显著的影响。区块链也有潜力解决联邦学习中的集中化所引起的问题。通过将区块链技术与智能合约相结合，用户可以在没有中央第三方的情况下进行真实和可追溯的交易。因此，我们可以建立一个基于区块链的去中心化和稳定的平台来增强联邦学习系统。基于区块链的联邦学习（Blockchain-based Federated Learning，BlockFed）确保了数据隐私、模型安全性、计算可审计性等。

　　本章将从基于区块链的分布式联邦学习、基于区块链的联邦学习隐私安全机制和基于区块链的联邦学习在不同领域中的应用展开介绍。

13.1.1 基于区块链的分布式联邦学习

近年来，联邦学习在不共享敏感数据的情况下训练协作模型方面获得了进展。自其诞生以来，集中式联邦学习（Centralized Federated Learning，CFL）一直是最常见的方法，其中一个中心实体创建了一个全局模型。然而，由于瓶颈、系统故障的脆弱性增强，以及影响负责全局模型创建的实体的可信度问题，集中式方法会导致延迟增加。基于区块链的分布式联邦学习（BCFL）通过促进分布式的模型聚合和尽量减少对集中式架构的依赖来解决这些问题。

1. BCFL 的基础

为了在本节中进行严格的表达，列出了 BCFL 的一些术语，并解释如下。

（1）客户端。

在 FL 系统中工作以收集数据和训练本地模型的设备。

（2）节点。

区块链网络中的成员，提供计算能力并生成新的块，也可以称为矿工。

（3）聚合器。

服务器或其他足够强大的设备，以聚合全局模型。

（4）分布式账本。

区块链网络中多个节点的可信数据库，存储数据进行检索或审核。

（5）事务处理。

每个块中的数据记录。

（6）局部模型更新。

客户端基于本地原始数据计算的梯度和权重。

1）区块链与联邦学习的耦合性

当 FL 的客户端是区块链的节点时，可以将框架定义为完全耦合的基于区块链的 FL 模型（FuC-BCFL），换句话说，客户端不仅可以训练本地模型，还可以验证更新并生成新的块。从 FuC-BCFL 的定义中可以得出 FL 模型是分布式的，因为区块链上的每个节点都有机会参与局部模型训练和全局模型聚合，因此中央聚合器的作用可以由区块链来实现。如图 13-1 所示，在这样的框架中，有两种方法来更新全局模型：

（1）一些被选择的节点收集经过验证的局部模型更新，然后进行聚合算法；

（2）所有节点都可以参与全局模型的聚合。分布式账本包含训练数据，包括经过验证的局部模型更新、全局模型更新和在学习过程中产生的其他数据。

FuC-BCFL 已在各种研究中被提出。在该文献中，FL 的客户机是能够感知数据并提供计算能力的边缘，他们负责数据收集和数据训练。该框架中的区块链也可以作为分布式账本来记录训练数据。在该系统中，原始数据的完整性受到保护，恶意客户端被阻止。带有区块链的 FL 平台是在假设所有参与者都能在竞争激励机制下合理工作的前提下设计的。该平台可以处理任何类型的原始数据，如文本、音频和图像等。在上传本地模型更新之前，将选择几个工人通过智能合约下的安全程序来选择有效的数据。BAFELE 是一个区块链的 FL 框架，它的中央聚合器是分布式的。通过将 FL 机制划分为几轮，收集局部模型更新，然后对全局模型进行更新，BAFELE 可以获得与传统 FL 模型相同的模型训练结果和性能。同时，它花费了更少的计算资源。

2）在联邦学习中区块链的类型

用于辅助 FL 系统的区块链有两种类型：公链和许可链。

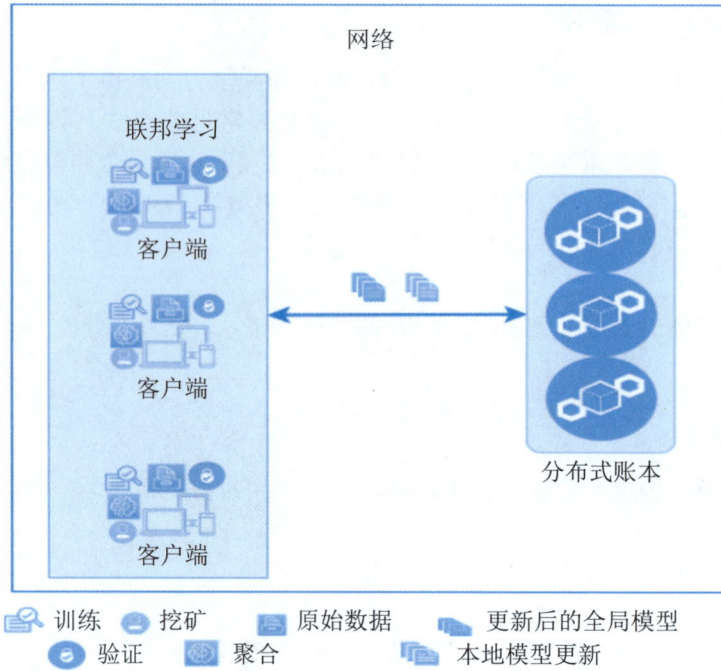

图 13-1　基于区块链的分布式联邦学习框架

（1）公链：公链是分布式和公开的，在基于区块链的 FL 系统中得到广泛应用。公链上的节点可以是任何愿意且有足够的能力参与学习过程而无须进一步认证的设备。BC-FL 是一个运行在公链网络上的 FL 系统。训练节点和矿工可以在未经允许的情况下参与系统，并一起训练出一个全局模型。该网络上的矿工以工作量证明（Proof of Work，PoW）作为他们的验证共识，以产生新的区块。BlockFL 模型是另一个通过操作公链来验证模型更新的方案，该方案依赖于一种能够提供足够计算能力的实体，"矿工"。矿工们竞争性完成计算，然后新生成的区块将被添加到分布式账本中。为了吸引更多的设备和基站来提供数据和计算资源，FL 系统运行在一个公链网络上。知识证明（Proof of Knowledge，PoK）是一个轻量级的共识，结合机器学习和区块链共识，以避免复杂的计算。在上述模型中，降低参与的障碍和门槛可以获得更多的计算资源和更多的数据，但由于对错误行为检测的研究较少，仍然存在无效的数据和恶意节点。

（2）许可链：与公链相比，许可链仅对授权客户开放。在 BCFL 系统中，我们将在这些设备在 FL 中注册之前，根据它们的计算资源、参与意愿和历史性能来选择它们。

目前关于 BCFL 中使用的许可链的研究主要集中在节点的选择上，即哪个节点可以作为该链的一部分来继续学习过程。所包含的设备通常在区块链开始运行之前已经进行评估。此外，在训练结束时，这些设备会根据它们的表现而被保留或删除。联盟链被用来启用权限，即节点管理、梯度验证和块生成。委员会共识机制（Committee Consensus Mechanism，CCM）的设计用来验证梯度，该委员会由几个诚实的节点组成，他们负责对验证过程进行收费。CCM 比 PoW 需要更少的计算资源，同时可以作为一种安全可靠的共识机制。FLChain 是一个可靠和可审计的 FL 生态系统。在区块链上注册的训练师是那些愿意参与训练过程的实体。在进行本地模型训练之前，将根据矿工的可靠性和动机来选择矿工。恶意训练师的不当行为将被委员会发现和惩罚。

2. BCFL 的功能

BCFL 的具体功能，包括模型更新的验证、全局模型的聚合和分布式账本的利用等。

1）模型更新的验证

为了训练一个执行良好的全局模型，FL 需要确保所有参与模型训练过程的设备都能诚实地工作，并提供可靠的数据。这个问题在传统的 FL 模型中并没有得到很好的解决。为了解决这个问题，可以利用区块链来验证提交的数据，排除不诚实和不可靠的数据。

在每一轮中，本地设备将训练过的本地模型更新传输给矿工以进行进一步验证。因此，需要设计一个合适的验证机制来验证数据的有效性，减少所消耗的时间和资源。目前的研究非常重视验证机制。一个重要工作是验证证明（Proof of Verification，PoV）共识，该机制用于确保上传的本地模型更新在全局模型聚合之前是有效的。PoV 的主要思想是提前准备测试数据集，并设置一个精度阈值。根据 PoV，由任务发布者提供的可靠的测试数据集将在区块链上准备，然后矿工利用该数据集来验证上传的更新。根据给定的准确性阈值选择合格的更新，并作为事务放入块中。阈值可以通过经验来确定，但测试数据集的选择是一个挑战，因为一旦进入了新的学习环境，就很难使用以前的数据进行评估。

验证机制可以设计为各种形式，但更常见的方法是在进行模型聚合之前对更新进行过滤，以避免不可靠的数据影响全局模型。当然，也可以通过模型聚合后的反馈来管理更新。通过验证更新，验证机制不仅可以过滤出不可靠的数据，而且还可以限制数据提供者的行为。此外，验证的结果也可用于以后的奖励分配指导。目前，虽然研究人员意识到在聚合模型更新之前验证模型的重要性，但关于设计有效验证机制设计还缺乏研究。

2）全局模型的聚合

FL 的基本思想是将模型训练任务分配到许多本地设备上，然后通过一个中央聚合器集成本地模型。因此，模型集成是 FL 过程的一个重要组成部分。下面讨论如何通过应用区块链实现去中心化模型集成。

（1）所选区块链节点：在某些模型中，在区块链上的节点验证局部模型更新后，只有选定的节点参与全局模型集成。这些被选中的节点通常配备了足够的计算资源或具有良好的历史记录。在文献中，作者提出了一个委员会共识机制来验证局部模型的更新，然后聚合全局模型。他们认为，委员会的选举对全球模型的表现至关重要，他们还引入了三种委员会选举方法，分别是随机选举、分数排序、多因素优化。实验结果表明，在该机制下的模型可以获得与传统 FL 模型相似的性能。通过选择一些节点参与模型集成，一方面可以避免中心节点的存在，实现分布式；另一方面，所选节点通常更可靠，通过实现它们来完成模型聚合，可以减少整体资源消耗。

（2）所有区块链节点：当所有的数据提供者或矿工都独立地参与到模型的聚合中时，这样的框架是分布式的，并且完全避免了任何权威中心。这是将区块链应用于 FL 的最常用的框架。完全分布式的全局模型聚合通常由区块链上的矿工或数据提供者完成，即本地设备。在 BCFL 模型中，矿工和数据提供者可能并不相同，每个矿工在完成本地数据更新的验证后，通过聚合算法聚合全局模型。如果本地设备也是矿工，那么他们不仅收集数据，然后训练本地模型，他们还验证更新并计算全局模型。通过用区块链替换中央聚合器，模型集成的任务被委托给区块链上的节点，根据不同的框架，这些节点可以是矿工或数据提供者。在这种情况下，BCFL 可以完全分布式，每个节点都可以参与模型聚合，有效地避免了单点故障。

区块链允许 FL 修改模型聚合的过程，而无须使用中央聚合器。无论全局模型是由部分节点还是所有节点计算的，模型的积分都可以有效地实现分布式。

3）分布式账本的利用

在传统 FL 模型中，原始数据保存在本地设备上，而本地模型的更新应上传到中央聚合器。在区块链技术的帮助下，FL 可以在没有中央聚合器的情况下有效地工作。当矿工完成验证工作时，将生成新的块并添加到区块链中，在那里经过验证的本地模型更新和聚合的全局模型被存储。在这个过程中，区块链作为分布式账本，存储模型更新，为所有合格的参与者检索数据提供一个可访问的平台。

下面，我们讨论区块链作为 BCFL 模型中的分布式账本的两个方面：数据存储和数据共享。

（1）数据存储：在传统的 FL 中，本地模型更新通常被转移到中央聚合器，然后进行存储，这需要更多的传输成本和存储容量。通过结合区块链来辅助 FL，可以有效地改善训练过程中的数据存储问题。在某种程度上，区块链是一种分布式账本，它可以提供一种安全、可追溯、不可篡改的方式来存储数据。所有训练相关数据，包括本地模型更新、全局模型更新和参与者的声誉，均被视为区块链的交易，需要由矿工进行验证。首先，只能将验证的数据记录在新生成的块中，然后将块添加到区块链中。通过这种设计，分布式账本中的数据是可追踪的和不可篡改的，这意味着一旦交易被添加到区块链中，任何设备几乎都不可能更改记录。

（2）数据共享：在谷歌的传统 FL 模型中，只有中央聚合器才能从设备获取更新，而在区块链 FL 模型中，所有合格的参与者都可以访问区块链进行检索并共享数据，以支持模型训练。区块链为 FL 提供了一个数据共享平台来训练具有更好泛化能力的机器学习模型。此外，在训练过程中共享的数据是本地模型更新和其他相关数据（如声誉、IP 地址、时间戳等）。而不是原始数据。在这种情况下，可以很好地保护数据的隐私性，并提高模型训练的效率。

从学习过程的角度来看，区块链为 FL 提供了分布式数据存储和公共数据共享。联邦学习不需要在中央聚合器中存储学习过程中生成的数据，而是只需要通过区块链存储这些数据，这可以使所有经过认证的参与者都可以免费获得相关数据。从数据安全的角度来看，区块链本身可以被看作是一个分布式账本，具有不可篡改性、可审计性和分布式等特征。区块链可以记录所有必要的数据，也可以防止恶意节点改变它。而且只有经过身份验证的参与者才能访问与 FL 相关的数据，从而防止了隐私泄露。

基于区块链的分布式联邦学习所面临的挑战包括：

（1）如何在保护数据隐私的同时实现模型的高效聚合；

（2）如何在保证区块链的安全性和可扩展性的前提下，提高联邦学习的效率；

（3）如何在保证区块链的去中心化特性的同时，提高联邦学习的可用性。

未来的发展方向包括：

（1）如何在保证数据隐私的前提下，提高联邦学习的效率和准确性；

（2）如何在保证区块链的安全性和可扩展性的前提下，提高联邦学习的效率和准确性；

（3）如何在保证区块链的去中心化特性的同时，提高联邦学习的可用性。

13.1.2　基于区块链的联邦学习隐私安全机制

联邦学习是一种分布式的机器学习范式，它允许多个客户通过利用本地计算能力和模型的传输来进行协作。该方法，一方面，降低了与集中式机器学习方法相关的成本和隐私问题，同时通过在异构设备之间分发训练数据来确保数据隐私；另一方面，联邦学习由于在存储、传输和共享过程中缺乏隐私保护机制，存在数据泄露的缺点，从而对数据所有者和供应商构成重大风险。区块链技术已经成为一种很有前途的技术，可以在联邦学习中提供安全的数据共享平台，特别是在工业物联网应用中。

在传统的 FL 中，每个参与客户端的数据样本不会公开给聚合服务器。但是，发送给聚合的本地模型更新将公开给服务器。通常在 BCFL 中，来自参与客户端的模型更新也会作为原始数据上传到区块链网络。这些场景会导致数据泄露，并对系统构成威胁，因为恶意客户端或攻击者可能会利用此漏洞。研究人员提出了基于区块链的协作系统。该系统被称为 BLADE-FL，它被设计用于跨分布式多方共享数据。目标是其目标是减少数据泄露的风险。他们通过将不同的隐私机制纳入联邦学习来确保数据的隐私。其他技术，如同态加密、差分隐私和安全多方计算，已经集成到 BCFL 中实现端到端的保护隐私。

下面讨论隐私保护技术在基于区块链的联邦学习中的应用。

1）同态加密

Wang 等提出了一种基于区块链的车联网（Internet of Vehicles，IoV）中的隐私保护联邦学习（BPFL）模型。主要目标是降低参与者中毒攻击和聚合服务器窃取敏感数据的隐私风险。BPFL 模型由四个部分组成：客户端用户、联邦学习节点（FL 节点）、模型聚合节点（MA 节点）、虚拟验证节点（VV 节点）和证书颁发机构（CA）。利用同态加密来进行验证并过滤局部模型的变化。使用 Krum 函数来计算每个提出的向量的分数，这有助于识别可靠的参与者，同时排除分布式机器学习中的异常值。因此，减少了系统运行时开销。

在另一项研究中，Miao 等通过设计基于区块链的隐私保护的联邦学习（PBFL）模型提供了隐私。他们通过检查余弦相似性来确定负梯度和诚实梯度向量，建立一个可信的全局模型。此外，他们还应用了 CKKS 方案，一种完全同态加密（FHE）方法来加密局部梯度并提供隐私保护。然而，他们的工作只适用于客户端数据的平衡分布，而不适用于客户端数据是非独立的和同分布的情况（Non-IID）。

此外，研究人员还开发了一种高效和安全的基于区块链的 FL 系统范式（CSB-FL）。提出了一种新的轻量级密码学工具。该工具是基于一个非交互指定的解密器函数，用于加密每个参与者的本地模型更新。ESB-FL 可以确保 FL 参与者的隐私保护。ESB-FL 还能有效地保持全局模型的准确性。

2）差分隐私

Zhao 等为家电制造商设计了一个基于区块链的联邦学习模型，以开发他们的服务和产品。首先，客户使用家电数据的集合来训练一个模型。然后，他们将训练好的模型发送到区块链，以跟踪客户或制造商的活动，并防止网络威胁的可能性。最后，作为一个矿工，其中一个客户端将模型上传到区块链。作者建议在特征上使用差分隐私技术，通过在特征中添加噪声来为客户提供隐私。

Salim 等提出了一种基于社交媒体 3.0 网络的基于差分隐私区块链的可解释 FL（DP-BFL）架构。这种架构允许支持互联网的设备参与对全局模型的训练，同时保护数据隐私。在本地训练后，参与者将他们的私有本地模型更新上传到区块链系统。然后，由区块链系统的矿工来评估和验证这些本地更新。DP-BFL 通过减少恶意参与者的本地更新的影响，确保了参与者的隐私以及全局模型的良好性能。

Qu 等提出了一种新的块链化自适应异步联邦学习（FedTwin）的方法。该方法可以在数字双网络中进行自适应和异步训练。该方法解决了数字双网络中集中处理、数据伪造、隐私泄露和缺乏激励机制等挑战。FedTwin 使用了一种联邦制证明共识算法来有效、安全地同步数字双网络（DTN），从而实现了个性化的激励机制。该方法还使用了保护隐私的本地训练和证伪过滤。该方法采用了具有回滚机制的 DTN 的自适应异步全局聚合。作者评估了 FedTwin 在真实数据集上的性能，显示了其对 DTN 的优越性能。

3）安全多方计算

Lu 等提出了一种区块链能够在多方之间共享数据的协作架构。该体系结构还将数据泄漏的风险降至最低，并授予数据所有者对共享数据的访问进行更大的控制。通过使用联邦学习来构建数据模型并共享数据模型，而不是共享原始数据，作者将数据共享转换为机器学习问题，从而提高了计算资源的使用和数据共享系统的有效性。为了保护数据隐私，作者将不同的隐私集成到联邦学习中。利用基准的开放真实数据集对该模型的有效性进行了评估。然而，这种方法存在三个潜在的威胁：数据质量、数据安全和数据权威管理。为了解决这些威胁，作者整合了联邦学习来实现不同的隐私。他们使用了许可链来消除集中式的信任问题。他们确保了共享数据的质量，以防止无效的共享。最后，他们通过允许数据提供者只通过本地上传数据，从而促进了安全的数据管理。

研究人员还引入了一个区块链授权的分布式的、安全的多方学习系统，其中学习方拥有不同的本地模型。他们的工作提出了"链上"和"链外"的挖矿策略来防御攻击。所提出的方法包括两个步骤。第一步是识别适合于模型校准的数据样本；第二步是根据所发现的样本来校准特定的局部模型。然后，这些模型被输入到新的区块中。BEMA 主要包括链外挖掘和系统初始化。在系统启动期间，操作员（OPs）会在链接上注册他们的名称（ID）和模型详细信息。然后，参与方可以注册他们的 ID 和链模型信息。一旦一个矿工使用一个有效的样本来更新链上的模型，每一方都可以将其广播到区块链，并获得一定的系统奖励。

上述研究已经提出了使用区块链技术来实现联邦学习的不同解决方案。它们旨在解决联邦学习中的隐私挑战。然而，这些研究所采用的方法都遇到了有效的模型组合、隐私参数的选择、非 IID 数据分布、可伸缩性和隐私攻击等挑战。提出的解决方案包括同态加密、差分隐私、声誉感知联邦学习和数字双网络等。这些方法旨在保持全局模型的准确性，保护参与者的隐私，并减少恶意的本地更新的影响。然而，它们也有一些限制，如增加了资源消耗、通信开销和安全漏洞。尽管存在这些挑战，但数据隐私和安全问题仍然需要解决。虽然区块链技术有效地实现了联邦学习的去中心化，但它也有一些缺点。

基于区块链的联邦学习是一种新兴的方法，它在提高机器学习模型的隐私性和安全性方面获得了极大的进展。区块链技术的分布式和不可篡改特性有潜力取代传统的集中式方法，提高 FL 的隐私和效率。区块链技术可以防止数据泄露和恶意行为者，同时允许多方在不共享模型数据的情况下协作训练模型。此外，在没有集中服务器的情况下，多方数据分布可以进一步降低数据泄露的风险，增强数据隐私。区块链技术的使用还确保了数据的安全存储和准确跟踪，实现了高效和可信的联邦学习。区块链和联邦学习的集成在推进机器学习和改善其在各个行业的实际应用方面具有巨大的潜力。

13.1.3 基于区块链的联邦学习在不同领域中的应用

基于区块链的联邦学习技术已经取得巨大的研究进展，并广泛应用于多个领域。

1. 在物联网领域

敏感信息可以存储在物联网设备中。数据共享的 BFL 框架是在多方之间设计的，设备可以安全地检索数据，确保准确的模型训练。建立了训练质量证明（Proof of Quality，PoQ）共识来验证训练模型，而不是 PoW。它可以提高计算资源的利用效率。此外，Zhang 等还开发了一种基于 BFL 的质心距离加权联邦平均（CDW FedAvg）算法来检测设备故障。

2. 医学领域

医学领域是另一种 BFL 可以带来巨大改善的服务。远程患者监测和人工智能辅助诊断需要许多疾病信息。然而，医疗信息对患者的隐私很敏感。因此，在医学领域开发了一些 BFL 的应用。Rifai 等在医疗保健领域实施了 BFL，通过培训大量的患者信息来预测糖尿病的风险，同时确保数据的透明度和许可；此外，还开发了基于针对医疗物联网（Internet of Health Things，IoHT）设备的 BFL 的轻量级安全和隐私算法，它们可以通过检测患者的体质参数来预测特定的疾病。Kumar 等提出了一个 BFL 框架，可以利用最新的数据，通过扫描 CT 图像，在医院间共享数据，提高 COVID-19 的识别率，同时保护隐私。

3. IoV

在数据共享和自动驱动方面也受益于 BFL。Pokhrel 等集成了区块链和联邦学习，以促进自动车辆的高效通信，并验证车载机器学习（IoVML）模型更新。提高了自动驾驶汽车的性能和隐私安全性能。Lu 等开发了一个基于混合区块链的 FL 框架，包括区块链和 IoV 中的局部有向无环图（DAG）；通过委托股权证明（DPoS）选择优化后的参与节点，进一步提高学习效率；为了提高车载网络的知识共享方法，开发了一种基于 BFL 的可靠性和安全性，并设计了一种轻便的知识证明（PoK）共识机制来减少计算消耗。

4. 金融服务领域

基于区块链的联邦学习技术可以用于欺诈检测和信用评估。例如，银行可以使用联邦学习来训练一个模型，该模型可以检测欺诈行为。每个银行都可以在其本地数据上训练模型，然后将模型上传到区块链上进行聚合。这种方法可以保护客户的隐私，同时提高模型的准确性。

5. 智能城市领域

基于区块链的联邦学习技术可以用于交通流量预测和城市规划。例如，城市可以使用联邦学习来训练一个模型，该模型可以预测交通流量。每个区域都可以在其本地数据上训练模型，然后将模型上传到区块链上进行聚合。这种方法可以保护居民的隐私，同时提高模型的准确性。

此外，BFL 架构也被应用到了其他领域，包括内容缓存、位置预测、群智感知、灾难响应和新闻推荐。它们有相似的区块链结构，但只有联邦学习算法有所不同。

13.2 基于区块链的群体智能

基于区块链的群体智能是一种新兴的技术，它结合了区块链和群体智能的优点，以提供更安全、更可靠、更高效的解决方案。

1. 基于区块链的群智网络

基于区块链的群智网络是一种利用区块链技术来构建的分布式网络。在这种网络中，每个参与者都可以贡献他们的知识和技能，共同解决问题或完成任务。区块链技术的引入使得这种网络具有更高的安全性和透明度，因为所有的交易和操作都会被记录在区块链上，无法被篡改或删除。此外，区块链的去中心化特性也使得群智网络更加公平和公正，因为没有任何一个参与者或者中心节点可以控制整个网络。

2. 基于区块链的群智感知

基于区块链的群智感知是一种利用区块链技术来收集和处理大量数据的方法。在这种方法中，每个参与者都可以通过他们的设备（如智能手机、传感器等）收集数据，然后将这些数据上传到区块链上。由于区块链的不可篡改性，这些数据的真实性和完整性得到了保证。此外，区块链的智能合约功能还可以用来自动处理这些数据，从而提高数据处理的效率。

3. 基于区块链的群智合约

基于区块链的群智合约是一种利用区块链技术来实现自动执行的合约，在这种合约中，合约的条款和条件都被编码成区块链上的智能合约。当合约的条件被满足时，智能合约会自动执行相应的操作，如转账、发放奖励等。这种合约的优点是它可以减少人工干预，提高合约执行的效率和准确性。

总的来说，基于区块链的群体智能是一种具有巨大潜力的技术，它可以广泛应用于各种领域，如物联网、大数据、人工智能等。然而，这种技术也面临着许多挑战，如隐私保护、数据安全、技术复杂性等，需要进一步的研究和探索。

13.2.1 基于区块链的群智网络

1. 基于区块链的群智网络框架

首先，我们需要理解什么是区块链和群体智能。区块链是一种分布式数据库，它通过加密和去中心化的方式，确保数据的安全性和完整性。群体智能则是一种模拟自然界中的群体行为（如鸟群、蚁群等）的计算方法，它可以解决复杂的优化问题。

在这个框架中，每个节点都可以作为一个智能体，通过与其他节点的交互，形成一个群体智能网络。这些智能体可以是人、机器，甚至是软件代理，它们共同工作，解决复杂的问题。

区块链在这里起到了关键的作用。

（1）区块链提供了一个安全、透明的数据存储和交换平台。所有的交易和数据都被记录在区块链上，任何人都无法篡改。这保证了群体智能网络的公正性和公平性。

（2）区块链的去中心化特性使得群体智能网络更加健壮和可靠。即使某些节点出现故障或被攻击，整个网络仍然可以正常运行。这是因为在区块链中，每个节点都有完整的数据副本，可以独立验证和处理交易。

（3）区块链还可以实现智能合约，这是一种自动执行的程序，可以在满足特定条件时自动触发，使群体智能网络可以自我调整和优化，提高了其效率和灵活性。

然而，尽管区块链技术具有许多优点，但它并非完全无懈可击。例如，区块链的匿名性可能被用于进行非法交易。此外，如果超过一半的节点被恶意节点控制，那么整个网络的安全性就会受到威胁。这被称为"51%攻击"。

总的来说，基于区块链的群智网络框架，通过结合区块链的安全性、透明性和去中心化特性，以及群体智能的优化能力，为我们的数字社会提供了一种新的、高效的解决方案。它可以应用于许多领域，如物联网、供应链管理、金融服务等，具有广泛的前景。

2. 基于区块链的群智网络框架安全风险

基于区块链的群智网络框架具有很高的安全性，但也存在一些潜在的风险。因此，我们需要不断地研究和改进这个框架，以应对未来的挑战。

群智网络框架主要面临两类安全风险，框架体系安全、框架业务安全。第一种为对区块链系统本身的攻击或者由这些攻击衍生出对系统平台的攻击，如51%攻击、Sybil攻击等，这些攻击不但威胁着区块链系统本身，其对系统的业务正常执行也有着巨大的威胁。第二种为系统业务面临的安全风险，如节点失效故障、顺风车攻击、拒绝支付攻击等。

3. 基于区块链的众包网络

众包主要分为基于商业平台和基于社交网络的两种类型。众包能够以较少的开销利用大量的智能来解决问题，因此被广泛应用于计算机或个人难以完成的任务，如图像标注、音频翻译等。然而，由于社会计算的固有特性，众包网络在安全性、隐私和信任方面面临挑战。

1）区块链安全技术在众包中的应用

研究人员分析了人员参与、任务众包、动态拓扑、异质性等四个显著特征，研究了移动众包网络中的安全和隐私问题。Li等提出了基于区块链的众包框架，名为CrowdBC，以提高用户的安全性和可用性。这一框架还可以加强众包的灵活性，降低成本。总结了区块链技术在股权众筹中的优势，如简化交易和转移、投资者与企业家之间的点对点交易、支持监管活动等。

针对中小企业或民营物联网网络（物联网）的特点，Lin等利用区块链技术和LoRaWAN技术的优势，提供了开放、可信、分布式、防篡改的网络系统。该系统基于众包和共享经济的理念，为大型联盟网络提供一致的服务，如终端用户漫游服务，为各方提供会计和结算服务。还可使用区块链连接的分组转发应用程序和现成的硬件构建分布式物联网的原型。原型系统基于区块链技术，构建网络"连接"服务器共享，全球同步的密钥值存储，不需要可信方的参与。基于开放区块链密集随机计算技术可设计一个简单的激励机制，通过区块链计算各种复杂程序的执行，从而防止任何错误的计算结果。Wang等提出了一种基于区块链加密的具有不同类型众包的分销网络中众包能源系统（Crowdsourcing Energy System，CES）的运行模型。这些CES通过分布式的小规模能源生产或能源交易进行了验证。该模型产生了一个描述传统分布式发电机和负载设定点的市场均衡。

2）区块链隐私技术在众包中的应用

区块链技术在隐私保护和数据安全方面具有其独特的优势。基于区块链的去中心化框架，费尔南

德斯 - 卡拉姆斯等提出了另一个不依赖任何中央第三方来保护用户隐私的框架。物联网连续血糖监测（Continuous Glucose Monitoring，CGM）系统可以在该框架中收集的健康数据，也可以基于远程访问监测患者的患者。该框架利用分布式移动智能手机的雾计算（Fog）从 CGM 收集数据，选择一个联合区块链来增加交易隐私，加快交易和验证。后来有人提出了一种新的区块链隐私保护众包系统，可以保护员工的位置隐私，提高完成分配任务的成功率。该系统不仅利用区块链技术的匿名特性来隐藏用户的身份信息，而且还构建了私有区块链来分布式参与者的交易记录，并在各种私有区块链中选择任务，以避免参与者的交易记录被破坏。

考虑到区块链系统中存在一个服务器、多个智能手机用户和矿工，Wang 等提出了众包服务中专有的区块链激励机制，为了消除与中心节点相关的安全和隐私问题，加密货币被用作安全激励措施，通过验证数据质量评估和预定义的传输条件和节点协作隐私保护来确保安全性和效率。后来的研究者在 K 匿名和差分隐私保护的基础上，提出了一种新的移动众包系统位置隐私保护策略，提高了隐私保护水平和服务质量。在出租车移动跟踪数据集上验证了该位置隐私保护的有效性；在不依赖任何第三方信息仲裁员的情况下，也可构建、分析并实现了一个基于区块链的私有和匿名分布式数据众包系统。本系统中的协议可以保证一种激励机制的忠实实施，同时保护机密数据和身份免受区块链网络的影响。Jia 等提出了一种混合激励机制，考虑隐私保护和虚拟信用，以防止数据处理混淆机制不被攻击，该机制通过使用区块链保护机制来保护用户的私有信息，激励用户参与所感知到的任务，并确保数据不被他人篡改。Wu 等为设计了一个基于区块链的众包隐私保护任务匹配方案，称为 BPTM，它建立了一个自主、准确、去中心化的平台，可以用来替代潜在的不诚实和脆弱的平台；他们不仅试图通过将智能合约与可搜索加密相结合来实现身份匿名和可靠匹配，而且还构建了一种可搜索加密方案来保护任务需求和工作者对隐私保护任务匹配的偏好。

3）区块链信任技术在众包中的应用

区块链信任机制在众包系统中有广泛应用，在完全不信任节点之间的建立信任。Rashid 等提供了一个基于区块链的架构，名为 TEduChain 的高等教育和管理众包基金平台。该体系结构基于区块链信息信任机制，可以轻松识别和跟踪投资者和学生的任何记录。还有人提出了一种基于区块链新技术的改进认证方案，以解决车辆联网多节点系统中的身份认证和身份伪造问题。该方案采用了两种信任机制，即保存指向源的 DNS 服务和交换安全的通信文件，以确保车辆节点的合法性和其他车辆的可靠性；实现了基于区块链的去中心化众包平台。该平台是完全去中心化的，没有第三方篡改其转移资金或向用户收取佣金的代码；提出了一种新的信任证明（Proof of Trust，PoT）共识协议，以解决众包服务。

13.2.2　基于区块链的群智感知

智能移动设备（如智能手表、智能眼镜、智能手机环、车载系统等）的普及，嵌入了强大的传感器（如 GPS、相机、加速度计、罗盘、陀螺仪、Wi-Fi/3G/4G/5G、麦克风、温度传感器、距离传感器、雷达等）的互联网，连接、能源、计算和存储资源等重要能力催生了一种新的城市感知模式，称为移动群智感知（Mobile Crowdsensing，MCS）。作为物联网的一个组成部分，MCS 系统利用移动设备的普遍性，以及其所有者固有的移动性和智能，来感知、分析和共享周围环境的各种共同兴趣现象的信息。2014 年，Guo 等正式将 MCS 定义为"一种新的感知范式，使普通移动用户能够贡献从传感器增强设备中感知和收集的数据，并聚合和融合云数据，用于人群智能提取和以人为中心的服务交付"。MCS 范式导致了从传统的能量常量的转变与静态传感器网络相比，MCS 系统提供了一种更可扩展、更经济的替代方案，以替代跨大区域的密集传感覆盖。MCS 利用智能设备的广大人群和智能移动设备的改进，收集环境数据，在环境监测、社会管理、室内本地化、智能交通等等领域实现了广泛的移动应用。

尽管 MCS 系统有许多好处，但它们仍然面临着许多挑战。集中式 MCS 系统，如亚马逊的 MTurk，虽然在过去取得了巨大的商业成功，但完全依赖于第三方云服务器平台来支持服务消费者和移动设备所有者之间的交互。这些第三方必须得到充分的信任来招募数据提供商、提供数据保护服务、管理参与者认证、分发支付、维护平台、解决参与者之间的争议等。尽管如此，一些现实世界的事件表明，完全信任这些平台是多么困难，尽管已经进行了大量的研究努力来解决集中式 MCS 系统的问题，但提出的解决方案存在很多挑战：

（1）保证参与者信息的隐私和安全保护；

（2）保护众包平台免受参与者的恶意；

（3）由于单点故障问题，全面维护在线众包服务；

（4）在参与者之间建立信任。因此，最好减少这种对集中式 MCS 模型的过度依赖。

信息技术的进步，特别是区块链技术，已经挑战了对权威服务提供商和可信中介机构的需求，从而产生了建立在区块链之上的去中心化 MCS 系统。区块链是一种分布式数据存储基础设施技术，建立在 P2P 网络上，它管理和复制一个开放、安全、分布式和不可篡改的全局账本。区块链的破坏性潜力源于它能够以安全、身份验证、不可逆和重复的方式存储数据，无须集中控制，允许分布式的数据治理并确保数据真实性。比特币已经在银行业和金融行业证明，透明、安全和可审计的无现金金融交易使用分布式的同行网络是可能的。类似地，以太坊允许开发者编写具有法律约束力的智能合约逻辑，它定义了没有公证人的双方之间的协议的条款和条件。

正如我们将详细阐述的那样，通过减少或消除对受信任中介的需求来去中介的概念本质上与分布式过程有关，在分布式过程中，驻留在单个实体中的权力在网络中的多个实体或对等体中重新分配。参与其中的同行的角色是支持、维护和促进区块链。这些参与者可能是合作提供计算能力的匿名个人，或者是提供通过许可的联盟网络支持企业区块链应用程序的计算基础设施的多个公司。每个参与者在自己的环境中维护本地的分布式分类账的相同版本，并同意对其状态的任何更改。这允许在整个网络中分配信任，而不需要一个中央中介。由于每个成员都保留了一个相同版本的分类账，因此消除了出现分歧和单点故障的可能性。区块链系统被广泛认为是安全的平台，因为所有系统参与者的活动都被记录并公开发布在分类账中，这使得在没有检测的情况下修改任何块在计算上都很困难。它还增加了利用托管在区块链网络上的应用程序的最终用户的信任，因为他们可以从众多独立实体而不是单一集中实体获得关于数据行动的确认。

除了基于金融技术的解决方案，在过去的几年里，有越来越多的研究工作，在广泛的学科中分布式应用程序的许多方面，并用分布式的解决方案取代集中的组件，如分布式账本。这是通过利用具有智能合约能力的区块链平台而实现的。智能合约的使用确保了可以跟踪区块链交易，无须人工干预即可达成复杂的协议；还可以在没有第三方中介需要的情况下，强制执行不同的匿名参与者之间的信任。区块链技术提供的众多好处使其成为解决 MCS 系统中存在的隐私、安全和集中化问题的一个有吸引力的解决方案。

已经有多次尝试采用区块链进行群智感知解决方案。虽然这些工作为新型的基于区块链的 MCS 系统奠定了坚实的基础，但区块链技术的默认局限性，如可扩展性、密集的资源需求（如计算、能源、带宽、存储）、交易确认延迟、隐私泄露、智能合约漏洞等，推断该技术必须经过全面评估，才能在群智感知环境中安全有效地集成。为此，本文通过研究区块链集成的 MCS 解决方案，探索了最先进的机遇和新出现的问题，其中确定了集成和解决开放研究挑战的策略，并提出了未来在智能环境中利用 MCS 和区块链的潜在研究方向。

智能合约的发展为不同领域的非货币性基于区块链的应用程序提供了所需的基础设施。区块链理想的特性，如分布式操作、不可篡改审计跟踪、数据来源、安全性和隐私性，使其成为传统集中式应用程序的合适替代方案，而智能合约的发展也使其成为可能。在本节中，我们将关注 MCS 和区块链的收敛，在其中将讨论这两种强大的技术如何汇聚利用彼此的优势并克服重叠的弱点。了解 MCS 集中模型的局限性，最近的研究已经转向开发基于区块链的分布式架构。现有的研究工作可以分为：设计方法，利用现有的强大的存储和计算资源将区块链集成到 MCS 中；研究方法主要集中在信任管理、激励机制设计、可扩展的数据来源方法、区块链中的不同安全漏洞及其对策，并为 MCS 系统提供分布式的隐私。我们介绍了基于区块链的 MCS 系统的架构、区块链网络在 MCS 系统中的部署策略，并研究了区块链技术给 MCS 带来的好处，以及区块链技术在 MCS 方面取得的进展。

1. 群智感知中的区块链技术

群智感知系统利用嵌入式智能传感器将人和物体连接起来，从环境中捕获数据。每个传感器都向一个集中的服务器（通常是云服务器）提供数据。基于传感器数据生成的分析工具可以影响企业运营，并为新的服务和应用做出贡献。然而，关于群智感知生态系统的安全和隐私问题阻碍了其广泛的采用。MCS 网络经常容易受到 DDoS 攻击、恶意软件和其他恶意攻击。随着越来越多的设备加入 MCS 网络，现有的集中式系统可能会遇到瓶颈。另一个问题是，参与数据收集过程的移动用户的数据可能在传感过程中泄露，这可能阻止新的用户加入群智感知网络。此外，群智感知过程还面临着其他障碍，包括知识发现和信息质量评估。鉴于这些问题，区块链技术已经成为一种潜在的解决方案，用以解决 MCS 系统的一些挑战。区块链在 MCS 生态系统中的部署产生了一个新的领域，被称为基于区块链的群智感知（BMCS）系统。BMCS 范式通过使用奖励机制，吸引和激励熟练用户参与数据收集过程，以获得高额奖励作为他们的服务激励。集成区块链网络的目标是利用区块链的特性，如分布式，解决集中式 MCS 系统的单点故障问题，并提供公平的数据收集机会。此外，分布式账本作为区块链在群智感知中的核心组件，确保了用户数据及其反馈在不同流程中使用的可追溯性和不可篡改性。因此，区块链技术在群智感知中的整体作用可以概括为实现以下目标：提高员工效率，实施公平的薪酬制度，保护机密数据，并降低部署成本。

2. 基于区块链的 MCS 系统的部署策略

BMCS 系统的现实部署至关重要。MCS 系统网络主要由轻量级节点，如智能手机、智能眼镜、智能手表、音乐播放器（iPod）、传感器嵌入式游戏系统（Xbox Kinect、Wii），以及少量功能强大的节点，如边缘计算服务器（网关、迷你 PC 等）、车载传感装置（车载诊断 -II）、数据分析服务器和无人机（UAV）组成。然而，由于大量广泛可用的智能移动传感器设备的资源限制（如带宽和计算资源），在设备上存储完整的区块链数据具有挑战性。由于缺乏计算能力、带宽有限以及需要节约电力，不建议将区块链直接托管在资源受限的移动传感器设备上。例如，云计算和边缘计算在处理资源和延迟方面为区块链提供了理想的托管平台。云托管的应用程序具有向外扩展和克服资源限制的能力。

3. 基于区块链的群智感知面临的挑战

虽然群智感知和区块链的融合带来了巨大的好处，但不可否认的事实是，区块链仍处于起步阶段，因此，要实现其在群智感知方面的全部潜力还有很长的路要走。基于区块链的 MCS 系统目前正在进行深入的研究，以促进不同的群智感知应用程序的开发。然而，它们的收敛性带来了显著的效率增强挑战，包括安全性、可伸缩性、操作成本和集成问题。

13.2.3 基于区块链的群智合约

大量的传感器联网设备，如智能手机和物联网设备使新的商业冒险和社会应用程序成为可能，利用这些设备不仅是为了利润，而且是为了公众的利益。根据最近的研究，全球约有 80 亿手机订阅用户，其中 55 亿是智能手机订阅用户。随着 5G/6G 网络和更多物联网设备在全球的部署，这些数字有望在未来几年飙升。在过去，我们已经看到了群智感知系统在环境监测、交通、娱乐、安全和医疗保健等领域的应用。许多国家部署了众测系统以应对 2019 冠状病毒（COVID-19）大流行，不仅是因为流行病学原因（即接触者追踪），而且还用于治疗。

除了群智感知，第二组技术也对社会产生巨大影响。这些技术是区块链和智能合约。区块链提供了几种安全的数据存储、检索和共享属性的服务，如不可篡改性、透明度、分布式和容错。智能合约扩展了区块链技术，提供了在区块链系统中自动化交易的方法，通过计算机程序的规范，封装了在满足条件时执行某些操作所需的业务逻辑和代码。智能合约使群智感知不仅能够改善群智感知系统中的数据收集和共享，还能够在分布式市场的发展中创造机会，在分布式市场中，传感器数据收集者可以在不需要集中实体或不需要的情况下出售他们的数据。然而，此愿景暴露了必须解决的各种安全问题。在这项工作中，我们探索这些新出现的问题以及可能的解决方案。

下面我们探讨使用区块链和智能合约开发群智感知系统时存在的问题和解决方案。

1. 智能合约中的软件安全

智能合约中存在的漏洞、错误和攻击已经造成了加密货币的丢失或被盗，其中一些金额高达数百万美元。例如，分布式自治组织（DAO）事件就是利用了以太坊网络上智能合约中的递归调用漏洞，导致了大约 360 万个以太币（以太坊的加密货币）被转移，迫使以太坊进行了硬分叉（即更改协议，使得需要更新的 P2P 网络节点上的某些区块和交易失效）。提高智能合约的安全性对于物联网和群智感知系统来说是一个重要的挑战，因为在网络物理系统中执行有缺陷的智能合约可能会带来灾难性的后果，比如设备可以通过传感任务被重新编程，从而窃取数据或对用户造成物理伤害。许多物联网设备不仅可以收集数据，还可以执行某些物理动作（如，开门、调节建筑温度、无人驾驶汽车，或者自动向用户的身体输送药物）。智能合约也可能被滥用，以指示物联网设备作为僵尸网络的一部分来攻击外部目标。2016 年，一场针对域名服务器（Domain Name Server，DNS）的分布式拒绝服务攻击就是利用了消费者联网摄像头，造成了网络的混乱，这是这类破坏性攻击的一个典型例子。无数的连接设备、软件框架和服务，以及许多这些设备的制造商和软件 / 服务提供商的安全性设计不足，进一步加剧了这一问题。

在通用智能合约出现之前，就已经有了静态分析、动态分析和用于恶意软件检测的形式化方法等工具来提高软件的安全性。在静态分析中，目标是在执行前分析源代码，以发现代码中可能存在的错误。在智能合约中，一个专门为此目的设计的工具是 Oyente。该工具由 Luu 等提出，它利用静态分析，通过用符号表达式表示智能合约的程序变量和符号路径。然后在路径上施加规则，如果路径不能满足约束，就认为是不可行的。当一个路径不可行时，该工具就发现了该程序可能存在的错误。在动态分析中，目标是通过执行代码片段（或等价的转换）来发现错误和缺陷。在智能合约中，这种方法的一些例子包括手动、Methryl、VerX 和 KEVM。在这些系统中，智能合约被转换为符号表达式和符号路径，然后被执行。在第三种技术（形式化方法）中，目标是使用逻辑和规范来证明程序的正确性。智能合约中的形式化规范的例子包括使用函数式编程语言、VeriSol、VeriSolid 和 SPIN。

2. 数据完整性

对于群智感知系统，数据完整性是指参与者提交的数据是否真实、准确和可信。当参与者为了个人利益提交虚假或误导性的数据，或者无意或故意攻击系统时，数据完整性就会受到影响。Zhang 等人在一项研究中，让 20 名参与者收集了 7 天的气压数据，他们发现，如果不使用系统过滤虚假数据，那么与地面真实值相比，会有 20% 的偏差。在基于分布式账本的群智感知系统中，这个问题更加严重，因为感知任务是由一个智能合约控制的，该合约会在参与者提交数据时向参与者支付报酬。因此，参与者可以以不同的身份提交相同的数据，以最大化收益。正如我们前面提到的，数据完整性是参与者为了个人利益而提交虚假或误导性的数据，或无意或故意攻击系统的问题。

现有的提高信息质量（Quality of Information，QoI）的解决方案主要有两种方法：一种是使用激励措施和为参与者创建声誉机制，另一种是让参与者提交一些可退还的押金，并使用可信赖的第三方验证。在第一种方法（激励和声誉）中，目标是激励参与者提交有助于提高 QoI 的数据，从而提高系统中的数据完整性。一个类似的想法是使用声誉指标。在这种方法中，任务管理者的目标是为参与者维护一个分数，并将任务分配给那些声誉高的人。在第二种方法（可退还的押金）中，目标是让参与者支付一定的费用来参与数据收集。如果数据满足完整性要求，那么参与者将获得金钱奖励，押金将被退还。如果参与者没有提交高质量的数据，则参与者将失去其支付给任务管理者的押金。在这些系统中，其基本思想是使用第三方来验证参与者收集的数据是否满足数据完整性要求。在这种方法中，数据从参与者发送到第三方，而第三方同时受到任务管理者和参与者的信任。

3. 隐私

近年来，区块链系统的隐私问题引起了很多关注，因为这些系统的设计都强调了透明度。公共区块链系统允许（作为其设计的一部分）对账本上的交易进行公开检查、追踪和审计，以建立对这些系统的信任。但这也导致了一个问题，那就是，尽管账本上的交易是用钱包和假名进行的，但它们仍然有可能被重新识别。在群智感知系统中，隐私是一个主要问题，因为收集的数据可能会暴露参与者的一些隐私信息，使参与者对参与感到犹豫。群智感知系统中的隐私泄露可能会阻碍人群的参与，尽管通过钱包和假名设计区块链可以缓解一些隐私问题，但重新识别的风险仍然是一个重要的问题。在使用智能合约的群智感知应用程序中，保护参与者隐私的解决方案可分为三类：ZKP、外部身份服务器、K 匿名性的适应。

1）ZKP

使用 ZKP 的系统的一个例子是 Hawk，它将交易信息保存在区块链中加密，而对智能合约执行的验证依赖于零知识证明。通过使用 ZKP，可以验证智能合约的执行，同时保持交易的私有数据，从而保护用户身份的隐私。

2）外部身份服务器

在外部身份服务器中，系统使用一个注册服务器，其中参与者在区块链之外注册，以获得由任务组织者生成的公钥 / 私钥。然后使用这些密钥来创建在区块链中使用的地址。

3）K 匿名性的适应

在 K 匿名性的适应中，对区块链和使用智能合约的群智感知系统也提出了 K 匿名性（一种用于数据库中微数据发布的技术）的适应性。在这些适应性中，K 匿名被用于在相互信任的多个参与者中创建K 匿名组，并且在框架中，单个参与者在不同的区块链标识符（即地址）下将用户收集的数据发布到区块链。

13.3　抗恶意机器学习的区块链技术

区块链技术在抵御恶意机器学习节点方面具有巨大的潜力。这主要归功于区块链的去中心化特性和不可篡改的数据记录。在分布式机器学习环境中，恶意节点可能会试图通过提供错误的数据或模型更新来破坏学习过程。这种行为被称为"模型投毒"。传统的防御方法，如异常检测或鲁棒优化，可能无法有效地防止这种攻击，因为它们通常需要对数据分布或攻击策略有一定的假设。区块链技术提供了一种新的解决方案。通过使用区块链，我们可以创建一个公开透明的系统，其中每个节点的行为都被记录在区块链上。这意味着，如果一个节点试图提交恶意的模型更新，这个行为将被永久地记录下来，从而使得其他节点可以轻易地识别出这个恶意节点。此外，区块链还可以用于激励节点提供高质量的模型更新。例如，我们可以设计一种机制，使得节点在提交有用的模型更新时获得奖励，而提交恶意更新则会受到惩罚。这种机制可以通过智能合约来实现，智能合约是一种自动执行的程序，可以在区块链上编写和部署。

然而，尽管区块链在抵御恶意节点方面具有潜力，但也存在一些挑战。例如，如何设计一个公平且有效的激励机制，如何处理大规模的模型更新，以及如何保证区块链的可扩展性和效率。这些问题需要进一步的研究和探索。总的来说，区块链技术为抵御恶意机器学习节点提供了一种新的可能性，它通过提供透明的数据记录和激励机制，可以有效地防止模型投毒攻击。然而，如何将区块链技术与机器学习系统有效地结合，仍然是一个开放的研究问题。未来的研究将需要解决这些挑战，以实现区块链在机器学习中的广泛应用。

13.3.1　抗机器学习恶意节点的区块链系统

为了解决机器学习中的安全和隐私问题，研究人员提出了许多分布式的保护数据安全和隐私的解决方案，但分布式机器学习系统中的反恶意节点问题仍然是一个开放的问题。现有的分布式学习方案大多通过在协议中添加学习机制来解决恶意节点的问题。这种方法基于两个假设：

（1）参与者为了最大化自己的利益而放弃了恶意行为的假设，然而，计算结果只有在事件发生后才能进行验证，这不适用于某些需要立即验证的场景；

（2）基于可信第三方的假设，在实际上，不能完全保证第三方的信誉。

机器学习通过使用计算机有效地模拟了人类的学习活动，通过学习这些数据，可以生成一些有用的模型来对未来的行为做出决策和判断。它带来了革命性的变化在应用领域的计算机视觉、自然语言处理、语音识别、数据挖掘和信息检索，并在研究和技术应用的各领域已成为一个不可或缺的工具 。然而，蓬勃发展的机器学习技术使数据安全和隐私面临着更严峻的挑战。根据英华科技发布的信息披露研究，2019 年全球约有 2500 份隐私数据和支付数据泄露，导致超过 148 亿条重要记录被泄露。2020 年 5 月 25 日，欧盟正式实施了《通用数据保护条例》（General Data Protection Regulations，GDPR），这被认为是最严格的个人数据保护条例，并对数据安全和隐私保护提出了严格的要求。机器学习需要使用大量的数据进行训练，但数据和隐私的保护使得数据难以循环，形成数据孤岛，不能释放出更大的数据价值。为了解决机器学习中的数据安全和隐私保护问题，研究人员提出了许多具有数据安全和隐私保护的分布式学习方案。其中，基于安全多方计算的机器学习模型通过混乱电路、秘密共享、同态加密等方法将数据分配到每个节点进行计算，节点不能直接从分配的数据中推断出真实数据。它打破了数据孤岛，实现了数据的安全循环，为机器学习中的数据安全和隐私保护提供了可靠的保障。安全的多方计算解决方案解决了机器学习中的数据安全和隐私保护问题，但这种解决方案仍然需要一个集中的服务器来分发和处理数据。一旦集中服务器受到攻击，将影响整个学习过程；同时，中央服务器本身可能根据获得的数据推断用户隐私，破坏数据安全；此外，在分布式学习过程中，并非所有参与者都被信任，参与者会窃取用户隐私，破坏数据安全，甚至干扰学习过程。

不受信任的参与者包括半诚实的参与者和恶意的参与者：

（1）半诚实的参与者将按照协议的要求执行，只窃听或获取协议过程中其他参与者的所有输入；

（2）恶意参与者不仅在协议过程中窃听或获取不诚实参与者的所有输入，还控制参与者以自己的方式参与协议。恶意参与者的目的是破坏协议的正确执行或获得其他参与者的私人输入。

而安全计算方案只能满足处理半诚实攻击者时的安全特性，或者大多数参与者都是诚实的。面对恶意攻击，它们不能保证公平性、安全性或正确性。

区块链在一个不受信任的网络中提供了一个受信任的环境。区块链的共识机制保证了执行结果的正确性，用户不需要执行任何额外的认证操作。此外，区块链的不可篡改性和可跟踪性可以为恶意行为提供责任。区块链去中心化有效地避免了服务器故障和单节点攻击。同时，加密技术为用户的数据安全和隐私保护提供了强有力的保障。当区块链中的智能合约满足合同触发条件时，无须人工控制即可自动执行合同。通过智能合约的机器学习培训，培训的参与者只能按照合同规定的协议执行，即所有攻击者都可视为半诚实攻击者，在很大程度上避免恶意行为干扰机器学习训练的正常执行。

区块链的事务地址通常由用户的公钥生成，与用户的身份信息无关。该交易地址具有匿名性。同时，在区块链中，事务记录通常是公开的，可以任意查看。当用户使用区块链地址参与区块链业务时，他们可能会披露一些敏感信息，用来推测该地址对应的用户的真实身份。所有交易数据的开放性和透明度是区块链对没有隐私保护的数据的优势，这使人们很容易跟踪数据。对于需要被保护的私有数据，这已经成为区块链的一个缺陷。必要的隐私保护已成为区块链技术在各个行业应用的关键。

环签名技术将自己的公钥混合为多个公钥；在验证签名时，不可能确定是谁签名，从而隐藏事务发起者的身份。环签名是一种简化的组签名。在戒指签名中，只有戒指成员没有经理，戒指成员之间也不需要合作。签名者可以使用自己的私钥和集合中其他成员的公钥进行独立签名，而集合中的其他成员可能不知道它们是否被包括在内。戒指签名的优点是，除了前者的无条件匿名性之外，戒指上的其他成员也不能伪造真正的签名者的签名。

区块链在不可信的网络中提供了一个可信的环境。它可以在许多场景中提供安全和受信任的服务，并解决传统的集中式服务器所面临的问题。区块链和分布式学习的综合使用有效地提高了数据的机密性和计算的安全性，可以满足不同的应用场景。区块链智能合约将恶意参与者转化为半诚实参与者，提高了机器学习中反恶意节点的能力；在区块链中，使用环签名技术隐藏参与者的数据地址，保护参与者的身份隐私。

13.3.2 基于区块链的抗机器学习在工业控制中的应用

保护饮用水、天然气、电力等关键国家基础设施（Crucial National Infrastructure，CNI）是非常重要的，因为国家的正常运转和稳定依赖于它们。然而，尽管这些公用事业具有很高的价值，但它们的网络安全问题却没有得到充分的重视，导致了越来越多的网络攻击，威胁了它们的正常运行和安全。为了检测这些针对 CNI 的已知和未知的攻击，机器学习（Machine Learning，ML）算法提供了一种有效的解决方案，可以在各种领域和应用中产生可靠、可重复的决策。然而，ML 算法也容易受到对抗性攻击，即黑客和罪犯利用对抗性扰动来欺骗和干扰模型的分类。

CNI 包括交通、通信、警察系统、国家卫生服务和公用事业，如石油、天然气、电力和饮用水，它们都是一个国家的公共资产。国家的健康和安全以及日常工作和业务的能力取决于这些资产的持续运行，没有失败，没有中断。然而，尽管这些资产很重要，但它们的网络安全问题却没有得到充分的解决。此外，随着给定 CNI 的设备的连接水平的提高和工业 4.0 的出现，针对这些系统的网络攻击的数量和影响也在增加。犯罪分子和国家支持的黑客正越来越多地攻击 CNI 来扰乱社会和伤害国家。

2020 年，包括电力、天然气和饮用水在内的 56% 的公用事业部门报告称，他们的基础设施至少遭到过一次网络攻击，影响了他们的数据或运行。例如，黑客在 2021 年攻击了位于佛罗里达州奥德斯玛的美国供水系统，将氢氧化钠（碱液）的浓度从一百一十一万分之一提高到万分之一。幸运的是，操作人员成功地在化学物质的有毒水平达到饮用水之前逆转了这一变化。

ML 算法已经证明了它们在检测已知和未知攻击和产生可靠、可重复的决策方面的成功并在各种领域和应用中发挥了作用。这涉及各种攻击和应用，如钓鱼邮件、内部威胁检测、物联网攻击、移动恶意软件检测、水服务、假新闻检测，以及预测维护和业务流程自动化。

然而，众所周知，ML 技术很容易受到对抗性攻击，即黑客和罪犯利用对抗性扰动来欺骗和干扰模型的分类。例如，将良性事件归类为恶意事件，反之亦然，导致攻击检测逃避和系统的干扰，迫使整个模型失败。

为了防御这种对抗性攻击，基于区块链的技术提供了一种安全、透明和不可篡改的方式来存储和共享训练或测试数据。区块链技术还引入了智能合约，允许在区块链网络中执行计算机协议和合同条款，同时确保数据的保护和合规性。

区块链和 ML 的结合已经在提高训练数据和测试数据的安全性方面取得了一些进展。有学者提出了一个基于区块链的联邦学习架构，通过该架构，使用区块链网络安全地交换和验证本地学习模型的更新。此外，在文献中还为工业物联网环境中的多方设计了一个区块链授权的安全数据共享架构。该架构利用区块链和联邦学习的集成，开发了一个具有隐私感知能力的数据共享模型。

13.4　基于人工智能的区块链信息化、模型化、自动化

区块链与人工智能是当前第四次工业革命（the Fourth Industrial Revolution，4IR）中的两项颠覆性技术，它们引入了行业的根本性变化。区块链提供了一个安全、透明的数据库，用于存储信息，而人工智能可以模拟人类思维的问题解决和决策能力。当结合使用时，区块链可以提高 AI 模型所使用的数据资源的可信度，并通过将模型连接到自动化的智能合约，提高人工智能操作的速度。基于人工智能的区块链信息化、模型化、自动化是指利用人工智能与区块链的结合，实现信息的数字化、模型的构建和过程的自动化，从而创造新的商业价值和机会。总之，基于人工智能的区块链信息化、模型化、自动化是一种新兴的技术趋势，它将区块链与人工智能的优势相结合，为各行各业带来新的价值和机会。

13.4.1　基于人工智能的信息化区块链

区块链信息化可利用人工智能技术来提高区块链网络的数据感知、分析、决策和执行能力，从而实现对区块链网络的全面监控、优化和调控。区块链信息化的关键技术包括数据挖掘、机器学习、深度学习、自然语言处理、计算机视觉等。例如，通过利用机器学习和深度学习技术，可以对区块链网络中的交易数据、智能合约、共识机制等进行智能分析和预测，从而提高区块链网络的性能、安全性和可扩展性。

区块链信息化的关键技术是指那些能够提高区块链网络的数据感知、分析、决策和执行能力的技术，从而实现对区块链网络的全面监控、优化和调控的技术。以下是对这些技术的详细论述。

1. 关键技术

1）数据挖掘

数据挖掘是指从大量的数据中提取有用的信息和知识的过程，包括数据预处理、数据分析、数据建模和数据评估等步骤。数据挖掘在区块链信息化中的作用是对区块链网络中的各种数据进行实时收集、清洗、整合和转换，从而为后续的分析和决策提供数据基础。例如，数据挖掘可以帮助区块链网络中的参与者发现交易模式、用户行为、网络拓扑、共识机制等方面的数据特征和规律，从而提高区块链网络的性能、安全性、稳定性和可扩展性。

2）机器学习

机器学习是指计算机通过数据和经验来自动学习和改进的技术，包括监督学习、无监督学习、半监督学习和强化学习等类型。机器学习在区块链信息化中的作用是对区块链网络中的数据进行智能分析和

预测，从而为区块链网络的决策和执行提供智能支持。例如，机器学习可以帮助区块链网络中的参与者预测交易的价格、数量、时间和风险，从而优化交易策略和效率。

3）深度学习

深度学习是指利用多层的神经网络来模拟人类的学习过程的技术，是机器学习的一个分支。深度学习在区块链信息化中的作用是对区块链网络中的复杂数据进行深层次的表示和理解，从而为区块链网络的决策和执行提供更高层次的智能支持。例如，深度学习可以帮助区块链网络中的参与者识别交易的异常、欺诈和攻击，从而提高区块链网络的安全性和可信度。

4）自然语言处理

自然语言处理是指让计算机理解和生成自然语言的技术，包括自然语言理解、自然语言生成、自然语言交互等方面。自然语言处理在区块链信息化中的作用是对区块链网络中的自然语言数据进行智能处理和应用，从而为区块链网络的决策和执行提供更友好和更高效的方式。例如，自然语言处理可以帮助区块链网络中的参与者分析和验证智能合约的语法、语义和逻辑，从而提高智能合约的功能、性能和安全性。

5）计算机视觉

计算机视觉是指让计算机理解和处理图像和视频的技术，包括图像处理、图像分析、图像识别、图像生成等方面。计算机视觉在区块链信息化中的作用是对区块链网络中的图像和视频数据进行智能处理和应用，从而为区块链网络的决策和执行提供更丰富和更直观的信息。例如，计算机视觉可以帮助区块链网络中的参与者识别和验证交易的身份、证据和证明，从而提高交易的可信度和效率。

2. 典型应用

基于人工智能的区块链信息化可利用区块链的分布式、不可篡改、可追溯的特性，将各种类型的信息（如数据、交易、文件、证书等）存储在区块链上，从而实现信息的共享、验证和保护。区块链的信息化可以提高信息的安全性、透明度和可信度，降低信息的成本和复杂度，增强信息的价值和效率。例如，区块链可以实现供应链的信息化，通过将货物的来源、流转、状态等信息记录在区块链上，实现供应链的可视化、优化和协同。

区块链信息化的典型应用有以下几个方面。

1）区块链网络监控和优化

通过利用数据挖掘和机器学习技术，可以对区块链网络中的各种数据进行实时收集、分析和可视化，从而实现对区块链网络的全面监控和优化。例如，可以通过分析区块链网络中的交易数据、节点活动、网络拓扑、共识机制等，来评估区块链网络的性能、安全性、稳定性、可扩展性等指标，并根据实际情况进行相应的调整和优化。

2）区块链智能合约分析和验证

通过利用自然语言处理和深度学习技术，可以对区块链网络中的智能合约进行智能分析和验证，从而提高区块链网络的可信度和效率。例如，可以通过对智能合约的语法、语义、逻辑等进行分析，来检测和修复智能合约中的错误、漏洞、死锁等问题，并对智能合约的功能、性能、安全性等进行评估和测试。

3）区块链数据挖掘和知识发现

通过利用机器学习和深度学习技术，可以对区块链网络中的海量数据进行智能挖掘和知识发现，从而为区块链网络的应用和创新提供支持和价值。例如，可以通过对区块链网络中的交易数据、用户行为、社交网络等进行挖掘，来发现区块链网络中的模式、规律、趋势、异常等知识，并利用这些知识来进行预测、推荐、决策等。

13.4.2 基于人工智能的模型化区块链

区块链模型化可利用人工智能技术来构建区块链网络的数字孪生模型，从而实现对区块链网络的数字化验证、仿真和测试。区块链模型化的关键技术包括数字孪生、强化学习、元学习、迁移学习等。例如，通过利用数字孪生技术，可以将区块链网络的物理实体和数据映射到虚拟空间，从而实现对区块链网络的实时同步和动态更新。通过利用强化学习和元学习技术，可以在数字孪生模型上进行自适应的策略学习和验证，从而实现对区块链网络的优化和创新。

1. 关键技术

区块链模型化的关键技术包括以下几方面。

1）数字孪生

数字孪生是一种将物理实体和数据映射到虚拟空间的技术，从而实现对物理实体的实时同步和动态更新。数字孪生可以提供对区块链网络的全面和深入的视角，帮助分析和理解区块链网络的结构、状态、行为和性能。数字孪生还可以支持对区块链网络的多方面的仿真和测试，例如安全性、可靠性、效率、可扩展性等。

2）强化学习

强化学习是一种通过与环境的交互来学习最优策略的技术，从而实现对环境的控制和优化。强化学习可以在数字孪生模型上进行自适应的策略学习和验证，从而实现对区块链网络的优化和创新。例如，强化学习可以用于优化区块链网络的共识机制、激励机制、交易处理、资源分配等。

3）元学习

元学习是一种通过学习如何学习来提高学习效率和泛化能力的技术，从而实现对不同任务和环境的快速适应。元学习可以用于提高区块链网络的智能性和灵活性，使其能够根据不同的场景和需求进行动态调整和变化。例如，元学习可以用于实现区块链网络的自动配置、自动演化、自动协同等。

4）迁移学习

迁移学习是一种利用已有的知识来加速新任务的学习的技术，从而实现对不同领域和数据的有效利用。迁移学习可以用于实现区块链网络之间的知识交换和互操作性，使其能够共享和复用已有的模型和数据。例如，迁移学习可以用于实现区块链网络的跨链通信、跨链协作、跨链迁移等。

2. 典型应用

基于人工智能的区块链模型化是指利用人工智能的学习、推理、优化的能力，对区块链上的信息进行分析、挖掘、预测，从而构建出有价值的模型，用于指导决策和行动。区块链的模型化可以提高模型的准确性、可解释性和可扩展性，利用区块链上的海量数据，实现模型的智能化、个性化和创新化。例如，人工智能可以实现区块链的模型化，通过对区块链上的交易数据进行分析，构建出风险评估、信用评级、市场预测等模型，用于金融服务和管理。

区块链模型化的典型应用有以下几方面。

1）人工智能市场

人工智能市场是指利用区块链技术，实现人工智能模型、数据、算力等资源的交易和共享的平台。人工智能市场可以促进人工智能的创新和发展，降低人工智能的使用门槛，提高人工智能的效率和价值。例如，SingularityNET 是一个基于区块链的去中心化的人工智能市场，它允许任何人创建、共享和使用人工智能服务，从而形成一个全球的人工智能网络。SingularityNET 的目标是实现人工通用智能（AGI），即能够跨领域和任务的智能。

2）群智预测模型

群智预测模型是指利用区块链技术，实现对未来事件的预测和激励的平台。群智预测模型可以利用人类的集体智慧，提高预测的准确性和可信度，为决策和行动提供参考。例如，Augur 是一个基于区块链的去中心化的预测市场，它允许任何人创建、参与和赌注任何事件的结果，从而形成一个全球的预测网络。Augur 的目标是实现预测的民主化，即能够反映真实的概率和意见。

3）投资管理平台

投资管理平台是指利用区块链技术，实现对金融资产的管理和优化的平台。投资管理平台可以利用人工智能的分析和优化能力，提高投资的收益和风险控制，为投资者和机构提供服务。例如，Numerai 是一个基于区块链的去中心化的投资管理平台，它允许任何人使用加密和匿名的数据，构建和提交机器学习模型，从而形成一个全球的投资网络。Numerai 的目标是实现投资的协作，即能够整合不同的模型和策略。

13.4.3　基于人工智能的自动化区块链

区块链自动化是指利用人工智能技术来实现区块链网络的自动化运维和管理，从而实现对区块链网络的自动化故障检测、定位和恢复，以及自动化性能优化和策略调整。区块链自动化的关键技术包括智能合约、智能代理、联邦学习、边缘计算等。例如，通过利用智能合约和智能代理技术，可以实现区块链网络中的自动化交易、协作和治理，从而提高区块链网络的效率、灵活性和可信度。通过利用联邦学习和边缘计算技术，可以实现区块链网络中的分布式数据处理和模型训练，从而提高区块链网络的隐私性、鲁棒性和可持续性。

1. 关键技术

区块链自动化的关键技术包括以下几方面。

1）智能合约

智能合约是一种基于区块链的自执行的程序，可以在满足预设的条件时自动执行事先定义好的逻辑和规则，从而实现区块链网络中的自动化交易、协作和治理。智能合约可以降低交易成本、提高交易效率、增强交易安全性和可追溯性，以及保证交易的公平性和透明性。智能合约的应用场景包括金融服务、供应链管理、物联网、数字身份、版权保护等。

2）智能代理

智能代理是一种基于区块链与人工智能的自主的软件实体，可以代表用户或组织在区块链网络中进行自动化的决策和行动，从而实现区块链网络中的自动化协调、协商和合作。智能代理可以根据用户或组织的偏好、目标和约束，以及区块链网络的状态和环境，动态地调整自己的策略和行为，以达到最优的结果。智能代理的应用场景包括智能电网、智能交通、智能城市、智能制造等。

3）联邦学习

联邦学习是一种基于区块链与人工智能的分布式的机器学习方法，可以在保护数据隐私的同时，实现区块链网络中的数据共享和模型训练。联邦学习的基本思想是，每个数据拥有者或参与者只需要在本地计算自己的数据的梯度或参数更新，并通过区块链网络与其他参与者交换和聚合，从而实现一个全局的模型。联邦学习的应用场景包括医疗健康、金融风控、社交网络、推荐系统等。

4）边缘计算

边缘计算是一种基于区块链与人工智能的分布式的计算方法，可以在靠近数据源的边缘设备上进行数据处理和模型推理，从而实现区块链网络中的实时响应和资源优化。边缘计算的优势是，可以减少数据传输的延迟和开销，提高数据处理的效率和安全性，以及适应数据处理的异构性和动态性。边缘计算的应用场景包括物联网、无人驾驶、智能监控、增强现实等。

2. 典型应用

基于人工智能的区块链自动化可利用区块链的智能合约功能，将人工智能模型嵌入区块链上，实现基于规则或事件的自动执行，从而实现过程的自动化、智能化和高效化。区块链的自动化可以提高过程的灵活性、可靠性和协同性，利用区块链上的共识机制，实现过程的去中心化、去信任和去中介。例如，区块链可以实现医疗保险的自动化，通过将人工智能模型嵌入到智能合约中，实现基于诊断结果的自动理赔，减少人工干预和纠纷。

基于人工智能的区块链自动化的典型应用有以下几方面。

1）医疗保险

区块链可以实现医疗保险的自动化，通过将人工智能模型嵌入到智能合约中，实现基于诊断结果的自动理赔，减少人工干预和纠纷。区块链的自动化可以提高医疗保险的效率、公正性和安全性，降低医疗保险的欺诈风险和管理成本。

2）教育服务

区块链可以实现教育服务的自动化，通过将人工智能模型嵌入到智能合约中，实现基于学习成果的自动评估、认证和奖励。区块链的自动化可以提高教育服务的质量、可信度和激励性，降低教育服务的不公平和不透明。

3）智能城市

区块链可以实现智能城市的自动化，通过将人工智能模型嵌入到智能合约中，实现基于数据、规则、目标等因素的自动决策、协调和执行。区块链的自动化可以提高智能城市的智能化、协同性和可持续性，降低智能城市的复杂性和脆弱性。

13.5　基于人工智能与区块链的智能管理

基于人工智能与区块链的智能管理是指利用人工智能与区块链的结合，实现管理活动的信息化、模型化和自动化，从而提高管理效率、质量和创新能力。人工智能与区块链是当前第四次工业革命中的两项颠覆性技术，它们引入了行业的根本性变化。区块链提供了一个安全、透明的数据库，用于存储信息，而人工智能可以模拟人类思维的问题解决和决策能力。当结合使用时，区块链可以提高人工智能模型所使用的数据资源的可信度，并通过将模型连接到自动化的智能合约，提高人工智能操作的速度。基于人工智能与区块链的智能管理可以应用于多个领域，如智能制造、资产管理和企业管理。

13.5.1　基于人工智能与区块链的智能制造

基于人工智能与区块链的智能制造是指利用人工智能与区块链的结合，实现制造过程的智能化和协同化，从而提高制造质量、效率和灵活性。人工智能可以实现对制造数据的分析、挖掘、预测，从而构建出有价值的模型，用于指导制造设计、计划、调度、控制和监测。区块链可以实现对制造信息的共享、验证和保护，从而实现制造链的可视化、协同和追溯。例如，区块链可以实现供应链的信息化，通过将货物的来源、流转、状态等信息记录在区块链上，实现供应链的可视化、优化和协同。人工智能可以实现供应链的模型化，通过对区块链上的供应链数据进行分析，构建出需求预测、库存管理、物流规划等模型，用于提高供应链的效率和响应能力。区块链还可以实现供应链的自动化，通过将人工智能模型嵌入到智能合约中，实现基于规则或事件的自动执行，从而实现供应链的自动化、智能化和高效化。

1. 典型应用

基于人工智能与区块链的智能制造的典型应用有以下几方面。

1）智能产品设计

利用人工智能与区块链，可以实现产品设计的智能化和协同化，提高产品的创新性和质量。人工智能可以实现对产品需求、功能、结构、性能等方面的分析、评估、优化，构建出符合用户需求和市场竞争的产品设计方案。区块链可以实现对产品设计信息的共享、验证和保护，实现产品设计过程的协同、可视化和追溯。例如，区块链可以实现产品设计的知识产权保护，通过将产品设计方案的作者、时间、内容等信息记录在区块链上，实现产品设计的版权认证和防伪。人工智能可以实现产品设计的智能辅助，通过对区块链上的产品设计数据进行分析，提供产品设计的建议、评价、改进等服务。

2）智能制造执行

利用人工智能与区块链，可以实现制造执行的智能化和协同化，提高制造的效率和灵活性。人工智能可以实现对制造过程的监测、控制、调度、优化，构建出高效、稳定、可靠的制造执行方案。区块链可以实现对制造执行信息的共享、验证和保护，实现制造执行过程的协同、可视化和追溯。例如，区块链可以实现制造执行的质量保证，通过将制造过程的参数、状态、结果等信息记录在区块链上，实现制造过程的质量追溯和验证。人工智能可以实现制造执行的智能调度，通过对区块链上的制造执行数据进行分析，提供制造执行的计划、分配、调整等服务。

3）智能制造服务

利用人工智能与区块链，可以实现制造服务的智能化和协同化，提高制造的价值和竞争力。人工智能可以实现对制造服务的分析、预测、评价，构建出符合用户需求和市场变化的制造服务方案。区块链可以实现对制造服务信息的共享、验证和保护，从而实现制造服务过程的协同、可视化和追溯。例如，区块链可以实现制造服务的信任机制，通过将制造服务的提供者、消费者、内容、价格等信息记录在区块链上，实现制造服务的信誉评价和奖惩。人工智能可以实现制造服务的智能推荐，通过对区块链上的制造服务数据进行分析，提供制造服务的匹配、推荐、反馈等服务。

2. 挑战与问题

基于人工智能与区块链的智能制造是一种具有巨大潜力和前景的制造模式，但是在实际应用中也面临着一些挑战和问题，需要进一步的研究和探索。以下是一些可能的挑战和未来的发展方向。

1）数据安全和隐私保护

在基于人工智能与区块链的智能制造中，数据是核心的资源和资产，也是最容易受到攻击和泄露的对象。人工智能与区块链虽然可以提高数据的安全性和可信度，但是也存在一些缺陷和漏洞，例如，区块链的 51% 攻击、人工智能的对抗样本攻击、数据的篡改和窃取等。因此，如何保证数据的完整性、可用性和保密性，是一个亟待解决的问题。未来的研究方向可能包括：设计更加安全和高效的加密算法和共识机制，提高区块链的抗攻击能力和扩展性；利用人工智能的自学习和自适应能力，实现对数据的实时监测和异常检测，提高数据的可靠性和鲁棒性；采用隐私保护技术，如同态加密、差分隐私、零知识证明等，实现对数据的安全分析和共享，保护数据的隐私，提升敏感性。

2）数据质量和标准化

在基于人工智能与区块链的智能制造中，数据的质量和标准化是影响制造效果和效率的重要因素。由于制造数据的来源、类型、格式、内容等可能存在差异和不一致，导致数据的质量和标准化程度不高，从而影响数据的可交换性、可理解性和可利用性。因此，如何提高数据的质量和标准化，是一个值得关注的问题。未来的研究方向可能包括：建立统一的数据质量评估和管理体系，实现对数据的清洗、验证、修复、优化等操作，提高数据的准确性、完整性和一致性；制定通用的数据标准和规范，实现对数据的分类、编码、格式化、描述等操作，提高数据的规范性、兼容性和互操作性。

3）数据所有权和激励机制

在基于人工智能与区块链的智能制造中，数据的所有权和激励机制是影响制造参与者行为和动机的关键因素。由于制造数据的价值和敏感性，制造参与者可能存在数据的占有和囤积的倾向，导致数据的流动性和共享性不高，从而影响制造的协同和创新。因此，如何明确数据的所有权和激励机制，是一个有待解决的问题。未来的研究方向可能包括：利用区块链的不可篡改和去中心化的特性，实现对数据的所有权的确认和转移，保护数据的产权和使用权；利用区块链的智能合约和代币的功能，实现对数据的激励和奖励，促进数据的贡献和共享。

4）数据分析和应用

在基于人工智能与区块链的智能制造中，数据的分析和应用是实现制造智能化和协同化的核心环节。由于制造数据的复杂性和多样性，制造参与者可能存在数据的分析和应用的困难和障碍，导致数据的价值和潜力没有得到充分的挖掘和利用，从而影响制造的质量和效率。因此，如何提高数据的分析和应用的水平，是一个亟需改进的问题。未来的研究方向可能包括：利用人工智能的学习和推理能力，实现对数据的深度分析和挖掘，构建出有价值的模型和知识，用于指导制造的设计、计划、调度、控制、优化等环节；利用人工智能的交互和协作能力，实现对数据的智能应用和服务，提供制造的辅助、推荐、反馈、评价等功能，用于提高制造的效果和体验。

13.5.2 基于人工智能与区块链的资产管理

基于人工智能与区块链的资产管理。这是指利用人工智能与区块链技术，对金融、房地产、能源等领域的资产进行智能化、去中介化和去信任化的管理，提高资产的流动性、价值和安全性，降低资产的交易成本和风险。例如，利用人工智能技术，可以实现对资产的智能化的评估、投资、配置和风控，实现资产的最优化的收益和风险平衡；利用区块链技术，可以实现对资产去中介化的发行、交易和登记，实现资产的点对点的转移和验证，保证资产的所有权、交易记录和合法性。

1.典型应用

基于人工智能与区块链的资产管理的典型应用有以下几方面。

1）资产证券化

利用区块链技术，可以将金融、房地产、能源等领域的资产进行分割、打包和标准化，形成可交易的数字化证券，提高资产的流动性和价值。利用人工智能技术，可以对资产证券的风险和收益进行智能化的评估和预测，帮助投资者进行优化的投资决策。例如，Polymath 是一个基于区块链的平台，可以帮助企业和个人发行和管理资产证券，如股票、债券、基金等。Blackmoon 是一个基于人工智能与区块链的平台，可以提供多种资产证券的投资策略和产品，如加密货币、贷款、房地产等。

2）资产管理平台

利用区块链技术，可以构建去中心化的资产管理平台，实现资产的点对点的交易和转移，降低交易成本和风险，提高交易效率和透明度。利用人工智能技术，可以对资产管理平台的用户和数据进行智能化的分析和服务，提供个性化的投资建议和产品推荐，提高用户满意度和忠诚度。例如，ICONOMI 是一个基于区块链的资产管理平台，可以让用户创建和管理自己的数字资产组合，如加密货币、代币等。Wealthfront 是一个基于人工智能与区块链的资产管理平台，可以为用户提供智能化的投资规划和财富管理服务，如退休规划、税务优化、教育储蓄等。

3）资产溯源和监管

利用区块链技术，可以记录和存储资产的全生命周期的数据，实现资产的溯源和追踪，保证资产的真实性和合法性。利用人工智能技术，可以对资产的数据进行智能化的分析和监测，实现资产的风险和合规管理，防止资产的欺诈和滥用。例如，Everledger 是一个基于区块链的平台，可以为钻石、艺术品、奢侈品等高价值资产提供溯源和认证服务，保护资产的所有者和消费者的权益。Chainalysis 是一个基于人工智能与区块链的平台，可以为加密货币和数字资产提供监管和合规服务，帮助政府和机构打击洗钱和犯罪活动。

2. 面临挑战

基于人工智能与区块链的资产管理是一个具有前瞻性和创新性的领域，但在未来的发展中也面临着一些挑战。

1）在技术的成熟度和兼容性方面

人工智能与区块链技术都是相对较新的技术，尚未达到完全的成熟和稳定，还存在一些技术缺陷和漏洞，如人工智能的可解释性和可靠性，区块链的可扩展性和安全性等；此外，人工智能与区块链技术之间的集成和协调也是一个挑战，需要解决技术标准、数据格式、通信协议等方面的兼容性问题。

2）在法律的规范和监管方面

人工智能与区块链技术涉及资产的所有权、交易、管理等方面，涉及法律的责任、合同、税收、隐私等方面，需要制定相应的法律规范和监管机制，保护资产的合法性和安全性，防止资产的滥用和欺诈；然而，目前各国对于人工智能与区块链技术的法律认知和态度存在差异，缺乏统一的国际法律框架和协调机制。

3）在社会的认知和接受方面

人工智能与区块链技术对于资产管理的改变和影响是深刻的，需要资产的持有者、管理者、投资者等各方的认知和接受，建立信任和合作的关系；然而，目前社会对于人工智能与区块链技术的认知和接受程度还不够高，存在一些误解和担忧，如人工智能的替代和威胁，区块链的复杂和不透明等。

3. 发展方向

基于人工智能与区块链的资产管理的未来的发展方向有以下几方面。

1）技术的创新和优化

人工智能与区块链技术需要不断地创新和优化，提高技术的性能和效率，解决技术的问题和挑战，实现技术的协同和融合，形成更加智能化、去中心化和安全化的资产管理模式。

2）法律的完善和适应

人工智能与区块链技术需要与法律的发展和变化相适应，制定和完善相应的法律规范和监管机制，保障资产的合法性和安全性，促进资产的流动性和价值，实现法律的公平和效率。

3）社会的教育普及和推广

人工智能与区块链技术需要通过社会的教育普及和推广，提高社会的认知和接受程度，消除社会的误解和担忧，增强社会的信任和合作，实现社会的利益和福祉。

13.5.3 基于人工智能与区块链的企业管理

基于人工智能与区块链的企业管理是指利用人工智能与区块链的结合，实现企业的智能化、协同化和创新化，从而提高企业的竞争力、效益和影响力。人工智能可以实现对企业数据的分析、挖掘、预测，从而构建出有价值的模型，用于指导企业的战略、运营、营销和人力资源管理。区块链可以实现对企业信息的共享、验证和保护，从而实现企业的协作、信任和价值创造。例如，区块链可以实现企业间的信息化，通过将企业间的合作、交易、评价等信息记录在区块链上，实现企业间的协作、信任和价值创造。人工智能可以实现企业间的模型化，通过对区块链上的企业数据进行分析，构建出合作伙伴选择、交易条件优化、信用风险控制等模型，用于提高企业间的合作效果和效率。区块链还可以实现企业间的自动化，通过将人工智能模型嵌入到智能合约中，实现基于规则或事件的自动执行，从而实现企业间的自动化、智能化和高效化。

1. 典型应用

基于人工智能与区块链的企业管理的典型应用有以下几方面。

1）供应链管理

通过人工智能与区块链，企业可以实现对供应链的全程可视化、优化和协调，提高供应链的效率、质量和安全。人工智能可以对供应链的数据进行分析，预测供需变化，优化库存、运输和分配，提高供应链的响应能力和灵活性。区块链可以对供应链的信息进行共享、验证和保护，实现供应链的透明化、信任化和价值化。例如，IBM 和沃尔玛合作，利用人工智能与区块链，实现了对食品供应链的追溯和监控，提高了食品的安全性和质量。

2）金融服务

通过人工智能与区块链，企业可以实现对金融服务的智能化、便捷化和安全化，提高金融服务的效率、质量和可靠性。人工智能可以对金融服务的数据进行分析，提供金融建议、风险评估、信用评级、投资决策等，提高金融服务的智能化和个性化。区块链可以对金融服务的信息进行共享、验证和保护，实现金融服务的去中心化、低成本和高安全。例如，摩根大通和微软合作，利用人工智能与区块链，创建了一个基于以太坊的金融平台，提供了更快速、更安全、更透明的金融服务。

3）人力资源管理

通过人工智能与区块链，企业可以实现对人力资源的分析、激励和保护，提高人力资源的效率、质量和满意度。人工智能可以对人力资源的数据进行分析，提供招聘、培训、考核、晋升等方面的建议，提高人力资源的匹配度和发展度。区块链可以对人力资源的信息进行共享、验证和保护，实现人力资源的信任化、激励化和价值化。例如，Accenture 和 Microsoft 合作，利用人工智能与区块链，创建了一个数字身份平台，为难民和弱势群体提供了可信的身份证明和就业机会。

2. 面临挑战

然而基于人工智能与区块链的企业管理同样面临着巨大挑战。

1）技术挑战

人工智能与区块链的结合需要解决一些技术上的难题，如数据的质量、安全、隐私、共享、标准化等，以及人工智能与区块链之间的互操作性、协同性、可扩展性等。例如，如何保证区块链上的数据的真实性、完整性和一致性，以便人工智能进行有效的分析和预测；如何保证人工智能的算法的透明性、可解释性和可信性，以便区块链进行有效的验证和执行；如何在区块链的分布式和去中心化的特性下，实现人工智能的高效和低成本的计算和存储。

2）经济挑战

人工智能与区块链的结合需要考虑一些经济上的因素，如成本、收益、激励、竞争、监管等，以及人工智能与区块链之间的价值分配、价值流通、价值评估等。例如，如何平衡区块链的安全性和效率，以及人工智能的精确性和复杂性，以降低运行的成本和提高运行的收益；如何设计合理的激励机制，以鼓励区块链的参与者提供高质量的数据和服务，以及人工智能的参与者提供高效率的算法和模型；如何在区块链的开放和协作的特性下，实现人工智能的竞争和创新。

3）社会挑战

人工智能与区块链的结合需要关注一些社会上的影响，如伦理、法律、文化、教育、就业等，以及人工智能与区块链之间的责任、信任、公平、透明等。例如，如何遵守区块链的法律和规范，以及人工智能的道德和原则，以保护区块链和人工智能的参与者的权益和利益；如何建立区块链和人工智能的信任机制，以增强区块链和人工智能的参与者的信心和满意度；如何保证区块链与人工智能的公平性和透明性，以避免区块链与人工智能的参与者的歧视和偏见。

3. 发展方向

基于人工智能与区块链的企业管理是一个具有巨大潜力和前景的研究领域，也是一个充满挑战和机遇的研究领域。基于人工智能与区块链的企业管理的未来的发展方向有以下几方面。

1）智能合约的普及

智能合约是一种基于区块链的自动执行的协议，可以实现各种业务逻辑和交易规则。通过人工智能的支持，智能合约可以实现更高的智能化、灵活化和可定制化，从而适应不同的业务场景和需求。例如，智能合约可以实现基于人工智能的信用评估、风险控制、价格优化、质量保证等功能，提高企业间的合作效率和效果。

2）数据市场的发展

数据市场是一种基于区块链的数据交易和共享的平台，可以实现数据的价值化和流通化。通过人工智能的支持，数据市场可以实现更高的数据质量、安全、隐私和标准化，从而提高数据的可信度和可用度。例如，数据市场可以实现基于人工智能的数据清洗、加密、匿名化、分类、分析等功能，提升数据的价值和效益。

3）跨链技术的创新

跨链技术是一种基于区块链的跨平台和跨网络的互联和互操作的技术，实现不同区块链之间的数据和价值的转移和交换。通过人工智能的支持，跨链技术可以实现更高的跨链效率、兼容性和可扩展性，从而提高跨链的可行性和可靠性。例如，跨链技术可以实现基于人工智能的跨链路由、验证、协调、优化等功能，提高跨链的性能和安全。

13.6 拓展阅读

在当今技术迅速发展的背景下，人工智能与区块链的结合正引发广泛关注。本章探讨了这两种技术结合的未来发展趋势及其在实际应用中面临的未解挑战，以激发读者对未来应用的思考。人工智能模型通常需要大量数据进行训练，而区块链提供了去中心化的数据存储和共享机制。通过结合这些技术，企业能够在不泄露敏感信息的情况下共享数据。例如，医疗领域可以利用区块链确保患者数据的安全，同时通过人工智能分析数据以优化治疗方案。人工智能与区块链的结合可以促进去中心化自治组织的发展。这些组织能够通过智能合约自动执行决策，减少人为干预。这种模式在金融、供应链管理等领域具有巨大的潜力，但也需要解决智能合约的安全性和可审计性问题。当前，人工智能与区块链技术尚处于快速发展阶段，缺乏统一的标准和最佳实践。这可能导致不同系统之间的互操作性问题，限制了技术的广泛应用。行业需要合作制定标准，以确保不同平台和技术的兼容性。在许多应用场景中，数据隐私和合规性是重要考量。例如，GDPR 等法律法规要求企业在处理个人数据时遵循严格的规定。如何在满足法律要求的情况下，利用人工智能与区块链技术实现数据的高效处理，是一个亟待解决的问题。人工智能模型的训练和区块链的交易处理都需要大量的计算资源。在边缘计算和 IoT 设备中，如何高效地运行这些技术是一个挑战。需要不断探索优化算法和架构，以提升计算效率，降低能耗。读者在面对这些挑战时，可以思考以下问题。

（1）跨行业合作方面：如何促进各行业之间的合作，以共同推动人工智能与区块链技术的应用和发展？

（2）技术创新与伦理方面：在推动技术创新的同时，如何确保技术应用的伦理性，保护用户的权益？

（3）教育与技能培训方面：在快速变化的技术环境中，如何培养具备跨学科知识的人才，以应对未来的技术挑战？

通过对这些问题的深入思考与探讨，读者能够更好地理解人工智能与区块链结合的潜力，以及在实际应用中需要克服的障碍，为未来的创新与发展奠定基础。

13.7　本章习题

（1）请简述区块链技术和联邦学习技术的框架。

（2）请简述区块链技术与联邦学习结合的方式及优势。

（3）基于区块链的联邦学习面临的隐私问题有哪些？

（4）群体智能的关键技术有哪些？

（5）基于区块链的众包网络在安全性、隐私和信任方面面临挑战。

（6）如何解决移动群智感知系统中存在的隐私、安全和集中化问题？

（7）使用区块链和智能合约开发群智感知系统时存在的问题和解决方案有哪些？

（8）什么是抗恶意机器学习？

（9）如何将区块链技术与机器学习系统有效地结合才能抵抗恶意的机器学习？

（10）如何实现对区块链网络的全面监控、优化和调控？

（11）区块链模型化的关键技术和典型应用有哪些？

（12）如何定义基于人工智能的区块链信息化、模型化和自动化？

（13）区块链自动化的关键技术包括智能合约、智能代理、联邦学习和边缘计算？请简述这些技术。

（14）什么是基于人工智能与区块链的智能管理？如何实现人工智能技术与区块链技术的有机结合？

（15）基于人工智能与区块链的智能制造面临的挑战和未来的发展方向有哪些？

（16）基于人工智能的跨链技术如何实现高效的企业管理？

第 14 章
总结与展望

14.1 全书总结

本书系统探讨了人工智能与区块链这两项前沿技术如何相互融合，推动多个领域的创新与发展。通过对各章节内容的回顾，我们可以看到，人工智能与区块链分别在其各自的应用领域取得了显著的进展，但它们的结合将进一步提升现有系统的智能化、透明化和安全性。

（1）第 2 章和第 3 章详细介绍了人工智能与区块链技术的基础知识，为理解两者的结合奠定了理论基础。人工智能通过机器学习、深度学习等技术，能够从大规模数据中挖掘知识并自动决策；而区块链提供了去中心化、不可篡改的分布式账本系统，确保数据的透明性与安全性。

（2）第 4 章到第 6 章讨论了人工智能与区块链技术如何在数据隐私保护、去中心化自治组织（DAO）等场景中相互赋能。人工智能的数据分析与预测能力大大增强了区块链系统的智能化水平，而区块链的去中心化机制为人工智能系统提供了安全的运行环境。

（3）第 7 章到第 11 章聚焦于实际行业的应用，特别是在医疗健康、金融、供应链等领域。人工智能与区块链在这些领域的结合展现了巨大的潜力，不仅能够提升数据管理的效率，还可以促进跨机构数据共享、增强交易透明度并改善安全性。

（4）第 12 章探讨了大模型技术（如 GPT、大语言模型等）如何与区块链结合，带来了新的应用范式。区块链为大规模人工智能模型的训练与数据共享提供了可信的基础设施，推动了更高效的智能合约生成、去中心化计算和数据隐私保护。

全书的核心思想是，人工智能与区块链的结合，不仅能解决当前系统中的瓶颈问题，还能够为未来的创新提供平台。通过利用区块链的透明性、安全性和去中心化优势，人工智能系统可以获得更加安全、可信的数据来源；而人工智能的智能化处理能力可以增强区块链系统的运行效率和自动化程度。

14.2 人工智能与区块链未来的发展趋势

随着人工智能与区块链技术的不断演进，它们的结合将带来一系列的技术创新与产业变革。在未来 5 ～ 10 年内，这些技术有望从理论研究走向大规模实际应用，并进一步推动全球数字经济的发展。

14.2.1 去中心化与分布式智能的普及

去中心化自治组织（DAO）和分布式智能的兴起，标志着传统组织结构的颠覆。未来，这种基于区块链与人工智能的新型组织形态将进一步深入各行各业。例如，去中心化的企业治理模式将逐渐取代传统的公司管理架构，组织中的每个成员通过投票或智能合约参与决策，人工智能算法则会分析成员的意见，提供最佳决策建议。这种变革不仅局限于金融和技术领域，甚至可能影响到政治、教育和社会福利等更广泛的领域。未来，我们或将看到去中心化治理在智慧城市的资源分配和管理中得到应用，人工智能通过分析城市的实时数据，自动优化交通、能源、公共服务等方面的管理，从而实现真正的自我管理和优化。

14.2.2　人工智能驱动的自治经济体

随着人工智能的能力不断提升，去中心化的自治经济体将成为现实。这种经济体完全依赖人工智能与区块链的自主运作，不需要人工干预。通过智能合约和去中心化应用，人工智能可以动态管理资源分配、资金流动、市场需求预测等环节，形成一个自我维持的经济生态系统。这些自治经济体在供应链、物流、金融市场等领域将发挥巨大作用。例如，未来一个全球化的去中心化贸易网络可能会自动执行跨境交易、智能关税计算、全球物流调度等操作，区块链为其提供信任和不可篡改的账本记录，而人工智能则持续优化整个系统的效率。

14.2.3　全自动化智能合约与无信任环境的应用

当前的智能合约在执行复杂任务时仍面临一定的局限性。然而，随着人工智能驱动的智能合约生成与优化技术的成熟，未来的智能合约将具备自我学习和自动调整的能力。通过结合自然语言处理技术，未来的智能合约将能够从普通法律文本或协议中自动生成，避免人工编写合约的复杂性，并减少漏洞和错误。这种能力将广泛应用于无信任环境中的复杂业务交易中，如跨境供应链管理、全球保险理赔、知识产权保护等。人工智能可以对合约的执行过程进行智能监控，并在条件发生变化时自动调整合约条款，提高合同的适应性和灵活性。例如，在全球碳排放交易市场中，智能合约可以根据实时数据自动调整碳排放限额和税率，实现高度自动化的环境保护和经济发展平衡。

14.2.4　大规模人工智能模型的去中心化训练与部署

随着大模型（如 GPT、BERT）的迅猛发展，未来的人工智能模型将不再依赖单一的数据中心进行训练和部署。区块链将提供一个去中心化的计算网络，通过激励机制使全球的节点共同参与模型训练。分布式人工智能模型训练不仅可以提高计算资源的利用率，还可以保护数据隐私，避免数据泄露。这种模式将在医疗、金融等需要大量敏感数据的行业发挥重要作用。未来，全球不同医疗机构可以通过区块链网络协作，共同训练疾病预测模型，而无须共享原始数据。每个医疗机构的数据安全得以保障，模型的性能也因为多样化的数据源而得到提升。此外，人工智能模型的去中心化部署也将改变现有的应用模式。通过将模型部署在分布式的边缘设备上，人工智能应用将更加快速、高效地响应用户需求，特别是在自动驾驶、智慧城市等需要实时决策的领域。

14.2.5　人工智能驱动的去中心化金融与动态金融系统

区块链技术正在推动去中心化金融的迅猛发展，而人工智能的引入将进一步增强 DeFi 生态系统的智能化和自主性。未来的去中心化金融平台将不再只是简单的点对点交易平台，而是一个完全由人工智能驱动的动态金融系统。人工智能可以帮助自动优化投资组合、管理风险、预测市场趋势并动态调整贷款利率和交易费用。此外，未来的去中心化金融平台将能够通过人工智能模型自动识别和应对市场中的欺诈行为及异常交易。这种动态调整的能力将使去中心化金融平台更加灵活，能够快速适应市场变化，并减少系统性风险。

14.2.6 区块链上的个人数据主权与价值分配

在未来的数字经济中，个人数据的价值将得到更充分的体现，数据主权的概念将成为主流。借助区块链技术，用户将能够对自己的数据进行完全控制，并决定如何使用和分享这些数据。同时，人工智能将负责管理用户数据的价值挖掘，帮助用户从数据中获得经济收益。未来的数据交易平台将基于区块链建立，并通过智能合约执行数据交易，确保数据使用的透明性和安全性。个人可以将自己的健康数据、消费记录、社交行为等信息匿名出售给各类研究机构或公司，而这些公司则会利用人工智能技术从数据中提取洞见并优化其服务。通过这一模式，用户不仅可以保护隐私，还能从数据的使用中获得经济回报，形成一个数据即资产的生态系统。

14.2.7 跨链互操作性与全球数据流动

当前的区块链技术在跨链数据共享和互操作性方面仍面临挑战，但未来，随着区块链技术的逐渐成熟，跨链互操作性将成为可能。跨链协议将允许不同区块链网络之间无缝交换数据和价值，而人工智能将通过优化跨链交易的效率和安全性，确保全球数据和价值流动的顺畅。这一趋势将在全球供应链、跨境支付、数字身份管理等领域产生深远影响。通过跨链互操作性，企业和机构将能够更加高效地管理全球业务，用户的数字身份也将可以在全球范围内互认，实现真正的无边界数字经济。

14.2.8 人工智能与区块链的社会影响及伦理挑战

随着人工智能与区块链技术的广泛应用，社会将面临新的伦理挑战，尤其是在隐私保护、自动化决策和责任归属等方面。人工智能系统的自动化决策在无信任的区块链环境中运行，可能会引发对数据透明度和公正性的担忧。如何确保人工智能在不侵犯用户隐私的前提下进行数据处理，如何在自动化决策系统中划分责任，将成为社会和技术界亟待解决的问题。未来，监管机构和技术专家将必须紧密合作，制定相应的政策框架，确保技术的公平使用，避免技术带来的伦理问题。人工智能与区块链的结合应当为社会带来正面的、包容性的变革，而不是加剧不平等或引发新的风险。

[1] 毕丹阳，张钰雯，毕雅晴 .2021.基于预言机的可信数据上链技术 [J].信息通信技术与政策，47（9）：79-84.

[2] 蔡维德 .2022.可编程社会：Web 3.0 与智能合约 [M].北京：电子工业出版社 .

[3] 蔡晓晴，邓尧，张亮，等 .2021.区块链原理及其核心技术 [J].计算机学报，44（1）：84-131.

[4] 常兴，赵运磊 .2019.比特币扩容技术的发展现状与展望 [J].计算机应用与软件，36（3）：49-56.

[5] 戴小雪 .2021.深度强化学习在期货交易决策中的应用研究 [D].北京：北方工业大学，doi：10.26926/d.cnki.gbfgu.2021. 000698.

[6] 丁春涛，曹建农，杨磊，等 .2019.边缘计算综述：应用、现状及挑战 [J].中兴通讯技术，25（3）：2-7.

[7] 杜雪盈，刘名威，沈立炜，等 .2024.面向链接预测的知识图谱表示学习方法综述 [J].软件学报，35（1）：87-117，doi：10.13328/j.cnki.jos.006902.

[8] 方小祥 .2017.物联网与人工智能关键技术 [J].电子技术与软件工程（4）：258-259.

[9] 冯佳音，王纲，刘书霞，等 .2023.基于深度学习的金融信用风险评估方法研究 [J].投资与合作（8）：16-18.

[10] 弗若斯特沙利文（北京）咨询有限公司，头豹信息科技南京有限公司，大数据流通与交易技术国家工程实验室，等 .[2024-10-01].2023 年中国数据交易市场研究分析报告 [EB/OL].https：//voe-static.chinadep.com/group1/voe/9fa6c6c3 2831457997d47751a46e2a9d.pdf.

[11] 高霞 .2023.基于机器学习算法的金融市场趋势预测研究 [J].微型电脑应用，39（2）：30-32，40.

[12] 顾伟军，彭亦功 .2006.智能控制技术及其应用 [J].自动化仪表（S1）：101-104.

[13] 关志涛，王霄东，杨文梯 .2021-10-18.一种基于区块链的隐私保护机器学习训练与推理方法及系统：CN202111207606.9[P].

[14] 贵阳大数据交易所 .[2024-10-01].贵阳大数据交易所官方网址 [EB/OL].https：//www.gzdex.com.cn/.

[15] 郭斌，刘思聪，刘琰，等 .2023.智能物联网：概念、体系架构与关键技术 [J].计算机学报，46（11）：2259-2278.

[16] 国际经贸关系司 .（2021-11-11）[2024-10-01].《数字经济伙伴关系协定》（DEPA）中英文本 [EB/OL].https：//gjs. mofcom.gov.cn/wjzl/zymyq/art/2021/art_ebb6a4d54f3f45ac9523e1a857b52153.html.

[17] 国家市场监督管理总局 .（2022-01-04）.互联网信息服务算法推荐管理规定 [EB/OL].https：//www.cshcc.cn/ueditor/php/upload/file/20220211/1644561563591114.pdf.

[18] 郭欣欣，陈浩 .2024."区块链＋农业"研究的知识图谱分析 [J].农村经济与科技，35（9）：16-20.

[19] 韩健，邹静，蒋瀚，等 .2018.比特币挖矿攻击研究 [J].密码学报，5（5）：470-483.

[20] 胡寅玮，闫守孟，吴源，等 .2023.机密计算：AI 数据安全和隐私保护 [M].北京：电子工业出版社 .

[21] 黄迪 .物联网的应用和发展研究 [D].北京：北京邮电大学，2011.

[22] 黄宏升 .2019.互联网时代的设备维护 [J].电子质量（7）：62-64.

[23] 黄懿，蒙绍祥 .2023.基于区块链技术的智能制造物流管理系统设计与实施 [J].中国航务周刊（51）：73-75.

[24] 贾新峰 .2023.Web 3.0：数字时代赋能与变革 [M].北京：电子工业出版社 .

[25] 姜英玉，陈思玎，仇鑫，等.2023.机器学习在脑血管病基因组学数据分析中的应用进展 [J].中国卒中杂志，18（7）：751-757.

[26] 金华涛.2021.基于 BERT 模型和双通道注意力的短文本情感分析方法 [J].信息与电脑（理论版），33（5）：41-43.

[27] 焜耀研究院.2022.元宇宙基石：Web3.0 与分布式存储 [M].北京：电子工业出版社.

[28] 李芳，李卓然，赵赫.2019.区块链跨链技术进展研究 [J].软件学报，30（6）：1649-1660.

[29] 李林哲，周佩雷，程鹏，等.2019.边缘计算的架构、挑战与应用 [J].大数据，5（2）：3-16.

[30] 李尤慧子，俞海涛，殷昱煜，等.2023.基于超级账本的集群联邦优化模型 [J].计算机工程，49（1）：22-30.

[31] 李宗维，孔德潮，牛媛争，等.2023.基于人工智能和区块链融合的隐私保护技术研究综述 [J].信息安全研究，9（6）：557-565.

[32] 链上观数.（2019-08-15）[2023-12-09].如何挖掘链上数据的价值 [EB/OL].https://zhuanlan.zhihu.com/p/78349978.

[33] 刘敖迪，杜学绘，王娜，等.2024.区块链系统安全防护技术研究进展 [J].计算机学报，47（3）：608-646.

[34] 刘光强.2021.基于区块链审计的智能审计研究 [J].商业会计（13）：4-14.

[35] 刘国清.2021.浅析智能物联网技术应用及发展 [J].新型工业化，11（6）：69-70，doi：10.19335/j.cnki.2095-6649.2021.6.031.

[36] 刘积仁.SaCa EchoTrust[EB/OL].https://www.neusoft.com/cn/products/2499/.

[37] 刘霞，姜元山，张光伟.2022.5G 和物联网技术应用发展综述 [J].物联网技术，12（5）：60-61，64，doi：10.16667/j.issn.2095-1302.2022.05.017.

[38] 吕纯顺.2023.AI 换脸侵权问题研究 [C]//《上海法学研究》集刊 2023 年第 6 卷——2023 年世界人工智能大会青年论坛论文集.上海：上海市法学会，200-208，doi：10.26914/c.cnkihy.2023.016806.

[39] 闫海荣.2023.区块链与数据共享 [M].北京：电子工业出版社.

[40] 吕华章，陈丹，范斌，等.2018.边缘计算标准化进展与案例分析 [J].计算机研究与发展，55（3）：487-511.

[41] 乔日升.2023.基于深度学习量化分析的投资组合优化研究 [D].天津：天津理工大学，doi：10.27360/d.cnki.gtlgy.2023.001274.

[42] 秦一方，张健，梁晨.2023.基于神经网络的电子病历数据特征提取技术研究 [J].信息网络安全，23（10）：70-76.

[43] 全国人民代表大会.（2021-06-10）.中华人民共和国数据安全法 [EB/OL].http://www.npc.gov.cn/npc/c2/c30834/202106/t20210610_311888.html.

[44] 商晴庆，布伟赫，夏磊，等.2023.智能物联网技术的应用现状与发展新趋 [J].集成电路应用，40（4）：370-371，doi：10.19339/j.issn.1674-2583.2023.04.164.

[45] 邵奇峰，金澈清，张召，等.2018.区块链技术：架构及进展 [J].计算机学报，41（5）：969-988.

[46] 邵酉己.2016.物联网综述 [J].西部皮革，38（18）：112.

[47] 沈海波，洪帆.2005.访问控制模型研究综述 [J].计算机应用研究，22（6）：9-11.

[48] 沈潇军，杨红岩，蔡晴，等.2023.基于电力领域知识图谱的智慧客服系统研究 [J].信息技术（9）：83-90，doi：10.13274/j.cnki.hdzj.2023.09.014.

[49] 沈鑫，裴庆祺，刘雪峰.2016.区块链技术综述 [J].网络与信息安全学报，2（11）：11-20.

[50] 石峰，刘坚.2004.一种解析 GCC 抽象语法树的方法 [J].计算机应用，24（3）：115-116.

[51] 施巍松，孙辉，曹杰，等.2017.边缘计算：万物互联时代新型计算模型 [J].计算机研究与发展，54（5）：907-924.

[52] 施巍松，张星洲，王一帆，等.2019.边缘计算：现状与展望 [J].计算机研究与发展，56（1）：69-89.

[53] 宋冬林，孙尚斌.2023.区块链视域下"中心—去中心化"的理论探源与逻辑建构：一个政治经济学框架 [J].经济纵横（11）：1-16，doi：10.16528/j.cnki.22-1054/f.202311001.

[54] 宋华振.2013.预测性维护技术 [J].自动化博览（12）：56-57，65.

[55] 孙恩东.2023.面向智能驾驶场景的多源数据融合目标检测技术研究 [D].南京：南京邮电大学.

[56] 孙雷剑，冀岩琦，张海慧.2022.基于区块链技术的 5G+ 智慧医疗应用研究 [J].通信管理与技术（3）：40-44.

[57] 孙瑜阳.2021.智能物联网技术应用及发展研究 [J].无线互联科技，18（17）：87-88.

[58] 谭磊，陈刚.2016.区块链 2.0[J].中国信息化（8）：97.

[59] 田海博，梁岫琪.2023.综述：基于密码技术的人工智能隐私保护计算模型 [J].电子学报，51（8）：2260-2276.

[60] https://mp.weixin.qq.com/s/HZsWEYT8vHTpGlE5cQnScQ.

[61] 通证一哥.2023.Web 3 超入门 [M].北京：机械工业出版社.

[62] 汪弘彬.2023.WEB3.0 时代：互联网的新未来 [M].北京：中译出版社.

[63] 王蕾.2024.区块链技术在银行账户管理中的应用 [J].合作经济与科技（4）：50-52，doi: 10.13665/j.cnki. hzjjykj.2024.04.051.

[64] 王奕丰，曾诚，全擎宇，等.2024.基于多特征融合的智能合约缺陷检测方法 [J].计算机工程，50（8）：133-141.

[65] 王智悦，于清，王楠，等.2020.基于知识图谱的智能问答研究综述 [J].计算机工程与应用，56（23）：1-11.

[66] 温建伟，姚冰冰，万剑雄，等.2022.结合深度强化学习的区块链分片系统性能优化 [J].计算机工程与应用，58（19）：116-123.

[67] 夏亚东，车路，王关祥，等.2023.高校去中心化身份无密码认证系统设计 [J].现代电子技术，46（8）：137-142，doi: 10.16652/j.issn.1004-373x.2023.08.024.

[68] 邢峻也，邢星，贾志淳，等.2024.融合知识图谱与注意力机制的项目推荐算法 [J].计算机工程与应用，60（10）：173-179.

[69] 徐旦，元宇宙公主.2022.Web 3.0 漫游指南 [M].北京：机械工业出版社.

[70] 闫青乐，朱慧君.2023.基于区块链智能合约的大数据安全 [J].计算机应用与软件，40（12）：332-337.

[71] 严豫，杨笛，尹德春.2023.融合大语言模型知识的对比提示情感分析方法 [J].情报杂志，42（11）：126-134.

[72] 杨双萌，于江，侯文彬，等.2023.人工智能算法用于药物研发的研究进展 [J].现代药物与临床，38（12）：3150-3160.

[73] 叶聪聪，李国强，蔡鸿明，等.2018.区块链的安全检测模型 [J].软件学报，29（5）：1348-1359.

[74] 袁媛，袁松.2023.一种区块链支持的联邦学习认知模型 [J].计算机技术与发展，33（11）：215-220.

[75] 张耐，张晨亮，柳永翔，等.2023.基于模型混合的智能交易行为异常检测 [J].计算机工程与科学，45（9）：1639-1647.

[76] 张学飞，张丽萍，闫盛，等.（2024-10-14）[2024-10-21].知识图谱与大语言模型协同的个性化学习推荐 [J/OL].http://kns.cnki.net/kcms/detail/51.1307.tp.20241012.1733.014.html.

[77] 张雅琪，卫剑钒，刘勇.2023.Web3：互联网的新世界 [M].北京：中译出版社.

[78] 张艳梅，楼胤成.2021.基于深度神经网络的庞氏骗局合约检测方法 [J].计算机科学，48（1）：273-279，doi: 10.11896/jsjkx.191100020.

[79] 赵磊.2020.区块链类型化的法理解读与规制思路 [J].法商研究，37（4）：46-58.

[80] 赵梓铭，刘芳，蔡志平，等.2018.边缘计算：平台、应用与挑战 [J].计算机研究与发展，55（2）：327-337.

[81] 郑莹，段庆洋，林利祥，等.2020.深度强化学习在典型网络系统中的应用综述 [J].无线电通信技术，46（6）：603-623.

[82] 中国信通院.[2024-10-01].数据交易场所发展指数研究报告（2024 年）[EB/OL].http://www.caict.ac.cn/kxyj/qwfb/ztbg/202408/P020240816544947002101.pdf.

[83] 中国资产评估协会.（2020-01-09）[2024-10-01].中评协关于印发《资产评估专家指引第 9 号——数据资产评估》的通知 [EB/OL].https://www.cas.org.cn/gztz/61936.htm.

[84] 中华人民共和国国家互联网信息办公室.（2021-08-20）.中华人民共和国个人信息保护法 [EB/OL].https://www.cac.gov.cn/2021-08/20/c_1631050028355286.htm.

[85] 中华人民共和国国家互联网信息办公室.（2024-02-02）[2024-10-01].《中国区块链创新应用发展报告（2023）》《中国区块链创新应用案例集（2023）》发布 [EB/OL].https://www.cac.gov.cn/2024-02/22/c_1710016970183267.htm.

[86] 中华人民共和国中央人民政府.（2016a-09-05）[2024-10-01].国务院关于印发政务信息资源共享管理暂行办法的通知 [EB/OL].https://www.gov.cn/gongbao/content/2016/content_5115838.htm.

[87] 中华人民共和国中央人民政府.（2016b-10-25）.中共中央国务院印发《“健康中国 2030”规划纲要》[EB/OL].https://www.gov.cn/zhengce/202203/content_3635233.htm.

[88] 中华人民共和国中央人民政府 .（2017-05-18）[2024-10-01]. 国务院办公厅关于印发政务信息系统整合共享实施方案的通知 [EB/OL].https：//www.gov.cn/zhengce/content/2017-05/18/content_5194971.htm.

[89] 中华人民共和国中央人民政府 .（2020-04-09）[2024-10-01]. 中共中央国务院关于构建更加完善的要素市场化配置体制机制的意见 [EB/OL].https：//www.gov.cn/zhengce/2020-04/09/content_5500622.htm.

[90] 中华人民共和国中央人民政府 .（2022-12-19）[2024-10-01]. 中共中央国务院关于构建数据基础制度更好发挥数据要素作用的意见 [EB/OL].https：//www.gov.cn/zhengce/2022/12/19/content_5732695.htm.

[91] 衷璐洁，王目 .2023. 区块链赋能的算力网络协同资源调度方法 [J]. 计算机研究与发展，60（4）：750-762，doi：10.7544/issn1000-1239.202330002.

[92] 朱建明，张沁楠，高胜，等 .2021. 基于区块链的隐私保护可信联邦学习模型 [J]. 计算机学报，44（12）：2464-2484.

[93] Adawiyah A R，Baharuddin，Wardana L A，et al.2013.Comparing post-editing translations by google NMT and Yandex NMT[J].*Teknosastik*，21（1）：23-34.

[94] AdelK，ElhakeemA，MarzoukM.2022.DecentralizingconstructionAIapplicationsusingblockchaintechnology[J].*Expert Systems with Applications*，194：116548.

[95] AggarwalS，KumarN.2021.Cryptographicconsensusmechanisms[M]//AdvancesinComputers.Amsterdam：Elsevier，211-226.

[96] AhmadRW，SalahK，JayaramanR，etal.2021.Theroleofblockchaintechnologyintelehealthandtelemedicine[J].*International Journal of Medical Informatics*，148：104399.

[97] AI & blockchains — projecting the potential of AI-enabled dApps.https：//medium.com/cortexlabs/ai-blockchains-projecting-the-potential-of-ai-enabled-dapps-e36ecd1bbe5c.

[98] AjgaonkarA，RaghaniA，ShethB，etal.2022.Ablockchainapproachforexchangingmachinelearningsolutionsoversmartcontracts[C]//Proceedings of the 2022 Computing Conference.Cham：Springer，470-482.

[99] AlRidhawiI，AloqailyM，JararwehY.2021.Anincentive-basedmechanismforvolunteercomputingusingblockchain[J].*ACM Transactions on Internet Technology（TOIT）*，21（4）：87.

[100] AlamT，UllahA，BenaidaM.2023.Deepreinforcementlearningapproachforcomputationoffloadinginblockchain-enabledcommunicationssystems[J].*Journal of Ambient Intelligence and Humanized Computing*，14（8）：9959-9972.

[101] AlcaideA，PalomarE，Montero-CastilloJ，et al.2013.Anonymousauthenticationforprivacy-preservingIoTtarget-drivenapplications[J].*Computers & Security*，37：111-123.

[102] Almasoud A S，Eljazzar M M，Hussain F.2018.Toward a self-learned smart contracts[C]//Proceedings of2018 IEEE 15th International Conference on e-Business Engineering（ICEBE）.Xi'an：IEEE，269-273.

[103] Alphand O，Amoretti M，Claeys T，et al.2018.IoTChain: a blockchain security architecture for the Internet of Things[C]//Proceedings of 2018 IEEE Wireless Communications and Networking Conference（WCNC）. Barcelona：IEEE，1-6.

[104] AlsaadiAH，BamasoudDM.2021.Blockchaintechnologyineducationsystem[J].*International Journal of Advanced Computer Science and Applications*，12（5）：730-739.

[105] AmazonMechanicalTurk.2012.Amazonmechanicalturk[R].

[106] Androulaki E，Barger A，Bortnikov V，et al.2018.Hyperledger fabric: a distributed operating system for permissioned blockchains[C]//Proceedings of the Thirteenth EuroSys Conference.Porto：ACM，30.

[107] Andryukhin A A.2018.Methods of protecting decentralized autonomous organizations from crashes and attacks[J].*Труды Института Системного Программирования РАН*，30（3）：149-164.

[108] AparicioD，MisraK.2023.Artificialintelligenceandpricing[M]//Sudhir K，Toubia O.ArtificialIntelligenceinMarketing.Leeds：Emerald Publishing Limited，103-124.

[109] ArivazhaganMG，Aggarwal V，Singh A K，etal.2019.Federatedlearningwithpersonalizationlayers[J].arXivpreprintarXiv：1912.00818.

[110] Artzrouni M.2009.The mathematics of Ponzi schemes[J].*Mathematical Social Sciences*，58（2）：190-201.

[111] BadruddojaS，DantuR，HeY Y，etal.2021.Makingsmartcontractssmarter[C]//Proceedings of 2021IEEEInternationalConfer

enceonBlockchainandCryptocurrency（ICBC）.Sydney：IEEE，1-3.

[112] BaoX L，SuC，XiongY，et al.2019.FLChain：ablockchainforauditablefederatedlearningwithtrustandincentive[C]// Proceedings of 20195thInternationalConferenceonBigDataComputingandCommunications（BIGCOM）.QingDao：IEEE，151-159.

[113] BarrettM，BoyneJ，Brandts J，etal.2019.Artificialintelligencesupportedpatientself-careinchronicheartfailure：aparadigmshi ftfromreactivetopredictive，preventiveandpersonalisedcare[J].*EPMA Journal*，10（4）：445-464.

[114] BartolettiM，PompianuL.2017.Anempiricalanalysisofsmartcontracts：platforms，applications，anddesignpatterns[C]// Proceedings of FC2017InternationalWorkshops，WAHC，BITCOIN，VOTING，WTSC，andTA on Financial Cryptography and Data Security.Sliema：Springer，494-509.

[115] Bartoletti M，Carta S，Cimoli T，et al.2020.Dissecting Ponzi schemes on Ethereum：identification，analysis，and impact[J].*Future Generation Computer Systems*，102：259-277.

[116] BaumC，DavidB，FrederiksenTK.2021.P2DEX：privacy-preservingdecentralizedcryptocurrencyexchange[C]//Proceedings of 19th InternationalConferenceonAppliedCryptographyandNetworkSecurity.Kamakura：Springer，163-194.

[117] Bebis G，Georgiopoulos M.1994.Feed-forward neural networks[J].*IEEE Potentials*，13（4）：27-31.

[118] Bellagarda J S，Abu-Mahfouz A M.2022.An updated survey on the convergence of distributed ledger technology and artificial intelligence：Current state，major challenges and future direction[J].*IEEE Access*，10：50774-50793.

[119] BeltránETM，PérezMQ，SánchezPMS，etal.2023.Decentralizedfederatedlearning：fundamentals，stateoftheart， frameworks，trends，andchallenges[J].*IEEE Communications Surveys & Tutorials*，25（4）：2983-3013.

[120] BenhaimA，FalkBH，TsoukalasG.2023.Scalingblockchains：cancommittee-basedconsensushelp?[J].*Management Science*，69（11）：6417-7150.

[121] Bentley J L.1975.Multidimensional binary search trees used for associative searching[J].*Communications of the ACM*，18（9）：509-517.

[122] Bian S Q，Deng Z P，Li F，et al.2018.IcoRating：a deep-learning system for scam ICO identification[J]. arXiv preprint arXiv：1803.03670.

[123] BonawitzK，Eichner H，Grieskamp W，et al.2019.Towardsfederatedlearningatscale：systemdesign[C]//Proceedings of the Second Conference on Machine Learning and Systems.Stanford：MLSys.

[124] BonneauJ，NarayananA，MillerA，etal.2014.Mixcoin：anonymityforbitcoinwithaccountablemixes[C]//Proceedings of 18th International Conference on FinancialCryptographyandDataSecurity.Christ Church：Springer，486-504.

[125] Bonneau J，Clark J，Goldfeder S.2015.On Bitcoin as a public randomness source[J].*IACR Cryptology ePrint Archive*，20151015.

[126] BordesA，Usunier N，Garcia-Durán A，etal.2013.Translatingembeddingsformodelingmulti-relationaldata[C]//Proceedings of the 26th International Conference on Neural Information Processing Systems.Lake Tahoe：Curran Associates Inc.，26.

[127] Breiman L.2001.Random forests[J]. *Machine Learning*，45（1）：5-32.

[128] ButerinV.2014a.Ethereumwhitepaper[R].GitHubRepository，22-23.

[129] ButerinV.2014b.Anextgenerationsmartcontractanddecentralizedapplicationplatform[R].WhitePaper，2-1.

[130] ButerinV.2019.Vyperdocumentation[M].

[131] Cambridge Judge Business School.The Cambridge centre for alternative finance[EB/OL].[2024-01-11].https：//ccaf.io/cbnsi/ cbeci.

[132] Camino R，Torres C F，Baden M，et al.2020.A data science approach for detecting honeypots in ethereum[C]//Proceedings of 2020 IEEE International Conference on Blockchain and Cryptocurrency（ICBC）.Toronto：IEEE，1-9.

[133] CampbellD.2018.CombiningAIandblockchaintopushfrontiersinhealthcare[J].

[134] CastellóFerrerE.2019.Theblockchain：anewframeworkforroboticsswarmsystems[C]//ProceedingsoftheFutureTechnologiesCon ference（FTC）2018.Springer，1037-1058.

[135] Cha S C，Chen J F，Su C H，et al.2018.A blockchain connected gateway for BLE-based devices in the Internet of

Things[J].*IEEE Access*，6：24639-24649.

[136] Chai H Y，Leng S P，Chen Y J，et al.2021.A hierarchical blockchain-enabled federated learning algorithm for knowledge sharing in internet of vehicles[J].*IEEE Transactions on Intelligent Transportation Systems*，22（7）：3975-3986.

[137] Chainalysis.[2017-12-02].How financial institutions can confidently offer crypto products[EB/OL].https：//www.chainalysis.com/#about.

[138] Chaum D.1983.Blind signatures for untraceable payments[C]//Proceedings of Crypto 82 on Advances in Cryptology.Boston，MA：Springer，199-203.

[139] Chen J W.2023.Analysis of bitcoin price prediction using machine learning[J].*Journal of Risk and Financial Management*，16（1）：51.

[140] Chen L，Nakamura Y.2017.Cryptocurrency cyber crime has cost victims millions this year[J].

[141] Chen M Y，Sangaiah A K，Chen T H，et al.2022.Deep learning for financial engineering[J].*Computational Economics*，59（4）：1277-1281.

[142] Chen M，Tworek J，Jun H，et al.2021.Evaluating large language models trained on code[J]. arXiv preprint arXiv：2107.03374.

[143] Chen T，Li X Q，Luo X P，et al.2017.Under-optimized smart contracts devour your money[C]//Proceedings of 2017 IEEE 24th International Conference on Software Analysis，Evolution and Reengineering（SANER）. Klagenfurt：IEEE，442-446，doi：10.1109/SANER.2017.7884650.

[144] Chen W L，Guo X F，Chen Z G，et al.2020.Honeypot contract risk warning on ethereum smart contracts[C]//Proceedings of 2020 IEEE International Conference on Joint Cloud Computing.Oxford：IEEE，1-8.

[145] Chen X J，Jia S B，Xiang Y.2020.A review: knowledge reasoning over knowledge graph[J].*Expert Systems with Applications*，141：112948.

[146] Cheng R，Zhang F，Kos J，et al.2019.Ekiden: a platform for confidentiality-preserving，trustworthy，and performant smart contracts[C]//Proceedings of 2019 IEEE European Symposium on Security and Privacy（EuroS&P）. Stockholm：IEEE，185-200.

[147] Chenli C H，Li B Y，Shi Y Y，et al.2019.Energy-recycling blockchain with proof-of-deep-learning[C]//Proceedings of 2019 IEEE International Conference on Blockchain and Cryptocurrency.Seoul：IEEE，19-23.

[148] Chohan U W.2019.Initial coin offerings（ICOs）：risks，regulation，and accountability[M]//Goutte S，Guesmi K，Saadi S. Cryptofinance and Mechanisms of Exchange.Cham：Springer，165-177.

[149] Chowdhery A，Narang S，Devlin J，et al.2023.PaLM: scaling language modeling with pathways[J].The Journal of Machine Learning Research，24（1）：240.

[150] Codrin Arsene.[2024-01-02].The global "blockchain in healthcare" report：the 2024 ultimate guide for every executive[EB/OL]. https：//healthcareweekly.com/blockchain-in-healthcare-guide/#google_vignette.

[151] Collins L，Hassani H，Mokhtari A，et al.2021.Exploiting shared representations for personalized federated learning[C]// Proceedings of the Thirty-Eighth International Conference on Machine Learning.ICML.

[152] Costello A M.2005.Punycode: a bootstring encoding of unicode for internationalized domain names in applications（IDNA） [R].

[153] CouchDB. Apache CouchDB[EB/OL].https：//couchdb.apache.org.

[154] Cuesta-Albertos J A，Gordaliza A，Matrán C.1997.Trimmed k-means: an attempt to robustify quantizers[J].*The Annals of Statistics*，25（2）：553-576.

[155] Cui L Z，Su X X，Ming Z X，et al.2022.CREAT: blockchain-assisted compression algorithm of federated learning for content caching in edge computing[J].*IEEE Internet of Things Journal*，9（16）：14151-14161.

[156] Cunningham P，Cord M，Delany S J.2008.Supervised learning[M]//Cord M，Cunningham P.Machine Learning Techniques for Multimedia: Case Studies on Organization And Retrieval. Berlin，Heidelberg：Springer，21-49.

[157] Dai J，Vasarhelyi M A.2017.Toward blockchain-based accounting and assurance[J].*Journal of Information Systems*，31（3）：

5-21.

[158] DannenC.2017.IntroducingEthereumandsolidity[M].Berkeley：Apress.

[159] DavarakisTT，PalaiokrassasG，LitkeA，etal.2023.Reinforcementlearningwithsmartcontractsonblockchains[J].*Future Generation Computer Systems*，148：550-563.

[160] DeepaN，PhamQV，NguyenDC，etal.2022.Asurveyonblockchainforbigdata：approaches，opportunities，andfuturedirections[J].*Future Generation Computer Systems*，131：209-226.

[161] DeuberD，SchröderD.2021.CoinJoininthewild：anempiricalanalysisindash[C]//Proceedings of the 26th European Symposium on Research in Computer Security on ComputerSecurity.Darmstadt：Springer，461-480.

[162] DevlinJ，Chang M W，Lee K，etal.2019.BERT：pre-trainingofdeepbidirectionaltransformersforlanguageunderstanding [C]//Proceedings of the 2019 Conference of the North American Chapter of the Association for Computational Linguistics：Human Language Technologies.Minneapolis：ACL，4171-4186.

[163] Diaz-PintoA，Alle S，Nath V，etal.2024.MONAIlabel：aframeworkforAI-assistedinteractivelabelingof3Dmedicalimages [J].*Medical Image Analysis*，95：103207.

[164] DibO，BrousmicheKL，DurandA，etal.2018.Consortiumblockchains：overview，applicationsandchallenges[J]. *International Journal on Advances in Telecommunications*，11（1/2）：51-64.

[165] Dillenberger D N，Novotny P，Zhang Q，et al.2019.Blockchain analytics and artificial intelligence[J]. *IBM Journal of Research and Development*，63（2/3）：5：1-5：14.

[166] DingS W，HuC H.2022.Aninvestigationofsmartcontractforcollaborativemachinelearningmodeltraining[J].arXivpreprintarXiv：2209.05017.

[167] Dorri A，Kanhere S S，Jurdak R.2016.Blockchain in Internet of Things：challenges and solutions[J].arXiv preprint arXiv：1608.05187.

[168] DouceurJR.2002.TheSybilattack[C]//Proceedings of First InternationalWorkshoponPeer-to-PeerSystems.Cambridge：Springer，251-260.

[169] DriscollK，HallB，SivencronaH，etal.2003.Byzantinefaulttolerance，fromtheorytoreality[C]//Proceedings of 22nd Internat ionalConferenceonComputerSafety，Reliability，andSecurity.Edinburgh：Springer，235-248.

[170] DrungilasV，VaičiukynasE，JurgelaitisM，etal.2021.Towardsblockchain-basedfederatedmachinelearning：smartcontractfor modelinference[J].*Applied Sciences*，11（3）：1010.

[171] DworkC.2006.Differentialprivacy[C]//Proceedings of the 33rd International Colloquium on Automata，Languages and Programming.Venice：Springer，1-12.

[172] Elliptic.[2023-11-18].Know exactly what happens on any blockchain[EB/OL]. https：//www.elliptic.co//#about.

[173] Ezzat S K，Saleh Y N M，Abdel-Hamid A A.2022.Blockchain oracles：state-of-the-art and research directions[J].*IEEE Access*，10：67551-67572，doi：10.1109/ACCESS.2022.3184726.

[174] Facets—know your data[EB/OL].https：//pair-code.github.io/facets/.

[175] Fahlenbrach R，Frattaroli M.2021.ICO investors[J].*Financial Markets and Portfolio Management*，35（1）：1-59.

[176] Fernandez-Carames T M，Fraga-Lamas P.2018.A review on the use of blockchain for the internet of things[J].*IEEE Access*，6：32979-33001，doi：10.1109/ACCESS.2018.2842685.

[177] Ferrer E C，Rudovic O，Hardjono T，et al.2018.RoboChain：a secure data-sharing framework for human-robot interaction[J]. arXiv preprint arXiv：1802.04480.

[178] Fisch C.2019.Initial coin offerings（ICOs）to finance new ventures[J].*Journal of Business Venturing*，34（1）：1-22.

[179] Gai Y，Zhou L Y，Qin K H，et al.2023.Blockchain large language models[J]. arXiv preprint arXiv：2304.12749.

[180] Gennaro Cuomo.（2020-10-16）[2023-12-03].How blockchain adds trust to AI and IoT[EB/OL]. https：//community.ibm. com/community/user/supplychain/blogs/gennaro-cuomo1/2020/10/16/ai-blockchain.

[181] GhemawatS，Gobioff H，Leung S T.2003.TheGooglefilesystem[J].*ACM SIGOPS Operating Systems Review*，37（5）：29-43.

[182] Gompers P A，Lerner J.2002.The venture capital cycle[M].Cambridge：MIT Press.

[183] Gong Y H.2023.Dynamic large language models on blockchains[J]. arXiv preprint arXiv：2307.10549.

[184] Group-IB.2018 Cryptocurrency exchanges. User accounts leaks analysis[EB/OL].https：//www.group-ib.com/resources/threatresearch/cryptocurrency-exchanges.html/.

[185] Grover A，Leskovec J.2016.node2vec: scalable feature learning for networks[C]//Proceedings of the 22nd ACM SIGKDD International Conference on Knowledge Discovery and Data Mining.San Francisco：ACM，855-864.

[186] GuoB，YuZ W，ZhouX S，et al.2014.Fromparticipatorysensingtomobilecrowdsensing[C]//Proceedings of 2014IEEEInternationalConferenceonPervasiveComputingandCommunicationWorkshops（PERCOMWORKSHOPS）.Budapest：IEEE，593-598.

[187] Gupta B B，Arachchilage N A G，Psannis K E.2018.Defending against phishing attacks: taxonomy of methods，current issues and future directions[J].*Telecommunication Systems*，67（2）：247-267.

[188] GuptaI.2020.Decentralizationofartificialintelligence: analyzingdevelopmentsindecentralizedlearninganddistributedAInetworks[J].

[189] HabilS，El-DeebS，El-BassiounyN.2023.AI-basedrecommendationsystems: theultimatesolutionformarketpredictionandtargeting[M]//Wang C L.ThePalgraveHandbookofInteractiveMarketing.Cham：Springer，683-704.

[190] HanK，Wang Y H，Chen H T，etal.2023.Asurveyonvisiontransformer[J].*IEEE Transactions on Pattern Analysis and Machine Intelligence*，45（1）：87-110.

[191] Hannay P，Bolan C.2009.Assessment of internationalised domain name homograph attack mitigation[C]//Proceedings of the 7th Australian Information Security Management Conference.Perth：Security Research Centre，School of Computer and Security Science，Edith Cowan University，82-87.

[192] HarrisJD，WaggonerB.2019.DecentralizedandcollaborativeAIonblockchain[C]//Proceedings of2019IEEEInternationalConferenceonBlockchain（Blockchain）.Atlanta：IEEE，368-375.

[193] Harvey C R，Ramachandran A，Santoro J，et al.2021.DeFi and the future of finance[M].Hoboken：John Wiley & Sons.

[194] HassanK，TahirF，RehanM，etal.2023.Onrelative-outputfeedbackapproachforgroupconsensusofclustersofmultiagentsystems[J].*IEEE Transactions on Cybernetics*，53（1）：55-66.

[195] HassanMU，RehmaniMH，ChenJ.2020.Differentialprivacytechniquesforcyberphysicalsystems: asurvey[J].*IEEE Communications Surveys & Tutorials*，22（1）：746-789.

[196] HouC，ZhouM X，JiY，etal.2021.SquirRL: automatingattackanalysisonblockchainincentivemechanismswithdeepreinforcementlearning[C]//Proceedings ofNetwork and Distributed Systems Security（NDSS）Symposium 2021.NDSS.

[197] HowardH，SchwarzkopfM，MadhavapeddyA，etal.2015.Raftrefloated: dowehaveconsensus?[J].*ACM SIGOPS Operating Systems Review*，49（1）：12-21.

[198] HuEJ，Shen Y L，Wallis P，etal.2022.LoRA: low-rankadaptationoflargelanguagemodels[C]//Proceedings of the Tenth International Conference on Learning Representations.ICLR.

[199] Hua W Q，Chen Y，Qadrdan M，et al.2022.Applications of blockchain and artificial intelligence technologies for enabling prosumers in smart grids: a review[J].*Renewable and Sustainable Energy Reviews*，161：112308.

[200] HuangY，CheungCY，LiDW，etal.2024.AI-integratedocularimagingforpredictingcardiovasculardisease: advancementsandfutureoutlook[J].*Eye*，38（3）：464-472.

[201] HuangY T，Chu L Y，Zhou Z R，etal.2021.Personalizedcross-silofederatedlearningonnon-IIDdata[C]//ProceedingsoftheAAAIConferenceonArtificialIntelligence.AAAI.

[202] Huh S，Cho S，Kim S.2017.Managing IoT devices using blockchain platform[C]//Proceedings of2017 19th International Conference on Advanced Communication Technology（ICACT）.PyeongChang：IEEE，464-467.

[203] Huynh-TheT，Pham QV，Pham XQ，et al.2023.Artificial intelligence for the metaverse: a survey[J].*Engineering Applications of Artificial Intelligence*，117：105581.

[204] IntersoftConsulting.2018.Generaldataprotectionregulation（GDPR）[EB/OL]. https：//gdpr-info.eu/.

[205] Jagatic T N，Johnson N A，Jakobsson M，et al.2007.Social phishing[J].*Communications of the ACM*，50（10）：94-100.

[206] JansonS，MerkleD，MiddendorfM.2008.Adecentralizationapproachforswarmintelligencealgorithmsinnetworksappliedtomul tiswarmPSO[J].*International Journal of Intelligent Computing and Cybernetics*，1（1）：25-45.

[207] JeongW，YoonJ，YangE，etal.2020.Federatedsemi-supervisedlearningwithinter-clientconsistency&disjointlearning[J]. arXivpreprintarXiv：2006.12097.

[208] Jha A K.（2023-04-11）[2023-12-20].Revolutionizing smart contracts with AI/ML-based oracles：unleashing the power of data-driven decision-making[EB/OL]. https：//www.linkedin.com/pulse/revolutionizing-smart-contracts-aiml-based-oracles-power-kumar-jha.

[209] Ji S X，Pan S R，Cambria E，etal.2022.Asurveyonknowledgegegraphs：representation，acquisition，andapplications[J]. *IEEE Transactions on Neural Networks and Learning Systems*，33（2）：494-514.

[210] JiaB，ZhouT，LiW，et al.2018.Ablockchain-basedlocationprivacyprotectionincentivemechanismincrowdsensingnetworks [J].*Sensors*，18（11）：3894.

[211] Jiang F，Chao K L，Xiao J M，et al.2023.Enhancing smart-contract security through machine learning：a survey of approaches and techniques[J].*Electronics*，12（9）：2046.

[212] JiangS，CaoJ N，WuH Q，et al.2021.Fairness-basedpackingofindustrialIoTdatainpermissionedblockchains[J].*IEEE Transactions on Industrial Informatics*，17（11）：7639-7649.

[213] Jiang X J，Liu X F.2021.Cryptokitties transaction network analysis：the rise and fall of the first blockchain game mania[J]. *Frontiers in Physics*，9：631665.

[214] JinY L，WeiX G，LiuY，etal.2020.Towardsutilizingunlabeleddatainfederatedlearning：asurveyandprospective[J]. arXivpreprintarXiv：2002.11545.

[215] JumailiMLF，KarimSM.2021.Comparisonoftowtwocryptocurrencies：bitcoinandLitecoin[J].*Journal of Physics*：*Conference Series*，1963（1）：012143.

[216] KadadhaM，OtrokH，MizouniR，et al.2020.SenseChain：ablockchain-basedcrowdsensingframeworkformultiplerequestersa ndmultipleworkers[J].*Future Generation Computer Systems*，105：650-664.

[217] Kang J W，Xiong Z H，Jiang C X，et al.2020.Scalable and communication-efficient decentralized federated edge learning with multi-blockchain framework[C]//Proceedings of Second International Conference on Blockchain and Trustworthy Systems. Dali：Springer，152-165.

[218] KarimireddySP，Kale S，Mohri M，etal.2020.SCAFFOLD：stochasticcontrolledaveragingforfederatedlearning[C]// Proceedings of the 37th International Conference on Machine Learning.PMLR，5132-5143.

[219] Karimov B，Wójcik P.2021.Identification of scams in initial coin offerings with machine learning[J].*Frontiers in Artificial Intelligence*，4：718450.

[220] Kavi，Buckles，Bhat.1986.A formal definition of data flow graph models[J].*IEEE Transactions on Computers*，C-35（11）：940-948.

[221] Ke G L，Meng Q，Finley T，et al.2017.LightGBM：a highly efficient gradient boosting decision tree[C]//Proceedings of the 31st International Conference on Neural Information Processing Systems.Long Beach：Curran Associates Inc.，3149-3157.

[222] KhanAA，KhanMM，KhanKM，etal.2021.Ablockchain-baseddecentralizedmachinelearningframeworkforcollaborativeintr usiondetectionwithinUAVs[J].*Computer Networks*，196：108217.

[223] KhanM A，SalahuddinA，KhanS A，et al.2020.Blockchain and AI based asset management system for smart cities[C]// Proceedings of 2020 IEEE International Conference on Smart City Innovations（IEEE SCI）.Guangzhou，China，1-6.

[224] KimH，Park J，Bennis M，etal.2020.Blockchainedon-devicefederatedlearning[J].*IEEE Communications Letters*，24（6）：1279-1283.

[225] KingS，NadalS.2012.PPCoin：peer-to-peercrypto-currencywithproof-of-stake[R].Self-Published Paper.

[226] Kniazieva Y.（2022-07-07）[2023-12-02].Blockchain and AI：the best of both worlds[EB/OL]. https：//labelyourdata.com/

articles/blockchain-and-machine-learning#machine_learning_for_blockchain.

[227] KosbaA，MillerA，ShiE，etal.2016.Hawk: theblockchainmodelofcryptographyandprivacy-preservingsmartcontracts[C]// Proceedings of 2016IEEESymposiumonSecurityandPrivacy（SP）.San Jose：IEEE，839-858.

[228] KuangW R，Qian B C，Li Z T，etal.2024.FederatedScope-LLM: acomprehensivepackageforfine-tuninglargelanguagemodelsinfederatedlearning[C]//Proceedings of the 30th ACM SIGKDD Conference on Knowledge Discovery and Data Mining.Barcelona：ACM，5260-5271.

[229] KumarR，KhanAA，KumarJ，et al.2021.Blockchain-federated-learninganddeeplearningmodelsforcovid-19detectionusingctimaging[J].*IEEE Sensors Journal*，21（14）：16301-16314.

[230] KuoTT，KimHE，Ohno-MachadoL.2017.Blockchaindistributedledgertechnologiesforbiomedicalandhealthcareapplications [J].*Journal of the American Medical Informatics Association*，24（6）：1211-1220.

[231] LamportL.1983.TheweakByzantinegeneralsproblem[J].*Journal of the ACM（JACM）*，30（3）：668-676.

[232] LamportL.2001.Paxosmadesimple[R].ACM SIGACT News，51-58.

[233] LauMM，Lim K H.2018.Reviewofadaptiveactivationfunctionindeepneuralnetwork[C]//Proceedings of2018IEEE-EMBSConf erenceonBiomedicalEngineeringandSciences（IECBES）.Sarawak：IEEE，686-690.

[234] Lee J，Parlour C A.2022.Consumers as financiers: consumer surplus，crowdfunding，and initial coin offerings[J].*The Review of Financial Studies*，35（3）：1105-1140.

[235] Li C，Zhang L J.2017.A blockchain based new secure multi-layer network model for Internet of Things[C]//Proceedings of2017 IEEE International Congress on Internet of Things（ICIOT）. Honolulu：IEEE，33-41.

[236] Li C Y，Wong C，Zhang S，et al.2023.LLaVA-med: training a large language-and-vision assistant for biomedicine in one day[C]//Proceedings of the 37th International Conference on Neural Information Processing Systems.New Orleans：Curran Associates Inc.，1240.

[237] LiJ，ShaoY M，WeiK，et al.2022.Blockchainassisteddecentralizedfederatedlearning（BLADE-FL）: performanceanalysisa ndresourceallocation[J].*IEEE Transactions on Parallel and Distributed Systems*，33（10）：2401-2415.

[238] Li J L，Zhao Z Y，Su Z，et al.2023.Gas-expensive patterns detection to optimize smart contracts[J].*Applied Soft Computing*，145：110542.

[239] Li J X，Wu J G，Jiang L，et al.2024.Blockchain-based public auditing with deep reinforcement learning for cloud storage[J].*Expert Systems with Applications*，242：122764.

[240] LiM，WengJ，YangA J，et al.2019.CrowdBC: ablockchain-baseddecentralizedframeworkforcrowdsourcing[J].*IEEE Transactions on Parallel and Distributed Systems*，30（6）：1251-1266.

[241] LiT，Sahu A K，Zaheer M，etal.2020.Federatedoptimizationinheterogeneousnetworks[C]//Proceedingsofthe Third Conference on Machine Learning and Systems.Austin：MLSys.

[242] Li X Q，Jiang P，Chen T，et al.2020.A survey on the security of blockchain systems[J].*Future Generation Computer Systems*，107：841-853.

[243] Li Y X，Li Z H，Zhang K，et al.2023.ChatDoctor: A medical chat model fine-tuned on a large language model Meta-AI （LLaMA）using medical domain knowledge[J].*Cureus*，15（6）：e40895.

[244] LiY Z，ChenC，LiuN，et al.2021.Ablockchain-baseddecentralizedfederatedlearningframeworkwithcommitteeconsensus[J]. *IEEE Network*，35（1）：234-241.

[245] LinH，LiX L，GaoH Y，etal.2022.ISC-MTI: anIPFSandsmartcontract-basedframeworkformachinelearningmodeltrainingan dinvocation[J].*Multimedia Tools and Applications*，81（28）：40343-40359.

[246] LinJ，ShenZ Q，MiaoC Y，et al.2017.UsingblockchaintobuildtrustedLoRaWANsharingserver[J].*International Journal of Crowd Science*，1（3）：270-280.

[247] Lin Y K，Liu Z Y，Sun M S，etal.2015.Learningentityandrelationembeddingsforknowledgegraphcompletion[C]// ProceedingsoftheTwenty-Ninth AAAIConferenceonArtificialIntelligence.Austin：AAAI Press，29.

[248] LinY K，Liu Z Y，Sun M S.2016.Knowledgerepresentationlearningwithentities，attributesandrelations[C]//Proceedings of

the Twenty-Fifth International Joint Conference on Artificial Intelligence.New York：AAAI Press，2866-2872.

[249] LitanyO，Maron H，Acuna D，etal.2022.Federatedlearningwithheterogeneousarchitecturesusinggraphhypernetworks[J]. arXivpreprintarXiv：2201.08459.

[250] Liu H T，Li C Y，Wu Q Y，et al.2023.Visual instruction tuning[C]//Proceedings of the 37th International Conference on Neural Information Processing Systems.New Orleans：Curran Associates Inc.，1516.

[251] LiuY M，YuFR，LiX，et al.2020.Blockchainandmachinelearningforcommunicationsandnetworkingsystems[J].*IEEE Communications Surveys &Tutorials*，22（2）：1392-1431.

[252] LiuY Z，YangY B，ZhangJ W，et al.2022.Designofantimachinelearningmaliciousnodesystembasedonblockchain[C]// Proceedings ofthe 14th International Symposium on CyberspaceSafetyandSecurity.Xi'an：Springer，358-373.

[253] Liu Z G，Qian P，Wang X Y，et al.2023.Combining graph neural networks with expert knowledge for smart contract vulnerability detection[J].*IEEE Transactions on Knowledge and Data Engineering*，35（2）：1296-1310.

[254] LuX Y，WuH，LiuB N.2021.Erodedsovereigntyoralgorithmicnation?Transnationaldiffusionofblockchaingovernance[J]. *International Journal of Electronic Governance*，13（4）：486-518.

[255] Lu Y L，Huang X H，Dai Y Y，et al.2020a.Blockchain and federated learning for privacy-preserved data sharing in industrial IoT[J].*IEEE Transactions on Industrial Informatics*，16（6）：4177-4186.

[256] LuY L，HuangX H，ZhangK，et al.2020b.Blockchainempoweredasynchronousfederatedlearningforsecuredatasharingininte rnetofvehicles[J].*IEEE Transactions on Vehicular Technology*，69（4）：4298-4311.

[257] Lundbæk L N，Janes Beutel D，Huth M，et al.2018.Proof of kernel work：a democratic low-energy consensus for distributed access-control protocols[R].*Royal Society Open Science*，5（8）：180422.

[258] LuuL，ChuDH，OlickelH，et al.2016.Makingsmartcontractssmarter[C]//Proceedingsofthe2016ACMSIGSACConferenceon ComputerandCommunicationsSecurity.Vienna：ACM，254-269.

[259] Lyandres E，Palazzo B，Rabetti D.2019.Do tokens behave like securities? An anatomy of initial coin offerings[R].SSRN Electronic Journal.

[260] LyuL，YuJ S，NandakumarK，etal.2020.Towardsfairandprivacy-preservingfederateddeepmodels[J].*IEEE Transactions on Parallel and Distributed Systems*，31（11）：2524-2541.

[261] MaC，LiJ，ShiL，et al.2022.Whenfederatedlearningmeetsblockchain：anewdistributedlearningparadigm[J].*IEEE Computational Intelligence Magazine*，17（3）：26-33.

[262] MaX S，Zhang J，Guo S，etal.2022.Layer-wisedmodelaggregationforpersonalizedfederatedlearning[C]// ProceedingsoftheIEEE/CVFConferenceonComputerVisionandPatternRecognition.New Orleans：IEEE，10082-10091.

[263] MagazzeniD，McBurneyP，NashW.2017.Validationandverificationofsmartcontracts：aresearchagenda[J].*Computer*，50（9）： 50-57.

[264] MarrB.2018.Artificialintelligenceandblockchain：3majorbenefitsofcombiningthesetwomega-trends[R].

[265] Mashamba-ThompsonTP，CraytonED.2020.Blockchainandartificialintelligencetechnologyfornovelcoronavirusdisease2019se lf-testing[J].*Diagnostics*，10（4）：198.

[266] MathurP，Srivastava S，Xu X W，etal.2020.Artificialintelligence，machinelearning，andcardiovasculardisease[J].*Clinical Medicine Insights：Cardiology*，14：1179546820927404.

[267] McMahanB，Moore E，Ramage D，etal.2017.Communication-efficientlearningofdeepnetworksfromdecentralizeddata[C]// Proceedings of the 20th International Conference on Artificial Intelligence and Statistics.Fort Lauderdale：PMLR，1273- 1282.

[268] MeharMI，ShierCL，GiambattistaA，etal.2019.Understandingarevolutionaryandflawedgrandexperimentinblockchain： theDAOattack[J].*Journal of Cases on Information Technology（JCIT）*，21（1）：19-32.

[269] Mendelson M.2019.From initial coin offerings to security tokens：a U.S. Federal Securities law analysis[R]. Stan. Tech. L. Rev，52-94.

[270] Mendi A F.2022.A sentiment analysis method based on a blockchain-supported long short-term memory deep network[J].

Sensors，22（12）：4419.

[271] MetcalfeW.2020.Ethereum，smartcontracts，DApps[M]//Yano M，Dai C，Masuda K，et al.BlockchainandCryptoCurrency. Singapore：Springer，77-93.

[272] MiaoY B，LiuZ T，LiH W，et al.2022.Privacy-preservingByzantine-robustfederatedlearningviablockchainsystems[J].*IEEE Transactions on Information Forensics and Security*，17：2848-2861.

[273] Michael G，Sarah W，Jacob I，et al.（2022-02-10）[2023-12-20].Chainalysisin action：how FBI investigators traced darkside's funds following the colonial pipeline ransomware attack[EB/OL].https：//www.chainalysis.com/blog/darkside-colonial-pipeline-ransomware-seizure-case-study/.

[274] MiillerY.Decentralizedartificialintelligence[J].*Decentralised AI*，1990：3-13.

[275] Monamo P M，Marivate V，Twala B.2016.A multifaceted approach to bitcoin fraud detection：global and local outliers[C]// Proceedings of2016 15th IEEE International Conference on Machine Learning and Applications（ICMLA）.Anaheim：IEEE，188-194.

[276] Moore T，Han J，Clayton R.2012.The postmodern Ponzi scheme：empirical analysis of high-yield investment programs[C]// Proceedings of the 16th International Conference on Financial Cryptography and Data Security.Kralendijk：Springer，41-56.

[277] MoradpoorN，BaratiM，Robles-DuraznoA，et al.2023.Neutralizingadversarialmachinelearninginindustrialcontrolsystemsus ingblockchain[M]//Onwubiko C，Rosati P，Rege A，et al.ProceedingsoftheInternationalConferenceonCybersecurity，Situa tionalAwarenessandSocialMedia：CyberScience2022.Singapore：Springer，437-451.

[278] MothukuriV，PariziRM，PouriyehS，etal.2021.Asurveyonsecurityandprivacyoffederatedlearning[J].*Future Generation Computer Systems*，115：619-640.

[279] Munoko I，Brown-Liburd H L，Vasarhelyi M.2020.The ethical implications of using artificial intelligence in auditing[J]. *Journal of Business Ethics*，167（2）：209-234.

[280] NakamotoS.2008.Bitcoin：apeer-to-peerelectroniccashsystem[R].DecentralizedBusinessReview.

[281] NarayananN，ArjunKP，SainiK.2021.Ablockchaintechnologyforassetmanagementinmultinationaloperations[M]//Saini K，Chelliah P，Saini D.EssentialEnterpriseBlockchainConceptsandApplications.New York：AuerbachPublications，153-178.

[282] NassarM，SalahK，urRehmanMH，etal.2020.Blockchainforexplainableandtrustworthyartificialintelligence[J].*WIREs Data Mining and Knowledge Discovery*，10（1）：e1340.

[283] NoetherS，MackenzieA，Research Lab T M.2016.Ringconfidentialtransactions[J].*Ledger*，1：1-18.

[284] Novo O.2018.Blockchain meets IoT：an architecture for scalable access management in IoT [J].*IEEE Internet of Things Journal*，5（2）：1184-1195.

[285] OhJ，Kim S，Yun S Y.2022.Fedbabu：towardsenhancedrepresentationforfederatedimageclassification[C]//Proceedings ofthe Tenth International Conference on Learning Representations.ICLR.

[286] Ouaddah A，Elkalam A A，Ouahman A A.2017.Towards a novel privacy-preserving access control model based on blockchain technology in IoT[M]//RochaÁ，Serrhini M，Felgueiras C.Europe and MENA Cooperation Advances in Information and Communication Technologies.Cham：Springer，523-533.

[287] OuyangL W，YuanY，WangFY.2022a.Learningmarkets：anAIcollaborationframeworkbasedonblockchainandsmartcontracts [J].*IEEE Internet of Things Journal*，9（16）：14273-14286.

[288] OuyangL W，ZhangW W，WangFY.2022b.Intelligentcontracts：makingsmartcontractssmartforblockchainintelligence[J]. *Computers and Electrical Engineering*，104：108421.

[289] PahlajaniS，KshirsagarA，PachghareV.2019.Surveyonprivateblockchainconsensusalgorithms[C]//Proceedings of 20191stInt ernationalConferenceonInnovationsinInformationandCommunicationTechnology（ICIICT）.Chennai：IEEE，1-6.

[290] PandeyR，Singh J P.2023.BERT-LSTMmodelforsarcasmdetectionincode-mixedsocialmediapost[J].*Journal of Intelligent Information Systems*，60（1）：235-254.

[291] PardauSL.2018.TheCaliforniaconsumerprivacyact：towardsaEuropean-styleprivacyregimeintheunitedstates[J].*Journal of Technology Law & Policy*，23（1）：2.

[292] Park J S，O'brien J，Cai C J，et al.2023.Generative agents：interactive simulacra of human behavior[C]//Proceedings of the 36th Annual ACM Symposium on User Interface Software and Technology.San Francisco：ACM，2.

[293] PerezAJ，ZeadallyS.2022.Secureandprivacy-preservingcrowdsensingusingsmartcontracts：issuesandsolutions[J].*Computer Science Review*，43：100450.

[294] PerezMV，Mahaffey K W，Hedlin H，etal.2019.Large-scaleassessmentofasmartwatchtoidentifyatrialfibrillation[J].*The New England Journal of Medicine*，381（20）：1909-1917.

[295] Perozzi B，Al-Rfou R，Skiena S.2014.DeepWalk：online learning of social representations[C]//Proceedings of the 20th ACM SIGKDD International Conference on Knowledge Discovery and Data Mining.New York：ACM，701-710.

[296] PetersonJ，KrugJ，ZoltuM，et al.2015.Augur：adecentralizedoracleandpredictionmarketplatform[J].arXivpreprintarXiv：1501.01042.

[297] Pinno O J A，Gregio A R A，de Bona L C E.2017.ControlChain：blockchain as a central enabler for access control authorizations in the IoT[C]//Proceedings of GLOBECOM 2017-IEEE Global Communications Conference. Singapore：IEEE，1-6.

[298] Prokhorenkova L，Gusev G，Vorobev A，et al.2018.CatBoost：unbiased boosting with categorical features[C]//Proceedings of the 32nd International Conference on Neural Information Processing Systems.Montréal：Curran Associates Inc.，6639-6649.

[299] Puthal D，Mohanty S P.2019.Proof of authentication：IoT-friendly blockchains[J].*IEEEPotentials*，38（1）：26-29.

[300] QuY Y，GaoL X，XiangY，et al.2022.FedTwin：blockchain-enabledadaptiveasynchronousfederatedlearningfordigitaltwinn etworks[J].*IEEE Network*，36（6）：183-190.

[301] Radford A，Narasimhan K，Salimans T，etal.2018.Improvinglanguageunderstandingbygenerativepre-training[J].

[302] Radford A，Kim J W，Hallacy C，et al.2021.Learning transferable visual models from natural language supervision[C]//Proceedings of the 38th International Conference on Machine Learning. PMLR，8748-8763.

[303] Rahulamathavan Y，Phan R C W，Rajarajan M，et al.2017.Privacy-preserving blockchain based IoT ecosystem using attribute-based encryption[C]//Proceedings of 2017 IEEE International Conference on Advanced Networks and Telecommunications Systems（ANTS）.Bhubaneswar：IEEE，1-6.

[304] Rakkini M J J，Geetha K.2022.Comprehensive overview on the deployment of machine learning，deep learning，reinforcement learning algorithms in Selfish mining attack in blockchain[C]//Proceedings of2022 IEEE 2nd Mysore Sub Section International Conference（MysuruCon）.Mysuru：IEEE，1-5.

[305] RamananP，NakayamaK.2020.BAFFLE：blockchainbasedaggregatorfreefederatedlearning[C]//Proceedings of 2020IEEEInt ernationalConferenceonBlockchain（Blockchain）.Rhodes：IEEE，72-81.

[306] Rane N，Choudhary S P，Rane J.2023.Blockchain and Artificial Intelligence（AI）integration for revolutionizing security and transparency in finance[J].*SSRN Electronic Journal*.

[307] RashidMA，DeoK，PrasadD，et al.2019.TEduChain：aplatformforcrowdsourcingtertiaryeducationfundusingblockchaintech nology[J].arXivpreprintarXiv：1901.06327. RatadiyaP，AsawaK，NikhalO.2020.Adecentralizedaggregationmechanismfort rainingdeeplearningmodelsusingsmartcontractsystemforbankloanprediction[J].arXivpreprintarXiv：2011.10981.

[308] RauchsM，GliddenA，GordonB，et al.2018.Distributedledgertechnologysystems.aconceptualframework[R].

[309] Rossini M.2022.Slither-audited-smart-contracts[R].

[310] SaadSMS，RadziRZRM.2020.Comparativereviewoftheblockchainconsensusalgorithmbetweenproofofstake（POS）anddelegatedproofofstake（DPOS）[J].*International Journal of Innovative Computing*，10（2）：27-32.

[311] Sagirlar G，Carminati B，Ferrari E，et al.2018.Hybrid-IoT：hybrid blockchain architecture for Internet of Things - PoW sub-blockchains[C]//Proceedings of 2018 IEEE International Conference on Internet of Things（iThings）and IEEE Green Computing and Communications（GreenCom）and IEEE Cyber，Physical and Social Computing（CPSCom）and IEEE Smart Data（SmartData）. Halifax：IEEE，1007-1016.

[312] SalahK，RehmanMHU，NizamuddinN，etal.2019.BlockchainforAI：reviewandopenresearchchallenges[J].*IEEE Access*，7：

10127-10149.

[313] Salazar J, Liang D, Nguyen T Q, et al.2020.Masked language model scoring[C]//Proceedings of the 58th Annual Meeting of the Association for Computational Linguistics.ACL, 2699-2712. SalehF.2021.Blockchainwithoutwaste: proof-of-stake[J]. *The Review of Financial Studies*, 34（3）: 1156-1190.

[314] SalimS, TurnbullB, MoustafaN.2024.Ablockchain-enabledexplainablefederatedlearningforsecuringinternet-of-things-basedsocialmedia3.0networks[J].*IEEE Transactions on Computational Social Systems*, 11（4）: 4681-4697.

[315] SamiH, MizouniR, OtrokH, etal.2024.LearnChain: transparentandcooperativereinforcementlearningonBlockchain[J]. *Future Generation Computer Systems*, 150: 255-271.

[316] SarpatwarK, VaculinR, MinH, etal.2019.Towardsenablingtrustedartificialintelligenceviablockchain[M]//Calo S, Bertino E, Verma D.Policy-BasedAutonomicDataGovernance.Cham: Springer, 137-153.

[317] Schapire R E, Freund Y.2013.Boosting: foundations and algorithms[J].*Kybernetes*, 42（1）: 164-166.

[318] Schoenmakers B, Veeningen M.2015.Universally verifiable multiparty computation from threshold homomorphic cryptosystems[C]//Proceedings of 13th International Conference on Applied Cryptography and Network Security. New York: Springer, 3-22.

[319] SharmaA K, PandaS K, JhaS K.2020.Blockchain and artificial intelligence based asset management system[C]//Proceedings of 2020 11th International Conference on Computing, Communication and Networking Technologies（ICCCNT）. Kharagpur, India, 1-6.

[320] Shen M, Tan Z, Niyato D, et al.2024.Artificial intelligence for Web 3.0: acomprehensive survey[J].*ACM Computing Surveys*, 56（10）: 247.

[321] Shifflett S, Jones C.2018.Buyer beware: hundreds of Bitcoin wannabes show hallmarks of fraud[R]. Wall Street Journal, 17. Singh P, Manure A.2020.Introduction to TensorFlow 2.0[M]//Singh P, Manure A. Learn TensorFlow 2.0: Implement Machine Learning and Deep Learning Models with Python.Berkeley: Apress, 1-24.

[322] SinghSK, KumarA, SinghAK.2020.Blockchaintechnologyforsmartmanufacturing: areviewofapplications, challenges, andopportunities[J].*Journal of Manufacturing Systems*, 58: 1-16.

[323] SiontisKC, NoseworthyPA, AttiaZI, etal.2021.Artificialintelligence-enhancedelectrocardiographyincardiovasculardisease management[J].*Nature Reviews Cardiology*, 18（7）: 465-478.

[324] Siri S.（2023-07-16）[2023-12-07].The computation of the per-token reward within RLHF settings utilizing the TRL library[EB/OL]. https://www.linkedin.com/pulse/computing-per-token-reward-rlhf-trl-library-shamane-siri-phd.

[325] SmithS.2018.Blockchaindeploymentstosavebanksmorethan$27bnannuallyby2030[R].

[326] SodhroAH, PirbhulalS, MuzammalM, etal.2020.Towardsblockchain-enabledsecuritytechniqueforindustrialinternetofthings baseddecentralizedapplications[J].*Journal of Grid Computing*, 18（4）: 615-628.

[327] SolatS, CalvezP, Naït-AbdesselamF.2021.Permissionedvs.permissionlessblockchain: howandwhythereisonlyonerightchoice [J].*Journal of Software*, 16（3）: 95-106. Solidity.2019.Solidity[EB/OL]. https://solidity.readthedocs.io/en/v0.5.4/.

[328] SolomonR, WeberR, AlmashaqbehG.2023.smartFHE: privacy-preservingsmartcontractsfromfullyhomomorphicencryption [C]//Proceedings of 2023IEEE8thEuropeanSymposiumonSecurityandPrivacy（EuroS&P）.Delft: IEEE, 309-331.

[329] SunR Y.2020.Optimizationfordeeplearning: anoverview[J].*Journal of the Operations Research Society of China*, 8（2）: 249-294.

[330] SunX Q, YuFR, ZhangP, etal.2021.Asurveyonzero-knowledgeproofinblockchain[J].*IEEE Network*, 35（4）: 198-205.

[331] Sureshbhai P N, Bhattacharya P, Tanwar S.2020.KaRuNa: a blockchain-based sentiment analysis framework for fraud cryptocurrency schemes[C]//Proceedings of2020 IEEE International Conference on Communications Workshops（ICC Workshops）.Dublin: IEEE, 1-6.

[332] SwanM.2015.Blockchain: blueprintforaneweconomy[M].Sebastian Ball: O'ReillyMedia, Inc.

[333] SzaboN.1996.Smartcontracts: buildingblocksfordigitalmarkets[R].Extropy: The Journal of TranshumanistThought, 28. SzaboN.1997.Formalizingandsecuringrelationshipsonpublicnetworks[J].*First Monday*, 2（9）: 33.

[334] Tagde P，Tagde S，Bhattacharya T，et al.2021.Blockchain and artificial intelligence technology in e-Health[J]. *Environmental Science and Pollution Research*，28（38）：52810-52831.

[335] TanAZ，Yu H，Cui L Z，etal.2022.Towardspersonalizedfederatedlearning[J].*IEEE Transactions on Neural Networks and Learning Systems*，34（12）：9587-9603.

[336] TanL，XiaoH，YuK P，etal.2021.Ablockchain-empoweredcrowdsourcingsystemfor5G-enabledsmartcities[J].*Computer Standards & Interfaces*，76：103517.

[337] TengY L，LiL L，SongL N，et al.2022.ProfitmaximizingsmartmanufacturingoverAI-enabledconfigurableblockchains[J]. *IEEE Internet of Things Journal*，9（1）：346-358.

[338] Thoppilan R，De Freitas D，Hall J，et al.2022.LaMDA: language models for dialog applications[J]. arXiv preprint arXiv：2201.08239. Tibshirani R.1996.Regression shrinkage and selection via the Lasso[J]. *Journal of the Royal Statistical Society Series B*：*Statistical Methodology*，58（1）：267-288.

[339] TolmachP，LiY，LinSW，et al.2021.Asurveyofsmartcontractformalspecificationandverification[J].*ACM Computing Surveys* （CSUR），54（7）：148.

[340] Torres C F，Steichen M，State R.2019.The art of the scam: demystifying honeypots in ethereum smart contracts[C]// Proceedings of the 28th USENIX Conference on Security Symposium.Santa Clara: USENIX Association，1591-1607.

[341] ToyodaK，ZhangAN.2019.Mechanismdesignforanincentive-awareblockchain-enabledfederatedlearningplatform[C]// Proceedings of 2019IEEEInternationalConferenceonBigData（BigData）.Los Angeles: IEEE，395-403.

[342] Trent McConaghy.（2016-06-18）[2023-12-09].AI DAOs，and three paths to get there[EB/OL]. https：//medium.com/@ trentmc0/ai-daos-and-three-paths-to-get-there-cfa0a4cc37b8.

[343] TsukadaYT，TokitaM，Murata H，etal.2019.ValidationofwearabletextileelectrodesforECGmonitoring[J].*Heart and Vessels*，34（7）：1203-1211.

[344] TurkanovićM，HölblM，KošičK，et al.2018.EduCTX: ablockchain-basedhighereducationcreditplatform[J].*IEEE Access*，6：5112-5127.

[345] Ukil A.2007.Support vector machine[M]//Ukil A. Intelligent Systems and Signal Processing in Power Engineering.Berlin，Heidelberg: Springer，161-226.

[346] VanEngelenJE，HolgerHH.2020.Asurveyonsemi-supervisedlearning[J].*Machine Learning*，109（2）：373-440.

[347] VanSaberhagenN.2013.CryptoNotev2.0[R].

[348] VanSmedenM，Heinze G，Van Calster B，etal.2022.Criticalappraisalofartificialintelligence-basedpredictionmodelsforcardiovasculardisease[J].*European Heart Journal*，43（31）：2921-2930.

[349] VartakM，Rahman S，Madden S，etal.2015.SEEDB: efficientdata-drivenvisualizationrecommendationstosupportvisualanalytics[J].*Proceedings of the VLDB Endowment*，8（13）：2182-2193.

[350] Vasek M，Moore T.2015.There's no free lunch，even using Bitcoin: tracking the popularity and profits of virtual currency scams[C]//Proceedings of the 19th International Conference on Financial Cryptography and Data Security.San Juan: Springer，44-61.

[351] VaswaniA，Shazeer N，Parmar N，etal.2017.Attentionisallyouneed[C]//Proceedings of the 31st International Conference on Neural Information Processing Systems.Long Beach: Curran Associates Inc.，6000-6010.

[352] Verbraeken J，Wolting M，Katzy J，et al.2020.A survey on distributed machine learning[J].*ACM Computing Surveys*（CSUR），53（2）：30.

[353] VoigtP，VondemBusscheA.2024.TheEUgeneraldataprotectionregulation（GDPR）: a practical guide[M].Cham: Springer，10-5555.

[354] Vukolić M.2015.The quest for scalable blockchain fabric: proof-of-work vs. BFT replication[C]//Proceedings of IFIP WG 11.4 International Workshop on Open Problems in Network Security.Zurich: Springer，112-125.

[355] WangH F，LiJ W，WuH，etal.2023.Pre-trainedlanguagemodelsandtheirapplications[J].*Engineering*，25：51-65.

[356] WangJ Z，LiM R，HeY H，et al.2018.Ablockchainbasedprivacy-preservingincentivemechanismincrowdsensingapplications

[J].*IEEE Access*，6：17545-17556.

[357] WangN Y，YangW T，WangX D，et al.2024.Ablockchainbasedprivacy-preservingfederatedlearningschemeforInternetofVehicles[J].*Digital Communications and Networks*，10（1）：126-134.

[358] WangS，TahaAF，WangJ H.2018.Blockchain-assistedcrowdsourcedenergysystems[C]//Proceedings of2018IEEEPower&EnergySocietyGeneralMeeting（PESGM）.Portland: IEEE，1-5.

[359] WangS，DingW W，LiJ J，etal.2019.Decentralizedautonomousorganizations: concept，model，andapplications[J].*IEEE Transactions on Computational Social Systems*，6（5）：870-878.

[360] Wang T T，Liew S C，Zhang S L.2021.When blockchain meets AI: optimal mining strategy achieved by machine learning[J].*International Journal of Intelligent Systems*，36（5）：2183-2207.

[361] WatkinsD.2022.ScryptminingwithASICs[J].arXivpreprintarXiv：2208.02160. WeiWC.2018.TheimpactofTethergrantsonBitcoin[J].*Economics Letters*，171：19-22.

[362] Weill M D.（2023-12-20）[2023-12-25].Innovating tokenization: the synergy of AI and blockchain technology[EB/OL]. https：//www.linkedin.com/pulse/innovating-tokenization-synergy-ai-blockchain-technology-weill-sis7e.

[363] Weng J S，Weng J，Zhang J L，et al.2021.DeepChain: auditable and privacy-preserving deep learning with blockchain-based incentive[J].*IEEE Transactions on Dependable and Secure Computing*，18（5）：2438-2455.

[364] WernerS，PerezD，GudgeonL，etal.2022.SoK: decentralizedfinance（DeFi）[C]//Proceedingsofthe4thACMConferenceon AdvancesinFinancialTechnologies.Cambridge: ACM，30-46.

[365] WhangSE，RohY，SongH，etal.2023.Datacollectionandqualitychallengesindeeplearning: adata-centricAIperspective[J]. *The VLDB Journal*，32（4）：791-813.

[366] William M.2018.Erc-20 tokens，explained[R]. Workshop B，Le Scao T，Fan A，et al.2022.BLOOM: a 176b-parameter open-access multilingual language model[J]. arXiv preprint arXiv：2211.05100. Wu H J，Zhang Z，Wang S W，et al.2021. Peculiar: smart contract vulnerability detection based on crucial data flow graph and pre-training techniques[C]//Proceedings of 2021 IEEE 32nd International Symposium on Software Reliability Engineering（ISSRE）.Wuhan: IEEE，378-389.

[367] Wu J J，Yuan Q，Lin D，et al.2022.Who are the phishers? Phishing scam detection on ethereum via network embedding[J]. *IEEE Transactions on Systems，Man，and Cybernetics*：*Systems*，52（2）：1156-1166.

[368] Wu T Y，He S Z，Liu J P，et al.2023.A brief overview of ChatGPT: the history，status quo and potential future development[J]. *IEEE/CAA Journal of Automatica Sinica*，10（5）：1122-1136.

[369] WuY M，TangS H，ZhaoB W，et al.2019.BPTM: blockchain-basedprivacy-preservingtaskmatchingincrowdsourcing[J]. *IEEE Access*，7：45605-45617.

[370] XiaoH，Huang M L，Zhu X Y，etal.2016.TransG: agenerativemodelforknowledgegraphembedding[C]//Proceedings of the 54th Annual Meeting of the Association for Computational Linguistics.Berlin: ACL，2316-2325.

[371] XieY，LuL，GaoF，etal.2021.Integrationofartificialintelligence，blockchain，andwearabletechnologyforchronicdiseasemanagement: anewparadigminsmarthealthcare[J].*Current Medical Science*，41（6）：1123-1133.

[372] XiongW，Xiong L.2019.Smartcontractbaseddatatradingmodeusingblockchainandmachinelearning[J].*IEEE Access*，7：102331-102344.

[373] XuM H，ZouZ R，ChengY，etal.2023.SPDL: ablockchain-enabledsecureandprivacy-preservingdecentralizedlearningsystem[J].*IEEE Transactions on Computers*，72（2）：548-558.

[374] YangC Y，FengY H，WhinstonA.2022.Dynamicpricingandinformationdisclosureforfreshproduce: anartificialintelligenceapproach[J].*Production and Operations Management*，31（1）：155-171.

[375] Yang H Y，Liu X Y，Wang C D.2023.FinGPT: open-source financial large language models[J]. arXiv preprint arXiv：2306.06031. YangQ，LiuY，ChenT J，etal.2019.Federatedmachinelearning: conceptandapplications[J].*ACM Transactions on Intelligent Systems and Technology*（TIST），10（2）：12.

[376] Yang Z M，Klages-Mundt A，Gudgeon L.2023.Oracle counterpoint: relationships between on-chain and off-chain market data[C]//Proceedings ofthe 4th International Conference MARBLE 2023 on Mathematical Research for Blockchain Economy.

London：Springer，133-151.

[377] YaoAC.1982.Protocolsforsecurecomputations[C]//Proceedings ofthe 23rdAnnualSymposiumonFoundationsofComputerScien ce（sfcs1982）.Chicago：IEEE，160-164.

[378] Yeow K，Gani A，Ahmad R W，et al.2018.Decentralized consensus for edge-centric Internet of Things：a review，taxonomy，and research issues[J].*IEEE Access*，6：1513-1524.

[379] YinX F，ZhuY M，HuJ K.2021.Acomprehensivesurveyofprivacy-preservingfederatedlearning：ataxonomy，review，andfuturedirections[J].*ACM Computing Surveys（CSUR）*，54（6）：131.

[380] ZhangD J，YuFR，YangR Z.2019a.Blockchain-baseddistributedsoftware-definedvehicularnetworks：aduelingdeep$Q$-learningapproach[J].*IEEE Transactions on Cognitive Communications and Networking*，5（4）：1086-1100.

[381] ZhangH，BagchiS，WangH.2017.Integrityofdatainamobilecrowdsensingcampaign：acasestudy[C]//ProceedingsoftheFirstA CMWorkshoponMobileCrowdsensingSystemsandApplications.Delft：ACM，50-55.

[382] ZhangJ Q，Hua Y，Wang H，etal.2023.FedALA：adaptivelocalaggregationforpersonalizedfederatedlearning[C]// Proceedings of the Thirty-Seventh AAAI Conference on Artificial Intelligence and Thirty-Fifth Conference on Innovative Applications of Artificial Intelligence and Thirteenth Symposium on Educational Advances in Artificial Intelligence.AAAI，1261.

[383] ZhangM，Sapra K，Fidler S，etal.2021a.Personalizedfederatedlearningwithfirstordermodeloptimization[C]//Proceedings of the Ninth International Conference on Learning Representations.ICLR.

[384] ZhangT L，CaiZ R，Wang C Y，etal.2021b.SMedBERT：aknowledge-enhancedpre-trainedlanguagemodelwithstructureds emanticsformedicaltextmining[C]//Proceedings of the 59th Annual Meeting of the Association for Computational Linguistics and the 11th International Joint Conference on Natural Language Processing.ACL，5882-5893.

[385] ZhangW S，LuQ H，YuQ Y，et al.2021c.Blockchain-basedfederatedlearningfordevicefailuredetectioninindustrialIoT[J].*IEEE Internet of Things Journal*，8（7）：5926-5937.

[386] ZhangY，Ives Z G.2020.Findingrelatedtablesindatalakesforinteractivedatascience[C]//Proceedingsofthe2020ACMSIGMODI nternationalConferenceonManagementofData.Portland：ACM，1951-1966.

[387] Zhang Y Y，Kasahara S，Shen Y L，et al.2019b.Smart contract-based access control for the Internet of Things[J].*IEEE Internet of Things Journal*，6（2）：1594-1605.

[388] ZhangZ，ZhangY，LiJ.2021d. Blockchain-based intellectual property protection for product design in smart manufacturing[J].*Journal of Intelligent Manufacturing*，32（1）：1-13.

[389] ZhaoC，ZhaoS N，ZhaoM H，etal.2019.Securemulti-partycomputation：theory，practiceandapplications[J].*Information Sciences*，476：357-372.

[390] ZhaoWX，ZhouK，LiJ Y，etal.2023a.Asurveyoflargelanguagemodels[J].arXivreprintarXiv：2303.18223. ZhaoY，ZhaoJ，JiangL S，et al.2021a.Privacy-preservingblockchain-basedfederatedlearningforIoTdevices[J].*IEEE Internet of Things Journal*，8（3）：1817-1829.

[391] ZhaoZ G，De Stefani L，Zgraggen E，etal.2017.Controllingfalsediscoveriesduringinteractivedataexploration[C]//.Proceedin gsofthe2017ACMInternationalConferenceonManagementofData.Chicago：ACM，527-540.

[392] Zhao Z H，Hao Z H，Wang G C，et al.2021b.Sentiment analysis of review data using blockchain and LSTM to improve regulation for a sustainable market[J].*Journal of Theoretical and Applied Electronic Commerce Research*，17（1）：1-19.

[393] Zhao Z Y，Li J L，Su Z，et al.2023b.GaSaver：a static analysis tool for saving gas[J].*IEEE Transactions on Sustainable Computing*，8（2）：257-267.

[394] Zheng X D.2017.Phishing with unicode domains[EB/OL].https：//www.xudongz.com/blog/2017/idn-phishing. Zheng Y.2015. Methodologies for cross-domain data fusion：an overview[J].*IEEE Transactions on Big Data*，1（1）：16-34.

[395] ZhengZ B，XieS A，DaiH N，et al.2017.Anoverviewofblockchaintechnology：architecture，consensus，andfuturetrends[C]//Proceedings of2017IEEEInternationalCongressonBigData（BigDataCongress）.Honolulu：IEEE，557-564.

[396] Zheng Z B，Xie S A，Dai H N，et al.2018.Blockchain challenges and opportunities: asurvey[J].*International Journal of Web and Grid Services*，14（4）：352-375.

[397] ZhengZ B，XieS A，DaiHN，etal.2020.Anoverviewonsmartcontracts：challenges，advancesandplatforms[J].*Future Generation Computer Systems*，105：475-491.

[398] ZhuC，Huang W R，Li H D，etal.2019.Transferableclean-labelpoisoningattacksondeepneuralnets[C]//Proceedings of the 36th International Conference on Machine Learning.Long Beach：PMLR，7614-7623.

[399] Zur R B，Eyal I，Tamar A.2020.Efficient MDP analysis for selfish-mining in blockchains[C]//Proceedings of the 2nd ACM Conference on Advances in Financial Technologies.New York：ACM，113-131.